科学出版社“十三五”普通高等教育本科规划教材

基础生物化学

余 梅 金 青 主编

科 学 出 版 社

北 京

内 容 简 介

本书在保持经典生物化学科学性和基础性的同时，适度补充相关的前沿知识，重点阐释了蛋白质、核酸、糖类、脂质、酶、维生素的结构与功能，详细解读了新陈代谢和生物氧化的一般规律，以及糖类代谢、脂质代谢、蛋白质降解与氨基酸代谢、核酸降解与核苷酸代谢的途径和调控机制，介绍了DNA、RNA、蛋白质的生物合成及遗传信息传递的机制。为便于学习，全书力求将复杂的生物化学知识转变为直观形象、易于理解的系统知识。本书内容简明、脉络清晰、重点突出、适用面广。

本书适合综合性院校、农林院校的生命科学类专业及植物生产类、食品科学类、环境科学类、动物科学类相关专业的本科生使用，也可供教师、研究生及科研工作人员参考。

图书在版编目（CIP）数据

基础生物化学/余梅，金青主编. 一北京：科学出版社，2020.6
科学出版社“十三五”普通高等教育本科规划教材
ISBN 978-7-03-058749-7

Ⅰ. ①基… Ⅱ. ①余… ②金… Ⅲ. ①生物化学-高等学校-教材
Ⅳ. ①Q5

中国版本图书馆 CIP 数据核字（2018）第 207660 号

责任编辑：丛 楠 韩书云 / 责任校对：严 娜
责任印制：张 伟 / 封面设计：铭轩堂

科学出版社出版
北京东黄城根北街16号
邮政编码：100717
http://www.sciencep.com
北京凌奇印刷有限责任公司印刷
科学出版社发行 各地新华书店经销
*
2020年6月第 一 版 开本：787×1092 1/16
2021年8月第二次印刷 印张：20 1/2
字数：538 000

定价：66.00 元

（如有印装质量问题，我社负责调换）

《基础生物化学》编写人员

主　编　余　梅　金　青

副主编　龙雁华　张　琛　陶　芳　魏练平　张宽朝

参　编　（以姓氏笔画为序）

马　欢　王传宏　阮　飞　孙　锋　芮　斌

何孔泉　余江流　汪　曙　商　飞　蒋而康

前　言

生物化学是关于生命的化学，是生命科学、农学、医学等学科的基础，也是化学、环境、食品科学等专业学生必修的基础课程。学生通过生物化学课程的学习，能从分子水平了解生物的物质组成，这些物质形成有机生物体的原理，以及这些物质在生物体内的分解及合成如何被调控，从而用这些科学理论更好地理解生命的奥秘，进一步改造自然界，使其生命过程与环境变化相适应。

随着科学技术的日新月异，生命科学在当今时代也得以迅猛发展，生命科学各门课程不断补充新的知识和内容，因此也需有相应的教材进行补充。本书立足于科学性和基础性，将生物化学经典知识介绍给学生的同时，还补充了相关的前沿知识。全书详尽地介绍了国内外生命科学及农学等专业生物化学课程要求的主要内容，并配置注释图，将复杂的内容转变为直观形象、易于理解的知识。本书适合高等院校的生物学及相关专业学生和科技工作者阅读。

书中每章都附有小结和思考题。编写分工为：绪论由蒋而康、余梅和金青编写；第一章由魏练平、何孔泉和金青编写；第二章由张琛、汪曙和蒋而康编写；第三章由马欢、余江流和商飞编写；第四章由张宽朝、商飞和王传宏编写；第五章由何孔泉、魏练平和张宽朝编写；第六章由余梅、商飞和何孔泉编写；第七章由金青、马欢和魏练平编写；第八章由蒋而康、余梅和阮飞编写；第九章由魏练平、阮飞和余梅编写；第十章由汪曙、龙雁华和马欢编写；第十一章由阮飞、孙锋和张琛编写；第十二章由孙锋、张琛和陶芳编写；第十三章由龙雁华、陶芳和汪曙编写；第十四章由陶芳、龙雁华和孙锋编写；第十五章由芮斌、张宽朝和金青编写。其中，绪论至第七章的知识窗部分由余江流编写，第八章至第十五章的知识窗部分由王传宏编写。

本书编写过程中，在总体规划、教材编写思路及体裁的创新等方面，得到了科学出版社的大力支持，同时，编辑对本书的付梓出版做了大量认真细致的工作，感谢科学出版社的编辑！本书的出版还得到了安徽农业大学教务处、教材中心的大力支持和帮助！本书编写中借鉴和引用了国内外许多相关论文与教材的资料及图表，感谢本书所参考和引用文献的作者。

编者虽然花费了大量的时间和精力，但水平有限，疏漏之处在所难免，敬请读者指正。

编　者

2019 年 8 月

前　言

目　　录

绪论 …… 1
第一章　蛋白质 …… 6
　第一节　蛋白质概述 …… 6
　第二节　氨基酸 …… 8
　第三节　肽 …… 17
　第四节　蛋白质结构 …… 20
　第五节　蛋白质的功能及其与结构的关系 …… 28
　第六节　蛋白质的理化性质与研究方法 …… 30
　小结 …… 37
　思考题 …… 38
第二章　核酸 …… 39
　第一节　核酸的发现、种类与分布 …… 39
　第二节　核酸的化学组成 …… 40
　第三节　核酸的分子结构 …… 42
　第四节　核酸的理化性质 …… 51
　第五节　核酸的分析技术 …… 56
　小结 …… 57
　思考题 …… 58
第三章　糖类 …… 59
　第一节　概述 …… 59
　第二节　单糖 …… 61
　第三节　寡糖 …… 66
　第四节　多糖 …… 67
　第五节　糖复合物 …… 73
　小结 …… 75
　思考题 …… 76
第四章　脂质和生物膜 …… 78
　第一节　三酰甘油 …… 78
　第二节　脂肪酸 …… 79
　第三节　膜脂 …… 81
　第四节　萜和类固醇 …… 84
　第五节　生物膜 …… 86
　小结 …… 89
　思考题 …… 90
第五章　酶 …… 91
　第一节　酶的概念和特性 …… 91
　第二节　酶的化学本质、化学组成及分子结构 …… 93
　第三节　酶的命名和分类 …… 94
　第四节　酶催化反应的机制 …… 96
　第五节　酶促反应动力学 …… 100
　第六节　酶活性的调节 …… 111
　第七节　抗体酶、核酶的概念 …… 117
　第八节　酶的分离纯化 …… 118
　小结 …… 120
　思考题 …… 121
第六章　维生素与辅酶 …… 122
　第一节　维生素概述 …… 122
　第二节　水溶性维生素和辅酶 …… 123
　第三节　脂溶性维生素 …… 132
　小结 …… 135
　思考题 …… 136
第七章　新陈代谢和生物氧化 …… 137
　第一节　新陈代谢 …… 137
　第二节　生物能学 …… 143
　第三节　生物氧化 …… 150
　小结 …… 170
　思考题 …… 171
第八章　糖代谢 …… 172
　第一节　糖的分解代谢 …… 172
　第二节　糖的合成代谢 …… 188
　小结 …… 194

思考题……195
第九章　脂质代谢……196
第一节　脂肪酸代谢……196
第二节　脂肪代谢……209
第三节　磷脂代谢……211
第四节　胆固醇代谢……212
小结……214
思考题……214
第十章　蛋白质降解与氨基酸代谢……215
第一节　蛋白质的降解与周转……215
第二节　氨基酸的分解代谢……217
第三节　氨基酸转变成其他化合物……230
第四节　氨基酸的合成代谢……230
小结……235
思考题……236
第十一章　核酸降解与核苷酸代谢……237
第一节　核苷酸的分解代谢……237
第二节　核苷酸的生物合成……239
小结……248
思考题……249
第十二章　DNA 的生物合成……250
第一节　DNA 复制通则……250
第二节　原核生物 DNA 的复制……253
第三节　真核生物 DNA 的复制……256
第四节　逆转录……258
第五节　DNA 的损伤和修复……259
小结……264
思考题……264
第十三章　RNA 的生物合成……265
第一节　原核生物的转录……265
第二节　真核生物的转录……271
第三节　RNA 的复制……274
第四节　无模板的 RNA 合成……276
第五节　RNA 生物合成的抑制剂……276
小结……277
思考题……278
第十四章　蛋白质的生物合成……279
第一节　遗传密码……279
第二节　参与蛋白质生物合成的生物大分子及其功能……282
第三节　原核生物蛋白质的合成过程……287
第四节　真核生物蛋白质的合成过程……293
第五节　蛋白质翻译后的修饰加工与蛋白质的折叠、运输……297
小结……301
思考题……302
第十五章　物质代谢的调节控制……303
第一节　物质代谢的相互关系……303
第二节　代谢的调节……306
小结……318
思考题……319
主要参考文献……320

绪　论

就自然科学而论，没有一门科学比生命科学更复杂，更神秘，更与我们自身息息相关。长期以来，人们为探索生命付出了不懈努力，运用各种生物技术手段，从生态学、细胞生物学、遗传学、发育生物学、神经生物学、生物化学、分子生物学等各学科去研究生命现象及其本质，其中的生物化学是从分子水平研究生物体的化学组成、分子结构及内在规律的一门学科。生物化学是各门生物科学（包括应用生物科学）的基础。它的理论和方法有利于解决科学实验、生产实践中所遇到的许多问题。近代生物化学主要是在分子水平上研究生物体的化学本质及其在生命活动中的化学变化规律，若想深入了解各种生物的生长、生殖、生理、遗传、衰老、疾病、生命起源和演化等现象，需要运用到生物化学的原理和方法，因此，生物化学是各门生物学科，特别是生理学、微生物学、遗传学、细胞学等各学科的基础，在生物学中占有特别重要的位置。

生物化学又是医学、农学（包括农、林、牧、渔等）、某些轻工业（如制药、酿造、皮革、食品等）和营养卫生学等专业的基础，与人类健康和工、农业生产都有密切关系。例如，疾病的预防、治疗和诊断，以及如何供给人体以适当的营养从而满足机体新陈代谢的需要等，都离不开生物化学；某些轻工业如生物制药工业、抗生素制造工业、酿造工业、皮革工业、食品工业和发酵工业等都要应用生物化学的理论、技术和方法；还有许多植物新品种的培育、植物病虫害的防治、农药的设计、药物的设计和植物激素的应用等都要有坚实的生物化学和分子生物学的基础。为了便于今后的学习和工作，有必要学习一些最基本的生物化学知识和技术。

20 世纪的生物化学发展突飞猛进，特别是 20 世纪 50 年代 DNA 双螺旋模型的阐明，开创了在基因水平上认识生命现象的新阶段。21 世纪初，随着人类基因组全序列测定的完成，生命科学步入后基因组时代，发生了革命性的变化，为揭开生命的奥秘跨出了最关键的一步，生命的奥秘逐步被揭开，对生命的了解也不断深入，但要彻底揭示生命的奥秘，其道路依然漫长。生物化学作为生命科学的基础学科，必将发挥越来越重要的作用。

一、生物化学发展简要历程

生物化学的兴起可以追溯至较早的人类生活。早在公元前，我国的《周礼》就对发酵制酱有记载。但作为一门学科则起源于 18 世纪晚期，发展于 19 世纪，在 20 世纪初随着有机化学及生理学的发展，逐渐形成一门独立的学科。“生物化学”这个名词最早是在 1903 年由德国 C. A. Neuberg 首先提出的。进入 20 世纪后，生物化学的发展极为迅速。20 世纪前 30 年，生物化学的研究继续侧重于生理学和化学两个方面，这时期主要分离和研究了激素、维生素，另外，还发现了人类的必需氨基酸，大大增加了对营养的了解，这一时期是营养学真正的黄金时代。

20 世纪 30 年代前后，最突出的成果之一是酶的结晶。1926 年，美国 J. B. Sumner 从刀豆中首次获得了脲酶的结晶，并证实酶是蛋白质。1930～1936 年，J. H. Northrop 等获得了胃蛋白酶、胰蛋白酶和胰凝乳蛋白酶的结晶，并进一步证实了酶是蛋白质，此时，酶的蛋白质本质才被人们普遍接受，大大推动了酶学的发展。

20 世纪 40 年代前后，许多生物化学家研究能量代谢，也就是研究代谢过程中能量的产生和利用，指出 ATP 是关键的化合物，并提出氧化磷酸化理论，为现代生物能学的研究奠定了基础。

知识窗 0-1

20 世纪 50 年代开始，生物化学的发展更是突飞猛进，进入了飞速发展的时期，一些新技术、新方法的采用大大推动了生物化学的发展。首先是 1950 年，美国 L. Pauling 等利用 X 射线衍射技术研究蛋白质的二级结构，提出了著名的蛋白质二级结构——α 螺旋。其次是 1955 年，英国 F. Sanger 等完成了牛胰岛素一级结构的测定。此后是 1965 年，我国科学家首次用人工方法合成了具有生物活性的胰岛素，在蛋白质研究方面打开了新的局面。在蛋白质二级结构的启示下，DNA 的研究取得了重要成果。1953 年，美国 J. D. Watson 和英国 F. H. C. Crick 提出了著名的 DNA 双螺旋结构模型，成为生物化学发展中的重大里程碑，标志着生物化学发展到了一个新的阶段——分子生物学阶段。20 世纪 50 年代，另一个重要的研究成果是一些中间代谢途径的阐明。H. A. Krebs 提出了著名的三羧酸循环和尿素循环。

20 世纪 60 年代，代谢调控的研究取得了重大进展。1961 年，法国 F. Jacob 和 J. Monod 等提出了著名的操纵子模型，阐明了原核细胞基因表达调控的机制。

20 世纪 70 年代，随着 DNA 重组技术的建立，生物化学的研究进入生物工程领域。生物工程包括基因工程、蛋白质工程、酶工程、细胞工程和发酵工程等，其中基因工程是生物工程的核心。

20 世纪 90 年代，1990 年启动了人类基因组计划，旨在得到人类基因组的全部 DNA 序列，这是人类科学史上最伟大的生命科学工程。这一工程首先在美国启动，很快英国、日本、法国、德国和中国科学家先后加入。中国是在 1999 年加入的，承担了 1%的测序任务。

21 世纪初，2000 年完成了人类基因组草图。2001 年公布了人类基因组图谱及初步分析结果。人类基因组有 3 万～3.5 万个基因，比预计的 10 万个基因少很多，与蛋白质合成有关的基因只占整个基因组的 2%。2003 年，更详尽的人类基因组序列图谱绘制成功，全基因组测序完成 99%。随着人类基因组 DNA 测序工作的完成，生命科学开始进入后基因组时代，产生了功能基因组学（functional genomics），又称为后基因组学（postgenomics）。

功能基因组学以高通量的实验方法及统计与计算机分析为特征，利用人类基因组计划（结构基因组学）提供的信息系统地研究基因功能，包括基因的表达及其调控模式。

功能基因组学研究的内容主要包括：人类基因组 DNA 序列变异性、基因组表达及其调控的机制，以及利用各种模式生物研究基因的功能等。

由于生命活动的主要承担者是蛋白质，而蛋白质有其自身的存在形式和活动规律，仅从基因的角度来研究是远远不够的。1994 年，澳大利亚学者首次提出蛋白质组的概念，蛋白质组是指基因组所表达的全部蛋白质，由此诞生了一个新的学科——蛋白质组学（proteomics）。它是阐明各种生物基因组在细胞中表达的全部蛋白质的表达模式及功能模式的学科。深入了解蛋白质复杂多样的结构和功能是后基因组时代的主要任务，将在分子、细胞和生物体等多个层次上进一步揭示生命现象的本质。

随着基因组测序数据迅猛增加，兴起了一个新的学科——生物信息学（bioinformatics）。它是综合计算机科学、信息技术及数学的理论和方法来研究生物信息的交叉学科，包括生物学数据的研究、存档、显示、处理和模拟，基因遗传和物理图谱的处理，核苷酸和氨基酸序列分析，新基因的发现和蛋白质结构的预测等。

生物化学有着璀璨的发展历史，与生物化学相关联的诺贝尔奖达到110多项。学习这些知识，能从中领略科学家探索生命的轨迹，掌握生物化学发展的方向，激励莘莘学子不断进取，为生物化学及生命科学的发展做出自己的贡献。

知识窗 0-2

二、生物化学的研究内容

生物化学（biochemistry）是介于生物与化学之间的一门科学。随着现代生物技术的发展，生命科学取得了前所未有的进步。作为生命科学核心基础的生物化学，在研究的广度和深度上均产生了巨大的变化。由它衍生而发展起来的新兴学科有分子生物学（molecular biology）、结构生物学（structural biology）、量子生物学（quantum biology）、生物信息学（bioinformatics）等。面对如此广泛的内容扩展，原有的生物化学表现出一定的局限性。除了运用化学的理论和方法研究以外，还要借助物质的理论模型和方法研究生命物质的组分、结构及生物学功能，从而阐明生物体所表现的变化过程及复杂生命现象的本质。生物化学的内容可以归纳为以下几个主要方面。

（一）静态生物化学

与生命科学的其他学科相比，生物化学的研究对象是构成所有生物体共同物质成分的结构、性质及这些物质在生命活动中执行的功能。

生命与非生命物质在化学组成上有很大的差异，然而组成生命物质的元素都是存在于非生命界的元素。已发现的地球上天然存在的元素有92种，但在生物体内，只有碳（C）、氢（H）、氧（O）、氮（N）、磷（P）、硫（S）6种是主要组成元素，约占机体的97.3%。钙（Ca）、钾（K）、钠（Na）、氯（Cl）、镁（Mg）在机体中也占有较大比例，这些元素被称为常量元素（含量≥0.01%）。1995年，联合国粮食及农业组织/世界卫生组织（FAO/WHO）将铁（Fe）、碘（I）、锌（Zn）、锰（Mn）、钴（Co）、钼（Mo）、铜（Cu）、硒（Se）、铬（Cr）、氟（F）10种元素列为人体不可缺少的微量元素（含量＜0.01%）。此外，还有钒（V）、镍（Ni）、锡（Sn）、硅（Si）、硼（B）等微量元素。以上26种元素构成了生物大分子，对维持生物体的物质代谢、能量代谢及生命过程的各种生理功能起着非常重要的作用。所有生物都有大体相同的元素组成和分子组成（蛋白质、核酸、糖类、脂质、无机离子和水等）。生物大分子通过组成它们的单体之间的非共价相互作用，形成特定的空间结构，从而具有了不同的生物学功能。在生物大分子之间主要存在着非共价的相互作用力，包括氢键（hydrogen bond）、离子键（ionic bond）、范德瓦耳斯力（van der Waals bond）、疏水力（hydrophobic interaction）。

生物的多样性与生物大分子的结构复杂多变密切相关。生物化学所研究的构成生物体的基本物质（糖类、脂质、蛋白质、核酸）的结构、性质和功能，以及对体内的生物化学反应起催化调节作用的酶与激素的结构、性质和功能，这部分内容通常称为静态生物化学。

（二）动态生物化学

生物化学不仅要研究构成生物体基本物质的结构、性质及功能，还要研究构成生物体的基本物质在生命活动过程中发生的化学变化，以及新陈代谢和代谢过程中能量的转换、调节规律，这部分内容通常称为动态生物化学。

新陈代谢是体内化学反应的总称。新陈代谢是由许多连续或相关的代谢途径所组成的，而代谢途径又受到一系列酶或激素的调节。生物体内新陈代谢的途径错综复杂，根据代谢的不同可分为合成代谢和分解代谢。合成代谢是从环境中获取营养物质，并将其转化为自身所需的物质。分解代谢是分解营养物质来提供生命活动所需的能量。因此，生物体中的物质代谢和能量代谢是相互联系的，如图 0-1 所示。

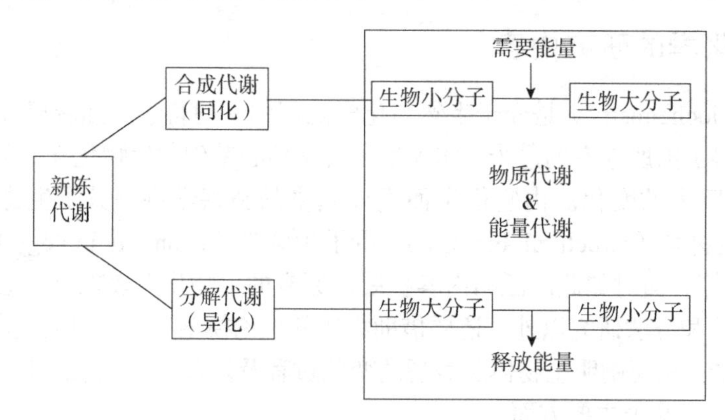

图 0-1　物质代谢和能量代谢的关系

糖类、脂质、蛋白质、核酸等生物大分子首先由大分子降解为小分子。有机物的碳骨架的氧化分解是物质分解代谢的核心，而转换枢纽为糖代谢中的有氧分解——三羧酸循环。在物质代谢的同时，以 ATP 为载体的能量代谢也在不断发生。ATP 的生成有两种方式，即底物水平磷酸化和电子传递体系磷酸化。

（三）遗传信息的传递规律

遗传信息的传递和表达，包括 DNA 的复制、转录、翻译和调控。DNA 通过复制将遗传信息由亲代传递给子代；通过转录和翻译，将遗传信息传递给蛋白质分子，从而决定生物的表现型。DNA 的复制、转录和翻译过程构成了遗传学的中心法则。但在少数 RNA 病毒中，其遗传信息贮存在 RNA 中。因此，在这些生物体中，遗传信息的流向是 RNA 通过复制，将遗传信息由亲代传递给子代；通过反转录将遗传信息传递给 DNA，再由 DNA 通过转录和翻译传递给蛋白质，这种遗传信息的流向称为反中心法则。在整个生物界，微生物到人类基本通用一套由 64 个遗传密码构成的密码字典。遗传密码在分子水平上把生物界的遗传性统一起来，这也是基因工程的理论基础。

根据研究对象分类，生物化学可分为动物生物化学和植物生物化学，前者以人体及动物为研究对象，后者以植物为研究对象。如果研究对象不局限于动物或植物，而是一般生物，则称为普通生物化学。如果以生物（特别是动物）的不同进化阶段的化学特征（包括化学组成和代谢方式）为研究对象，则称为进化生物化学或比较生物化学。此外，根据不同的研究对象和目的，生物化学还有许多分支，如微生物化学、医学生物化学、农业生物化学和工业生物化学等。

三、生物化学的学习方法

生物化学虽然与化学，特别是有机化学密切相关，但性质毕竟有所不同，主要区别是生物化学反应是在生物体内进行的，反应的环境比体外复杂，一般有生物催化剂（酶）参加。

有些在体外发生的反应，在体内就不一定照样进行，因此，不能简单地根据体外的化学反应去理解体内的反应。在学习生物化学时，要注意以下几个方面。

1）要有良好的精神状态。生物化学与分子生物学的内容复杂而且抽象，学生学习时容易产生畏难情绪，只有积极培养学习的兴趣，以良好的精神状态进行学习，才能有好的学习效果。

2）要注意记忆与理解的相互促进。生物化学与分子生物学的内容十分丰富，有不少知识点需要记忆，丰富的记忆材料是良好理解能力的基础，对问题的理解又可以促进记忆，学生在学习中应注意锻炼记忆与理解相互促进的学习方法。

3）要注重阅读和练习。生物化学与分子生物学有些内容特别复杂，学生读一本书或听一次课有时对问题的理解不深，如果能读多本书，不同的书叙述问题的角度不同，有助于学生加强对问题的理解。这门课程有不少内容需要用化学的理论进行一定的计算，还有一些内容需要用实验现象来分析一定的问题，这就需要学生通过作业来练习。因此，加强阅读和练习至关重要。

4）注重学习科学思维的方法和实验技能。生物化学与分子生物学是一门实验学科，绝大部分知识和理论都是通过实验发现的，了解重要科学发现的思路和主要途径，对于培养学生科学思维的能力和创新能力十分重要。本课程的教学内容将会介绍一些相关的知识，希望引起学生的足够重视。实验技能对于获取新知识十分重要，一定要给予足够的关注，应该阅读相关的书籍，进行必要的实验技能训练。

5）注重与数理化特别是化学知识的联系。生物化学与分子生物学是以数理化特别是化学为基础的。用化学理论来探索生物体的物质组成、有关物质的性质和代谢、与此相关的研究方法，构成了生物化学与分子生物学的基本内容，因此，学习生物化学与分子生物学一定要有很好的化学基础。数学、物理学和信息科学为生物化学与分子生物学提供了研究思路和手段，生物化学与分子生物学的许多重大突破是由化学家和物理学家完成的，从侧面说明了数理化对于生物化学与分子生物学十分重要。

6）注重与生物学功能的联系。生物化学与分子生物学是以生物体为研究对象，对生物学的基本知识了解得越多，学习生物化学与分子生物学就越容易，生物体内的物质组成、组成物质的性质、代谢和调控都是与其生物学功能相适应的。因此，从生物学功能的角度理解问题，可以显著地提高学习的效率。

学习生物化学时，应由表及里、循序渐进；应对教师指定的教材内容作全面了解，分析比较，明确概念；对糖类、脂质、蛋白质、核酸及其他有关化学物质的学习，要从化学本质和结构特点出发，联系它的性质和功能；对每章的重点内容应深入钻研，多加思考，弄懂并记忆。同时，生物化学又是一门实验性的学科，在生物化学领域中的重要发现都是在大量实验基础上获得的。因此，在学好书本知识的同时，要重视实验工作，提高动手能力。

第一章 蛋白质

蛋白质是生物体内含量最丰富、分布最普遍的一类生物大分子，是基因表达的终端产物，具有高度的多样性和众多的生物学功能。其英文名称 protein 来自希腊文，为“第一重要”的意思，蛋白质的研究对探讨生命科学中许多重大的理论问题和应用层面的问题具有重要的意义。本章将对蛋白质的组成与分类、蛋白质的构建单位氨基酸、蛋白质结构层次、蛋白质结构与功能的关系、蛋白质理化性质及蛋白质纯化技术进行分节介绍。

第一节 蛋白质概述

一、蛋白质的元素组成

蛋白质是一类均含有碳、氢、氧和氮 4 种元素的有机化合物。单纯蛋白质的元素组成为碳 50%～55%、氢 6%～7%、氧 19%～24%、氮 13%～19%，有的蛋白质含有硫 0～4%，有的蛋白质还含有磷、碘、铁、铜、锌、锰、钴、钼等元素。

蛋白质中的氮是特征元素，各种蛋白质的含氮量很接近，平均为 16%，即每 100g 蛋白质含有 16g 氮。体内组织的主要含氮物质是蛋白质，因此只要测定生物样品中的氮含量，就可以用定氮法按下式推算出蛋白质的大致含量。

100g 样品中蛋白质的量（g）=每克样品中含氮克数×6.25×100

二、蛋白质的分类

（一）根据蛋白质的化学组成分类

根据蛋白质的化学组成，可以将其分为简单蛋白质和结合蛋白质。

1．简单蛋白质　不含非氨基酸组分，仅由多肽链构成的蛋白质称为简单蛋白质。简单蛋白质根据溶解度的差异，又可分为以下 7 类。

1）清蛋白：又称白蛋白，分子较小，加热可凝固，溶于水、稀盐溶液及稀酸和稀碱溶液，可用饱和硫酸铵沉淀，普遍存在于动植物组织中，如血液中的血清清蛋白、鸡蛋中的卵清蛋白及小麦种子中的麦清蛋白等。

2）球蛋白：不溶于水，溶于稀盐、稀酸或稀碱溶液，可用半饱和硫酸铵沉淀，普遍存在于动植物组织中，动物组织的球蛋白遇热凝固，称为优球蛋白，如血清球蛋白、乳清球蛋白和肌球蛋白等；植物组织中的球蛋白遇热不凝固，称为拟球蛋白，如大豆球蛋白等。

3）醇溶蛋白：不溶于水、稀盐溶液和无水乙醇，但可溶于 70%～80%的乙醇，遇热不凝固，此类蛋白质常含有大量的脯氨酸。禾本科作物种子中含有醇溶蛋白，如大麦醇溶蛋白和玉米醇溶蛋白等。

4）谷蛋白：不溶于水和稀盐溶液，只溶于稀酸和稀碱溶液，主要存在于植物种子中，如小麦种子中的麦谷蛋白和水稻中的稻谷蛋白等。

5）精蛋白：溶于水和稀酸溶液，是一类结构简单的碱性蛋白质，常存在于成熟的精细胞中，与细胞核 DNA 结合在一起，如鱼精蛋白。

6）组蛋白：溶于水和稀酸溶液，和精蛋白一样是碱性蛋白质，是染色体的结构蛋白。

7）硬蛋白：不溶于水、盐溶液、稀酸溶液和稀碱溶液中，主要存在于毛发、皮肤、指甲、蚕丝中，起支持和保护作用，如角蛋白、胶原蛋白、弹性蛋白及丝蛋白等。

2. 结合蛋白质 结合蛋白质又称为缀合蛋白质，其组成中除含有氨基酸组分外，还含有非氨基酸组分。根据非氨基酸组分的性质，又可将结合蛋白质分为糖蛋白、脂蛋白、核蛋白、色蛋白、金属蛋白、磷蛋白，上述结合蛋白质的非氨基酸组分分别是共价结合的糖基、非共价结合的脂、非共价结合的核酸、共价结合或非共价结合的生色基团（如血红素）、配位结合的金属因子、共价结合的磷酸根。

（二）根据蛋白质的分子形状分类

根据蛋白质的分子形状，可将其分为球状蛋白质、纤维状蛋白质和膜蛋白三类（图 1-1）。

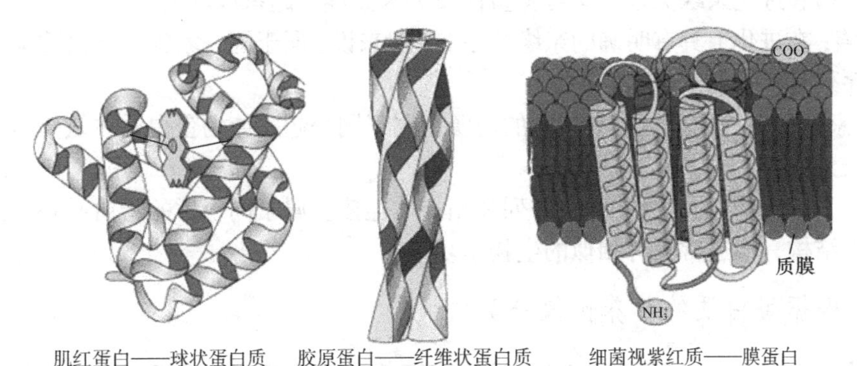

图 1-1 根据蛋白质的分子形状所分的种类

1）球状蛋白质：此类蛋白质结构紧凑，分子形状接近球形或椭球形，长轴和短轴的比例小于 5，其多肽链折叠紧密，疏水性氨基酸位于分子内部，亲水性氨基酸暴露在分子外侧，因此球状蛋白质的水溶性较好，可行使多种生物学功能，细胞中大多数可溶性蛋白质都是球状蛋白质，球状蛋白质一般在细胞内承担动态的功能，如胰蛋白酶和肌红蛋白等。

2）纤维状蛋白质：此类蛋白质结构伸张，具有比较简单、有规则的重复结构，分子形状呈现纤维状，长轴和短轴的比例大于 10，大多数不溶于水，在生物体内主要起结构支撑和保护作用，如胶原蛋白、角蛋白和丝蛋白等。也有些纤维状蛋白质可溶于水，如纤维蛋白原和肌球蛋白等。还有些纤维状蛋白质是由球状蛋白质聚集而成的，如微管蛋白和肌动蛋白等，通常也被归为球状蛋白质。

3）膜蛋白：以一定的结合方式定位于各种细胞膜系统，生物膜的多数功能通过膜蛋白实现。

（三）根据蛋白质的功能分类

蛋白质是生命功能的执行者，根据功能，蛋白质又可以分为酶、调节蛋白、贮存蛋白、结构蛋白、转运蛋白、运动蛋白、防御蛋白和信息传递蛋白等（表 1-1）。

表 1-1　根据蛋白质的功能所分的种类

种类	举例
酶	具有催化功能的蛋白质，如淀粉酶
调节蛋白	如某些激素、激素受体、调节因子
贮存蛋白	如卵清蛋白、酪蛋白、麦醇溶蛋白、铁蛋白
结构蛋白	多为纤维状蛋白质，如胶原蛋白、蚕丝蛋白、角蛋白
转运蛋白	如血红蛋白、载脂蛋白、转铁蛋白
运动蛋白	如肌球蛋白、肌动蛋白
防御蛋白	如干扰素、溶菌酶等；有毒蛋白如白喉毒素
信息传递蛋白	如视紫红质、味觉蛋白
其他	结构蛋白、异常功能蛋白

（四）根据蛋白质的结构和进化亲缘关系分类

根据结构和进化亲缘关系，又可将蛋白质分为家族、超家族和栏。

1）家族：在进化上具有明确的亲缘关系。一般来说，属于同一家族的蛋白质至少有 30% 的氨基酸序列是相同的。

2）超家族：在进化上可能有相同的起源。属于同一超家族的蛋白质在氨基酸序列上的差别可能较大。

3）栏：具有相同的二级结构、排列和拓扑学连接。属于同一栏的蛋白质并不需要具有相同的一级结构，但通常具有相似的生物学功能。

（五）根据蛋白质的营养价值分类

从营养角度看，蛋白质营养水平的高低主要取决于蛋白质所含必需氨基酸的种类、含量，以及其比例是否与人体蛋白质相似，比例越相似，营养价值越高。因此，营养学也将蛋白质分为完全蛋白质、半完全蛋白质及不完全蛋白质。

完全蛋白质是指该蛋白质所含必需氨基酸种类齐全，数量充足，氨基酸比例与人体氨基酸接近，不但能够维持人的生命健康，而且能促进儿童的生长发育，奶、蛋、瘦肉等蛋白质及大豆蛋白质均属于完全蛋白质。半完全蛋白质是指该蛋白质所含的必需氨基酸种类齐全，但数量不足，其比例与人体氨基酸有较大差异，作为唯一蛋白质来源时可以维持人的生命，但不能促进生长发育，植物性蛋白质多数属于半完全蛋白质，如小麦中的麦胶蛋白。不完全蛋白质是指该蛋白质所含的氨基酸种类不全，数量不足，若作为唯一蛋白质来源时，既不能维持生命，更不能促进生长发育。动物结缔组织中的胶原蛋白和玉米中的玉米胶蛋白均属于不完全蛋白质。

第二节　氨　基　酸

蛋白质是氨基酸通过脱水缩合而形成的多聚物。氨基酸（amino acid）是一类既含有氨基也含有羧基的小分子有机化合物，自然界中氨基酸种类众多，结构多样，但由密码子编码并直接参与蛋白质合成的氨基酸仅有 22 种，此类氨基酸称为标准氨基酸，也称为蛋白质氨基酸，以区别于在蛋白质合成加工过程中由标准氨基酸修饰而产生的非常见蛋白质氨基酸，或者出现在生物体中但不参与蛋白质合成的非蛋白质氨基酸，后两者又统称为非标准氨基酸。本节将介绍22种标准氨基酸的名称、结构、分类、理化性质及其重要的生理功能。

知识窗 1-1

一、氨基酸的结构与分类

（一）标准氨基酸

所有氨基酸均具有通俗的名称，22种标准氨基酸的中文名称、三个字母缩写及单个字母的缩写如表1-2所示，其中较早发现的20种标准氨基酸（图1-2）较为常见；后两种（图1-3）则较为罕见。硒代半胱氨酸只出现在少数一些含硒蛋白质中，如谷胱甘肽过氧化物酶、甲状腺素5′-脱碘酶及一些氢化酶等；吡咯赖氨酸仅存在于一些能够产生甲烷的原核生物中，作为甲胺甲基转移酶的组分参与甲烷的合成。本书将着重介绍前20种氨基酸的结构与分类。

知识窗 1-2

表1-2 标准氨基酸的中文名称、英文名称与缩写符号

中文名称	英文名称	缩写符号		中文名称	英文名称	缩写符号	
		三字母	单字母			三字母	单字母
丙氨酸	alanine	Ala	A	赖氨酸	lysine	Lys	K
精氨酸	arginine	Arg	R	甲硫氨酸	methionine	Met	M
天冬酰胺	asparagine	Asn	N	苯丙氨酸	phenylalanine	Phe	F
天冬氨酸	aspartic acid	Asp	D	脯氨酸	proline	Pro	P
半胱氨酸	cysteine	Cys	C	丝氨酸	serine	Ser	S
谷氨酰胺	glutamine	Gln	Q	苏氨酸	threonine	Thr	T
谷氨酸	glutamic acid	Glu	E	色氨酸	tryptophan	Trp	W
甘氨酸	glycine	Gly	G	酪氨酸	tyrosine	Tyr	Y
组氨酸	histidine	His	H	缬氨酸	valine	Val	V
异亮氨酸	isoleucine	Ile	I	硒代半胱氨酸	selenocysteine	Sec	U
亮氨酸	leucine	Leu	L	吡咯赖氨酸	pyrrolysine	Pyl	O

1. 氨基酸的结构通式 标准氨基酸除脯氨酸外均为α氨基酸，脯氨酸严格来讲不是氨基酸，而是亚氨基酸。α氨基酸具有共同的结构通式（图1-4），结构中心是α-碳原子，它共价连接一个氨基（α-氨基）、一个羧基（α-羧基）和一个氢原子，以及一个可变的侧链R基团。结构、大小和带电性质不同的侧链R基团决定了氨基酸间结构和性质的差异。

除甘氨酸外，其他标准氨基酸的α-碳原子均为手性碳原子，因此都具有手性。手性氨基酸均具有旋光性，能使平面偏振光发生左旋（−）或右旋（+），同时手性氨基酸也具有D型和L型两种立体异构体，称为对映异构体或镜像异构体，两者以L-甘油醛和D-甘油醛为参照进行命名。生物体对手性化合物的对映异构体具有严格的选择性，实验证明蛋白质分子中的氨基酸残基，除甘氨酸外，均为L-氨基酸，D-氨基酸仅存在于少数小肽中，包括一些特殊的抗菌小肽（如短杆菌肽）和某些细菌细胞壁组分肽聚糖。需要特别指出的是，手性氨基酸的L和D构型与旋光性之间没有直接对应关系，某些L-氨基酸使平面偏振光发生左旋，

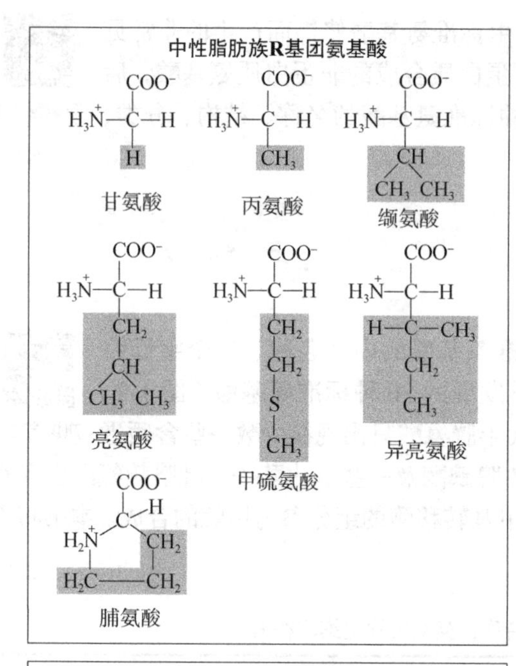

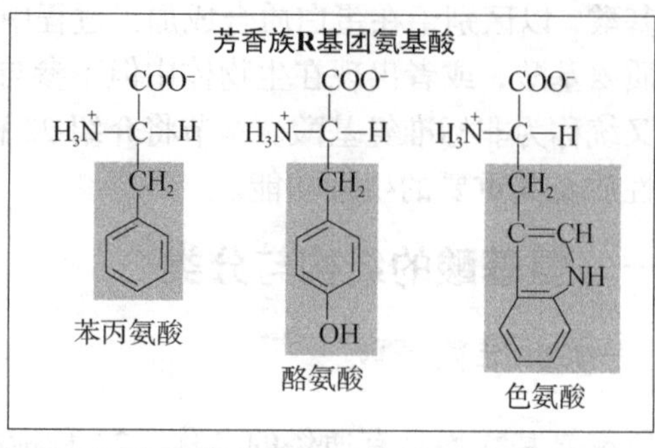

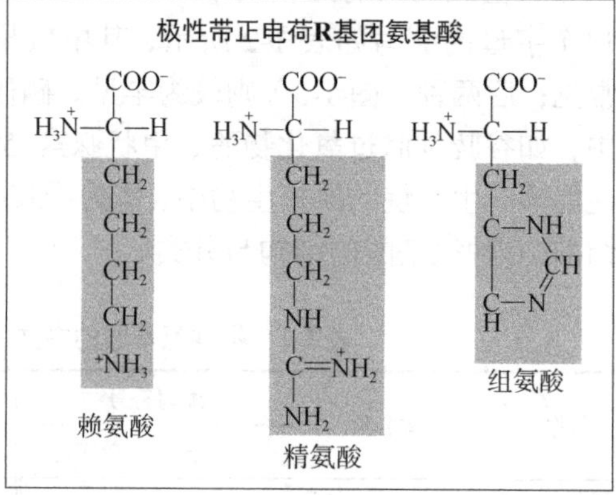

极性不带电荷R基团氨基酸

丝氨酸　苏氨酸　半胱氨酸

天冬酰胺　谷氨酰胺

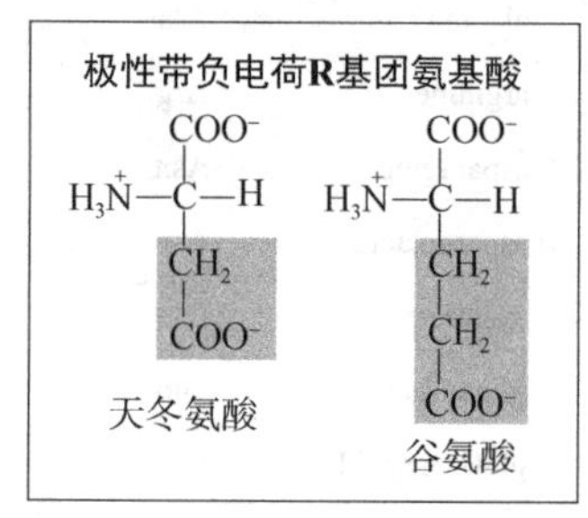

图 1-2　20 种标准氨基酸的结构式

硒代半胱氨酸　吡咯赖氨酸

图 1-3　第 21 和 22 种氨基酸的结构式

$$H_3\overset{+}{N}-\underset{R}{\overset{COO^-}{C}}-H$$

图 1-4　α 氨基酸的结构通式

某些 L-氨基酸则使平面偏振光发生右旋，即使是同一种 L-氨基酸，在不同的溶剂中也会有不同的旋光度或不同的旋光方向，因此，氨基酸的旋光性需要通过旋光仪检测，而不能简单地通过 L 和 D 构型来判断。

2. 氨基酸的分类与功能 R 基团是标准氨基酸的特征性基团，以此为依据对氨基酸进行分类有助于认识和理解标准氨基酸的理化性质。根据 R 基团化学结构、极性及其在 pH 7.0 条件下的带电状态，可将氨基酸分为以下 4 类（表 1-3）。

表 1-3 标准氨基酸的常规理化性质

中文名称	相对分子质量（Mr）	pK_a			pI	亲水指数
		pK_1（—COOH）	pK_2（$—NH_3^+$）	pK_3（R 基团）		
中性脂肪族 R 基团氨基酸						
甘氨酸	75	2.34	9.60		5.97	−0.4
丙氨酸	89	2.34	9.69		6.01	1.8
脯氨酸	115	1.99	10.96		6.48	1.6
缬氨酸	117	2.32	9.62		5.97	4.2
亮氨酸	131	2.36	9.60		5.98	3.8
异亮氨酸	131	2.36	9.68		6.02	4.5
甲硫氨酸	149	2.28	9.21		5.74	1.9
芳香族 R 基团氨基酸						
苯丙氨酸	165	1.83	9.13		5.48	2.8
色氨酸	204	2.38	9.39		5.89	−0.9
酪氨酸	181	2.20	9.11	10.07	5.66	−1.3
极性不带电荷 R 基团氨基酸						
丝氨酸	105	2.21	9.15	13.60	5.68	−0.8
苏氨酸	119	2.11	9.62	13.60	5.87	−0.7
天冬酰胺	132	2.02	8.80	—	5.41	−3.5
谷氨酰胺	146	2.17	9.13	—	5.65	−3.5
半胱氨酸	121	1.96	10.28	8.33	5.07	2.5
极性带电荷 R 基团氨基酸						
赖氨酸	146	2.18	8.95	10.53	9.74	−3.9
组氨酸	155	1.82	9.17	6.00	7.59	−3.2
精氨酸	174	2.17	9.04	12.48	10.76	−4.5
天冬氨酸	133	1.88	9.60	3.65	2.77	−3.5
谷氨酸	147	2.19	9.67	4.25	3.22	−3.5

注：—为暂无相关资料

1）中性脂肪族 R 基团氨基酸：此类氨基酸的 R 基团是非极性和疏水的，包含甘氨酸、丙氨酸、缬氨酸、亮氨酸、异亮氨酸、脯氨酸及甲硫氨酸 7 种氨基酸。其中丙氨酸、缬氨酸、亮氨酸与异亮氨酸的 R 基团为非极性的甲基或带分支的碳氢链，易于在蛋白质内部聚集，通过疏水作用稳定蛋白质的空间结构。甘氨酸是最简单的氨基酸，也是标准氨基酸中唯一一个不具有手性的氨基酸，其 R 基团是非极性的氢原子，但是其 R 基团太小，因而对疏水作用没有真正的贡献。脯氨酸是一个亚氨基酸，其非极性的侧链 R 基团与 α-氨基形成一个刚性的环状结构，限制含脯氨酸多肽链的构象，脯氨酸和甘氨酸常常会出现在多肽链的转角处。甲硫氨酸是两种含硫的标准氨基酸之一，其侧链含有一个硫甲基，是生物体内重要的甲基供体。

2）芳香族 R 基团氨基酸：此类氨基酸的 R 基团均含有苯环，极性相对较小，都能参与疏水作用，包括苯丙氨酸、色氨酸和酪氨酸三种氨基酸。其中苯丙氨酸的苯环上没有取代基团，因此非极性最强；酪氨酸苯环上含有羟基，能够与水形成氢键，因此其 R 基团的极性最强，是一些酶的重要功能基团；色氨酸咪唑环上的氮原子也能够参与氢键的形成，其 R 基团的极性介于酪氨酸和苯丙氨酸之间。苯环具有共轭双键，因此在近紫外光区具有强吸收，从而使得多数蛋白质在 280nm 处具有特征性的光吸收，在蛋白质的定量研究中具有重要应用。

3）极性不带电荷 R 基团氨基酸：此类氨基酸的 R 基团均含有能与水形成氢键的功能性基团，因此极性较大，包括丝氨酸、苏氨酸、天冬酰胺、谷氨酰胺和半胱氨酸 5 种氨基酸。其中，丝氨酸和苏氨酸的极性是由羟基提供的，天冬酰胺和谷氨酰胺的极性是由酰胺基团提供的，半胱氨酸的极性是由巯基提供的。两个半胱氨酸之间的巯基可以氧化形成二硫键，通过二硫键连接的半胱氨酸二聚体称为胱氨酸（图 1-5），胱氨酸具有强的疏水性。二硫键在蛋白质结构的形成中扮演着重要的角色。

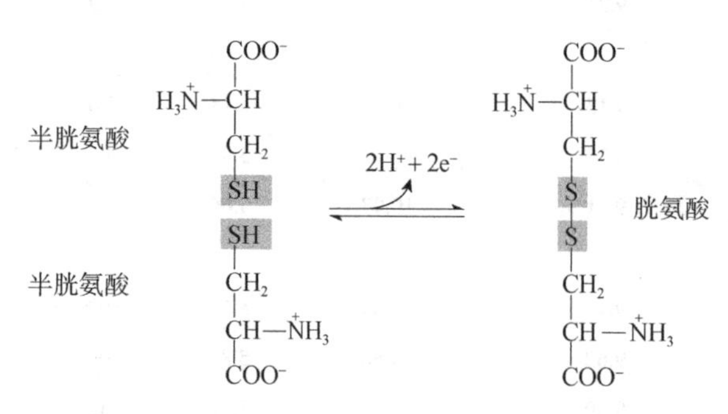

图 1-5　半胱氨酸聚合为胱氨酸

4）极性带电荷 R 基团氨基酸：此类氨基酸的 R 基团在 pH 7.0 的条件下带有电荷，极性最大，亲水性最强，包括赖氨酸、组氨酸、精氨酸、天冬氨酸和谷氨酸 5 种氨基酸，其中赖氨酸的 R 基团含有一个一级的 ε-氨基，组氨酸的 R 基团含有一个含氮的咪唑环，精氨酸的 R 基团含有一个胍基，三者在生理条件下被质子化而带正电荷；天冬氨酸和谷氨酸侧链含有羧基，因此在生理条件下解离而带负电荷。

氨基酸结构中含有亲水性的 α-氨基和 α-羧基，因此氨基酸一般都溶于水，但受侧链 R 基团极性的影响，标准氨基酸间亲水性的强弱差异较大。表 1-3 中的亲水指数综合考虑了氨基酸 R 基团亲水性和疏水性的尺度，可用来衡量氨基酸寻找亲水环境（－）和疏水环境（＋）的趋势。由此可见，前 20 种标准氨基酸中，甘氨酸、酪氨酸、色氨酸、丝氨酸、苏氨酸、天冬酰胺、谷氨酰胺、天冬氨酸、谷氨酸、赖氨酸、组氨酸和精氨酸表现为亲水，而丙氨酸、脯氨酸、缬氨酸、亮氨酸、异亮氨酸、半胱氨酸、甲硫氨酸和苯丙氨酸则表现为疏水。

除了以 R 基团为分类依据外，营养学上还可以将氨基酸分为必需氨基酸和非必需氨基酸。20 种标准氨基酸中，苏氨酸、缬氨酸、亮氨酸、异亮氨酸、苯丙氨酸、色氨酸、赖氨酸和甲硫氨酸等 8 种氨基酸是人体内不能合成的，或者合成量不足，必须从食物中获取，称为必需氨基酸。另有 2 种氨基酸，人体在某些情况下（如发生代谢障碍、婴幼儿生长期内）会出现内源性合成不足，也需要食物供给，称为半必需氨基酸，它们是精氨酸和组氨酸。剩余10种氨基酸可由糖代谢中间产物经转氨生成，此类氨基酸称为非必需氨基酸。

（二）非标准氨基酸

1. 非常见的蛋白质氨基酸　除了上述22种标准氨基酸外，蛋白质中还可能存在一些非常见的蛋白质氨基酸，这些氨基酸往往是由相应的标准氨基酸修饰产生的。例如，存在于胶质蛋白中的4-羟脯氨酸和5-羟赖氨酸分别由脯氨酸和赖氨酸衍生而来；存在于甲状腺球蛋白中的甲状腺素和3,3′,5-三碘原氨酸是酪氨酸的衍生物；6-*N*-甲基赖氨酸是赖氨酸的甲基化衍生物，是肌球蛋白的组成成分。*γ*-羧基谷氨酸存在于许多和凝血有关的蛋白质中。焦谷氨酸存在于原核细胞紫膜质中，原核细胞紫膜质是一种质子泵蛋白质。此外，在与染色体缔合的组蛋白中发现了*N*-甲基精氨酸和*N*-乙酰赖氨酸。

2. 非蛋白质氨基酸　除蛋白质氨基酸外，生物体中还存在数量众多的游离氨基酸，这些氨基酸种类繁多，结构多样，它们具有多种生物学功能，但不参与蛋白质的构建。例如，*γ*-氨基丁酸是一种重要的神经递质，*β*-丙氨酸是泛酸的重要组成成分，高半胱氨酸和高丝氨酸是氨基酸代谢过程中重要的中间体。鸟氨酸和瓜氨酸（图1-6）是精氨酸合成和尿素循环的重要中间物。此外，某些抗生素也含有氨基酸的衍生物，如青霉素含有青霉胺，氯霉素本身可看作氨基酸的衍生物。

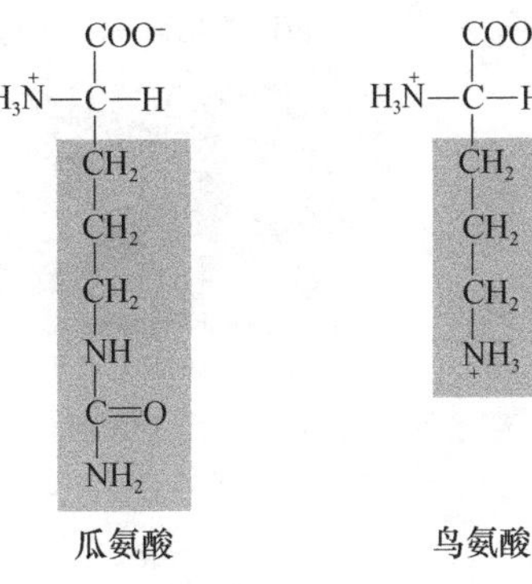

图1-6　非常见的蛋白质氨基酸

二、氨基酸的性质

（一）氨基酸的光谱学性质

标准氨基酸在可见光区均无光吸收，在红外区和远紫外区均有光吸收，但在近紫外光区，只有芳香族氨基酸具有光吸收，因其侧链R基团含有共轭π键，其中酪氨酸的最大吸收波长在275nm，色氨酸的最大吸收波长在280nm，苯丙氨酸的最大吸收波长在257nm，三者的摩尔吸光系数不同（图1-7）。蛋白质由于含有芳香族氨基酸，在近紫外光区也具有强的光吸收，其特征性吸收峰在280nm处，因此可利用分光光度法测定样品溶液中的蛋白质含量。但是不同的蛋白质中，芳香族氨基酸的种类和含量有所不同，因此不同蛋白质的摩尔吸光系数是不相同的。

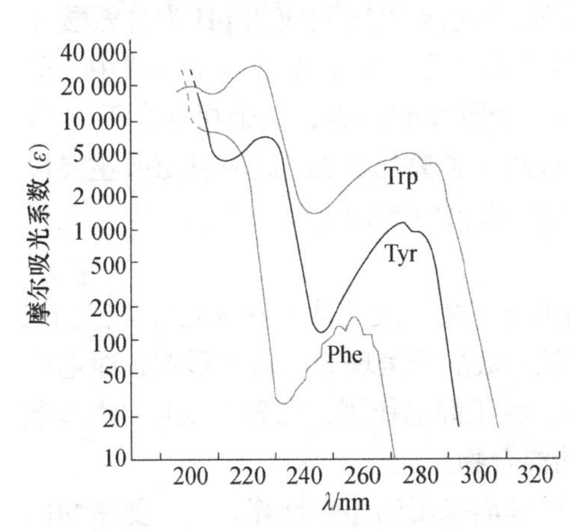

图1-7　芳香族氨基酸在pH 6.0时的近紫外光区吸收

（二）氨基酸的酸碱性质与等电点

氨基酸在常温下呈无色结晶，熔点高（超过200℃），易溶于酸或碱，一般不溶于有机溶剂，具有典型的离子型化合物的特征。实验证明，氨基酸在中性水溶液或在晶体状态下都是以兼性离子（zwitterion）形式存在的。所谓兼性离子是指氨基酸在生理pH条件下，既含有一个能释放质子的—NH_3^+

正离子，同时也含有一个能接受质子的—COO^-负离子，也称为偶极离子（dipolar ion）。Bronsted-Lowry 酸碱质子理论认为，在溶液中凡是可以释放质子的分子或离子即为酸，凡是能接受质子的分子或离子则为碱，因此氨基酸具有两性解离特性，是两性电解质。

氨基酸的带电状态受外界溶液 pH 的影响。以甘氨酸为例（图 1-8），在酸性条件下，完全质子化的甘氨酸实质是一个二元酸，带一个正离子（A^+）；当溶液 pH 由酸性逐渐转变成碱性时，质子化甘氨酸的 α-羧基首先解离，释放出质子，当 α-羧基完全解离而 α-氨基尚未解离时，呈现兼性离子形式（A^0）；随着溶液 pH 进一步碱化，甘氨酸的 α-氨基开始解离，释放质子直至解离为带一个负电荷的甘氨酸盐（A^-）。甘氨酸两个解离基团的 pK_a 可用测定滴定曲线的方法求得。

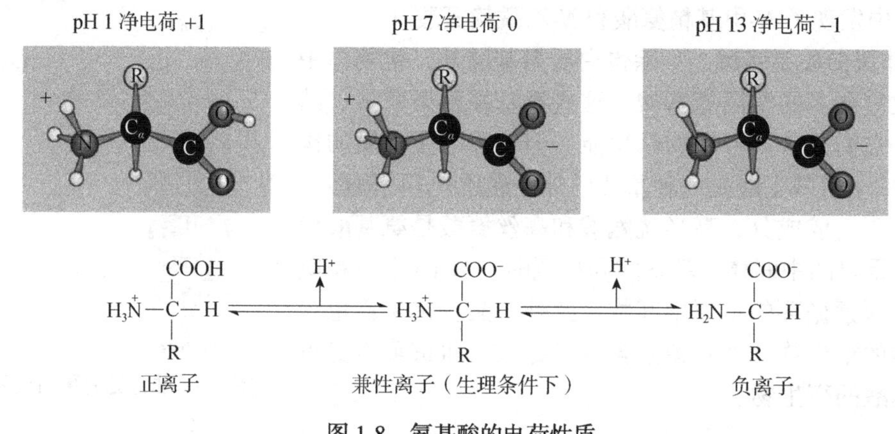

图 1-8　氨基酸的电荷性质

图 1-9 显示的是 0.1mol/L 甘氨酸在 25℃时检测的滴定曲线，图中 A 段曲线和 B 段曲线分别对应 α-羧基和 α-氨基的解离。从图 1-9 中可以看出，在低 pH 时，占优势的甘氨酸离子形式是完全质子化的形式（A^+），随着甘氨酸 α-羧基的解离，质子化形式的甘氨酸（A^+）浓度逐渐降低，兼性离子（A^0）的浓度逐渐增加，在曲线 A 段的中点处，两者浓度相等，曲线出现拐点，此拐点处所对应的溶液 pH 即 α-羧基的 pK（即解离常数的负对数），因为 α-羧基是甘氨酸第一个解离的基团，所以标示为 pK_1，甘氨酸 α-羧基的 pK_1 为 2.34。与曲线 A 段类似，曲线 B 段对应的是甘氨酸 α-氨基的解离，其拐点处所对应的 pH 为甘氨酸 α-氨基的 pK，标识为 pK_2，所对应的 pH 为 9.60。值得注意的是，在甘氨酸滴定曲线中，除了 A 段和 B 段各自的滴定中点外，滴定曲线上还有一个重要的拐点，这个拐点介于 A 段曲线与 B 段曲线中间，表示 α-羧基完全解离而 α-氨基尚未解离的状态，此时甘氨酸主要以兼性离子（A^0）的形式存在，滴定曲线上该拐点所对应的 pH（5.97）标识为 pI，即甘氨酸的等电点。

所谓氨基酸的等电点（isoelectric point，pI），是指氨基酸溶液的某一特殊 pH，在此 pH 条件下，氨基酸的—NH_3^+和—COO^-的解离度完全相等，氨基酸呈现兼性离子形式，净电荷为零，在电场中，既不向正极移动，也不向负极移动。由于静电作用，在等电点时，氨基酸的溶解度最小，可以利用氨基酸等电点分离氨基酸的混合物。

氨基酸的 pI 除了用酸碱滴定法测定外，还可按照解离基团的 pK 计算。某一氨基酸的 pI 为兼性离子两边 pK 的算术平均值。例如，甘氨酸的 pI（5.97）即 α-羧基的 pK（pK_1=2.34）与 α-氨基的 pK（pK_2=9.60）的算术平均值。但需要强调的是，并不是所有氨基酸兼性离子两边的解离基团均为 α-羧基和 α-氨基。例如，谷氨酸与组氨酸（图 1-10）除了 α-羧基和 α-氨基外，其侧链 R 基团也可发生解离，其 pK 标示为 pK_R。完全质子化的谷氨酸和组氨酸可视为三元羧酸，滴定曲线分为三个阶段，分别代表三个可解离基团的解离。由解离式可以看到，谷氨酸的兼性离子形式两侧的解离基团分别为 α-羧基与侧链 R 基团，因此其等电点为 pK_1 与 pK_R 的算术平均值；而组氨酸兼性离子两侧的解离基团为侧链 R 基团与 α-氨基，则其等电点为 pK_R 与 pK_2 的算术平均值。由于各种氨基酸分子上可解离基团的数目及各自的 pK 不同，每种氨基酸都有各自特定的等电点，侧链 R 基团含有氨基的氨基酸等电点较高，如 Arg 的等电点为 10.76，故也被称为碱性氨基酸；侧链 R 基团含有羧基的氨基酸等电点较低，如 Glu 的等电点为 3.22，也被称为酸性氨基酸。从上述结论可知，氨基酸等电点的值只取决于兼性离子两侧的可解离基团的 pK，是氨基酸的固有性质，与外界条件无关。

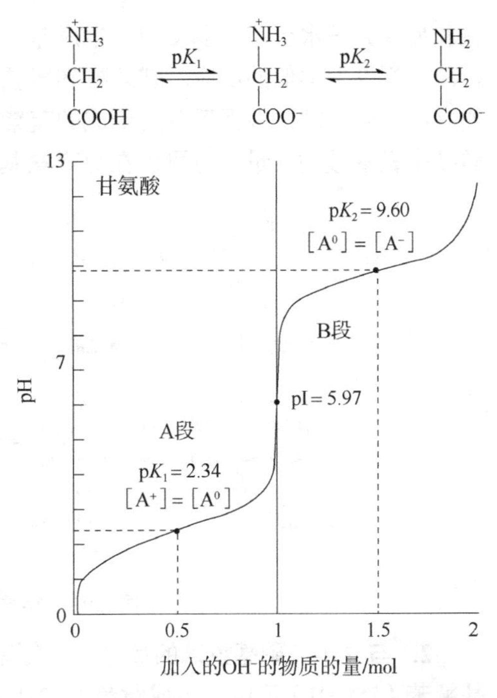

图 1-9 甘氨酸（25℃，0.1mol/L）的滴定曲线

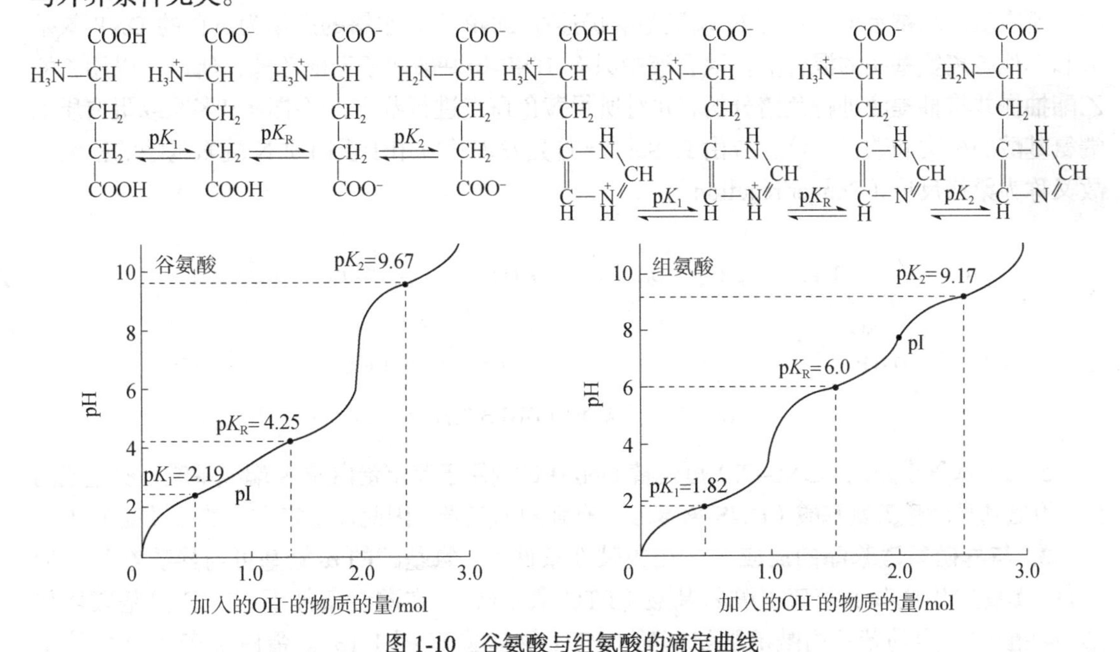

图 1-10 谷氨酸与组氨酸的滴定曲线

（三）氨基酸重要的化学反应

1. 与水合茚三酮的反应 α-氨基酸与水合茚三酮一起在水溶液中加热，可发生反应生成蓝紫色物质，其反应分为两步进行：首先，氨基酸经氧化脱氨生成相应的 α-酮酸，进一步脱羧生成醛，水合茚三酮则生成还原型茚三酮；其次，在弱酸性溶液中，还原型茚三酮、

氨和另一分子水合茚三酮反应，生成蓝紫色物质（图 1-11），具有游离 α-氨基的肽也可与水合茚三酮发生类似的反应。脯氨酸和羟脯氨酸因 α-氨基被取代，所生成的衍生物呈现黄色。此反应十分灵敏，根据反应所生成的蓝紫色的深浅，在 570nm 波长下进行比色就可以测定样品中氨基酸的含量，也可以在分离氨基酸时作为显色剂定性、定量地检测氨基酸。

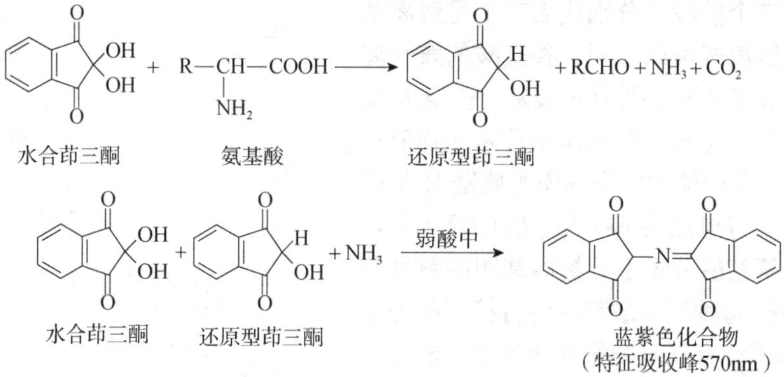

水合茚三酮 + $R-CH(NH_2)-COOH$（氨基酸） ⟶ 还原型茚三酮 + $RCHO + NH_3 + CO_2$

水合茚三酮 + 还原型茚三酮 + NH_3 $\xrightarrow{\text{弱酸中}}$ 蓝紫色化合物（特征吸收峰570nm）

图 1-11　氨基酸与水合茚三酮的反应

2. 与 2,4-二硝基氟苯的反应　氨基酸的 α-氨基在弱碱性条件下，很容易与 2,4-二硝基氟苯（DNFB）反应，生成黄色的 2,4-二硝基苯氨基酸（DNP-氨基酸），此产物易溶于非极性溶剂（图 1-12）。多肽或蛋白质的 N 端氨基酸的 α-氨基也能与 DNFB 反应，生成一种二硝基苯肽（DNP-肽）。由于硝基苯与氨基结合牢固，不易被水解，因此当 DNP-肽被酸水解时，所有肽键均被水解，只有 N 端氨基酸仍连在 DNP 上，水解的产物为黄色的 DNP-氨基酸和其他游离氨基酸的混合液。混合液中只有 DNP-氨基酸溶于乙酸乙酯，所以可以用乙酸乙酯抽提并将抽提液进行色谱分析，并对所得黄色斑点进行鉴定，可推断出多肽或蛋白质 N 端氨基酸的种类和数目。该反应由 F. Sanger 首先发现并应用于蛋白质 N 端氨基酸的检测，故又称为桑格反应（Sanger reaction）。

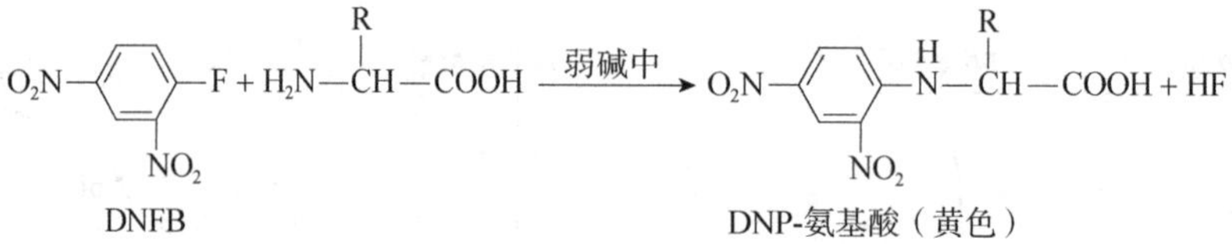

DNFB（$O_2N-C_6H_3(NO_2)-F$） + $H_2N-CH(R)-COOH$ $\xrightarrow{\text{弱碱中}}$ DNP-氨基酸（黄色）（$O_2N-C_6H_3(NO_2)-NH-CH(R)-COOH$） + HF

图 1-12　氨基酸与 DNFB 的反应

5-二甲基丹磺酰氯（DNS-Cl）可代替 DNFB 试剂用于鉴定蛋白质 N 端氨基酸，所生成的 5-二甲氨基丹磺酰氯氨基酸（DNS-氨基酸）有强烈的荧光，因此该鉴定方法的灵敏度更高。

3. 与异硫氰酸苯酯的反应　在弱碱性条件下，氨基酸的 α-氨基可与异硫氰酸苯酯（PITC）反应生成苯氨基硫甲酰氨基酸（PTC-氨基酸）。在酸性条件下，PTC-氨基酸环化形成在酸中稳定的苯乙内酰硫脲氨基酸（PTH-氨基酸）（图 1-13）。蛋白质多肽链 N 端氨基酸的 α-氨基也可有此反应，生成 PTC-肽，在酸性溶液中释放出末端的 PTH-氨基酸和比原来少一个氨基酸残基的多肽链。PTH-氨基酸在酸性条件下极稳定并可溶于乙酸乙酯，用乙酸乙酯抽提后，用层析法进行鉴定，就可以确定肽链 N 端氨基酸的种类。瑞典科学家 P. Edman 首先使用该反应测定蛋白质 N 端的氨基酸，因此该反应又称埃德曼反应（Edman reaction）。但与 DNFB 不同，PITC 与肽链反应只标记和去除一个 N 端氨基酸残基，剩下的肽链在N端按氨基酸序列暴露出一个新的N端氨基酸残基，可与PITC发生第二轮反应，因此该法可连续分析N端氨基酸，氨基酸自动顺序分析仪就是根据该反应原理而设计的。

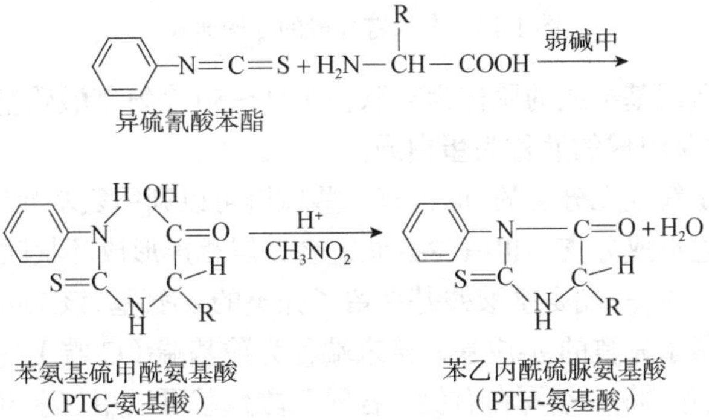

$$C_6H_5-N=C=S+H_2N-\underset{}{\overset{R}{\overset{|}{C}}}H-COOH\xrightarrow{\text{弱碱中}}$$

异硫氰酸苯酯

$$\xrightarrow[CH_3NO_2]{H^+}$$

苯氨基硫甲酰氨基酸（PTC-氨基酸） 苯乙内酰硫脲氨基酸（PTH-氨基酸）

图1-13 氨基酸与异硫氰酸苯酯（PITC）的反应

第三节 肽

一、肽的分类与命名

氨基酸的 α-羧基和另一个氨基酸的 α-氨基脱水缩合而成的化合物称为肽，氨基酸之间脱水形成的键称为肽键，其本质为酰胺键（图1-14）。氨基酸可通过缩合反应聚合成多肽链（图1-15），肽链是由 α-碳原子、羰基碳原子及酰胺氮原子等重复单位构成的链状结构主链，每个氨基酸R基称为侧链。两个氨基酸脱水形成的产物称为二肽，由三个氨基酸残基构成的肽称为三肽，以此类推。缩合过程中氨基酸失去了一分子水，因此称为氨基酸残基。一

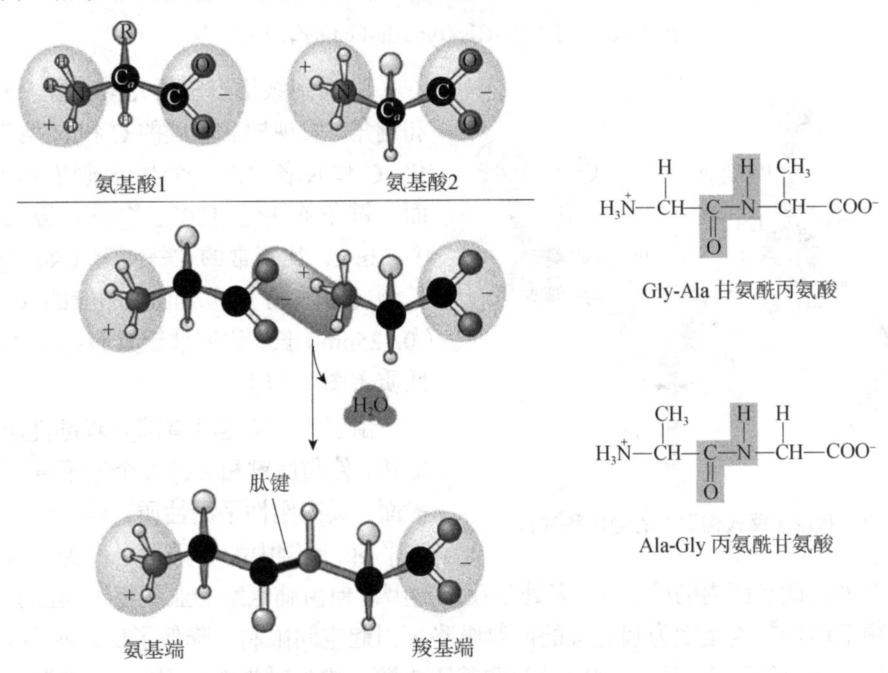

图1-14 氨基酸脱水缩合形成肽

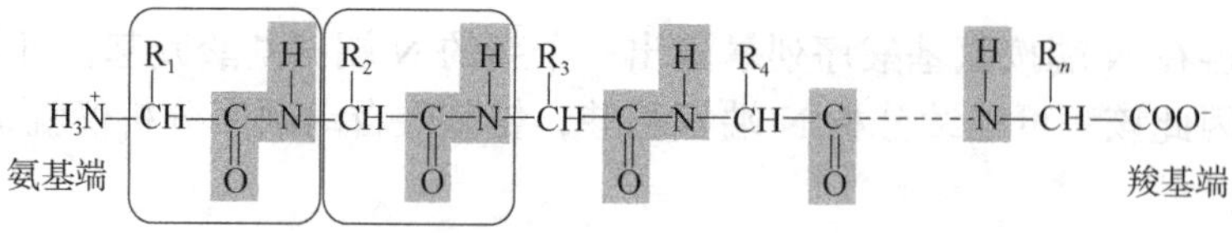

图 1-15　多肽链片段的结构通式

般将由 2～10 个氨基酸残基组成的肽称为寡肽，由 11～50 个氨基酸残基组成的肽称为多肽，由 50 个以上氨基酸残基组成的肽称为蛋白质。

绝大多数多肽链是线性无分支的，但也有一些肽链可以利用氨基酸残基侧链 R 基团的氨基或羧基以异肽链相连形成分支，也有少数肽链会首尾相连形成环状肽链，如 α-鹅膏蕈碱。线性多肽链均有两个末端，一端氨基酸残基保留了完整的 α-氨基，该末端称为氨基端（N 端）；另一端氨基酸残基保留了完整的 α-羧基，该末端称为羧基端（C 端）。按照惯例，在书写多肽链时将 N 端写在左侧，将 C 端写在右侧，各氨基酸残基可以用三字母或单字母缩写表示，有时为了强调，会在 N 端和 C 端分别添加 H 和 OH，命名时从 N 端向 C 端依次读作"某氨基酰某氨基酰……某氨基酸"。如图 1-16 的五肽写作 Ser-Gly-Tyr-Ala-Leu 或 H-Ser-Gly-Tyr-Ala-Leu-OH，读作丝氨酰甘氨酰酪氨酰丙氨酰亮氨酸，需要特别指出的是，多肽链具有方向性，H-Gly-Ala-OH（图 1-14 右上，读作甘氨酰丙氨酸）与 H-Ala-Gly-OH（图 1-14 右下，读作丙氨酰甘氨酸）是不同的二肽。

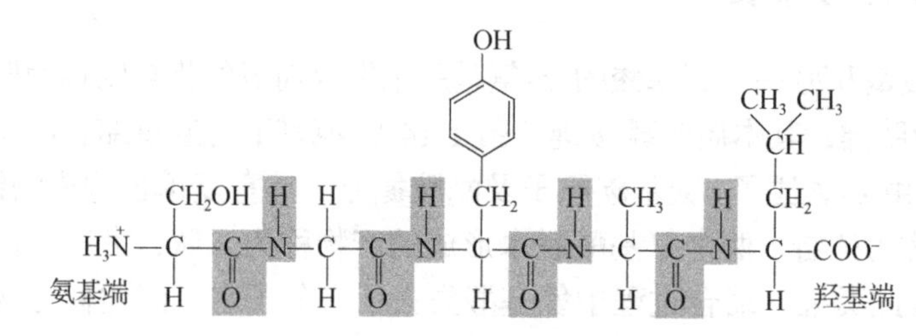

图 1-16　五肽 Ser-Gly-Tyr-Ala-Leu 的结构式

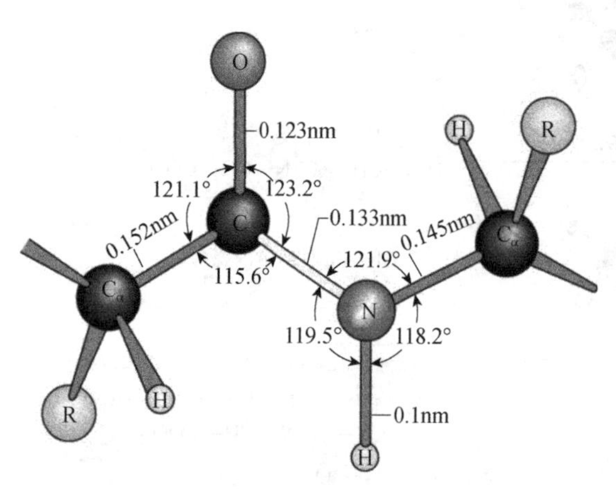

图 1-17　肽键（反式构型）的键角和键长

用 X 射线衍射法研究模型肽，测定键长和键角，发现构成肽键的 C 和 N 均为 sp^2 杂化，C 和 N 各自的 3 个共价键均处于同一平面，键角均接近 120°。C—N 键的长度为 0.133nm，比正常的 C—N 键（如 C_α—N 键长为 0.145nm）短，但比一般的 C═N 键（0.125nm）长，说明肽键具有约 40%的双键性质（图 1-17）。

由于 C—N 键具有部分双键性质，不能旋转，使与肽键相关的 6 个原子处于同一个平面，具有刚性平面性质，称为肽平面或酰胺平面。肽链中的 α-碳原子作为连接点将肽平面连接起来，肽平面内的两个 C_α 多处于反式构型，但由脯氨酸的亚胺氮参与的肽键，顺式出现的频率增加，这是因为脯氨酸的四氢吡咯环引起空间限制，降低了反式构型的优势。N—C_α 键和 C_α—C 键可以旋转，规定键两侧基团为顺式排列时为 0°，从 C_α 沿键轴的方向观察，顺时针旋转的角度为正值，反时针旋转的角度为负值。N—C_α 键旋转的角度为 ϕ，C_α—C 键旋转的角度为 Ψ（图 1-18）。

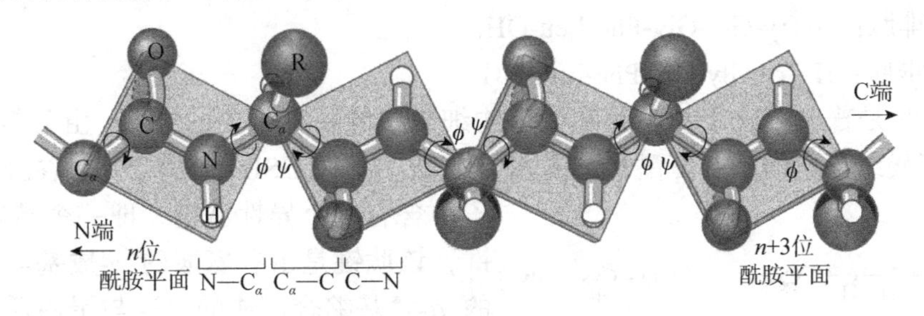

图 1-18 肽平面与多肽链主链构象

在双键共振状态中，杂化的中间肽酰胺 N 带 0.28 净电荷，羰基 O 带 0.28 负电荷，表明肽键具有永久偶极矩。然而，肽骨架的化学反应性相对较低，质子的得失通常只发生在 pH 极高或极低的条件下，在 pH 0～14，肽基没有明显的质子得失。肽的等电点计算需先判断各解离基团的带电情况，再统计净电荷的量。

二、生物活性肽

生物活性肽（biological active peptide，BAP）是能够调节生命活动或具有某些生理活性的寡肽和多肽的总称。生物活性肽依据形成途径可分为两类：一类是由 DNA 基因编码并在核糖体上合成的，但其合成的初产物通常是多肽的前体，需要通过酶解切割成适当的长度，才能表现出特定的生理学活性，催产素、加压素、胰岛素等肽类激素均属于此类。此类生物活性肽对氨基酸具有严格的立体异构选择性，其构建单位除甘氨酸外均为 L-氨基酸，且形成的肽键总是由 α-氨基和 α-羧基缩合而成。另一类生物活性肽没有 DNA 基因编码，也不在核糖体上合成，谷胱甘肽、放线菌素 D、α-鹅膏蕈碱和短杆菌肽 S 属于此类。此类生物活性肽结构中可能含有 D-氨基酸，也可能含有异型肽键。目前已经在生物体中发现了几百种生物活性肽，它们参与代谢调节、激素分泌、神经活动、细胞生长及繁殖等几乎所有的生命活动。

脊椎动物神经细胞分泌的神经激素多是小肽，能够在很低的浓度下发挥效力。例如，催产素为九肽，可使子宫和乳腺平滑肌收缩，具有催产及使乳腺排乳的作用。加压素也为九肽，可促进血管平滑肌收缩，从而升高血压，并有减少排尿的作用，所以也称抗利尿激素。两者分子结构高度相似，仅第 3 位和第 8 位的两个氨基酸残基不同（图 1-19），但生理功能截然不同。胰岛素和胰高血糖素是相对较大的肽类激素，前者由胰岛 β 细胞分泌，含有两条多肽链，共有 51 个氨基酸残基，是唯一的降血糖激素；后者由胰岛 α 细胞分泌，含有 29 个氨基酸残基，其作用与胰岛素相反，可促进肝糖原降解产生葡萄糖，以维持血糖水平。

知识窗 1-3

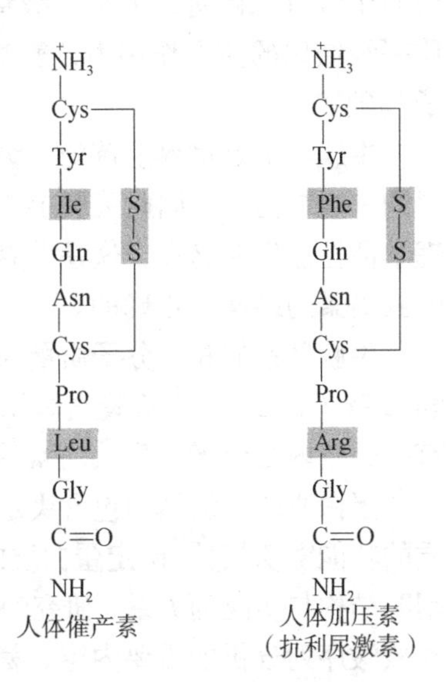

图 1-19 人体催产素与人体加压素

脑啡肽是一类在中枢神经系统中形成的小肽，具有强镇痛作用，由于脑啡肽是自身合成的，因此不会像吗啡等镇痛药物一样产生成瘾性。目前从猪脑中分离得到的脑啡肽有两种，即亮氨酸脑啡肽（Leu-脑啡肽）和甲硫氨酸脑啡肽（Met-脑啡肽），两者均为五肽，其结构如下。

Leu-脑啡肽：H-Try-Gly-Gly-Phe-Leu-OH。

Met-脑啡肽：H-Try-Gly-Gly-Phe-Met-OH。

谷胱甘肽是普遍存在于动植物和微生物细胞中的一种重要的三肽，由谷氨酸、半胱氨酸和甘氨酸组成，即γ-谷氨酰半胱氨酰甘氨酸，简称 GSH（图 1-20）。谷胱甘肽的分子中含有一个异性肽键，即一个特殊的γ-肽键，该肽键是由谷氨酸的γ-羧基与半胱氨酸的α-氨基缩合而成的，这与蛋白质分子中的肽键不同。由于谷胱甘肽中含有一个活泼的巯基，因此很容易被氧化，氧化形式是两分子谷胱甘肽脱氢以二硫键相连形成氧化型谷胱甘肽（GSSG）。谷胱甘肽参与细胞内的氧化还原作用，它是一种抗氧化剂，对许多酶具有保护功能。

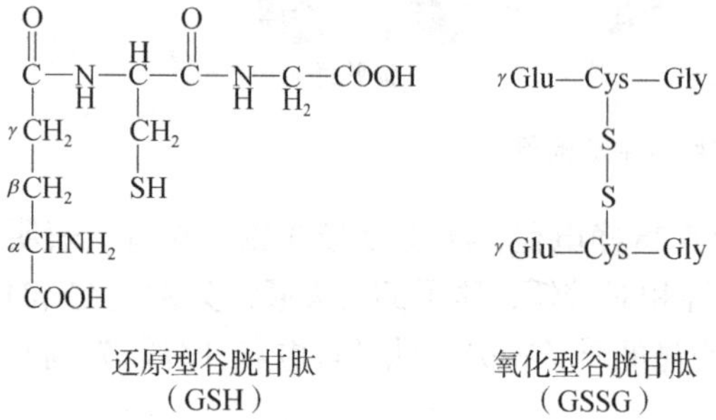

$$\mathrm{HOOC{-}CH(NH_2)_{\alpha}{-}CH_2{}_{\beta}{-}CH_2{}_{\gamma}{-}C(=O){-}NH{-}CH(CH_2SH){-}C(=O){-}NH{-}CH_2{-}COOH}$$

还原型谷胱甘肽（GSH）

$$\gamma\mathrm{Glu{-}Cys{-}Gly}$$
$$\mathrm{|\ S{-}S\ |}$$
$$\gamma\mathrm{Glu{-}Cys{-}Gly}$$

氧化型谷胱甘肽（GSSG）

图 1-20　谷胱甘肽的结构

第四节　蛋白质结构

蛋白质分子大，结构复杂，为便于描述和理解蛋白质的复杂结构，通常将蛋白质的结构分为一级结构、二级结构、三级结构和四级结构。其中一级结构为共价结构，二级结构、三级结构及四级结构属于蛋白质的空间结构。

一、蛋白质的一级结构

蛋白质是由数量不同、序列各异的氨基酸通过肽键聚合而成的高聚物，其多肽链中的氨基酸序列称为蛋白质的一级结构（primary structure），也称为蛋白质的共价结构。如果蛋白质中含有二硫键，那么一级结构还包括二硫键的数目和位置。肽键和二硫键是维系蛋白质一级结构的主要作用力，氨基酸的数量、种类及排列顺序的多样性是蛋白质多样性的分子基础。

牛胰岛素是世界上首个一级结构被测定的蛋白质，1955 年 Sanger 成功地检测出牛胰岛素的一级结构，并因此荣获 1958 年诺贝尔化学奖。1965 年，我国科学家首次合成了具有生理学活性的牛胰岛素，这是世界上第一次人工合成的蛋白质，也间接证明了 Sanger 测定出的胰岛素的结构是正确的。

牛胰岛素的相对分子质量为 5734，含有两条多肽链，分别为 A 链（含 21 个氨基酸残基）和 B 链（含 30 个氨基酸残基）。A 链和 B 链之间通过两对链间二硫键相连，此外 A 链还含有一个链内二硫键。牛胰岛素的一级结构如图 1-21 所示。

蛋白质的一级结构包含决定其空间结构的所有生物学信息，蛋白质的空间结构又与蛋白质的功能密切相关，确定蛋白质的一级结构有助于了解其空间结构与功能，是揭示生命本质、阐明结构与功能的关系、研究酶的活性中心和酶蛋白高级结构的基础，也是基因表达、克隆和核酸序列分析的重要内容。氨基酸序列的测定方法将在本章第六节介绍。

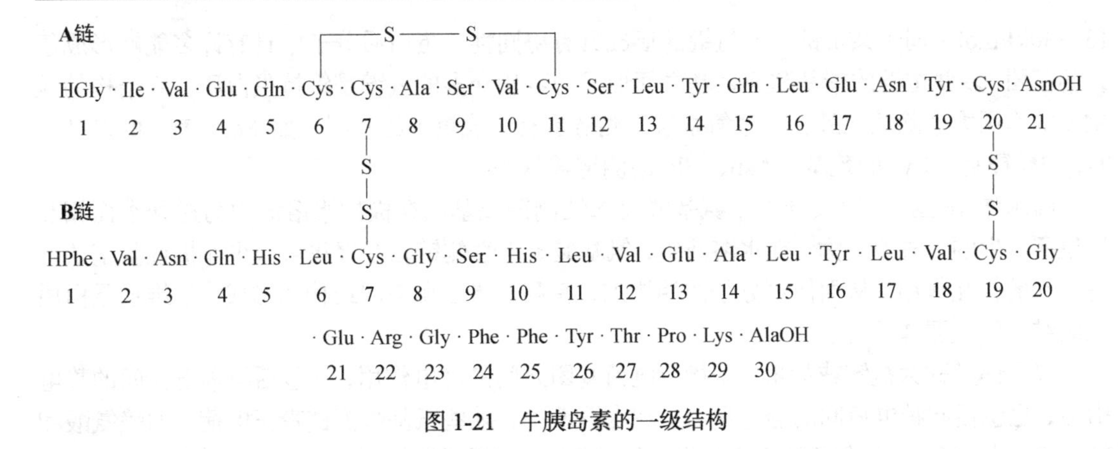

图 1-21　牛胰岛素的一级结构

二、蛋白质的空间结构

蛋白质多肽链可折叠形成复杂的三维空间结构，包含蛋白质分子中所有原子在三维空间中的分布和肽链走向。理论上，蛋白质的空间结构包括任何可以通过不断开共价键就能形成的结构状态，如单键的自由旋转所引发的不同构象。典型蛋白质分子的共价骨架上往往含有数量众多的单键，因此蛋白质有无数假想的空间构象，但事实上只有一种或极少种构象在生理状态下占有普遍优势。这种特定的空间构象往往是热力学上最稳定的状态，具有一定的生物学活性。需要特别指出的是，蛋白质结构并不是静态的，蛋白质在与配体相互作用时，其空间构象会发生不同程度的变化，这种变化通常发生在蛋白质空间结构中的柔性区域，这些区域往往缺乏周期性规律，却是实现蛋白质功能的关键区域。

（一）稳定蛋白质空间结构的作用力

非共价键，又称次级键，是维系蛋白质空间结构的主要作用力（图 1-22），主要包括氢键、疏水作用、离子键及范德瓦耳斯力。

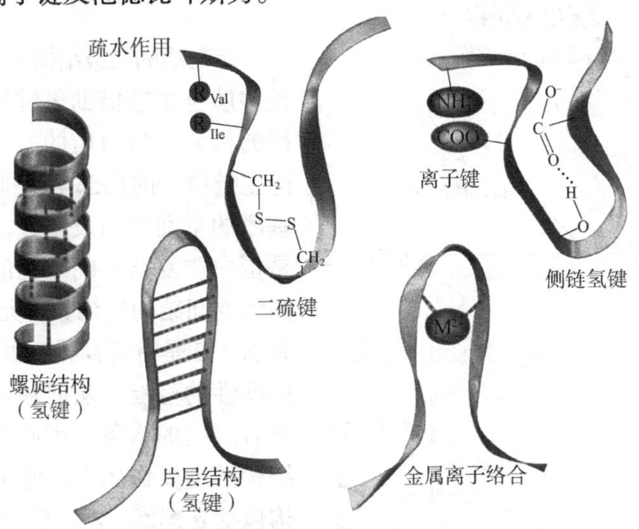

图 1-22　蛋白质分子中的化学键

氢键（hydrogen bond）本质上属于弱的静电吸引作用，是一个与电负性较大的原子共价结合的氢与另一个电负性原子之间的静电吸引，前者为氢供体，后者为氢受体。氢键（键能

13～30kJ/mol）弱于共价键，但氢键的形成具有协同性，蛋白质分子中具有许多能够形成氢键的基团，多肽主链的羰基和亚氨基之间形成的数量众多的氢键是维持蛋白质二级结构的最主要的作用力。除此之外，有些氨基酸的侧链也有形成氢键的基团，如 Ser、Thr 的羟基，Tyr 的酚羟基，Cys 的巯基，Asp、Glu 的侧链羧基等。

疏水作用是指蛋白质分子中氨基酸疏水性侧链或基团在极性水溶液中为避开水而相互聚集所产生的一种作用力。在水溶液中，氨基酸疏水性侧链相互聚集可减少非极性氨基酸残基与水的相互作用，从而使水分子的熵增加，有利于蛋白质空间结构的形成，是维系蛋白质三级结构的主要作用力。

离子键又称为盐键或盐桥，是指带电荷基团之间的静电作用，既包括异种电荷间的静电引力，也包括同种电荷间的静电斥力。在水溶液中，某些氨基酸侧链带正电荷，如赖氨酸和精氨酸，某些氨基酸残基则带负电荷，如谷氨酸和天冬氨酸，游离的 N 端氨基酸残基的氨基和 C 端氨基酸残基的羧基也分别带正电荷和负电荷，这些电荷基团间的静电作用对维系蛋白质空间结构的稳定性具有重要影响。异种电荷间的静电引力与溶液的介电常数成反比，加入盐类会减弱离子键的强度，因此，盐浓度对生物分子的结构具有重要影响。

广义的范德瓦耳斯力包括三种较弱的静电相互作用，即定向效应、诱导效应和分散效应，氢键属于定向效应。狭义的范德瓦耳斯力特指分散效应，它是瞬时偶极诱导的静电相互作用，是非极性分子或基团之间仅有的一种范德瓦耳斯力。狭义的范德瓦耳斯力包括非特异性的吸引力和斥力，其吸引力的作用强度依赖两个非共价键结合原子间的距离，其变化与其距离的 6 次方成反比，但当两个非共价键结合原子相互挨得太近时，电子云的重叠又会产生斥力，因此，狭义范德瓦耳斯力的吸引力只有当两个非共价键结合原子处于合适距离时才能达到最大，这个距离称为范德瓦耳斯距离，等于两个原子的范德瓦耳斯半径之和，一般为 0.3～0.4nm。狭义范德瓦耳斯力是一种弱相互作用（键能为 0.4～4.0kJ/mol），但范德瓦耳斯力分布广泛，数量巨大，不仅具有加和效应，还具有位相效应，是维持蛋白质空间结构的重要作用力之一。

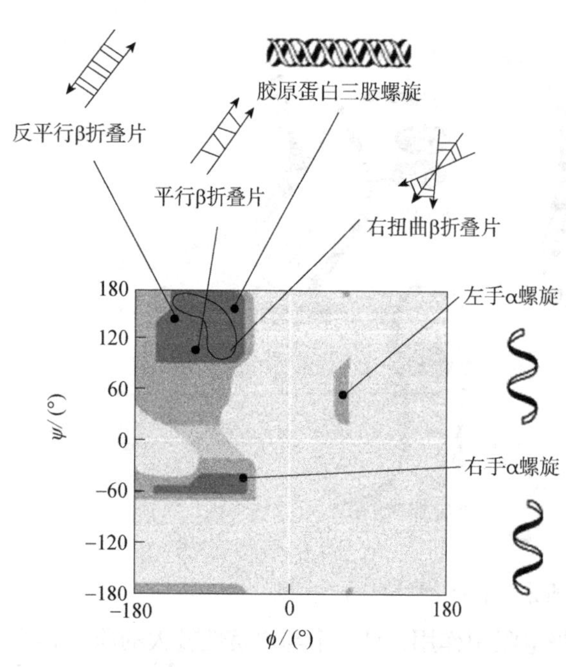

图 1-23　常见二级结构在拉氏构象图中的分布

（二）蛋白质的二级结构

蛋白质的二级结构（secondary structure）是多肽链主链借助氢键形成的有周期性规律的构象。蛋白质的二级结构只涉及多肽链主链原子的局部空间排列，不涉及侧链 R 基团的空间排布及肽段之间的相互关系，是蛋白质复杂空间结构的基础，也是构建高级空间结构的构象单元。主链上的 C═O 和 N—H 是有规律排列的，两者之间可形成周期性的氢键，从而使蛋白质主链局部形成有规则的构象，因此是维系蛋白质二级结构的主要作用力。常见的蛋白质二级结构包括 α 螺旋、β 折叠、β 转角及无规卷曲等，前 3 种结构比较有规律，稳定性较强，表现为所有的二面角集中在拉氏构象图的某一区域（图 1-23），无规卷曲的二面角则落在其他允许的区域；但从功能上看，无规卷曲往往是蛋白质行使功能的关键区域，而 α 螺旋与 β 折叠一般只起支撑作用。

1. α 螺旋 α 螺旋（α-helix）是蛋白质中最常见、最典型、含量最丰富的二级结构单元，最先由 Linus Carl Pauling 和 Robert Corey 于 1951 年提出，因为该螺旋最初被发现于 *α*-角蛋白中，故称 α 螺旋。α 螺旋具有以下主要特征。

知识窗 1-4

1）多肽链主链环绕一个假想的中心轴盘绕形成有规则的螺旋构象（图 1-24A）。

2）α 螺旋有左手螺旋和右手螺旋两种，但在天然蛋白质中出现的 α 螺旋主要是右手螺旋，即以羧基端为起点，围绕中心轴向右盘旋（图 1-24B）。某些氨基酸残基理论上可以形成左手 α 螺旋，但在天然蛋白质中尚未发现。

3）典型的 α 螺旋每隔 3.6 个氨基酸残基螺旋上升一圈，螺距为 0.54nm，即每个氨基酸残基环绕螺旋轴 100°，沿轴上升 0.15nm（图 1-24C）。

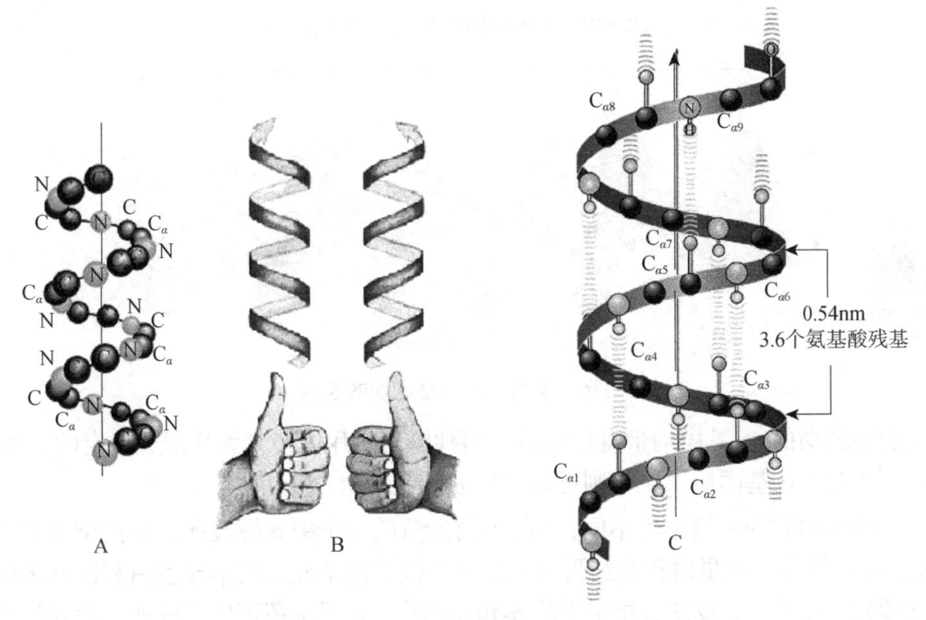

图 1-24 α 螺旋的结构及螺旋方向的判断方法

4）螺旋体中所有氨基酸残基 R 侧链都伸向外侧（图 1-25），链中的全部 C═O 和 N—H 几乎都平行于螺旋轴。

5）从 N 端向 C 端出发，维系 α 螺旋的氢键是由每个肽平面的 C═O 与第四位肽平面上的 N—H 之间形成链内氢键，被氢键封闭的环含有 13 个原子，因此该 α 螺旋也称为 3.6_{13} 螺旋（图 1-26）。由于 α 螺旋的结构允许肽链上所有的肽键都参与氢键的形成，因此，α 螺旋是蛋白质二级结构中最稳定的一种构象。

蛋白质多肽链是否能形成 α 螺旋及 α 螺旋的稳定程度如何，与其氨基酸序列有关。肽链氨基酸残基的 R 基团虽不参与 α 螺旋的形成，但其大小、形状及带电状态对 α 螺旋的形成具有重要影响。例如，丙氨酸带有小的、不带电荷的侧链，很适合填充在 α 螺旋构象中，因此多聚丙氨酸很容易形成 α 螺旋。而有些氨基酸则基本上不会出现在 α 螺旋中。例如，多肽链中有脯氨酸时，α 螺旋就被中断；异亮氨酸侧链体积大，也不容易形成 α 螺旋。侧链的带电状态也会影响 α 螺旋的形成与稳定，在 pH≥7 的溶液中，多聚天冬氨酸和多聚谷氨酸只会形成无规卷曲，而在 pH<2.5 的溶液中，则会自发地形成 α 螺旋，这是因为在 pH≥7 的溶液中，

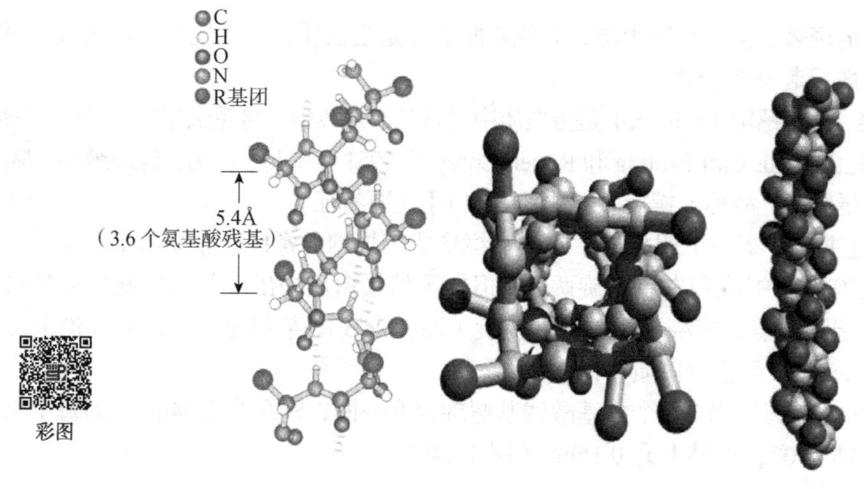

图 1-25　α 螺旋侧链 R 基团的结构

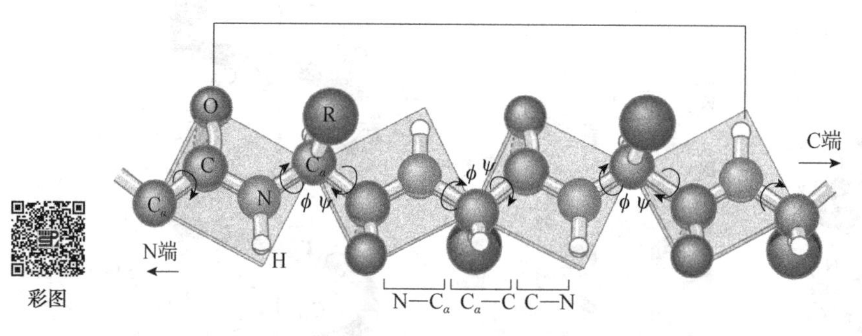

图 1-26　维系 α 螺旋稳定性的氢键

天冬氨酸和谷氨酸的 R 基团均带有负电荷，同种电荷的斥力使其无法形成稳定的 α 螺旋，但在 pH<2.5 时，R 基团质子化，则可以形成 α 螺旋。

由于不同蛋白质的一级结构不同，因此不同蛋白质分子中 α 螺旋所占的比例也有很大差异。例如，α 螺旋是肌红蛋白和血红蛋白主要的二级结构单元，而 γ-球蛋白和肌动蛋白则几乎不含 α 螺旋。在毛发、皮肤、指甲中的 *α*-角蛋白中，α 螺旋还可以三股或七股并列拧成螺旋束，彼此间靠二硫键交联在一起，形成强度大的长纤维状蛋白质。

除了 3.6_{13} 螺旋外，Pauling 还提出了 3_{10} 螺旋和 4.4_{16} 螺旋的结构。其中 3_{10} 螺旋每螺圈的残基数为 3.0，氢键封闭 10 个原子，其结构比 3.6_{13} 螺旋更紧密，常出现在 3.6_{13} 螺旋的最后一圈。4.4_{16} 螺旋也称 π 螺旋，每螺圈的残基数为 4.4，氢键封闭 16 个原子，该螺旋不稳定，在蛋白质中很少存在。

2. β 折叠　β 折叠（β-sheet）又称为 β 折叠片层（β-pleated sheet）和 β-结构等。这是 Pauling 和 Corey 继发现 α 螺旋结构后在同年又发现的另一种蛋白质二级结构。β 折叠是一种肽链相当伸展的结构，多肽链呈扇面状折叠（图 1-27）。

β 折叠一般需要两条或两条以上的肽段共同参与，即两条或多条几乎完全伸展的多肽链侧向聚集在一起，相邻肽链主链上的氨基和羰基之间形成有规则的氢键，维持这种结构的稳定。β 折叠的特点：①在 β 折叠中，多肽链几乎是完全伸展的，相邻的两个氨基酸之间的轴心距为 0.35nm。侧链 R 交替地分布在片层的上方和下方，以避免相邻侧链 R 之间的空间障碍。②在 β 折叠中，相邻肽链主链上的 C═O 与 N—H 之间形成氢键，氢键与肽

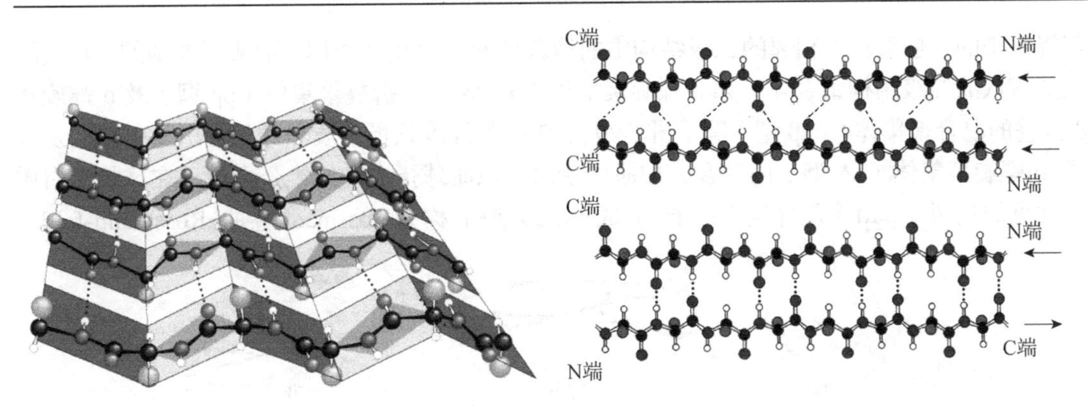

图 1-27 β 折叠结构示意图

链的长轴近于垂直，所有的肽键都参与了链间氢键的形成，因此维持了 β 折叠的稳定。③相邻肽链的走向可以是平行的，也可以是反平行的（图 1-23）。在平行的 β 折叠中，相邻肽链的走向相同，氢键不平行。在反平行的 β 折叠中，相邻肽链的走向相反，但氢键近于平行。从能量角度考虑，反平行式更为稳定。

β 折叠也是蛋白质构象中经常存在的一种结构方式。例如，蚕丝丝心蛋白几乎全部由堆积起来的反平行 β 折叠组成。球状蛋白质中也广泛存在这种结构，如溶菌酶、核糖核酸酶、木瓜蛋白酶等球状蛋白质中都含有 β 折叠。有些蛋白质的结构限制了可能出现在 β 折叠中的氨基酸种类，当有两个或更多的 β 折叠在一个蛋白质中相互排列接近时，在接触面上的氨基酸残基的侧链 R 基团必须相对较小，在丝蛋白中，甘氨酸和丙氨酸大部分交替出现。

3. β 转角 球状蛋白质分子多肽链在形成空间构象的时候，多肽链骨架必须发生弯曲、回折或重新定向，以形成稳定的球状结构，β 转角是这些转折结构中比较常见的结构。β 转角（β-turn）又称为 β 弯曲（β-bend）或发夹结构（hairpin structure），涉及 4 个氨基酸残基，通常第 1 个氨基酸残基（*n*）上的 C ═ O 与第四个氨基酸残基（*n*+3）上的 N—H 结合，使 β 转角完成稳定的 180° 回折，中间的两个氨基酸残基不参与任何氢键的键合（图 1-28）。Gly 和 Pro 容易出现在 β 转角中，Gly 残基的侧链为氢原子，柔性大，有利于减少空间位阻，适合于充当多肽链大幅度转向的成员；Pro 残基的环状侧链的固定取向有利于 β 转角的形成，它往往出现在转角部位。

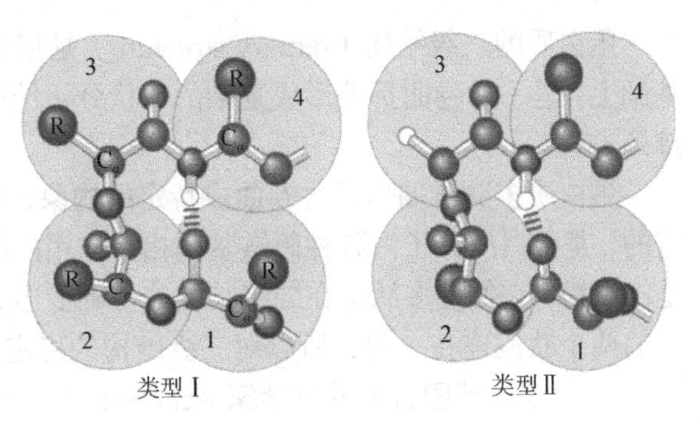

图 1-28 两种常见的 β 转角类型

4. 无规卷曲 除以上三种二级结构外，在蛋白质分子中还有一些没有规律的松散肽链构象，称为无规卷曲，这种结构对蛋白质的生物功能也有着重要作用（如酶的活性部位）。

（三）超二级结构和结构域

超二级结构和结构域是作为蛋白质二级结构至三级结构的一种过渡态构象层次。

1. 超二级结构 超二级结构（super-secondary structure）的概念是 M. Rossmann 于 1973

年提出来的，是指若干相邻的二级结构中的构象单元彼此相互作用，形成有规则的、在空间上能辨认的二级结构组合体，如 α 螺旋聚集体（αα 型）、β 折叠聚集体（ββ 型）及 α 螺旋和 β 折叠的混合聚集体（βαβ 型）等（图 1-29）。在一些纤维状蛋白质和球状蛋白质中都已发现了 α 螺旋聚集体（αα 型）的存在，如肌球蛋白、原肌球蛋白和纤维蛋白原。在球状蛋白质中常见的是两个 βαβ 聚集体连在一起，形成 βαβαβ 结构，称为 Rossmann 卷曲（Rossmann-fold）。

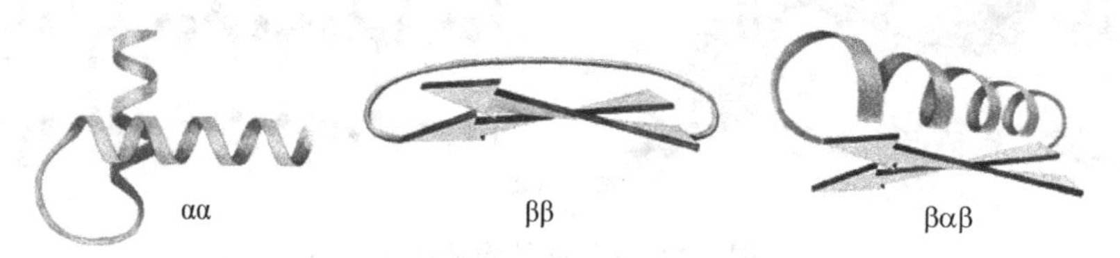

图 1-29　几种超二级结构

2. 结构域　Wetlaufer 于 1973 年根据对蛋白质结构及折叠机制的研究结果提出了结构域的概念。结构域（structural domain）是介于二级结构和三级结构之间的另一种结构层次。所谓结构域是指蛋白质亚基结构中明显分开的紧密球状结构区域，是球状蛋白质的折叠单位。多肽链首先是某些区域相邻的氨基酸残基形成有规则的二级结构，然后由相邻的二级结构片段集装在一起形成超二级结构，在此基础上多肽链折叠成近似于球状的三级结构。对于较大的蛋白质分子或亚基，多肽链往往由两个或多个在空间上可明显区分的、相对独立的区域性结构缔合成三级结构，这种相对独立的区域性结构就称为结构域。对于较小的蛋白质分子或亚基来说，结构域和它的三级结构往往是一个意思，也就是说这些蛋白质或亚基是单结构域。结构域自身是紧密装配的，但结构域与结构域之间较松散。结构域与结构域之间常常由一段长短不等的肽链相连，形成所谓的铰链区。不同蛋白质分子中结构域的数目不同，同一蛋白质分子中的几个结构域彼此相似或大不相同。常见结构域的氨基酸残基数为 100～400 个，最小的结构域只有 40～50 个氨基酸残基，大的结构域可超过 400 个氨基酸残基。

（四）蛋白质的三级结构

蛋白质的三级结构（tertiary structure）是指多肽链在二级结构、超二级结构及结构域的基础上，进一步卷曲折叠形成复杂的球状分子结构。三级结构包括多肽链中一切原子的空间排列方式。

蛋白质多肽链如何折叠卷曲成特定的构象，是由它的一级结构（即氨基酸排列顺序）决定的，是蛋白质分子内各种侧链基团相互作用的结果。维持这种特定构象稳定的主要作用力是次级键，它们使多肽链在二级结构的基础上形成更复杂的构象。肽链中的二硫键可以使远离的两个肽段连在一起，所以对三级结构的稳定也起着重要作用。

1958 年，英国著名的科学家 Kendwer 等用 X 射线衍射首次测定了抹香鲸肌红蛋白的三级结构（图 1-30）。肌红蛋白是哺乳动物肌肉中运输氧的蛋白质。它由一条多肽链构成，有 153 个氨基酸残基和一个血红素（heme）辅基，相对分子质量为 1.78×10^4。肽链中约有 75% 的氨基酸残基以 α 螺旋存在，形成 8 段 α 螺旋体，分别用 A、B、C、D、E、F、G 和 H 表示，最短的螺旋区段含 7 个氨基酸残基，最长的由大约 23 个氨基酸残基组成。在拐弯处都有一段 1～8 个氨基酸残基的松散肽链，使 α 螺旋体中断。脯氨酸、异亮氨酸及多聚精氨酸等难以形成 α 螺旋体的氨基酸都存在于拐弯处。由于侧链的相互作用，肽链盘绕成一个外圆

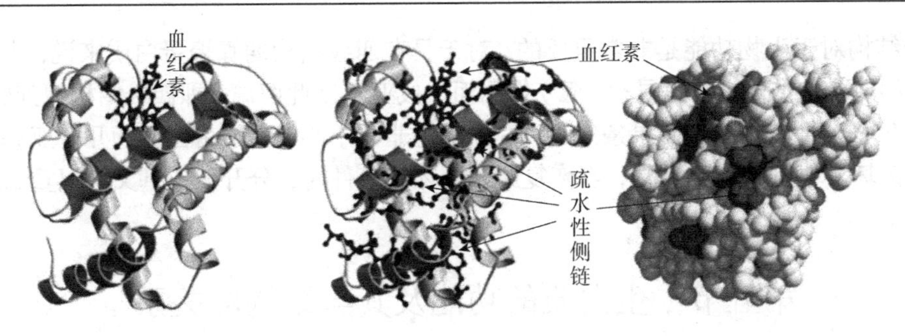

图 1-30 肌红蛋白的三级结构

中空的紧密结构，疏水性残基包埋在球状分子的内部，而亲水性残基则分布在分子的表面，使肌红蛋白具有水溶性。血红素辅基垂直地伸出于分子表面，并通过肽链上的第 93 位组氨酸残基和第 64 位组氨酸残基与肌红蛋白分子内部相连。

虽然各种蛋白质都有自己特殊的折叠方式，但大量的研究结果表明，蛋白质的三级结构有共同的特点：①具备三级结构的蛋白质一般不但有近似球状或椭球状的外形，而且整个分子排列紧密，内部有时只能容纳几个水分子；②大多数疏水性氨基酸侧链都埋藏在分子内部，它们相互作用形成一个致密的疏水核，不但能稳定蛋白质的构象，而且这些疏水区域常常是蛋白质分子的功能部位或活性中心；③大多数亲水性氨基酸侧链都分布在分子的表面，它们与水接触并强烈水化，形成亲水的分子外壳，从而使球蛋白分子可溶于水。

（五）蛋白质的四级结构

有些蛋白质分子含有多条肽链，每一条肽链都具有各自的三级结构。这些具有独立三级结构的多肽链彼此通过非共价键相互连接而形成的聚合体结构就是蛋白质的四级结构（quaternary structure）。在具有四级结构的蛋白质中，每个具有独立三级结构的多肽链称为该蛋白质的亚单位或亚基（subunit）。亚基之间通过其表面的次级键连接在一起，形成完整的寡聚蛋白质分子。亚基一般只由一条肽链组成，亚基单独存在时没有活性，具有四级结构的蛋白质若缺少某一个亚基时也不具有生物活性。

有些蛋白质的四级结构是均一的，即由相同的亚基组成，而有些则是不均一的，即由不同的亚基组成。亚基在蛋白质中的排布一般是对称的，对称性是具有四级结构的蛋白质的重要性质之一，但并不是所有的蛋白质都具有四级结构，有些蛋白质只有一条多肽链，如肌红蛋白，这种蛋白质称为单体蛋白。维持四级结构的作用力与维持三级结构的作用力是相同的。

血红蛋白（hemoglobin）就是由 4 条肽链组成的具有四级结构的蛋白质分子。血红蛋白的功能是在血液中运输 O_2 和 CO_2，相对分子质量为 6.5×10^4，由两条 α 链（含 141 个氨基酸残基）和两条 β 链（含 146 个氨基酸残基）组成。在血红蛋白的四聚体中，每个亚基含有一个血红素辅基。α 链和 β 链在一级结构上的差别较大，但它们的三级结构都与肌红蛋白相似。每个亚基都与一个血红素辅基结合（图 1-31）。

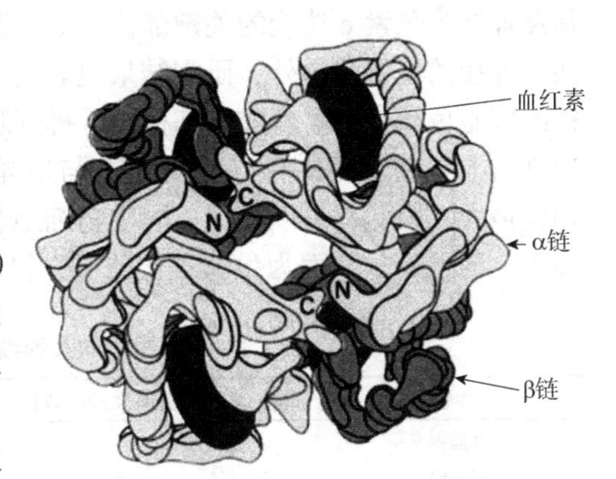

图 1-31 血红蛋白的四级结构

四级结构对于生物功能是非常重要的。对于具有四级结构的寡聚蛋白质来说，当某些变性因素（如酸、热或高浓度的尿素、胍）作用而造成亚基彼此解离，即四级结构遭到破坏时，蛋白质的生物活性将丧失。如果条件温和，处理得非常小心，寡聚蛋白质的几个亚基彼此解离，但不破坏其正常的三级结构，当恢复原来的环境条件时，分开的亚基又可以重新结合并恢复活性。

第五节　蛋白质的功能及其与结构的关系

生命物质分子的特性在于层次鲜明性、自我复制、自组装和目的性。这种特性反映出分子的结构是为功能而设计的，而功能是通过结构来体现的。蛋白质的种类很多，各种蛋白质都有其独特的生物学功能，而实现其生物功能的基础就是蛋白质分子所具有的结构，其中包括一级结构和空间结构，从根本上来说取决于它的一级结构。因此，研究蛋白质的结构与功能的关系已成为从分子水平上认识生命现象的最终目标，它与生命起源、细胞分化、代谢调节等重大理论问题的解决密切相关。同时，其也为解决工农业生产和医疗实践中所存在的许多重大问题提供了重要的理论依据。

一、蛋白质的一级结构与功能

（一）种属差异

有些蛋白质存在于不同的生物体中，但具有相同的生物学功能，这些蛋白质称为同功能蛋白质或同源蛋白质。研究发现，不同种属的同一种蛋白质的一级结构有些变化，这就是所谓的种属差异。将不同生物体中的同源蛋白质的一级结构进行比较发现，其在结构上有相似性，如细胞色素 c。

细胞色素 c 广泛存在于需氧生物细胞的线粒体中，是一种与血红素辅基共价结合的单链蛋白质，它在生物氧化反应中起重要作用。各种生物的细胞色素 c 的一级结构分析结果表明，虽然各种生物在亲缘关系上差别很大，但与功能密切相关的氨基酸顺序却有共同之处。例如，细胞色素 c 的 104 个氨基酸中有 35 个氨基酸是各种生物所共有的，是不变的，其中第 14 位和第 17 位是半胱氨酸，第 18 位是组氨酸，第 48 位是酪氨酸，第 59 位是色氨酸，第 80 位是甲硫氨酸，这些氨基酸的位置都没有变化。研究证明，这几个氨基酸都是保证细胞色素 c 功能的关键部位，如肽链上第 14 位和第 17 位两个半胱氨酸是与血红素共价连接的位置。另外，研究结果也表明，亲缘关系越近，结构越相似。例如，人和黑猩猩的细胞色素 c 的氨基酸残基种类、排列顺序和三级结构大体上都相同，而人与马相比有 12 处不同，与鸡相比有 13 处不同，与果蝇相比有 27 处不同，与酵母菌相比有 44 处不同，相差最大。因此，可以根据不同生物细胞色素 c 在结构上的差异程度断定这些生物在亲缘关系上的远近，从而为生物进化的研究提供有价值的依据（表 1-4）。

表 1-4　不同生物与人的细胞色素 c 相差的氨基酸残基数目

生物名称	相差氨基酸残基数目	生物名称	相差氨基酸残基数目
黑猩猩	0	袋鼠	10
恒河猴	1	牛、羊、猪	10
兔	9	狗	11

续表

生物名称	相差氨基酸残基数目	生物名称	相差氨基酸残基数目
驴	11	狗鱼	23
马	12	果蝇	27
鸡、火鸡	13	烟草小菜蛾	31
响尾蛇	14	小麦	35
海龟	15	粗糙链孢酶	43
金枪鱼	21	酵母菌	44

（二）分子病

分子病是指蛋白质分子的氨基酸排列顺序与正常顺序有所不同的遗传病，如镰状细胞贫血就是一例。该病患者的血红蛋白分子与正常人的血红蛋白分子相比，在 574 个氨基酸中有两个不同。正常人的血红蛋白的 β 链 N 端第 6 位氨基酸为谷氨酸，而患者的血红蛋白的 β 链 N 端第 6 位氨基酸为缬氨酸。这样就使血红蛋白分子表面的负电荷减少，亲水基团成为疏水基团，导致血红蛋白分子不正常聚合，溶解度降低，在细胞内易聚集成沉淀，丧失了结合氧的能力，血球蛋白收缩成镰刀状，细胞脆弱而发生溶血。

（三）酶原的激活

生物体中的很多酶、蛋白激素、凝血因子等蛋白质虽然都具有重要的生物学功能，但它们在体内往往以无活性的前体形式贮存着，酶的无活性的前体称为酶原。这些酶原在体内被切去一个或几个肽后才能被激活成有催化活性的酶。例如，胃蛋白酶原由 392 个氨基酸残基组成，在胃酸的作用下，酶原的第 42 个与第 43 个氨基酸间的肽键断裂，失去 42 个氨基酸，从而变为有活性的胃蛋白酶。

以上例子都充分说明，每种蛋白质分子都具有特定的结构来行使其特定的功能，一级结构改变时，能引起功能的改变或丧失，说明蛋白质的一级结构与功能之间有高度的统一性和相互适应性。

二、蛋白质的空间结构与功能

各种蛋白质都有特定的构象，而这种构象是与它们各自的功能相适应的。蛋白质的空间结构对于表现其生物功能也十分必要。当蛋白质空间结构遭到破坏时，它的生物学功能也随之丧失。一些蛋白质由于受某些因素的影响，其一级结构不变而空间结构发生变化，导致其生物功能发生改变，称为蛋白质的变构现象或别构现象（allosteric interaction）。变构现象是蛋白质表现其生物功能的一种普遍而重要的现象，也是调节蛋白质生物功能极为有效的方式，血红蛋白就是典型的例子。

血红蛋白的主要功能是在体内运输氧。血红蛋白未与氧结合时为紧密型，是一个稳定的四聚体（$\alpha_2\beta_2$），这时与氧的亲和力很低。一旦 O_2 与血红蛋白分子中的一个亚基结合，即引起该亚基构象发生变化，并且会引起其余三个亚基的构象相继发生变化，结果引起整个分子的构象改变，使得所有亚基的血红素铁原子的位置都变得适于与 O_2 结合，所以血红蛋白与氧结合的速度大大加快。可见，血红蛋白的变构性质来自于它的亚基之间的相互作用。这些都说明蛋白质的空间结构与其功能具有相互适应性和高度的统一性，结构是功能的基础。

第六节　蛋白质的理化性质与研究方法

一、蛋白质的理化性质

（一）蛋白质的相对分子质量

蛋白质是相对分子质量很大的生物大分子，相对分子质量一般为 1.0×10^4～1.0×10^6 或更大一些。蛋白质的相对分子质量很大，因此不宜采用测定小分子物质相对分子质量的方法（如冰点降低、沸点升高等）测定蛋白质的相对分子质量。除了根据蛋白质的化学成分来测定蛋白质的相对分子质量外，还可根据蛋白质的物理化学性质来测定，如渗透压法、超离心法、凝胶过滤法、聚丙烯酰胺凝胶电泳等。其中渗透压法较简单，对仪器设备要求不高，但灵敏度较差。而用凝胶过滤法和聚丙烯酰胺凝胶电泳所测定的蛋白质的相对分子质量也仅是近似值，因此最准确可靠的方法还是超离心法，但其需要超速离心机。此法的基本原理是将蛋白质溶液放在 25 万～50 万倍重力场的离心力作用下，使蛋白质颗粒从溶液中沉降下来。判断出蛋白质的沉降速度，然后根据沉降速度再计算出蛋白质的相对分子质量。一般把每单位重力的沉降速度称为沉降系数，常见的为 1×10^{-13}～200×10^{-13}s，10^{-13}s 这个因子即称为沉降单位，用 S 表示，即 $1S=1\times10^{-13}$s。蛋白质的相对分子质量可直接用沉降系数表示。

（二）蛋白质的酸碱性质

蛋白质是由氨基酸组成的，因此也是两性电解质，既能和酸作用，也能和碱作用。蛋白质在其分子表面带有很多可解离基团，除了肽链两端有游离的 α-氨基和 α-羧基可解离外，还有肽链氨基酸残基上的侧链基团如 β-羧基、γ-羧基、ε-氨基、酚羟基、咪唑基、胍基等。这些基团的解离也能使蛋白质带电荷，在酸性环境中碱性基团与质子结合，蛋白质带正电荷；在碱性环境中酸性基团解离出质子，与 OH^- 结合成水，蛋白质带负电荷。

溶液中蛋白质的带电状况与其所处环境的 pH 有关。当溶液在某一特定的 pH 条件下时，蛋白质分子所带的正电荷数与负电荷数相等，即净电荷为零，此时蛋白质分子在电场中不移动，这时溶液的 pH 称为该蛋白质的等电点。不同蛋白质的氨基酸组成不同，因此都有其特定的等电点（表 1-5），这和它所含氨基酸的种类及数量有关。如果蛋白质中碱性氨基酸较多，则等电点偏碱。例如，从雄性鱼类成熟精子中提取的鱼精蛋白由于含大量的精氨酸，因此其等电点为 12.0～12.4。如果蛋白质中酸性氨基酸较多，等电点偏酸。例如，胃蛋白酶的等电点为 1.0～2.5，这是因为含 37 个酸性氨基酸，而碱性氨基酸仅为 6 个。酸碱氨基酸比例

表 1-5　几种蛋白质的等电点

蛋白质名称	等电点	蛋白质名称	等电点
鱼精蛋白	12.0～12.4	卵清蛋白	4.6
胸腺组蛋白	10.8	血清蛋白（人）	4.64
溶菌酶	11.0～11.2	鸡蛋清蛋白	4.55～4.90
细胞色素 c	9.8～10.3	明胶	4.7～5.0
胰岛素（牛）	5.30～5.35	胃蛋白酶	1.0～2.5
血红蛋白	7.07	胰蛋白酶（牛）	5.0～8.0

相近的蛋白质，其等电点大多为中性偏酸，在5.0左右。

在等电点时，由于蛋白质分子的净电荷为零，分子间的斥力消失，双电层也被破坏，这时分子间容易发生聚集而导致沉淀，因此，在等电点时蛋白质的各种物理性质如溶解度、导电性、黏度等都达到最小值。

带电的胶体颗粒在电场中向相反电荷的电极移动，这种现象称为电泳（electrophoresis）。由于蛋白质在溶液中解离成带电的颗粒，因此可以在电场中移动，移动的方向和速度取决于所带净电荷的正负性和所带电荷的多少及分子颗粒的大小和形状。由于各种蛋白质的等电点不同，在同一pH溶液中所带电荷不同，在电场中移动的方向和速度也各不相同，根据此原理就可通过电泳的方法将混合的各种蛋白质分离开。因此，电泳法通常用于实验室、生产或临床诊断来分析、分离蛋白质混合物或作为蛋白质纯度鉴定的技术手段。

（三）蛋白质的胶体性质

蛋白质是生物大分子，蛋白质溶液是稳定的胶体溶液，具有胶体溶液的特征如布朗运动、丁铎尔现象、电泳现象，不能透过半透膜及具有吸附能力，其中电泳现象和不能透过半透膜对蛋白质的分离纯化都是非常有用的。蛋白质之所以能以稳定的胶体存在，主要原因在于：①蛋白质分子的大小处于胶体质点范围（颗粒直径为1～100nm），具有较大的表面积。②蛋白质分子表面有许多极性基团，这些基团与水有高度的亲和性，很容易吸附水分子。每1g蛋白质可结合0.3～0.5g的水，并使蛋白质颗粒外面形成一层水膜。由于这层水膜的存在，蛋白质颗粒彼此不能靠近，增加了蛋白质溶液的稳定性，阻碍了蛋白质胶体从溶液中聚集、沉淀出来。③同类蛋白质分子在非等电状态时带有同性电荷，即在酸性溶液中带有正电荷，在碱性溶液中带有负电荷。由于同性电荷互相排斥，因此蛋白质颗粒互相排斥，不会聚集成沉淀。

在生物体中，蛋白质胶体性质的重要生理意义在于，能与大量水结合形成各种流动性不同的胶体系统。例如，细胞的原生质即为一个复杂的胶体系统，生命活动的许多代谢反应即在此系统中进行。

（四）蛋白质的沉淀

如果一些稳定因素被破坏，蛋白质的胶体性质就会被破坏，从而产生沉淀作用。所谓蛋白质的沉淀作用，是指在蛋白质溶液中加入适当试剂时，破坏了蛋白质的水化膜或中和了其分子表面的电荷，从而使蛋白质胶体溶液变得不稳定而发生沉淀的现象。

1. 盐析 在蛋白质溶液中加入一定量的中性盐（如硫酸铵、硫酸钠、氯化钠等）使蛋白质溶解度降低并沉淀析出的现象称为盐析（salting out）。这是由于这些盐类离子与水的亲和性大，又是强电解质，可与蛋白质争夺水分子，破坏蛋白质颗粒表面的水膜。另外，蛋白质颗粒上的大量电荷被中和，使蛋白质成为既不含水膜又不带电荷的颗粒而聚集成沉淀。盐析时所需的盐浓度称为盐析浓度，用饱和百分比表示。由于不同蛋白质的分子大小及带电状况各不相同，盐析所需的盐浓度也不同。因此，可以通过调节盐浓度使混合液中几种不同蛋白质分别沉淀析出，从而达到分离的目的，这种方法称为分段盐析。硫酸铵是最常用来盐析的中性盐。

另外，当在蛋白质溶液中加入中性盐的浓度较低时，蛋白质的溶解度会增加，这种现象称为盐溶（salting in），这是由于蛋白质颗粒上吸附某种无机盐离子后，蛋白质颗粒带同种电荷而相互排斥，并且与水分子的作用加强，从而溶解度增加。

2. 等电点沉淀　当蛋白质溶液处于等电点时，蛋白质分子主要以两性离子形式存在，净电荷为零。此时蛋白质分子失去同种电荷的排斥作用，极易聚集而发生沉淀。

3. 有机溶剂沉淀　有些与水互溶的有机溶剂如甲醇、乙醇、丙酮等可使蛋白质产生沉淀，这是由于这些有机溶剂和水的亲和力大，能夺取蛋白质表面的水化膜，从而使蛋白质的溶解度降低并产生沉淀。此法也可用于蛋白质的分离、纯化。

以上方法分离制备得到的蛋白质一般仍保持天然蛋白质的生物活性，将其重新溶解于水仍然能成为稳定的胶体溶液。但用有机溶剂来沉淀分离蛋白质时，需在低温下进行，在较高温度下进行会破坏蛋白质的天然构象，并应尽可能缩短处理时间。

4. 重金属盐沉淀　当蛋白质溶液的 pH 大于其等电点时，蛋白质带负电荷，可与重金属离子（如 Cu^{2+}、Hg^{2+}、Pb^{2+}、Ag^{+}等）结合形成不溶性的蛋白盐而沉淀。对于误服重金属盐者可通过大量口服牛奶、蛋清等高蛋白食物，使它们与重金属离子成盐，再排出体外而达到解毒的目的。

5. 生物碱试剂沉淀　生物碱是植物组织中具有显著生理作用的一类含氮的碱性物质。能够沉淀生物碱的试剂称为生物碱试剂。生物碱试剂都能沉淀蛋白质，如单宁酸、苦味酸、三氯乙酸等都能沉淀蛋白质。因为一般生物碱试剂都为酸性物质，而蛋白质在酸性溶液中带正电荷，所以能和生物碱试剂的酸根离子结合形成溶解度较小的盐类而沉淀。

用盐析法、调 pH 或在低温时加入有机试剂等方法制取的蛋白质，仍然保持天然蛋白质的特性，如将蛋白质重新溶解于水仍然成为稳定的胶体溶液。但若在温度较高的情况下加入有机试剂来沉淀、分离蛋白质，或没有及时将有机溶剂分离，都会引起蛋白质的性质发生改变，即蛋白质的变性。

（五）蛋白质的变性

蛋白质因受某些物理或化学因素的影响，分子的空间构象被破坏，从而导致其理化性质发生改变并失去原有的生物学活性的现象称为蛋白质的变性作用（denaturation）。变性作用并不引起蛋白质一级结构的破坏，而是二级结构以上高级结构的破坏，变性后的蛋白质称为变性蛋白质。

引起蛋白质变性的因素很多，物理因素有高温、紫外线、X 射线、超声波、高压、剧烈的搅拌、震荡等。化学因素有强酸、强碱、尿素、胍盐、去污剂、重金属盐（如 Hg^{2+}、Ag^{+}、Pb^{2+}等）、三氯乙酸、浓乙醇等。不同蛋白质对各种因素的敏感程度不同。

变性使蛋白质分子的高级结构被破坏，而维持高级结构的主要作用来自次级键，因此，凡是能够破坏次级键的因素都会导致变性的发生。一些物理因素主要的作用途径是对蛋白质施加了较高的能量，使次级键发生断裂。化学因素造成变性的原因各不相同。酸、碱作用于蛋白质，会使蛋白质分子内部带上大量同种电荷，破坏了盐键，造成分子内部基团间斥力增加而破坏空间结构。有机溶剂则是因为影响了氢键、疏水键和盐键的稳定性。重金属盐与蛋白质的酸性基团生成不溶性盐而破坏分子内的盐键和氢键。变性剂脲和胍能与多肽主链竞争氢键而破坏蛋白质的二级结构，并增加了疏水性残基的溶解度，从而降低了维持三级结构的疏水相互作用。

蛋白质变性后许多性质都发生了改变，主要特征为：①生物活性丧失。蛋白质的生物活性是指蛋白质所具有的酶、激素、毒素、抗原与抗体、血红蛋白的载氧能力等生物学功能。生物活性丧失是蛋白质变性的主要特征。有时蛋白质的空间结构只有轻微变化即可引起生物活性丧失。②某些理化性质的改变。蛋白质变性后理化性质发生改变，如溶解度降低而产生沉淀，有些原来在分子内部的疏水基团由于结构松散而暴露出来，分子的不对称性增加，因此黏度增加，扩散系数降低。③生物化学性质的改变。

蛋白质变性后，分子结构松散，不能形成结晶，易被蛋白酶水解。熟食易于消化就是这个道理。若变性条件剧烈持久，蛋白质的变性是不可逆的；若变性条件较温和，这种变性作用是可逆的，说明蛋白质分子内部结构的变化不大。这时，如果除去变性因素，在适当条件下变性蛋白质可恢复其天然构象和生物活性，这种现象称为蛋白质的复性（renaturation）。例如，胃蛋白酶加热至 80～90℃时，失去溶解性，也无消化蛋白质的能力，如将温度再降低到 37℃，则又可恢复溶解性和消化蛋白质的能力。

（六）蛋白质的呈色反应

蛋白质分子中的肽键、苯环、酚及分子中的某些氨基酸可与某些试剂产生颜色反应，这些颜色反应可应用于蛋白质的分析工作，定性、定量地测定蛋白质。

1. 双缩脲反应 双缩脲是由两分子尿素缩合而成的化合物。将尿素加热到 180℃，2 分子尿素缩合成 1 分子双缩脲并放出 1 分子氨（图 1-32）。

$$H_2N-\overset{\overset{\displaystyle O}{\|}}{C}-NH_2+H_2N-\overset{\overset{\displaystyle O}{\|}}{C}-NH_2 \xrightarrow{\text{加热}} H_2N-\overset{\overset{\displaystyle O}{\|}}{C}-NH-\overset{\overset{\displaystyle O}{\|}}{C}-NH_2+NH_3$$

图 1-32 双缩脲反应

双缩脲在碱性溶液中能与硫酸铜反应产生红紫色络合物，此反应称为双缩脲反应（biuret reaction）。蛋白质分子中含有许多肽键，结构与双缩脲相似，因此也能产生双缩脲反应，形成红紫色络合物，从而可以定性鉴定蛋白质。而根据反应产物在 540nm 处的吸光值可以定量测定蛋白质。凡含有两个或两个以上肽键结构的化合物都可有双缩脲反应。

2. 米伦反应 米伦试剂为硝酸汞、亚硝酸汞、硝酸和亚硝酸的混合物。将此试剂加入蛋白质溶液后即产生白色沉淀，加热后沉淀变成红色。这是由酚类化合物所引起的反应，而酪氨酸含有酚基，所以含有酪氨酸的蛋白质及酪氨酸都有此反应。

3. 乙醛酸反应 将乙醛酸加入蛋白质溶液，然后缓慢注入浓硫酸，则在两液层之间会出现紫色环。凡含有吲哚基的化合物都有此反应，因此含有色氨酸的蛋白质及色氨酸都有此反应。

4. 坂口反应 精氨酸分子中的胍基能与次氯酸钠（或次溴酸钠）及 *α*-萘酚在氢氧化钠溶液中产生红色产物。此反应可用来测定精氨酸的含量或鉴定含有精氨酸的蛋白质。

5. 酚试剂反应 酚试剂又称福林试剂。酪氨酸中的酚基能将酚试剂中的磷钼酸及磷钨酸还原成蓝色化合物（钼蓝和钨蓝的混合物）。由于蛋白质分子中一般都含有酪氨酸，因此可用此反应来测定蛋白质含量。

6. 乙酸铅反应 凡含有半胱氨酸、胱氨酸的蛋白质都能与乙酸铅发生反应，生成黑色的硫化铅沉淀，因为其中含有—S—S—或—SH 基。

二、常见的蛋白质分离纯化技术

蛋白质的分离纯化是蛋白质研究的必需步骤，同时为了证实纯化效果，还需要进行纯度鉴定。蛋白质的分离纯化主要是基于不同蛋白质分子的理化性质或生物学性质上的差别，因为不同蛋白质的结构和性质不同，所以需要针对目的蛋白的特点选择适当、有效的方法。蛋白质的相对分子质量是蛋白质的特征性参数，对蛋白质研究具有重要意义，同时对其分离纯化也有指导作用。

（一）蛋白质分离纯化策略

大多数蛋白质在组织细胞中都是和核酸等生物分子结合在一起，而且每种类型的细胞都含有成千上万种不同的蛋白质。许多蛋白质在结构、性质上有许多相似之处，所以蛋白质的分离提纯是一项复杂的工作。到目前为止，还没有一套现成的方法能把每种蛋白质均从复杂的混合物中提取出来。但是对于任何一种蛋白质都有可能选择一种较合适的分离纯化程序以获得高纯度的制品，且分离的关键步骤、基本手段还是共同的。

蛋白质提纯的目的是增加产品的纯度和产量，同时又要保持和提高产品的生物活性。因此，要分离纯化某一种蛋白质，首先应选择一种含目的蛋白质较丰富的材料。其次应设法避免蛋白质变性，以制备有活性的蛋白质。对于大多数蛋白质来说，纯化操作都是在 0～4℃的低温下进行的。同时也应避免过酸、过碱的条件及剧烈的搅拌和振荡。

另外，还要设法除去变性的蛋白质和其他杂蛋白，从而达到增加纯度和提高产量的目的。在分离纯化过程中，总有一部分目的蛋白会损失，操作后与操作前单位质量蛋白质中目的蛋白的含量或生物活性的比值也即纯度之比，称为纯化背景，它是衡量纯化效果好坏的指标。在分离纯化过程中存在一对矛盾，即纯化倍数会越来越高，而回收率却越来越低，好的分离纯化方法应当既有较高的纯化倍数，又有较高的回收率。

（二）蛋白质沉淀技术

蛋白质沉淀技术是根据蛋白质溶解度的差异进行的分离。常用的有下列几种方法。

1. 等电点沉淀法　不同蛋白质的等电点不同，可用等电点沉淀法使它们相互分离。

2. 盐析法　不同蛋白质盐析所需要的盐饱和度不同，所以可通过调节盐浓度将目的蛋白沉淀析出。被盐析沉淀下来的蛋白质仍保持其天然性质，并能再度溶解而不变性。

3. 有机溶剂沉淀法　中性有机溶剂如乙醇、丙酮，它们的介电常数比水低。能使大多数球状蛋白质在水溶液中的溶解度降低，进而从溶液中沉淀出来，因此可用来沉淀蛋白质。此外，有机溶剂会破坏蛋白质表面的水化层，促使蛋白质分子变得不稳定而析出。由于有机溶剂会使蛋白质变性，使用该法时，要注意在低温下操作，选择合适的有机溶剂浓度。

（三）层析技术

层析技术由流动相、固定相和支持物三部分组成，是利用蛋白质在固定相上分布的差异进行分离的一种技术手段，根据固定相作用机理分类，常见的有凝胶过滤层析、离子交换层析及亲和层析。

1. 凝胶过滤层析　当把蛋白质混合样品加到凝胶柱中时，由于不同蛋白质的分子大小不同，进入网孔的程度不同，因此流出的速度也不同，洗脱所用体积及时间不同，从而达到分离的目的。

2. 离子交换层析　该法是利用蛋白质的酸碱性质作为分离的基础。离子交换纤维素（cellulose ion exchanger）是人工合成的纤维素衍生物，它具有松散的亲水性网状结构，有较大的表面积，使蛋白质大分子可以自由通过，因此常用于蛋白质的分离。蛋白质与离子交换纤维素之间结合能力的大小取决于彼此间相反电荷基团之间的静电吸引。羧甲基纤维素

（CM-纤维素）是一种阳离子交换剂，溶液中带正电荷的蛋白质分子可与纤维素颗粒上的羧甲基的负电荷结合。二乙氨基乙基纤维素（DEAE-纤维素）是一种阴离子交换剂，在中性pH条件下，它含有带正电荷的基团，可与溶液中的带负电荷的蛋白质结合。

3. 亲和层析 亲和层析（affinity chromatography）根据的是许多蛋白质对特定的化学基团专一性结合的原理。这些能被生物大分子如蛋白质所识别并与之结合的基团称为配基或配体（ligand）。亲和层析是一种极有效的分离纯化蛋白质的方法。例如，酶对它的底物具有特殊的亲和力；抗原和抗体互为配基。以伴刀豆球蛋白 A 的分离纯化为例，来说明这一纯化方法的原理。由于该蛋白对葡萄糖专一性亲和吸附，因此可把葡萄糖通过适当的化学反应共价地连接到像琼脂糖凝胶一类的载体表面上。将这种多糖颗粒装入一定规格的玻璃管中就制成了一根亲和层析柱。当含有伴刀豆球蛋白的提取液加到层析柱的上部，并沿柱向下流过时，待纯化的蛋白质与其特异性配基结合而被吸附到柱上，其他蛋白质因不能与葡萄糖配基结合将通过柱子而流出。然后采用一定的洗脱条件，如浓的葡萄糖溶液进行洗脱，即可把该蛋白质洗脱下来，达到与其他蛋白质分离的目的。

（四）SDS-聚丙烯酰胺凝胶电泳

蛋白质在普通聚丙烯酰胺凝胶中的电泳速度取决于蛋白质分子的大小、所带电荷的量及分子形状。而 SDS-聚丙烯酰胺凝胶电泳（SDS-PAGE）与此不同的是在样品和电泳缓冲液中加入了十二烷基硫酸钠（sodium dodecyl sulfate，SDS）。SDS 是一种阴离子去污剂，可使蛋白质变性并解离成亚基。当蛋白质样品中加入 SDS（一般加入量为 0.1%）后，SDS 与蛋白质分子结合，使蛋白质分子带上大量的负电荷，这些电荷量远远超过蛋白质分子原来所带的电荷量，因而掩盖了不同蛋白质之间的电荷差异。所有结合 SDS 的蛋白质的形状近似于长的椭圆棒，它们的短轴是恒定的，而长轴与蛋白质分子质量的大小成正比。这样，消除了蛋白质之间原有的电荷和形状的差异，电泳的速度只取决于蛋白质分子质量的大小。

进行凝胶电泳时，常常用一种染料作前沿物质，蛋白质分子在电泳中的移动距离和前沿物质移动的距离之比称为相对迁移率，相对迁移率和分子质量的对数呈直线关系。以标准蛋白质分子质量的对数和其相对迁移率作图，得到标准曲线。将未知蛋白质在同样条件下电泳，根据测得的样品相对迁移率，从标准曲线上便可查出其分子质量。

三、氨基酸序列测定

世界上首个蛋白质氨基酸序列是由 Sanger 于 1953 年完成的，当时整整花了 10 年的时间。随后，测序技术不断改进，至今已有多种测序方法和技术，效率也大大提高，但不论哪种技术，其基本原则和基本步骤均与当年 Sanger 的相似，包含以下几个步骤。

知识窗 1-5

1. 测定蛋白质的分子质量和氨基酸组成 获取一定量纯的蛋白质样品，测定其分子质量。将一部分样品用酸和碱完全水解，水解产物用氨基酸自动分析仪分离并确定其氨基酸种类、数目和每种氨基酸的含量。

2. 蛋白质亚基数目及其拆分 有些蛋白质结构简单，仅由一条多肽链组成，而有些蛋白质的分子质量较大，结构复杂，由两条或两条以上的多肽链组成。在测定一级结构之前要先确定组成该蛋白质的多肽链的数目。在已知蛋白质分子质量的情况下，测定蛋白质 N

端和 C 端氨基酸残基的摩尔数，就可以推算出蛋白质分子中多肽链的数目。

对于一条多肽链组成的蛋白质，可以直接测定其氨基酸序列。而对于由多条多肽链组成的蛋白质，必须先拆分这些肽链，进行分离纯化，然后对每条肽链进行测序。肽链间的结合多数依靠非共价键，结合较松弛。拆开多肽链的常用方法为加酸或加碱改变溶液的 pH，加蛋白变性剂等。而有些蛋白质肽链间由共价键如二硫键相连，要拆开二硫键，常用过甲酸（即过氧化氢+甲酸）将二硫键氧化，或用过量的 *β*-巯基乙醇处理，将二硫键还原。还原法应注意用碘乙酸（烷基化试剂）保护还原生成的半胱氨酸中的巯基，以防止二硫键的重新生成。例如，胰岛素经 *β*-巯基乙醇还原后，分子中三对二硫键被拆开；当两条链被分开后，再用碘乙酸保护，得到 A 链和 B 链的羧甲基衍生物，并且不会重新氧化生成二硫键。拆开二硫键后所形成的肽链可用层析、电泳等方法进行分离。除了链间二硫键，链内二硫键也被打开了。

3. 多肽链 N 端和 C 端分析　测定 N 端氨基酸的方法有多种，常用的有 DNFB 法和 PTH 法。其中 PTH 法应用广泛，并已根据其原理设计制造出氨基酸序列分析仪。此外，还可以用丹磺酰氯（dansyl chloride，DNS-Cl）法测定 N 端氨基酸。其原理是：多肽链 N 端氨基酸的氨基可与 DNS 反应，生成丹磺酰肽（DNS-肽），此产物经酸水解产生 DNS-氨基酸（具有荧光）和其他游离的氨基酸。再用乙酸乙酯抽提，可得到 DNS-氨基酸，然后可用色谱分析进行鉴定。

测定 C 端氨基酸常用的方法有肼解法、还原法和羧肽酶法等。肼解法的原理为：多肽链和过量的无水肼在 100℃反应 5～10h，所有肽键被水解，除 C 端氨基酸自由存在外，其他氨基酸都转变为氨基酸酰肼。还原法的原理为：肽链 C 端氨基酸可被氢硼化锂还原成相应的 *α*-氨基醇，肽链完全被水解后，此 *α*-氨基醇可用层析法鉴定，从而确定 C 端氨基酸的种类。羧肽酶是一种专一从多肽链的 C 端开始逐个水解氨基酸残基的蛋白水解酶。

4. 多肽链的局部断裂和肽段的分离　将每条多肽链用两种不同的方法进行部分水解，这是一级结构测定中的关键步骤。目前用于序列分析的方法一次能测定的序列都不太长，然而天然的蛋白质分子大多在 100 个残基以上，因此必须设法将多肽断裂成较小的肽段，以便测定每个肽段的氨基酸顺序。水解肽链的方法可采用酶法或化学法，通常是选择专一性很强的蛋白酶来水解。例如，胰蛋白酶专一性地水解由碱性氨基酸（赖氨酸或精氨酸）的羧基参与形成的肽键，胰凝乳蛋白酶专一性地水解芳香族氨基酸（苯丙氨酸、色氨酸、酪氨酸）的羧基参与形成的肽键。

除了酶法之外，还可以用化学法部分水解肽链。例如，用溴化氰处理时，只有甲硫氨酸的羧基参与形成的肽键发生断裂。根据肽链中甲硫氨酸残基的数目就可以估计多肽链水解后可能产生的肽段的数目。

多肽链经部分水解后产生的长短不一的肽段可以用层析或电泳的方法加以分离、提纯，由于不同方法水解肽链的专一性不同，因此用两种方法水解肽链后，可以得到两套不同的肽段，便于拼凑出完整肽链的氨基酸序列。

5. 各个肽段氨基酸序列的测定　多肽链部分水解后分离得到的各个肽段需进行氨基酸排列顺序的测定，序列测定的方法有埃德曼降解法、酶解法等，其中最常用的是埃德曼降解法，也可以用氨基酸自动分析仪进行测定。

6. 氨基酸完整序列的拼接　用重叠顺序法将两种或者两种以上水解方法得到的肽段的氨基酸序列进行比较分析，根据交叉重叠部分的顺序推导出完整肽链的氨基酸顺序。例如，有一种蛋白质肽链的一个片段为十肽，用两种方法水解，水解法 A 得到 4 个小肽，分别为 A_1，Ala-Phe；A_2，Gly-Lys-Asn-Tyr；A_3，Arg-Tyr；A_4，His-Val。水解法 B 得到三个小肽，

分别为 B_1，Ala-Phe-Gly-Lys；B_2，Asn-Tyr-Arg；B_3，Tyr-His-Val。将两套肽段进行比较分析得出如下结果。

肽	氨基酸顺序
A_1	Ala-Phe
B_1	Ala-Phe-Gly-Lys
A_2	Gly-Lys-Asn-Tyr
B_2	Asn-Tyr-Arg
A_3	Arg-Tyr
B_3	Tyr-His-Val
A_4	His-Val

十肽顺序为　Ala-Phe-Gly-Lys-Asn-Tyr-Arg-Tyr-His-Val。

7. 二硫键位置的确定　蛋白质分子中二硫键位置的确定也是以氨基酸的测序技术为基础的。这一步骤往往在确定了蛋白质的氨基酸顺序后再进行。其基本步骤是：根据已知氨基酸顺序选择合适的专一性蛋白水解酶，在不打开二硫键的情况下部分水解蛋白质，将水解得到的肽段再进行分离。相继将所分离得到的含二硫键的肽段进行氧化或还原，切断二硫键。再将分离切断二硫键以后生成的两个肽段予以分离，并分别确定这两个肽段的氨基酸顺序。最后将这两个肽段的氨基酸顺序与多肽链的氨基酸顺序比较，即可推断出二硫键的位置。

采用上述方法，Sanger 等于 1955 年完成了第一个蛋白质——牛胰岛素一级结构的测定。胰岛素是动物胰脏中胰岛细胞分泌的一种激素蛋白，其功能是调节糖代谢。胰岛素分子由 51 个氨基酸残基组成，相对分子质量为 5734，由 A、B 两条肽链组成，A 链含 21 个氨基酸残基，B 链含 30 个氨基酸残基。A 链和 B 链通过两个二硫键连接在一起，在 A 链内部还有一个二硫键，图 1-21 为牛胰岛素的氨基酸顺序。我国生物化学工作者根据牛胰岛素的氨基酸顺序于 1965 年用人工方法成功地合成了具有生物活性的牛胰岛素，第一次成功地完成了蛋白质的全合成。

另外，由于蛋白质的一级结构归根结底是基因表达的结果，因此蛋白质的氨基酸排列顺序也可以通过相应的 DNA 序列间接推导出来。例如，具有重要功能的人胰岛素受体蛋白（含 1370 个氨基酸残基）的一级结构就是这样间接测定出来的。

小结

蛋白质是一类功能多样、结构复杂的生物大分子。从元素组成看，主要含有碳、氢、氧、氮和硫，含氮量平均为 16%。蛋白质种类繁多，根据蛋白质的化学组成，可以将其分为简单蛋白质和结合蛋白质；根据蛋白质的分子形状，可以将其分为球状蛋白质、纤维状蛋白质和膜蛋白三类；根据功能，蛋白质又可以分为酶、调节蛋白、贮存蛋白、结构蛋白、转运蛋白、运动蛋白、防御蛋白和信息传递蛋白等；根据结构和进化亲缘关系，又可将蛋白质分为家族、超家族和栏；根据蛋白质的营养价值，又可将其分为完全蛋白质、半完全蛋白质和不完全蛋白质。

组成蛋白质的标准氨基酸有 22 种，其中常见的有 20 种，除甘氨酸外，均为 L-氨基酸，根据 R 基团的特点，可将标准氨基酸分为中性脂肪族 R 基团氨基酸、芳香族 R 基团氨基酸、极性不带电荷 R 基团氨基酸和极性带电荷 R 基团氨基酸，其中芳香族 R 基团氨基酸在近紫外光区具有光吸收。氨基酸在中性水溶液或在晶体状态下都是以兼性离子形式存在的，是两性电解质，具有等电点。能与水合茚三酮反应生成蓝紫色物质，脯氨酸和羟脯氨酸则生成黄色物质。DNFB、DNS-Cl 和 PITC 的反应能用于鉴定蛋白质 N 端氨基酸。

氨基酸的 α-羧基和另一个氨基酸的 α-氨基脱水缩合而成的化合物称为肽，氨基酸之间脱水形成的键称为肽键，其本质为酰胺键。具有某些生理学活性的肽称为生物活性肽，有较大的开发应用价值。

多肽链中的氨基酸序列称为蛋白质的一级结构，也称为蛋白质的共价结构。蛋白质的空间结构是指蛋白质原有分子的空间布局与肽链走向，包括二级结构、超二级结构、结构域、三级结构及四级结构。蛋白质的结构与功能具有高度统一性。

天然蛋白质受理化因素的影响，空间结构被破坏、理化性质改变、生物学活性丧失，但一级结构没有被破坏，这种现象称为变性作用。根据溶解度不同，分离蛋白质的方法主要有盐析、等电点沉淀和有机溶剂沉淀法；根据分子大小，分离蛋白质的方法主要有透析、超滤和凝胶过滤法；根据带电性质，分离蛋白质的方法主要有电泳法和离子交换层析法；亲和层析法则是根据配体特异性分离蛋白质的。测定蛋白质氨基酸序列，近年多采用串联质谱法。

思考题

1. 常用于测定蛋白质多肽链 N 端氨基酸的方法有哪些？基本原理是什么？
2. 何谓蛋白质的变性与沉淀？二者在本质上有何区别？
3. 何谓氨基酸等电点？如何计算氨基酸的等电点？
4. 简述蛋白质的二级结构单元。
5. 举例说明蛋白质结构与功能的关系。

第二章　核　　酸

核酸（nucleic acid）广泛存在于各类生物细胞中，是携带遗传信息的生物大分子，是物种保持进化和世代繁衍的物质基础，是人类了解生命本质的所在。核酸通过决定细胞中酶和其他蛋白质的合成，影响细胞组成成分和代谢类型及生物体的生长发育方向。通过本章的学习，了解核酸的种类与分布、化学组成与分子结构、理化性质等相关基本内容，加深对核酸在生命科学中地位的理解和认识，为下一步学习核酸的代谢及合成、基因表达调控、分子生物学理论知识奠定基础。

第一节　核酸的发现、种类与分布

一、核酸的发现

核酸研究距今已有100多年的历史了。1868年，瑞士的一位外科医生米歇尔（F. Miescher）（1844～1895）从外科绷带上脓细胞的细胞核中分离出一种富含磷元素的酸性有机物质，由于这种物质来自细胞核，当时就称它为核素（nuclein），也就是我们今天所说的脱氧核糖核蛋白。直到1889年，Altman依据这种来自细胞核、化学性质呈酸性、不含蛋白质的有机化合物，提出“核酸”这一概念。后来研究发现，核酸并不只存在于细胞核中，细胞质、线粒体、叶绿体、细菌及病毒中都含有核酸，但“核酸”这一名称仍然保留而沿用至今。

知识窗 2-1

1944年，Avery等的肺炎球菌转化试验，确立了核酸是遗传物质。Avery等发现，将从光滑型肺炎双球菌（S型，有荚膜，菌落光滑）中提取的DNA与粗糙型的肺炎双球菌（R型，无荚膜，菌落粗糙）混合后培养，能使一部分R型菌转化为S型菌，且转化率与DNA纯度呈正相关，转化菌能继续繁殖。若将DNA预先用DNA酶降解，转化就不发生。这种通过一定途径将一个供体菌的DNA传递给另一种细菌，并使后者（受体菌）的遗传特性发生改变，其实质是外源DNA与受体细胞基因组间的重组，使受体细胞获得新的遗传信息，称为转化作用。转化试验结果表明，DNA作为遗传物质，是遗传信息的载体。1953年，Watson和Crick提出了DNA双螺旋结构模型，这个在自然科学中极其重大的发现，推动了分子生物学的迅猛发展。20世纪70年代DNA重组技术的出现，推动了DNA和RNA的研究及生物技术产业群的兴起。“人类基因组计划”科学工程的完成，标志着生命科学已经进入了后基因组时代（post-genome era），生命科学的研究重点为在整体水平上对基因组功能进行研究。

二、核酸的种类与分布

核酸按其所含的戊糖种类的不同分为脱氧核糖核酸（deoxyribonucleic acid，DNA）和核糖核酸（ribonucleic acid，RNA）两大类。多数生物用DNA贮存细胞的遗传信息，每种蛋白质的氨基酸顺序和RNA的核苷酸顺序都是由细胞中DNA的核苷酸顺序决定的，其是物种保持进化和世代繁衍的物质基础。

在真核细胞中，DNA 主要集中在细胞核内，线粒体和叶绿体中也含有 DNA。原核细胞一般含有一个环状 DNA，主要分布在核区。此外，在某些细菌中有一些游离于染色体之外的小分子环状 DNA，我们称之为质粒。

RNA 按其功能的不同主要分为三大类：转移 RNA（transfer RNA，tRNA）、核糖体 RNA（ribosomal RNA，rRNA）和信使 RNA（messenger RNA，mRNA），真核细胞中还有少量核小 RNA（small nuclear RNA，snRNA）。RNA 主要存在于细胞质中，RNA 接受了 DNA 的“指令”，在细胞质中直接参与蛋白质的合成。

第二节　核酸的化学组成

一、戊糖

核酸按其所含戊糖不同分为 DNA 和 RNA 两大类。DNA 所含的戊糖是β-D-2-脱氧核糖，RNA 所含的戊糖是β-D-核糖，脱氧核糖与核糖两者的差别只在于脱氧核糖中与 2′位碳原子连接的不是羟基而是氢，核苷通过糖苷键将戊糖和碱基连接而成，为了与碱基中的碳原子编号相区别，核糖或脱氧核糖中碳原子标以 1′、2′ 等。另外，RNA 中还含有少量的修饰戊糖，即 D-2′-*O*-甲基核糖。核糖的结构见图 2-1。

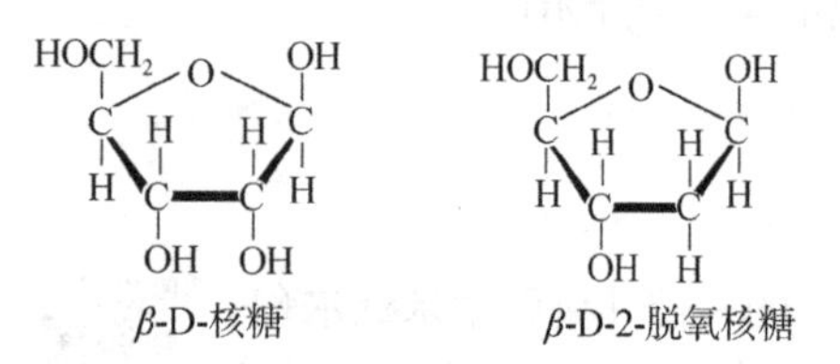

图 2-1　核糖的结构

二、碱基

核酸中的碱基有两类：嘌呤（pyrimidine）和嘧啶（purine）。它们均为含氮杂环化合物，所以称为碱基，也称为含氮碱。

嘌呤碱主要是腺嘌呤（adenine，A）和鸟嘌呤（guanine，G），嘧啶碱主要是胞嘧啶（cytosine，C）、胸腺嘧啶（thymine，T）和尿嘧啶（uracil，U）。DNA 和 RNA 中均含有腺嘌呤、鸟嘌呤和胞嘧啶，而尿嘧啶主要存在于 RNA 中，胸腺嘧啶主要存在于 DNA 中。嘌呤碱和嘧啶碱的结构如图 2-2 所示。

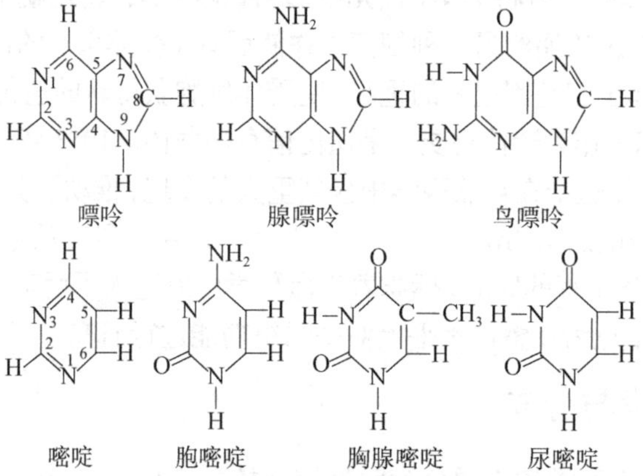

嘌呤　　腺嘌呤　　鸟嘌呤

嘧啶　　胞嘧啶　　胸腺嘧啶　　尿嘧啶

图 2-2　嘌呤碱和嘧啶碱的结构

一些核酸中还含有少量的修饰碱基（modified base），这些碱基在核酸中的含量稀少，又称为稀有碱基（unusual base）。这些碱基大多数是在嘌呤碱或嘧啶碱的不同部位被甲基化

（methylation），如次黄嘌呤、N^6-甲基腺嘌呤、7-甲基鸟嘌呤和5,6-二氢尿嘧啶（DHU）等。tRNA中含稀有碱基最多，某些tRNA中稀有碱基含量高达10%。

三、核苷

核苷是戊糖与嘧啶碱或嘌呤碱脱水缩合成的化合物。通常是戊糖的C1′与嘧啶碱的N1或嘌呤碱的N9相连接。生成的化学键称为β-C-N糖苷键。在tRNA中含有少量5-核糖尿嘧啶，这是一种碳苷，是尿嘧啶的第5个碳原子与核糖中的第1个碳原子通过β-糖苷键连接形成的化合物。因连接方式比较特殊，也称为假尿苷（用Ψ表示）（图2-3）。

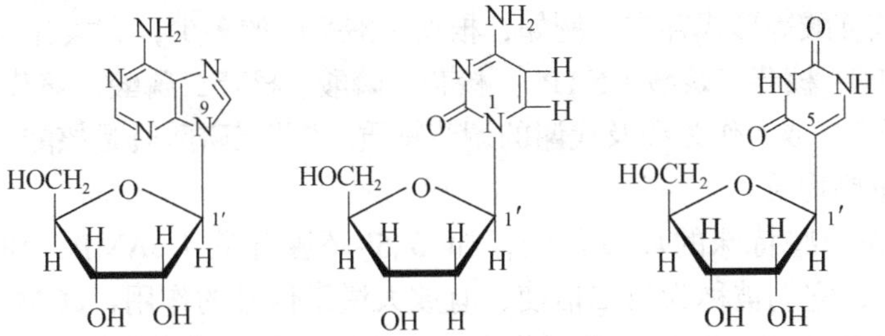

腺嘌呤核苷　　胞嘧啶脱氧核苷　　假尿苷

图2-3　核苷的结构

根据戊糖的不同，核苷分为核糖核苷和脱氧核糖核苷两类。又由于碱基不同，核苷可进一步分为嘌呤核苷、嘧啶核苷、嘌呤脱氧核苷、嘧啶脱氧核苷4类（表2-1）。

表2-1　核酸中的主要核苷

碱基	核糖核苷（RNA中）	脱氧核糖核苷（DNA中）
腺嘌呤	腺嘌呤核苷（腺苷，A）	腺嘌呤脱氧核苷（脱氧腺苷，dA）
鸟嘌呤	鸟嘌呤核苷（鸟苷，G）	鸟嘌呤脱氧核苷（脱氧鸟苷，dG）
胞嘧啶	胞嘧啶核苷（胞苷，C）	胞嘧啶脱氧核苷（脱氧胞苷，dC）
胸腺嘧啶	—	胸腺嘧啶脱氧核苷（脱氧胸苷，dT）
尿嘧啶	尿嘧啶核苷（尿苷，U）	—

四、核苷酸

核苷酸是由核苷和磷酸脱水缩合而成的，是核苷的磷酸酯。核苷酸分成核糖核苷酸与脱氧核糖核苷酸两大类，由核糖核苷生成的核苷酸称为核糖核苷酸（ribonucleotide），由脱氧核糖核苷生成的核苷酸称为脱氧核糖核苷酸（deoxyribonucleotide）。

细胞内存在的游离核苷酸多是5′-核苷酸。但用不同的方法水解核酸时，可生成各种不同的核苷酸，如2′-核糖核苷酸与3′-核糖核苷酸。常见的核苷酸见表2-2。

表2-2　常见的核苷酸

核糖核苷酸（RNA中）	脱氧核糖核苷酸（DNA中）
腺嘌呤核苷酸（腺苷酸，AMP）	腺嘌呤脱氧核苷酸（脱氧腺苷酸，dAMP）
鸟嘌呤核苷酸（鸟苷酸，GMP）	鸟嘌呤脱氧核苷酸（脱氧鸟苷酸，dGMP）
胞嘧啶核苷酸（胞苷酸，CMP）	胞嘧啶脱氧核苷酸（脱氧胞苷酸，dCMP）
尿嘧啶核苷酸（尿苷酸，UMP）	胸腺嘧啶脱氧核苷酸（脱氧胸苷酸，dTMP）

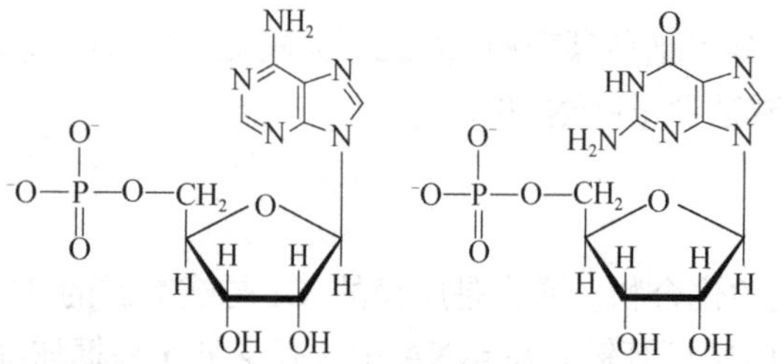

腺嘌呤核苷酸　　鸟嘌呤核苷酸

图 2-4　部分核苷酸的结构

部分核苷酸的结构如图 2-4 所示。

在一些 RNA 和 DNA 中也含有少量的稀有核苷酸。

五、细胞中的游离核苷酸及其衍生物

细胞内有一些以游离形式存在的核苷酸及其衍生物，它们常以多磷酸、环式单核苷酸和辅酶类单核苷酸等形式存在。例如，根据磷酸基团的多少，有核苷一磷酸（NMP）、核苷二磷酸（NDP）、核苷三磷酸（NTP）。核苷一磷酸、核苷二磷酸、核苷三磷酸为核苷酸有关代谢的中间产物，或者作为酶及代谢的调节物质。核苷三磷酸既是核酸合成的直接供体，又是能量转换的重要物质。

细胞内还存在一些特殊的环核苷酸，如 3′,5′-环腺苷酸（cAMP）和 3′,5′-环鸟苷酸（cGMP）（图 2-5），它们被称为第二信使，有放大激素信号的作用，cGMP 是 cAMP 的拮抗物，二者共同在细胞生长发育中起调节作用。此外，有些核苷酸是多种辅酶的组成成分或直接作为辅酶，如烟酰胺腺嘌呤二核苷酸（NAD^+）、烟酰胺腺嘌呤二核苷酸磷酸（$NADP^+$）、黄素单核苷酸（FMN）、黄素腺嘌呤二核苷酸（FAD）、辅酶 A（CoASH，含腺苷-3′,5′-二核酸）等。

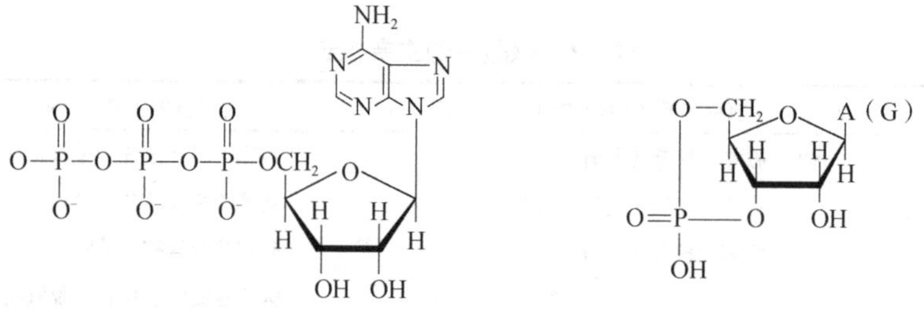

ATP　　cAMP（cGMP）

图 2-5　ATP 和 cAMP（cGMP）的结构

第三节　核酸的分子结构

一、DNA 的一级结构

组成 DNA 的脱氧核糖核苷酸主要是 dAMP、dGMP、dCMP 和 dTMP。数量巨大的 4 种脱氧单核苷酸通过 3′,5′-磷酸二酯键连接成线性分子。核酸有两个末端，带有游离的 5′-磷酸基的末端，称 5′端，另一端是游离的 3′-羟基，称 3′端，核酸链具有方向性，在 DNA 分子内，前一个核苷酸的 3′-羟基与后一个核苷酸的 5′-磷酸以 3′,5′-磷酸二酯键连接成长链，核酸中的核苷酸称为核苷酸残基。DNA 的一级结构是指，DNA 分子中核苷酸残基的排列顺序和连接方式。由于核苷酸残基之间的差异仅表现在碱基的不同，故核酸的一级结构也可以用 DNA 分子内碱基的排列顺序来表示。

书写碱基的顺序是从 5′端到 3′端。线条式缩写，竖线表示核糖的碳链，A、T、C 表示不同的碱基，P 引出的斜线一端与 C3′相连，另一端与 C5′相连。简写式如 5′-pATC-3′或 pATC。多核苷酸链的几种表示方法如图 2-6 所示。

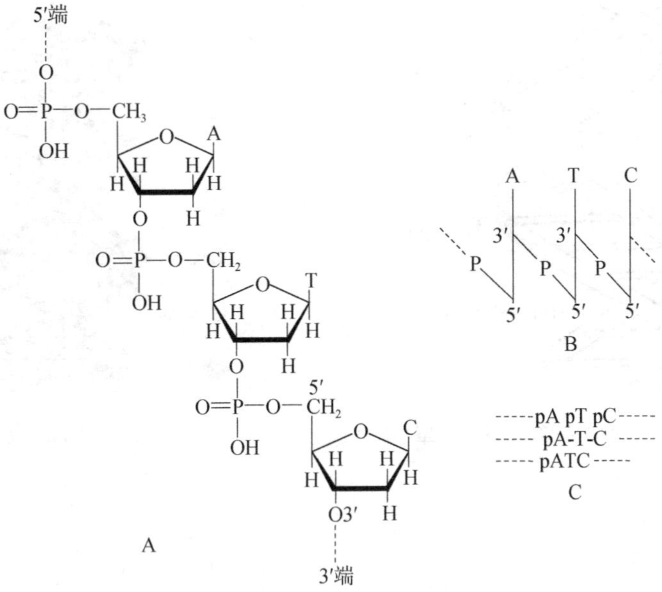

图 2-6 DNA 多核苷酸链的一段

A. DNA 多核苷酸片段；B. 线条式缩写；C. 文字式缩写

二、DNA 的二级结构

（一）双螺旋结构模型的主要依据

知识窗 2-2

DNA 的二级结构即双螺旋结构（double helix structure）。在 20 世纪 50 年代初，Chargaff 等通过分析多种生物 DNA 的碱基组成发现：①DNA 的腺嘌呤和胸腺嘧啶的摩尔数相等，即 A=T；②鸟嘌呤和胞嘧啶的摩尔数也相等，即 G=C；③含 6-氨基的碱基（腺嘌呤和胞嘧啶）总数等于含 6-酮基的碱基（鸟嘌呤和胸腺嘧啶）总数，即 A+C=T+G；④嘌呤的总数等于嘧啶的总数，即 A+G=C+T。这一规律称为夏格夫法则。在 DNA 分子中，A 与 T、C 与 G 之间存在相互配对的可能性，目前公认的 DNA 双螺旋结构模型主要根据夏格夫法则及 X 射线衍射图的结构，由 Watson 和 Crick 两人在 1953 年提出的，DNA 双螺旋模型的提出不仅揭示了遗传信息稳定传递中 DNA 半保留复制的机制，也是分子生物学发展的里程碑。

（二）DNA 双螺旋结构模型的特点

Watson 和 Crick 的 DNA 双螺旋（double helix）结构模型，即 B-DNA 模型（图 2-7，图 2-8）。模型的结构特征：①两条反向平行的多核苷酸链围绕同一中心轴盘绕成右手双螺旋；②糖与磷酸在外侧形成螺旋的轨迹，彼此通过 3′,5′-磷酸二酯键相连；③碱基伸向内部，其平面与螺旋轴垂直；④两条核酸链依靠彼此碱基之间形成的氢键相连结合在一起，并且 A 与 T、G 与 C 配对（图 2-9）；⑤双螺旋的平均直径为 2nm，螺旋上升一周为 10 对核苷酸，

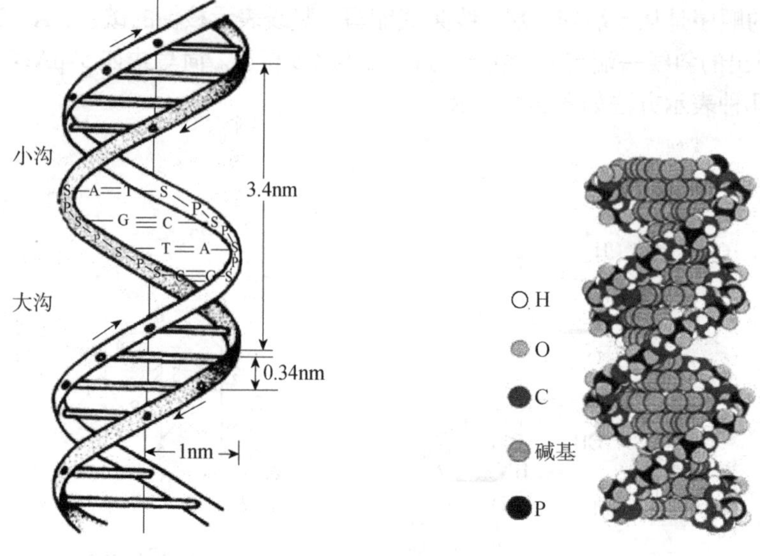

图 2-7　DNA 双螺旋结构模型　　图 2-8　B-DNA 模型

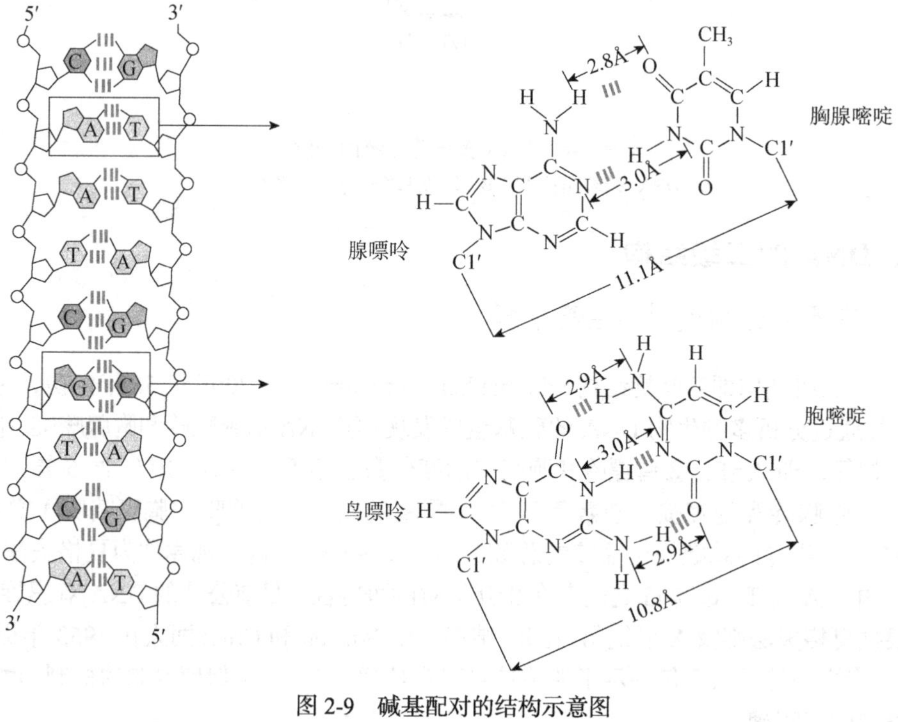

图 2-9　碱基配对的结构示意图

螺距为 3.4nm；⑥沿螺旋中心轴方向看去，双螺旋结构上有两个凹槽，形成一个较宽深、连续的大沟（major groove），另一个为较浅小、连续的小沟（minor groove）。

DNA 双螺旋结构是相当稳定的。维持其稳定的作用力主要有：①两条多核苷酸链间的互补碱基对之间的氢键；②螺旋中碱基对疏水的嘌呤环和嘧啶环堆积所产生的疏水作用力与上下相邻的嘌呤环和嘧啶环的π电子的相互作用，统称为碱基堆积力，这是维持核酸空间结构稳定最主要的作用力；③磷酸基团的氧原子带负电荷，带负电荷的磷酸基团在不与正离子结合的状态下具有静电斥力，而细胞中的碱性组蛋白、亚精胺等带正电荷的化合物消除静电斥力，有稳定核酸结构的作用。

（三）DNA 二级结构的类型

DNA 二级结构的多态性（polymorphism）是指 DNA 不仅具有多种形式的双螺旋结构，还能形成三链、四链结构。产生的原因在于多核苷酸链的骨架含有许多可转动的单链，从而使糖环可采取不同的构象。二级结构的多态性说明 DNA 的结构是动态的，而不是静态的。

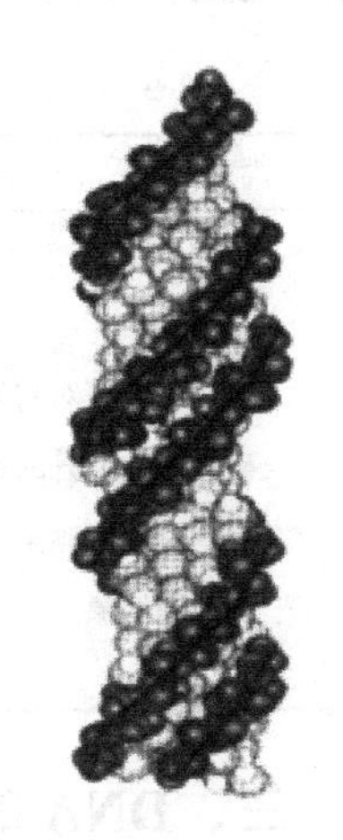

图 2-10 A-DNA 模型

目前已知的 DNA 二级结构的类型有下列几种：①A-DNA 螺旋，在 75%相对湿度钠盐中的构型（图 2-10）。②Z-DNA 螺旋，左手的 DNA 螺旋（图 2-11），这种螺旋可能在基因表达或遗传重组中起作用。③三链 DNA，在正常的 DNA 双螺旋结构的基础上还可形成三股螺旋。例如，多嘌呤-多嘧啶的节段序列可形成三螺旋结构，第三股 TC 链的 C 均为质子化 C^+，此链与上一 DNA 链间的氢键为 Hoogsteen 链，因此称为 H-螺旋或 Hoogsteen 螺旋（图 2-12）。

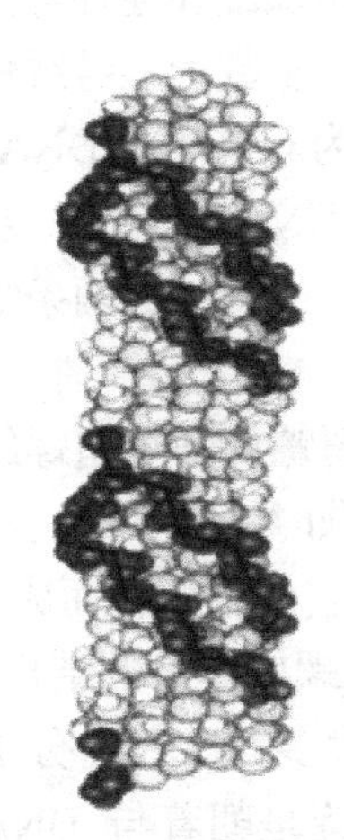

图 2-11 Z-DNA 模型

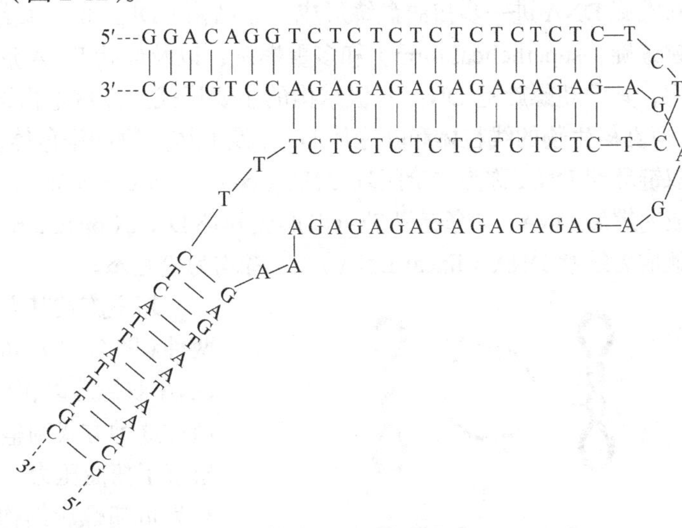

图 2-12 三链 DNA（H-DNA）结构

Watson 和 Crick 提出的 DNA 双螺旋结构是以在生理盐溶液中抽提出的 DNA 纤维在 92%相对湿度下进行的 X 射线衍射图谱为依据进行推测的，属于 B 型双螺旋，生理条件下，DNA 双螺旋大多以 B 型形式存在，是 DNA 分子在水性环境和生理条件下最稳定的结构，并且 DNA 的结构是动态的。

在相对湿度 75%以下获得的 DNA 纤维为 A-DNA，X 射线衍射分析资料表明，这种 DNA 纤维具有不同于 B-DNA 的结构特点，A-DNA 也是由反向的两条多核苷酸链组成的右手螺旋，A-DNA 螺体较宽且短，碱基对与中心轴的倾角也不同，呈 20°。RNA 分子的双螺旋区及 RNA-DNA 杂交双链也具有与 A-DNA 相似的结构。

除了 A-DNA 和 B-DNA 以外，还发现了一种 Z-DNA。1979 年底，A. Rich 在研究 d（CGCGCG）寡聚体的结构时发现了此类 DNA。Z-DNA 也呈双螺旋结构，为左手螺旋，在 d（CGCGCG）晶体中，磷酸和糖的骨架呈现出“Z”字形走向，Z-DNA 只有一条大沟，无小沟。

研究表明，天然 B-DNA 的局部区域可以出现 Z-DNA 结构，说明 B-DNA 与 Z-DNA 之间是可以互相转变的，推测 Z-DNA 的功能可能与基因表达的调控有关。DNA 二级结构参数的对比见表 2-3。

表 2-3　DNA 二级结构参数的对比

项目	A-DNA	B-DNA	Z-DNA
螺旋方向	右手	右手	左手
直径/nm	2.6	2	约 1.8
每螺旋碱基对数/bp	11	10.5	12
碱基中轴上升的距离/nm	0.26	0.34	0.37
碱基对平面倾角/（°）	20	6	1
糖苷键构象	反	反	嘧啶反式 嘌呤顺式

三、DNA 的三级结构

双螺旋 DNA 进一步扭曲盘绕形成三级结构，DNA 的三级结构包括线状 DNA 形成的纽结、超螺旋（superhelical form）和多重螺旋，以及环状 DNA 形成的结、超螺旋和连环等多种类型，其中超螺旋是 DNA 三级结构的主要形式。真核生物染色体 DNA 多数为双链线性结构。但真核生物的线粒体和叶绿体 DNA 及原核生物的染色体、细菌质粒为双链环状 DNA，这些双链环状 DNA 称为共价闭环 DNA（covalently closed circle DNA，cccDNA），可进一步扭曲成超螺旋 DNA。一条链断裂可以形成开环 DNA（open circular DNA，ocDNA），两条链断裂就成为线状 DNA（linear DNA），二者均为松弛态。

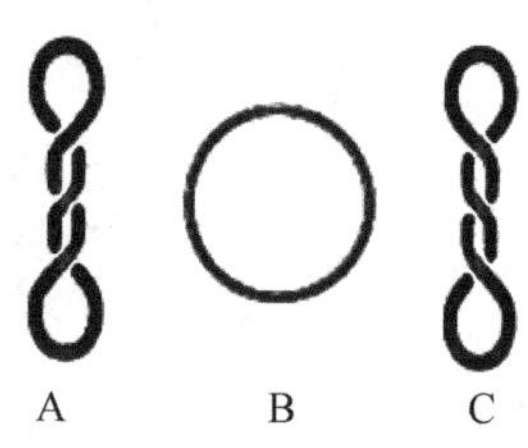

图 2-13　双链环状 DNA 及超螺旋结构示意图
A．负超螺旋（−3）；B．松弛型 DNA；C．正超螺旋（+3）

超螺旋按其方向分为正超螺旋和负超螺旋两种（图 2-13）。负超螺旋是顺时针右手螺旋的 DNA 双螺旋以相反方向围绕它的轴扭转而成，通过这种方式调整了 DNA 双螺旋本身的结构，松解了扭曲压力，生物体内大多数 DNA 分子都为负超螺旋结构。正超螺旋是朝着与 DNA 双螺旋内部缠绕相同的方向扭转，使 DNA 的结构更加紧密，天然状态下并不产生正超螺旋结构，自然界中不存在正超螺旋 DNA。DNA 负超螺旋也可通过其局部解旋消除，在 DNA 复制和转录的起始期间局部解旋起到非常重要的作用。

DNA 分子形成超螺旋的生物学意义：①超螺旋 DNA 具有更紧密的形状，因此在 DNA 组装中具有重要作用。②DNA 的结构具有动态性，这可能有利于其功能的发挥，超螺旋可能与复制、转录的控制有关。

四、真核生物染色体结构

真核生物染色质 DNA 的结构极其复杂。真核生物的染色体是 DNA 与蛋白质组成的复合体，其中 DNA 的超螺旋结构是多层次的。双螺旋 DNA 先盘绕组蛋白形成核小体或称核粒（图 2-14）。许多核小体由 DNA 链连在一起构成念珠状结构，念珠状结构进一步盘绕成更复杂、更高层次的结构。

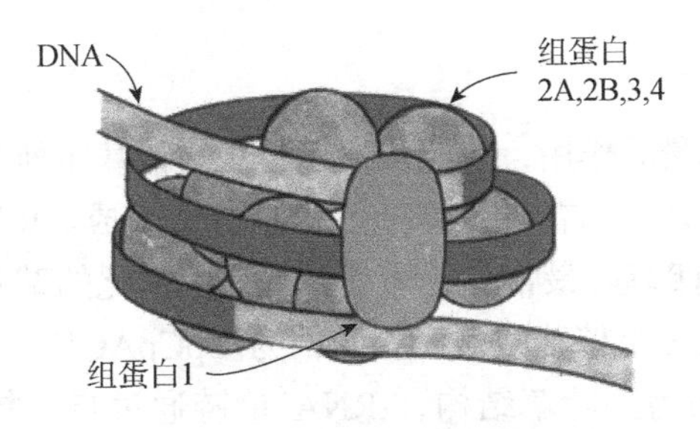

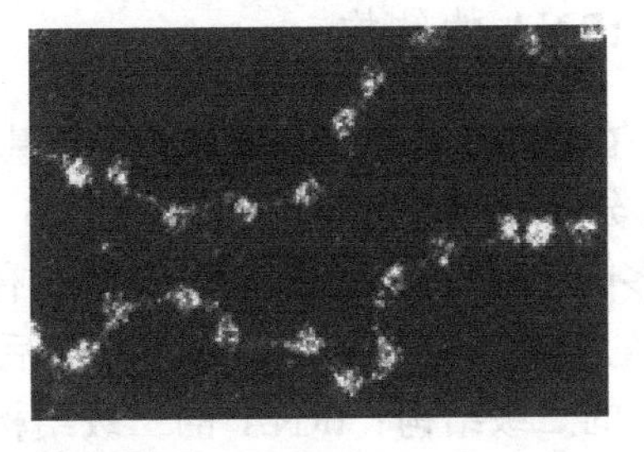

图 2-14 核小体结构（左）及多个核小体（右）

核小体中的组蛋白是富含精氨酸和赖氨酸的碱性蛋白，有 H1、H2A、H2B、H3 和 H4 共 5 种。后 4 种各两分子组成核小体的蛋白核心，约 140bp 双螺旋 DNA（核心 DNA）在蛋白核心外绕行 1.75 圈，共同构成核小体的核心颗粒。核心颗粒之间通过大约 60bp 的 DNA 相连，在连接 DNA 的进出部位结合一分子组蛋白 H1，将核心 DNA 固定在核心蛋白外围，这样核小体通过连接 DNA 形成念珠状结构的核小体链，核小体链进一步盘绕成 30nm 的染色质纤丝，每圈 6 个核小体，这一步使 DNA 压缩大约 100 倍。随后，DNA 被进一步压缩，染色质丝组成突环（loop），再进一步形成玫瑰花结（rosette）形状的结构，进而组装形成螺旋圈（coil），并最终折叠成染色单体（chromatid），DNA 的长度压缩了近 1 万倍（图 2-15）。

五、RNA 的分子结构

RNA 的一级结构是指组成 RNA 的核苷酸按照特定序列通过 3′,5′-磷酸二酯键连接的线性结构。RNA 主要由腺嘌呤核糖核苷酸（AMP）、鸟嘌呤核糖核苷酸（GMP）、胞嘧啶核糖核苷酸（CMP）和尿嘧啶核糖核苷酸（UMP）组成。这些核苷酸中所含的戊糖不是脱氧核糖，而是核糖。此外，RNA 分子中还有某些稀有碱基。

绝大部分 RNA 分子都是线状单链，但是 RNA 分子的某些区域可自身回折进行碱基互补配对，形成局部双螺旋。在 RNA 局部双螺旋中 A 与 U 配对、G 与 C 配对，除此以外，还存在非标准配对，如 G 与 U 配对。RNA 分子在非互补区则膨胀形成凸起（bulge）或者环（loop），这种短的双螺旋区域和环称为发夹结构（hairpin）。发夹结构是 RNA 中最普通的二级结构形式，二级结构可进一步折叠形成三级结构，在具有三级结构时 RNA 才能成为有活性的分子。RNA 与蛋白质

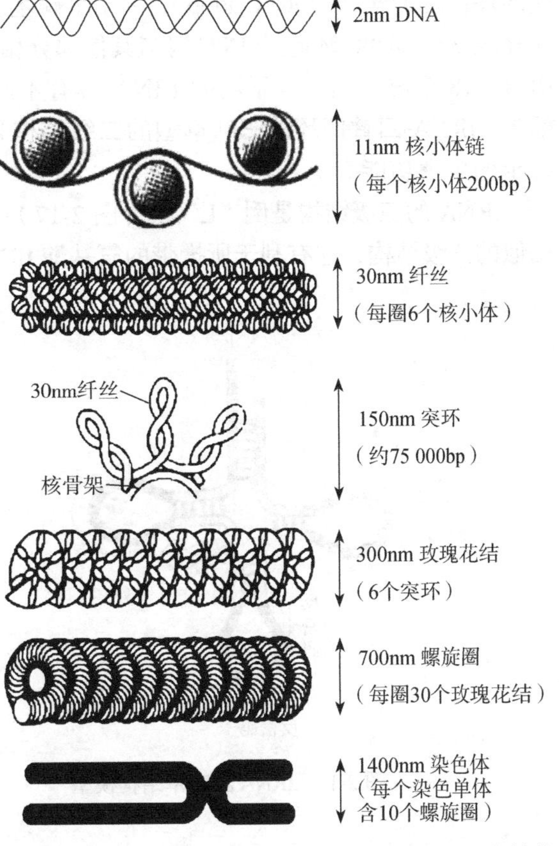

图 2-15 真核生物染色体DNA不同层次组装的可能结构

形成核蛋白复合物，通过它们之间的相互作用形成 RNA 的四级结构。

（一）tRNA 的结构

tRNA 在蛋白质合成中主要起转运氨基酸的作用，按照信使 RNA 的碱基序列合成蛋白质。tRNA 分子较小，相对分子质量在 2.5×10^4 左右，由 60～95 个核苷酸组成。tRNA 是修饰成分最多的核酸，每分子含 10～15 个稀有碱基。最常见的稀有碱基是甲基化的碱基。tRNA 的 5′端多数为 pG，也有为 pC 的，3′端最后三个核苷酸顺序相同，为-CpCpAOH。

tRNA 的二级结构：tRNA 的二级结构为三叶草结构，tRNA 单链通过自身折叠形成一种形状像三叶草的茎-环结构（图 2-16）。各种 tRNA 的结构具有以下几个特征：①tRNA 三叶草型的二级结构可分为氨基酸接受区（氨基酸臂所在部位）、反密码区、二氢尿嘧啶区、TΨC 区和可变区（额外环所在部位）。除氨基酸接受区外，其余每个区都含有一个能形成氢键的部位——臂和一个不能形成氢键的区段——突环。②氨基酸臂（amino acid arm）由 7 对碱基组成，富含鸟嘌呤，末端为-CCA，接受活化的氨基酸。③氨基酸臂的对面是反密码臂，由 5 对碱基组成。其顶端是反密码子环（anticodon loop），由 7 个碱基组成，其中 3 个碱基组成反密码子。次黄嘌呤核苷酸（也称肌苷酸，缩写为 I）常出现于反密码子中。④左侧的环称为二氢尿嘧啶环（dihydrouracil loop）、DHU 环或 D-环，由 8～12 个碱基组成。D-环中含有两个稀有碱基二氢尿嘧啶，因此得名。二氢尿嘧啶臂是由 3～4 对碱基组成的双螺旋区，又称为 D-臂。D-环由 D-臂与 tRNA 分子的其他部分相连。⑤位于右侧的环称为 TΨC 环（TΨC loop），由 7 个碱基组成，因环中含有 TΨC 结构而得名，Ψ 为假尿嘧啶核苷。TΨC 环通过 TΨC 臂与其他部分相连。⑥额外环（extra loop），又名“可变环”。由 3～18 个碱基组成。不同的 tRNA 具有不同大小的可变环，因此可作为 tRNA 分类的标志。tRNA 四臂四环的三叶草型的二级结构只有进一步形成更高级的三级结构，才具有特定的生理功能。

tRNA 的三级结构是倒“L”形（图 2-17），所有的 tRNA 折叠后形成大小及三维构象都相似的三级结构，这有利于所携带的氨基酸 tRNA 进入核糖体的特定部位。

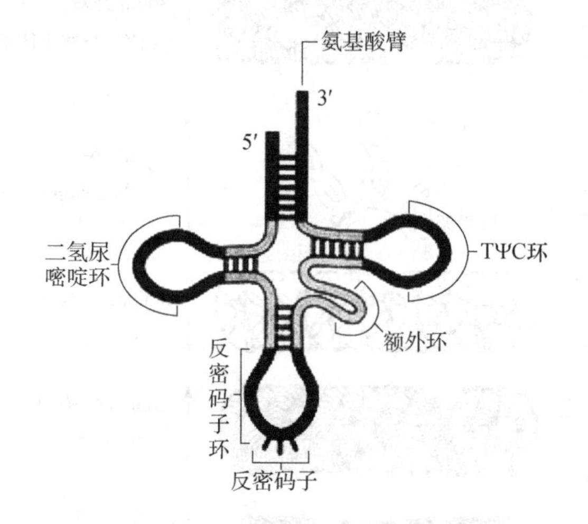

图 2-16　tRNA 三叶草结构模型

图 2-17　tRNA 的三级结构

（二）rRNA 的结构

所有生物体的核糖体（ribosome）都由 rRNA 与多种蛋白质共同组成，核糖体可分解为大小不同的两个亚基。原核生物的核糖体为 70S，由 50S 和 30S 两个大小亚基组成。真核生物的核糖体为 80S，是由 60S 和 40S 两个大小亚基组成的，原核生物和真核生物中核糖体的组成见表 2-4。

表 2-4 rRNA 的种类与大小

核糖体类型	核糖体亚基	rRNA 大小	rRNA 相对分子质量	核苷酸数
原核生物	30S	16S	0.55×10^6	1500
		23S	1.1×10^6	3000
	50S	5S	0.04×10^6	120
真核生物	40S	18S	0.7×10^6	2000
		28S	1.8×10^6	5000
	60S	5.8S	0.05×10^6	160
		5S	0.04×10^6	120

大肠杆菌中的 5S rRNA 的 5′端常出现 pppU，3′端为 UOH；第 43～47 位的核苷酸顺序为 CGAAC，这是 rRNA 与 tRNA 相互识别、相互作用的部位；原核细胞 16S rRNA 的 3′端总是存在序列 ACCUCCU，这是 mRNA 的识别位点。

（三）mRNA 的结构

mRNA 以 DNA 为模板合成，作为合成蛋白质的模板，其相对分子质量不均一，种类很多。原核生物中 mRNA 转录后一般不需加工，直接进行蛋白质翻译，细胞内 mRNA 转录和翻译几乎是同时进行的。原核生物的 mRNA 结构简单，典型的原核生物 mRNA 往往含有几个功能上相关的蛋白质的编码序列，可编码几条不同的多肽链，称为多顺反子。在原核生物多顺反子 mRNA 的 5′端和 3′端都有非编码区，mRNA 中编码序列之间有间隔序列。原核生物的 mRNA 的半衰期比真核生物的要短得多。

真核生物 mRNA 为单顺反子结构，真核细胞 mRNA 的 5′端有一个甲基化的鸟苷酸，称为“帽子”结构，是 mRNA 合成后添加的（图 2-18），帽子结构可以保护 mRNA 不被外切核酸酶水解，并且能与帽结合蛋白结合识别核糖体并与之结合，促进蛋白质合成的起始。3′端有一段可长达 200 个左右的聚腺苷酸（polyA），称为“尾巴”结构，其功能可能与 mRNA 的稳定性有关，也是 mRNA 从细胞核进入细胞质所必需的结构。

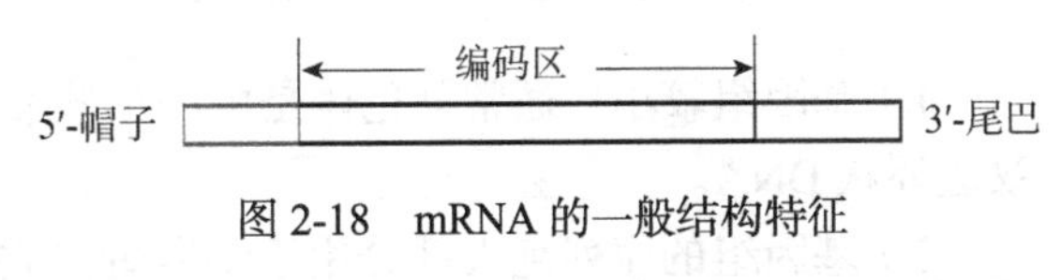

图 2-18 mRNA 的一般结构特征

（四）其他 RNA 分子

20 世纪 80 年代以后，由于新技术不断产生，一些新的 RNA 基因及 RNA 新的功能陆续被发现。核小 RNA（small nuclear RNA，snRNA）是核小核糖核蛋白颗粒（small nuclear ribonucleoprotein particle，snRNP）的组成成分，含量不高，具有 5′端帽子结构，snRNA 与蛋白质结合以核糖核蛋白的形式存在，snRNA 参与 mRNA 前体的剪接，以及成熟的 mRNA 由核内向胞质中转运的过程。核仁小 RNA（small nucleolar RNA，snoRNA）是一类新的核酸调控分子，分布在核仁区，参与 rRNA 前体的加工及核糖体亚基的

知识窗 2-3

装配。胞质小 RNA（small cytoplasmic RNA，scRNA）的种类很多，信号识别颗粒（signal recognition particle，SRP）是由小分子 RNA 与 6 种蛋白质组成的，SRP 参与分泌性蛋白质的合成，与细胞内蛋白质转运有关。反义 RNA（antisense RNA，asRNA）可以与特异的 mRNA 序列互补配对，阻断 mRNA 翻译，抑制基因表达，在真核细胞中也发现了 asRNA。核酶是具有催化活性的 RNA 分子或 RNA 片段。微小 RNA（microRNA，miRNA）是一种具有茎-环结构的非编码 RNA，长度一般为 20～25 个核苷酸，在 mRNA 翻译过程中起到开关作用，它可以与靶 mRNA 结合，产生转录后基因沉默作用（post-transcriptional gene silencing，PTGS）。由于 miRNA 的表达具有阶段特异性和组织特异性，它们在基因表达调控、细胞周期和控制个体发育中起着重要作用。

六、基因与基因组

自然界绝大多数生物体的遗传信息贮存在 DNA 的核苷酸排列顺序中，不同的 DNA 核苷酸序列决定不同的生物性状，决定不同的生物学功能，DNA 分子上这种相对独立的单位叫作基因（gene）。现代遗传学理论认为，基因是 DNA 分子上具有遗传效应的特定核苷酸序列，是 DNA 分子上最小的功能单位，含有编码蛋白质或 RNA 的序列。基因位于染色体上，呈线性排列。一般每个基因含 1000 到几十万个脱氧核苷酸残基。基因的核苷酸序列由调节序列、编码序列和间隔序列三部分组成。

基因组（genome）是指一种生物体所含有的全套遗传物质。基因组中不同的区域具有不同的功能，有些是编码蛋白质的结构基因，有些是复制和转录的调控基因。还有一些区域，既不转录 RNA，也不具有调节基因表达的功能，这些区域功能尚不清楚。把不同功能区域在整个 DNA 分子中的分布叫作基因组结构。人类基因组计划（human genome project，HGP）主要的研究内容就是对人类基因组 3×10^9bp 构成的 DNA 进行全序列分析测定和制定人类染色体基因图谱，进而了解其结构，认识其功能，从分子水平认识人类自身的结构和功能特征。

（一）原核生物基因组结构的特点

1）基因组较小，通常染色体是由一个核酸分子（DNA 或 RNA）组成的，其基因组为双链环状 DNA。

2）基因组的序列绝大部分用于编码蛋白质，结构基因多为单拷贝，基因之间的间隔序列很短。

3）功能相关的基因大多以操纵子（operon）形式出现。操纵子是启动基因、操纵基因和一系列紧密连锁的结构基因串联在一起的，是转录的功能单位，可翻译多种蛋白质的合成。原核生物大多数基因表达是通过操纵子的形式来调控实现的，如乳糖操纵子、阿拉伯糖操纵子、组氨酸操纵子、色氨酸操纵子等。

4）基因组中存在少量重复序列，还存在可移动的 DNA 序列，如转座子等。

（二）病毒基因组的特点

1）病毒基因组可由 DNA 组成，也可由 RNA 组成，但每种病毒只可以由其中的一种核酸组成。

2）不少病毒以 RNA 为遗传物质，称为 RNA 病毒。

3）存在重叠基因，即一个基因可以编码几种蛋白质。1977年，桑格在测定噬菌体ΦX174的DNA的全部核苷酸序列时，发现基因*D*中包含着基因*E*。基因*E*的第一个密码子从基因*D*中央的一个密码子TAT的中间开始，基因*E*全部包含在基因*D*中，而且两个基因所编码的蛋白质大小不等，氨基酸序列也不相同。

（三）真核生物基因组结构的特点

1）基因组较大。真核生物的基因组由多条线性的染色体构成，每条染色体均为一个线状DNA分子，每个DNA分子有多个复制起点。

2）不存在操纵子结构。真核生物的同一个基因簇的基因，与原核生物的操纵子结构不同，不会转录到同一个mRNA上。

3）存在大量的重复序列。真核生物的基因组里存在大量的重复序列，根据其重复程度可将其分成高度重复序列、中度重复序列、低度重复序列和单一序列。

A. 高度重复序列：高度重复序列在基因组中重复频率高，可达百万（10^6）以上，因此复性速度很快。在基因组中所占比例依据种属而异，占10%～60%，在人基因组中约占20%。高度重复序列不编码蛋白质或RNA，但可能参与复制水平的调节和基因表达的调控，与转位作用和进化有关。在高度重复序列中，有一种简单的重复单位组成的重复序列。这类重复序列的重复单位一般由2～10bp组成，成串排列。这种重复序列的碱基组成与其他部分不同，通过密度梯度离心法可以与主体DNA分开，因此把这种重复序列叫作卫星DNA（satellite DNA）。

B. 中度重复序列：中度重复序列是指在真核基因组中重复数十至数十万（$<10^6$）次的重复序列，其平均长度为300～5000bp，平均重复350次。大多数中度重复序列与其他单拷贝序列间隔排列，称为散布重复序列；有些成串地排列在DNA一级结构的一个大的区域，称为串联重复序列。

C. 低度重复序列：低度重复序列在单倍体基因组中只出现一次或数次，因而复性速度很慢。单拷贝序列在基因组中占50%～80%。例如，人基因组中有60%～65%的顺序属于这一类。单拷贝顺序中储存了巨大的遗传信息，编码各种不同功能的蛋白质。目前尚不清楚单拷贝基因的确切数字。

D. 单一序列：一个基因组中一般只有一个拷贝，又称为非重复序列。真核生物的绝大多数结构基因在单倍体中是单拷贝或几个拷贝（1～5个拷贝）。大多数真核生物编码蛋白质的基因，都含有“居间序列”，为不编码序列，其转录产物在mRNA前体的加工过程中会被切除。遗传学上通常将能编码蛋白质的基因称为结构基因。真核生物的结构基因是断裂基因。一个断裂基因能够含有若干段编码序列，这些可以编码的序列称为外显子。在两个外显子之间被一段不编码的间隔序列隔开，这些间隔序列称为内含子。

知识窗2-4

第四节 核酸的理化性质

一、核酸的一般理化性质

DNA为白色纤维状固体，RNA为白色粉末状固体，均微溶于水。其钠盐在水中的溶解度较大。DNA和RNA均可溶于2-甲氧基乙醇，但不溶于乙醇、乙醚和三氯甲烷等一般有机溶剂，因此，常用乙醇从溶液中沉淀核酸，当乙醇浓度达 50%时，DNA 就沉淀出来，当乙醇浓度达 75%时 RNA 也沉淀出来。DNA 和 RNA 在细胞内常与蛋白质结合成核蛋白，两种核蛋白在盐溶液中的溶解度不同，DNA 核蛋白难溶于 0.14mol/L 的 NaCl 溶液，可溶于高浓度（1～2mol/L）的 NaCl 溶液，而 RNA 核蛋白则易溶于 0.14mol/L 的 NaCl 溶液，因此常用不同浓度的盐溶液分离两种核蛋白。

大多数 DNA 为线性分子，分子结构极不对称，其长度可以达到几厘米，而分子的直径只有 2mm。因此，DNA 溶液的黏度极高，但 RNA 溶液的黏度要小得多。

溶液中的核酸分子在引力场中可以下沉。不同构象的核酸（线性、开环、超螺旋结构）、蛋白质及其他杂质，在超离心机的强大引力场中沉降的速率有很大差异，所以可以用超离心法纯化核酸或将不同构象的核酸进行分离，也可以测定核酸的沉降常数与分子质量。

用不同介质组成密度梯度进行超离心分离核酸时，效果较好。RNA 分离常用蔗糖梯度，分离 DNA 时用得最多的是氯化铯梯度，氯化铯在水中有很大的溶解度，可以制成浓度很高（80mol/L）的溶液。

二、核酸的水解

酸解：核酸在稀酸溶液中，短时间时 DNA 和 RNA 都不发生降解、不水解。于中强度酸（pH3.0～5.0）中在 100℃条件下处理数小时，或用较浓的酸（如 2～6mol/L HCl）处理，嘧啶糖苷键比磷酸二酯键更易水解断裂。

碱解：RNA 的核糖上有 2′-OH 存在，所以 RNA 易被碱水解，水解生成核苷 2′,3′-环磷酸酯。DNA 的脱氧核糖上没有 2′-OH，不能形成碱水解的中间产物，不易被碱水解。可以利用这一性质除去溶液中的 RNA 杂质或测定 RNA 的碱基组成。

酶解：水解核酸的酶类很多，它们都是磷酸二酯酶（phosphodiesterase），它们催化在水参与下的磷酸二酯键的断裂，如蛇毒磷酸二酯酶和牛脾磷酸二酯酶。

专一性水解核酸的磷酸二酯酶称为核酸酶。核酸酶按底物专一性分类，作用于 RNA 的称为核糖核酸酶（ribonuclease，RNase），作用于 DNA 的则称为脱氧核糖核酸酶（deoxyribonuclease，DNase）。既能水解 DNA 也能水解 RNA 的称为非特异性核酸酶（如蛇毒磷酸二酯酶和牛脾磷酸二酯酶）。按对底物作用方式分类，可将其分为内切核酸酶（endonuclease）与外切核酸酶（exonuclease），外切核酸酶只从一条核酸链的一端逐个切断磷酸二酯键释放单核苷酸；而内切核酸酶在核酸链的内部切割核酸链，产生核酸片段。有些核酸酶选择核酸链含某一碱基的核苷酸处切割核酸链（碱基特异性）；有些则要求切割点具有 4～8 个核苷酸残基的特殊核苷酸顺序。对分子生物学家来说，核酸酶是在实验室中切割和操作核酸的工具。

三、两性解离与等电点

核酸分子中含有酸性的磷酸基和碱性的含氮碱基，因此，核酸具有两性电离的性质。因磷酸基酸性相对较强，所以核酸通常表现为酸性。核酸的等电点在较低的 pH 范围内。DNA 的等电点为 4～4.5，RNA 的等电点为 2～2.5。

在人体正常生理状态下，核酸一般带正电荷，且易与金属离子结合成可溶性的盐。

四、紫外吸收性质

嘌呤环和嘧啶环具有共轭双键，使碱基、核苷、核苷酸和核酸在 240～290nm 的紫外波段有一强烈的吸收峰，因此核酸具有紫外吸收特性。DNA 钠盐在 260nm 附近有最大吸收值，其吸光率（absorbance）以 A_{260} 表示，紫外吸收特性是核酸的重要性质，在核酸的研究中很有用处。在 230nm 处为吸收低谷，RNA 钠盐的吸收曲线与 DNA 无明显区别。不同核苷酸有不同的吸收特性。所以可以用紫外分光光度计加以定量及定性测定。

五、核酸的变性、复性与分子杂交

（一）变性

在物理和化学因素的影响下，维系核酸二级结构的氢键和碱基堆积力受到破坏，氢键断裂，DNA 双链解旋成单链，这一过程称为核酸的变性（nucleic acid denaturation）（图 2-19）。核酸的变性可发生在整个 DNA 分子中，也可发生在局部的双螺旋节段上（局部变性），但无论哪一种情况，均不涉及核苷酸中磷酸二酯键的断裂。引起变性的因素有酸、碱、尿素、胍等变性剂和乙醇、丙酮等化学因素，以及热、紫外线等物理因素。

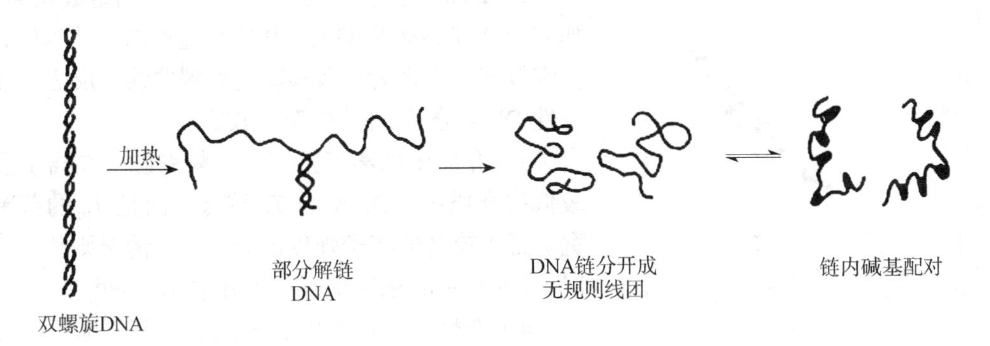

图 2-19 DNA 的变性过程

变性后的 DNA，由双链变为单链，原来隐藏在双螺旋内部的碱基对暴露出来，导致在 260nm 处紫外吸收值升高，此现象称为增色效应（hyperchromic effect）（图 2-20），同时黏度下降，超速离心沉降系数变大，浮力密度上升，失去部分或全部生物学功能。

由温度升高引起的变性称为 DNA 的热变性，DNA 的热变性是核酸变性研究最多的变性。当将 DNA 稀盐溶液加热到 80℃以上时，双螺旋结构受到破坏，氢键断裂，两条链彼此分开形成无规则线团，这种由双螺旋转变成线团的过程称为螺旋-线团转移（helix-coil translation）。加热变性一般在较窄的温度范围内发生，通常把加热变性时 DNA 溶液在 260nm 处紫外吸收升高达到最大值一半时的温度称为该 DNA 的解链温度（melting temperature，T_m）（图 2-21）。每种 DNA 都有一个解链温度，通常 T_m 为 85～95℃。事实上，T_m 并不是一个固定常数，它受以下因素的影响。

1）DNA 碱基组成。DNA 的 T_m 主要与 DNA 分子中的碱基对组成有关，G-C 含量越高，T_m 就越高；A-T 含量越高，T_m 就越低（图 2-22）。这是因为 G-C 对中有三个氢键，而 A-T 对中只有两个氢键。在标准条件下，T_m 与碱基对组成之间的经验公式是

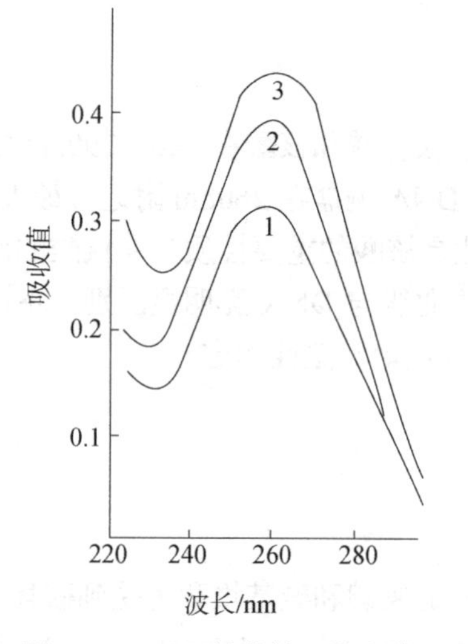

图 2-20　DNA 的紫外吸收光谱

1. 天然 DNA；2. 变性 DNA；3. 核苷酸总吸收

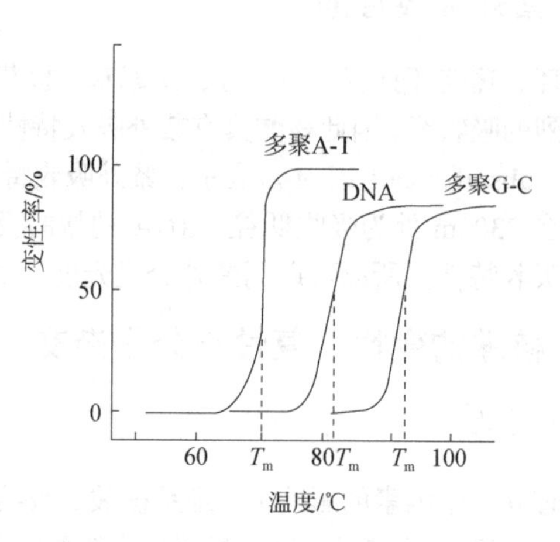

图 2-21　某些 DNA 的 T_m 值

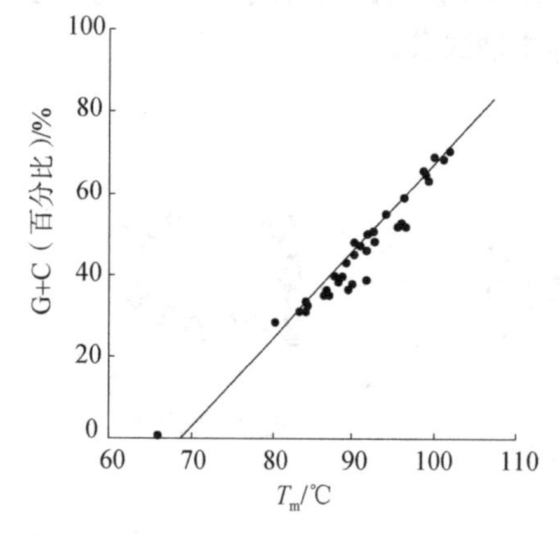

图 2-22　T_m 与 G+C（百分比）之间的关系

$$T_m=69.3+0.41(\text{G+C})\%$$

2）DNA 的均一性。DNA 分子序列组成越均一，如多聚 A-T 或多聚 G-C，其变性过程同步性越好，T_m 范围较窄，表现为一条很陡的熔解曲线；反之，非均一性 DNA 分子，则 T_m 范围较宽。

3）介质中的离子强度。一般来说，在离子强度较低的介质中，DNA 的 T_m 较低，而且 T_m 的范围较宽。而在较高的离子强度的介质中，情况则相反。所以，DNA 制品稳定保存一般用含盐缓冲液。

4）变性剂。甲酰胺、尿素、甲醛等都可破坏氢键，妨碍碱基堆积，从而导致 T_m 下降。

（二）复性

变性 DNA 在适当条件下，可使两条分开的单链重新恢复双螺旋 DNA 的过程，称为复性（renaturation）。当热变性的 DNA 经缓慢冷却后复性，称为退火（annealing）。

DNA 复性时，其紫外线吸收值降低，这种现象称为减色效应（hypochromic effect），这是因为双螺旋结构使碱基对的 π 电子云发生重叠，减少了紫外吸收。复性过程并不是变性反应的简单逆过程，变性过程可以在很短的时间内完成，而复性则需要相对较长的时间才能完成。复性可分为两个阶段，首先两条链必须依靠随机碰撞找到一段碱基配对部分，形成局部双链，即复性开始时，两条 DNA 单链随机碰撞形成局部双链。随后在此基础上两条单链的其余部分就像“拉链”那样完成整个复性过程。影响复性速度的因素有多种：①单链片段的大小，DNA 片段小的比大的容易复性；②单链片段的浓度，DNA 浓度越大，两条互补链彼此相遇的可能性越大，复性速度也越快；③单链片段的复杂程度，单链片段的复杂程度越小，复性速度越快；④离子强度，DNA 溶液的离子强度对复性影响较大，因为盐会减少两条互补链负电荷的排斥作用。通常增加盐浓度，可加快两条互补链重新结合的速度。

（三）分子杂交

两条来源不同的单链核酸（DNA 或 RNA），按照彼此互补的碱基序列结合在一起，称为核酸的分子杂交（nucleic acid hybridization）。杂交可发生在 DNA-DNA、RNA-RNA 和 DNA-RNA 之间。利用核酸的杂交可以分析基因组织的结构、基因定位和基因表达，确定生物的遗传进化关系。根据核酸分子杂交的原理，人们有目的地人工制备或从基因组中分离已知序列的 DNA 片段，使其带上同位素或荧光标记，经变性后成为单链，在一定条件下，与待测的有同源性的 DNA 序列互补，形成带有标记的双链 DNA 杂交分子，这段带有标记的核苷酸序列称为核酸探针（nucleic acid probe）或基因探针（gene probe）。除了 DNA 外，RNA 也可用作探针。分子杂交就是将核酸分子固定在固相支持物上，然后用标记的探针与被固定的分子杂交，经显影后显示出目的 DNA 或 RNA 分子所处的位置。常用的杂交方法有 DNA 印迹法、RNA 印迹法和原位杂交等。

1. DNA 印迹法（Southern blotting）　DNA 印迹法是英国的分子生物学家 E. M. Southern 于 1975 年首先设计出来的，具体步骤是将 DNA 样品经限制性内切核酸酶消化后，通过琼脂糖凝胶电泳分离，再经碱变性等预处理，使 DNA 双链分子变性为单链，然后将凝胶中的单链 DNA 分子转移并固定到固相支持物表面上，此时利用核酸探针与膜上的 DNA 片段杂交，与探针有同源性互补的 DNA 序列在膜上的位置便可通过放射自显影被检测出来（图 2-23）。

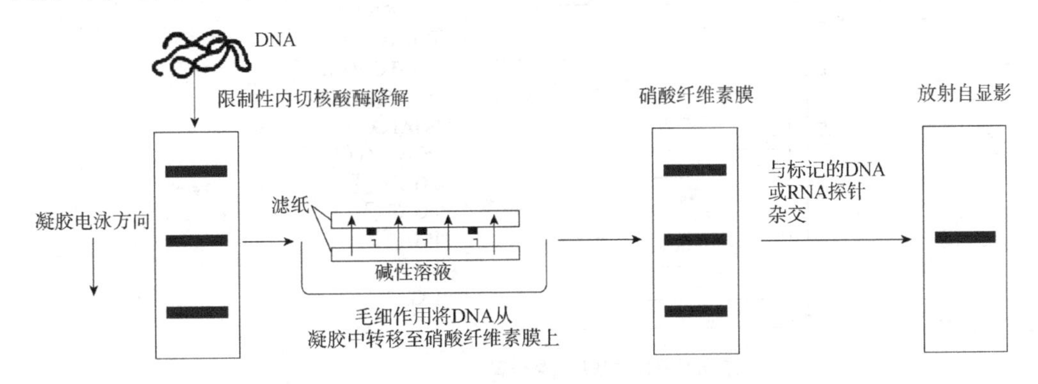

图 2-23　DNA 印迹法用于检测特异 DNA 序列的存在

2. RNA 印迹法（Northern blotting）　RNA 印迹法的被检测对象为 RNA，通过琼脂糖凝胶变性电泳，再将分离出的 RNA 转移到硝酸纤维素滤膜上，然后与探针进行杂交。

3. 原位杂交（*in situ* hybridization）　原位杂交是指以具特定标记的已知序列核酸为探针，将其与细胞或组织切片中核酸进行杂交，从而对特定核酸序列进行精确定量、定位的过程。原位杂交技术的基本原理是利用核酸分子单链之间有互补的碱基序列，有标记的探针进入细胞内，与待测 DNA 或 RNA 互补配对，结合成专一的核酸杂交分子，用放射自显影或免疫酶法显示杂交结果，从而将待测核酸在组织、细胞或染色体上的位置显示出来。原位杂交技术可以在原位研究细胞合成某种多肽或蛋白质的基因表达，具有很高的灵敏性和特异性，可进一步从分子水平来探讨细胞的功能及其调节机制。

第五节　核酸的分析技术

一、化学降解法（Maxam-Gilbert 测序法）

该方法的基本步骤为：①将 DNA 的末端进行标记（通常为放射性同位素 ^{32}P）；②分成 4 组，在互相独立的化学反应中，对特定碱基进行化学修饰；③通过化学反应，在修饰碱基位置断开 DNA 链；④按照 DNA 链的长短，通过聚丙烯酰胺凝胶电泳分开；⑤根据放射自显影显示区带，直到读出 DNA 的核苷酸序列，如图 2-24 所示。

知识窗 2-5

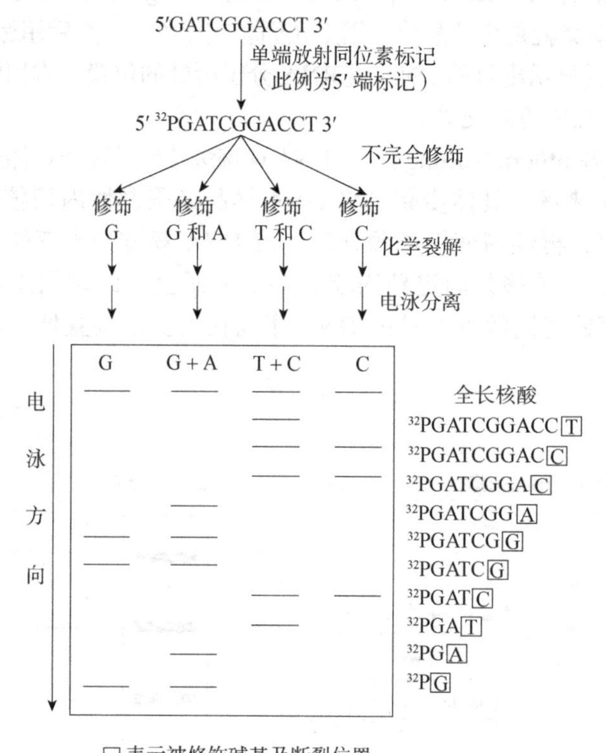

图 2-24　化学降解法测定 DNA 的核苷酸序列

二、双脱氧链终止法

以待测的单链 DNA 为模板，加入相应的引物链和底物，在合成的 DNA 链的 3′端，依据碱基互补配对的原则，通过生成新的 3′, 5′-磷酸二酯键和加入双脱氧核苷三磷酸使 DNA 链合成终止，产生不同大小片段的 DNA 链。具体测序过程中，同时进行 4 组反应，在每组中加入相同的模板、引物及 4 种脱氧核苷酸；并在 4 组反应中各加入适量的底物类似物——双脱氧核苷三磷酸，它能随机地接入 DNA 链中，并立即使链合成终止，产生相应的 4 组具有特定长度、不同长短的 DNA 链。再同时进行聚丙烯酰胺凝胶变性电泳，不同长短链分离开，经过放射自显影显示图谱，就可以直接读出被测 DNA 的核苷酸序列（图 2-25）。

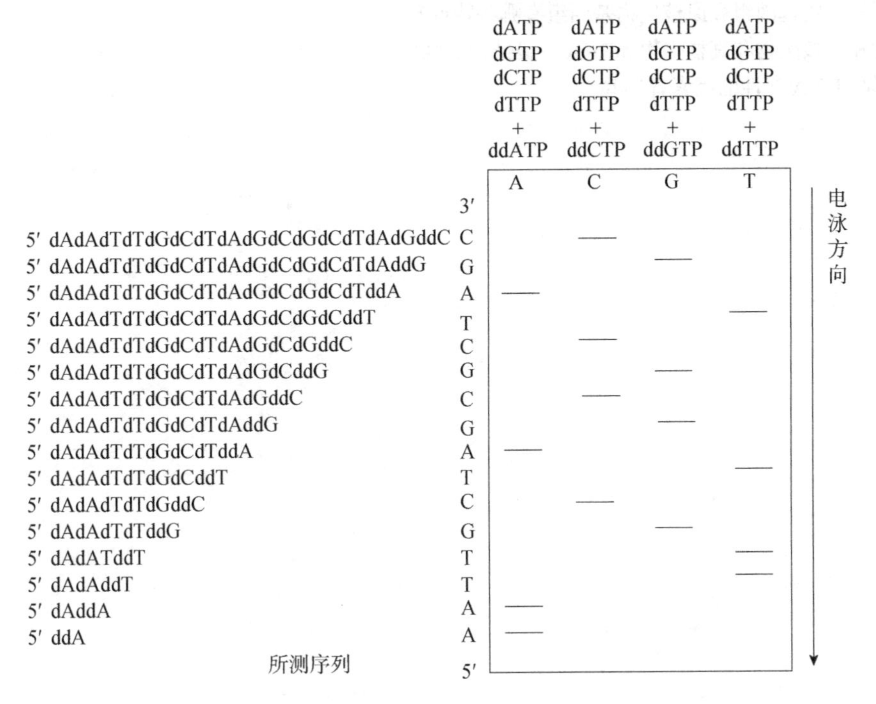

图 2-25 双脱氧链终止法测定 DNA 序列原理示意图

小结

核酸分为脱氧核糖核酸和核糖核酸两类。DNA 主要存在于细胞核中；RNA 主要存在于细胞质中。RNA 主要有 rRNA、tRNA、mRNA 三种。DNA 是生物遗传信息的载体，RNA 是生物遗传信息的传递体或载体，主要参与蛋白质的生物合成。核酸最基本的结构单位是核苷酸。核苷酸由核苷和磷酸组成，核苷则由戊糖和含氮碱基组成。碱基分为嘌呤碱和嘧啶碱。

RNA 与 DNA 组成上的区别是：RNA 中戊糖为核糖，特有碱基为尿嘧啶；而 DNA 中的戊糖为脱氧核糖，特有碱基为胸腺嘧啶。细胞内还有一些游离存在的核苷酸及其衍生物，它们都有一定的生物功能。DNA 的一级结构是指 DNA 分子中核苷酸的排列顺序和连接方式。而 DNA 的碱基顺序本身就是遗传信息储存的分子形式。典型的 DNA 二级结构是 DNA 双螺旋结构模型，DNA 二级结构具有多态性。双螺旋 DNA 进一步扭曲盘绕则形成其三级结构，超螺旋是其主要的形式。大多数 RNA 分子是一条单链，可以有局部双螺旋，形成二级结构。RNA 中研究最清楚的是 tRNA 的三叶草型的二级结构及倒 “L” 形的三级结构。基因是 DNA 分子上具有遗传效应的特定核苷酸序列，是 DNA 分子上最小的功能单位，含有编码蛋白质或 RNA 的编码序列。基因位于染色体上，并呈线性排列。基因的核苷酸序列由调节序列、编码序列和间隔序列三部分组成。基因组是指一种生物体的全部基因或染色体。基因组中不同的区域具有不同的功能，把不同功能区域在整个 DNA 分子中的分布称作基因组结构。基因组学是一门涵盖了对所有基因进行核苷酸序列分析、基因定位和基因功能分析的科学。在生物体内，核酸常和蛋白质结合在一起，形成核蛋白。典型的例子有染色体和病毒。核酸的理化性质及其提取和分析是核酸研究的重要内容。通过核酸分子杂交可以求出特定基因的频率、基因组的特点、基因结构和定位、基因表达等。

思考题

1. 核酸的基本结构单位是什么？其组成如何？
2. 比较 tRNA、mRNA、rRNA 的分布、结构特点及功能。
3. DNA 双螺旋靠哪些化学键维系？其中最主要的作用力是什么？
4. 真核生物基因组和原核生物基因组有哪些特点？
5. 比较原核生物和真核生物 mRNA 一级结构的区别。
6. 影响 DNA 变性的因素有哪些？

第三章　糖　　类

糖类是自然界中一类广泛分布的具有广谱化学结构和生物功能的重要的有机化合物，是几乎所有植物、动物和微生物体最重要的组成部分，其中植物体中的糖类含量最为丰富，占其干重的 85%～90%。糖类物质通过氧化释放出大量能量，是维持生物体生命活动的重要能量来源。随着现代分离、分析及分子生物学技术的快速发展，人们对糖类结构的复杂性与多样性、功能的多样性和重要性有了根本认识。糖类作为生命活动涉及的生物大分子之一，不仅是生物体的结构原料和重要的能源物质，而且是生物体内其他化合物合成的基本原料，并作为信息分子参与细胞识别、信号转导、离子通道等生命活动，是高密度的信息载体。此外，糖类化合物的结构影响着与其连接的蛋白质的生理功能，表现在多种生命现象的产生和过程中，如糖蛋白的糖链在受精、生物发生、发育、分化、炎症与自身免疫疾病、癌细胞异常增殖和转移、病原体感染、植物与病原体的相互作用、豆科植物与根瘤菌的共生过程等中的功能。糖生物学的研究方兴未艾，已成为继蛋白质及核酸后的又一热点领域。

知识窗 3-1

第一节　概　　述

一、糖类的基本概念

糖类化学的研究较早，其组成元素主要为碳（C）、氢（H）和氧（O）。由于许多糖类分子中氢（H）和氧（O）的原子数比例为 2∶1，因此其分子式常用 $C_n(H_2O)_m$ 表示，统称碳水化合物（carbohydrate）。但后来研究发现如鼠李糖（rhamnose，$C_6H_{12}O_5$）和脱氧核糖（deoxyribose，$C_5H_{10}O_4$）等，其分子中氢（H）和氧（O）的原子数比例并非 2∶1。反而一些非糖类物质，如甲醛（CH_2O）、乳酸（$C_3H_6O_3$）和乙酸（$C_2H_4O_2$）等，其分子中氢（H）和氧（O）的原子数比例为 2∶1。同时，有些糖类化合物中除了碳（C）、氢（H）和氧（O）之外，还含有氮（N）、磷（P）和硫（S）等元素。因此碳水化合物的统称并不恰当，但因沿用已久，目前已成为习惯性的名称。

二、糖的分类

糖类物质通常按照其聚合度和组成的不同，分为单糖、寡糖和多糖。

单糖（monosaccharide）是最简单的糖，是构成寡糖和多糖的基本单位。其不能被水解成更小的分子，结构为简单的多羟基醛或多羟基酮。

寡糖（oligosaccharide）是含有 2～10 个单糖残基的聚合物，水解后可生成单糖。寡糖中以双糖存在最为广泛，典型的有蔗糖（sucrose）、麦芽糖（maltose）和乳糖（lactose）。

多糖（polysaccharide）是能够水解成为 10 个以上单糖分子的糖的聚合物。按照其结构特点又可分为同多糖（homopolysaccharide）和杂多糖（heteropolysaccharide）。同多糖是若干相同单糖基组成的多糖，如淀粉（starch）、纤维素（cellulose）等；杂多糖是由不同的单糖或单糖的衍生物组成的多糖，如褐藻酸（alginic acid）、透明质酸（hyaluronic acid）等。

另外，由糖类的还原端和其他非糖组分以共价键形式构成的产物称为糖复合物，如糖肽（glycopeptide）、糖蛋白（glycoprotein）、糖脂（glycolipid）和蛋白聚糖（proteoglycan）等。

三、糖类的生物学功能

糖类是植物、藻类及光合细菌等生物体内绿色细胞光合作用的结果，是最初的能量载体物质和构成细胞结构的基本物质。糖类单体种类繁多、结构复杂，作为生物体细胞中一类非常重要的有机化合物，其生物功能复杂、多样且至关重要。

（一）构成生物体细胞结构的重要成分

植物的根、茎、叶细胞壁中含有大量的纤维素、半纤维素（hemicellulose）、木质素（lignin）及果胶（pectin）等成分，这些成分为植物的骨架和生长提供了一定的强度和保护作用。细菌细胞壁的主要成分为糖肽，属于杂多糖。壳多糖（chitin）则是组成虾、蟹、昆虫等外壳的重要结构物质。以上结构物质都是糖的聚合物或复合物。

（二）作为生物体主要的能源物质

生物体生命活动所需要的能量，主要是通过糖类物质在生物体内的分解代谢而产生的。植物的淀粉和动物的糖原都是能量的暂时储存形式，通过一系列分解代谢，可生成细胞生命活动过程所需要的能量载体 ATP 或其他能量形式，以满足合成代谢与生长发育的需要。

（三）为其他生物分子合成提供碳架

糖分解代谢过程中的许多中间代谢物，是蛋白质、核酸、脂类、维生素、次生物等物质的合成原料，能够满足细胞对其他物质合成的需要。

（四）参与细胞的分子识别

细胞间识别和许多生物分子间的识别作用，如不同血型细胞间的凝集作用等，都与糖类密切相关。

此外，近些年的研究表明，所有细胞表面均覆盖着一层糖被，其组成通常是糖复合物——糖蛋白，许多酶、免疫球蛋白、载体蛋白、激素、毒素、凝集素等蛋白质均属于糖蛋白，其含糖量、糖链的长短与结构有巨大差异。细胞之间的相互黏附、相互识别、相互作用、相互制约与调控，均与糖蛋白的糖链有关。其生理功能主要包括以下几方面。

1. 参与细胞间生物信息的传递　细胞的外观构型通常由质膜、糖脂或糖蛋白结合而成，在细胞间的生物信号传递过程中起着重要作用。这些糖复合物中的糖链结构通常由几十个甚至上百个糖残基构成。由于这些糖复合物形成糖苷时连接方式不同（如 1,2-糖苷、1,3-糖苷和 1,4-糖苷）、糖链分支的出现、糖异构化、糖链中结构元件的排列次序及链长短的复杂变化，其为一个巨大的细胞间生物信息传递的资源。这些糖复合物通过细胞内一系列生物化学变化，形成细胞内的生物信号网络，实现信号的逐级传递。

2. 免疫功能　糖复合物表面糖链结构的变化将导致免疫细胞免疫调节功能的改变，这与疾病的发生与治疗相关。Milstein 等（1975）创建的单克隆抗体技术被广泛应用于糖链的检测鉴定及相关疾病的诊断；Feizi（1985）运用单克隆抗体技术确认了糖蛋白和糖脂所携带的糖链是癌发育的抗原，揭示了发育过程中细胞糖蛋白和糖脂所携带糖类抗原的改变是通过有序地增加或减少糖残基而完成的。目前，已经明确 2→3SiaLea 主要是消化系统胰腺、肝脏、胃和大肠等器官的肿瘤的标记性糖链抗原，2→3SiaLex 主要是肺癌和卵巢癌等肿瘤的标记性抗原。

3. 影响细胞分化　肿瘤细胞的表面可以发生糖化合物结构的改变，从而使之失去分化的能力。肿瘤细胞的恶性行为常伴随着糖复合物分子（如岩藻糖肽）的出现和增加，这种相对分子质量大的糖肽比正常的相对分子质量小的糖肽有更多的分子结构和构象的变化。同时，肿瘤细胞表面糖链的改变还与末端唾液酸（sialic acid）含量的变化相关。

4. 参与凝血机制　凝血作用不仅与糖蛋白和糖脂中糖链末端糖基的类型及连接方式有关，还与多糖有关。例如，临床输血中广泛添加的抗凝血剂肝素（heparin），具有较高抗凝血效力且无毒安全。另外，目前已知的有抗凝血作用的多糖还有木聚糖、葡聚糖、岩藻糖及多种杂多糖等。

5. 对细胞发育分化的作用　糖类对机体细胞的生长有激活与促进或抑制的作用。而细胞与细胞间的相互作用，也会导致细胞表面糖类结构的变化。此外，在生物体的发育过程中，细胞表面结构也发生变化。例如，正常早期胚胎多潜能细胞表面具有不寻常的大分子糖肽，当细胞发育分化后，大分子糖肽逐渐消失。

第二节　单　糖

一、单糖的分类和结构

（一）单糖的分类

单糖是最简单的糖，是不能再水解为更小单元的糖分子。单糖具有多种分类方式。根据羰基的类型可分为醛糖（aldose）和酮糖（ketose）。根据糖分子中碳原子数目（3～7个）可分为丙糖、丁糖、戊糖、己糖和庚糖。其中，丙糖（三碳糖）是最小的单糖，戊糖和己糖是自然界中分布最广、最重要的单糖。根据立体构型，单糖又可分为 D 型和 L 型两类。自然界中存在的醛糖主要有 D-甘油醛糖、L-阿拉伯糖、D-木糖及 D-葡萄糖等；酮糖主要有 L-木酮糖和 D-果糖等。单糖的命名常用缩写式，最常用的是简单的三字母缩写式。例如，半乳糖、葡萄糖和木糖的三字母缩写式分别为 Gal、Glc 和 Xyl。

（二）单糖的结构

长链单糖分子存在两种不同的结构，一种是多羟基醛（酮）的开链结构，另一种是环状半缩醛（酮）结构，同一种糖分子的两种结构互为同分异构体。

1. 单糖的开链结构　19 世纪的化学家 Fischer 提出利用 Fischer 投影结构式来表示糖的立体异构体的结构。单糖的构型通常以 D-甘油醛和 L-甘油醛为参照物，以距醛基最远的不对称碳原子为准，羟基在左边的为 L 构型，在右边的为 D 构型（图 3-1）。单糖多为不对称分子，大多数单糖都属于手性化合物。例如，D-甘油醛和 L-甘油醛的空间结构不能重合，互为镜像关系，如同我们的左右手，因此甘油醛是手性分子；二羟丙酮是最简单的酮糖，其分子结构中没有不对称的碳，属于非手性分子。

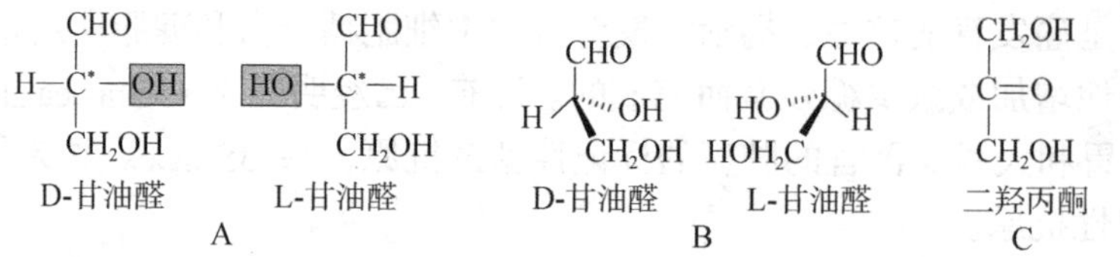

CHO　H—C*—OH　CH₂OH　D-甘油醛　　CHO　HO—C*—H　CH₂OH　L-甘油醛

A

D-甘油醛　L-甘油醛

B

CH₂OH　C=O　CH₂OH　二羟丙酮

C

图 3-1　D-甘油醛和 L-甘油醛的 Fischer 投影结构式（A），D-甘油醛和 L-甘油醛的三维结构式（B）与二羟丙酮 Fischer 投影结构式（C）

由 D-甘油醛获得的一系列醛糖（直到己醛糖）衍生物的 Fischer 结构式见图 3-2。根据有机化学命名的规则，先对碳原子编号（如醛基碳编号为 C1，羰基碳为 C2）。每种糖的构型（D-，L-）由离功能基团——醛基最远的 HC*—OH 的羟基来确定。例如，己醛糖最高编号为 C5 的手性碳原子上的羟基位于 C5 右侧和左侧时分别为 D-型和 L-型；而戊醛糖最高编号的手性碳原子为 C4，因此羟基位于 C4 右侧和左侧时分别为 D-型和 L-型。

根据 Fischer 投影结构式，将方位不同的羟基在相同编号的手性碳原子上所形成的糖异构体称为差向异构体（epimer）。例如，D-甘露糖是 C2 位上 D-葡萄糖的差向异构体，D-半乳糖则是 C4 位上 D-葡萄糖的差向异构体（图 3-2）。在通常情况下，生物体中的糖均为 D-构型。

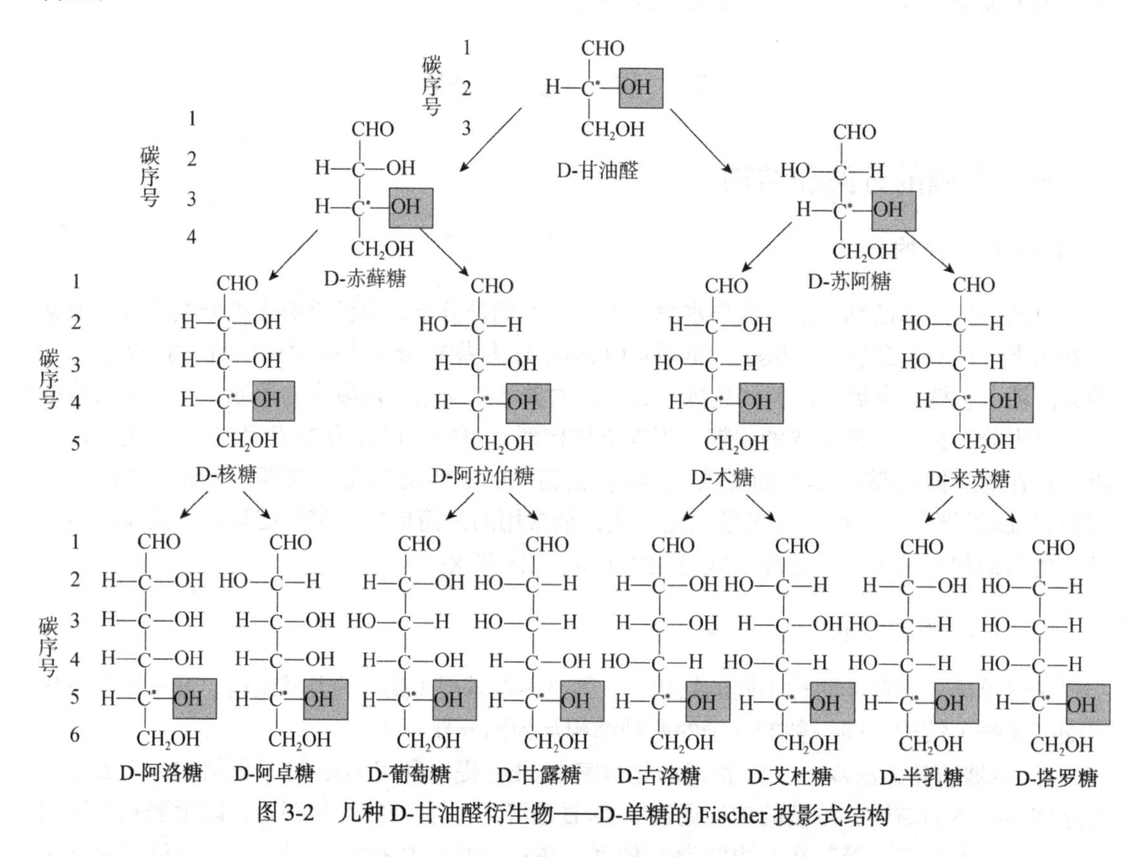

图 3-2　几种 D-甘油醛衍生物——D-单糖的 Fischer 投影式结构

2. 单糖的环状结构　单糖分子中同时存在的羟基和羰基（醛基和酮基）很容易发生分子内的加成反应，生成环状的半缩醛。根据成环羟基的位置不同，可以得到五元环状结构的呋喃糖和六元环状结构的吡喃糖。例如，D-葡萄糖 C5 上的羟基与 C1 上的醛基发生加成反应，可以形成六元环的吡喃葡萄糖；D-果糖 C5 上的羟基与 C2

知识窗 3-2

上的酮基发生加成反应，可以生成五元环的呋喃果糖（图 3-3）。单糖分子由开链变成环状结构后，形成了半缩醛羟基，连接半缩醛羟基的碳原子称为异头碳原子。异头碳原子上的羟基与分子最末手性碳原子的羟基在碳链同侧的异构体称为 α 型异头物，在碳链异侧的称为 β 型异头物（图 3-4）。

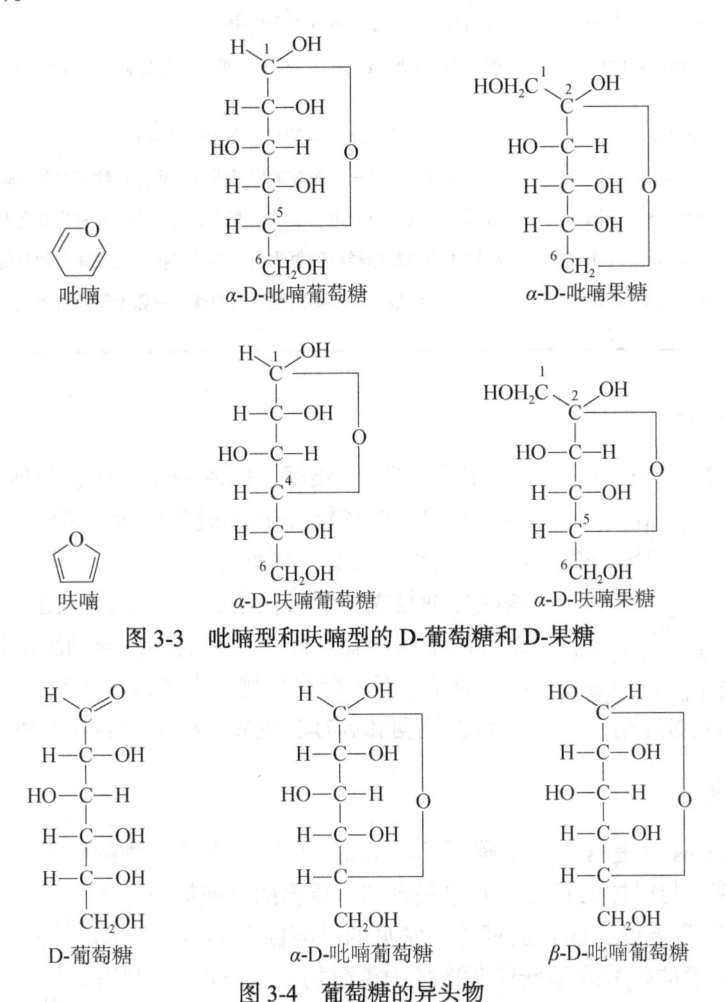

图 3-3　吡喃型和呋喃型的 D-葡萄糖和 D-果糖

图 3-4　葡萄糖的异头物

二、常见的单糖

生物界目前发现的单糖及其衍生物有近 200 种，十几种常见的单糖及其衍生物见表 3-1。其中最重要的单糖是五碳糖和六碳糖，如核糖、脱氧核糖、葡萄糖、甘露糖、半乳糖和果糖等。

表 3-1　常见的单糖及其衍生物

糖名	英文名及缩写	存在情况
L-阿拉伯糖	arabinose，Ara	也称果胶糖，多以结合态存在于半纤维素、树胶、果胶、细菌多糖中
D-核糖	ribose，Rib	普遍存在于细胞中，为 RNA 的成分，也是一些维生素、辅酶的组成成分
D-木糖	xylose，Xyl	多以结合态存在于半纤维素、树胶中
D-半乳糖	galactose，Gal	是乳糖、蜜二糖、棉子糖、脑苷脂和神经节苷脂的组成成分

续表

糖名	英文名及缩写	存在情况
D-葡萄糖	glucose，Glc	广泛分布于生物界，游离存在于水草、植物汁液、蜂蜜、血液、淋巴液、尿等中，同时也是许多糖苷、寡糖、多糖的组成成分
D-甘露糖	mannose，Man	以结合态存在于多糖或糖蛋白中
D-果糖	fructose，Fru	游离态为吡喃型，是糖类中最甜的糖，结合态为呋喃型，是蔗糖、果聚糖的组成成分
D-山梨糖	sorbose	是维生素 C 合成的中间产物，在槐树浆果中存在
L-岩藻糖	fucose，Fuc	为海藻细胞壁和一些树胶的组成成分，也是动物多糖的普遍成分
L-鼠李糖	rhamnose，Rha	常为糖苷的组分，也为多种多糖的组成成分，在常春藤花及叶中游离存在
葡糖醛酸	glucuronic acid，GlcA	动物体内葡萄糖经特殊氧化途径后的产物，是人体内的重要解毒剂
N-乙酰神经氨酸	*N*-acetylneuraminic acid，Neu5Ac	统称为唾液酸，是动物细胞膜上的糖蛋白和糖脂的重要成分

（一）五碳糖

生物体中的五碳糖（pentose）主要包括 D-核糖、D-木酮糖、D-核酮糖、D-2-脱氧核糖等。其中，D-核糖和 D-2-脱氧核糖的磷酸酯分别是 RNA 和 DNA 的组成成分。核糖-5-磷酸、木酮糖-5-磷酸、核酮糖-5-磷酸分别是戊糖磷酸代谢途径和光合碳循环（卡尔文循环）途径的中间产物。此外，它们还参与细胞结构物质和次生物质的合成。五碳糖在生物体内多以五元杂环结构存在，图 3-5 为 *β*-D-核糖和 *β*-D-2-脱氧核糖的 Haworth 投影结构式。

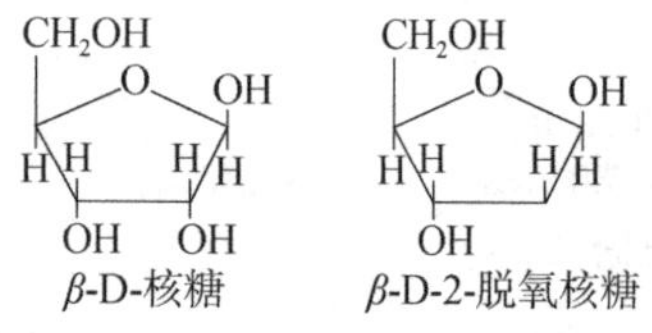

图 3-5　*β*-D-核糖和 *β*-D-2-脱氧核糖的 Haworth 投影结构式

（二）六碳糖

六碳糖（hexose）是含有 6 个碳原子的单糖，广泛存在于生物细胞中，在自然界分布最广，数量也最多，与机体的营养代谢也最密切。重要的己醛糖有 D-葡萄糖、D-半乳糖、D-甘露糖等。常见的己酮糖有 D-果糖。葡萄糖和果糖的磷酸酯是糖代谢途径中重要的中间产物，不仅作为能量代谢的呼吸底物，也参与寡聚糖和多糖的合成。

六碳醛糖多以六元杂环形式存在，图 3-6 为 *α*-D-葡萄糖和 *β*-D-葡萄糖的 Haworth 投影结构式。

α-D-葡萄糖　　*β*-D-葡萄糖

图 3-6　*α*-D-葡萄糖和 *β*-D-葡萄糖的 Haworth 投影结构式

三、单糖衍生物

常见的单糖衍生物有糖醇（sugar alcohol）、糖醛酸（alduronic acid）、氨基糖（amino sugar）和糖苷（glycoside）等。

（一）糖醇

糖醇较稳定，有甜味，广泛分布于自然界的有甘露醇、山梨醇、木糖醇、肌醇和核糖醇，结构见图 3-7。甘露醇在临床上用来降低颅内压和治疗急性肾衰竭；山梨醇氧化时可生成葡萄糖、果糖或山梨糖，是重要的化工和医药辅料；木糖醇是木糖的衍生物，是无糖口香糖的重要组分；肌醇常以游离态存在于肌肉、心、肺、肝中，还可作为某些磷脂的组成成分；核糖醇是黄素单核苷酸（FMN）和黄素腺嘌呤二核苷酸（FAD）的组成成分。

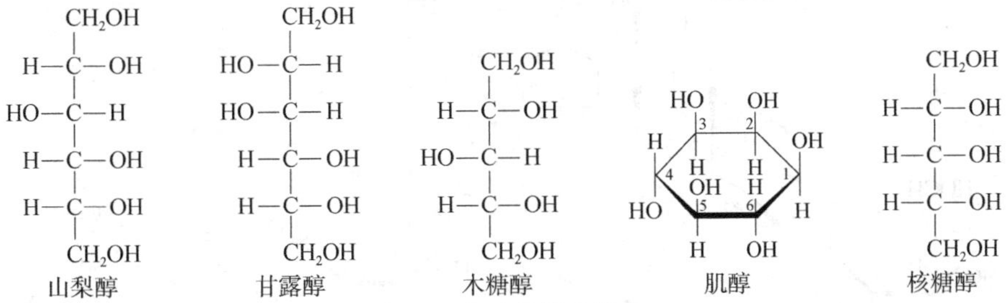

山梨醇　甘露醇　木糖醇　肌醇　核糖醇

图 3-7　常见的糖醇结构

（二）糖醛酸

糖醛酸由单糖的伯醇基氧化得到，其中最常见的有葡糖醛酸（glucuronic acid）、半乳糖醛酸（galacturonic acid）等，结构见图 3-8。葡糖醛酸是人体内重要的解毒剂。

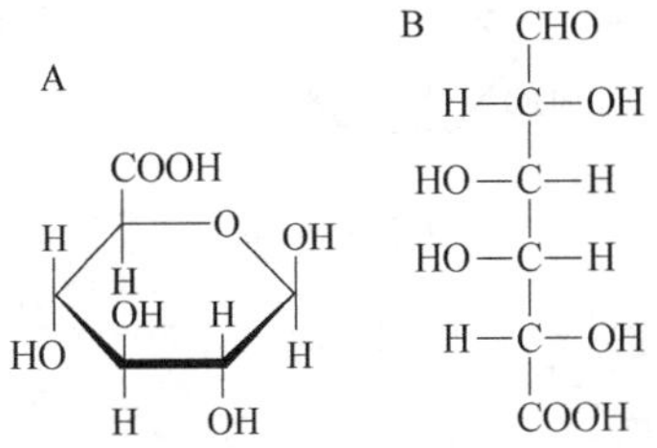

图 3-8　葡糖醛酸（A）和 D-半乳糖醛酸（B）的结构

（三）氨基糖

氨基糖（amino sugar）是单糖上的羟基被氨基取代后形成的衍生糖。例如，葡萄糖 2 位羟基被氨基取代后形成 *α*-D-葡糖胺，氨基被乙酰化后形成 *N*-乙酰-D-半乳糖胺（*N*-acetyl-D-galactosamine，GlcNAc）（图 3-9）。氨基糖多数存在于结合糖中。*N*-乙酰神经氨酸（*N*-acetylneuraminic acid）是许多糖蛋白的组分，也是神经节苷脂（ganglioside）的成分。神经氨酸（neuraminic acid）和它的衍生物（包括 *N*-乙酰神经氨酸），都称为唾液酸（sialic acid）。

图 3-9　*α*-D-葡糖胺、*N*-乙酰-D-半乳糖胺、*N*-乙酰神经氨酸的结构

（四）糖苷

单糖的半缩醛上的羟基与非糖物质（醇、酚等）的羟基形成的缩醛结构称为糖苷，形成的化学键为糖苷键（glycosidic bond）。糖苷是糖在自然界存在的重要形式，许多天然糖苷具有重要的生物学作用。例如，洋地黄苷为强心剂，皂角苷有溶血作用，苦杏仁苷有止咳作用，人参皂苷有抗疲劳、抗感染的功效等。人参皂苷 Rb_1 和苦杏仁苷的结构见图 3-10。

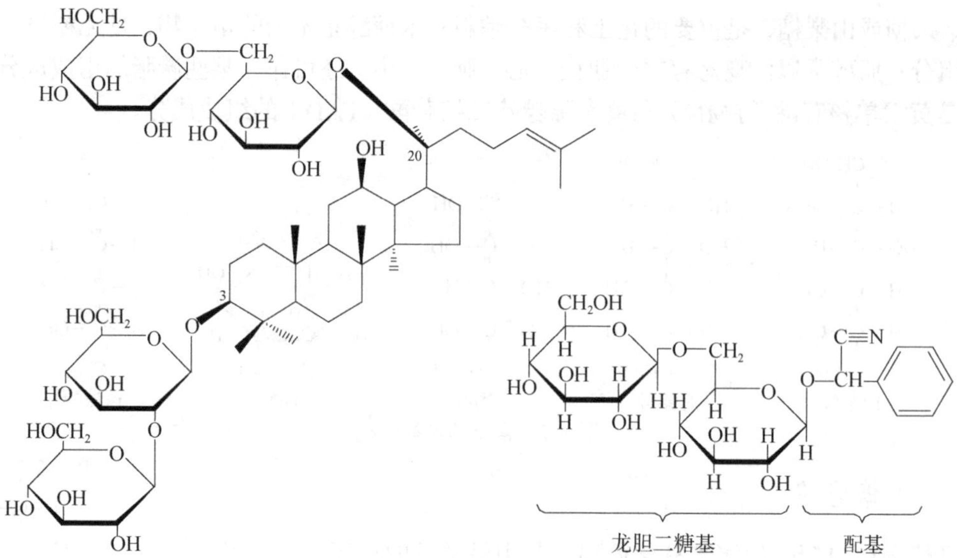

图 3-10　人参皂苷 Rb_1 和苦杏仁苷的结构

第三节　寡　糖

寡糖是少数单糖（2～10 个）缩合的聚合物。激素、抗体、生长素和其他各种重要分子中都普遍含有寡糖。整个细胞表面都被寡糖覆盖，是细胞间识别的物质基础。另外，20 个以下的单糖缩合的聚合物也称作低聚糖。一些寡糖的结构和来源见表 3-2。自然界中最常见的寡糖是二糖（双糖），其中具代表性的有麦芽糖（maltose）、蔗糖（sucrose）、乳糖（lactose）和纤维二糖（cellobiose）。

表 3-2　一些寡糖的结构和来源

名称	结构	来源
麦芽糖（maltose）	α-葡萄糖（1→4）葡萄糖	淀粉水解产物
异麦芽糖（isomaltose）	α-葡萄糖（1→6）葡萄糖	支链淀粉的酶法水解产物
槐二糖（sophorose）	β-葡萄糖（1→2）葡萄糖	甘薯淀粉的糖胶
纤维二糖（cellobiose）	β-葡萄糖（1→4）葡萄糖	纤维素，地衣的酶解产物
龙胆二糖（gentiobiose）	β-葡萄糖（1→6）葡萄糖	龙胆根
海藻二糖（trehalose）	α-葡萄糖（1→1）α-葡萄糖	海藻及真菌
蔗糖（sucrose）	α-葡萄糖（1→2）β-果糖	植物
乳糖（lactose）	β-半乳糖（1→4）葡萄糖	哺乳动物的乳汁
樱草糖（primrose sugar）	β-木糖（1→6）葡萄糖	白珠树
龙胆糖（gentianose）	β-葡萄糖（1→6）α-葡萄糖（1→2）β-果糖	龙胆根
松三糖（melezitose）	α-葡萄糖（1→2）β-果糖（3←1）α-葡萄糖	松科植物
棉子糖（raffinose）	α-半乳糖（1→6）α-葡萄糖（1→2）β-果糖	甜菜，糖蜜

一、麦芽糖

麦芽糖（图 3-11）是由 2 分子的 D-葡萄糖通过 *α*-1,4-糖苷键连接而成的还原性二糖，可看作淀粉的重复结构单位，是植物淀粉经 *β*-淀粉酶水解后的主要产物。

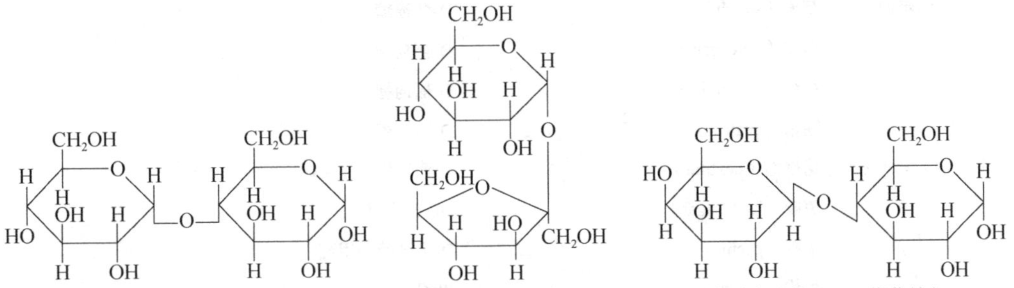

麦芽糖（葡萄糖-*α*-1,4-葡萄糖） 蔗糖（葡萄糖-*α*-1,2-果糖） 乳糖（半乳糖-*β*-1,4-葡萄糖）

图 3-11 麦芽糖、蔗糖和乳糖的结构

二、蔗糖

蔗糖（图 3-11）是最重要的二糖，在甘蔗和甜菜中含量最为丰富。由 1 分子 *α*-D-葡萄糖和 1 分子果糖通过 *α*-1,2-糖苷键连接而成，并主要存在于光合植物中，特别是成熟的果实中，其他部位如叶片、幼嫩的茎部也含有较多的蔗糖。在植物体内，蔗糖是糖分运输的主要形式，如光合作用产物从叶片向非光合组织的运输等。

三、乳糖

乳糖（图 3-11）存在于哺乳动物的乳汁中，人乳中含量为 7%，牛奶中含量为 4.2%，山羊奶中含量为 4.6%。乳糖是由 *β*-D-半乳糖和 D-葡萄糖通过 1,4-糖苷键连接形成的一种还原性双糖，是人类儿童及哺乳动物幼崽生长发育的主要营养物质之一。

四、纤维二糖

纤维二糖（图 3-12）是纤维素中重复的二糖单位，由 2 分子 *β*-D-葡萄糖通过 *β*-1,4-糖苷键连接而成。可通过纤维素水解得到，属次生寡糖。纤维二糖只能通过 *β*-葡糖苷酶水解，*α*-葡糖苷酶不能催化其水解。

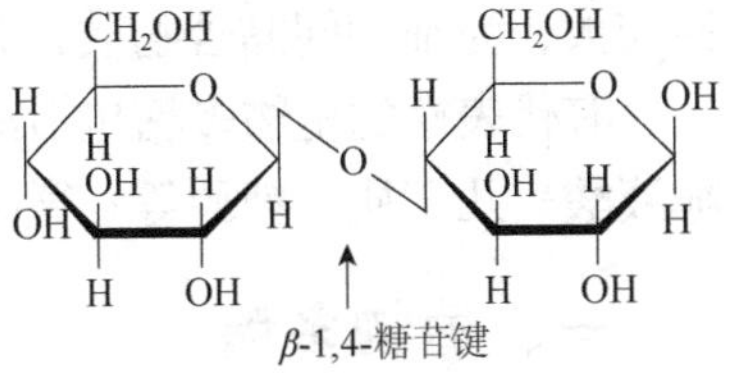

β-1,4-糖苷键

图 3-12 纤维二糖的结构

第四节 多 糖

多糖是由多个单糖分子缩合、脱水并通过糖苷键连接而成的高聚物。自然界中的糖类主要以多糖形式存在。多糖根据来源可分为植物多糖、动物多糖和微生物多糖。根据组成成分，又可将多糖分为同多糖（homopolysaccharide）和杂多糖（heteropolysaccharide），分类见表 3-3。同多糖是若干相同单糖基组成的多糖，如淀粉（starch）、纤维素（cellulose）等；杂多糖是由不同的单糖或单糖的衍生物组成的多糖，如半纤维素、阿拉伯胶等。

表 3-3　主要的同多糖和杂多糖

多糖				组分
同多糖	戊聚糖	阿拉伯聚糖（araban）		L-阿拉伯糖
		木聚糖（xylan）		木糖
	己聚糖	淀粉（starch）		D-葡萄糖
		糖原（glycogen）		D-葡萄糖
		纤维素（cellulose）		D-葡萄糖
		糊精（dextrin）		D-葡萄糖
		葡聚糖（dextran）*		D-葡萄糖
		琼胶（脂）（agar）		DL-半乳糖
		果胶（pectin）		D-半乳糖酸甲酯
		菊粉（inulin）		果糖
杂多糖	半纤维素（hemicellulose）			D-木糖、葡萄糖、甘露糖、D-半乳糖、己醛糖酸等
	阿拉伯胶（gum arabic）			半乳糖、L-阿拉伯糖、L-鼠李糖、葡糖醛酸
	印度胶（gum ghatti）			L-阿拉伯糖、D-半乳糖、葡糖醛酸
	糖胺聚糖（glycosaminoglycan）**			己糖胺、葡糖醛酸
	细菌多糖	肽聚糖（peptidoglycan）		肽、*N*-乙酰-D-葡糖胺、*N*-乙酰胞壁酸
		磷壁酸（teichoic acid）		磷酸、葡萄糖、甘油或核糖醇
		脂多糖（lipopolysaccharide）		多种己糖、辛酸衍生物、糖脂等
		免疫多糖	肺炎菌Ⅰ型多糖	D-葡糖胺、葡糖醛酸
			结核菌多糖	L-阿拉伯糖、葡萄糖、甘露糖

*也有免疫性，但不属于杂多糖；**又称黏多糖（mucopolysaccharide）

多糖无甜味，大多不溶于水，或与水形成胶体溶液。多糖功能多样，除作为贮藏物质、结构支持物质外，还具有许多生物活性。例如，细菌的荚膜多糖有抗原性；分布在肝脏、肠黏膜等器官和组织中的肝素对血液有抗凝作用；存在于眼球玻璃体与脐带中的透明质酸的黏性较大，为细胞间黏合物质，并具有良好的润滑性，起到保护组织的作用。

有代表性的植物多糖包括淀粉、纤维素、半纤维素、果胶等；动物多糖包括糖胺聚糖、唾液酸、几丁质、糖原等；微生物多糖中的细菌多糖主要包括肽聚糖和磷壁酸。

一、植物多糖

（一）淀粉

淀粉是葡萄糖的聚合物。广泛存在于植物的种子、根、根瘤、果实和块茎中，是植物储存能量的重要形式，也是几千年来人类和动物能量的重要来源。通过计算，淀粉作为光合作用的产物，地球上每年的产生量约为 1.385×10^9t。

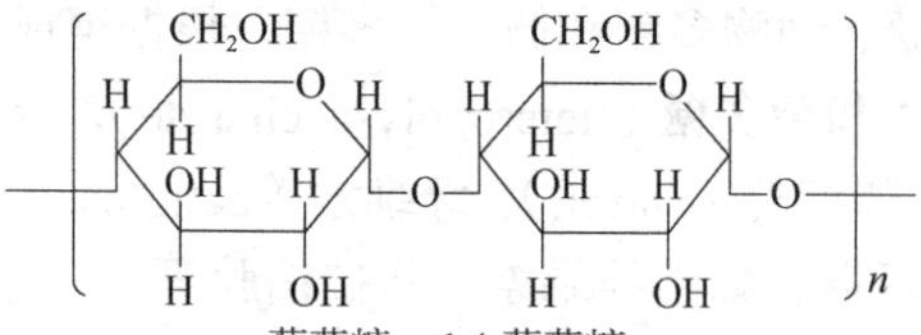

植物细胞中，淀粉是以直链淀粉（amylose）和支链淀粉（amylopectin）的混合物形式储存于直径3～100μm 的颗粒中。直链淀粉没有分支，由 100～1000 个 D-葡萄糖通过糖苷键连接形成，如图 3-13 所示。直链淀粉分子中，D-葡萄糖残基之间通过

葡萄糖-α-1,4-葡萄糖

图 3-13　直链淀粉结构（*n* 为 50～500）

α-1,4-糖苷键连接，残基与残基之间形成一定的夹角，导致整个链形成左手螺旋结构，螺距0.8nm，直径 1.4nm，螺旋每圈含有 6 个葡萄糖残基。由于碘分子恰好能嵌入螺旋中，形成深蓝色络合物，此现象通常用于淀粉的定性检测。支链淀粉是带有支链的淀粉，所含葡萄糖单位一般在 1000 个以上（图 3-14）。分子的主链是 D-葡萄糖彼此以 α-1,4-糖苷键连接形成的长链，除此之外，还有 α-1,6-糖苷键连接的支链，每一个分支平均含有 20～30 个葡萄糖残基。这些支链沿着 α（1→4）链排列，每隔 12～25 个葡萄糖残基就会出现一个分支。天然淀粉因品种、产地、生长期等的不同，直链和支链的比例也存在差异。例如，糯米淀粉几乎全为支链淀粉，而玉米中约 20%为直链淀粉，其余为支链淀粉，蜡质及糯玉米支链淀粉含量更高。

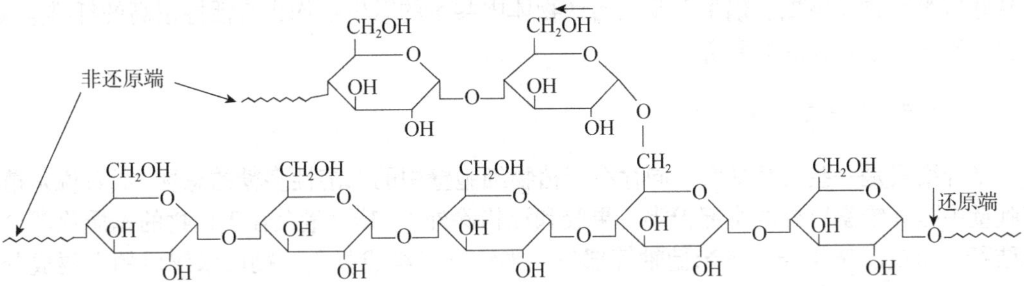

图 3-14 支链淀粉结构

动植物体内既存在水解 α-1,4-糖苷键的酶，也存在水解 α-1,6-糖苷键的酶，它们分别称为 α-淀粉酶、β-淀粉酶和脱支酶。α-淀粉酶水解 α-1,4-糖苷键具有随机性，而 β-淀粉酶水解 α-1,4-糖苷键只能从非还原端进行水解作用，并且每次水解下来 1 分子麦芽糖。α-淀粉酶和 β-淀粉酶两种酶都不能水解 α-1,6-糖苷键。淀粉在两种淀粉酶作用下最后成为留有分支点的较小分子，称为极限糊精（limit dextrin）。

淀粉与碘呈颜色反应，其原因是碘分子进入淀粉的螺旋结构内，形成淀粉和碘的配合物。其颜色与淀粉糖苷键的长度有关，当链长小于 6 个葡萄糖基时，不能形成螺旋结构，因而不呈色。当平均长度为 20 个葡萄糖基时呈红色，大于 60 个葡萄糖基时呈蓝色。支链淀粉的相对分子质量虽大，但分支单位的长度只有 20～30 个葡萄糖基，因此与碘呈紫红色。

（二）纤维素

纤维素是地球上最丰富的多糖有机化合物，占植物界碳含量的 50%以上。棉花纤维的纤维素含量达 97%～99%，是天然的最高纯度纤维素来源；木材中纤维素含量为 41%～53%。纤维素是植物细胞壁的主要成分之一，常和半纤维素、木质素结合构成木本植物坚硬的细胞壁。与直链淀粉相似，纤维素也是 D-葡萄糖残基的线性同多糖；但与淀粉不同，纤维素中的葡萄糖残基是通过 β-1,4-糖苷键连接的，而不是 α-1,4-糖苷键（图 3-15），同时，纤维素是在细胞内合成，然后分泌到细胞外的分子。

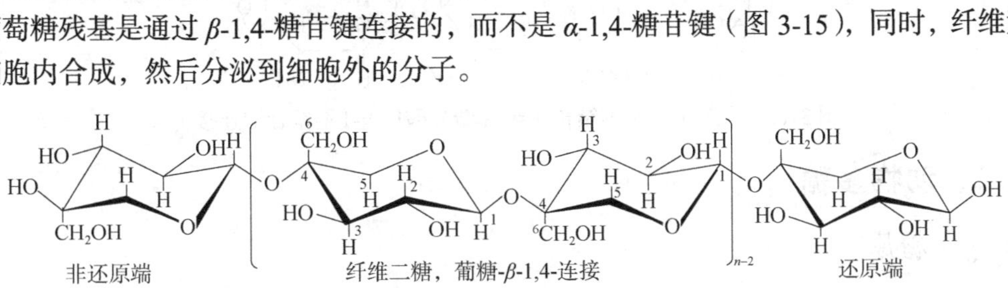

图 3-15 纤维素的分子结构

纤维素分子中 β-1,4-糖苷键使得每个葡萄糖残基相对于毗邻的残基旋转了 180°，形成一个高度刚性的、伸展的构型。天然纤维素大约由 40 条平行的葡聚糖链组成，每条链大约有 15 000 个葡萄糖残基。链内和链间的氢键网络将葡聚糖链结合在一起，并平行排列，大约 2000 条链紧束构成一个微原纤维。纤维素的相对分子质量约为 5.7×10^5。纤维素链的空间构象呈紧密的片状结构，使纤维素具有很强的机械强度，对生物体起支持作用和保护作用。

纤维素酶（cellulase）能够水解纤维素，即水解 β-1,4-糖苷键，但淀粉酶不能水解 β-1,4-糖苷键。人和其他动物可以降解淀粉、糖原、乳糖和蔗糖等，但由于缺乏纤维素酶，因此不能消化纤维素。但纤维素的存在可以包围营养物，延长消化系统对营养物的吸收时间，提高营养物的利用率，促进胃肠蠕动和排便，因此对于保持人类健康至关重要。一些细菌、真菌和某些低等动物（昆虫、蜗牛）及反刍动物体内共生的微生物均含有活性很高的纤维素酶，能够水解纤维素从而获取营养。

（三）半纤维素

半纤维素是一些与纤维素一同存在于植物细胞壁中的碱溶性多糖的总称，或者说是植物细胞壁中除纤维素以外的全部糖类（果胶和淀粉除外）。其大量存在于植物的木质化部分，如秸秆、树皮、坚果壳、玉米穗轴等部位。半纤维素组成复杂，彻底水解后的主要成分有 D-木糖、葡萄糖、甘露糖、D-半乳糖、己醛糖酸等。所以，半纤维素（图 3-16）属于杂多糖，主要成分为多聚木糖。从组成和结构上又分为木聚糖（xylan）、菊甘露聚糖（glucomannan）、半乳葡甘露聚糖（galactoglucomannan）、木葡聚糖（xyloglucan）等。

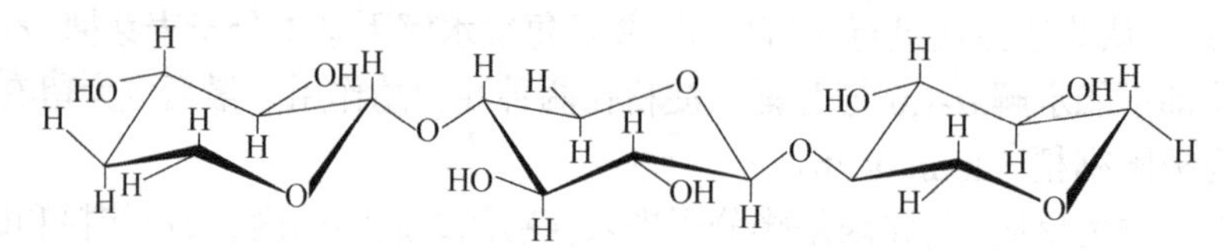

图 3-16　木糖以 β-1,4-糖苷键连接形成的多聚木糖基本结构

（四）果胶

果胶产生于高等植物初级细胞壁和细胞间质内，与纤维素结合共同构成植物细胞壁，属于典型的杂多糖。果胶含有高比例的半乳糖醛酸，在主链结构（图 3-17）基础上，结合有不同长度的寡聚鼠李糖、阿拉伯糖和半乳糖。另外，还含有非糖成分如甲醇、乙酸和阿魏酸。其结构的主要特征是：主链为 α-1,4-糖苷键连接的 D-半乳糖醛酸直链。

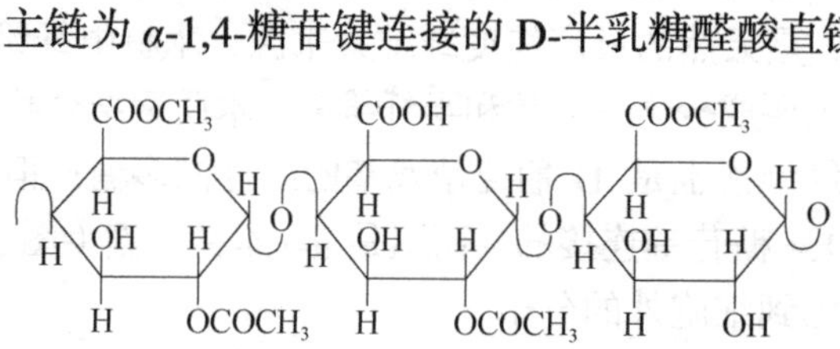

图 3-17　果胶主链基本结构（半乳糖醛酸以 α-1,4-糖苷键连接）

二、动物多糖

（一）糖原

糖原是人和其他动物体内的贮存多糖，与植物体中的淀粉类似，常以颗粒（直径 10～

40nm）形式存在于动物细胞的胞液内，又称为动物淀粉。动物体内的糖原主要储存在肝脏和骨骼肌细胞中，动物体内肌糖原的总量通常多于肝糖原的总量。糖原是人和其他动物能源物质的主要储备形式之一，可通过糖原磷酸化酶的磷酸解作用生成葡萄糖-1-磷酸，进一步水解生成葡萄糖，通过血液循环运输来保证能量的供应。

糖原结构（图 3-18）与支链淀粉极为相似，所不同的是其分支程度更高，分支更短，平均每 8～12 个残基发生一次分支。

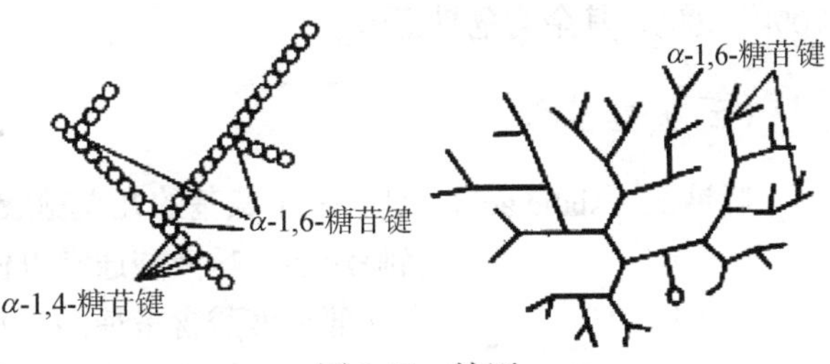

图 3-18 糖原

（二）糖胺聚糖

糖胺聚糖（GAG）包括透明质酸、硫酸软骨素、硫酸皮肤素、硫酸角质素及肝素等。以下主要介绍透明质酸、硫酸软骨素和肝素。

1. 透明质酸 透明质酸是 Karl Meyer 于 1934 年从牛的眼睛玻璃体液中分离得到的，由于是透明的玻璃状，故命名为透明质酸（hyaluronic acid）。其组成成分主要是糖胺聚糖。透明质酸是由 D-葡糖醛酸（GlcUA）和 *N*-乙酰-D-葡糖胺（GlcNAc）以 *β*-1,3-糖苷键连接成的结构重复单位，见图 3-19A。事实上，动物的多种组织如软骨、脐带、皮肤等都存在透明质酸。它的主要生物学作用是：①与细胞的分化和器官的形成有关；②与组织损伤修复有关，如胎儿组织中的损伤没有伤疤，证明与透明质酸的长期存在有关；③透明质酸不仅作为润滑剂，而且能够增强滑液膜对体液外泄的抵抗能力。

2. 硫酸软骨素 硫酸软骨素（chondroitin）的重复单位为 D-葡糖醛酸和 6-硫酸-*N*-乙酰-D-半乳糖胺以 *β*-1,3-糖苷键连接而成。硫酸软骨素包括硫酸-6-软骨素和硫酸-4-软骨素。它们的结构重复单位见图 3-19B 和 C。

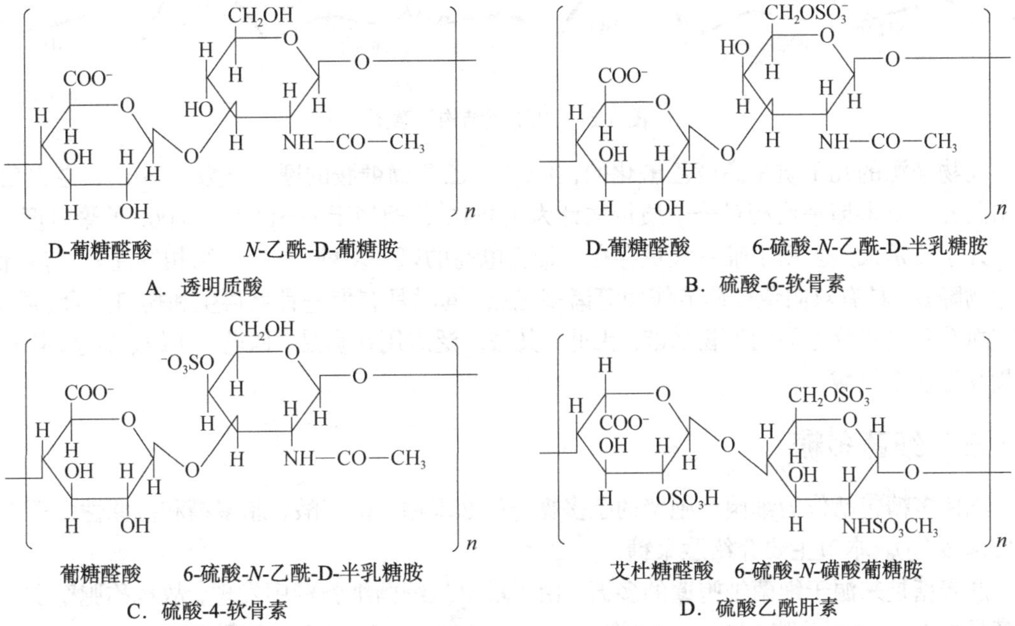

D-葡糖醛酸 *N*-乙酰-D-葡糖胺

A. 透明质酸

D-葡糖醛酸 6-硫酸-*N*-乙酰-D-半乳糖胺

B. 硫酸-6-软骨素

葡糖醛酸 6-硫酸-*N*-乙酰-D-半乳糖胺

C. 硫酸-4-软骨素

艾杜糖醛酸 6-硫酸-*N*-磺酸葡糖胺

D. 硫酸乙酰肝素

图 3-19 糖胺聚糖常见的重复结构形式

3. 肝素　肝素（heparin）是由艾杜糖醛酸或葡糖醛酸与葡糖胺以 α-1,4-糖苷键连接而成的，重复的基本结构如图 3-19D 所示。其中艾杜糖醛酸为主要糖醛酸成分，占总糖醛酸的 70%～90%，其余为葡糖醛酸。

（三）唾液酸

唾液酸（sialic acid）是含一个氨基的九碳糖酸（图 3-20）。最初发现于唾液黏蛋白中，故名唾液酸。唾液酸通常以低聚糖、糖脂或者糖蛋白的形式存在。人体中脑部唾液酸含量最高，其中脑灰质中的唾液酸含量是肝、肺等内脏器官的 15 倍。唾液酸的主要食物来源是母乳，在大脑和神经系统的产生和发育中发挥非常重要的作用。

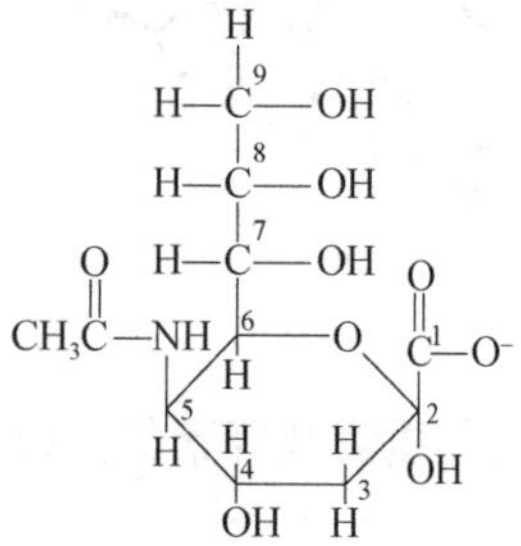

图 3-20　*N*-乙酰神经氨酸

唾液酸的种类具有多样性，目前已知的有 50 多种。其系统命名为 5-氨基-3,5-二脱氧-D-甘油-D-半乳壬酮糖。根据 5 位碳上连接基团的不同可分为 4 类，即 *N*-乙酰神经氨酸（Neu5Ac 或 NANA）、*N*-羟乙酰神经氨酸（NeuGc、NANG 或 Neu5Gc）、去氨基神经氨酸（KDN）和神经氨酸（Neu），前两种为主要形式。由于唾液酸结构的多样性和独特的生物学活性，受到了人们越来越多的关注。

（四）几丁质

几丁质（chitin）又名甲壳素、壳多糖、聚乙酰氨基葡萄糖等。几丁质广泛存在于昆虫、甲壳动物或昆虫外壳及菌类细胞壁中，从产量上看，是仅次于纤维素的多糖。几丁质的基本结构（图 3-21）表明其基本上为一类乙酰化葡萄糖的多聚物。

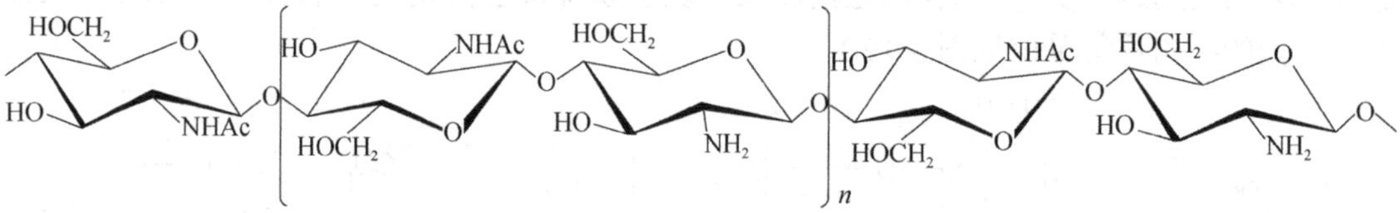

图 3-21　几丁质结构示意图

动物来源的几丁质是高度乙酰化的，FA（*N*-乙酰葡糖胺的摩尔分数）>0.9；昆虫角质层中的几丁质多糖平均相对分子质量估计为 1.5×10^6，相当于 n=5000～10 000 的聚合度。

几丁质是天然多糖中唯一大量存在的带正电荷的氨基多糖，具有生物相容性好、毒性低、可生物降解、具有双向免疫调节作用等诸多优点，同时具有促进骨骼再生和伤口愈合、除菌、调节血糖和血脂等方面的生物功能。因此，其被广泛应用在食品、医药、纺织、重金属回收、化妆品等众多领域。

三、细菌多糖

细菌多糖包括作为细菌细胞壁的杂多糖，如肽聚糖、磷壁酸、脂多糖和抗原性多糖（如肺炎菌多糖）。本节主要介绍肽聚糖。

肽聚糖是来源于细菌细胞壁的多糖，由于最早从细菌细胞壁中发现，故也称胞壁质。肽聚糖是由 *N*-乙酰葡糖胺（*N*-acetylglucosamine，GlcNAc）和 *N*-乙酰胞壁酸（*N*-acetylmuramic acid，MurNAc）通过 β-1,4-糖苷键交替连接形成的杂多糖。其中 MurNAc 连接着组成不同的肽，形成肽聚糖，如金黄色葡萄球菌细胞壁肽聚糖结构片段（图 3-22）。

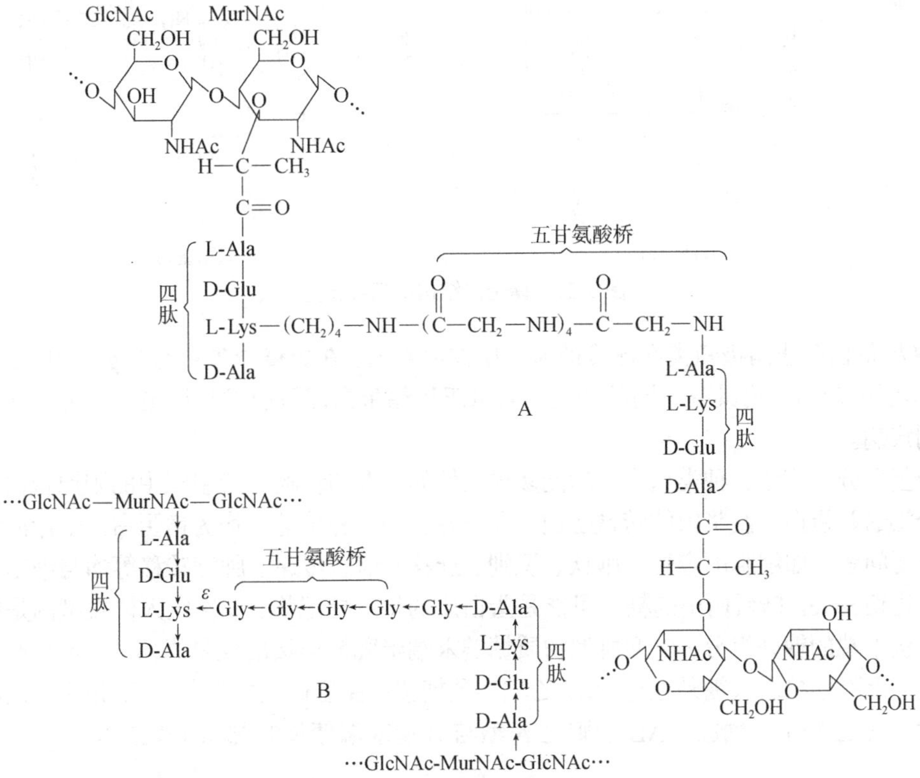

图 3-22　典型的肽聚糖结构片段

A. 金黄色葡萄球菌 A2 型肽聚糖含 5 个甘氨酸桥；B. 简化的金黄色葡萄球菌 A2 型肽聚糖；图 B 中“→”表示肽链 N→C 走向；ε 表示 L-Lys 的 ε 氨基与 Gly 的羧基之间形成肽键连接

第五节　糖 复 合 物

糖复合物是糖类的还原端和其他非糖组分以共价键结合的产物，主要有糖蛋白（glucoprotein）、蛋白聚糖（proteoglycan）、糖脂（glycolipid）和脂多糖（lipopolysaccharide）等。

一、糖蛋白与蛋白聚糖

糖与蛋白质的复合物可分为糖蛋白和蛋白聚糖两类。糖蛋白是蛋白质与寡糖链形成的复合物，糖成分含量在 1%～80%变动。而蛋白聚糖是蛋白质与糖胺聚糖形成的复合物，糖成分含量一般较高，可达 95%。

糖蛋白按照糖链（聚糖）与蛋白质的连接方式，可分为 *O*-联糖蛋白（*O*-linked glycoprotein）、*N*-联糖蛋白（*N*-linked glycoprotein）两种。其中，*O*-联糖蛋白是利用肽链上的苏氨酸或丝氨酸（或羟基赖氨酸、羟脯氨酸）的羟基与糖基上的异头碳形成的糖苷键，*N*-联糖蛋白是利用肽链上天冬酰胺的 γ-酰胺氮与糖基上的异头碳形成的糖苷键（图 3-23）。

南极海洋中的鱼体内含有一种“抗冻”的糖蛋白，称为鱼抗冻蛋白（fish antifreeze protein），该种蛋白的寡糖链 Gal-GalNAc 通过 *O*-糖苷键与蛋白质的 Thr 侧链—OH 连接。这

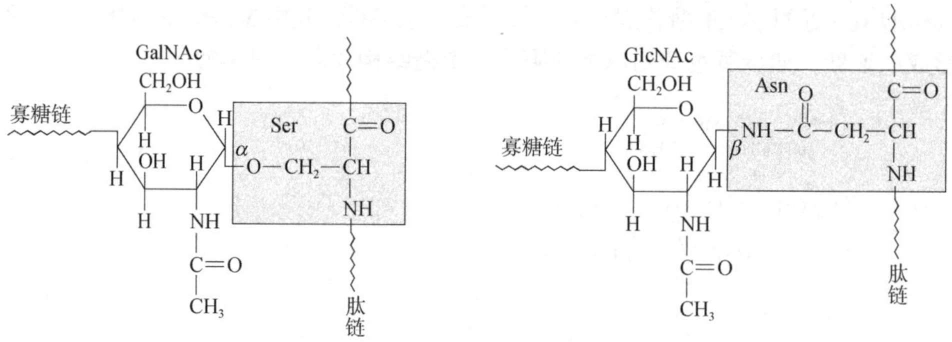

O-联糖蛋白　　N-联糖蛋白

图 3-23　糖蛋白结构中糖-肽连接

种 *O*-联糖蛋白防止南极鱼类在冰冷的海水中体液凝固。在免疫球蛋白 G（IgG）中已知有 30 余种 *N*-联糖蛋白，均具有不同的功能，若缺乏该糖蛋白即可引发类风湿关节炎、红斑狼疮等不同疾病。

糖蛋白分布广泛，种类繁多，功能多样。例如，人和动物结缔组织中的胶原蛋白，黏膜组织分泌的黏蛋白，血浆中的转铁蛋白、免疫球蛋白、补体等，均为糖蛋白。生命活动中的许多重要问题，如细胞的定位、胞饮、识别、迁移、信息传递、肿瘤转移等均与细胞表面的糖蛋白密切相关。糖蛋白中的糖基可能是蛋白质的特殊标记物，如决定人体血型的是糖蛋白中寡糖链末端的糖基组分，O 型血型物质糖链末端半乳糖连接的仅是岩藻糖，A 型血型物质是半乳糖上除连接岩藻糖外还连有 *N*-乙酰半乳糖胺；B 型血型物质与 A 型相比，是由半乳糖替代了 *N*-乙酰半乳糖胺；AB 型则是 A 型与 B 型末端糖基的总和（图 3-24）。

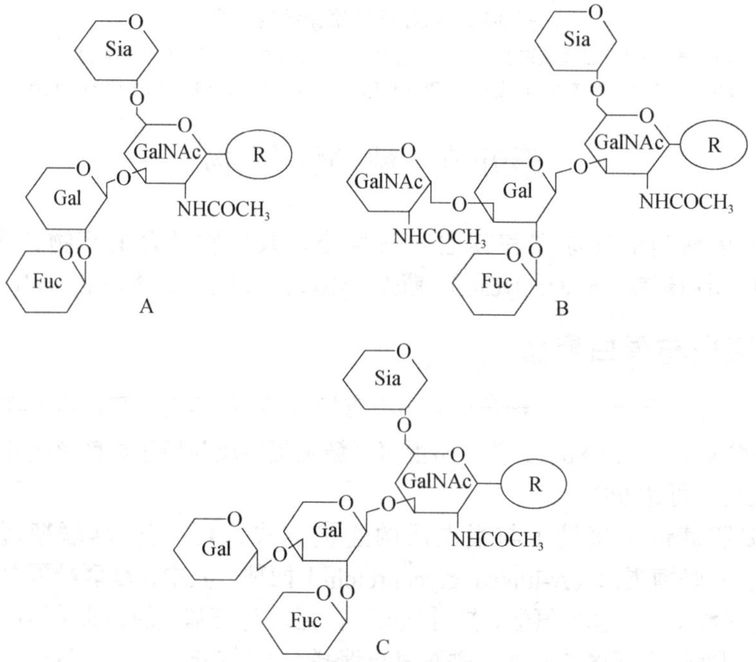

图 3-24　*O*-联糖蛋白

血型抗原：A. O 型；B. A 型；C. B 型

Sia. 唾液酸；GalNAc. *N*-乙酰半乳糖胺；Gal. 半乳糖；Fuc. 岩藻糖；R. 蛋白质或脂成分

二、糖脂与脂多糖

糖脂（glycolipid）广泛存在于动物、植物和微生物中，是脂质与糖半缩醛羟基结合的复合物。常见的糖脂为脑苷脂（cerebroside）和神经节苷脂（ganglioside）。

脑苷脂也称作酰基鞘氨醇己糖苷，为神经鞘糖脂的一种，是酰基鞘氨醇上以糖苷键结合一分子己糖而形成的复合物，其中己糖主要是半乳糖、甘露糖或葡萄糖。半乳糖脑苷脂广泛存在于神经组织中。葡萄糖脑苷脂和半乳糖脑苷脂的结构见图 3-25。

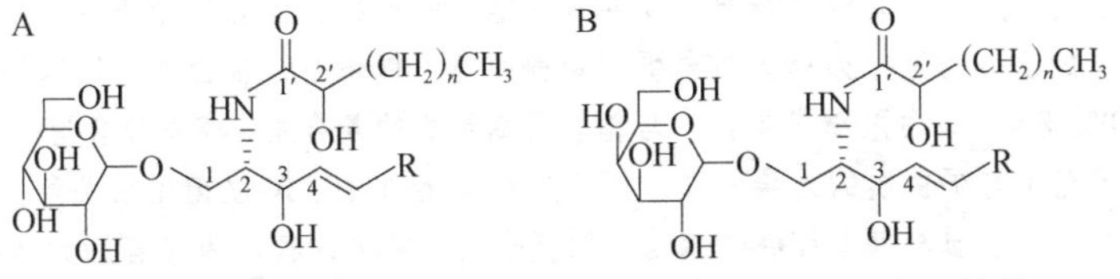

图 3-25　葡萄糖脑苷脂（A）和半乳糖脑苷脂（B）的结构

糖基含唾液酸的糖脂称为神经节苷脂（图 3-26），其在神经系统尤其是神经末梢中含量最为丰富，可能与其在神经冲动传递中起递质作用有关。

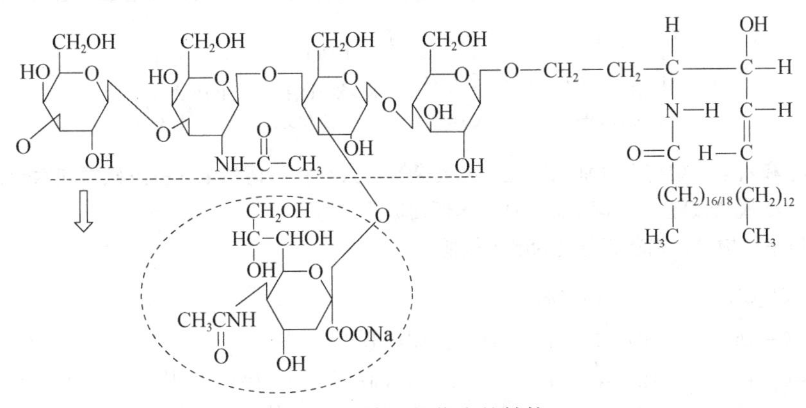

图 3-26　神经节苷脂的结构

脂多糖（lipopolysaccharide）主要是革兰氏阴性细菌细胞壁所具有的复合多糖，其种类较多，一般的脂多糖从外到内由转移性低聚糖链、中心多糖链和脂质三部分组成。外层转移性低聚糖链的组分随菌株不同而异，是细菌致病的部分。中心多糖链则多相似或相同，脂质与中心多糖链相连接。

小结

糖类是维持一切生物体生命活动的重要能量来源。按照聚合度和组成的不同，糖可分为单糖、寡糖和多糖。

单糖是多羟基的醛或酮，按照距醛基最远的不对称碳原子上羟基的位置，分为 L 构型和 D 构型。长链单糖分子存在两种不同的结构，一种是多羟基醛（酮）的开链结构，另一种是环状半缩醛（酮）结构。根据成环羟基的位置不同，可以得到五元环状结构的呋喃糖和六元环状结构的吡喃糖。常见的单糖衍生物有糖醇、糖醛酸、氨基糖和糖苷等。

寡糖是由 2～10 个单糖通过糖苷键缩合而成的聚合物。自然界中最常见的寡糖是二糖（双糖），其中具代表性的有麦芽糖、蔗糖、乳糖和纤维二糖。

多糖是由多个单糖分子缩合、脱水并通过糖苷键连接而成的高聚物。自然界中糖类主要以多糖形式存在。多糖根据来源可分为植物多糖、动物多糖和微生物多糖。自然多糖中，淀粉、纤维素等属于同多糖，褐藻酸、透明质酸属于杂多糖。淀粉是葡萄糖的聚合物，通常以直链淀粉和支链淀粉的混合物形式存在。直链淀粉分子D-葡萄糖残基通过α-1,4-糖苷键连接；支链淀粉除α-1,4-糖苷键连接形成长链之外，还有α-1,6-糖苷键连接的支链。纤维素是地球上最丰富的多糖有机化合物，其结构中葡萄糖残基通过β-1,4-糖苷键连接。动物多糖中，糖原是人和其他动物体内的贮存多糖，也是能源物质的主要贮备形式之一。糖原结构与支链淀粉相似，但其分支程度较支链淀粉更高，分支更短。细菌多糖包括作为细菌细胞壁的杂多糖，如肽聚糖、磷壁酸、脂多糖和抗原性多糖。

糖复合物是糖类的还原端和其他非糖组分以共价键结合的产物，主要有糖蛋白、蛋白聚糖、糖脂和脂多糖等。糖与蛋白质的复合物可分为糖蛋白和蛋白聚糖两类。糖蛋白是蛋白质与寡糖链形成的复合物，糖成分含量在1%～80%变动。蛋白聚糖是蛋白质与糖胺聚糖形成的复合物，糖成分含量一般较高，可达95%。糖蛋白按照糖链（聚糖）与蛋白质的连接方式，可分为*O*-联糖蛋白、*N*-联糖蛋白两种。糖脂广泛存在于动物、植物和微生物中，是脂质与糖半缩醛羟基结合的复合物。常见的糖脂为脑苷脂和神经节苷脂。

思考题

1．糖是如何分类的？指出每种糖的特点。

2．根据以下Fischer投影结构式和三维结构式判断该糖的名称及构型，并指出构型判断的依据。

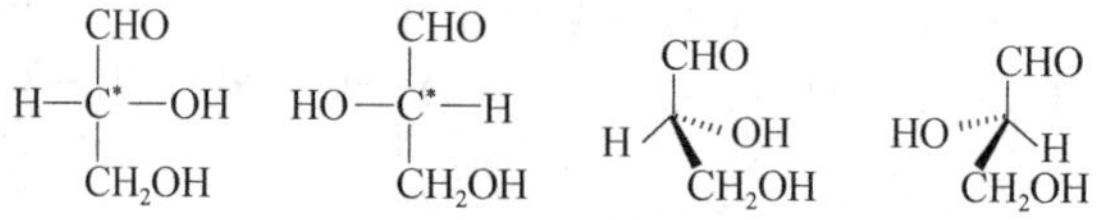

CHO / H—C*—OH / CH_2OH　　CHO / HO—C*—H / CH_2OH　　CHO / H, OH / CH_2OH　　CHO / HO, H / CH_2OH

3．五碳糖和六碳糖结构上分别以五元和六元杂环形式存在，请列举几种五碳糖和六碳糖，并分别画出D-核糖、β-D-2-脱氧核糖、α-D-葡萄糖和β-D-葡萄糖的结构。

4．根据以下结构式，判断其分别为哪种糖醇。

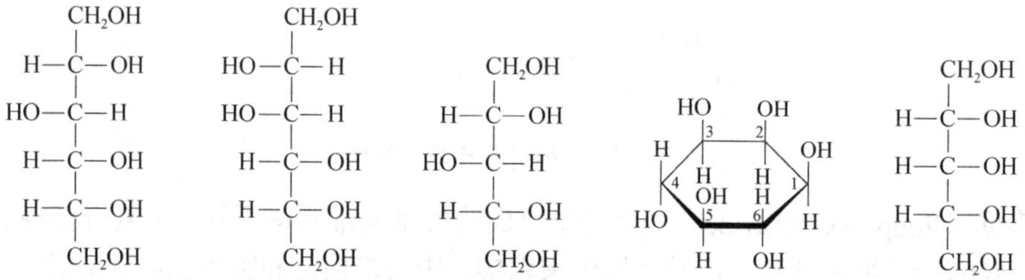

CH_2OH / H—C—OH / HO—C—H / H—C—OH / H—C—OH / CH_2OH　　CH_2OH / HO—C—H / HO—C—H / H—C—OH / H—C—OH / CH_2OH　　CH_2OH / H—C—OH / HO—C—H / H—C—OH / CH_2OH　　（环己六醇结构）　　CH_2OH / H—C—OH / H—C—OH / H—C—OH / CH_2OH

5．根据下列结构判断其分别为哪种氨基糖，并指出其构型。

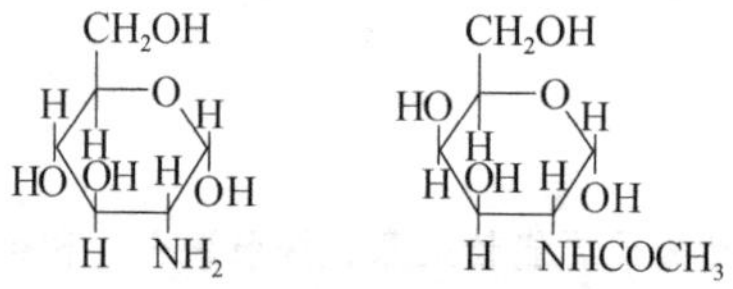

（CH_2OH，… NH_2）　　（CH_2OH，… $NHCOCH_3$）

6．*N*-乙酰神经氨酸是唾液酸家族的重要成员，是燕窝的主要功能组分之一。请画出其结构，并查阅资料简述其生物学功能。

7．请分别画出麦芽糖、蔗糖、乳糖和纤维二糖的结构，并指出其连接的糖苷键类型。

8．请分别画出直链淀粉和支链淀粉的结构图，并指出其连接的糖苷键的异同。

9．请画出纤维素的结构图，并查阅文献简述纤维素水解的主要方法有哪些。

10．请画出透明质酸的结构图，并查阅文献简述其生物学功能及应用。

11．根据下列两种糖蛋白的结构式，判断其分别是*O*-联糖蛋白还是*N*-联糖蛋白，并指出判断依据。

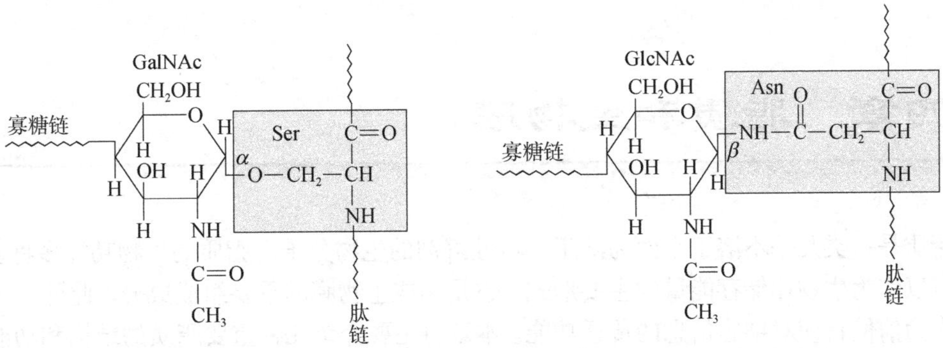

GalNAc
CH_2OH
寡糖链
H　OH　H　H　H
α
Ser
C=O
O—CH_2—CH
NH
NH
C=O
CH_3
肽链

GlcNAc
CH_2OH
寡糖链
H　OH　H　H　H
β
Asn
C=O
NH—C(=O)—CH_2—CH
NH
NH
C=O
CH_3
肽链

12. 根据下列糖蛋白结构，特别是其中寡糖链末端的糖基组成，判断其分别为哪种人体血型，并指出判断依据。结构式中，Sia 为唾液酸；GalNAc 为 *N*-乙酰半乳糖胺；Gal 为半乳糖；Fuc 为岩藻糖；R 代表蛋白质或脂成分。

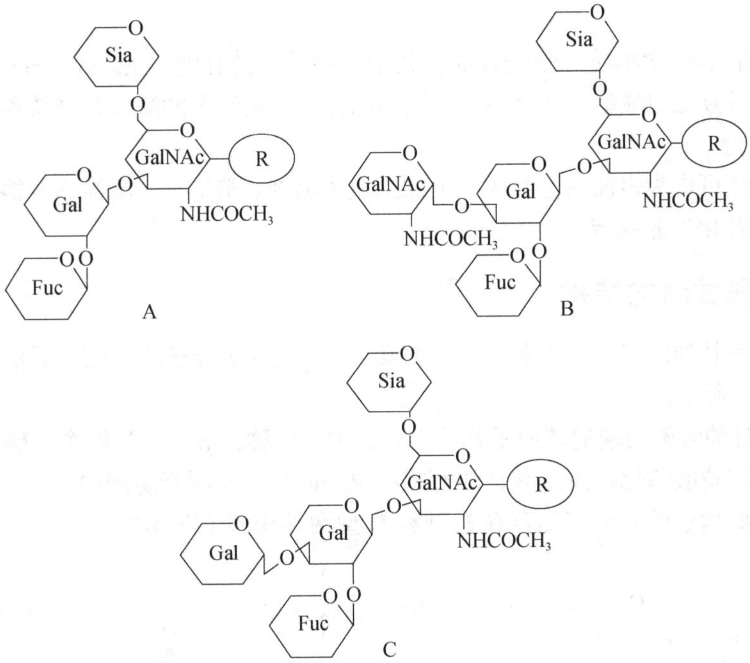

Sia
GalNAc
R
Gal
$NHCOCH_3$
Fuc
A

Sia
GalNAc
R
GalNAc
Gal
$NHCOCH_3$
$NHCOCH_3$
Fuc
B

Sia
GalNAc
R
Gal
Gal
$NHCOCH_3$
Fuc
C

第四章 脂质和生物膜

脂质是一类几乎不溶于水而易溶于非极性溶剂的生物分子。脂质的生物功能多种多样，不仅可以作为生物体储存能量的主要形式，也是构成生物膜的重要组成成分。此外，它们还可以作为信使行使对细胞信息的传递功能。本章将主要介绍几种重要脂质的结构和功能，并简单介绍脂质与生物膜的关系及生物膜的组成、性质和结构特征。

第一节 三 酰 甘 油

动植物脂肪的化学本质是脂酰甘油，其中主要是三酰甘油（triacylglycerol），或称甘油三酯。常温下呈液态的酰基甘油称油，呈固态的称脂。固液态的酰基甘油统称油脂，有时也称中性脂或真脂。

三酰甘油还可作为表面活性物质，可加工成去垢剂、消泡剂、洗涤剂及擦光剂，广泛应用于日常生活及化工业领域。

一、三酰甘油的结构

三酰甘油是甘油的三个羟基和三个脂肪酸（fatty acid）分子脱水缩合后形成的酯。其化学通式如图 4-1 所示。

图 4-1 中甘油骨架两端的碳原子称为 α 位，中间的称为 β 位，当两个 α 碳原子中的任何一个被脂肪酸或磷酸酯化，或三酰甘油通式中 R_1 和 R_3 为不同脂肪酸时，β 位碳原子称为手性碳原子，由此构成的甘油三酯存在 L 型和 D 型两种构型（图 4-2）。

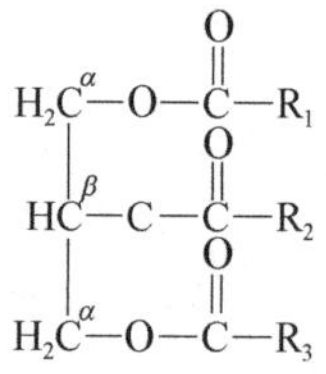

图 4-1 三酰甘油的化学通式

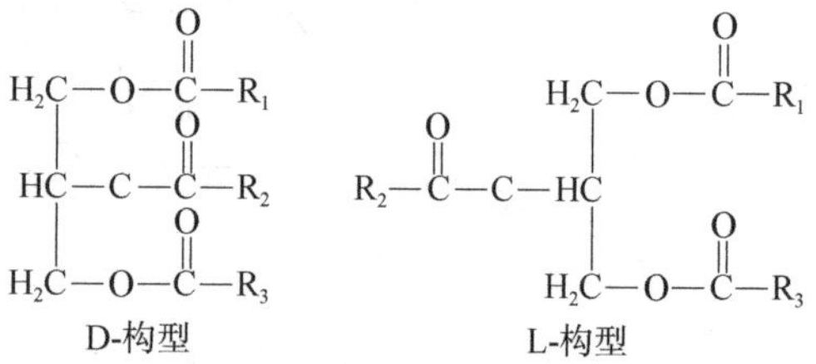

D-构型 L-构型

图 4-2 甘油三酯的两种构型

如果三个脂肪酸 R_1、R_2、R_3 是相同的，称简单三酰甘油，如三硬脂酰甘油、三软脂酰甘油和三油酰甘油等；如果有两个不同或完全不同则称混合三酰甘油。

二、三酰甘油的物理、化学性质

（一）物理性质

纯的三酰甘油为无色、无臭、无味的稠性液体或蜡状固体，不溶于水，没有形成高度分散的倾向，易溶于乙醚、三氯甲烷、苯、己烷等非极性有机溶剂。

三酰甘油的熔点是由脂肪酸组成决定的，其熔点一般随饱和脂肪酸的数目和链长的增加而升高。例如，三软脂酰甘油和三硬脂酰甘油在体温下为固态，三油酰甘油和三亚油酰甘油在体温下为液态。

（二）化学性质

1. 皂化与皂化值　三酰甘油与酸、碱或脂肪酶作用时，可发生水解反应产生脂肪酸和甘油。如果被碱溶液水解，会生成脂肪酸盐，俗称皂，因此脂酰甘油的碱水解反应称为皂化反应。皂化值是指完全皂化 1g 油或脂所需的 KOH 的毫克数。通过皂化值的测定可以计算油脂的平均相对分子质量。

$$油脂的平均相对分子质量（M_r）=3\times56\times1000/皂化值$$

2. 氢化、卤化与碘值　在金属镍的催化下，油脂分子中的不饱和双键可以与氢发生加成反应，称为氢化反应。在食品工业中，液态的植物油利用氢化作用可以被转变成固态的脂，用于制造人造黄油。氢化可防止油脂的酸败作用。

油脂分子中的不饱和键可与卤素发生加成作用，生成卤代脂肪酸，这一作用称为卤化作用。碘值是指 100g 油脂卤化时所能吸收的碘的克数。碘值的测定可以用来判断油脂分子中不饱和双键的多少。

3. 酸败与酸值　天然油脂长期暴露在空气中，其不饱和成分会发生自动氧化，生成醛、酮及低分子质量的脂肪酸，产生难闻的嗅味，这一现象称为油脂的酸败。酸败的程度一般用酸值来表示，酸值是指中和 1g 油脂中的游离脂肪酸所消耗的 KOH 的毫克数。

4. 乙酰化值　油脂中含羟基的脂肪酸可与乙酸酐或其他酰化剂作用形成乙酰化油脂或其他酰化油脂。乙酰化值是指 1g 乙酰化的油脂分解出的乙酸用 KOH 中和时所需的 KOH 的毫克数。

第二节　脂　肪　酸

一、脂肪酸的种类

脂肪酸是由一条长的烃链和一个末端羧基组成的羧酸。在组织和细胞中，绝大部分的脂肪酸是以结合形式存在的，而以游离形式存在的脂肪酸数量很少。组成脂肪酸的烃链以线性的为主，分支或环状的为数很少。烃链不含有双键的为饱和脂肪酸，含有一个或几个双键的，为不饱和脂肪酸（图 4-3）。不同脂肪酸之间的区别主要在于烃链的长度、饱和与否，以及双键的数目和位置。脂肪酸常用简写法表示，通常表示为碳原子数:双键数$\Delta^{双键位置}$，即先写出

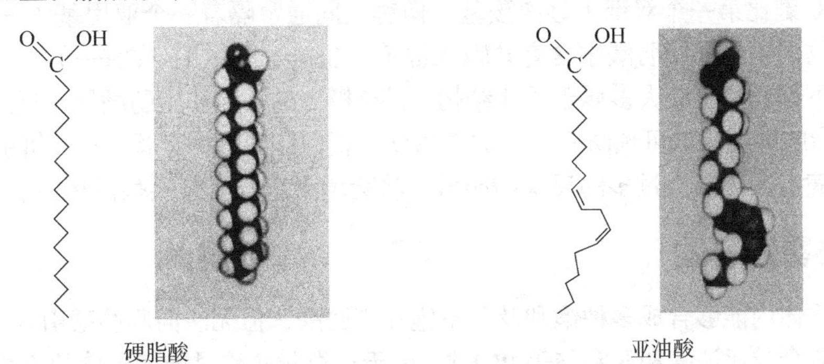

图 4-3　饱和脂肪酸（硬脂酸）和不饱和脂肪酸（亚油酸）的立体结构

碳原子的数目，再写出双键的数目，最后表明双键的位置。双键位置从羧基端开始计数，并在号码后面用 c（顺式）和 t（反式）标明双键的构型。例如，十八碳的硬脂酸表示为 18:0，顺,顺-9,12-十八烯酸（亚油酸）表示为 $18:2\Delta^{9c,12c}$（表 4-1）。

表 4-1　一些天然存在的脂肪酸

中文俗称	英文俗称	碳原子数	双键数	简写符号	结构
月桂酸	lauric acid	12	0	12:0	$CH_3(CH_2)_{10}COOH$
豆蔻酸	myristic acid	14	0	14:0	$CH_3(CH_2)_{12}COOH$
软脂酸	palmitic acid	16	0	16:0	$CH_3(CH_2)_{14}COOH$
硬脂酸	stearic acid	18	0	18:0	$CH_3(CH_2)_{16}COOH$
油酸	oleic acid	18	1	$18:1\Delta^{9c}$	$CH_3(CH_2)_7CH{=}CH(CH_2)_7COOH$
亚油酸	linoleic acid	18	2	$18:2\Delta^{9c,12c}$	$CH_3(CH_2)_4CH{=}CHCH_2CH{=}CH(CH_2)_7$ COOH
α-亚麻酸	α-linolenic acid	18	3	$18:3\Delta^{9c,12c,15c}$	$CH_3CH_2CH{=}CHCH_2CH{=}CHCH_2$ $CH{=}CH(CH_2)_7COOH$
花生四烯酸	arachidonic acid	20	4	$20:4\Delta^{5c,8c,11c,14c}$	$CH_3(CH_2)_4CH{=}CHCH_2CH{=}CHCH_2$ $CH{=}CHCH_2CH{=}CH(CH_2)_3COOH$
二十碳五烯酸	eicosapentaenoic acid（EPA）	20	5	$20:5\Delta^{5c,8c,11c,14c,17c}$	$CH_3CH_2(CH{=}CHCH_2)_5(CH_2)_2COOH$
二十二碳六烯酸	docosahexaenoic acid（DHA）	22	6	$22:6\Delta^{4c,7c,10c,13c,16c,19c}$	$CH_3CH_2(CH{=}CHCH_2)_6CH_2COOH$

二、脂肪酸的结构特点

天然脂肪酸骨架的碳原子数目几乎都是偶数。奇数碳原子的脂肪酸在陆地生物中含量极少，但在某些海洋生物中有相当量的存在。天然脂肪酸大多由 12～24 个碳原子组成，以 16 碳或 18 碳最为常见。12 个碳原子以下的饱和脂肪酸大量存在于哺乳动物的乳脂中。

在高等植物和低温生活的动物中，不饱和脂肪酸的含量大多高于饱和脂肪酸含量。饱和脂肪酸中最常见的是软脂酸和硬脂酸，不饱和脂肪酸中最常见的是油酸。饱和脂肪酸与不饱和脂肪酸的构象不同，饱和脂肪酸分子中的碳碳键可以自由旋转，碳氢链有很大的灵活性，饱和脂肪酸以范德瓦耳斯力维系，原子间的空间位阻小，熔点高。不饱和脂肪酸烃链由于具有双键，不能自由旋转，出现一个或多个结节，分子间相互作用较之饱和脂肪酸减弱，熔点相对变低。

不饱和脂肪酸分子的双键数目一般为 1～4 个。单不饱和脂肪酸的双键位置一般在第 9 和 10 碳原子之间，多不饱和脂肪酸（PUFA）中的一个双键一般也位于第 9 和 10 碳原子之间，其他的双键比第一个双键更远离羧基，两键之间通常隔着一个亚甲基（$—CH_2—$），但也有少数植物的不饱和脂肪酸中含有共轭双键（—CH=CH—CH=CH—）。

生物体不饱和脂肪酸大多属于顺式结构，只有极少的不饱和脂肪酸属于反式结构。研究表明，反式脂肪酸会降低可预防心脏病的高密度脂蛋白胆固醇的含量，从而可引发动脉阻塞等心血管疾病。人体摄入过多的反式脂肪酸，将会增大患心血管疾病的风险。

三、必需脂肪酸

哺乳动物体内能够合成多种饱和及单不饱和脂肪酸，但无法向脂肪酸引入超过 Δ^9 的双键，因此不能合成亚油酸和亚麻酸等 PUFA。由于这类脂肪酸对维持机体的正常功能必不可少，被称为必需脂肪酸（essential fatty acid），需要从膳食中获取。必需脂肪酸是前列腺素

（prostaglandin，PG）、血栓噁烷和白三烯等生物活性物质的前体。亚油酸和亚麻酸（α-亚麻酸）属于两个不同的PUFA家族：omega-6（ω-6）和omega-3（ω-3）家族。ω-6和ω-3系列分别是指第一个双键离甲基末端6个碳和3个碳的PUFA。亚油酸是ω-6系列的初始成员，可转化成γ-亚麻酸，并延长为花生四烯酸。花生四烯酸是细胞膜结构和功能的必需成分，也是合成活性脂质——类二十碳烷化物的前体物质。ω-3系列的α-亚麻酸在体内可以进一步转化成DHA和EPA（图4-4）。DHA在视网膜和大脑皮层中特别活跃。

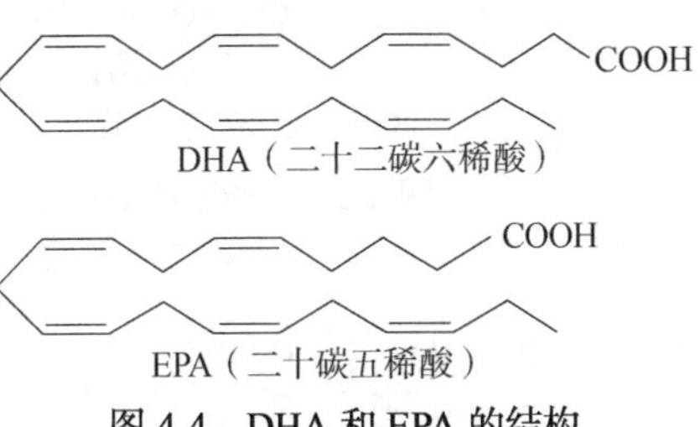

图4-4　DHA和EPA的结构

四、类二十碳烷酸和蜡

类二十碳烷酸是由至少含3个双键的20碳PUFA衍生而来的，因其大多数是由花生四烯酸转化形成的，因此也被称为类花生酸。类二十碳烷酸包括几种信号分子，即前列腺素类、凝血噁烷类和白三烯类，它们是一大类由哺乳动物组织细胞产生的激素类物质。前列腺素以前列烷酸为母体化合物进一步合成而来，包括PGE（醚溶性）和PGF（可溶于磷酸缓冲液）两大类，每一大类又可分为许多亚类。前列腺素具有多种生物学功能，如刺激平滑肌收缩、扩张血管、升高体温、促进炎症、诱导睡眠、控制跨膜转运和调整突触传递等。凝血噁烷又称血栓烷，最初从血小板中分离获得，能引起动脉收缩，诱发血小板凝集，促进血栓形成。白三烯最早在白细胞中发现，能引起趋化性，促进炎症，引起变态反应。阿司匹林在医学上是一种历史悠久的解热镇痛药，它能消炎、镇痛、退热的原因是抑制前列腺素的合成。此外，阿司匹林也可抑制凝血噁烷的形成，因而具有抗凝作用。

蜡（wax）是长链脂肪酸与一元醇或固醇形成的酯。天然的蜡是多种蜡酯的混合物，还常含有烃类及二元酸、二元醇和羟基酸的酯。蜡分子通常含有一个很弱的极性头和非极性尾，因此蜡完全不溶于水。蜡的熔点为60～80℃，较三酰甘油的熔点高。蜡的硬度由烃链的长度和饱和度决定。蜡广泛存在于动物的毛皮、植物的叶子和鸟类的羽毛中，起防水、保护的作用。

第三节　膜　脂

膜脂是一大类既含有极性头部，又含有疏水性尾巴的分子，包括磷脂（phospholipid）、糖脂（glycolipid）和固醇等。其中磷脂是含有磷酸的脂质，包括由甘油构成的甘油磷脂和由鞘氨醇构成的鞘磷脂；糖脂是含有糖基的脂质。磷脂和糖脂是构成生物膜的重要组分。

一、甘油磷脂

甘油磷脂也称磷酸甘油酯，所有的甘油磷脂都是甘油-3-磷酸的衍生物，其甘油骨架中的C1、C2位的醇羟基被两个脂肪酸酯化构成甘油磷脂的母体化合物——磷脂酸（图4-5）。

磷脂酸的磷酸基可以进一步被一个极性醇（X—OH）酯化，形成各种常见的甘油磷脂，其结构通式如图4-6所示。

图4-6中，X不同，则甘油磷脂的类型也不同，都命名为磷脂酰X。一些常见的甘油磷脂的结构见图4-7。磷脂酶A_1和A_2可特异性地催化甘油磷脂C1和C2位的酯键发生水解反应，生成只含一个脂肪酸的产物，称为溶血磷脂。其是一种极强的表面活性剂，能使红细胞溶解。

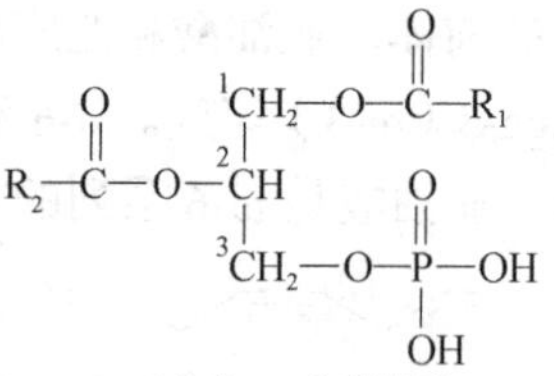

3-sn-(或1-α-)磷脂酸

图 4-5　磷脂酸的结构

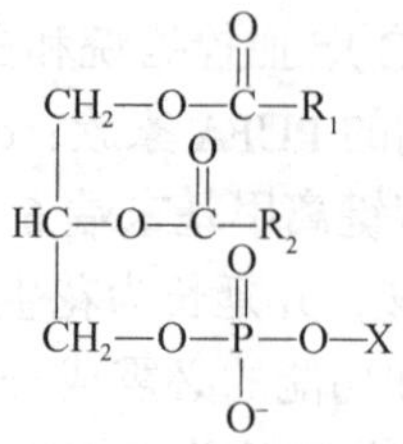

图 4-6　甘油磷脂的结构通式

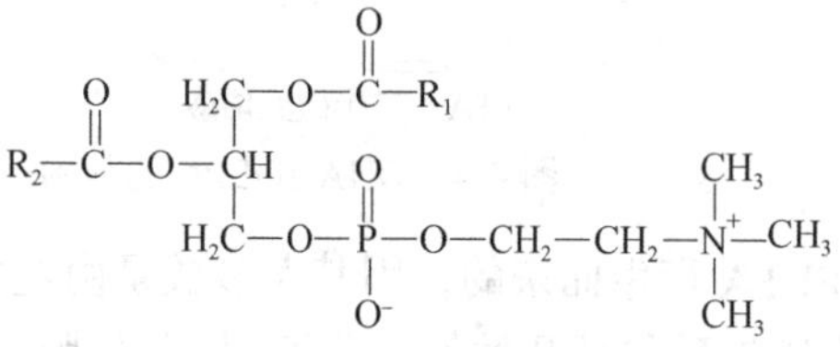

磷脂酰胆碱

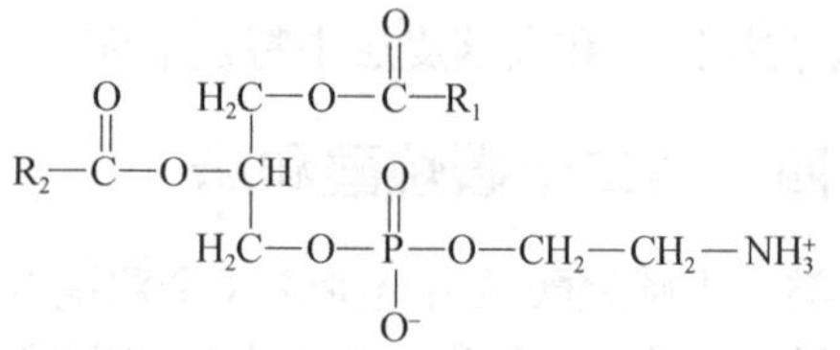

磷脂酰乙醇胺

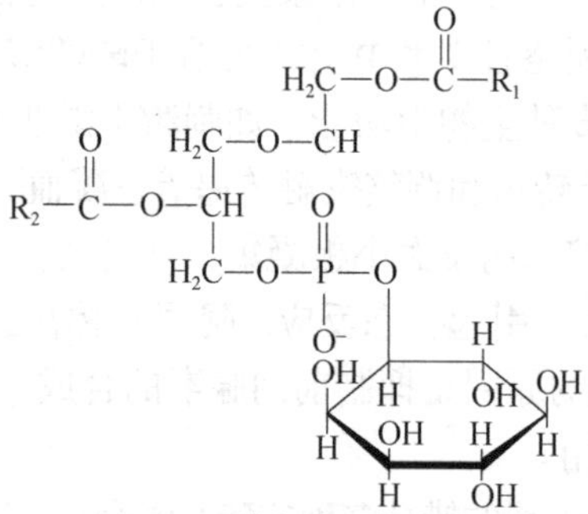

磷脂酰肌醇

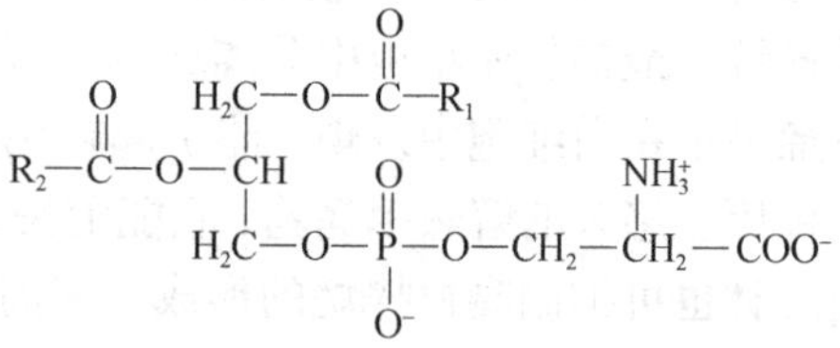

磷脂酰丝氨酸

图 4-7　一些常见的甘油磷脂的化学结构

甘油磷脂中磷酸基与酯化的醇部分一起构成极性头部，而两条烃链组成非极性尾部，这种特殊的结构使得甘油磷脂成为一种典型的两性分子，特别适合作为生物膜骨架。不同类型的甘油磷脂的分子大小、形状、极性头部的电荷等都不相同。根据所含脂肪酸的不同，每一类甘油磷脂又可分为若干种。甘油磷脂分子中一般含有饱和与不饱和脂肪酸各一分子，通常情况下，C1 位连接的是饱和脂肪酸，C2 位上是不饱和脂肪酸。例如，磷脂酰胆碱的 C1 上主要是棕榈酸（16:0）或硬脂酸（18:0），C2 上主要是油酸（18:1）、亚油酸（18:2）和亚麻酸（18:3）。

二、鞘磷脂

鞘磷脂即鞘氨醇磷脂，由鞘氨醇、脂肪酸和磷脂酰胆碱（少数磷脂酰乙醇胺）组成。鞘磷脂也是构成生物膜的重要组分，在动物的神经组织和脑内含量较高。至今发现的鞘氨醇已有 60 多种。哺乳动物的鞘磷脂中最常见的鞘氨醇是 D-鞘氨醇，其次是二氢鞘氨醇和 4-羟二氢鞘氨醇（又称植物鞘氨醇），它们的结构如图 4-8 所示。

D-鞘氨醇

二氢鞘氨醇

植物鞘氨醇

图 4-8　D-鞘氨醇、二氢鞘氨醇和植物鞘氨醇的结构

鞘氨醇分子除 C2 为氨基外，C1 和 C3 上的功能基都是—OH，很像甘油的 3 个羟基。当脂肪酸和鞘氨醇的氨基以酰胺键连接时，则成为构成鞘磷脂的母体结构——神经酰胺（图 4-9）。

鞘磷脂是神经酰胺的 C1 位上的羟基被磷脂酰胆碱或磷脂酰乙醇胺酯化形成的化合物，其结构通式如图 4-10 所示。

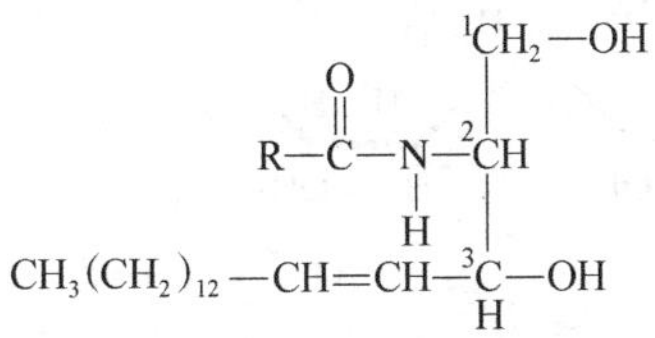

$$\mathrm{R{-}\overset{O}{\overset{\|}{C}}{-}\underset{H}{N}{-}{}^{2}CH(-{}^{1}CH_2{-}OH){-}{}^{3}CH(OH){-}CH{=}CH{-}(CH_2)_{12}CH_3}$$

图 4-9　神经酰胺的结构通式

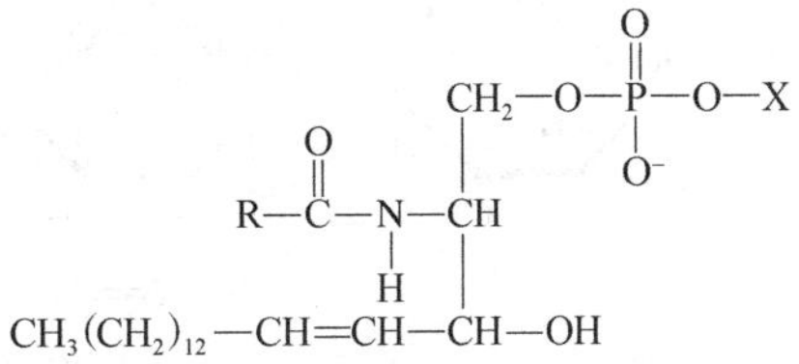

$$\mathrm{R{-}\overset{O}{\overset{\|}{C}}{-}\underset{H}{N}{-}CH(-CH_2{-}O{-}\overset{O}{\overset{\|}{P}}(O^-){-}O{-}X){-}CH(OH){-}CH{=}CH{-}(CH_2)_{12}CH_3}$$

图 4-10　鞘磷脂的结构通式

鞘磷脂的结构与甘油磷脂相似，都具有磷酸化的极性头部基团和两条碳氢链构成的疏水尾巴，因此性质与甘油磷脂基本相同。

三、鞘糖脂

糖脂可分为鞘糖脂、甘油糖脂以及由类固醇衍生的糖脂。鞘糖脂也是以神经酰胺为母体的化合物，是神经酰胺 C1 位上的羟基被糖基化形成的糖苷化合物，故可与鞘磷脂一起归为鞘脂类。根据糖基是否含有唾液酸或硫酸基成分，鞘糖脂又可分为中性鞘糖脂和酸性鞘糖脂两类。

（一）中性鞘糖脂

中性鞘糖脂的糖基中不含唾液酸，极性头部有一个或多个糖分子与神经酰胺 C1 位上的羟基相连。第一个被发现的鞘糖脂是半乳糖基神经酰胺，化学结构见图 4-11；因为最先是从人脑中获得的，所以又称脑苷脂，脑苷脂一词现在被用来泛指半乳糖基神经酰胺和葡糖基神经酰胺。脑苷脂分子的疏水尾部伸入膜的脂双层，极性糖基露在细胞表面，它们不仅是血型抗原，而且与组织和器官的特异性、细胞-细胞识别有关。

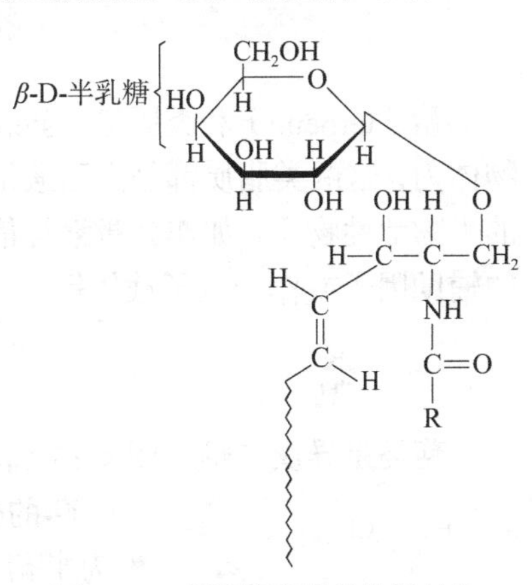

图 4-11　中性鞘糖脂的化学结构

（二）酸性鞘糖脂

酸性鞘糖脂主要包括硫酸鞘糖脂和唾液酸鞘糖脂两大类。硫酸鞘糖脂是指糖基部分被硫酸化的鞘糖脂，如脑苷脂被硫酸化后成为硫酸脑苷脂，在生理 pH 下带负电荷。硫酸鞘糖脂广泛分布于哺乳动物的各器官中，可能与血液凝固和细胞黏着有关。唾液酸鞘糖脂则是糖基中含有唾液酸的鞘糖脂，又称为神经节苷脂，由神经酰胺和含有一个或多个唾液酸的寡糖链结合而成，其化学结构如图 4-12 所示。神经节苷脂是最重要的鞘糖脂，在神经系统特别是神经末梢中含量丰富，可能在神经突触的传导中起重要作用。此外，神经节苷脂在细胞间的通信和识别过程中也有着特殊的重要性。神经节苷脂的命名很特别，以 G 代表神经节苷脂，M、D、T 分别表示寡糖链上含有 1、2 和 3 个唾液酸，下标数字 1、2 和 3 表示与唾液酸相连的寡糖链序列，分别是 Gal-GalNAc-Gal-Glc、GalNAc-Gal-Glc 和 Gal-Glc。

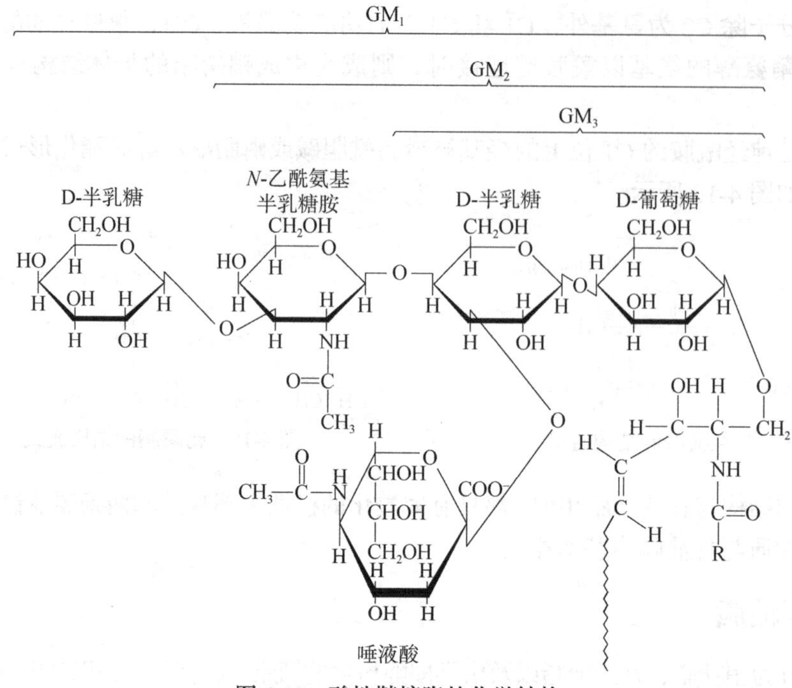

图 4-12　酸性鞘糖脂的化学结构

第四节　萜和类固醇

萜（terpene）和类固醇（steroid）分子中一般不含脂肪酸，属于不可皂化的脂质。在生物体内，这两类脂质都是由乙酸衍生而来的。虽然它们在生物体内含量不多，但多数是重要的生物活性物质，如作为激素等信号分子，作为脂溶性维生素及生物色素的组分，作为辅酶的辅助因子或作为电子载体等。

一、萜

萜类是异戊二烯（图 4-13）的衍生物。

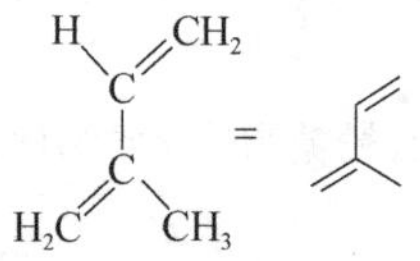

图 4-13　异戊二烯的结构

萜的分类主要根据异戊二烯的数目。分子中含一个异戊二烯的称为半萜，含两个异戊二烯的称为单萜，含三个异戊二烯的称为倍半萜。由此类推，还有二萜、三萜和四萜等。相连的异戊二烯有的是“头尾”相连，也有的是“尾尾”相连。形成的萜类有的是线状，有的是环状。一些常见的萜类名称和结构参见图 4-14。单萜存在于各种高等植物中，是植物精油的主要成分，如柠檬醛、薄荷醇、香茅醇等；维生素 A 是单环二萜；四萜多为各种类胡萝卜素；天然橡胶通常为具有 700～5000 个异戊二烯的多聚萜类。多聚萜醇常以磷酸酯的形式存在，这类物质在糖基从细胞质到细胞表面的转移中起类似辅酶的作用。

二、类固醇

类固醇是环戊烷多氢菲的衍生物，因含醇基而得名。类固醇以环戊烷多氢菲为基本结构，环戊烷多氢菲由 3 个六元环和 1 个五元环组成。带角甲基的环戊烷多氢菲称为甾核，是构成

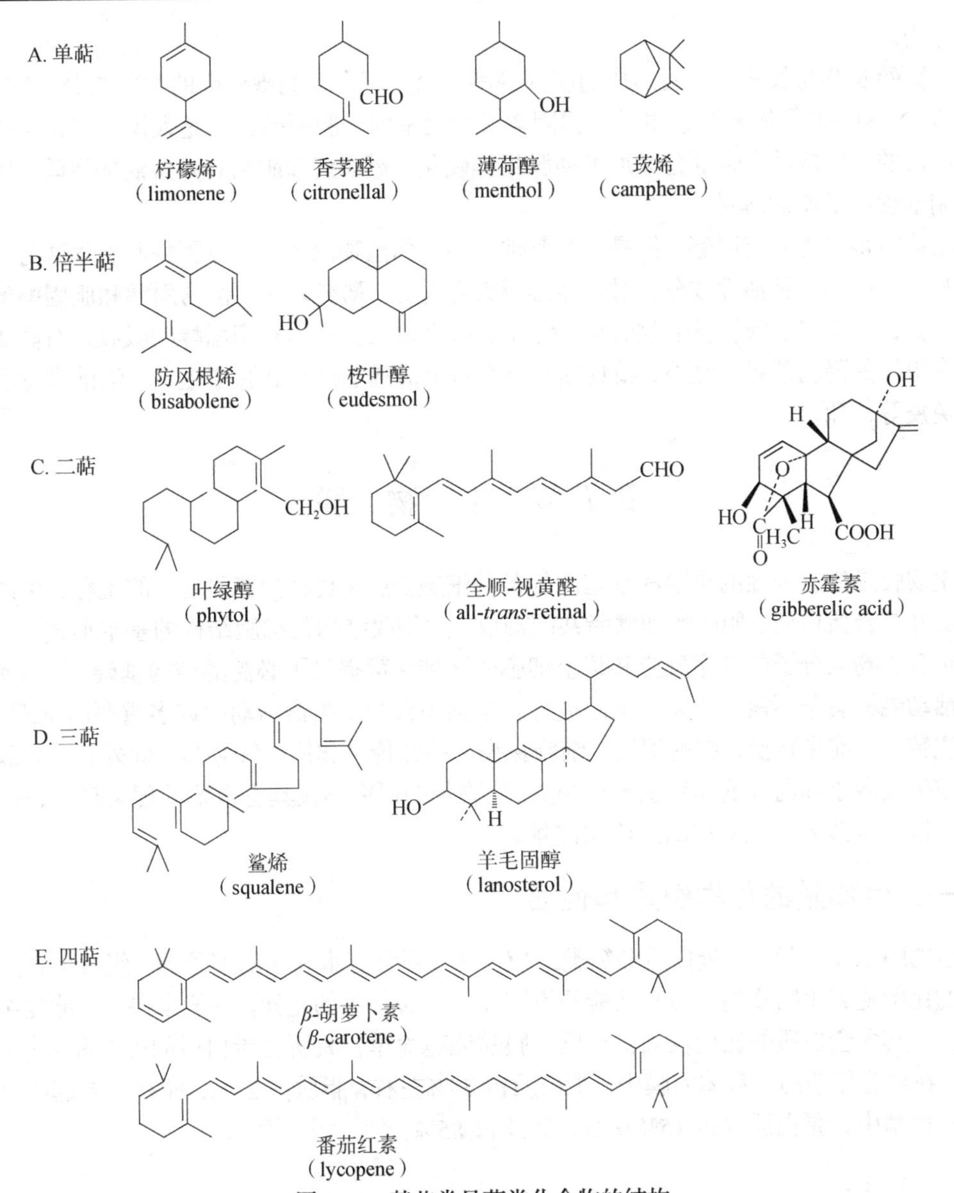

图 4-14　某些常见萜类化合物的结构

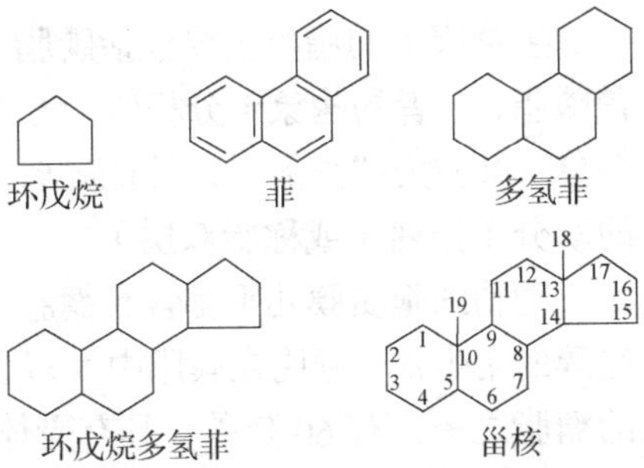

类固醇的母体（图 4-15）。类固醇分子的结构特征是：①甾核 C3 上多为羟基或酮基；②C17 上有羟基、酮基或其他形式的侧链；③C4-C5 和 C5-C6 之间多为双键；④某些化合物不含 C19 角甲基。类固醇广泛地分布于生物界，其功能也多种多样：①作为激素起代谢调节作用；②作为乳化剂，有助于脂类的消化与吸收；③有抗炎症作用。

环戊烷　菲　多氢菲　环戊烷多氢菲　甾核

图 4-15　环戊烷多氢菲和甾核的结构

胆固醇是类固醇结构中的一类化合物，有游离型和酯型两种形式，在肝、肾、脾、脂肪和蛋黄中含量较高，是最常见的一种动物固醇。胆固醇也属于两性分子，但是其因头部基团（羟基）极性弱，而非极性部分（甾核和烃链）大而刚性，所以对膜中脂质的状态有着重要的

知识窗 4-1

调节作用。

胆固醇及其与长链脂肪酸形成的胆固醇酯是血浆蛋白及细胞外膜的重要组分。人体内的维生素 D_3 和一些类固醇激素也是由胆固醇衍生而来的。胆固醇虽然是人体维持正常生理功能所必需的，但是过多时也会增加患动脉粥样硬化、冠心病和胆结石等疾病的风险，因此必须控制膳食中的胆固醇量。

植物中很少含有胆固醇，但是含有其他固醇，称植物固醇，如豆固醇和谷固醇等。植物固醇是植物中的一种活性成分，对人体健康大有益处。研究表明，植物固醇和胆固醇的分子结构相似，二者在小肠黏膜吸收时相互竞争，可有效减少机体对胆固醇的吸收，对高脂血症患者有很好的降脂效果。此外，植物固醇还有抑制肿瘤、抑制乳腺增生、防治前列腺肥大和调节免疫等作用。

第五节　生　物　膜

生物膜是细胞表面的质膜和细胞内的各种细胞器膜（也称内膜系统）的统称，由磷脂双分子层并结合蛋白质、胆固醇和糖脂共同构成。生物膜结构是细胞结构的基本形式，它对细胞内很多生物大分子的有序反应和整个细胞的区域化都提供了必需的结构基础，从而使整个细胞活动能够有条不紊、协调一致地进行。生物膜参与了生命活动中许多重要的生理过程，如物质转运、能量转换、细胞识别、细胞免疫、神经传导和信号转导等。此外，生物膜与肿瘤的发生及激素和药物的作用也密切相关。生物膜的研究不仅具有重要的理论意义，在工业、农业、医学实践方面也有广阔的应用前景。

一、生物膜的化学组成和性质

生物膜主要由脂质、蛋白质和糖类组成，某些还含有水和金属离子等。组成生物膜的各成分的比例随着生物膜的来源和功能的不同而存在着很大的差异。一般来讲，功能复杂和多样的膜，其含蛋白质的比例较大；相反，膜功能越简单，其所含蛋白质的种类和数量越少。例如，在功能复杂的线粒体内膜中，蛋白质占75%左右，脂质占25%；而在主要起绝缘作用的神经髓鞘中，蛋白质仅占15%左右，脂质占85%。

（一）膜脂

生物膜中的脂类主要包括磷脂、胆固醇和糖脂等。组成生物膜的磷脂主要是甘油磷脂和鞘磷脂，二者的构象十分相似。无论甘油磷脂还是鞘磷脂都是两性分子，每个分子既有亲水部分（又称为“头部”），又有疏水部分（又称为“尾部”）。这一特征决定了它们在生物膜中的双分子排列（或称脂双层）。

动物细胞质膜几乎都含有糖脂，其含量占外层膜脂的5%左右，这些膜脂大多数都是鞘氨醇的衍生物。糖脂在膜脂中大多含有1～15个糖残基。此外，神经节苷脂也是组成生物膜的糖脂之一，有60余种，具有受体的功能。

一般动物细胞膜的固醇含量高于植物细胞，而质膜的固醇含量又高于内膜系统。胆固醇因具有两亲性特点，可以参与膜脂流动性的调节：在相变温度以上，胆固醇阻碍膜脂中脂酰链的旋转异构化运动，降低膜的流动性；在相变温度以下，胆固醇阻止脂酰链的有序排列，从而降低其相变温度，防止膜向凝胶态转化，保持膜的流动性。

膜脂是两亲分子，在水溶液中因脂类组成或环境的变化而存在结构上的多态性。以磷脂为例，当磷脂加入水中以后，由于疏水部分表面积较大，只有极少的分子以游离单体形式存在。磷脂分子在水-空气界面倾向于形成单分子层。极性部分与水接触，烃“尾部”伸向空气一侧，如果加入较多的磷脂分子，使水-空气界面达到饱和，磷脂分子就以微团或双层形式存在。但是对于大多数磷脂和糖脂来说，由于它们的两条脂酰链难以容纳在微团（直径仅为 20nm）的内腔内，在水溶液中会自发组装成脂双层结构并进一步自我封合为双层微囊，称为脂质体（liposome）（图 4-16）。脂质体中脂分子的疏水烃链部分完全不用和水相接触，因此这样的结构是最稳定的。脂质体作为一种人工膜，其理化特性十分接近天然生物膜，因而是研究生物膜结构与功能的良好材料。近年来，脂质体也作为药物载体被广泛地应用于医药研究领域。

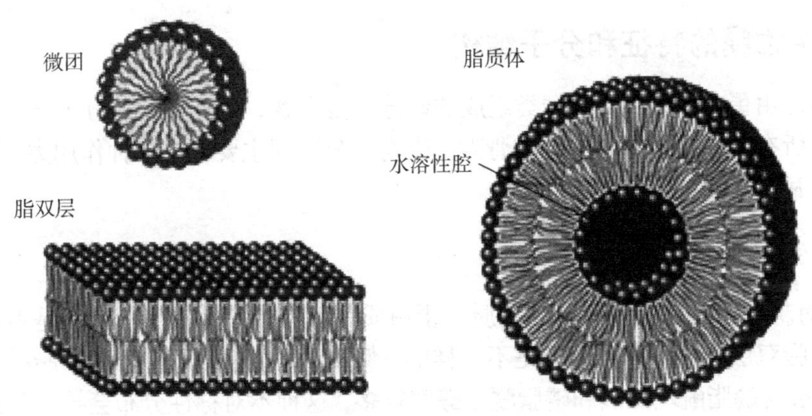

图 4-16　膜脂在水中的几种聚集方式

（二）膜蛋白

在细胞中，有 20%～25%的蛋白质是与膜结构相联系的。根据在膜结构中的分布，膜蛋白可分为外周蛋白（extrinsic protein）、内在蛋白（intrinsic protein）和脂锚定蛋白（lipid-anchored protein）（图 4-17）。

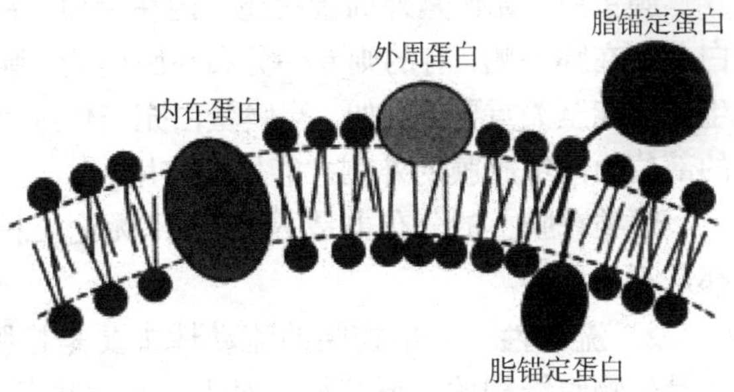

脂锚定蛋白
外周蛋白
内在蛋白
脂锚定蛋白

图 4-17　膜蛋白的分类

1. 外周蛋白　外周蛋白分布于脂双层的内表面或外表面，它们通过静电力或非共价键与其他膜蛋白相互作用连接在膜上。外周蛋白与膜表面的结合是可逆的，结合力一般较弱，通过改变离子强度或加入金属螯合剂即可实现分离。膜外周蛋白占膜蛋白含量的 20%～30%。

2. 内在蛋白　膜内在蛋白也称嵌入蛋白，以疏水作用与脂双层的疏水核心紧密相连，占膜蛋白的 70%～80%，它们当中有的部分嵌在脂双层中，有的横跨全膜。这类蛋白质与膜脂结合紧密，不易从膜中分离，只有用较强烈的条件（如去垢剂、有机溶剂和超声波）才能把它们溶解下来。绝大多数内在蛋白含有一个或几个跨膜的肽段，由于 α 螺旋能最大限度地降低肽键本身的亲水性而且使之在疏水环境中更加稳定，因此这些跨膜的肽段主要由疏水氨基酸组成的 α 螺旋构成。内在蛋白除了主要以 α 螺旋跨膜外，有一部分是以蛋白质分子末端片段插膜，而另外一部分则是通过共价键结合的脂插膜。

3. 脂锚定蛋白　脂锚定蛋白是通过共价相连的脂质固定到膜上的。这类蛋白质本身并没有进入膜内，但是它们以共价键与脂质、脂酰链或异戊烯基团牢固地结合，并通过它们的疏水部分插入膜内。

（三）膜糖类

生物膜中含有一定的糖类，它们主要是以糖蛋白和糖脂的形式存在，主要分布于质膜表面，一般占质膜总量的 2%～10%。它们大多与膜蛋白结合，少数与脂质结合。膜蛋白和糖脂主要在细胞行使功能中接受外界信息，与细胞识别、细胞的免疫反应、血型及细胞癌变等密切相关。与膜蛋白和膜脂结合的糖类有葡萄糖、半乳糖、甘露糖及岩藻糖等中性糖；*N*-乙酰葡糖胺及 *N*-乙酰半乳糖胺等氨基糖；唾液酸等酸性糖。

二、生物膜的特征和分子结构

生物膜是由蛋白质、脂质和糖类组成的超分子复合物，具有特定的分子结构。脂质双分子层是构成所有生物膜最基本的结构骨架。生物膜分子间主要存在三种作用力：静电力、疏水力和范德瓦耳斯力。

（一）生物膜结构的主要特征

1. 不对称性　构成膜组分的脂质、蛋白质和糖类在膜两侧的分布都是不对称的。不同的膜脂在脂双层的内外两层分布是不一样的。例如，人红细胞的外层含磷脂酰胆碱和鞘磷脂较多，内层含磷脂酰丝氨酸和磷脂酰乙醇胺较多，这种不对称性分布会导致膜两侧电荷数量、流动性等存在差异。

膜蛋白，无论是外周蛋白还是内在蛋白，在膜的两侧分布也是不对称的，如有的外周蛋白分布在膜外侧，有的则专一分布在膜内侧。膜蛋白分布的不对称性对于生物膜行使正常的生理功能至关重要。例如，当膜蛋白充当传递生物信息的受体分子时，只有当它与配体结合的部位面向细胞膜的外侧才能发挥作用。

糖类在膜上的分布也是不对称的，无论质膜还是细胞内膜系的糖脂和糖蛋白寡糖的分布都是不对称的。

2. 流动性　生物膜的流动性主要是指膜脂和膜蛋白所做的各种形式的运动。流动性是生物膜结构的主要特征，对生物膜表现其正常功能具有十分重要的作用。膜脂的流动性依赖于膜脂的组成及温度，温度较低时，膜脂运动相对较少，脂双分子层几乎呈晶体状态；当温度升至一定高度时（相变温度），膜脂的运动性增加，膜由晶体状态向液态转变（图 4-18）。一般烃链短的脂肪酸和不饱和脂肪酸的含量高时，膜脂的相变温度较低，膜呈现较好的流动性。

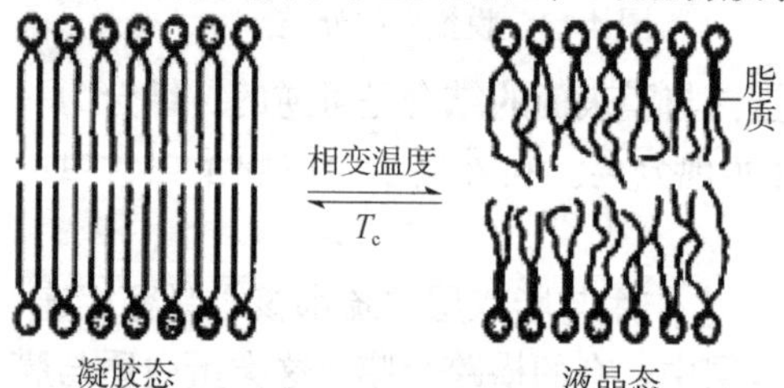

图 4-18　膜脂的相变

膜脂的基本组分是磷脂，因此膜脂的流动性主要取决于磷脂。在相变温度以上，磷脂的运动方式有以下几种：①磷脂分子在膜内做侧向扩散或侧向移动；②磷脂分子在脂双层中做翻转运动；③磷脂烃链围绕 C—C 键旋转而导致异构化运动；④磷脂分子围绕与膜平面相垂直的轴左右摆动；⑤磷脂分子围绕与膜平面相垂直的轴做旋转运动。

膜蛋白的流动性主要包括两种运动形式：一种是沿着膜表面做侧向扩散运动，另一种是沿着与膜平面垂直的轴做旋转运动。

生物膜的流动性对生物膜的功能具有许多重要的影响。随着膜流动性的增强，生物膜对水和其他亲水性小分子的通透性就会增加。膜脂的流动性在一定程度上影响着膜蛋白的流动性。例如，当膜脂流动性降低时，膜内在蛋白暴露于水相的部分会增加；相反，如果膜脂流动性增加，膜内在蛋白则更多地深入脂双层，进而会影响膜内在蛋白的构象和功能。研究发现，多种病变细胞的细胞膜的流动性发生异常。此外，植物的抗冷性与生物膜的流动性也存在着一定的相关性。

（二）生物膜分子结构模型

虽然有多种生物膜的结构模型被先后提出，但是迄今为止，最被广泛接受的是1972年由美国学者S. J. Singer和G. Nicolson提出的流动镶嵌模型（fluid mosaic model）（图4-19）。该模型认为：由磷脂和固醇形成的脂质双分子层构成了生物膜的基本骨架，由于这些极性脂质的疏水尾部含有一定量的饱和或不饱和脂肪酸，因此生物膜骨架具有流动性。在脂质双分子层结构中镶嵌有各种蛋白质，其中内在蛋白表面具有疏水的氨基酸侧链基团，故可以使此类蛋白质“溶解”于双分子层的中心疏水部分；外周蛋白的表面主要含有亲水性R基侧链，可通过静电引力与带电荷的脂质双分子层的极性头部连接。由于脂质和蛋白质的运动，脂质与蛋白质构成了一个流动的镶嵌模型。在脂质双分子层构成的“汪洋大海”中，外周蛋白漂浮在“海洋”的表面，而内在蛋白犹如“冰山”几乎完全浸没于其核心中。

知识窗 4-2

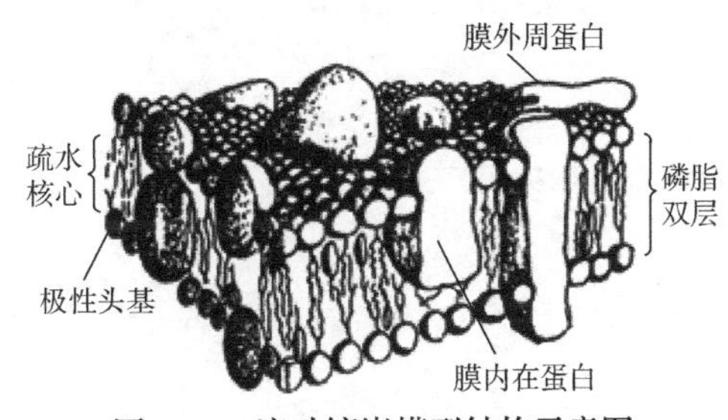

图4-19　流动镶嵌模型结构示意图

流动镶嵌模型虽然可以对细胞膜的结构和功能做出较为科学的解释，也得到了许多实验支持，但是仍然存在一定的局限性：它描述的生物膜仍然是一种相对静止的结构，而真实的生物膜更为复杂，也更具动态性；此外，生物膜各部分的流动性是不均匀的，这一现象也无法用流动镶嵌模型来解释。相信随着科学理论的深入，会有更为合理的生物膜模型被提出。

小结

脂质是一类不溶于水而溶于非极性溶剂的生物分子，可以用乙醚、三氯甲烷和丙酮等有机溶剂提取。

三酰甘油或甘油三酯是脂肪酸和甘油形成的三酯，是动植物脂肪的化学本质。常温下呈液态的酰基甘油称油，呈固态的称脂。

蜡是长链脂肪酸和长链一元醇或固醇形成的酯。

脂肪酸是由一条长的烃链和一个末端羧基组成的羧酸，可以分为饱和脂肪酸和不饱和脂肪酸。天然脂肪酸大多由12～24个碳原子组成，以16碳或18碳最为常见。必需脂肪酸是指对维持机体的正常功能必不可少，但是必须从膳食中获取的脂肪酸，包括亚油酸和α-亚麻酸两类。

膜脂是一大类既含有极性头部，又含有疏水性尾巴的分子，是构成生物膜的重要组分，包括磷脂和糖脂等。甘油磷脂是由磷脂酸的磷酸基进一步被一极性醇（X-OH）酯化而形成的。鞘磷脂和鞘糖脂是神经酰胺的C1位上的羟基分别被酯化和糖基化而形成的两亲性化合物。鞘糖脂主要包括中性鞘糖脂和酸性鞘糖脂。

萜和类固醇属于异戊二烯类脂质，虽然在体内含量不高，但是具有重要的生物学功能。萜类由若干个异戊二烯单位“头尾”相连或“尾尾”相连而成。类固醇又称甾类，是环戊烷多氢菲的衍生物。胆固醇是最常见的一种动物固醇，它对生物膜中脂质的状态有着重要的调节作用。

生物膜是由膜脂、膜蛋白、膜糖类定向、定位排列形成的超分子复合物，其主要特征是膜结构的不对称性和膜组分的流动性。流动镶嵌模型认为：在由磷脂和固醇形成的脂质双分子层结构中镶嵌有各种蛋白质，蛋白质犹如一座座“冰山”漂浮在流动脂质的“海洋”中。流动镶嵌模型虽然对细胞膜的结构和功能做出了较为科学的解释，但是仍然存在一定的局限性。

思考题

1．简述脂质的结构特点和生物学功能。
2．写出三酰甘油及甘油磷脂的结构通式，并列举几种常见甘油磷脂的名称。
3．何为必需脂肪酸，哺乳动物所需的必需脂肪酸有哪几种类型？
4．构成生物膜结构的膜脂有哪几类？它们作为生物膜的结构脂质有什么主要特点？
5．简述流动镶嵌模型的要点。

第五章 酶

新陈代谢是生物生命活动最基本的特征，而新陈代谢是由成千上万的化学反应组成的，几乎所有的化学反应都需要生物活细胞产生的催化剂即酶（enzyme）来催化，没有酶就没有生命体的存在，因此生物机体对代谢的各种不同调节机制最终都落实到对酶的调节。

多数酶的化学本质是蛋白质，具有蛋白质的一些物理和化学性质。酶是生物催化剂，与一般催化剂有共同点。酶具有极强的催化能力，对催化反应的物质有高度的选择性。酶活性可调节控制，以适应生物体内外环境的改变，而且酶活性受多种因素的影响。

随着对酶研究的深入和了解，酶在医药、食品、环保等多个领域得到广泛应用。例如，在医药方面，酶用于疾病的诊断、预防和治疗，以及药物的研发和生产；在食品方面，酶用于食品的生产、加工和保鲜，有效提高食品的产量、品质和风味；在环保方面，酶用于污水净化、石油及工业废油的处理、白色污染的治理等。

第一节 酶的概念和特性

一、酶的概念

公元前几千年，我国已有酿酒记载。100多年前，Pasteur认为发酵是酵母细胞生命活动的结果。1878年，Kühne首次提出enzyme一词。1897年，Buchner用不含细胞的酵母提取液实现了发酵。1926年，Sumner首次从刀豆中提纯出脲酶结晶（urease）。20世纪80年代，Cech等发现了核酶（ribozyme）。

知识窗5-1

酶是由活细胞产生和分泌的生物催化剂，其化学本质为蛋白质或核酸，参与新陈代谢的绝大多数酶都是蛋白质。酶在细胞内或细胞外发挥催化作用：由细胞内产生并在细胞内发挥作用的酶称为胞内酶；由细胞内产生分泌到细胞外发挥作用的酶称为胞外酶。酶所催化的反应称为酶促反应，化学反应前的物质称为底物，而反应后生成的物质称为产物。

酶是催化剂，具有与一般催化剂的共性：①只催化热力学上允许进行的反应；②通过降低活化能加快反应速度；③催化反应过程中自身不被消耗；④对可逆反应而言，既不改变化学反应的平衡点，也不改变化学反应的方向，通过加快正反应和逆反应速度缩短到达平衡点的时间。

酶是生物催化剂，是由活细胞产生的蛋白质或核酸，在生物体内发挥催化作用。因此，酶还具有不同于一般催化剂的一些特点。

二、酶催化反应的特点

（一）酶催化反应具有专一性

专一性（specificity）是指酶不仅对其反应底物（substrate），对其催化的反应类型也具有严格的选择性。通常情况下，酶只能作用于一种或一类底物，催化一种或

知识窗5-2

一类化学反应。例如，蛋白酶只能催化蛋白质的水解反应，而不能催化淀粉的水解反应；淀粉酶只能催化淀粉的水解反应，而不能催化蛋白质的水解反应。

酶的专一性可分为结构专一性和立体异构专一性。

1. 结构专一性 结构专一性包括绝对专一性和相对专一性两种。

1）绝对专一性：酶只作用于一种特定的底物，对其他任何底物都不起催化作用。例如，脲酶只作用于尿素，麦芽糖酶只作用于麦芽糖等。

2）相对专一性：对在结构上相似的一系列化合物起催化作用，它又可分为基团专一性（或称族专一性）和键专一性两类。基团专一性的酶除了要求特定的化学键外，还对其所作用的化学键一端的基团具有严格的要求。例如，*α*-D-葡糖苷酶不但要求 *α*-糖苷键，还要求 *α*-糖苷键的一端必须是葡萄糖残基，即 *α*-葡糖苷（图 5-1），而对键的另一端 R 基团则要求不严，因此它可催化各种 *α*-D-葡糖苷衍生物 *α*-糖苷键的水解。

键专一性的酶只要求作用于底物分子上一定的化学键，而对键两端基团的结构要求不严，只有相对的专一性。例如，酯酶催化脂键的水解，对底物 RCOOR′中的 R 及 R′基团都没有严格要求，只是对于不同的脂类水解速率不同。蛋白酶可以催化肽键水解，不同蛋白酶对底物专一性各不相同。例如，胰蛋白酶只专一水解赖氨酸或精氨酸羧基形成的肽键，胰凝乳蛋白酶只专一水解由芳香氨基酸或带有较大非极性侧链氨基酸羧基形成的肽键（图 5-2）。

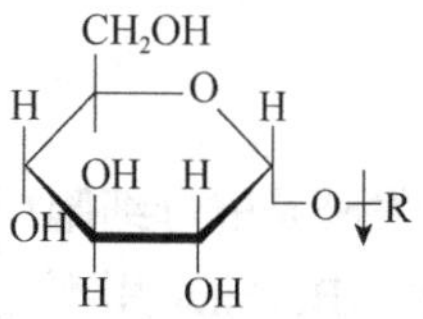

CH_2OH, H, O, H, OH, H, OH, O—R, H, OH

图 5-1 *α*-葡糖苷的结构

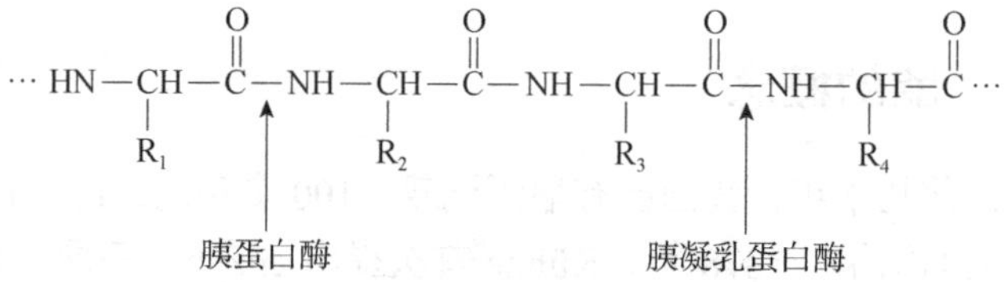

$$\cdots HN-\underset{R_1}{CH}-\overset{O}{\overset{\|}{C}}-NH-\underset{R_2}{CH}-\overset{O}{\overset{\|}{C}}-NH-\underset{R_3}{CH}-\overset{O}{\overset{\|}{C}}-NH-\underset{R_4}{CH}-\overset{O}{\overset{\|}{C}}\cdots$$

胰蛋白酶　　胰凝乳蛋白酶

图 5-2 蛋白水解酶的相对专一性

R_1. Lys，Arg；R_2. 不是氨基酸；R_3. Tyr，Trp，Phe；R_4. 不是氨基酸

2. 立体异构专一性 当底物具有立体异构体时，酶只能对一种立体异构体起催化作用，这种专一性称为立体异构专一性（stereospecificity），包括旋光异构专一性和几何异构专一性。旋光异构专一性的酶催化底物中的一种旋光异构体发生反应。例如，自然界中的氨基酸有 D 型和 L 型，D-氨基酸氧化酶只能催化 D 型氨基酸氧化分解反应，而不能催化 L-氨基酸发生反应。几何异构专一性的酶只能催化某种几何异构体底物的反应。例如，延胡索酸酶只催化延胡索酸（反丁烯二酸）水合生成苹果酸，对马来酸（顺丁烯二酸）则不起作用。

（二）酶催化反应具有高效性

高效性（high catalytic power）是指酶具有很高的催化效率。酶的催化效率可用酶的转换数（turnover number）来表示。酶的转换数是指在酶被底物饱和的条件下，每个酶分子每秒将底物转化为产物的分子数。酶的催化作用可使反应速度比非催化反应速度提高 $10^8 \sim 10^{20}$ 倍，比其他催化反应高 $10^6 \sim 10^{13}$ 倍。例如，尿素在脲酶催化下的水解：

$$H_2N-\underset{O}{\underset{\|}{C}}-NH_2 + 2H_2O + H^+ \longrightarrow 2NH_4^+ + HCO_3^-$$

常温（20℃）下，该酶催化下的反应速率常数为 $3\times10^4\ s^{-1}$，而无催化剂的尿素水解速率常数则为 $3\times10^{-10}\ s^{-1}$，两者相比，前者为后者的 10^{14} 倍。

（三）酶活性具有可调节性

酶促反应受多种因素的调控，以适应机体对不断变化的内外环境和生命活动的需要。生命活动中新陈代谢有条不紊地进行并且表现出对机体内外环境变化的适应性，就是因为酶受到多种因素的调节控制，否则就会陷于紊乱，使有机体产生疾病甚至死亡。

（四）酶催化作用环境温和且酶易变性失活

酶催化作用是在生物体内进行的，而生物体内的气压接近一个大气压（1个大气压≈10^5Pa）、pH近中性、常温、低盐的温和环境。酶易受到多种因素的影响而变性失活，如高温、强酸、强碱等，这是由大多数酶的化学本质是蛋白质所决定的。

第二节　酶的化学本质、化学组成及分子结构

一、酶的化学本质

1926年，Sumner首次从刀豆中提纯出脲酶结晶并证实其化学本质为蛋白质，后来人们陆续分离纯化的多种酶经物理和化学方法分析，绝大多数酶的化学本质是蛋白质。其证据是：①通过酸、碱对酶的水解，其最终产物为氨基酸，失活的酶能被蛋白酶所水解；②酶分子具有高度有序空间结构的层次性，凡能破坏蛋白质空间结构并失活的理化因素，均可使酶变性失活；③酶在不同pH介质中呈不同离子状态，在电场作用力下，朝某一电极泳动，具有与蛋白质类似的两性性质和特定等电点；④酶是生物大分子，其大小适合于胶体粒子范围，不能透过半透膜；⑤酶具有与蛋白质类似的化学显色反应特征（如双缩脲、酚试剂、乙酸铅、考马斯亮蓝等经典反应特征）。

1982年，Cech和Altman发现rRNA的前体本身具有自我催化作用，首次提出了核酶的概念。后来一些实验证明，有些短片段的RNA和DNA也具有剪切、修饰、加工和催化分子间反应等酶活性，进一步证实核酶的存在。

二、酶的化学组成

绝大多数酶是具有催化活性的蛋白质。根据其化学组成，把仅由氨基酸残基组成的单纯蛋白质构成的酶叫单纯酶，如脲酶、淀粉酶、核糖核酸酶及蛋白酶等。把既有氨基酸残基又有非氨基酸成分组成的结合蛋白质构成的酶叫结合酶。属于结合蛋白质的酶类，除了蛋白质成分外，还结合有小分子有机物质或金属离子，这些小分子有机物质或金属离子统称为辅助因子。小分子有机物构成的辅助因子，又叫辅酶或辅基。辅酶与辅基并无本质上的差别，只是表明它们与酶蛋白结合的牢固程度的不同。通常把与酶蛋白结合比较疏松、容易脱离酶蛋白并可通过透析法除去的小分子有机物叫辅酶，而把那些与酶蛋白结合比较紧密，不能用透析法除去，需用一定的化学方法才可除去的小分子有机物质叫辅基。有时将辅酶和辅基通称为辅酶。

结合酶（全酶）=酶蛋白+辅助因子

对于结合酶类来说，当酶蛋白与辅助因子各自单独存在时，均无催化活性，只有两个部分结合成完整的酶分子即全酶时，才具有酶活力。辅助因子的主要作用是参与酶的催化过程，在反应中传递电子、质子或一些基团。辅助因子的种类不多，且分子结构中常含有维生素或维生素类物质。作为辅助因子的金属离子的主要作用有：参与催化反应，传递电子；在酶与

底物间起桥梁作用；稳定酶的构象；中和阴离子，降低反应中的静电排斥力等。

三、酶的分子结构

根据酶蛋白分子结构的不同，将酶分为单体酶、寡聚酶和多酶复合体三类。

1）单体酶（monomeric enzyme）：该类酶一般只由一条多肽链或一个亚基组成，如核糖核酸酶、羧肽酶 A 等水解酶。

2）寡聚酶（oligomeric enzyme）：由两个或两个以上亚基组成的酶。亚基可以相同也可以不同，亚基之间以非共价键结合，单个亚基没有催化活性，如肌酸激酶、嘌呤核苷磷酸化酶等调节酶。

3）多酶复合体（multienzyme system）：由功能相关、通常催化顺序反应的多个酶，通过非共价键彼此结合在一起形成的复合体。各个酶所催化的反应依次衔接成级联式，以利于一系列反应的相继发生。例如，大肠杆菌中的丙酮酸脱氢酶复合体由三种酶 60 个亚基构成，催化丙酮酸脱氢脱羧系列反应。三种酶按一定的空间顺序排列，相互协同、连续高效地催化丙酮酸脱氢脱羧系列反应。

第三节　酶的命名和分类

一、酶的命名

酶的命名有系统命名和习惯命名两种方法。

（一）系统命名

依据酶所催化反应的底物及所催化反应的性质命名，即酶的名称需在前面标有参与反应的全部底物，底物之间用"："分隔，后面标有所催化反应的名称。

（二）习惯命名

依据酶所催化的底物、反应的性质、酶的来源等命名。对于多底物的酶促反应，通常只写出一种主要的底物名称；很多催化水解的酶名称省去水解反应的性质，如乳酸脱氢酶、胃蛋白酶、碱性磷酸酶等。

系统命名尽管科学而严谨，但很多酶的系统命名过长，为了应用方便，在绝大多数情况下，所使用的名称均为简单明了的习惯命名。常见的几种酶的习惯命名和系统命名见表 5-1。

表 5-1　常见的几种酶的习惯命名和系统命名

习惯命名	系统命名	催化的反应
乙醇脱氢酶	乙醇：NAD^+氧化还原酶	乙醇 + NAD^+ → 乙醛 + $NADH+H^+$
谷丙转氨酶（GPT）	丙氨酸：α-酮戊二酸氨基转移酶	丙氨酸 + α-酮戊二酸 → 丙酮酸 + 谷氨酸
过氧化物酶	H_2O_2：邻甲氧基酚氧化酶	H_2O_2 + 邻甲氧基酚 → H_2O + 四邻甲氧基酚

二、酶的分类

根据各种酶所催化反应的类型，国际酶学委员会（enzyme commision，EC）把酶分为以下六大类。

（1）氧化还原酶类（oxido-reductase）　该类酶是催化底物发生氧化还原反应的酶，它包含氧化酶和脱氢酶两小类。

1）氧化酶（oxidizing enzyme）：该类酶是催化底物脱氢，并把氢氧化生成 H_2O_2 或 H_2O。

$$AH_2+O_2 \rightleftharpoons A+H_2O_2$$

$$2AH_2+O_2 \rightleftharpoons 2A+2H_2O$$

2）脱氢酶（dehydrogenase）：该类酶直接对底物脱氢，所脱氢的原初受体为辅酶（或辅基），辅酶或辅基从底物获得氢原子后，再经过一系列传递体的传递，最后与氧结合生成水。

$$AH_2+B \rightleftharpoons A+BH_2$$

$$BH_2+1/2O_2 \rightleftharpoons B+H_2O$$

（2）转移酶类（transferase）　催化底物之间基团转移反应的酶类。

$$AX+B \rightleftharpoons A+BX$$

（3）水解酶类（hydrolase）　催化底物发生水解反应的酶类。

$$AB+H_2O \rightleftharpoons AOH+BH$$

（4）裂合酶类（lyase）　催化底物分子中化学键断裂，并移去一个基团或基团的一部分，使一个底物形成两个分子的产物。这类酶催化的反应可逆，正反应为裂解反应，逆反应为合成反应。

$$AB \rightleftharpoons A+B$$

（5）异构酶类（isomerase）　催化同分异构体之间互变（即分子内部基团的重新排布），并形成新的几何学同分异构体（顺反异构、差向异构，分子构型改变）或旋光空间异构体的酶。

$$A \rightleftharpoons B$$

（6）合成酶类（ligase）　由 ATP（GTP、UTP）催化两种底物连接成一种产物反应的酶。

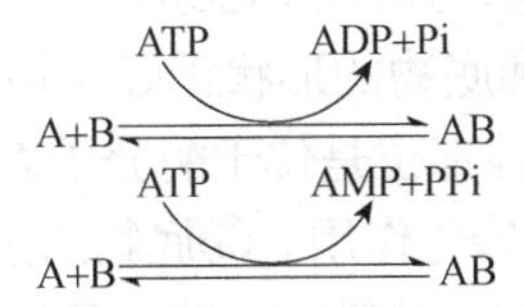

上述六大类酶依次用 1～6 编号，再依据酶催化作用的化学键特点和参与反应的基团不同将每一大类再进一步分类，都采用 1、2、3、4 等数字编号。每一个酶的分类编号由 4 个数字组成，数字之间由“.”隔开，第一个数字表示该酶属于六大类中哪一类，第二个数字表示大类中的亚类，第三个数字表示该酶属于亚类中的第几类，即亚亚类，第四个数字表示该酶在亚亚类中的排列序号。编号之前冠以 EC 表示国际酶学委员会。例如，乳酸脱氢酶分类编号为 EC 1.1.1.27。

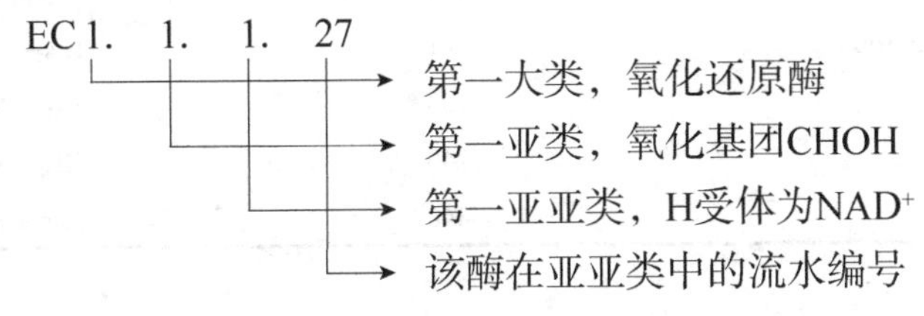

第四节　酶催化反应的机制

一、酶活性中心

酶催化反应的高效性和专一性与酶蛋白本身的结构直接相关。酶是生物大分子，具有鲜明的结构层次性，在催化反应过程中，不是整个分子都参与，而是仅以小部分区域的化学基团如氨基酸残基、结合酶的辅因子等必需基团参与对底物的结合和催化作用。酶分子直接参与底物结合和催化作用的相关区域称为酶活性中心（active center）或活性部位（active site）。酶活性中心是由酶分子中必需基团所组成的特定空间结构。活性中心的基团分为与底物结合的结合基团（binding site）和发挥催化作用的催化基团（catalytic site）（图 5-3）。前者决定酶的专一性，后者决定酶的催化类型和高效性。有些酶类的结合基团和催化基团不是能严格区分的，一些化学基团既是结合基团又是催化基团。酶分子中的必需基团即对酶催化作用不可缺少的基团，如氨基酸残基的侧链等。在活性中心之外，某些对维持酶的活性中心的结构和功能必不可少的基团也称为必需基团。

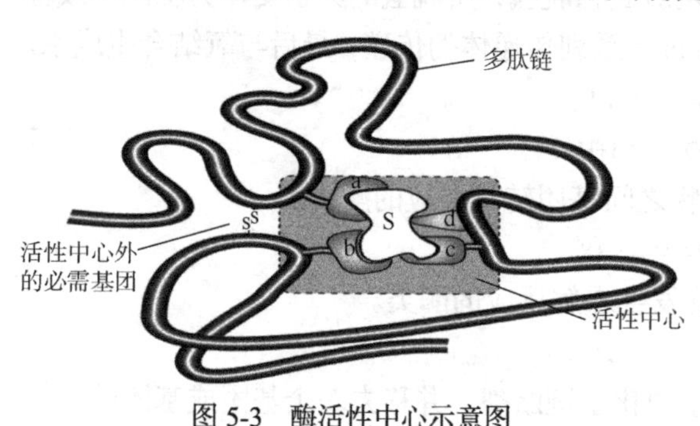

图 5-3　酶活性中心示意图

活性中心中，S. 底物分子；a，b，c. 结合基团；d. 催化基团

酶活性中心的特点有：①酶活性部位在酶分子的总体积中只占相当小的部分，通常只占整个酶分子体积的 1%～2%，由 2～5 个极性氨基酸残基侧链形成（如 His 的咪唑基、Ser 的羟基、Cys 的巯基、Lys 的氨基、Glu 和 Asp 的羧基等）。某些酶活性部位的氨基酸残基见表 5-2。这些氨基酸残基尽管在一级结构上可能处于同一条肽链的不同位置或不同肽链，但从空间结构上讲，通过肽链的盘绕折叠而使之彼此邻近，从而构成具有特定结构的活性中心。结合酶类中，辅基与辅酶大多数也参与活性中心组成。②酶的活性部位是一个三维实体（空间概念）。③酶的活性部位并不是和底物的形状正好互补，而是在结合过程中二者发生一定的构象变化后才互补的。④酶的活性部位是位于酶分子表面的一个裂缝内，底物分子或底物分子的一部分结合到裂缝内并发生催化作用。⑤底物通过次级键结合到酶上：酶（E）与底物（S）形成 ES 复合物主要靠氢键、盐键、范德瓦耳斯力和疏水键相互作用。⑥酶活性部位具有柔性或可运动性，活性部位易被破坏。

表 5-2　某些酶活性部位的氨基酸残基

酶	氨基酸残基数	酶活性部位的氨基酸残基
核糖核酸酶 A（ribonuclease A）	124	His_{12}, His_{119}, Lys_{41}
溶菌酶（lysozyme）	129	Asp_{52}, Glu_{35}
胰凝乳蛋白酶（chymotrypsin）	241	His_{57}, Asp_{102}, Ser_{195}
胰蛋白酶（trypsin）	223	His_{57}, Asp_{102}, Ser_{195}
弹性蛋白酶（elastase）	240	His_{57}, Asp_{102}, Ser_{195}
胃蛋白酶（pepsin）	348	Asp_{32}, Asp_{215}

续表

酶	氨基酸残基数	酶活性部位的氨基酸残基
HIV-1 蛋白酶（HIV-1 proteinase）	99×2（二聚体）	Asp_{25}, Asp_{25}
木瓜蛋白酶（papain）	212	Cys_{25}, His_{159}
枯草杆菌蛋白酶（subtilisin）	275	His_{64}, Ser_{221}, Asp_{32}
碳酸酐酶（carbonic anhydrase）	259	His_{94}, Lys_{96}, His_{119}
羧肽酶 A（carboxypeptidase A）	307	Arg_{127}, Glu_{270}, Tyr_{248}, Zn^{2+}
肝乙醇脱氢酶（alcohol dehydrogenase）	374×2（二聚体）	Ser_{48}, His_{51}, NAD^+, Zn^{2+}

溶菌酶的活性中心（图 5-4）是一个裂隙，可以容纳肽多糖的 6 个单糖基（A，B，C，D，E，F），与之形成氢键和范德瓦耳斯力，催化基团是 35 位 Glu，52 位 Asp，结合基团是 101 位 Asp 和 108 位 Trp。

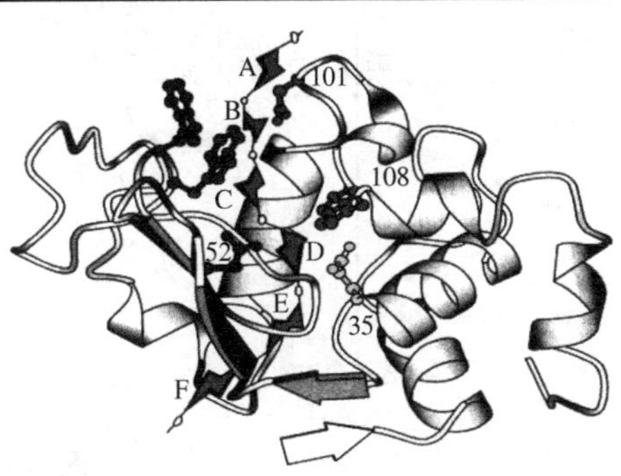

图 5-4　溶菌酶的活性中心

酶活性部位的研究方法主要有：酶分子侧链基团的化学修饰法（巯基、氨基、羧基、羟基、咪唑基、胍基等）；X 射线晶体结构分析法；定点诱变法（改变编码蛋白质基因中的碱基顺序来研究酶活性部位必需氨基酸的变化）等。

二、酶作用专一性学说

解释酶作用专一性的学说主要有以下三种。

1894 年，Fischer 提出锁钥（lock and key）学说，即酶结构与底物的结构就像锁与钥匙完全互补，酶与底物紧密结合成中间复合物。该学说存在明显的局限性，既不能解释酶的相对专一性，也不能解释可逆反应。

1946 年，Pauling 提出过渡态理论（transition state theory），即酶和底物相互影响，二者结构均发生变化形成过渡态，进而结合形成互补的复合物。

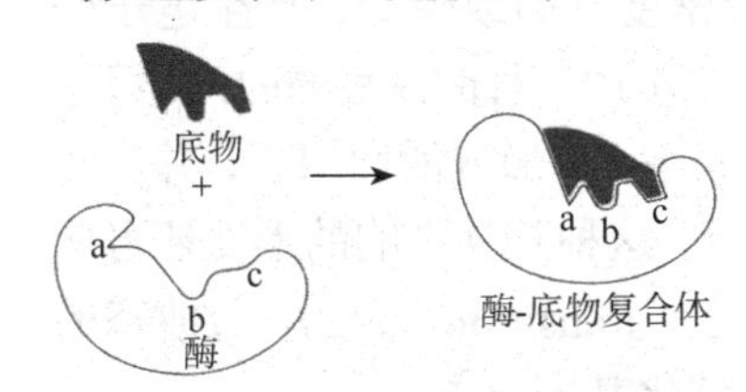

图 5-5　诱导契合学说示意图

1958 年，Koshland 提出诱导契合学说（induced-fit hypothesis）（图 5-5），即酶和底物都有自己特有的分子构象，当两者接近相互作用时，酶蛋白受到底物诱导，其构象发生有利于与底物结合的变化，进而达到与底物互补以形成复合物，使底物发生反应。

过渡态理论和诱导契合学说都能很好地解释酶的专一性。诱导契合学说的不足之处是没有关注酶对底物的诱导作用。后来对酶-底物过渡态类似物的 X 射线晶体结构分析的实验结果证明，当酶与底物结合时，酶和底物构象发生了明显变化，还有其他实验证据支持过渡态理论。

三、酶作用的高效率及其分子机制

（一）酶的作用机理

1. 降低化学反应的活化能　化学反应是由具有一定能量的活化分子相互碰撞发生的。

分子从基态转变为过渡态所需的能量称为活化能。无论何种催化剂，其作用都在于降低化学反应的活化能，加快化学反应的速度。一个可以自发进行的反应，其反应终态和始态的自由能的变化（$\Delta G'$）为负值。这个自由能的变化值与反应中是否存在催化剂无关（图 5-6）。

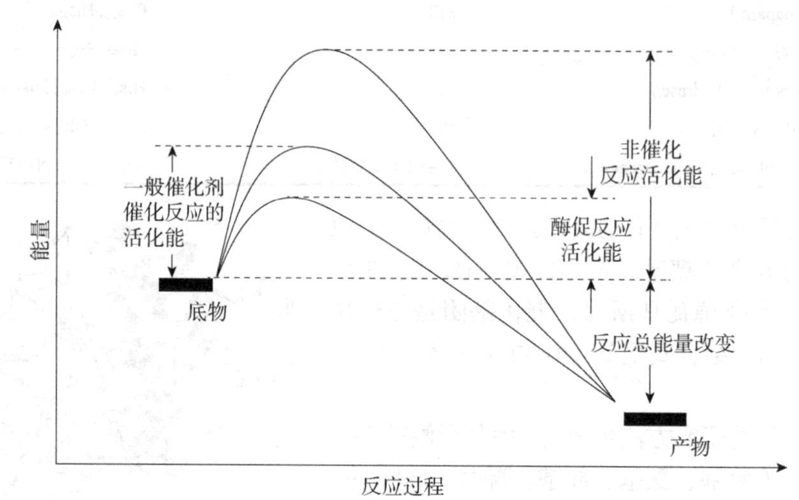

图 5-6 酶促反应活化能的改变

2. 中间复合物学说 1903 年，Henri 利用蔗糖酶水解蔗糖的实验，研究底物浓度与反应速度之间的关系，提出了酶与底物中间复合物学说。该学说认为酶催化化学反应时，酶（E）首先和底物（S）结合生成中间复合物（ES），中间复合物继续反应生成产物（P），同时释放出游离的酶。

$$E + S \rightleftharpoons ES \longrightarrow P + E$$

1946 年，Pauling 提出过渡态理论，该理论一方面很好地解释了酶作用的专一性，另一方面说明了酶与底物结合形成中间复合物的特点，从而使酶催化反应具有高效率。酶与底物相互影响，两者构象发生变化，形成不稳定的中间复合物。当酶接近底物时，一方面，酶中某些基团或离子可使底物分子内敏感键中某些基团的电子云密度升高或降低，产生电子张力，使这些敏感键的一端更加敏感，底物分子发生形变；另一方面，酶也在底物的诱导下，活性中心上各有关基团重新调整，达到正确排列和定向，从而进一步形成活性中心，并与底物上受酶催化攻击的结构部分紧密贴近，不仅使其易发生反应，这种相互影响的形变还可使底物处于不稳定状态。这种底物所处的不稳定状态称为过渡态（transition state）。过渡态的底物可与酶的活性中心密切结合，并易于受酶活性中心上的催化基团攻击。

反应过程：

$$S + E \longrightarrow ES \longrightarrow \underset{\text{过渡态}}{ES^*} \longrightarrow EP \longrightarrow P + E$$

酶和底物形成中间复合物学说已得到许多实验的证明。例如，酶和底物形成的复合物（ES）被电子显微镜和 X 射线晶体结构分析观察到；已分离得到某些酶和底物形成的 ES 复合物（如已得到 D-氨基酸氧化酶和底物复合物的结晶）等。

（二）酶的多元催化

酶促反应过程中，酶与底物形成中间复合物，底物进入特定的过渡态。过渡态的底物所需要的活化能显著低于非酶促反应的活化能，因此反应高效顺利进行。以下几种效应促进过渡态底物形成，是酶催化高效性的重要因素。

1. 邻近和定向效应　酶和底物结合形成复合物并催化形成产物的过程中，既包含酶对底物的专一性识别，又包含分子间反应转变为分子内反应。在这个过程中，酶与底物之间存在邻近和定向效应（approximation and orientation effect）。

邻近效应是指酶与底物结合形成中间复合物以后，使底物和底物（如双分子反应）、酶的催化基团与底物结合于同一分子上，使活性中心区域底物浓度得以极大提高，增加有效碰撞的概率，提高反应速度。在生理条件下，底物浓度一般约为0.001mol/L，而酶活性中心区域的底物浓度可达到约100mol/L。

定向效应是指底物的反应基团之间和酶的催化基团与底物的反应基团之间的正确取向产生的效应。发生作用的化学基团合理取向，使化学基团间更有效地相互作用，提高反应效率。

由于酶存在对底物的邻近和定向效应，分子间的反应向分子内反应转变，从而提高反应速度。另外，酶对底物邻近定向作用生成的中间产物（ES）寿命要比一般双分子相互碰撞的平均寿命长，即酶对底物的锚定作用。经快速动力学技术测得前者寿命为10^{-7}～10^{-4}s，而后者仅为10^{-13}s，这样就大大增加了产物形成的概率。

2. 底物分子形变　酶受到底物诱导发生构象改变，活性中心的功能基团发生的位移和改向，使底物分子要发生反应的敏感键发生形变（distortion），相应电子云重新分布，产生张力，削弱有关的化学键，促进底物形成过渡态，降低反应活化能，加快反应速度。X射线晶体证明，溶菌酶与底物结合后，底物乙酰氨基葡萄糖中的吡喃环可从椅式扭曲成半椅式，导致糖苷键断裂，实现溶菌酶的催化作用。

3. 酸碱催化　化学反应中，通过向反应物提供质子或从反应物接受质子以稳定过渡态，加速反应的机制，叫酸碱催化（acid-base catalysis）。在酶的活性中心上，有些基团是质子供体（酸催化基团），可以向底物分子提供质子，称为酸催化（acid catalysis）；有些催化基团是质子受体（碱催化基团），可以从底物上接受质子，称为碱催化（base catalysis）（表5-3）。当酸催化基团和碱催化基团共同发挥作用时，可以大大提高底物反应速度。在pH接近中性的生物体中，组氨酸的咪唑基一半以酸的形式存在，另一半以碱的形式存在。显然，组氨酸不但能作为质子供体和受体，而且能加快反应速度。因此，组氨酸的咪唑基往往成为许多酶的酸碱催化基团。

表5-3　酶分子中作为酸碱催化的功能基团

氨基酸种类	酸催化基团（质子供体）	碱催化基团（质子受体）
Glu，Asp	—COOH	$—COO^-$
Lys	$—NH_3^+$	$—NH_2$
Cys	—SH	$—S^-$
Tyr	—C₆H₄—OH（苯环结构式）	—C₆H₄—O⁻（苯环结构式）
His	HN⌒NH⁺（咪唑环结构式）	HN⌒N:（咪唑环结构式）

4. 共价催化　共价催化（covalent catalysis）是指酶在催化时，一方面能放出或吸取电子作用于底物的缺电子或富电子中心，另一方面又迅速与底物形成不稳定的共价连接的中间复合物，降低底物反应的活化能，从而使反应加快。按照酶对底物所攻击的基团的不同，该催化方式又分为亲核催化（nucleophilic catalysis）和亲电催化（electrophilic catalysis）。

亲核催化是指酶分子活性中心上的富电子基团作为电子供体攻击底物的亲电子基团（也称缺电子基团）而形成酶-底物的共价复合物。亲电催化是酶的缺电子基团攻击底物分子上富电子基团而形成酶-底物共价中间产物。在酶的共价催化中，亲核催化最为常见，酶蛋白质分子上氨基酸侧链如 Ser 的羟基、Cys 的巯基、His 的咪唑基等提供了多种亲核基团（图 5-7）。

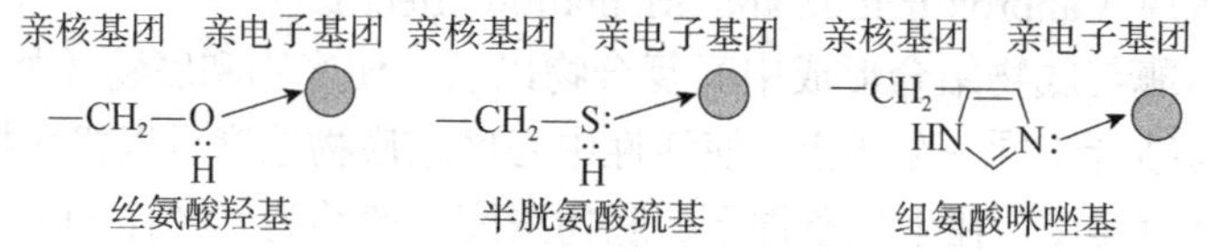

图 5-7　几种氨基酸的亲核基团

这些基团易攻击底物分子上的亲电中心，形成酶-底物共价结合的中间产物，底物中较典型的亲电中心有磷酰基、酰基和糖基，与酶所形成的共价中间产物在后续的反应中被水分子或另一种底物分子攻击并给出所需产物（图 5-8）。

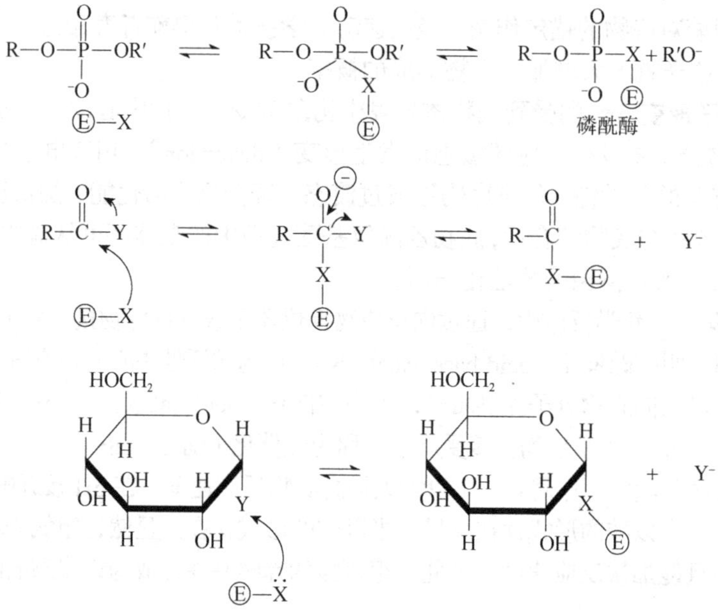

磷酰酶

图 5-8　酶的亲核基团（X：）攻击底物上的亲电子基团形成酶和底物间共价键过程示意图

5. 活性中心微环境的影响　　酶活性中心内部有丰富的疏水性氨基酸，这些氨基酸的非极性侧链形成低价电疏水性微环境。疏水环境可排除水分子对底物和酶作用基团的干扰，如对酶和底物电荷的屏蔽，有利于酶和底物结合成中间复合物，使酶的活性基团对底物的催化反应更为强烈。

上述使酶具有高催化效率的几个机制，并不是在所有的酶促反应中同时起作用，更可能的情况是对不同的酶促反应起主要作用的因素不完全相同。各类酶均有其自身的催化特点，在具体催化反应过程中可能受其一种因素作用或几种因素协同作用。

第五节　酶促反应动力学

酶促反应动力学（kinetics of enzyme-catalyzed reaction）是研究酶促反应的速度规律及影

响速度的各种因素，这些因素包括酶浓度、底物浓度、pH、温度、抑制剂、激活剂等。研究酶催化底物转化的动力学，对发挥酶催化反应的高效率并寻找最有利的反应条件、了解酶在代谢中的作用及某些药物的作用机制，具有重要的理论和实践意义。

一、酶活力测定方法

（一）酶活力测定

酶活力即酶活性（enzyme activity），就是酶催化化学反应的能力。酶活力大小用在一定条件下酶催化某一化学反应的速度来表示。催化的反应速度越快，酶活力越大，反之则表示该酶的活力小。与一般催化剂相同，酶所催化的反应速度也可以用在一定时间内反应底物的减少（$-dS/dt$）或产物的增加（dP/dt）来表示。

$$v=dP/dt=-dS/dt$$

因此，酶活力的测定方法，就是在一定条件下、一定时间内，测定其催化某一反应底物所引起的化学变化的量。由于在酶催化反应时，底物总是过量（[S] ≫ [E]），而且反应又不能进行得太久，故底物减少的量仅占其总量极小的百分数，不易准确分析；相反，产物从无到有，由少而多，只要方法合适并足够灵敏，就可以准确计量。显然所测定化学变化的量通常是指测定产物增加的量。

酶促反应的速度曲线呈双曲线型（图 5-9），在反应起始不久，酶促反应的速度曲线上通常可以看见一段斜率不变的部分，这就是初速度。在酶的动力学研究中，一般使用初速度（v_0）的概念。随着酶催化反应时间的持续，曲线渐平缓，斜率改变，反应速度逐渐减小，这时所测得的反应速度不能代表真正的酶活力。反应速度会变慢，这是由产物的反馈作用、酶的热变性或副反应引起的。

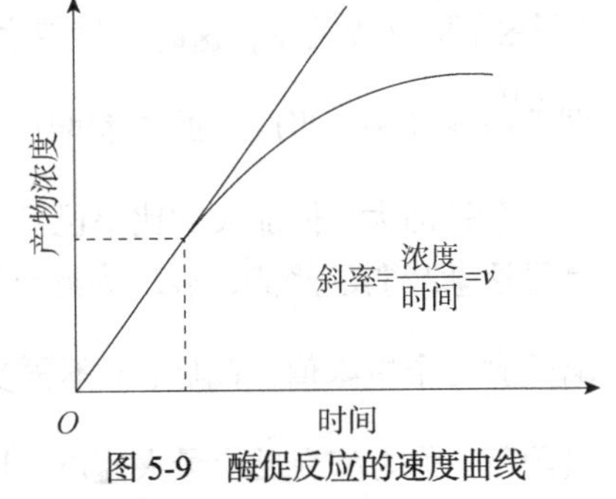

图 5-9 酶促反应的速度曲线

测定初速度原则上是反应时间越短越好，尽量选择在酶反应开始不久的一段时间内测定。例如，测定蛋白酶活力时，用 10min 左右的作用时间，其他酶也有的用更短的作用时间。

（二）酶活力单位

酶活力大小用酶活力单位（activity unit，U）来表示。1961 年，国际酶学委员会规定，统一用“国际单位”即 IU 来表示酶活力：在最适条件下（温度 25℃），每分钟将 1 微摩尔（1μmol）底物转化成为产物的酶量定为一个酶活力单位，即 1IU（1IU=1μmol/min）。

1972 年，国际酶学委员会为了使酶活力单位与国际单位制中的反应速度表达方式相一致，推荐使用一种新的酶活力单位，即 Katal，简称 Kat。其规定：在最适条件下，每秒钟将 1 摩尔（1mol）底物转化成为产物的酶量定为 1Kat（1Kat=1mol/s）。Kat 单位与 IU 单位之间的换算关系为：$1Kat=6\times10^7IU$。

但实际应用时常常不便，往往采用各自规定的单位。例如，淀粉酶的活力单位规定为：每小时分解 1g 淀粉的酶量定为 1 个单位（1g 淀粉/h=1U）等。

（三）比活力

比活力（specific activity）也称比活性，是指每毫克酶蛋白所具有的活力单位数。比活力是表示酶制剂纯度的一个重要指标。对同一种酶而言，比活力越高，酶的纯度越高。

比活力=活力 U/mg 蛋白=总活力 U/mg 总蛋白

二、影响酶促反应速度的因素

酶是生物催化剂，化学本质主要是蛋白质，酶促反应都是在一定条件下进行的，受到各种理化因素的影响。

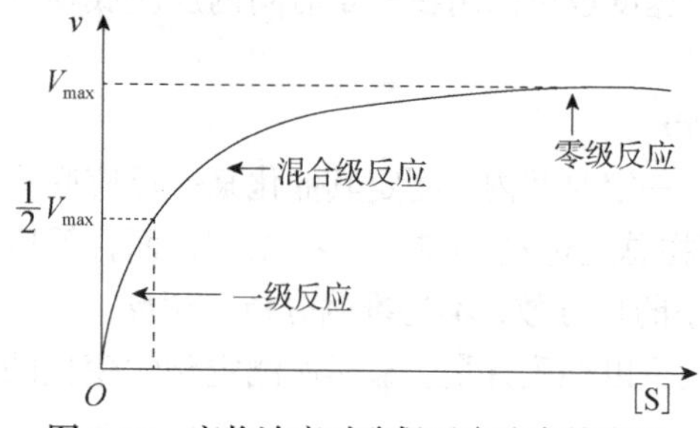

图 5-10　底物浓度对酶促反应速度的影响

（一）底物浓度对酶促反应速度的影响

1. 底物浓度与酶促反应速度的关系　确定底物浓度与酶促反应速度的关系，是研究酶促反应动力学规律的中心内容。当反应体系中酶浓度、温度、pH 等不变时，实验测得酶促反应速度与底物浓度的曲线关系是一条双曲线（图 5-10）。

由图 5-10 可以看出：当底物浓度很低时，v 与［S］呈直线关系，这时，随着底物浓度的增加，反应速度按一定比率加快，为一级反应，即 $\frac{dP}{dt}=k[ES]$。当底物的浓度增加到一定的程度后，虽然酶促反应速度仍随底物浓度的增加而不断地加大，但加大的比率已不是定值，即反应速度不随底物浓度的升高呈对数上升，而是呈逐渐减弱的趋势，表现为混合级反应。当底物的浓度增加到足够大时，v 变化缓慢，逐渐达到一个极限值，此后，v 不再受底物浓度的影响，表现为零级反应，$\frac{dP}{dt}=k[E_{总}]$。v 的极限值，称为酶促反应最大速度，以 V_{max} 表示。在此条件下，只有继续增加酶浓度，才能增加中间产物，使反应速度增大，此时酶浓度与反应速度呈正比关系。v-［S］的变化关系，可用过渡态理论进行说明。当［S］较低时，只有少数酶分子与底物发生作用形成中间复合物，此时若增加［S］，就会增加中间复合物，从而增加酶促反应的速度；当底物浓度足够大时，所有的酶都与底物结合生成中间复合物，体系中酶全部被底物结合，反应速度达最大，再增加底物的浓度，由于没有多余的酶与之结合，对酶促反应速度已无影响。

2. 酶促反应的动力学方程——米氏方程　1913 年，Michaelis 和 Menten 根据过渡态理论，推导出底物浓度和反应速度关系的数学方程式，即米曼氏方程（Michaelis-Meten equation），简称米氏方程：

$$v=\frac{V_{max}\times[S]}{K_m+[S]}$$

式中，V_{max} 为最大反应速度（maximum velocity）；K_m 为米氏常数（Michaelis constant）；［S］为底物浓度；v 是在不同［S］下的反应速度。当 $K_m \gg$［S］，$v=k$［S］，k 为反应速度常数，反应速度与底物浓度成正比，即一级反应；当 $K_m \ll$［S］，$v=V_{max}$，反应速度达最大反应速度，再增加底物，反应速度不变，即零级反应。

米氏方程推导过程：

$$E + S \underset{K_2}{\overset{K_1}{\rightleftharpoons}} ES \underset{K_4}{\overset{K_3}{\rightleftharpoons}} E + P$$

K_1、K_2、K_3、K_4分别为正反应与逆反应的速度常数。由于酶促反应的速度与ES形成、分解直接相关，故必须考虑到ES的形成和分解速度。ES形成量与上式的两侧平衡都有关，可用平衡态表示。

在反应初速度阶段，[S]很低，E+P⟶ES的速度极低，几乎可忽略不计，所以ES的生成速度只与E+S⟶ES相关，可采用下式：

$$\frac{d[ES]}{dt} = K_1([E_0]-[ES])[S] \tag{5-1}$$

式中，[E_0]为酶总浓度；[ES]为酶与底物结合的中间复合物的浓度；[E_0]－[ES]为未与底物结合的剩余游离酶的浓度；[S]为底物浓度。通常底物浓度总是远远大于酶浓度（即[S]≫[E]），因此底物被酶所结合的量（即[ES]）与总底物的量相比可忽略不计，故[S]－[ES]≈[S]，而ES的分解速度d[ES]/dt则与ES⟶S+E、ES⟶P+E相关，因此ES的分解速度为两个速度之和。

$$\frac{d[ES]}{dt} = K_2[ES] + K_3[ES] \tag{5-2}$$

在稳态条件下，ES的生成速度和ES的分解速度相等，即[ES]始终保持动态平衡，式（5-1）的K_1（[E_0]－[ES]）[S]与式（5-2）的K_2[ES]+K_3[ES]相等，即

$$K_1([E_0]-[ES])[S] = K_2[ES] + K_3[ES] \tag{5-3}$$

整理，得

$$\frac{([E_0]-[ES])[S]}{[ES]} = \frac{K_2+K_3}{K_1} \tag{5-4}$$

用K_m表示K_1、K_2、K_3三个常数的关系：

$$K_m = \frac{K_2+K_3}{K_1} \tag{5-5}$$

将式（5-5）代入式（5-4）：

$$\frac{([E_0]-[ES])[S]}{[ES]} = K_m \tag{5-6}$$

从式（5-6）可得稳态时的[ES]：

$$[ES] = \frac{[E_0][S]}{K_m+[S]} \tag{5-7}$$

由酶促反应速度（v）与[ES]成正比，得

$$v = K_3[ES] \tag{5-8}$$

将式（5-8）代入式（5-7），得

$$v = K_3\frac{[E_0][S]}{K_m+[S]} \tag{5-9}$$

由于酶促反应系统中[S]≫[E]，所有的酶都已被底物饱和并结合生成ES，即[E_0]=[ES]，那么，酶促反应达到最大速度V_{max}：

$$V_{max} = K_3[ES] = K_3[E_0] \tag{5-10}$$

将式（5-10）代入式（5-9）：

$$v=\frac{V_{max}[S]}{K_m+[S]} \quad (5\text{-}11)$$

3. K_m的意义与测定

（1）K_m 的意义　由米氏方程可知，当 $v=V_{max}/2$ 时，即反应速度等于最大反应速度一半时，得

$$\frac{V_{max}}{2}=\frac{V_{max}[S]}{K_m+[S]}$$

整理，得

$$K_m=[S]$$

由此可知，K_m 的含义为反应速度等于最大反应速度一半时的底物浓度。K_m 的单位为 mol/L 或 mmol/L。

K_m 为酶的特征性常数，与底物浓度和酶浓度无关，只与环境的理化因素相关。对于每个酶促反应来说，在一定的条件下，对特定的底物都有它特定的值，因此常被用作鉴别酶的指标。不同酶促反应的 K_m 可相差很大，一般为 10^{-6}～10^{-1}mol/L，常见酶的 K_m 见表 5-4。

表 5-4　常见酶的 K_m

名称	底物	K_m/（mol/L）	名称	底物	K_m/（mol/L）
过氧化氢酶（肝）	H_2O_2	2.5×10^{-2}	胰凝乳蛋白酶	*N*-乙酰酪氨酰胺	3.2×10^{-2}
己糖激酶	葡萄糖	1.5×10^{-4}	*α*-淀粉酶（唾液）	淀粉	6.0×10^{-4}
	果糖	1.5×10^{-3}	脲酶（刀豆）	尿素	2.5×10^{-2}
碳酸酐酶	H_2CO_3	9.0×10^{-3}	溶菌酶（麦芽）	*N*-乙酰葡糖胺	6.0×10^{-6}
乳酸脱氢酶	丙酮酸	1.7×10^{-5}	麦芽糖酶（麦芽）	麦芽糖	2.1×10^{-1}
β-半乳糖苷酶	乳糖	4.0×10^{-3}	琥珀酸脱氢酶（牛心脏）	琥珀酸盐	5.0×10^{-7}
蔗糖酶（酵母）	蔗糖	2.8×10^{-2}	谷氨酸脱氢酶（牛肝）	*α*-酮戊二酸	2.0×10^{-3}

米氏常数不等于 ES 的解离常数，只有当 $K_2\gg K_3$ 时，K_m 近似等于 K_2/K_1，即 $K_m=K_s$，也即 K_m 等于 ES 复合物的解离常数。此时 K_m 可以作为酶和底物结合紧密程度的一个度量，表示酶和底物亲和力的大小。K_m 大，则表明酶和底物的亲和力小；K_m 小，则表明酶和底物的亲和力大。最适底物时酶的亲和力最大，K_m 最小。

此外，K_m 还可根据酶在催化可逆反应中的正反应和逆反应 K_m 的不同，来推断某一代谢途径的方向。这对了解酶在细胞内的主要催化方向及生理功能有重要的意义。

（2）Lineweaver-Burk 双倒数作图法测定 K_m 和 V_{max}　由于米氏方程是一个双曲线函数，直接用它来求出 K_m 和 V_{max} 不方便。这是由于当[S]逐渐升高时，反应速度仍有少量增加，其反应速度难以达到最大值，不易准确测定。为了相对准确地测定 K_m 和 V_{max}，通常采用 Lineweaver-Burk 双倒数作图法（又称双倒数作图法），把米氏方程等号两边取倒数，以 $\frac{1}{v}$ 对 $\frac{1}{[S]}$ 作图成为直线方程，就可以比较准确地测定 K_m 和 V_{max}，见图 5-11。

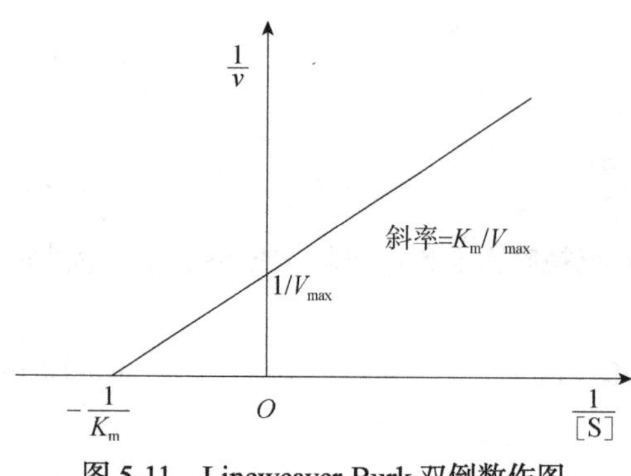

图 5-11　Lineweaver-Burk 双倒数作图

米氏方程改写成双倒数形式：

$$\frac{1}{v}=\frac{K_m}{V_{max}}\times\frac{1}{[S]}+\frac{1}{V_{max}}$$

设$\frac{1}{v}=y$，$\frac{K_m}{V_{max}}=a$，$\frac{1}{[S]}=x$，$\frac{1}{V_{max}}=b$，上式则转变为这样的直线方程：

$$y=ax+b$$

用$\frac{1}{[S]}$对$\frac{1}{v}$作图：

当$\frac{1}{[S]}=0$时，则$\frac{1}{v}=\frac{1}{V_{max}}$，即直线纵轴上的截距为$\frac{1}{V_{max}}$，可求出$V_{max}$值。当$\frac{1}{v}=0$时，那么$\frac{K_m}{V_{max}}\times\frac{1}{[S]}=-\frac{1}{V_{max}}$，即$\frac{1}{K_m}=-\frac{1}{[S]}$，这样当我们知道相应于$\frac{1}{v}=0$时的$\frac{1}{[S]}$值，即将直线向左延伸与$\frac{1}{[S]}$轴相交的截距，也就是$-\frac{1}{K_m}$，这样就可求出$K_m$了。

（二）酶浓度对酶促反应速度的影响

在一定条件下（即反应系统中温度、pH 等因素恒定不变），当［S］≫［E］时，即底物足量的前提下，酶促反应速度与酶浓度成正比（图 5-12）。

由于酶促反应中，酶分子首先与底物分子作用，生成中间复合物，再转变为最终产物。在［S］≫［E］的情况下，若酶的数量越多，则生成的中间复合物越多，反应速度也就越快。相反，如果反应体系中底物不足，当所有底物都被酶分子饱和时，再增加酶浓度，由于多余的酶分子没有底物与之形成中间复合物，因此不会再增加酶促反应的速度。

（三）温度对酶促反应速度的影响

酶像其他蛋白质一样，对温度极为敏感，绝大多数酶在 60℃以上即失活。在较低温度下，酶促反应速度减缓。温度对酶作用的影响表明，当温度低于 0℃时，反应速度极低，随着温度的升高，反应速度逐渐加快，但若温度再持续升高，反应速度则出现陡然降低（图 5-13）。

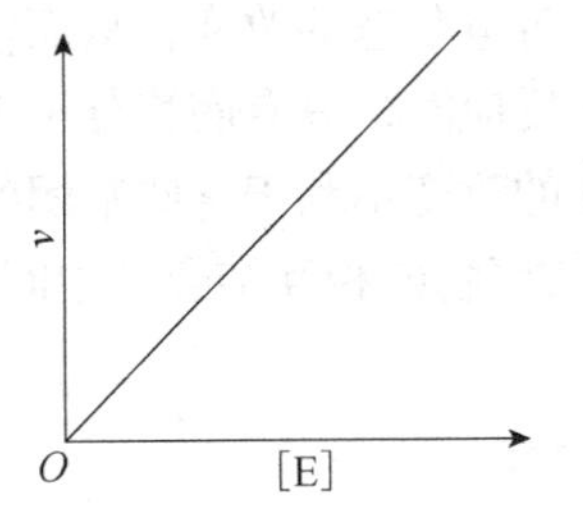

图 5-12　酶浓度对酶促反应速度的影响

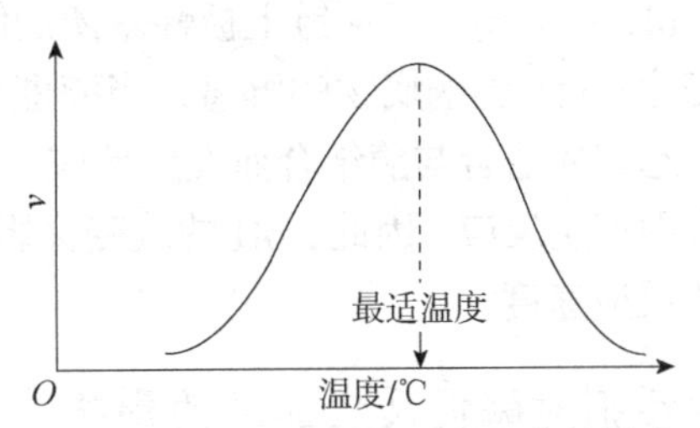

图 5-13　温度对酶促反应速度的影响

温度从两个方面影响酶促反应速度。

1. 提高反应系统活化分子数量，增加有效碰撞概率　与非酶促反应类似，当温度升高时，活化分子数增多，酶促反应速度加快。对许多酶来说，温度系数（temperature coefficient，Q_{10}）多为 1～2，也就是说每升高反应温度 10℃，酶反应速度增加 1～2 倍。

2. 化学本质为蛋白质的酶对温度的敏感性　酶催化反应是在生理条件下进行的，但温度升高会使酶逐步变性，即通过酶活力的降低而降低酶的反应速度。图 5-13 中曲线为钟罩形。曲线顶峰处对应的温度，称为最适温度（optimum temperature）。最适温度即温度对酶反应双重影响的结果，在低于最适温度时，以前一种效应为主；在高于最适温度时，以后一种效应为主，因而酶活性迅速丧失，使反应速度很快下降。每种酶在一定条件下，均有其自身最适温度。动物体内酶的最适温度一般在 35～45℃，植物体内酶的最适温度为 40～55℃。大部分酶在 60℃以上即变性失活，少数酶能耐受较高的温度。

酶的最适温度不是特征性常数，即不是一个固定值。它与酶作用时间的长短有关，酶可以在短时间内耐受较高的温度，然而当酶反应时间延长时，最适温度向温度降低的方向移动。因此，科学地讲，只有当酶反应时间已经确定的情况下，才有最适温度可言。在实际应用中，最适温度是依据酶促反应作用时间的长短而选定的。如果反应时间较短，反应温度可选定得稍高一点，即可使反应迅速完成；若反应进行的时间较长，反应温度就要降低一些，使酶可长时间发挥作用。

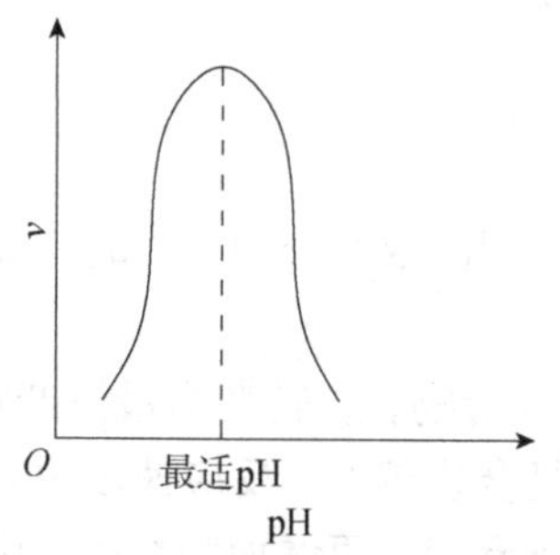

图 5-14　pH 对酶促反应速度的影响

（四）pH 对酶促反应速度的影响

pH 是酶敏感因子，酶的活力和 H^+浓度关系极为密切。每一种酶都只能在一定的 pH 范围内才表现出活性，即使同一种酶在不同的 pH 下测得的活力也不同。酶在某一 pH 表现出最大活力，表明此 pH 最适宜酶发挥催化作用，称为该酶的最适 pH（optimum pH）。当高于或低于该最适 pH 时，活力就降低，降低幅度与偏离最适 pH 的幅度基本呈对应关系（图 5-14）。该曲线采用使酶全部饱和的底物浓度，测定不同 pH 时的酶促反应速度。曲线为较典型的钟罩形。

最适 pH 不仅常因底物种类、浓度及缓冲液成分不同而不同，还与酶的等电点不同有关。因此，酶的最适 pH 并不是一个常数，只有在一定反应条件下才有意义。动物体内大多数酶的最适 pH 为 6.8～8.0；植物及微生物体内多数酶的最适 pH 多为 4.5～6.5。但也有例外，如胃蛋白酶约为 1.8，精氨酸酶（肝中）约为 9.7。

pH 之所以影响酶促反应速度，其原因在于环境过酸、过碱能影响酶蛋白构象，使酶本身变性失活；pH 影响酶分子侧链上极性基团的解离、带电状态的改变，从而使酶活性中心的结构发生变化；pH 影响底物的解离，当酶催化底物反应时，只有底物分子上某些基团处于一定解离状态，才适合与酶结合而发生反应，若 pH 的改变不利于这些基团的解离，则不适合与酶结合而产生反应。因此，pH 的改变会影响酶与底物的相互结合和中间产物的生成，从而影响酶的反应速度。

（五）激活剂对酶促反应速度的影响

能将无活性的酶转变为具有催化作用的酶或能提高酶活力的物质称为激活剂（activator）。激活剂按分子大小可分为无机离子、小分子有机化合物和具有蛋白质性质的大分子三类。

1）无机离子激活剂：常见的阳离子有 K^+、Na^+、Mg^{2+}、Zn^{2+}、Fe^{2+}、Ca^{2+}等，如 Mg^{2+}是多种激酶或合成酶的激活剂；常见的阴离子有 Cl^-、Br^-、I^-、CN^-、PO_3^{2-}等，如 Cl^-是唾液淀

粉酶的激活剂。金属离子作为激活剂主要是作为酶的辅因子构成酶的组成成分，在酶与底物结合时起桥梁作用等。

2）小分子有机化合物激活剂：主要有半胱氨酸、还原型谷胱甘肽、维生素 C 等。它们能激活某些酶，使含巯基酶中被氧化的二硫键还原成巯基，如木瓜蛋白酶及 D-甘油醛-3-磷酸脱氢酶等，从而提高酶活性。

3）蛋白质类激活剂：这类激活剂是指可对某些无活性的酶原起活化作用的酶。

$$\text{无活性的酶原} \xrightarrow{\text{激活作用}} \text{有活性的酶}$$

在酶的分离提取和纯化过程中，结合在酶上的金属离子易丢失或活性基团巯基被氧化从而降低酶活性。适量补充金属离子作为激活剂或加入巯基乙醇等作还原剂，酶活性会恢复。

（六）抑制剂对酶促反应速度的影响

能使酶活性降低或丧失而不引起酶蛋白变性的物质叫抑制剂（inhibitor）。抑制剂和变性剂不同，抑制剂对酶的抑制作用主要是对酶活性中心的影响导致酶催化活性降低或丧失，去除抑制剂，酶活性可以恢复。而变性剂则是使酶蛋白变性而失活。

对于有机体来说，只要一种酶被抑制，就会导致代谢异常，甚至致病，严重者死亡。日常所说的“对生物剧毒物质”，大部分是指酶的抑制剂。例如，氰化物、CO、H_2S 等抑制细胞色素氧化酶的活性，康尼茨（Kunitz）抑制胰蛋白酶，敌百虫抑制酯酶，毒扁豆碱抑制胆碱酯酶。目前市场上有不少抑制剂已用于杀虫、灭菌和临床治病。因此，研究抑制剂和抑制作用，可以为医药上设计新药及为农业生产设计新型农药提供理论依据。除此之外，对抑制剂的研究结果，可用在对酶的纯化、酶活性中心结构分析和代谢途径的研究上。因此，抑制剂的研究和开发应用，在理论和实践上都有重要意义。

知识窗 5-3

根据抑制剂与酶分子之间的作用方式不同，将抑制作用分为不可逆抑制和可逆抑制两大类型。

1. 不可逆抑制　抑制剂与酶分子的必需基团以共价键相结合，发生不可逆的抑制作用时，抑制剂与酶的结合是不可逆过程，一经结合就很难解离，采用简单的透析、超滤等物理方法不能解除抑制而恢复酶活性。这种抑制作用称为不可逆抑制作用（irreversible inhibition），这种抑制剂称为不可逆抑制剂。

不可逆抑制剂的抑制作用随着抑制剂的浓度增加而增强，当抑制剂的量大到足以和所有酶结合时，则酶的活性就完全被抑制。例如，乐果、敌敌畏、敌百虫等有机磷杀虫剂均可与乙酰胆碱酯酶活性中心的 Ser 残基上的羟基以共价键结合，使酶活性被抑制。乙酰胆碱是胆碱能神经细胞合成并分泌的神经介质。正常情况下，当完成特定的生理功能（如促进动物胃肠蠕动，增加消化液分泌等以利于食物的消化吸收）后，多余的乙酰胆碱就在乙酰胆碱酯酶催化作用下水解生成胆碱和乙酸。

$$\underset{\text{乙酰胆碱}}{(CH_3)_3N^+CH_2CH_2O-\overset{\overset{\displaystyle O}{\|}}{C}-CH_3} \longrightarrow \underset{\text{胆碱}}{(CH_3)_3N^+CH_2CH_2OH}+\underset{\text{乙酸}}{CH_3COOH}$$

当乙酰胆碱酯酶被一定量的有机磷杀虫剂抑制后，乙酰胆碱不能及时分解，造成在机体内积累。过多的乙酰胆碱使胆碱能神经过度兴奋，导致昆虫出现失去知觉等症状而死亡。人和家畜如意外有机磷杀虫剂中毒，也会产生多种中毒症状，甚至死亡。

有机磷杀虫剂虽属不可逆抑制剂，但可用羟肟酸 R—CHNOH 衍生物将其从酶分子上取代下来，使酶恢复活性。例如，有机磷杀虫剂解毒药解磷定的解毒作用。

$$(RO)_2P(=O)X + E{-}OH \longrightarrow (RO)_2P(=O){-}O{-}E + HX$$

有机磷化合物　　羟基酶　　磷酰化酶（失活）

$$(RO)_2P(=O){-}O{-}E + \text{(N-甲基吡啶鎓-2-)}CH{=}NOH \longrightarrow \text{(N-甲基吡啶鎓-2-)}CH{=}NO{-}P(=O)(OR)_2 + E{-}OH$$

磷酰化酶（失活）　　解磷定

除有机磷化合物之外，有机汞化合物、有机砷化合物、碘乙酸、碘乙酰胺对含巯基酶也是不可逆的抑制剂。常用碘乙酸等作鉴定酶中是否存在巯基的特殊试剂。

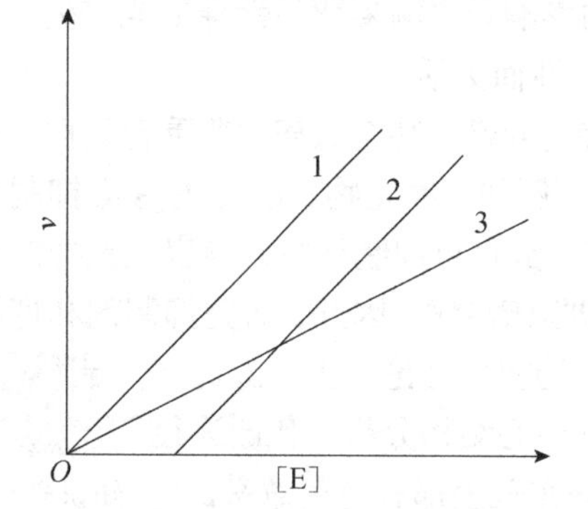

图 5-15　可逆抑制与不可逆抑制作用的区别

2．可逆抑制　可逆抑制作用（reversible inhibition）的抑制剂与酶以非共价形式结合，用透析、超滤等物理方法就可除去抑制剂而使酶的活力恢复。可逆的抑制类型与不可逆的抑制类型可采用动力学作图法加以区分。即在一个反应系统中，加入一定量的抑制剂，然后在此反应混合液中加入一系列不同量的酶，测定反应初速度，以 v 对［E］作图，可以判断此抑制剂类型（图 5-15）。图中“1”为不加任何抑制剂，v 与［E］呈直线关系；“2”为反应系统中加入一定量的不可逆抑制剂时，这些抑制剂就要和一定量的酶作用，使一定量的酶钝化，只有当加入酶量大于不可逆抑制剂量时，酶才表现出活力，因此得到不通过原点的直线，但斜率和曲线“1”相同；当反应系统加入一定量的可逆抑制剂时，v 与［E］呈直线关系，并通过原点，但斜率低于曲线“1”（曲线“3”）。

根据抑制剂与底物的关系，可逆抑制作用分为竞争性抑制作用、非竞争性抑制作用和反竞争性抑制作用三种类型。

（1）竞争性抑制作用（competitive inhibition）　抑制剂（I）和 S 竞争酶分子的结合部位，从而影响底物与酶的正常结合的现象称为竞争性抑制作用。竞争性抑制剂的分子结构与底物的分子结构相似，与底物分子竞争酶的活性部位，以非共价键结合于酶分子活性部位。因此，底物和抑制剂产生的竞争形成一定的平衡关系。竞争性抑制作用可用下列图式表示（图 5-16）。

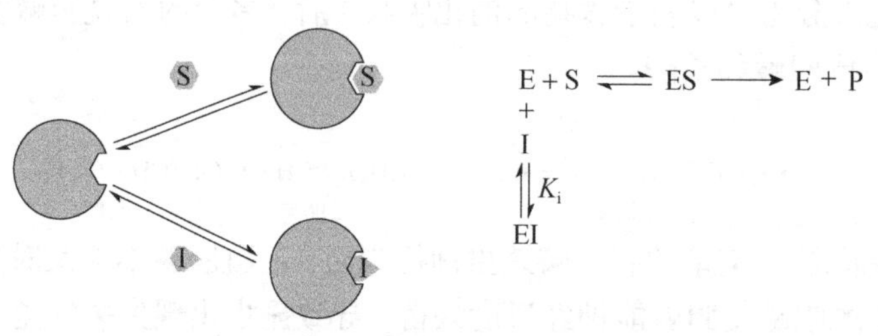

图 5-16　竞争性抑制作用

抑制剂与酶形成的EI，不能分解成产物P，酶促反应速度下降。但抑制剂并没有破坏酶分子的特定构象，也没有使酶分子的活性中心解体。由于竞争性抑制剂与酶的结合是可逆的，因而可通过加入大量底物，提高底物竞争力的办法，消除竞争性抑制剂的抑制作用，从而使酶促反应速度接近或达到最大。例如，丙二酸、草酰乙酸、丁二酸对琥珀酸脱氢酶的抑制作用是典型的竞争性抑制作用。

根据米氏方程的推导方法，得出竞争性抑制剂对酶作用的速度方程（图5-17）。

$$v=\frac{V_{max}[S]}{K_m(1+[I]/K_i)+[S]}$$

将上式作双倒数处理：

$$\frac{1}{v}=\frac{K_m}{V_{max}}\left(1+\frac{[I]}{K_i}\right)\frac{1}{[S]}+\frac{1}{V_{max}}$$

用 $1/v$ 对 $1/[S]$ 作图，得出相应的Lineweaver-Burk图（图5-18）。

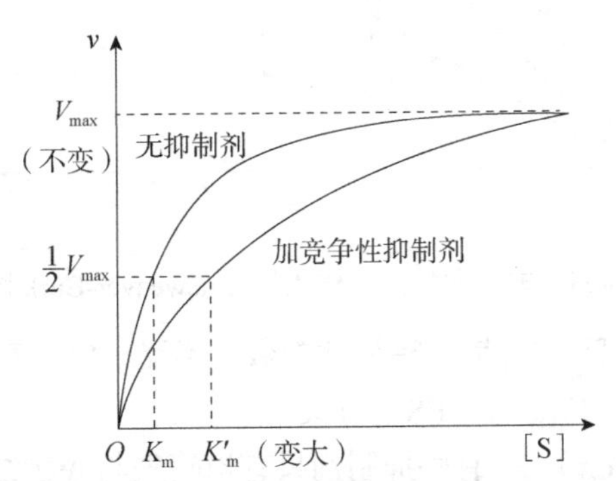

图5-17　竞争性抑制剂对酶促反应速度的影响

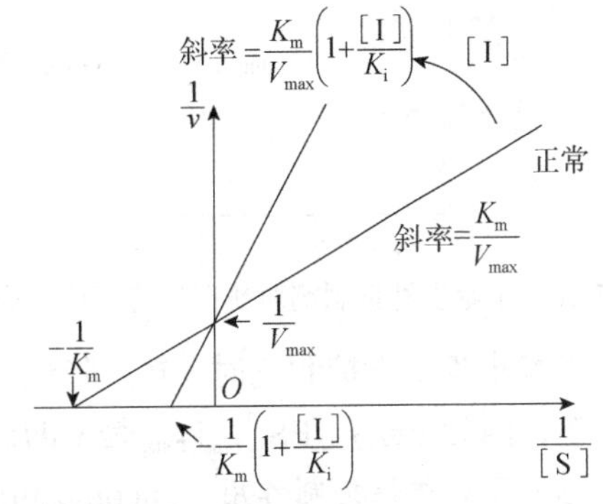

图5-18　竞争性抑制作用的Lineweaver-Burk图

竞争性抑制剂存在时，根据实验结果作出的 v 对[S]反应进程曲线见图5-17。为了便于比较，图5-17中同时也画出了无抑制剂时的反应进程曲线。由图5-17可以看出，加入竞争性抑制剂后，V_{max}没有发生变化，但达到V_{max}时所需底物的浓度明显地增大了，即米氏常数K_m变大了。

（2）非竞争性抑制作用（noncompetitive inhibition）　这类抑制作用的特点是底物和抑制剂与酶同时结合，两者没有竞争作用，表明非竞争性抑制剂分子的结构与底物分子的结构通常相差很大。酶与非竞争性抑制剂结合后，酶分子活性部位结合基团依然存在，因此酶分子还可与底物继续结合。但是结合生成的抑制剂-酶-底物三元复合物（IES）不能进一步分解为产物，降低了正常中间产物ES的浓度，从而降低了酶活性。底物和非竞争性抑制剂在与酶分子结合时，互不排斥、互不竞争，因而不能用增加底物浓度的方法消除这种抑制作用。大部分非竞争性抑制作用是由抑制剂与酶活性中心之外的巯基进行可逆结合而引起的。

非竞争性抑制作用用图5-19表示。

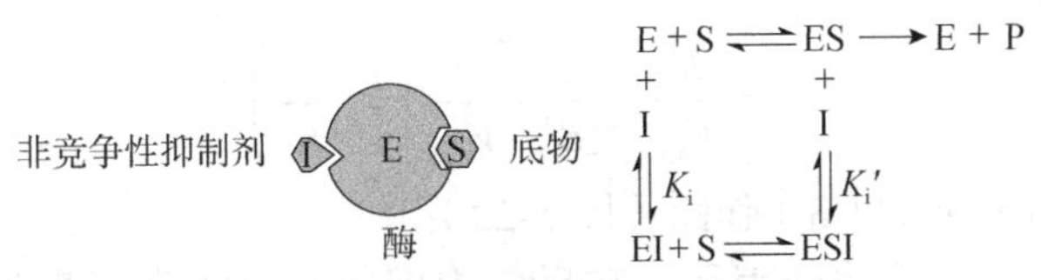

图5-19　非竞争性抑制作用

根据米氏方程的推导方法，得出非竞争性抑制剂对酶作用的速度方程（图5-20）。

$$v=\frac{V_{max}[S]}{(1+[I]/K_i)(K_m+[S])}$$

将上式作双倒数处理：

$$\frac{1}{v}=\frac{K_m}{V_{max}}\left(1+\frac{[I]}{K_i}\right)\frac{1}{[S]}+\frac{1}{V_{max}}\left(1+\frac{[I]}{K_i}\right)$$

用 1/v 对 1/［S］作图，则得相应的 Lineweaver-Burk 图（图 5-21）。

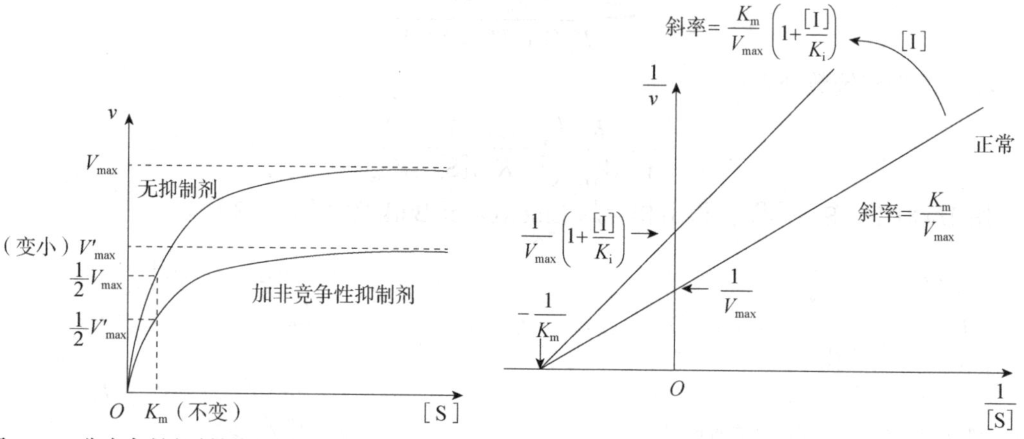

图 5-20　非竞争性抑制剂对酶促反应速度的影响　　图 5-21　非竞争性抑制作用的 Lineweaver-Burk 图

当有非竞争性抑制剂时，V_{max} 降低，而 K_m 不变。K_m 是酶特征性常数，不受［ES］变化的影响，因为 $v=K_2$［ES］，V_{max} 是 v 的极限值，故 V_{max} 与［ES］有关。

（3）反竞争性抑制作用（uncompetitive inhibition）　有些抑制剂只有当酶先与底物结合后，才能与酶结合，即 ES+I⟶ESI，但 ESI 不能转变成产物。例如，叠氮化合物离子对氧化态细胞色素氧化酶的抑制作用就属于这类抑制。反竞争性抑制作用可用下列反应式表示。

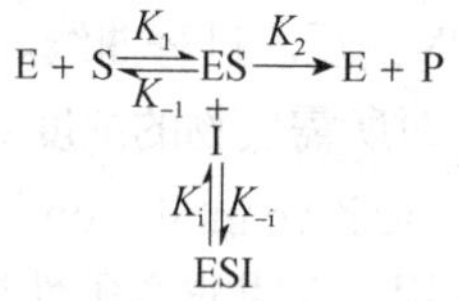

$$E+S\underset{K_{-1}}{\overset{K_1}{\rightleftharpoons}}ES\xrightarrow{K_2}E+P$$
$$ES + I \underset{K_{-i}}{\overset{K_i}{\rightleftharpoons}} ESI$$

上述反应式表明，酶蛋白必须先与底物结合，然后抑制剂才能与之结合。当反应体系中存在此类抑制剂时，反应有利于向形成 ES 的方向进行，进而促使 ES 的产生。由于这种情况与竞争性抑制作用恰恰相反，所以称为反竞争性抑制作用。

根据米氏方程的推导方法，得出反竞争性抑制剂对酶作用的速度方程如下。

$$v=\frac{V_{max}[S]}{K_m+(1+[I]/K_i)[S]}$$

双倒数处理，得

$$\frac{1}{v}=\frac{K_m}{V_{max}}\cdot\frac{1}{[S]}+\frac{1}{V_{max}}\left(1+\frac{[I]}{K_i}\right)$$

用 v 对［S］和 1/v 对 1/［S］作图（图 5-22）：

图 5-22 中动力学进程曲线表示，在反应中即使底物浓度很高时，E 也仍然在形成过渡态中间复合物 ES 和含 I 的复合物 ESI 之间进行分配，其分配比率取决于［I］和 K_i 的大小。当有反竞争性抑制剂时，V_{max} 及 K_m 都降低。

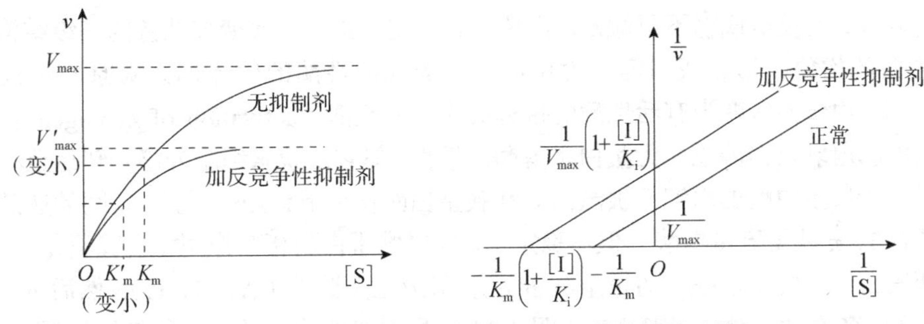

图 5-22　反竞争性抑制作用曲线与正常曲线的比较

由于酶促反应速度大小取决于中间复合物［ES］的浓度，抑制剂对酶促反应的影响最终都表现在［ES］变小这一点上。现将三种抑制类型及其特征归纳于图 5-23 及表 5-5。

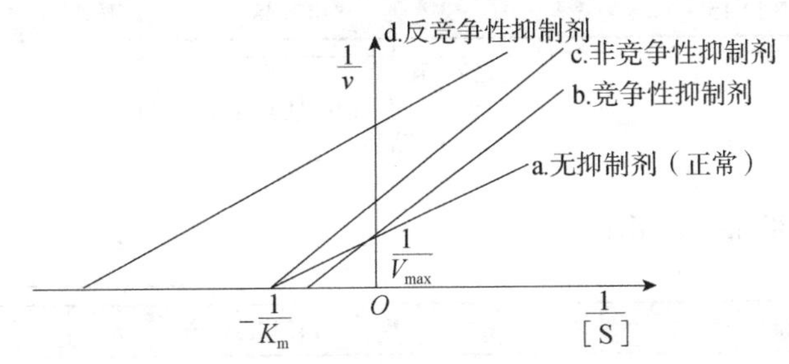

图 5-23　各种抑制类型的 Lineweaver-Burk 图

表 5-5　抑制类型及其特征的比较

类型	公式	V_{max}	K_m
无抑制剂（正常）	$v=\frac{V_{max}[S]}{K_m+[S]}$	V_{max}	K_m
竞争性抑制剂	$v=\frac{V_{max}[S]}{K_m(1+[I]/K_i)+[S]}$	不变	增大
非竞争性抑制剂	$v=\frac{V_{max}[S]}{(1+[I]/K_i)(K_m+[S])}$	减小	不变
反竞争性抑制剂	$v=\frac{V_{max}[S]}{K_m+(1+[I]/K_i)[S]}$	减小	减小

第六节　酶活性的调节

新陈代谢是生物最基本的特征，由许多化学反应组成，而几乎所有反应都是在酶催化作用下进行的。由于生物体内外环境随时发生改变，新陈代谢也必须不断改变与之相适应，这主要是通过调节酶活性实现的。生物体调节酶活性的方式有多种，可以概括为两类：第一类是对已存在于细胞中的酶活性的调节，通过分子构象的改变、共价修饰或结构不同改变其活性，包括酶原激活、变构调节、共价修饰调节及同工酶调节；第二类是通过改变酶数量进行的调节，这涉及基因表达。这里仅介绍第一类调节方式。

一、酶原的激活

许多酶一旦被合成即具有生物活性，可催化底物发生化学反应。另一些酶（如消化系统的蛋白酶类）刚合成时不具有催化活性，属于一种无活性的前体，活性中心未形成或被掩埋在分子的内部，使反应底物不可触及。需要经过一定的加工，改变多肽链的一级结构，从而改变酶蛋白的构象，形成或暴露活性中心。这类无活性酶的前体称为酶原（zymogen 或 proenzyme）。由酶原转变为有活性酶的过程称为酶原激活（activation of zymogen）。例如，胰腺合成的胰凝乳蛋白酶原并无蛋白水解酶的活性，但它由胰腺细胞分泌并转运至小肠黏膜细胞中后，受胰蛋白酶的水解而被激活。在胰蛋白酶作用下，Arg_{15} 与 Ile_{16} 间的肽键断开，形成有活性的 π-胰凝乳蛋白酶，但不稳定。π-胰凝乳蛋白酶相互作用（自我消化），其中间被切除两段二肽（Ser_{14}-Arg_{15}，Thr_{147}-Asn_{148}），形成三条肽链（A，B，C），然后 A、B 之间和 B、C 之间各通过一对二硫键相连（图 5-24），同时盘绕成有活性且稳定的胰凝乳蛋白酶。

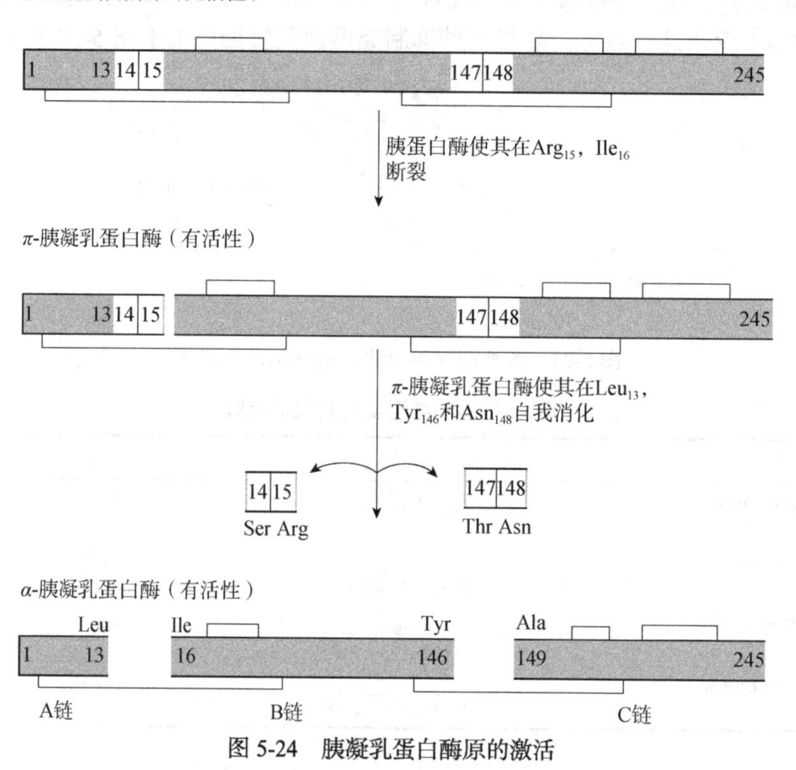

图 5-24　胰凝乳蛋白酶原的激活

酶原活化过程是生物体的一种调控机制。其特点是酶原通过专一性的蛋白水解作用来活化酶原和蛋白质，使其由无活性状态转变为活性状态，其过程是不可逆的。例如，蛋白质水解的消化酶，在胃和胰脏中是作为酶原合成的，经激活后成为水解酶。血液凝固系统的许多酶都是以酶原形式被合成出来，经激活后起作用。酶原的激活机制很多，下面仅以胃蛋白酶原的激活和凝血酶原的活化机制举例。

胃蛋白酶原的激活：胃蛋白酶原（pepsinogen）源自胃壁细胞，由 392 个氨基酸残基组成（分子质量为 3.8×10^4Da）。在 pH<5.0 的胃酸“H^+”作用下，酶原从 N 端自我水解除去碱性前体片段的 44 个氨基酸残基，转变成高度酸性的活性胃蛋白酶（分子质量为 3.46×10^3Da）。该酶于胃中 pH 较低的环境中消化蛋白质，最适 pH 约为 1.9。其催化部位与天冬氨酸蛋白酶家族的其他成员类似，含两个 Asp 残基（一个为—COOH，另一个为—COO^-形式）。X 射线晶体结构研究结果揭示胃蛋白酶原之所以不表现活性，是因为酶原中已形成的酶活性中心被其他基团所屏蔽。在近中性生理 pH 条件下，碱性前体碎片中的 6 个 Lys 和 Arg 的侧链与胃

蛋白酶部分中 Glu 和 Asp 残基的羧基侧链之间形成盐桥，尤其是前体碎片中 Lys 侧链与活性部位的一对 Asp（即 215 和 32）之间的静电相互作用，使得酶原中已形成的活性部位被前体碎片中的碱性氨基酸所掩蔽。一旦 pH 降低，酶体部分几个羧基发生质子化，破坏胃蛋白酶前体碎片和酶部分之间的盐桥，引起构象的重新排布，暴露出的催化部位对其前体碎片与胃蛋白酶之间的肽键进行水解，使酶原活化。经 H^+激活的胃蛋白酶又可进一步去激活其他的胃蛋白酶原。

凝血酶原的活化：高等动物的凝血作用是生物体适应外界环境的重要防范措施，防止意外被伤害时而引起大量出血。生物体内的凝血基本上是通过三种方式实现的，即被伤害的血管收缩而减少血液的流失、血小板黏聚于伤口处形成栓塞、一连串酶原激活反应和凝血因子的作用而使血液凝集。前两种作用方式是快速而简单的过程，后一种作用方式是酶的“级联”激活作用，最终形成牢固的不溶性的血纤蛋白凝块（图 5-25）。参与血纤蛋白凝块形成的凝血因子经鉴定有 13 种，通常用罗马数字表示。血液凝固作用是凝血酶原（Ⅱ）被激活成凝血酶（Ⅱα）后，作用于血纤维蛋白原（Ⅰ），形成血纤维蛋白（Ⅰα）后，血纤维蛋白聚合而形成血纤蛋白凝块。凝血因子Ⅱα、Ⅺα、Ⅹα 和Ⅸα 都具有酶活性，可使一定的肽键水解。Ⅷα 和Ⅴα 是活化的调节蛋白。Ⅻ、Ⅺ、Ⅸ、Ⅹ是未活化的酶原，Ⅷ和Ⅴ是未活化的调节蛋白，到Ⅹ以后，内部途径和外部途径合并为一个途径。

知识窗 5-4

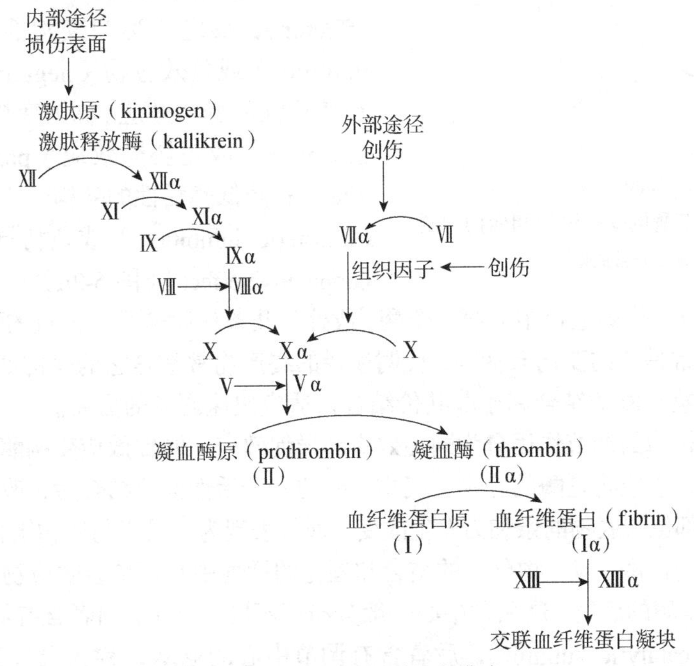

图 5-25　凝血的级联放大模式

在生理状态下，酶以酶原的形式合成和分泌，然后依据生理需要进行活化，具有重要的生理意义。

1）保护相应组织细胞不受其损害。胰腺分泌的数种蛋白酶原，均需转运至小肠经激活才能水解蛋白质，这样就保护了胰腺细胞。如果胰腺中所合成的蛋白酶即具活性，那么胰腺本身组织的蛋白质就要遭受到破坏。临床上的急性胰腺炎就是由存在于胰腺中的糜蛋白酶原及胰蛋白酶原等在胰腺被激活所致。

2）有效避免血液循环调节系统的失控。血液凝血酶原的活化是一个级联放大反应的过程，由于血管中缺少对凝血酶原活化的初始激活因子，防止了凝血酶原活化的启动。尽管血液中有凝血酶原，却不会在血管中引起大量凝血而阻滞血液有节律的流动。一旦出血时，血管内皮损伤暴露的胶原纤维所含的负电荷活化了凝血因子Ⅻ，进而将凝血酶原激活成凝血酶，乃使血液凝固，以防止大量失血。

二、酶的变构调节

（一）一般概念

一些酶含多个亚基，除具有活性部位外，还含有调节部位，能与一些调节物（modulator）结合，通过改变酶分子构象而改变酶活性。酶的这种调节作用称为变构调节或别构调控（allosteric regulation）。具有变构调节作用的酶称为变构酶或别构酶（allosteric enzyme）。对酶分子具有变构调节作用的物质称为变构效应剂（allosteric effector），也即调节物或效应物，变构效应剂一般为小分子化合物。效应剂分为两类，一类是提高酶活性的效应物，称为变构激活剂（allosteric activitor）或正效应物（positive effector）；反之，称为变构抑制剂（allosteric inhibitor）或负效应物（negative effector）。提高酶活性的变构效应，称为变构激活（allosteric activation）或正协同效应（positive cooperative effect）；降低酶活性的变构效应，称为变构抑制（allosteric inhibition）或负协同效应（negative cooperative effect）（图 5-26）。

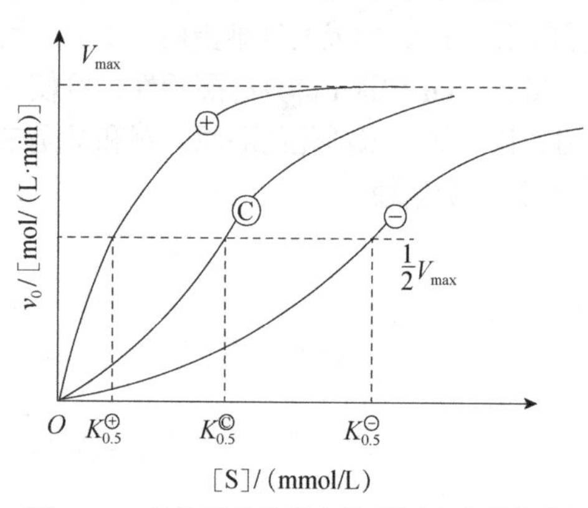

图 5-26　变构调节酶的变构激活和变构抑制
C 表示正常催化

在多数情况下，代谢途径中的第一个酶，或处于几条代谢途径交汇点的酶，多为变构酶。变构酶的底物通常是它的变构激活剂；代谢途径的终产物常常是它的变构抑制剂。大量实验表明，变构调节物与酶的结合属于非共价结合，适应快速调节的需要。

效应剂对变构酶的调节作用分为同促效应和异促效应。同促效应变构酶的活性部位和调节部位是相同的，效应物是酶的底物，底物与酶的一个活性部位结合后，改变酶的构象，从而使其他的活性部位与底物的亲和力发生改变，通常表现为更易于与底物结合的正协同效应。

对于异促效应的酶，与底物分子的结合和催化的活性中心与结合效应物的调节中心是不同的，效应物不是酶的底物。这两种中心一般分布于不同亚基上。前者含有催化中心的亚基，称为催化亚基（catalytic subunit）；后者含有调节中心的亚基，称为调节亚基（regulatory subunit）。例如，催化天冬氨酸与氨甲酰磷酸之间的转氨甲酰的天冬氨酸转氨甲酰酶（ATCase），酶分子含有两个三聚体催化亚基，三个二聚体调节亚基（图 5-27）。

该酶催化的是合成胞嘧啶核苷三磷酸（CTP）途径中的第一步反应，终产物是 CTP。CTP 是该酶的变构抑制剂，ATP 是它的变构激活剂。ATCase 由两个催化亚基和三个调节亚基组成，每个催化亚基含有三条催化肽链（催化三聚体），有三个活性中心，每个调节亚基含有两条调节肽链（调节二聚体），每个调节亚基有一个可结合 CTP 或 ATP 的调节部位。因此，一个完整的酶分子共有 6 个活性中心和 6 个调节中心。

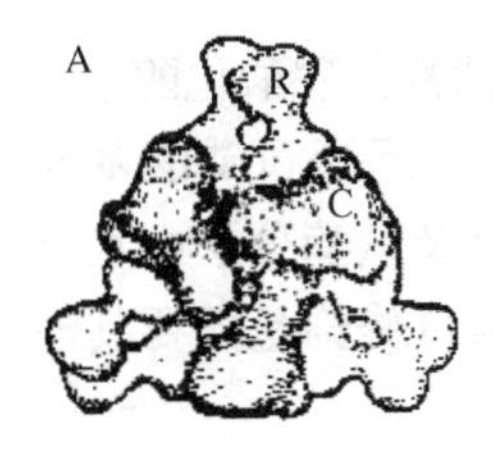

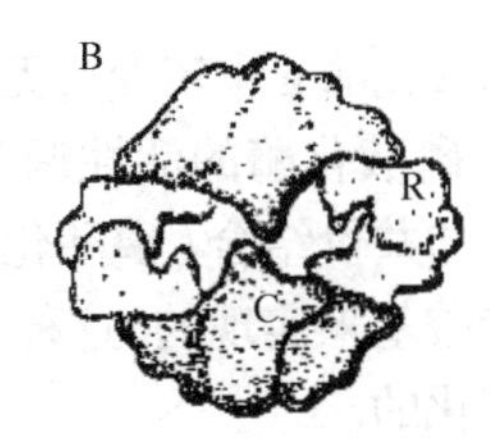

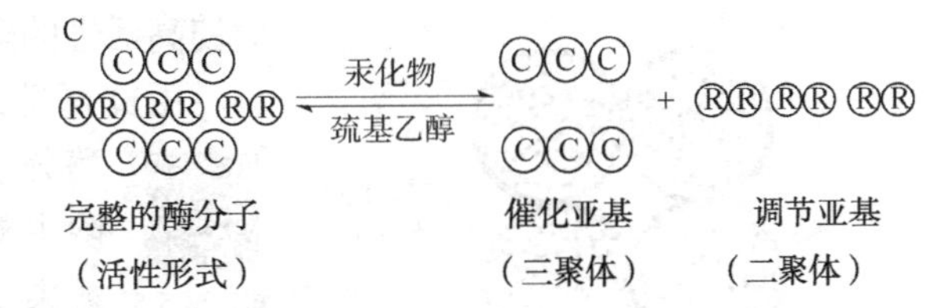

图 5-27 *E. coli* ATCase 中亚基排列及全酶与亚基的关系

A. ATCase 的顶面观；B. ATCase 的前面观；C. ATCase 与亚基的关系；图中 C 代表催化亚基；R 代表调节亚基

许多变构酶的反应速度（v）对底物浓度（[S]）的动力学曲线不服从米氏方程，即不是双曲线，而是呈 S 形曲线（图 5-28）。由此可见，在[S]很低时，[S]的改变对酶活性的影响很小；在曲线陡段，[S]稍有改变，酶活性就有较大的变化，即酶活性对[S]的变化非常敏感；在反应速度接近最大反应速度时，[S]的改变对酶活性的影响很小。当第一个底物分子与酶分子中第一个亚基的活性部位结合之后，使该亚基的构象发生变化，此亚基的构象变化引起了相邻亚基的构象变化，继而使所有亚基构象发生变化，构象变化的亚基提高了与底物分子的结合力（亲和力），即正协同效应。

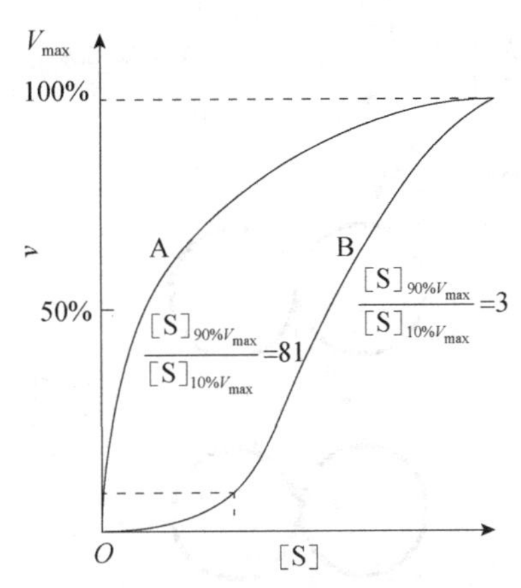

图 5-28 变构酶动力学曲线

A. 非调节酶的曲线；B. 变构酶的 S 形曲线

（二）变构调节的生理意义

变构抑制具有重要的生理意义。当终产物过多时，将导致细胞发生中毒，终产物通常是变构抑制剂，与变构酶的调节部位相结合，快速抑制该酶催化部位的活性，从而降低代谢途径的总反应速度，因此，有效地减少了原始底物的消耗，避免了终产物的过多产生。这对于维持生物体内的代谢恒定起到了重要的作用。

别构激活也有重要的生理意义。有些异促别构酶，以底物或其前体作为别构激活剂，结合到酶分子的调节部位上，通过变构而提高该酶催化部位的活力，从而避免过多底物的积累。

三、可逆的共价修饰

有些酶，在其他酶的催化下，其分子结构中的某种特殊的基团，如 Ser、Thr 或 Tyr 的羟基，与其他化学基团如 ATP 分子上脱下的磷酸基或腺苷酰基（AMP）可逆地共价结合，从而使酶活性发生改变：从无活性（或低活性）形式变成有活性（或高活性），或者从有活性（或高活性）形式变成无活性（或低活性）形式。这种调节作用称为共价修饰调节（covalent modification）。这类酶称为共价调节酶（covalent regulatory enzyme）。例如，催化糖原分解反应的磷酸化酶是典型的共价调节酶（图 5-29）。磷酸化酶 b 由两个亚基组成（二聚体），每个亚基的一个 Ser 残基的羟基，与 ATP 给出的磷酸基能共价结合，即磷酸化酶 b 与 ATP 经磷酸化酶激酶（phosphorylase kinase）的催化作用，每个亚基结合来自 ATP 的—PO_3 而转变为高活性磷酸化酶 a。在磷酸化酶磷酸酶催化下，磷酸化酶 a 中每个亚基的磷酸基被酶水解除去，从

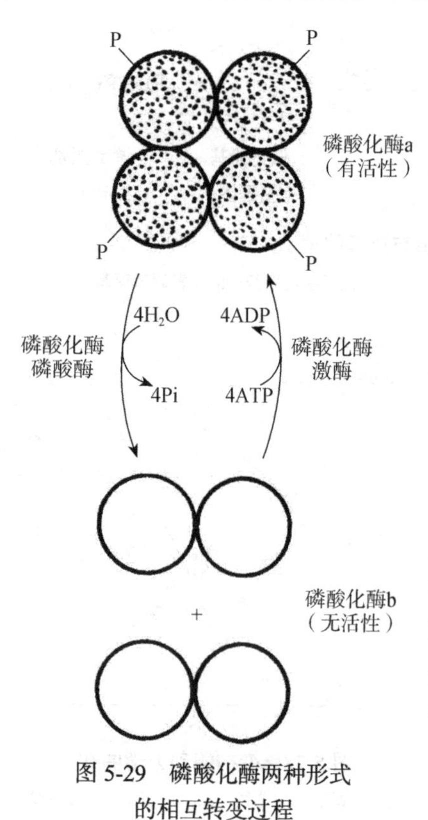

图 5-29　磷酸化酶两种形式的相互转变过程

而使高活性的磷酸化酶 a 也转变成无活性的磷酸化酶 b。

由此可见，磷酸化酶的活性调节，是通过磷酸基与酶分子的共价结合（磷酸化）及从酶分子中水解除去磷酸基来实现的。这种共价修饰是需要其他酶来催化的。

知识窗 5-5

四、同工酶

同工酶（isozyme）是指能催化相同反应，但酶蛋白分子结构、理化性质及免疫学特性不同的一组酶。同工酶存在于同一生物不同组织或同一组织的不同细胞中。

自从1959年Market等用电泳法从动物血清中发现了乳酸脱氢酶同工酶以来，由于蛋白质分离技术的发展，人们从动物界、植物界、微生物界发现了数百种各种各样的同工酶。其中，乳酸脱氢酶（lactate dehydrogenase，LDH）具有代表性。哺乳动物乳酸脱氢酶有 5 种同工酶，分别是 LDH_1、LDH_2、LDH_3、LDH_4、LDH_5，而它们却都能催化同一种底物乳酸进行脱氢反应。

$$CH_3\underset{\displaystyle OH}{\underset{|}{C}}HCOO^- + NAD^+ \xrightleftharpoons{LDH} CH_3\underset{\displaystyle O}{\underset{\|}{C}}COO^- + NADH + H^+$$

这 5 种分子形式的乳酸脱氢酶同工酶，都含 4 个亚基。亚基分为两种类型：M 型（肌型）亚基及 H 型（心型）亚基，每个亚基都有一定独立的生理功能。

名称：LDH_1　LDH_2　LDH_3　LDH_4　LDH_5

亚基组成：H_4　H_3M　H_2M_2　HM_3　M_4

对两种亚基的测序分析结果表明，M 亚基和 H 亚基在氨基酸组成及一级结构上有着明显不同。因此，这 5 种同工酶在理化性质和免疫学性质方面都是不同的。例如，对哺乳动物的乳酸脱氢酶同工酶做凝胶电泳，在电泳图谱上出现了等距离的 5 条带（图 5-30）。这说明乳酸脱氢酶同工酶分子大小等因素的差异，导致它们的电泳行为不同。

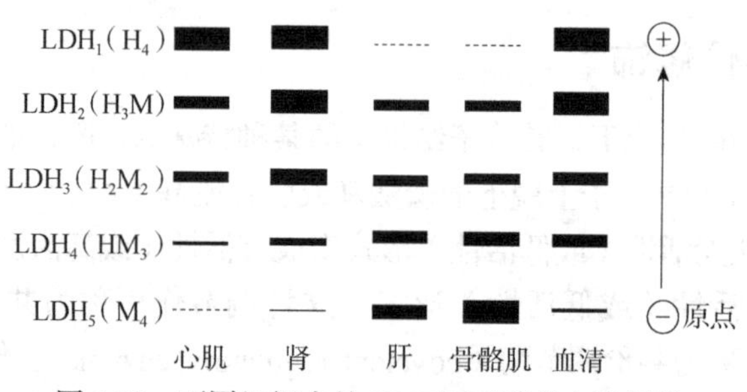

图 5-30　不同组织中的 LDH 同工酶的电泳图谱

既然同工酶的分子结构有所差异，它们为什么能催化同一种化学反应呢？这是因为同工酶的活性部位结构相同或者极其类似。但它们对同一底物的 K_m 不同，即亲和力不同，对同一底物的催化效率也有区别。不同类型的 LDH 同工酶在哺乳动物体内不同组织或不同细胞中的数量和比例不同，这与不同组织和细胞各自代谢特点相适应。LDH 同工酶在心肌、肝、肾、骨骼肌及血清中的分布就是如此（图 5-30）。

例如，心肌中 LDH_1 含量较丰富，LDH_1 对乳酸的亲和力高，易使乳酸脱氢生成丙酮酸，丙酮酸进一步氧化释放能量，以满足心肌活动的需要；而骨骼肌中 LDH_5 含量较多，LDH_5 对丙酮酸的亲和力高，使丙酮酸结合氢还原成乳酸，以便再生 NAD^+，使糖酵解得以持续进行，以保证肌肉在短暂缺氧时仍可获得能量。

高等植物中的谷氨酰胺合成酶（glutamine synthetase，GS），是氮素代谢中一种重要的酶，它催化那些依赖于 ATP 的谷氨酸和 NH_4^+ 合成谷氨酰胺的反应。高等植物叶中，大多数植物叶中存在两种不同类型的 GS 同工酶，即胞液型 GS_1 和叶绿体型 GS_2。这两种同工酶在发育、代谢中起不同的作用。GS_2 型的主要功能是同化硝酸盐还原与光呼吸所产生的 NH_4^+，而 GS_1 则主要是同化氨基酸代谢过程产生的“内源性” NH_4^+，并在氨的转运中起着非常重要的作用。因此，同工酶在控制代谢物的流向方面起着重要的作用。

同工酶具有多种多样的生物学功能和应用价值，如临床医学上常将这些同工酶在血清中相对含量的变化作为某些器官病变诊断的依据之一。例如，心肌梗死时，由于心肌细胞坏死，血清中的 LDH_1 含量会随即上升。此外，同种动物的不同品种的同工酶图谱不同，在遗传学研究方面具有重要的参考意义等。

第七节　抗体酶、核酶的概念

一、抗体酶

抗体酶（abzyme）又称催化抗体（catalytic antibody），是具有催化活性的免疫球蛋白，即抗体。1986 年，Schulz 和 Lerney 两个实验室报道成功研究出具有酶活性的抗体。他们各自利用不同的底物过渡态类似物作为抗原，注入动物体内产生抗体，成功筛选出具有催化活性的单克隆抗体。抗体在结构上与过渡态类似物互相适应并可相互结合，便具有能催化该过渡态反应的酶活性。当抗体和底物结合时，也可使底物转变为过渡态进而发生催化反应。

近些年来，抗体酶研究迅速发展，也制备出了更多的抗体酶。抗体酶研究为酶的过渡态理论提供了有力的实验证据，而且有广阔的应用前景。例如，用抗体酶专一破坏危害人类健康的病毒蛋白质及靶向治疗恶性肿瘤等。

二、核酶

核酶（ribozyme）是指具有催化作用的核酸分子。1982 年，Cech 在研究四膜虫的 rRNA 的基因转录时发现：rRNA 前体加工过程中，内含子的切除和外显子的连接反应发生在不含有任何蛋白质催化剂的溶液中，可能的解释只能是由 rRNA 前体自身催化的，即自我剪接（self-splicing），而不是蛋白质。为区别传统蛋白质催化剂，Cech 提出了 ribozyme 的概念。后来经过进一步研究发现，rRNA 前体中的内含子具有催化功能，是内含子中一段称为 L19RNA 作用的结果。L19RNA 在体外实验中也能催化一系列反应。

知识窗 5-6

1983～1984 年，Altman 和 Pace 研究大肠杆菌的 RNase P，RNase P 是催化 tRNA 前体 5′

端成熟的内切核酸酶，由 77%的 RNA 和 23%的蛋白质两部分组成。他们发现分离出蛋白质后，该酶仍有催化作用，而蛋白质无酶活性，只起维持 RNA 构象的作用。这直接证明了 RNA 确有催化功能。Cech 和 Altman 因发现了核酶而获得 1989 年度诺贝尔化学奖。

核酶的发现，颠覆了酶是蛋白质的传统观念，随着核酶研究的深入，对天然核酶的改造和人工核酶（如人工合成的具酶活性的小 DNA 分子）的筛选，扩展了核酶催化反应谱。核酶在基因治疗药物和靶基因识别研究上都取得了可喜的进展，预示着核酶有诱人的应用前景。

第八节　酶的分离纯化

已知绝大多数酶的化学本质属于蛋白质，分离纯化酶的方法类似于分离纯化蛋白质，所不同的是纯化中需通过跟踪实验的流程分段取样测定活力和总活力。其基本方法分为两个方面，一方面把被分离的酶提取液从很大的体积浓缩到较小的体积，另一方面要把酶提取液中的杂蛋白和其他物质分离出去。除此之外，为了判断所采用分离方法的好坏，还要通过对酶总活力、回收率及比活力的测定来分析分离纯化效果。

一、分离纯化的一般步骤

（一）酶提取和纯化准备

1. 了解所分离的酶在细胞中的分布　细胞产生的酶有两类：一类是由细胞内产生后分泌到胞外发挥作用的酶，称为细胞外酶。这类酶大部分属于非蛋白性、细胞器结合性水解酶（如酶法生产葡萄糖所用的两种淀粉酶，均是由枯草杆菌和根霉发酵过程中分泌出来的。多酶片中胃蛋白酶、胰蛋白酶就是由猪的胃黏膜细胞和胰脏细胞所分泌的）。此类酶通常含量高，容易得到。另一类酶在细胞内合成后并不分泌到细胞外，而是在细胞内起催化作用，称为细胞内酶（如在细胞内催化柠檬酸进行一系列化学反应的多种酶），该类酶在细胞内往往与细胞器结合，不仅有一定的区域性，而且催化的反应具有一定的顺序性。例如，氧化还原酶在线粒体上，蛋白质合成的酶在核糖体上。

2. 正确选择原材料　酶的来源不外乎动物、植物和微生物。生物细胞内产生的酶总量很高，但每种酶的含量很低，即使同一组织，所产生的各种酶的含量也显著不同。例如，胰脏中起消化作用的水解酶种类虽很多，但各种酶的含量差别很大。因此，在提取某一种酶时，首先应当根据需要，选择含此酶最丰富的材料。由于从动物内脏或植物果实中提取酶制剂受到原料的限制，如不能综合利用，成本又很大。目前工业上大多采用培养微生物的方法来获得大量的酶制剂。从微生物生产酶制剂的优点很多，如不受气候、地理条件限制，繁殖快，产酶量丰富。而且动植物体内的酶大多可在微生物中找到，还可以通过选育菌种来提高酶的产量。

（二）酶分离纯化的主要步骤

酶的分离纯化一般包括最基本的两个步骤：抽提和纯化。首先将所需的酶最大限度地从原料中转入溶液中，此过程中不可避免地夹带着一些杂质。因此，要么将酶选择性地从溶液中分离出来，要么从此酶液中选择性地除去杂质，最后制成纯化的酶制剂。

1. 酶的抽提

（1）*破碎细胞* 对细胞外酶只要用水或缓冲液浸泡，滤去不溶物，就可得到粗抽提液。对于细胞内酶则必须先破碎细胞，使酶释放出来。为了破碎细胞，动植物组织一般可用绞肉机或高速组织捣碎器，或者加石英砂研磨。当材料较少时，也可用玻璃匀浆器。对微生物材料，通常采用自溶法，就是在浓的菌体悬液中加入少量甲苯、三氯甲烷或乙酸乙酯，在适宜的 pH 和温度下保温一定时间，使菌体自溶液化，酵母细胞壁厚，常用此法。对细菌，常采用加砂或加氧化铝研磨、超声波振荡或微波方法破碎。此外，还有丙酮粉法、冰冻融解法、溶菌酶溶解法及加研磨剂高速振荡法等。

丙酮粉法是将新鲜材料粉碎后，在 0℃以下加入 5～10 倍量的丙酮，迅速搅拌均匀后经过滤、干燥、磨碎后即得丙酮干粉，这是一种有效的破碎细胞的方法，同时具有去除脂类物质和容易保存等优点。

（2）*抽提* 由于大多数酶属于清蛋白或球蛋白类，因此一般都可以用稀盐、稀酸或稀碱的水溶液抽提出来。例如，对于植物材料，常用 0.1mol/L NaCl 抽提液。抽提液和抽提条件的选择取决于酶的溶解度、稳定性等。

抽提液的 pH 通常以 4～6 为宜，为了达到好的抽提效果，选择的 pH 应该在酶的 pH 稳定范围内。同时抽提的 pH 最好能远离等电点，即酸性酶蛋白用碱性溶液抽提，碱性酶蛋白用酸性溶液抽提。关于盐的选择，由于大多数蛋白质在低浓度的盐溶液中较易溶解，故抽提时一般用等渗的盐溶液，最常用的有 0.02～0.05mol/L 磷酸缓冲液、0.15mol/L 氯化钠、焦磷酸钠缓冲液和柠檬酸钠缓冲液等。对于抽提温度，通常都控制在 0～4℃。提抽液用量通常是原料的 1～5 倍。有时为使抽提效果好些，要反复抽提。

（3）*浓缩* 由于抽提液或发酵液中酶浓度往往很低，必须浓缩富集。常用的浓缩方法有：加中性盐或冷乙醇沉淀后再溶解，薄膜浓缩，冰冻浓缩，聚乙二醇浓缩，胶过滤浓缩及超过滤浓缩等。其具体浓缩方法的使用，要看酶的稳定性和实验室所具备的条件。

知识窗 5-7

2. 酶的纯化和纯化方法

（1）*纯化* 粗抽提液中含有大量杂质，因此要进一步纯化去掉杂质，才能得到酶的精制品。但在实际纯化过程中，一方面是要提高酶的纯度；另一方面却也使酶的总量不可避免有所损失。因此，在具体工作中，要从实际出发，如果不需要纯度很高的酶，就不需反复纯化，以免损耗太多、成本提高。例如，皮革脱毛用的蛋白酶就不需太纯，而在医疗上用的针剂注射液、科学研究用的酶制品，则要求一定的纯度。抽提液中除了含有所需要的酶以外，还存在其他小分子和大分子物质。小分子物质在纯化过程中会自然地除去，大分子物质包括核酸、黏多糖和杂蛋白质等往往干扰纯化，如细菌的抽提液中常含有大量核酸，最好预先除去。核酸一般可用鱼精蛋白或氯化锰（$MnCl_2$）使之沉淀去除，必要时还可用核酸酶处理。黏多糖可用丙酮处理，也可用酶水解将它去除。这些杂质去掉后，剩下的杂分子主要为杂蛋白。

（2）*选择分离纯化的方法* 分离纯化的方法很多。常用的有盐析法、有机溶剂沉淀法、等电点沉淀法。另外，还有吸附分离法、凝胶过滤法、离子交换法和亲和层析法等。

1）盐析法：这是根据酶和杂蛋白在高浓度的盐溶液中溶解度的不同而达到纯化的常用方法。最常用的盐是硫酸铵，其他还有硫酸镁、氯化钠、硫酸钠等。盐析法尽管简便安全，大多数酶在高浓度盐溶液中比较稳定，重复性好，但分辨力较低，不仅纯度提高不显著，还要进行脱盐，耗时较多。

2）有机溶剂沉淀法：这是常用有效的酶纯化方法，其特点是分离纯化酶时，最重要的是严格控制温度，操作须在0℃以下进行。所用溶剂的浓度根据酶的性质而定。常用的浓度（指最终浓度）一般在 30%～60%。有机溶剂浓度高时，易使酶失活，应少量并分批加入，加入时速度要慢，缓缓搅拌，以免产生大量的热而使酶变性失活。

3）等电点沉淀法：蛋白质在等电点时的溶解度最小，但仍有一定的溶解度，沉淀不够完全，因此很少单独使用等电点沉淀法进行酶的纯化。

4）吸附分离法：这也是应用较早的简便方法。常用的吸附剂有白土、氧化铝和磷酸钙凝胶。白土是以硅酸铝为主要成分的一类具有强吸附力的黏土（如皂土、高岭土、活性白土等）。磷酸钙凝胶可以从氯化钙和磷酸钠直接制备。上述这些吸附剂都是在弱酸或中性及低盐浓度时吸附力较好，近年来较多应用羟基磷灰石作为吸附剂。进行吸附工作时，需先在酶液中加入适当的吸附剂，搅拌静止后，酶被吸附并与吸附剂一起沉淀下来，与杂蛋白分开。过滤后，吸附了酶的吸附剂可直接烘干制成酶制剂；也可用适当的溶剂如 pH 7.0 的磷酸缓冲液把酶从吸附剂上洗下来，然后再进一步纯化。使用吸附剂纯化过程中也可去掉酶液中其他杂质和色素。

另外，常用的酶的分离纯化方法还有凝胶层析、电泳等。

为了达到比较理想的纯化结果，往往需要几种方法配合使用。至于选择哪些方法及效果如何，主要根据酶本身的性质来决定。

二、分离纯化效果的分析

提纯的目的，不仅在于得到一定量的酶，而且要求得到尽可能纯的酶制品。在纯化过程中，为评估酶分离纯化效果，每一步纯化步骤后，除了要测定样品体积、蛋白质总量、纯度（比活力）等参数外，还需要测定酶制剂的总活力、纯化倍数及产率。

总活力=（活力单位数/mL 酶样品）×总体积

纯化倍数=每次比活力/第一次比活力

产率（回收率）=（每次总活力/第一次总活力）×100%

在提纯的过程中，总活力在减少，总蛋白质量也在减少，但比活力升高。

小结

酶是由生物体活细胞产生的，在细胞内或细胞外发挥催化作用的蛋白质或核酸。酶是催化剂，具有与一般催化剂的共性：只催化热力学上允许进行的反应，通过降低活化能加快反应速度，不改变化学反应的平衡点，也不改变化学反应的方向。酶是生物催化剂，具有高效催化性、高度专一性、活性的可调性、易变性失活及作用环境温和的特点。

除核酶外，酶的化学本质是蛋白质。根据其化学组成，酶分为单纯酶和结合酶。结合酶由酶蛋白和辅助因子组成，两者对酶活性都是必需的。

酶的命名有系统命名和习惯命名两种，通常用简单明了的习惯命名。依据催化化学反应的性质，国际酶学委员会把酶分为六大类，每个酶都有特定的编号。

酶的结构与功能密切相关，一些必需基团构成与底物结合并发生催化作用的活性中心，结合基团决定酶的专一性，催化基团决定酶催化的高效率。酶的专一性有结构专一性和立体异构专一性。诱导契合学说合理地解释了酶的专一性。酶与底物结合形成中间产物，降低反应活化能，使反应快速高效进行。催化高效性的分子机制有邻近和定向效应、底物分子形变、酸碱催化、共价催化和活性中心微环境的影响。

酶促反应速度受多种因素影响，如底物浓度、酶浓度、温度、pH、抑制剂和激活剂等。米氏方程式描述了底物浓度对酶促反应速度的影响，其中 K_m 为米氏常数，是酶的特征性常数，其大小一定程度上可表示酶和底物的亲和力。

机体对酶活性调节的方式有两类，第一类是对已有酶活性的调节，即对已存在于细胞中的酶，通过分子构象的改变、共价修饰或结构的不同改变其活性，包括酶原激活、变构调节、共价修饰调节及同工酶调节；第二类是通过改变酶数量进行的调节，这涉及基因表达。

酶的分离纯化实际上就是蛋白质的分离纯化，为评估酶的分离纯化效果，在分离纯化过程中需多次测定酶的总活力和表示酶纯度的比活力。

思考题

1．酶是生物催化剂，与一般催化剂比较有何异同？
2．何谓酶的专一性？请用诱导契合学说解释酶的这种特性。
3．解释酶活性中心的概念及结构特点。
4．结合酶中的辅助因子在酶催化作用中起什么作用？
5．说明酶催化高效性的分子机制。
6．测定酶活力时为什么采用初速度？
7．用过渡态理论和稳态理论推导米氏方程式。
8．试述米氏常数的生物学意义。
9．说明底物浓度、酶浓度、温度、pH 对酶促反应速度有何影响。
10．试述酶的竞争性抑制作用和非竞争性抑制作用的特点。
11．某一符合米氏动力学的酶促反应，若 v=90%V_{max}，[S] 应为多少（注：K_m 为常数）？
12．试述酶原激活的原理。
13．解释同工酶、抗体酶、核酶的含义。

第六章　维生素与辅酶

生物体内除了含有蛋白质、糖类、脂类及核酸等生物物质以外，还富含多种多样的微量生理活性物质，尽管它们在生物体内含量很少，但对生物体的各种生理功能起着非常重要的作用。这类生理活性物质如维生素、激素、抗生素、黄酮类及各种生物活性多肽等，常常是生物体内不可或缺的重要成分。本章主要介绍其中的维生素（vitamin）。维生素是生物正常生长发育过程中必需的一类微量有机物质，需要量少，但对机体很重要，有些生物体可自行合成一部分，大多仍需从食物中获得。维生素包含水溶性维生素和脂溶性维生素。水溶性维生素常作为辅酶的前体，脂溶性维生素则参与一些活性分子的构成。

第一节　维生素概述

一、维生素的概念

知识窗 6-1

维生素是人们研究营养缺乏病时被发现的。我国唐代就有用猪肝治疗夜盲症的记载，现在我们知道猪肝中富含维生素 A。经研究发现，脚气病的发生，是由于缺乏维生素 B_1；而坏血病的发生，则是与缺乏维生素 C 有关。

维生素既不是能量物质，也不是组织构成物质，生物体缺乏会导致代谢障碍，但过量摄取也会造成维生素毒性（vitamin toxicity）。维生素的功能丰富，有的直接起作用，有的是作为辅酶的成分调节机体代谢。维生素的需要量虽少，却是机体不可或缺的有机物质。生物体大多需从食物中获得维生素，但也有些生物体可合成维生素。

二、维生素的分类

维生素是脂肪族、芳香族、脂环族、杂环和甾类化合物等小分子有机物，在化学结构上无共同性。通常根据它们的溶解性质分为水溶性和脂溶性两大类。水溶性维生素有维生素 B 族［维生素 B_1、维生素 B_2、维生素 PP、维生素 B_6、维生素 B_3（泛酸）、维生素 H（生物素）、叶酸、维生素 B_{12}］、硫辛酸和维生素 C 等，脂溶性维生素有维生素 A、维生素 D、维生素 E、维生素 K 等（图 6-1）。

三、维生素的命名

1911 年，波兰化学家 Casimir Funk 发现糙米中能够防治脚气病的物质是一种胺，即维生素 B_1。因此 Funk 提议将这种化合物叫作 vitamine，意为“vital amine”，中文意思就是“生命胺”，以说明它的重要性。这个名词迅速被普遍应用于所有的这种“辅助因子”。后来发现，许多其他的维生素并不含有“胺”结构，然而由于 vitamine 已被广泛采用，便将 amine 的最后一个“e”去掉，成为了“vitamin”，中文含义为维生素，音译为“维他命”。维生素简称用 V 表示，其后加上 A、B、C、D 等字母，如维生素 A 简称 VA。

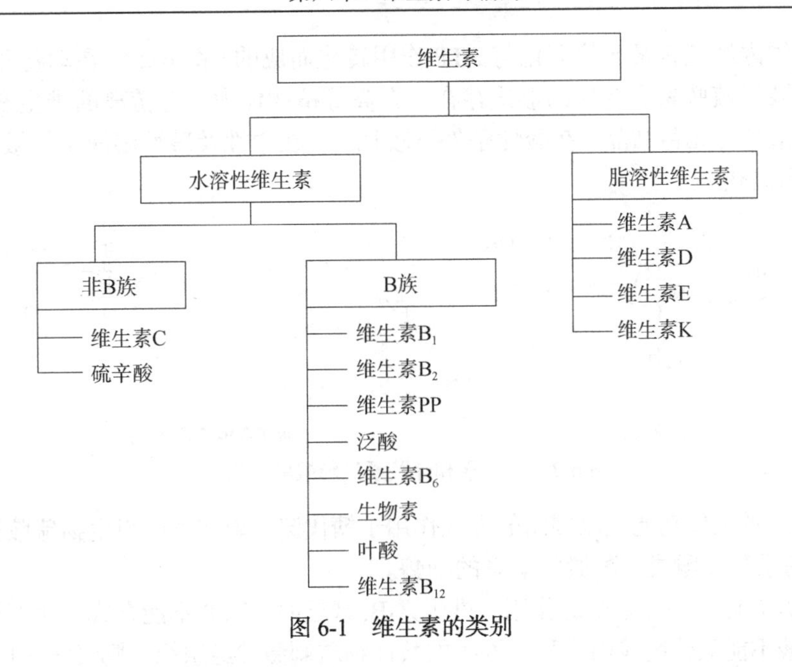

图 6-1　维生素的类别

四、维生素的特点

维生素种类较多，性质各不相同，但也有以下共同特点：①是一些结构各异的生物小分子；②需要量很少；③体内不能合成或合成量不足，必须直接或间接从食物中摄取；④主要功能是参与活性物质（酶或激素）的合成，没有供能和结构作用。水溶性维生素常作为辅酶前体，脂溶性维生素参与一些活性分子的构成，如维生素 A 构成视紫红质，维生素 D 构成调节钙磷代谢的激素。

第二节　水溶性维生素和辅酶

水溶性维生素易溶于水，体内不能多储存，必须经常从食物中摄取，进入体内过剩的部分及其代谢产物均由尿排出体外。水溶性维生素包括维生素 B 族、硫辛酸和维生素 C。硫辛酸虽为脂溶性维生素，但因发挥生理作用时需伴随 B 族维生素，故在分类上被归于水溶性维生素。

属于 B 族维生素的有维生素 B_1、维生素 B_2、泛酸、维生素 PP、维生素 B_6、生物素、叶酸及维生素 B_{12} 等。维生素 B 族作为辅酶的组分，对促进代谢有重要的作用。

一、B 族维生素和辅酶

在水溶性维生素中，B 族维生素不仅种类多，而且大多构成辅酶或辅基，在脱氢、脱羧、羧化、转氨、基团转移等生物化学反应中起作用。

（一）维生素 B_1 与硫胺素焦磷酸

维生素 B_1 为抗神经炎的维生素，是维生素中最早被发现的。它是由含硫的噻唑环和含氨基的嘧啶环借助亚甲基桥连接而成的，故称硫胺素（thiamine）。硫胺素焦磷酸（thiamine pyrophosphate，TPP）是硫胺素在生物体内存在的形式，是由

知识窗 6-2

维生素 B_1 在体内经硫胺素激酶催化与 ATP 作用转化而成的（图 6-2）。在动物和酵母体内，维生素 B_1 主要以硫胺素焦磷酸的形式存在。在高等植物体内，有游离的维生素 B_1 存在。维生素 B_1 盐酸盐为无色结晶，在酸性条件下较稳定，在中性及碱性溶液中易被氧化，在碱性溶液中不耐高热。

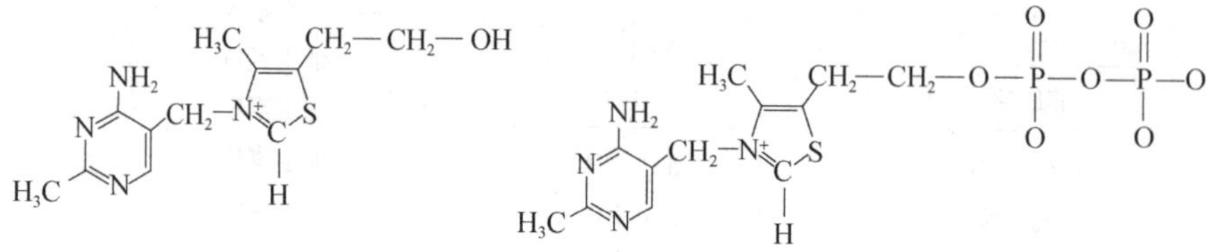

硫胺素　　硫胺素焦磷酸

图 6-2　硫胺素和硫胺素焦磷酸的结构

维生素 B_1 的主要功能是以辅酶的方式作用于糖代谢。硫胺素的衍生物硫胺素焦磷酸是丙酮酸脱氢酶系和 α-酮戊二酸脱氢酶系的辅酶。

维生素 B_1 有保护神经系统的作用。维生素 B_1 缺乏时，TPP 不能合成，使糖类代谢的中间产物 α-酮酸不能氧化脱羧而堆积，堆积的酸性物质刺激神经组织。脚气病是由维生素 B_1 严重缺乏而引起的多发性神经炎。患者的周围神经末梢及臂神经丛均有发炎和退化的现象，影响神经和心肌的正常机能，从而出现心跳加快、肢体麻木无力等症状。由于维生素 B_1 与糖代谢关系密切，因此多食糖类时，应注意补充维生素 B_1。

维生素 B_1 还具有促进消化的作用，主要机理是维持胃肠道蠕动，增加消化液分泌。由于它可以抑制胆碱酯酶的活性，使乙酰胆碱分解速度适当，从而保证神经兴奋的正常传导。如果轻度缺乏维生素 B_1，就会出现食欲不振、消化不良的症状。

维生素 B_1 在酵母中含量最多，种子外皮及胚芽如米糠、麦麸和黄豆芽中含量较多。此外，核果、瘦肉和蛋类等食物中也含有一定量的维生素 B_1。

（二）维生素 B_2 和 FAD、FMN

维生素 B_2 又称核黄素（riboflavin）（图 6-3），是核糖醇与 7,8-二甲基异咯嗪的缩合物质，呈黄色。其在自然界多与蛋白质结合，该结合体称为黄素蛋白。

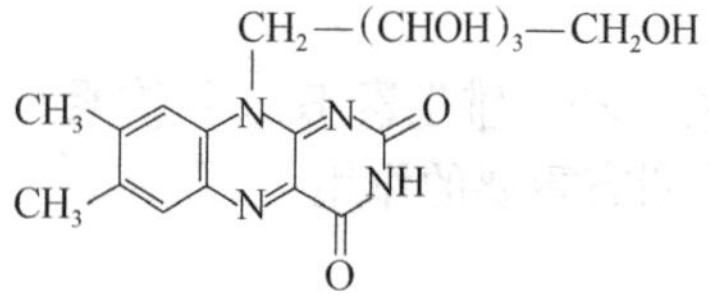

维生素 B_2 为橘黄色针状晶体，味苦，微溶于水，极易溶于碱性溶液，水溶液呈黄绿色荧光。在酸性条件下比较稳定，在碱性条件下和遇光时则不稳定。

图 6-3　核黄素的结构

维生素 B_2 中异咯嗪环上的第 1 和 5 位 N 可被还原，在生物氧化过程中有递氢作用。辅酶黄素单核苷酸（flavin mononucleotide，FMN）和黄素腺嘌呤二核苷酸（flavin adenine dinucleotide，FAD）（图 6-4）是核黄素在体内的存在形式，是核黄素的衍生物。FMN、FAD 是生物体内多种氧化还原酶的辅基，二者都与黄素酶紧密结合，催化氧化或还原反应，被称为黄素辅酶。在氧化还原反应中，FAD 或 FMN 都能可逆地接受两个氢原子，形成 $FADH_2$ 或 $FMNH_2$（图 6-5）。

在机体中，FMN 是由核黄素与 ATP 作用转化而来，FAD 是由 ATP 中的一磷酸腺苷转移到 FMN 上形成的。维生素 B_2 转化的反应可表示为

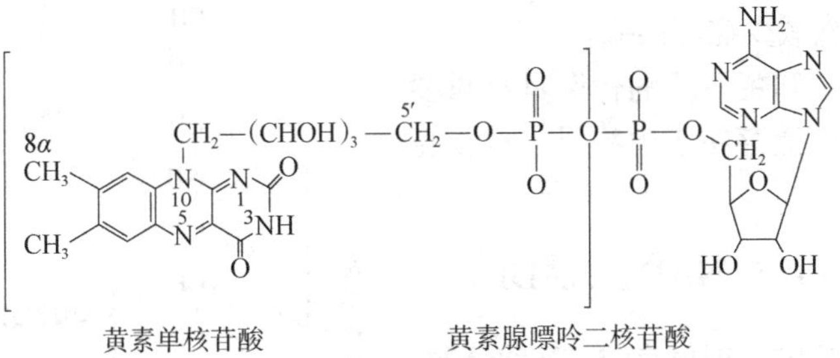

黄素单核苷酸　　　　黄素腺嘌呤二核苷酸

图 6-4　FMN 和 FAD 的结构

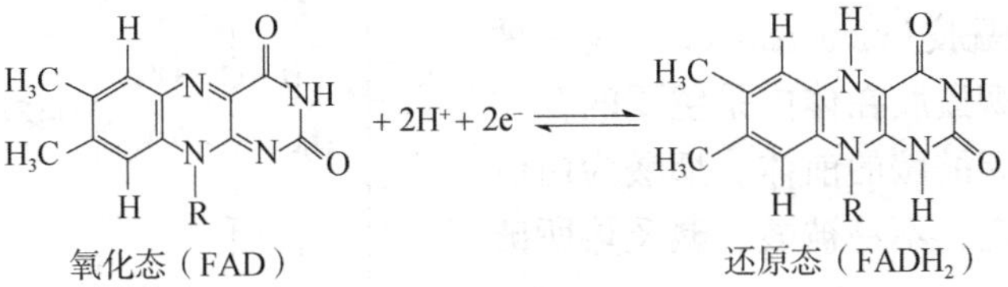

氧化态（FAD）$+ 2H^+ + 2e^- \rightleftharpoons$ 还原态（$FADH_2$）

图 6-5　FAD 可逆地接受两个氢原子形成 $FADH_2$（R 代表 FAD 的其他基团）

$$核黄素+ATP \longrightarrow FMN+ADP$$

$$FMN+ATP \longrightarrow FAD+PPi$$

由于 FMN 和 FAD 作为体内许多酶的辅基，参与糖、脂肪和蛋白质的代谢，当膳食中长期缺乏维生素 B_2 时，会导致细胞代谢失调，出现口角炎、舌炎、结膜炎、视觉模糊、皮脂溢出性皮炎等症状。

维生素 B_2 分布较广，酵母、肝脏、乳类、瘦肉、蛋黄中含量丰富。人体不能合成维生素 B_2，某些微生物有合成的能力。

（三）泛酸和辅酶 A

泛酸（图 6-6）是自然界存在最广泛的维生素，故又名遍多酸（pantothenic acid）。泛酸是由二羟基二甲基丁酸和丙氨酸缩合而成的一种有机酸。泛酸为淡黄色油状物，在中性条件下较稳定。

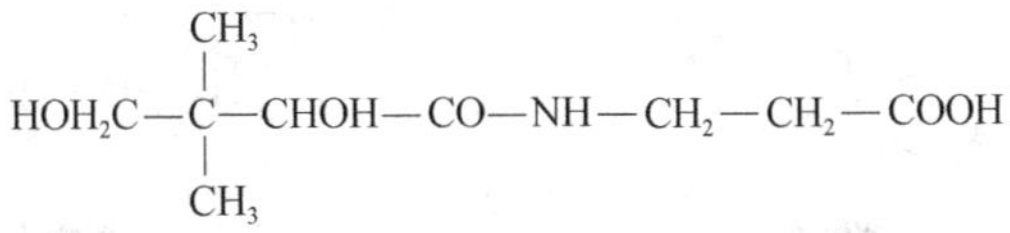

$$HOH_2C—C(CH_3)_2—CHOH—CO—NH—CH_2—CH_2—COOH$$

图 6-6　泛酸的结构

知识窗 6-3

辅酶 A（CoA）（图 6-7）是泛酸的衍生物，它的结构包含 3 个主要成分，即含一个游离—SH 的巯基乙胺（CoA 的酰化和去酰化部位）、泛酸单位（β-丙氨酸和泛解酸形成的酰胺）和 3′-羟基被磷酸基团酯化的 ADP。

辅酶 A 在生物体代谢中常作为酰基的载体，是各种酰化反应的辅酶。由于该辅酶携带酰基的部位在—SH 上，又常用 CoASH 表示辅酶 A。辅酶 A 在反应中通常具有两个功能：一个是吸取一个质子活化酰基的 α-氢，另一个是通过亲核攻击转移活化的酰基，这两种功能是通过辅酶 A 上具活性的巯基来调节的。巯基与酰基所形成的硫酯键是一种高能键。

医学临床实践上，常用辅酶 A 作为 ATP 等的辅助药物，用于治疗肝炎、原发性血小板减少性紫癜、白细胞减少症等疾病。

泛酸对糖、脂质和蛋白质的代谢具有重要的影响。由于泛酸广泛存在于生物界，故少见泛酸缺乏症。

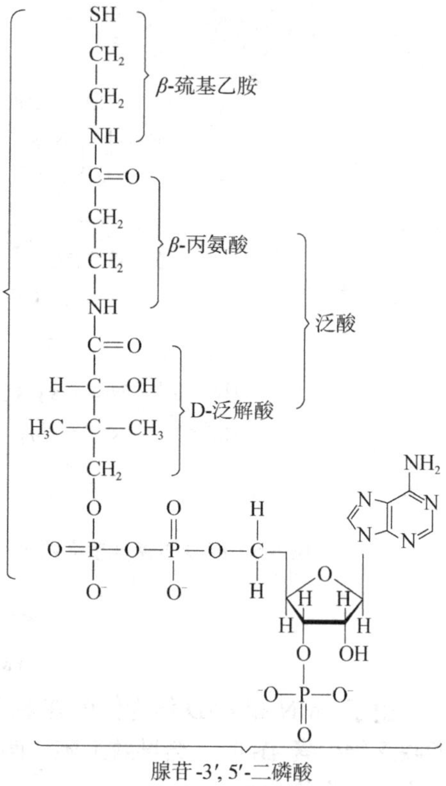

腺苷-3′, 5′-二磷酸

图 6-7　辅酶 A 的结构

（四）维生素 PP 与 NAD、NADP

知识窗 6-4

维生素 PP，即尼克酸，又称烟酸，是抗癞皮病维生素，包括烟酸（nicotinic acid）和烟酰胺（nicotinamide），是一种吡啶衍生物，其中烟酰胺在体内是主要的存在形式，而烟酸则是烟酰胺的前体。烟酸为白色针状晶体，性质稳定，不易被酸、碱及热所破坏（图 6-8）。

烟酸具有生物活性的辅酶形式是烟酰胺腺嘌呤二核苷酸（nicotinamide adenine dinucleotide, NAD^+，辅酶Ⅰ）和烟酰胺腺嘌呤二核苷酸磷酸（nicotinamide adenine dinucleotide phosphate, $NADP^+$，辅酶Ⅱ）。氧化型 NAD 和 NADP 分别写为 NAD^+和 $NADP^+$，还原型分别写为 NADH 和 NADPH（图 6-9）。

辅酶Ⅰ和辅酶Ⅱ在传递氢中的作用如图 6-10 所示。

NAD^+和 $NADP^+$作为脱氢酶的共底物，参与许多氧化还原反应，通过将底物中的两个电子和一个质子以 H^+形式转移到 NAD^+和 $NADP^+$上。这些反应一般是可逆的。

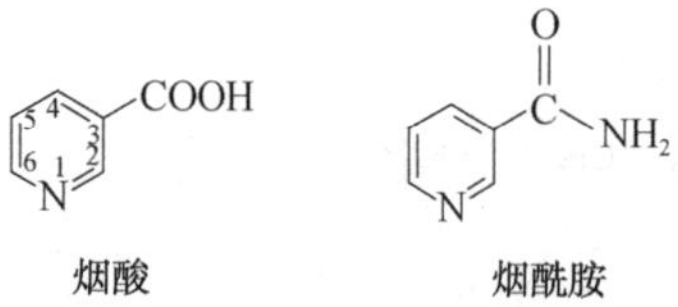

烟酸　　烟酰胺

图 6-8　烟酸和烟酰胺的结构

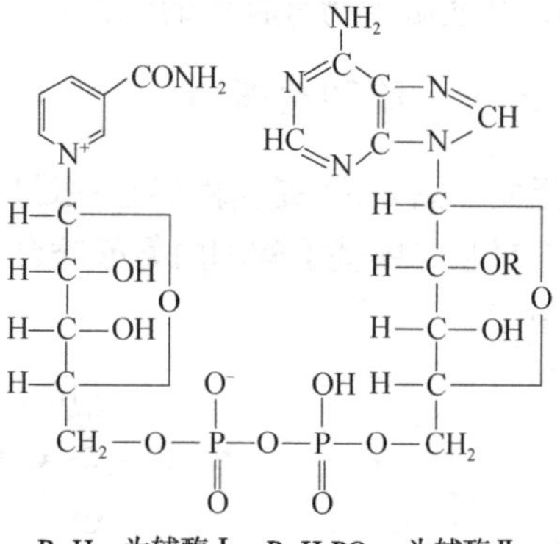

R=H，为辅酶Ⅰ　R=H_2PO_3，为辅酶Ⅱ

图 6-9　辅酶Ⅰ和辅酶Ⅱ的结构

NAD^+常和产生能量的分解反应有关，而 $NADP^+$则较多地和还原性的合成反应有关。NAD^+是呼吸链中传递氢的一个环节，在多数情况下，代谢物上的氢先交给 NAD^+，再交给黄素蛋白中的黄素腺嘌呤二核苷酸（FAD）或黄素单核苷酸（FMN），最后交给氧。

维生素 PP 在自然界中分布很广，肉类、谷物及花生中含量丰富。此外，人体内也可利用色氨酸转化而成，但不能满足需要，还需从食物中摄取。缺乏烟酰胺会导致神经营养障碍，出现糙皮病（也叫对称性皮炎、癞皮病）。玉米含烟酸和色氨酸少，以玉米为主要膳食可能会引起糙皮病。

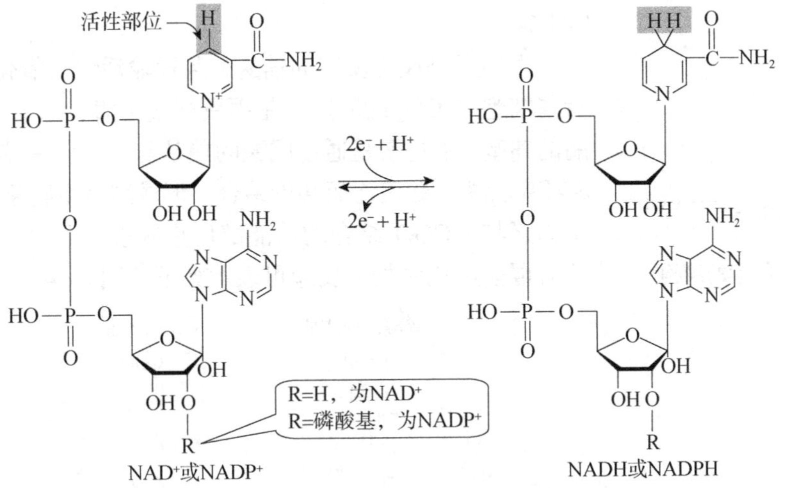

图 6-10 NAD$^+$和 NADP$^+$参加两个电子的转移反应

（五）维生素 B_6和磷酸吡哆醛

维生素 B_6又名抗皮炎维生素，包括吡哆醇、吡哆醛和吡哆胺三种物质，其化学本质均为吡啶衍生物，它们的区别只是嘧啶环第 4 位碳的氧化或氨基化。维生素 B_6在体内以磷酸酯形式存在，磷酸吡哆醛（pyridoxal phosphate，PLP）和磷酸吡哆胺（pyridoxamine phosphate，PMP）是其活性形式。吡哆醇、吡哆醛与吡哆胺可以互相转化（图 6-11），磷酸吡哆醛和磷酸吡哆胺可以互相转化（图 6-12）。

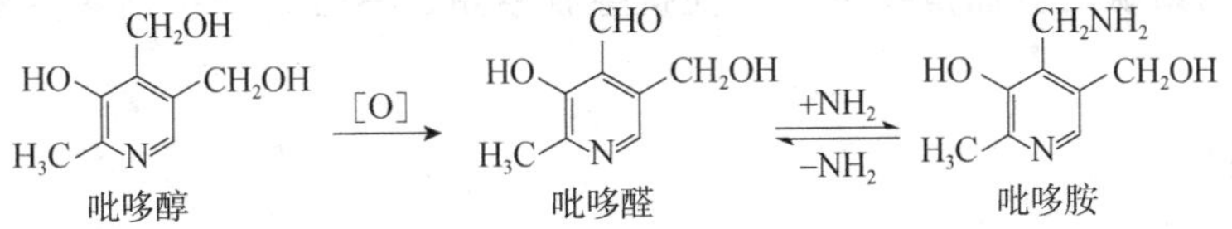

图 6-11 吡哆醇、吡哆醛与吡哆胺的相互转化

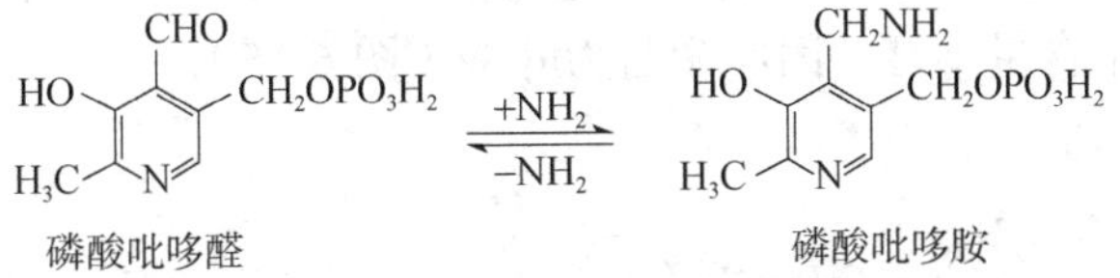

图 6-12 磷酸吡哆醛和磷酸吡哆胺的相互转化

磷酸吡哆醛作为辅酶参加多种代谢反应，包括氨基酸内消旋、转氨、脱羧、缩合，也参与含硫氨基酸的脱硫、羟基氨基酸的代谢和氨基酸的脱水等反应。

缺乏维生素 B_6可产生呕吐、中枢神经兴奋、惊厥、小红细胞低色素性贫血等症状。由于异烟肼和吡哆醛可结合形成腙而从尿中排出，故维生素 B_6可防治大剂量异烟肼所导致的维生素 B_6的缺乏症。

（六）生物素

生物素（biotin）是由噻吩环和尿素结合而成的一个双环化合物，侧链上有一分子戊酸

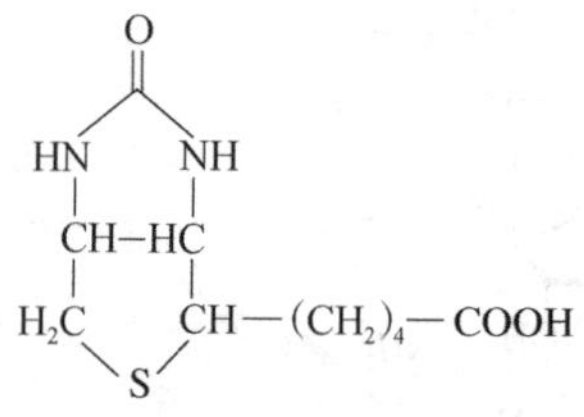

（图 6-13）。

图 6-13　生物素的结构

生物素是羧化反应的辅酶，起运输活性二氧化碳的作用，参与细胞内 CO_2 的固定，是丙酮酸羧化酶、乙酰辅酶 A 羧化酶的辅基。生物素是通过戊酸的羧基与酶蛋白中赖氨酸残基的 ε-氨基以酰胺键相连而共价结合，形成羧基生物素-酶复合物。生物素与—COO^-结合的功能部位是尿素环上的一个氮原子，然后再去羧化底物。反应可表示如下（图 6-14）。

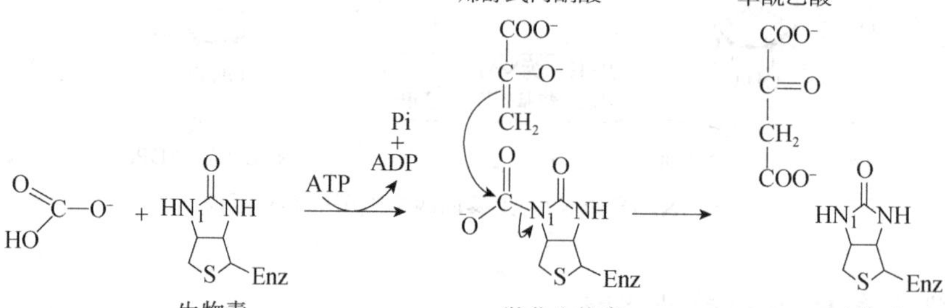

图 6-14　生物素的羧基化作用

由于人体对生物素每天的需要量较少，一般不会发生缺乏症。生物素主要由肠道细菌合成，若长期服用抗生素抑制肠道细菌生长，可引起生物素缺乏，出现皮炎、抑郁等症状。

生鸡蛋蛋清含有一种糖蛋白，即抗生物素蛋白，能与生物素结合，经常食用生鸡蛋清也会导致生物素缺乏。而煮熟的鸡蛋使抗生物素蛋白变性，即可消除生物素缺乏症的发生。

（七）叶酸

叶酸（folic acid）是由 2-氨基-4-羟基-6-甲基蝶呤、对氨基苯甲酸和 L-谷氨酸（1～7 个）三部分组成的，故名为蝶酰谷氨酸（又称维生素 B_{11}）。其最初是从动物的肝脏中分离出来的，后来发现在绿叶植物中含量丰富，因而命名为叶酸（图 6-15）。

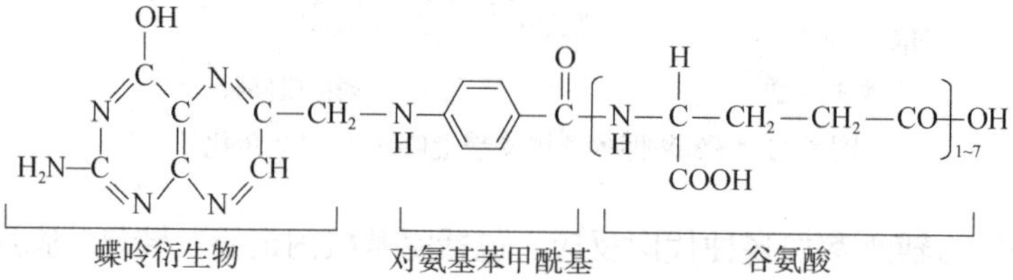

图 6-15　叶酸的结构

辅酶四氢叶酸（tetrahydrofolate，THF）是叶酸的衍生物，是体内叶酸的活性形式。在体内叶酸加氢还原为二氢叶酸和四氢叶酸，反应过程需要 NADPH 和维生素 C。四氢叶酸是一碳基团的载体（图 6-16）。四氢叶酸的 N5 和 N10 两个氮原子能携带一碳单位参与多种生物合成，如嘌呤、嘧啶、核苷酸、丝氨酸等。

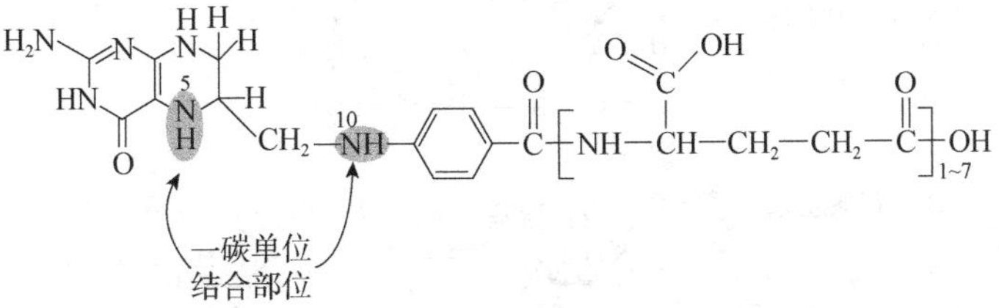

图 6-16　四氢叶酸的结构与结合一碳单位的部位

叶酸结构中有与磺胺药结构相似的对氨基苯甲酸，故磺胺药在细菌合成叶酸的反应中起竞争性抑制作用，从而抑制细菌的生长、繁殖。

叶酸与蛋白质和核酸的合成有关。因此，当叶酸缺乏时，DNA 的合成受到抑制，红细胞的发育和成熟受到影响，从而造成巨红细胞贫血。故在临床医学上用叶酸来治疗巨红细胞贫血。

叶酸在植物的绿叶中大量存在，肝脏、酵母中含量丰富，肠道细菌也可合成，故一般体内不易缺乏。

（八）维生素 B_{12}（钴维生素）族

维生素 B_{12}（图 6-17）是含钴的化合物，由钴啉环和苯并咪唑核苷酸组成，通常是指分子中钴同氰结合的氰钴胺素（cyanocobalamin），在钴原子上可结合不同的基团，即形成不同的维生素 B_{12}，在钴原子上分别结合—CN、—OH、—CH_3 或 5′-脱氧腺苷，可得到氰钴胺素、羟钴胺素、甲基钴胺素或 5′-脱氧腺苷钴胺素。

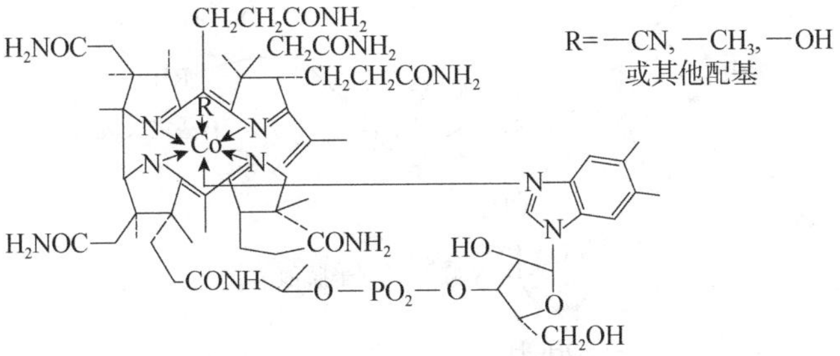

图 6-17　维生素 B_{12} 的结构

维生素 B_{12} 在体内以两种辅酶形式参与代谢，分别为 5′-脱氧腺苷钴胺素（5′-deoxyadenosylcobalamin）和甲基钴胺素（methylcobalamin）。前者是在钴原子上结合了 5′-脱氧腺苷基团，后者是在钴原子上结合了甲基基团。其中 5′-脱氧腺苷钴胺素是主要的辅酶形式。它们参与三种类型的反应：分子内重排、核苷酸还原成脱氧核苷酸和甲基转移（图 6-18）。

维生素 B_{12} 是某些变位酶的辅酶，促进某些化合物的异构作用，可以催化甲基丙二酰辅酶 A 转变为琥珀酰辅酶 A 的反应，也参加谷氨酸转变为 β-甲基天冬氨酸甲基转移的反应。维生素 B_{12} 还可作为甲基载体参与甲硫氨酸（图 6-19）、胸腺嘧啶等的生物合成。

维生素 B_{12} 参与 DNA 的合成，对红细胞的生长和成熟等有很重要的作用。机体中凡有核蛋白合成的地方都需要有维生素 B_{12} 参加。当缺乏维生素 B_{12} 时，会引起巨红细胞贫血。临床上常用维生素 B_{12} 和叶酸合用治疗贫血。

维生素 B_{12} 广泛存在于动物性食品如肝、肉、鱼、蛋等类食物中，人体肠道细菌能合成，而自然界中只有微生物才可以合成。

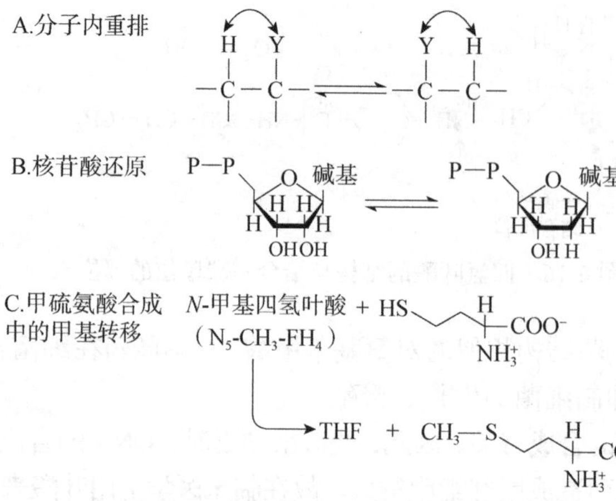

图 6-18　维生素 B_{12} 的辅酶参与的三类反应

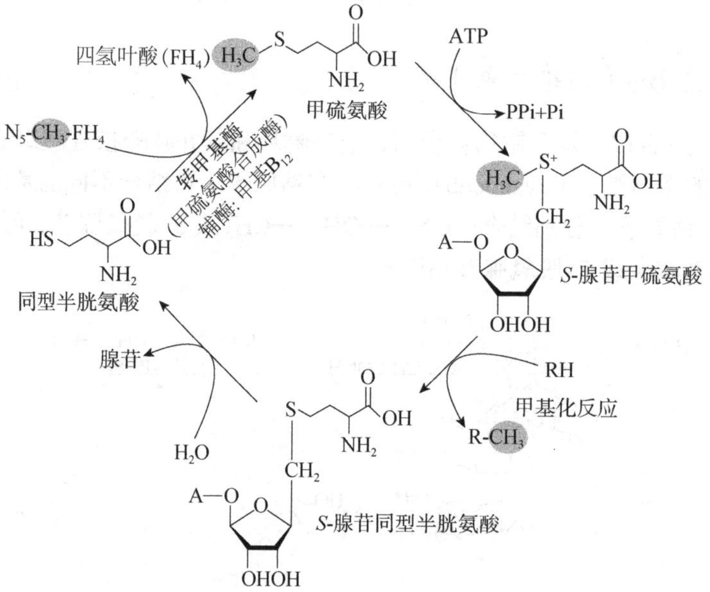

图 6-19　维生素 B_{12} 作为甲基载体参与甲硫氨酸的合成

二、硫辛酸

硫辛酸（lipoic acid）的分子结构（图 6-20）是一个 C_8 的脂酸（辛酸），是具有闭环的氧化性二硫化物和开环的还原性硫化物两种结构的混合物。硫辛酸的氧化型和还原型两种形式可以相互转化（图 6-21）。在自然界中硫辛酸与蛋白质结合存在，其羧基与蛋白质分子中赖氨酸的—NH_2 连接。

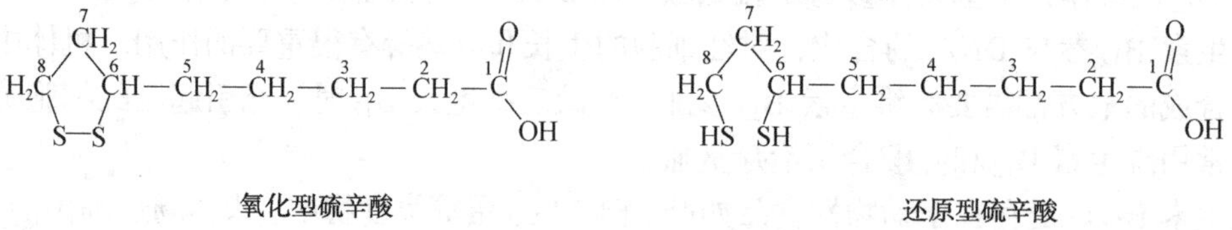

氧化型硫辛酸　　还原型硫辛酸

图 6-20　硫辛酸的分子结构

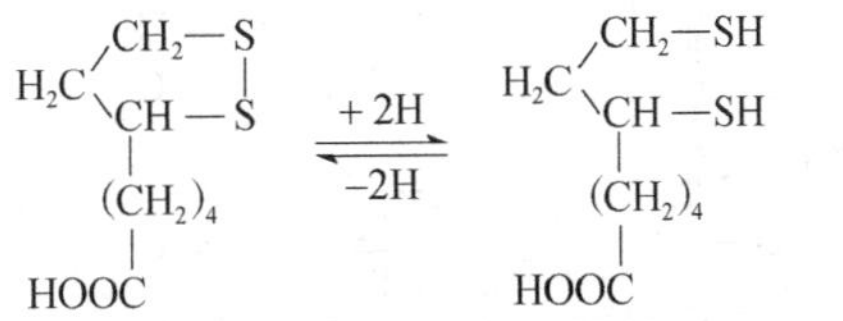

硫辛酸中的羧基可以通过酰胺键与二氢硫辛酰胺酰基转移酶中的一个赖氨酸残基的 ε-氨基共价结合（图 6-22A）。

硫辛酸是一种酰基载体。硫辛酸在发挥 α-酮酸氧化作用和脱羧作用时具有偶联酰基转移和电子转移的功能。硫辛酸存在于丙酮酸脱氢酶系和 α-酮戊二酸脱氢酶系中，与糖代谢关系密切。硫辛酸可以临时装载酰基，如载有来自于丙酮酸的乙酰基，或来自 α-酮戊二酸的琥珀酰基。硫辛酸作为酶的辅基像一只摆动的臂，将载有的底物在多酶复合体的活性部位之间摆动，如丙酮酸脱氢酶复合体中硫辛酰胺与羟乙基 TPP 反应，使得乙基结合到与硫辛酰胺 C8 相连的硫原子上，形成一个硫酯键（图 6-22B）。然后将所载乙酰基转移到辅酶 A 分子的硫原子上，并形成载有辅基的还原型二氢硫辛酰胺（图 6-22C）。二氢硫辛酰胺可再经二氢硫辛酰胺脱氢酶（需要 NAD^+）氧化，重新生成氧化型硫辛酰胺。

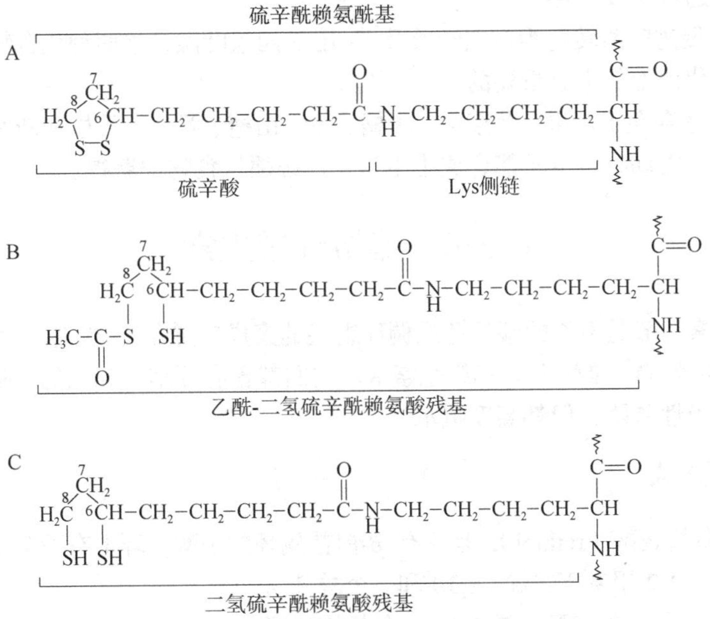

+2H
−2H

图 6-21　氧化型和还原型硫辛酸的相互转化

硫辛酰赖氨酰基
A
硫辛酸　Lys侧链
B
乙酰-二氢硫辛酰赖氨酸残基
C
二氢硫辛酰赖氨酸残基

图 6-22　硫辛酸在生化反应中的作用

硫辛酸在自然界广泛分布，在肝和酵母中含量特别丰富，在食物中常和维生素 B_1 同时存在。

三、维生素 C

维生素 C 具有防治坏血病的功能，又称抗坏血酸（ascorbic acid）。维生素 C 是 L-型己糖的衍生物，即 L-型抗坏血酸。它是一种不饱和的多羟化合物，以内酯形式存在，在 2 位与 3 位碳原子之间的两个烯醇羟基的氢可游离成 H^+，故呈酸性。抗坏血酸有氧化型和还原型两种形式，在体内参与氧化还原反应，二者可以相互转化（图 6-23）。组织中的抗坏血酸主要为还原型。

知识窗 6-5

维生素 C 可还原 2,6-二氯酚靛酚使蓝色褪色，也可与 2,4-二硝基苯肼结合生成有色的脎。上述反应可作为维生素 C 定性和定量的基础。

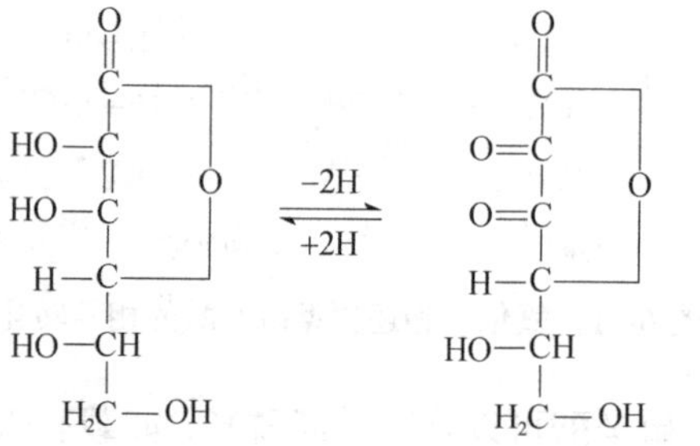

还原型抗坏血酸　　氧化型抗坏血酸

图 6-23　氧化型和还原型抗坏血酸的相互转化

维生素 C 具有多种生理功能。维生素 C 为还原剂，有抗氧化作用，保护巯基酶的活性和谷胱甘肽的还原状态，起解毒作用。它使巯基酶分子中的自由巯基（—SH）维持还原状态而保持其活性；还原型的谷胱甘肽（GSH）可还原脂质过氧化物从而使细胞膜免于受损，维生素 C 可使氧化型谷胱甘肽（GSSG）还原，补充还原型谷胱甘肽（GSH），防止自由基产生，具有保护细胞和抗衰老作用。

维生素 C 能促进各种组织及细胞黏合物的形成，如胶原蛋白的合成。维生素 C 是维持胶原脯氨酸羟化酶及胶原赖氨酸羟化酶活性必需的辅助因子，促进脯氨酸转化为羟脯氨酸，而羟脯氨酸在维持胶原蛋白三级结构上十分重要。动物体内的结缔组织、皮肤、骨骼、毛细血管等组织中含有大量的胶原蛋白。维生素 C 能促使伤口愈合、骨质钙化、增加微血管致密性、降低微血管通透性及脆性。

维生素 C 能促进叶酸转化为四氢叶酸及 N_5-甲酰四氢叶酸，这两种化合物对于一碳基团的转移和机体的代谢都是十分重要的。

维生素 C 广泛存在于水果、蔬菜中，柑橘、枣、山楂、番茄、辣椒和新生幼苗中含量也很丰富。人和灵长类动物自身不能合成维生素 C，必须从食物中获得。

第三节　脂溶性维生素

脂溶性维生素一般是由长的碳氢链或稠环组成的聚戊二烯化合物。脂溶性维生素主要包括维生素 A、维生素 D、维生素 E 和维生素 K。它们都含有环结构和长的、脂肪族烃链，并且都至少有一个极性基团，但都高度疏水。

一、维生素 A

维生素 A 又称视黄醇（retinol），是含有 *β*-白芷酮环的伯醇，环上有一个不饱和侧链。分子中环的支链由两个 2-甲基丁二烯（1,3）和一个醇基组成，整个支链为 C_9 的不饱和醇。维生素 A 包括维生素 A_1 和维生素 A_2 两种（图 6-24），维生素 A_2 是维生素 A_1 的 3-脱氢衍生物，仅是白芷酮环内 C3 与 C4 之间多一个双键，维生素 A_1 和维生素 A_2 的生理功能相同，但维生素 A_2 的生理活性仅有维生素 A_1 的一半。维生素 A 末端的—CH_2OH 氧化为—CHO 就变为视黄醛（retinal），视黄醛进一步氧化成为视黄酸（retinoic acid）。

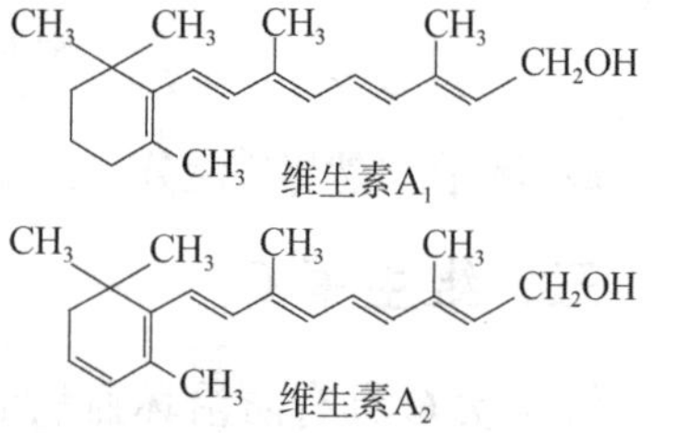

维生素A_1

维生素A_2

图 6-24　维生素 A_1 和维生素 A_2 的结构

β-胡萝卜素是维生素 A 的前体，故称其为维生素 A 原，在肠道内被 *β*-胡萝卜素加氧酶作用氧化为两分子视黄醛。*β*-胡萝卜素在人体内的转化效率极低，*β*-胡萝卜素的维生素 A 活性仅是视黄醇的 1/12。

维生素 A 是视杆细胞和视锥细胞的视色素成分。视紫红质是视网膜视杆细胞的色素，由 11-顺视黄醛和视蛋白特异结合组成。当视紫红质暴露于光线下时，发生光化学异构反应，引起视色素变白，并解离出全反式视黄醛和视蛋白。这一过程可以引发神经冲动，并传送到大脑。视紫红质的再生需要由全反式视黄醛异构为 11-顺视黄醛。视紫红质释放的全反式视黄醛先被还原为全反式视黄醇，经酯化异构为 11-顺视黄醇，再氧化为 11-顺视黄醛。维生素 A 经视黄醇脱氢酶催化生成全反式视黄醛，再经视黄醛异构酶（retinal isomerase）催化形成 11-顺视黄醛。11-顺视黄醛再与视蛋白结合形成视紫红质，从而完成一个循环（图 6-25）。

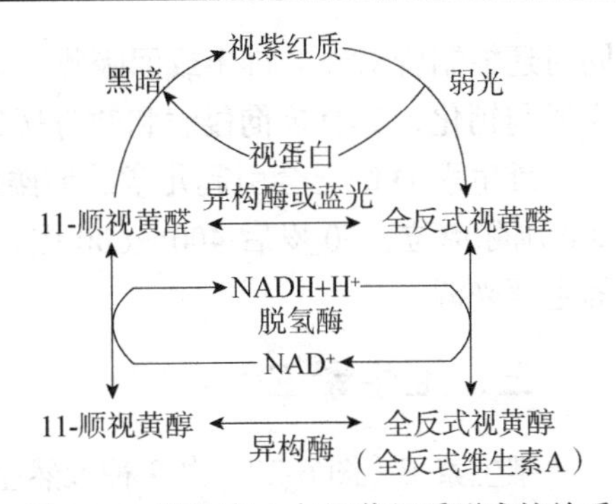

图 6-25　维生素 A 与视紫红质形成的关系

当维生素 A 缺乏时，11-顺视黄醛得不到补充，视紫红质合成受阻，使视网膜不能很好地感受弱光，在暗处不能辨别物体，严重时出现夜盲症。

维生素 A 除了视觉功能外，还能维持上皮细胞组织正常分化和黏液的分泌，是儿童的生长及成人的生殖所必需的。

正常成人每日对维生素 A 的生理需要量为 2600～3300 国际单位，长期摄取过多可引起身体中毒症状，早期表现为易怒、食欲不振、皮肤发痒、脱发等症状。维生素 A 主要来自动物性食品，以肝脏、乳制品及蛋黄中含量最丰富。

二、维生素 D

D 族维生素是一组类甾醇类衍生物的总称。其中最重要的是麦角钙化醇（ergocalciferol，即维生素 D_2）和胆钙化醇（cholecalciferol，即维生素 D_3）。人体维生素 D 的主要来源是维生素 D_3，是胆固醇（cholesterol）的衍生物，其活性分子是 1,25-二羟维生素 D_3［1,25-$(OH)_2$-D_3］。由其前体 7-脱氢胆固醇经太阳光紫外线照射后转变而来，体内的维生素 D_3 必须经肝脏羟化成 25-羟维生素 D_3，后者再经肾脏羟化生成 1,25-二羟维生素 D_3（图 6-26）。

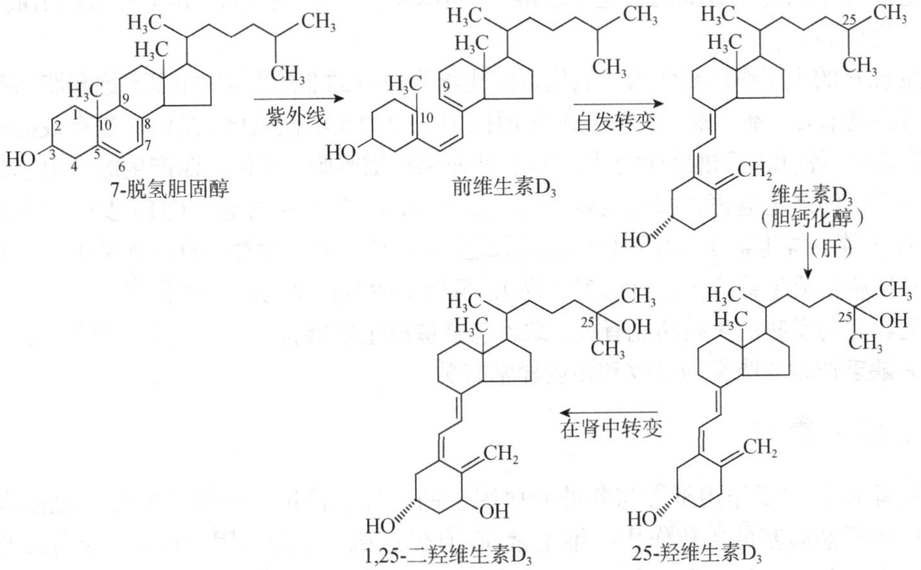

图 6-26　1,25-二羟维生素 D_3 的生成

1,25-二羟维生素 D_3 可以促进肠道黏膜合成钙结合蛋白，使小肠对钙和磷的吸收增加，

同时还控制肾对磷的排出或回吸收，从而维持血浆中钙、磷浓度的正常水平，有利于新骨的生成与钙化，具有抗佝偻病和软骨病的作用。

维生素 D 缺乏会引起儿童的佝偻病和成人骨软化症。维生素 D 的适宜摄入量是 50 岁前 200 国际单位，50 岁后 400～600 国际单位。鱼肝油、肝、蛋类等动物性食物都是维生素 D 的主要来源。

三、维生素 E

维生素 E（图 6-27）由 8 种天然生育酚组成，其中α-生育酚活性最强。维生素 E 是苯并二氢吡喃的衍生物。天然的生育酚根据其化学结构分为生育酚及生育三烯酚两大类，其中每类依据甲基的数目和位置不同，分为α、β、γ、δ几种（表 6-1）。

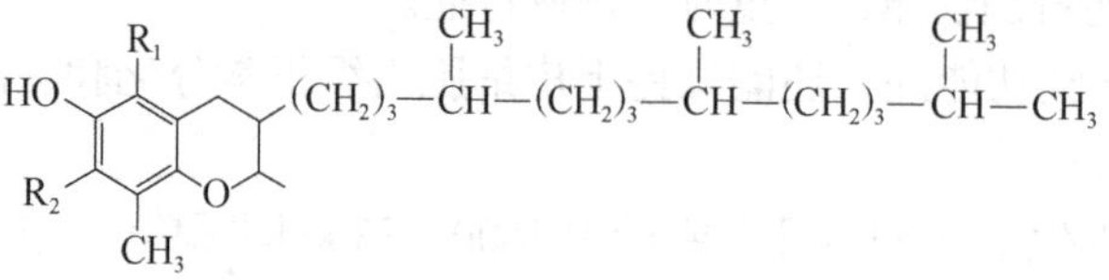

图 6-27　维生素 E 的基本结构

表 6-1　生育酚的分类

生育酚	R_1	R_2
α	$—CH_3$	$—CH_3$
β	$—CH_3$	—H
γ	—H	$—CH_3$
δ	—H	—H

维生素 E 中以α-生育酚的生理活性最高，但就抗氧化作用而言，δ-生育酚作用最强，α-生育酚作用最弱。

维生素 E 的主要作用是作为抗氧化剂阻止细胞成分的非酶氧化，如多不饱和脂肪酸被分子氧和自由基氧化。维生素 E 极易被氧化而保护其他物质不被氧化，是体内最有效的抗氧化剂。它能防止不饱和脂肪酸的过氧化反应，从而保护细胞膜。机体代谢产生的自由基具有强氧化性而对机体产生危害，如超氧离子自由基（O_2^-）、羟基自由基（·OH）及过氧化物自由基（ROO·）等。维生素 E 能捕捉自由基形成生育酚自由基，生育酚自由基又可进一步与另一自由基反应生成生育醌（非自由基产物），可以减少自由基对机体的伤害。

维生素 E 与动物的生殖功能有关，缺乏它会造成生殖器官受损、发生早产儿。成年人的维生素 E 缺乏通常与脂类的吸收和转运异常有关。

四、维生素 K

维生素 K 的主要作用是参与各种凝血因子的翻译后修饰，维生素 K 作为辅酶参与这些因子中谷氨酸残基的羧化作用。维生素 K 有促进机体血液凝固的功能，又称凝血维生素，共有 4 种，维生素 K_1 和维生素 K_2 都是 2-甲基-1,4-萘醌的衍生物，且维生素 K_1 和维生素 K_2 是天然维生素，维生素 K_3 和维生素 K_4 是人工合成的。其结构如图 6-28 所示。

知识窗 6-6

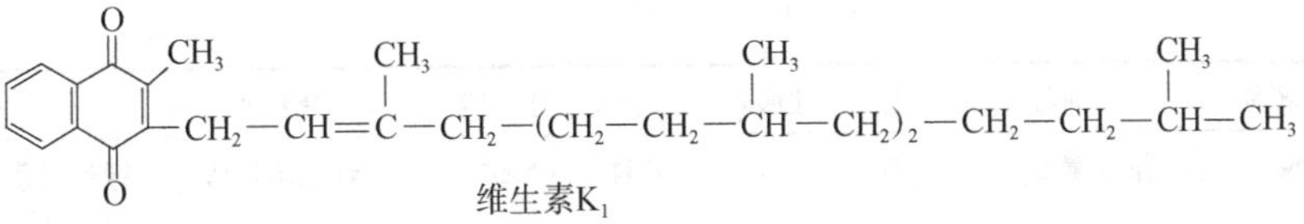

维生素K_1

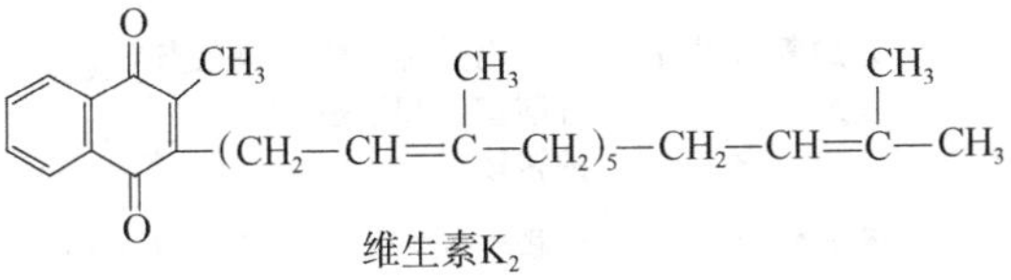

维生素K_2

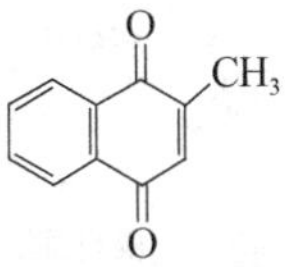

维生素K_3 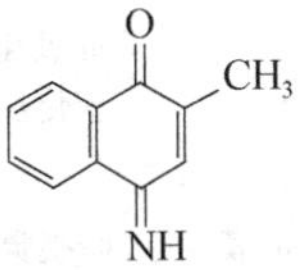　　维生素K_4

图 6-28　维生素 K 的结构

维生素 K 的主要功能是促进肝脏合成凝血酶原及几种其他凝血因子Ⅱ、Ⅶ、Ⅸ和Ⅹ。维生素 K 促进凝血酶原合成的机制是通过促进谷氨酸残基羧化为γ-羧基谷氨酸并与Ca^{2+}结合，使凝血因子由无活性转变为有活性。催化这一反应的是羧化酶，维生素 K 即为该酶的辅助因子。当缺乏维生素 K 时，就不能形成正常含γ-羧基谷氨酸的凝血酶原，影响了与Ca^{2+}的结合，血浆内凝血酶原含量即降低，使血液凝固时间加长。

维生素 K 的适宜摄入量为：成年男性 120μg/天，成年女性 90μg/天。维生素 K 存在于卷心菜、甘蓝、菠菜、蛋黄和肝脏中。自然界绿色植物中含量丰富，此外，人和哺乳动物的肠道中大肠杆菌可以产生维生素 K，故一般体内不易缺乏。

小结

维生素既不能直接提供生命活动所需要的能量，也不是组成身体的结构物质。维生素包含水溶性维生素和脂溶性维生素，水溶性维生素常作为辅酶前体，其主要功能是作为某些代谢物质的载体或作为某些酶的辅酶参加各种代谢反应。生物体无时无刻不在进行着物质代谢和能量代谢，这些代谢所发生的反应都离不开酶这个生物催化剂，有部分酶是由酶蛋白和辅酶因子组成的，由维生素衍生的辅酶可促进机体代谢。脂溶性维生素参与一些活性分子的构成。表 6-2 总结了各种维生素的主要活性形式、缺乏症、来源及其功能。

表 6-2　各种维生素的主要活性形式、缺乏症、来源及其功能

类别	名称	别名	主要活性形式	主要生化功能	缺乏症	来源
水溶性维生素	维生素 B_1	硫胺素、抗脚气病维生素	TPP	α-酮酸脱羧和醛基转移作用	脚气病、多发性神经炎	酵母、米糠、肝等
	维生素 B_2	核黄素	FMN、FAD	传递氢和电子	口角炎、舌炎、唇炎、阴囊炎等	肝、蛋、奶、豆等
	泛酸	遍多酸	CoASH	酰基转移作用	未发现缺乏病	动植物细胞中均含有
	维生素 PP	烟酸、烟酰胺	NAD、NADP	传递氢和电子	癞皮病	肉类、谷类、花生
	维生素 B_6	吡哆醇、吡哆醛、吡哆胺	磷酸吡哆醛、磷酸吡哆胺	氨基酸的转氨基、脱羧作用	未发现缺乏病	动植物中广泛分布、人体肠道细菌可以合成
	生物素	生物胞素	生物素-赖氨酸复合物	传递 CO_2	未发现缺乏病	酵母、肝

续表

类别	名称	别名	主要活性形式	主要生化功能	缺乏症	来源
水溶性维生素	叶酸	维生素 B_{11}	THF	转移一碳单位	巨红细胞贫血	绿色蔬菜、人体肠道细菌也可以合成
	维生素 B_{12}	钴胺素	5′-脱氧腺苷钴胺素	分子内重排、核苷酸重排和甲基的转移	恶性贫血	肝、肉、鱼、蛋等
	硫辛酸		硫辛酸赖氨酸	偶联转移酰基和氢	未发现缺乏病	肝、酵母等
	维生素 C	抗坏血酸		抗氧化作用、羟基化反应辅因子	坏血病	新鲜水果、蔬菜，特别是柑橘、番茄、鲜枣等中含量较高
脂溶性维生素	维生素 A	抗干眼病维生素、视黄醇	11-顺视黄醛	暗视觉形成	夜盲症、干眼病	肝、蛋黄、乳制品、胡萝卜、绿叶蔬菜等
	维生素 D	抗佝偻病维生素	1,25-二羟维生素 D_3	调节钙、磷代谢，促进骨骼发育	佝偻病、软骨病	鱼肝油、肝、奶、蛋黄等
	维生素 E	生育酚		抗氧化作用，保护膜脂，维持正常生殖功能	动物缺乏时，生殖系统上皮细胞毁坏，导致不育	大豆油等
	维生素 K	凝血维生素		羧基化反应的辅因子，促进凝血	一般不缺乏，偶见于新生儿及孕妇缺乏，表现为出血或凝血时间延长	肝、蔬菜等，人体肠道细菌也可合成

思考题

1. 什么是维生素？水溶性维生素与脂溶性维生素各自有何特点？
2. 为什么缺乏维生素 B_6 会影响蛋白质的分解代谢？
3. 在生物体内起到传递电子作用的辅酶是什么？
4. 维生素 A 为何能防治夜盲病？
5. 为何常吃粗粮的人不容易得脚气病？
6. 试总结哪些维生素可在人体肠道内合成。

第七章　新陈代谢和生物氧化

代谢（metabolism）又称新陈代谢，是生物体内所有化学变化的总称。代谢是生命的基本特征，包括合成代谢和分解代谢，前者是耗能的还原过程，后者是氧化供能过程。二者是相辅相成的，它们的平衡使生物体既保持自身的稳定，又能不断更新，以适应环境。两个过程的汇合构成生命的动力，推进生命呈螺旋式向前延伸。然而，在这一过程中每个周期的螺旋，不是前一个螺旋的重复，而是每前进一个螺旋的直径均比前一螺旋小，螺旋圈之间在不停缩小。螺旋的建造是还原，螺旋推进的动力是物质氧化产生的能量（即熵的单向增长）。推动生命运行的能量一方面来自氢的氧化，另一方面来自生物对太阳能的转换。代谢服务于两个方面：一方面产生维持生命活动的动力；另一方面合成生物分子，使营养物质分子转化为自身的特征分子，并将单体构件分子聚合成大分子的前体（蛋白质、核酸、多糖）、合成及降解细胞行使特殊功能所需的生物分子（如生物膜脂、生物内信使和色素）。酶是推动全部代谢活动的工具。代谢过程是一系列酶促反应，可通过酶活性和数量进行调节。此外，神经和激素的调节也起着重要作用。

本章着重介绍新陈代谢和生物氧化过程中的普遍原理及规律。

第一节　新 陈 代 谢

一、新陈代谢概述

活的有机体总是与周围环境进行物质和能量交换，包括对周围环境营养物质的吸收和利用、氧化分解和释放两个方面。生物体内的代谢作用一旦停止，生命活动立即消失。因此，新陈代谢可被看作生物体内经历一切化学变化的总称。

新陈代谢是通过生物体内各种生理现象反映出来的，因而这些生理现象都出现在一定的生化反应下，如呼吸作用的主要过程是营养分子在氧的参与下进行分解并释放出能量；生长的主要过程则是核酸、蛋白质等生物大分子合成的结果；运动时肌肉收缩，则是 ATP 转化为动能的表现；光合作用则是叶绿素分子将光能转化为化学能的过程；体内一切物质的分解作用伴随着大分子物质内能的释放，这种能量可满足合成代谢需要，所产生的小分子也可作为大分子合成的前体物质。代谢是动态的，生物体内同时进行着分解代谢与合成代谢，分解老化的生物分子并合成新的分子来代替。

（一）合成代谢与分解代谢

生物分子结构的多层次性决定了合成代谢的阶段性。首先由简单的无机分子（CO_2、NH_3、H_2O 等）合成生物小分子（单糖、氨基酸、核苷酸等），再用这些构件合成生物大分子，进而组装成各种生物结构。合成代谢有趋异性，随着合成代谢阶段的上升，倾向于产生种类更多的产物。分解代谢有趋同性，即随着结构层次的降低，倾向产生少数共同的分解产物。

合成代谢需要消耗能量，所需的能量主要用于活化前体或构件分子，以及用于还原步骤等。合成生物小分子的能量直接来自ATP和NADPH，合成生物大分子的能量直接来自核苷三磷酸。

分解代谢的各个阶段都是释放能量的过程，可分为三大阶段（图7-1）。第一阶段放能很少；第二阶段约占1/3，可推动ATP和NADPH的合成，它们可作为能量载体向体内的耗能过程提供能量；第三阶段通过三羧酸循环（TCA）和氧化磷酸化释放能量，主要用于ATP的合成。三羧酸循环形成二氧化碳和还原辅酶，后者在氧化磷酸化过程中释放能量，形成ATP和水。

（二）物质代谢和能量代谢

按照代谢终末产物可将代谢分为物质代谢和能量代谢（图7-2）。尽管任何一种活细胞中所发生的反应十分复杂，但因分化起源相同，都遵从热力学原理，代谢原理在所有生物中均相同。

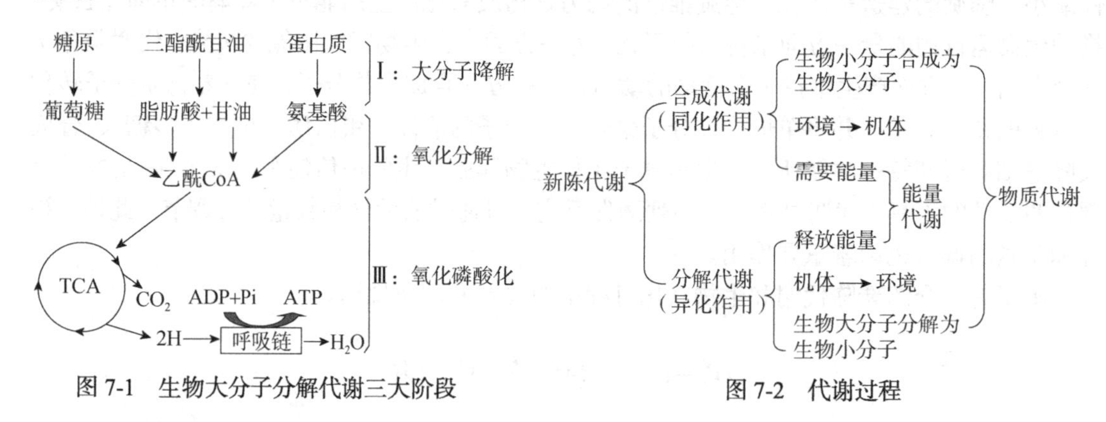

图7-1 生物大分子分解代谢三大阶段

图7-2 代谢过程

1. 物质代谢 是指糖类、脂类、蛋白质、核酸及次生产物的合成与分解代谢。

2. 能量代谢 伴随着物质代谢产生的机械能、化学能、渗透能、热能及光能、电能的释放。

分解代谢中释放的能量转变为两种形式的载体：①ATP，含有较高的磷酸基团转移势能；②NADPH，携带还原力，合成大分子。二者均作为需能代谢中能量的供应形式。

合成代谢与分解代谢之间存在着对立统一性，由基本结构单元构建生物大分子时，结构单元需先活化，大分子氧化分解放能大于活化所需能量，彼此之间既依存又制约，此消彼长，始终处于动态平衡。

3. 分解代谢与合成代谢中的能量转移

（1）代谢反应中能量转移的重要载体——ATP　分解代谢过程中，如葡萄糖和其他燃料分子的降解，所释放的能量是通过ADP磷酸化过程生成ATP而被储存，然后再经过ATP的水解释放自由能用于做功，如驱动合成反应；细胞运动或肌肉收缩；跨膜逆浓度梯度主动运输营养物质；DNA、RNA、蛋白质生物合成过程中传递遗传信息等。

在产能和需能的代谢过程中，ATP作为能量携带者，故称其为生物体内自由能的通用货币，ATP自身形成能量循环（图7-3）。

（2）NADPH以还原力形式携带能量　NADPH为携带分解代谢中所释放能量的另一种形式，$NADP^+$是某些代谢中脱氢酶辅酶的氧化形式；其结合代谢底物分解氧化中释放出的高能氢原子转化为还原态的NADPH，再通过其氧化，将能量转移到需能的合成反应中，使反应物获得氢原子而被还原。

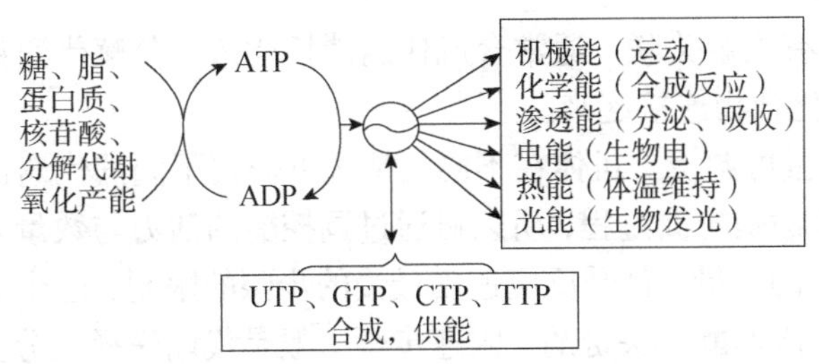

图 7-3　能量源自能源物质（糖、脂，偶尔是蛋白质）的分解

生物合成过程需要氢原子或电子形式的还原力，通过 NADPH 将分解代谢所释放出的部分能量，用于其他化合物的生物合成，实现能量的“战略”性传递。在此过程中，$NADP^+ + H^+ + e \longrightarrow$ NADPH 实现自身的循环。区别于 NAD^+与蛋白质的松散结合，从 $NADP^+$与所结合的酶蛋白结构特点来看，$NADP^+$的结合是严紧型，不能被透析而除去，结合氢常用作合成类反应。以 NAD^+和 FAD^+等辅酶所构成的脱氢酶的主要功能是生物氧化过程中氢和电子携带者，经电子传递链，用于产生 ATP，活化反应底物或做功。

二、新陈代谢类型

根据细胞对碳源和能量要求的不同，将生物新陈代谢分为自养生物型（autotroph）、异养生物型（heterotroph）及兼性营养型。

1）自养生物型：从环境中获取 CO_2、H_2O，利用太阳能合成有机化合物，即糖类，如高等植物、光合细菌、蓝绿藻等。

2）异养生物型：依赖自养生物所制造的有机物为碳源，通过复杂化合物分解时释放的化学能维持生命，如高等动物、人和大多数的微生物。

3）兼性营养型：红螺菌等某些生物在有机物不存在时利用光能固定 CO_2 合成有机物，供生长发育所需，在有机物存在时，利用现成的有机物满足自身需要。这种代谢类型属于兼性营养型。

自养生物与异养生物在营养上存在相互依赖性，彼此通过不同代谢方式的联合、协同，实现着自然界碳、氧和氮三大元素的循环。

三、代谢途径

代谢过程是通过一系列酶促反应完成的。完成某一代谢过程的一组相互衔接的酶促反应称为代谢途径。代谢途径有以下特点。

1）没有完全可逆的代谢途径。物质的合成与分解，有的是完全不同的两条代谢途径（如脂肪酸代谢）；有的要部分地通过单向不可逆反应（如糖代谢）。

2）代谢途径的形式是多样的，有直线式、分支式、环式等。

3）代谢途径有确定的细胞定位。酶在细胞内有确定的分布区域，所以每个代谢过程都是在确定的区域进行的。例如，糖酵解在细胞质中进行，三羧酸循环在线粒体基质中进行，氧化磷酸化在线粒体内膜进行。

4）代谢途径是相互沟通的。各个代谢途径之间，可通过共同的中间代谢物而相互交叉，也可通过过渡步骤相互衔接，构成复杂的代谢网络。通过网络，各种物质的代谢可以协调进行，某些物质还可相互转化。

5）代谢途径之间有能量关联。通常合成代谢消耗能量，分解代谢释放能量，二者通过能量载体 ATP 等高能化合物连接起来。

6）代谢途径的流量可调控。机体在不同的情况下需要不同的代谢速度，以提供适量的能量或代谢物。因为代谢是酶促过程，所以可通过调控酶的活力与数量来实现物质代谢的流量控制。每个代谢途径的流量，都受反应速度最慢的步骤的限制，这个步骤称为限速步骤或关键步骤，这个酶称为限速酶或关键酶。限速步骤一般是代谢途径或分支的第一步，这样可避免有害中间产物的积累。限速步骤一般是不可逆反应，其逆过程往往由另一种酶催化。限速酶的活性甚至数量，往往受到多种机制的调节，最普遍的是反馈抑制，即代谢终产物的积累对限速酶产生抑制（参见第十五章物质代谢的调节控制）。

四、细胞代谢的经济性与可调节性

1. 体内各种代谢途径的本身及彼此间的调控　细胞内对代谢的调节是以最经济的方式满足机体对有机物和能量的需求，如当能量过剩时，产能途径受到抑制；某种有机物过量时，此有机物即通过反馈式抑制该有机物合成途径中的关键酶。

2. 机体对外界环境拥有适应性调节　当外界环境改变时，机体能迅速调节并改变体内代谢途径，建立新的代谢平衡，以适应环境，得以生存和发展。例如，生长在含 NH_4Cl 的培养基中的大肠杆菌在转接于氨基酸培养基时，经一段时间后能直接利用氨基酸而不利用 NH_4Cl，通过减少对氨盐的利用，节省能量。

因此，学习新陈代谢不仅要了解代谢途径，也要了解代谢的调节机制。代谢调控一般可归纳为三个不同水平的调节，即酶水平（分子水平）、细胞水平和多细胞整体水平的调节（参见第十五章物质代谢的调节控制）。

3. 各种代谢途径在细胞中的定位　细胞的代谢活动具有复杂多样性，既转瞬即逝，又周而复始，不同物质的代谢之间纵横交错；而同类物质不同方向的代谢又对立统一。然而细胞这些复杂的代谢总是有条不紊地进行着。其根本原因在于各类物质代谢按照自己的结构和所需供能、耗能方式，在细胞的不同区域内完成（表 7-1）。多种代谢途径被有序地分布于细胞内的不同区域，互不干扰，独立并有效协调。

表 7-1　各种代谢途径在细胞内的区域定位

区域部位	区域部位的代谢分工
线粒体	①羧酸循环（线粒体膜）；②电子传递和氧化磷酸化；③脂肪酸氧化；④氨基酸分解代谢
细胞液	①酵解；②脂肪酸合成；③糖异生的部分途径；④尿素合成
内质网	①脂类合成；②类固醇合成；③蛋白质合成
细胞核	①DNA 的复制；②RNA 的合成
内质网和细胞液	糖原的合成与降解
溶酶体	蛋白质降解

五、新陈代谢的研究方法

代谢途径是一个复杂的过程，各种物质代谢反应既各自独立进行，又相互交叉，构成一个网络系统。

新陈代谢的研究方法分为体内研究、体外研究和单细胞研究等。

（一）体内（*in vivo*）研究或活体研究

1. 维生素功能研究　这是在正常的生物体活体内进行整体水平代谢研究，如采用饲喂动物的方法研究维生素缺乏症。设实验和对照两组试验：先取雌雄平均两组动物，经相同混合饲料饲养3天后，一组饲料中缺少某种维生素，另一组仍吃混合饲料，经若干天后与另一组对照，观察饲喂动物所发生的病变，再加入这种维生素，观察其病变是否减退或康复（如体重、肝功能、尿液理化指标等），从而确证这种维生素的功能。

2. 测定呼吸商判断体内能量来源　动物所摄入食物，因各种物质中所含C、H、O比例不同，在体内氧化过程中消耗O_2和释放出CO_2量的比例也不同，这个比值称呼吸商（RQ）。

$$RQ = \frac{CO_2（产生体积量）}{O_2（消耗体积量）}$$

参加能量代谢所消耗的主要营养物质是糖、脂和蛋白质。这三类物质所产生的呼吸商不同，糖为1，脂为0.70，蛋白质为0.80。这表明糖类物质的氧化分解所产生的CO_2和所消耗的O_2相等，这一比值反映出糖中的碳原子数与分子氧数相近，体内能量来源主要是糖；而脂肪和蛋白质的RQ相对较低，表明了后两类物质碳和氧的比值悬殊，耗氧多，若氧供应不足，氧化程度较低，必然导致病变。糖尿病患者不能很好地利用葡萄糖，能量来源就偏重于脂肪，呼吸商偏低，表明这类患者对C的氧化率低，CO_2产生的量少，接近0.7。因此，长期处于饥饿状况下，患者大量消耗的营养物质来自脂肪和蛋白质分解，日趋消瘦，呼吸商较低（接近0.80），故糖尿病生理指标常以血液中脂肪代谢中间产物酮体的含量计。

3. 通过先天性代谢疾病患者了解代谢障碍　先天性代谢疾病患者体内某一代谢中间产物往往因不能进一步利用而排出体外，从这种不正常的排泄物可以推测一个生化反应中断，从而获得对正常代谢过程的了解。例如，腺苷、鸟苷最终经黄嘌呤氧化为尿酸而排出体外，正常人血浆中尿酸含量为119～357μmol/L（相当于2～6mg/天），男性平均为267.7μmol/L（4.5mg/天），女性平均为208.2μmol/L（3.5mg/天）。当超过8mg/天时，尿液盐晶体即可沉积于关节、软组织、软骨及肾脏等部位，而导致关节炎、尿路结石、肾疾病及痛风症。其病因在于肌体内嘌呤核苷酸从头合成的调控酶活力异常升高，或补救合成途径的酶缺失，导致嘌呤核苷酸从头合成和补救合成途径之间失去平衡，缺少补救途径而引起嘌呤核苷酸合成速度的增加。最终因体内高水平嘌呤核苷酸分解加强，从而导致血液中的尿酸堆积。

4. 应用微生物生化突变型观测代谢途径　人类受先天性代谢疾病研究的启发，采用离子注入、激光和紫外线照射或化学诱变方法，使微生物形成遗传学缺陷型，对某个途径需加入一定的中间产物，才使生长能延续。例如，链孢霉经紫外线照射后在缺少甲硫氨酸（Met）培养基中就不能生长，一旦加入Met后即可以生长，该菌株即为Met缺陷型，这是由于Met合成过程中，某一酶缺乏或损坏的结果，紫外线等因素改变了控制这个酶的基因的结构。

（二）体外（*in vitro*）研究或试管研究

其是指在人造条件或在试管中进行代谢研究，如离体器官、组织切片、组织提取液或分离制备各种细胞器进行离体试验。

1. 切除器官　例如，切除动物胰脏研究糖尿病，切除肝脏研究含氮化合物的代谢。常用血液或其他液体灌注一个活体器官，把要研究的某一物质加入灌注液中，观察该物质所发生的变化。例如，将丙氨酸灌注到肝中，丙酮酸的量增加，说明肝细胞具有脱氨作用。Krebs 等科学家于 20 世纪 30 年代采用鸽子胸大肌作材料匀浆，用 α-酮戊二酸、柠檬酸等中间产物进行试验，总结并分析试验结果，惊奇地发现了三羧酸循环。

此外，还通过组织切片、组织匀浆、组织抽提液作为酶的来源观察它们是否可催化某种特殊反应，从而推测其代谢的过程，如 DNA 复制、蛋白质合成、糖原合成等。

2. 组织培养 在对细胞或组织生长所需物质因子了解的基础上，观察将细胞或组织培养在由人工制备的含一定营养成分的培养基中，从而获得目的细胞或组织在生长过程中的代谢情况。

（三）代谢途径阻断法

正常生长的细胞或组织因具有完成一系列代谢活动所需的酶，不停地推进生命的进程，中间产物瞬间消失，难以测定，若在正常生长的细胞或组织中加入酶抑制剂，扰乱代谢途径，即可使中间产物积累，借助分析中间代谢物探明酶的催化作用及代谢过程（图 7-4）。

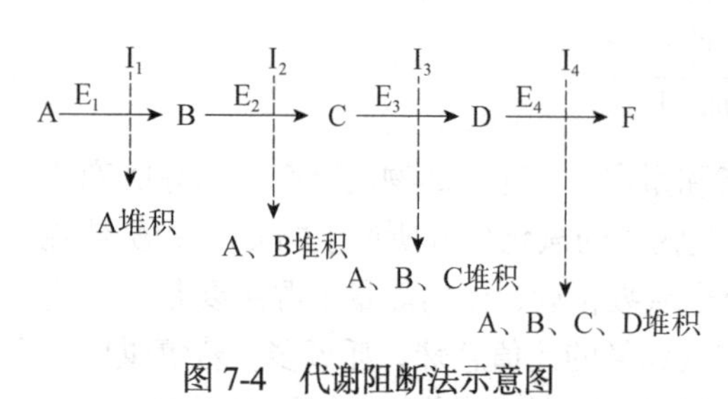

图 7-4 代谢阻断法示意图

（四）单细胞荧光定量分析

经典生物学的测定方法均为众多细胞所取得的统计学的平均结果，样品体积大，分析信号获得结果的周期长，分辨率低，难以获得准确的数据。近年来，在相关技术上取得了重大突破，人们已可以通过数代组织培养获得单细胞，并对单细胞就某一代谢过程采用多维显微图像、激光扫描共聚焦显微镜、拉曼散射光谱及高灵敏度荧光动态图像跟踪检测细胞物质和能量代谢情况，从而获得某类细胞的某些针对性参数。与复杂的组织细胞相比，以全能性单细胞作为代谢研究的对象，具有简单、快速和准确的特点，在活体状态下对其代谢生理生化指标和能量进行检测具有客观性。

（五）代谢物标记追踪

细胞内新陈代谢是一个短促的瞬间，一个物质的分解或合成途径，往往有许多酶参加，要了解糖、脂或蛋白质在体内所发生的变化，经历了哪些中间产物是不容易的。例如，前面所述的研究丙氨酸的代谢，即使分离提取出的细胞或组织中有丙酮酸的存在，我们也还不能确切地认为丙酮酸是蛋白质丙氨酸的产物，因为葡萄糖发酵、脂肪代谢中甘油及非糖物质形成的糖均可产生丙酮酸，用灵敏度高的同位素跟踪是较好的方法。临床上常用 ^{131}I 的碘化物确证甲状腺功能亢进。经疑似甲状腺功能亢进的患者服用 ^{131}I 的碘化物，^{131}I 迅速被甲状腺吸收，并转化为甲状腺素这类含碘有机物。甲状腺功能亢进的患者吸收 ^{131}I 的速度远较正常人快。

除了用同位素标记，还可用化学标记物跟踪代谢的行踪来了解代谢物在体内的代谢过程。例如，早在 1904 年，德国 Knop 等根据苯基在动物内不易氧化的特点，采用苯基取代的脂肪酸喂狗，研究脂肪酸代谢过程，发现带有苯基的脂肪酸的最后产物在尿中排出，于是追踪到脂肪酸的代谢途径。凡是苯环标记的奇数碳原子脂肪酸的 ω 碳原子，喂食动物后，尿排出的产物均为苯甲酸+Gly⟶马尿酸；苯环标记的偶数碳原子脂肪酸的 ω 碳原子，尿排出的产物为苯乙酸+Gly⟶苯乙尿酸，由此推断出脂肪酸是从羧基端β碳原子开始降解，每次分解出2C片段，故称β-氧化。

（六）代谢组学

生物的代谢是一个整体，各个代谢途径不是孤立的。基因组信息、功能基因组学、代谢组学和生物信息学的技术与平台，使得代谢及调控网络的构建成为可能，这也是前沿研究的重要方向。最近，科学家非常重视预见性代谢工程，即利用系统生物学的方法来整合代谢组、蛋白质组和转录组的分析数据，从而在代谢网络的水平上进行反复的系统模拟，最终得到比较接近真实状态的结果。代谢组学是通过考察生物体系受刺激或扰动后（如将某个特定的基因变异或环境变化后），其代谢产物的变化或其随时间的变化，来研究生物体系的代谢途径。代谢组学所关注的对象是相对分子质量小于1000的小分子化合物。与传统的代谢研究相比，代谢组学是通过现代化学仪器分析技术来测定机体整个代谢产物谱的变化，并通过多元统计分析方法研究整体的生物学功能状况。常用的分析方法有核磁共振（NMR）、气相色谱-质谱联用（GC-MS）、液相色谱-质谱联用（LC-MS）、傅里叶质谱（FTMS）和毛细管电泳-质谱联用（CE-MS）等。通过代谢组学研究，既可以发现生物体在受到各种内外环境扰动后应答的不同，也可以区分同种生物不同个体之间的表型差异，如突变型与野生型之间的代谢产物比较，组织培养的植物与野生型植物的代谢产物差异比较等，即“基因组学和蛋白质组学告诉你什么可能会发生，而代谢组学则告诉你什么确实发生了”，因此在疾病诊断、医药研制开发、营养食品科学、毒理学、环境学、植物学等与人类健康护理密切相关的领域得到了广泛应用。

代谢组学研究的优势表现在：①生物损伤小，如所检测的体液主要是尿液与血清；②所得到的信息量巨大，代谢组学提供的是整个机体功能统一性的信息；③基因和蛋白质表达的微小变化会在代谢物上得到放大，所以检测较容易；④代谢物的种类和数目要远小于基因和蛋白质；⑤与基因组学和蛋白质组学的整合，使研究的信息更深入、更全面。目前，其缺点为：①分析手段有限，尚无任何一个分析技术能够同时对所有代谢物进行分析；②尚无有效的数据分析手段将得到的全部信息进行分析和解释；③生物体代谢组变化比较快；④检测所需的仪器设备价格昂贵，操作人员需要很高的专业素养。

第二节　生 物 能 学

生物体与外界环境既有物质交换也有能量交换，是一个开放的体系。随物质代谢过程发生的能量转化，统称为能量代谢（energetic metabolism），生物能学是定量研究发生在活体细胞内能量转换过程的科学。

生物能的最初来源是太阳能。生物圈中的自氧生物通过光合作用，可将太阳能转化为化学能，贮存于营养分子的化学键中，并通过生物氧化过程使其逐步释放，用于机体做功和产热。生物能学建立在热力学基础上，而热力学是用一个体系的所有性质（包括压力、温度、体积、比热和表面张力等）来描述体系所处状态的科学。本节的热力学具体是指生物个体体系所处的状态、各状态之间单值与体系性质之间的对应关系。为了理解生物能学的基本问题，本节先复习热力学法则和焓、熵与自由能的定量关系，然后介绍生物体细胞中氧化还原反应、电子转移的能量变化，最后介绍ATP在生物能量交换中的特殊作用。

一、生物氧化的自由能变化

1. 内能与焓的概念　按照热力学第一定律：内能（internal energy）是体系内部质点能量的总和，通常用符号 U（或 E）表示。内能的本质是体系的状态函数，是由体系分子的各种运动所处能量状态及分子间相互作用引起的势能等形成的。虽然不能求得内能的绝对值，但若体系状态发生改变，体系内能随之发生变化，变化值等于它吸收的热量减去它所做的功，可表示为

$$\Delta U=Q-W \tag{7-1}$$

式中，ΔU 为内能的变化；Q 为体系变化时吸收的热量；W 为体系做的功。

焓又称为热焓（enthalpy），是体系中另一个状态函数，用 H 表示。它是指一个体系的内能与其全部分子的压力和体积乘积的总变化之和，所涉及的内容是体系内质点的相互作用和质点自身的能量。内能和焓都只与体系状态有关，而与质点的属性无关。它们的变化分别用 ΔU 和 ΔH 表示。ΔU 和 ΔH 与具体的变化途径无关，但与起始、最终状态均有关。焓变和内能变化之间的关系可用下式表示。

$$\Delta H=\Delta U+\Delta PV \tag{7-2}$$

式中，ΔH 为焓变；ΔU 为内能的变化；ΔPV 为压强 P 和体积 V 的变化。

2. 熵的概念　热力学第二定律指出，热的传导只能从高温物体自发传给低温物体。生物体内能主要表现为热与功两种形式。热的传递伴随着质点的无序运动，这种自发过程是能量分散的过程。代表体系能量分散程度的状态函数称为熵（entropy），用 S 表示。而功伴随着质点的定向移动，是质点的有序运动。任何一种物理或化学的过程都自发地趋向于增加体系与环境的总熵。热力学第二定律可表示为

$$\Delta S\geqslant\Delta Q/T \tag{7-3}$$

式中，T 为体系的绝对温度；ΔS 为熵变；ΔQ 为体系变化时吸收的热量。自然界孤立体系的变化都是自发地向混乱度增加的方向进行的，即熵增大的方向进行，$\Delta S>0$。体系平衡时，$\Delta S=0$。生物体是开放体系，为了维持自身的有序性，不断与环境进行物质和能量的交换，将生命活动中产生的正熵释放到环境，使环境的熵值增加，而自身保持低熵。新陈代谢过程使机体能成功地向周围环境释放出生命活动产生的全部正熵。生物体通过吸收阳光和食物的方式从环境中获得维持其内部有序的自由能，并返还给环境等量的热和熵。

3. 生物化学反应中的自由能　反应系统和它周围的环境构成了反应体系，一个化学反应体系可以在隔离或封闭的系统中进行，封闭系统没有与周围环境进行物质或能量交换。然而活细胞和有机体等生物体系是一个开放的体系，并时时刻刻与周围环境进行物质与能量的交换，且这种交换永不能达到平衡。细胞是等温体系，它们在常温常压下生长，热传导并不是细胞的能量源。细胞所利用的能量必须是来自于体内生物化学反应释放的自由能。在恒温恒压下，生物体可以用来做功的那一部分能量叫作自由能（free energy），又称 Gibbs 自由能，用符号 G 表示。它能预测化学反应的方向，反映精确的平衡位置，以及它们在常温常压下理论上能做功的量。光合细胞从吸收的太阳光中获得自由能，而异养细胞则从营养分子中获得自由能。这些细胞将自由能存入 ATP 和其他高能化合物中。生物体系内自由能变化可表示为体系的总能量减去体系在恒温恒压条件下那一部分熵变，可用式（7-4）表示。

$$\Delta G=\Delta H-T\Delta S \tag{7-4}$$

式中，ΔG 为体系内自由能变化；ΔH 为体系的焓变化；ΔS 为体系的熵改变。这样 ΔG 就可以用来判断一个化学反应的方向。

当 $\Delta G<0$ 时，体系未达到平衡，反应可自发进行（为放能反应）。

当 $\Delta G=0$ 时，体系处于平衡状态。

当 $\Delta G>0$ 时，反应不能自发进行，需对体系补充自由能才能推动反应进行（即吸能反应）。应强调的是，式（7-4）中 ΔG 是状态函数，一方面，只与反应的始态与终态有关，与反应途径无关（例如，葡萄糖在体内氧化与在体外燃烧分解成 CO_2 和 H_2O，反应途径截然不同，但释放的 ΔG 都相同）；另一方面，ΔG 与反应的机制无关，不能用于判断反应速度问题。例如，就反应 A⟶B 而言，反应速度取决于温度、A 的基态与过渡态之间的自由能差（即活化能）及催化剂存在与否等因素。

4. 反应的标准自由能变化与平衡常数的关系　在常温常压下，化学反应平衡常数的定义式如下。

$$A+B \rightleftharpoons C+D \qquad K=\frac{[C][D]}{[A][B]} \tag{7-5}$$

式中，K 为平衡常数；[A]、[B]、[C]、[D] 分别为在平衡时反应组成物的摩尔浓度。反应的自由能变化为

$$\Delta G=\Delta G^{\ominus}+RT\ln K \tag{7-6}$$

式中，R 为气体常数，等于 8.315J/（mol · K）；T 为热力学温度，等于 298K；$\Delta G^{\ominus}$为标准自由能变化。

在参加反应的物质的浓度为 1mol/L、温度为 25℃（即 298K）、压力为 0.1MPa、pH=0 的条件下进行反应，其自由能变化称为标准自由能变化，用 $\Delta G^{\ominus}$表示。考虑到生物体系内的生化反应一般是在 pH=7 下进行的，用 $\Delta G'^{\ominus}$代替 $\Delta G^{\ominus}$。当反应处于平衡时，$\Delta G=0$，

$$\Delta G'^{\ominus}=-RT\ln K=-2.303\,RT\lg K \tag{7-7}$$

由此，计算自由能的变化不仅能用于判断一个反应能否自发进行及其反应方向，而且能用于计算平衡常数。反之，根据平衡常数也可计算出标准自由能的变化，这在生物化学中有重要的实际意义。例如，A ⇌ B 反应，若平衡常数 $K>1$ 时，$\Delta G'^{\ominus}$为负值，产物比反应物的自由能要少，反应在标准条件下自发趋向生成 B 的方向进行。若平衡常数 $K<1$，$\Delta G'^{\ominus}$为正值，反应在标准条件下不能自发进行。当 $K=1$ 时，$\Delta G'^{\ominus}=0$，反应达到平衡。K 与 $\Delta G'^{\ominus}$的数值关系（表 7-2）表明对于一个连续化学反应 $\Delta G'^{\ominus}$呈可加和性，即自由能的总变化等于每一步反应自由能变化的代数和。例如，A⟶B⟶C 反应可以把整个反应 $\Delta G'^{\ominus}$看成 A⟶B 和 B⟶C 两个反应自由能的加和，即

$$\Delta G'^{\ominus}(A\longrightarrow C)=\Delta G'^{\ominus}(A\longrightarrow B)+\Delta G'^{\ominus}(B\longrightarrow C) \tag{7-8}$$

表 7-2　K 与 $\Delta G'^{\ominus}$之间的关系

K	$\Delta G'^{\ominus}$		K	$\Delta G'^{\ominus}$	
	kJ/mol	kcal/mol*		kJ/mol	kcal/mol*
10^{-6}	34.2	8.2	10^{-1}	5.7	1.4
10^{-5}	28.2	6.8	1	0.0	0.0
10^{-4}	22.8	5.5	10^{1}	−5.7	−1.4
10^{-3}	17.1	4.1	10^{2}	−11.4	−2.7
10^{-2}	11.4	2.7	10^{3}	−17.1	−4.1

*最近国际专业委员会建议用焦耳（J）或千焦耳（kJ）表示自由能变化，1cal=4.184J，但生物化学家有时用 kcal/mol 来表示 $\Delta G'^{\ominus}$值

即使连续反应中某一步反应的自由能变化为正值，只要整个反应途径的自由能变化的总和为负值，该连续反应仍可自发进行。

5. 氧化还原电势与自由能变化的关系 生物体内的许多重要反应属于氧化还原反应，而生物体所需的能量就来源于体内进行的氧化还原反应。氧化还原反应的本质就是电子从还原剂转移到氧化剂的过程，该过程往往可逆。生物体内的氧化还原反应原理和化学电池相似，任何的氧化还原物质连在一起，都可产生氧化还原电势，任何氧化还原电势对都有特定的标准电势，该电势称为标准氧化还原电势（standard oxidation-reduction potential），用 $E^{\ominus}$表示。其标准条件是指 25℃、pH=0、压力为 0.1MPa，其所有反应物、产物的浓度均为 1mol/L。

$$\Delta E^{\ominus}=\text{标准氧化电极电位}-\text{标准还原电极电位} \quad (7\text{-}9)$$

$\Delta E'^{\ominus}$则表示在 pH=7 时生物体内化学反应的标准氧化还原电势。一些生物物质的氧化还原电势已测出（表 7-3）。从表 7-3 中的数据可见，标准电势 $E'^{\ominus}$越小，电负性越大，越倾向于失去电子，即还原能力越强；$E'^{\ominus}$值越大，电正性越大，越倾向于得到电子，即氧化能力越强。换言之，电子总是从低的氧化还原电势（$E'^{\ominus}$较小）向高电势（$E'^{\ominus}$较大）流动。

表 7-3 生物体中某些氧化-还原体系的标准电势

氧化-还原反应式	标准还原电势 $E'^{\ominus}$/V
$1/2O_2+2H^++2e^-\longrightarrow H_2O$	+0.815
$2H^++2e^-\longrightarrow H_2$	−0.421
$NAD^++2H^++2e^-\longrightarrow NADH+H^+$	−0.320
$NADP^++2H^++2e^-\longrightarrow NADPH+H^+$	−0.324
$FAD+2H^++2e^-\longrightarrow FADH_2$	−0.180*
$CoQ+2H^++2e^-\longrightarrow CoQH_2$	+0.045
细胞色素 b（Fe^{3+}）$+e^-\longrightarrow$细胞色素 b（Fe^{2+}）	+0.077
细胞色素 c_1（Fe^{3+}）$+e^-\longrightarrow$细胞色素 c_1（Fe^{2+}）	+0.215
细胞色素 c（Fe^{3+}）$+e^-\longrightarrow$细胞色素 c（Fe^{2+}）	+0.254
细胞色素 a（Fe^{3+}）$+e^-\longrightarrow$细胞色素 a（Fe^{2+}）	+0.210
细胞色素 a_3（Fe^{3+}）$+e^-\longrightarrow$细胞色素 a_3（Fe^{2+}）	+0.350
草酰乙酸$+2H^++2e^-\longrightarrow$苹果酸	−0.166
延胡索酸$+2H^++2e^-\longrightarrow$琥珀酸	−0.031
琥珀酸$+2H^++2e^-\longrightarrow$$\alpha$-酮戊二酸	−0.670
丙酮酸$+2H^++2e^-\longrightarrow$乳酸	−0.185
乙醛$+2H^++2e^-\longrightarrow$乙醇	−0.197
乙酸$+CO_2+2H^++2e^-\longrightarrow$丙酮酸	−0.700
乙酰乙酸$+2H^++2e^-\longrightarrow$$\beta$-羟丁酸	−0.346
乙酰 CoA$+CO_2+2H^++2e^-\longrightarrow$丙酮酸+CoA	−0.480
甘油酸-3-磷酸$+2H^++2e^-\longrightarrow$甘油醛-3-磷酸$+H_2O$	−0.550
甘油酸-1,3-二磷酸$+2H^++2e^-\longrightarrow$甘油醛-3-磷酸+Pi	−0.290
胱氨酸$+2H^++2e^-\longrightarrow$2 半胱氨酸	−0.340

*这是游离 FAD 的值，连接于特定的黄素蛋白（如琥珀酸脱氢酶）的 FAD 具有不同的 $\Delta E'^{\ominus}$

生物体内标准自由能变化 $\Delta G'^{\ominus}$与标准氧化还原电势变化 $\Delta E'^{\ominus}$之间存在的关系为

$$\Delta G'^{\ominus}=-nF\Delta E'^{\ominus} \quad (7\text{-}10)$$

式中，n 为转移电子数；F 为法拉第常数，等于 96.49kJ/(V · mol)；$\Delta E'^{\ominus}$和 $\Delta G'^{\ominus}$的单位分别为 V 和 kJ/mol。利用上述公式可由氧化-还原电势差计算出化学反应的自由能变化。在生物化学反应中，这种自由能变化意味着一个体系能够转移电子的能力。

二、高能生物分子

（一）高能化合物

高能化合物是指含高能化学键的化合物。生物化学中的高能键（high energy bond）是指具有很高的基团转移势能或水解时产生大于 25kJ/mol 或 30kJ/mol 自由能的化学键。这些键是不稳定的键。但要注意生物化学中高能键的概念与化学中高能键的含义不同，后者是指断裂该化学键所需的能量，通常表示键的稳定性，但两者都用“～”表示。

大多数生物能利用糖、脂肪和蛋白质等能源贮存物质。细胞通过呼吸作用将它们氧化，同时释放大量的能量，这些能量一部分用来产热，但大部分贮存在一些小分子内（高能化合物）（表 7-4），以不同的高能化合物和化学键形式存在，其中高能磷酸化合物在生物体能量代谢中占有重要的位置。

表 7-4　常见的高能化合物

化学键型	高能键键型	高能化合物举例	水解时释放的标准自由能（$\Delta G^{\ominus}$）
磷氧键型 —O～P	酰基磷酸化合物 —C(=O)—O～P	乙酰磷酸 CH_3—C(=O)—O～P(=O)(OH)—OH	−42.3kJ/mol （−10.1kcal/mol）
	烯醇式磷酸化合物 —C=C—O～P	磷酸烯醇式丙酮酸 COOH—C(=CH_2)—O～P(=O)(OH)—OH	−61.9kJ/mol （−14.8kcal/mol）
	焦磷酸化合物 —P—O～P	腺苷三磷酸 腺苷—O—P(=O)(OH)—O～P(=O)(OH)—O～P(=O)(OH)—OH	−30.5kJ/mol （−7.3kcal/mol）
磷氮键型 —N～P	胍基磷酸化合物 —N～P C=NH N—	磷酸肌酸 HN～P C=NH N—CH_3 CH_2COOH	−43.1kJ/mol （−10.3kcal/mol）
硫碳键型 —C～S	硫酯键化合物 —C(=O)～S—	乙酰辅酶A CH_3—C(=O)～SCoA	−31.4kJ/mol （−7.5kcal/mol）
	甲硫键化合物 CH_3～S^+	*S*-腺苷甲硫氨酸 CH_3～S^+(腺苷)—CH_2CH_2CH(NH_2)—COOH	−41.8kJ/mol （−10.0kcal/mol）

（二）高能磷酸化合物

1. ATP 的结构组成　ATP（adenosine triphosphate）又称腺苷三磷酸，是最重要的高能磷酸化合物，结构如图 7-5 所示。

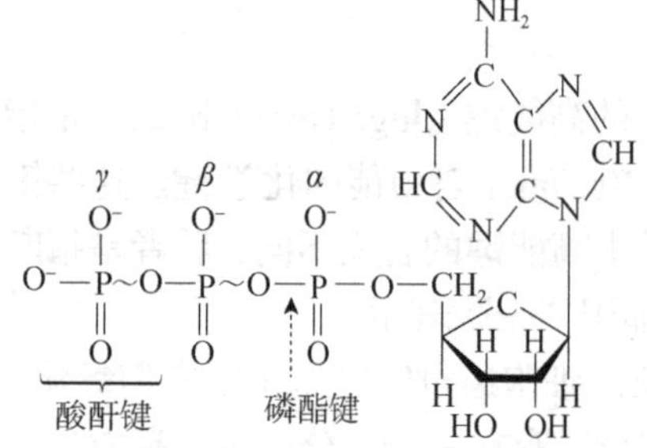

图 7-5　腺苷三磷酸的结构式

腺苷三磷酸分子中，从与腺苷基团相连的磷酸基团算起，三个磷酸基团依次分别称为 *α*-磷酸基团、*β*-磷酸基团和 *γ*-磷酸基团。

α-磷酸基团的磷酯键有较强的共振稳定性。而 *β*-磷酸基团和 *γ*-磷酸基团的酸酐键却非常容易水解并释放大量的自由能，可能存在以下原因。

1）在生理条件下，ATP 分子三个磷酸基团完全解离成带 4 个负电荷的粒子形式 ATP^{4-}，内约有 4 个负电荷，相距很近的负电荷相互排斥，使 ATP 有较大的势能，影响了磷酸酐键的稳定性。

2）由于 $^{-}O-\overset{\overset{O}{\|}}{\underset{|}{P}}-O^{-}$ 氧的电负性大，电子云偏向于氧，磷原子带部分正电荷，由于受到带正电荷磷原子的争夺，酸酐键和氧桥的氧原子之间发生了电子转移，氧桥的稳定性降低而断裂，而 *α*-磷酸键不存在这种争夺电子的现象。

3）与 ATP 相比，其水解产物 ADP^{3-} 和 HPO_4^{2-} 具有更大的共振稳定性。ATP 水解产生的 ADP^{3-} 和 HPO_4^{2-} 立即电离，将 H^+ 释放到介质中，导致 ATP^{4-} 分解。所以，ATP 易于水解并释放大量的自由能。

综上所述，ATP 易水解并释放大量自由能的因素可归结为反应物的不稳定性和产物的稳定性；主要取决于反应物的静电斥力和形成产物的共振稳定化作用。

2. ATP 在生物能量转运中的重要作用　在生物体内，糖、脂肪等被氧化后释放的能量不能直接用来做功（运输、运动、合成等），而是贮存在高能化合物中。ATP 是生物做功最重要的直接供能者，绝大部分高能化合物必须转换为 ATP。ATP 在能量转换中的重要作用与 ATP 结构特点有密切关系，ATP 具有通过水解形成更稳定结构的必然趋势。当 ATP 水解生成 ADP 和 Pi 时，生理条件下的 ADP 和 Pi 都带负电荷，具有更稳定的构象，反应平衡激烈，趋向水解；此外，ATP 的水解往往与热力学不允许的反应偶联，ATP 水解释放的自由能可提供另外一个自由能变化大于零的反应。例如，如果反应 A⟶B 在热力学上不能进行，但若能与 ATP 的水解相偶联，反应就能够进行。其反应式可表示如下。

$$A \longrightarrow B \qquad \Delta G_1 > 0$$

$$ATP + H_2O \longrightarrow ADP + Pi \qquad \Delta G_2 < 0$$

当第二个反应水解释放的自由能大于第一个反应所需的自由能时，则有下列反应式：

$$A + ATP + H_2O \longrightarrow B + ADP + Pi$$

生物细胞中许多热力学上不允许的反应，可以依靠 ATP 水解传递能量而顺利地进行。例如，离子逆浓度的跨膜运输和蛋白质构象的转变，都需要 ATP 的偶联参与供给能量。

磷酸基团转移势能在数值上相当于其水解反应的 $\Delta G'^{\ominus}$。ATP 的 $\Delta G'^{\ominus}$ 在所有的含磷酸基团的化合物中处于中间位置。这个位置使它好像一个能量传递的中转站，可将贮存在具有更高磷酸基团转移势能的化合物中的能量传递到具有较低磷酸基团转移势能的化合物中。例如，在糖酵解途径中，葡萄糖产生甘油酸-1,3-二磷酸和磷酸烯醇式丙酮酸，同时将能量保留在这两个化合物中。在细胞中，它们并不直接水解，而是分别通过磷酸甘油酸激酶和丙酮酸激酶的作用，将磷酸基团转移给 ADP，生成了 ATP。这是葡萄糖分解过程中产生 ATP 的方式之一。这个过程中，前两者的能量转移到了 ATP 分子中，当细胞需要能量进行生命活动时，ATP 通过水解释放自由能以满足细胞能量消耗的需要。ATP 分子也可将它的磷酸基团转移给有较低磷酸基团转移势能的化合物。例如，在葡萄糖激酶的作用下，D-葡萄糖接受 ATP 转移过来的磷酸基团，生成 D-葡萄糖-6-磷酸。ATP 在磷酸基团转移中起到了中间传递体的作用，这个过程实质上是在传递着能量，ATP 是能量的传递者（图 7-6）。

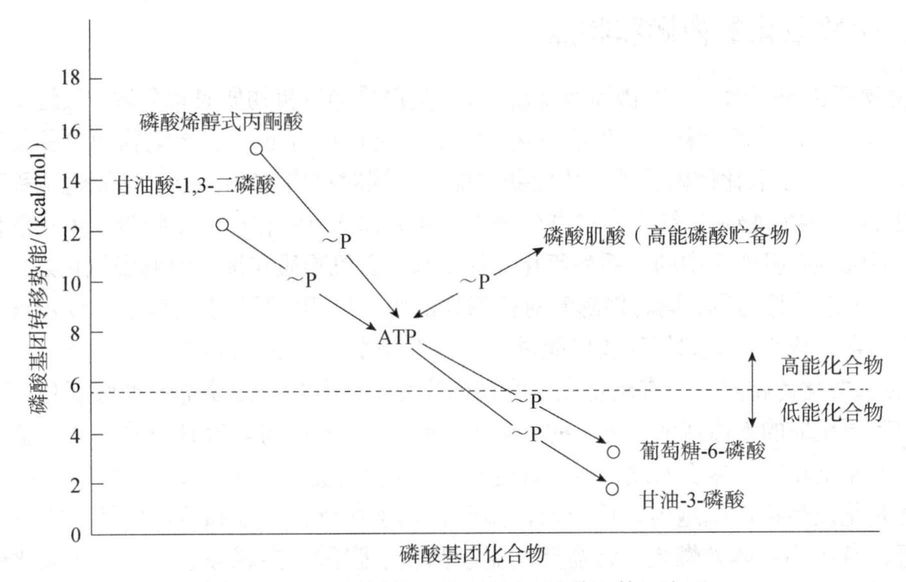

图 7-6　ATP 作为磷酸基团共同中间传递体示意图

3. 磷酸肌酸及其他贮能物质　在脊椎动物的肌肉和其他兴奋性组织中，肌酸与 ATP 反应可逆地生成磷酸肌酸，这个反应是由肌酸激酶催化的。磷酸肌酸是高能磷酸基团暂时的贮存形式，可贮存供短期活动用的、足够的磷酸基团。生物体内，在形成充足的高能磷酸键的条件下（如肌肉静止状态），通过反应使磷酸肌酸增加，其浓度可达 ATP 的 4～5 倍。在高能磷酸键消耗的条件下（如肌肉运动状态）则经上述反应分解。磷酸肌酸在急剧消耗大量能量的肌肉细胞中，起着高能磷酸键的贮藏作用。在肌肉强烈活动中，可提供 4～6 倍需要的能量。

$$\underset{\text{磷酸肌酸}}{{}^{-}O-\overset{\overset{O^{-}}{|}}{\underset{\underset{O}{\|}}{P}}-\overset{\overset{H}{|}}{N}-\underset{\underset{\overset{+}{NH_2}}{\|}}{C}-\overset{\overset{CH_3}{|}}{N}-CH_2-\underset{\underset{O}{\|}}{C}-O^{-}} \underset{(\text{肌酸激酶})}{\overset{ADP\ \ \ ATP}{\rightleftharpoons}} \underset{\text{肌酸}}{H-\overset{\overset{H}{|}}{N}-\underset{\underset{\overset{+}{NH_2}}{\|}}{C}-\overset{\overset{CH_3}{|}}{N}-CH_2-C-O^{-}}$$

上述反应能够进行是因为其反应物与产物的浓度接近反应的平衡点（$\Delta G\approx0$）。当细胞处于静息状态时，不需要消耗太多的 ATP。当 ATP 浓度较高时，反应向生成磷酸肌酸方向进行。当细胞处于需求 ATP 状态时，磷酸肌酸在激酶作用下，合成 ATP，以满足细胞生命活动的能量需要。在脊椎动物中，磷酸肌酸是 ATP 的缓冲剂。

在某些无脊椎动物如虾、蟹等的肌肉中，磷酸精氨酸作为能量的贮存物质，能起到与磷酸肌酸相似的作用。

第三节 生 物 氧 化

一切生命活动都需要能量。自养生物将光能转变为化学能，并贮存于所合成的糖、脂类等有机物中；异养生物（如动物和部分微生物）主要通过呼吸代谢把有机物氧化成 CO_2 和 H_2O，同时产生 ATP。正是这种能量和物质的流动与转换，驱动着自然界生命的繁衍生息。本节通过对生物氧化的基本概念及机制的介绍，阐明生物氧化的基本过程，从而认识物质代谢与能量代谢的生物学意义和内在联系。

一、生物氧化的内涵和特点

1. 生物氧化的概念 生物细胞将糖、脂、蛋白质等有机物质氧化分解，最终生成 CO_2 和 H_2O 并释放出能量的过程称为生物氧化（biological oxidation）。高等动物通过肺部进行呼吸，吸入 O_2，用于氧化体内营养物质而获取能量，同时排出 CO_2，故生物氧化也称呼吸作用或组织呼吸。微生物则以细胞直接进行呼吸，故又称细胞氧化或细胞呼吸。生物氧化实际包含了需氧细胞呼吸作用中的一系列氧化还原反应。有机物质在细胞内彻底氧化之前，都先经过不同的分解代谢过程，同时伴随着对代谢物的脱氢反应，但脱下的氢如何逐步被氧化？与氧怎样结合生成水？又如何释放出能量？这些都是本节讨论的内容。

2. 生物氧化的特点 有机物在生物体内完全氧化与体外燃烧而被彻底氧化，不仅均具有氧化还原反应的本质特征（电子的转移），而且最终的产物均为 H_2O 和 CO_2，甚至所释放的能量也完全相等。尽管如此，但二者进行的方式和过程大相径庭，各有其自身的特点。

生物氧化发生在活细胞内，反应条件温和，几乎在近似体温和接近中性 pH 及有水环境中进行，有机物在体外燃烧通常需要高温、高压、强酸、强碱等条件；生物氧化所包括的化学反应几乎都是在一系列酶及中间传递体的催化作用下分步进行的，氧化反应过程中产生的能量逐步释放，这种逐步分次的放能方式，既避免了能量的骤然释放对机体的损害，又使得生物体能充分有效地利用释放的能量。生物氧化过程中释放的化学能通常被偶联的磷酸化反应所利用，贮存在高能磷酸化合物（如 ATP）中，满足机体各种需能反应的需要。这样所产生的能量利用率高，不像物质在体外燃烧那样，所产生的能量是以光和热的形式于瞬间释放。

在真核生物细胞内，生物氧化都是在线粒体内进行的。而原核生物的细胞中（如细菌），因不含线粒体，生物氧化在细胞膜的中间体上进行。

3. 生物氧化中 CO_2 和 H_2O 的生成

（1）生物氧化中 CO_2 的生成 生物体内糖、脂和蛋白质等有机物经一系列脱氢、加水等反应，转变成含羧基的化合物，经脱羧反应生成 CO_2。脱羧反应有直接脱羧和氧化脱羧两种类型，后者在脱羧过程中伴随着氧化（脱氢）作用发生。依氧化物质脱羧基的位置不同，可分为 α-脱羧和 β-脱羧两种。

1）直接脱羧。

A. α-式：

$$\begin{matrix} COOH \\ | \\ C{=}O \\ | \\ CH_3 \end{matrix} \xrightarrow{\text{丙酮酸脱羧酶}} \begin{matrix} CHO \\ | \\ CH_3 \end{matrix} + CO_2$$

B. *β*-式：

$$
\begin{array}{l} COOH \\ | \\ C{=}O \\ | \\ CH_2 \\ | \\ COOH \end{array}
\xrightarrow{\text{丙酮酸羧化酶}}
\begin{array}{l} COOH \\ | \\ C{=}O \\ | \\ CH_3 \end{array} + CO_2
$$

2）氧化脱羧。

A. *α*-式：

$$
\begin{array}{l} COOH \\ | \\ C{=}O \\ | \\ CH_3 \end{array} + CoASH
\xrightarrow[NAD^+ \ \rightarrow \ NADH + H^+]{\text{丙酮酸脱氢酶复合物}}
CH_3\underset{\underset{O}{\|}}{C}{\sim}SCoA + CO_2
$$

B. *β*-式：

$$
\begin{array}{l} COOH \\ | \\ CH_2 \\ | \\ HCOH \\ | \\ COOH \end{array}
\xrightarrow[NADP^+ \ \rightarrow \ NADPH + H^+]{\text{苹果酸酶}}
\begin{array}{l} COOH \\ | \\ C{=}O \\ | \\ CH_3 \end{array} + CO_2
$$

（2）生物氧化中 H_2O 的生成　生物机体除了从外界环境中获得水分外，还可通过生物氧化生成水供代谢需要。生物氧化中所产生的水是代谢底物脱下的氢与吸入的氧结合而成的。有机代谢物等所含的氢，在一般情况下是不活泼的，须经相应的脱氢酶将它激活后才能脱落，脱下的氢一般经一系列传递体依次传递。进入体内的氧也需经相应的氧化酶激活后才能变为活性较高的氧化剂，从而与传递而来的氢结合生成水。所以，水主要是在以脱氢酶、传递体及氧化酶组成的生物氧化体系催化下生成的。

二、呼吸链

（一）线粒体的结构特点

线粒体（mitochondrion）是需氧真核细胞的动力工厂，是 ATP 的主要生产者，通常代谢较活跃的组织细胞中线粒体所占的体积也较大。线粒体在结构上的突出特征是有两层膜，外膜平滑，通透性较大，内膜有严格的透过选择性。内膜向内折叠形成嵴（cristae），有利于增加内膜的面积。内膜是线粒体功能的主要承担者，约含 80%的蛋白质，电子传递链和氧化磷酸化有关的组分都分布于此。内膜所封闭的物质为半流动的基质（matrix），其中含有与能量代谢相关的酶、线粒体 DNA 和核糖体。线粒体基质中的酶类包括丙酮酸脱氢酶复合体、三羧酸循环酶类、脂肪酸 *β*-氧化酶类和氨基酸分解代谢所需酶类等。除糖酵解在胞质溶胶中进行之外，各种燃料的氧化都在线粒体基质中进行。线粒体内膜的内表面有一层排列规则的球形颗粒。该种颗粒由一个细柄与构成嵴的内膜相连（图 7-7），这就是后面要讨论的 ATP 合酶。

知识窗 7-1

线粒体膜上频繁的无机离子流动和跨膜代谢过程需要适当的膜通透方式。线粒体膜的通透方式主要包括自由扩散、载体蛋白介导和膜通道三种。线粒体外膜存在电压依赖型阴离子通道，允许 5kDa 以下极性分子通过。线粒体内膜是胞质与线粒体基质交换的重要屏障，仅

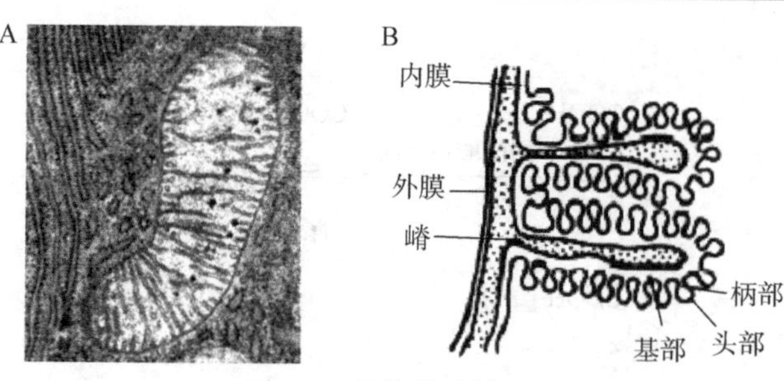

图 7-7　线粒体膜结构

A. 电镜下的线粒体膜；B. 线粒体内膜嵴局部结构

H_2O、CO_2、O_2、NH_3 等少数分子能自由通过，而 ATP、ADP、Pi 及呼吸链底物和 C_1～C_3 化合物则通过载体蛋白跨膜运输。一些重要的无机离子如 K^+、Na^+、Mg^{2+}、Cu^{2+}在线粒体内膜上具有选择性离子通道，可以对细胞内离子浓度进行精确调节。通透性转运孔（PTP）位于线粒体内外膜结合处，允许小分子质量物质在基质和胞质间交换，其转运能力可被环孢霉素 A 抑制。

以往的教科书和各种文献资料中所描述的线粒体结构（图 7-8A）是由 Palade 的模型演变而来的。近年来随着新技术的应用和结合，特别是电镜的三维重构显像（EM tomography）技术的应用改变了对线粒体结构及其细胞功能的认识。通过三维重构显像技术观察到的活体内（*in vitro*）或在原位（*in situ*）线粒体结构，如图 7-8B 所示。归纳起来，线粒体新模型包含下述重要新结构特征：①线粒体外膜与内质网或细胞骨架等其他细胞组分有结构和功能的连接，形成线粒体网络结构。②线粒体内外膜之间有随机分布的接触点（contact site）结构。③内膜不是直接向内延伸成嵴（cristae），而是通过其表面部分，即内膜界面膜（inner boundary membrane）与嵴的嵴膜连接（cristae junction）部分相接。④嵴不是“隔舱板”（baffle）式结构，而是管状或扁平的囊状结构，它们之间可以互相连接或融合；内嵴直径 27nm，长度可达 100nm 以上。内嵴可能为动态结构，在一个线粒体中可能同时有几种不同结构形式的嵴。在一种原生动物线粒体中内嵴可形成副晶形排列，在肌病患者的肌肉线粒体中，内嵴则完全脱离内膜而游离于基质中。线粒体结构新模式的建立，对深入认识线粒体功能及其调控机制可能有多方面的意义，也提出了一系列值得研究的新课题。线粒体结构的经典隔舱板模型是基于当时电镜观察和

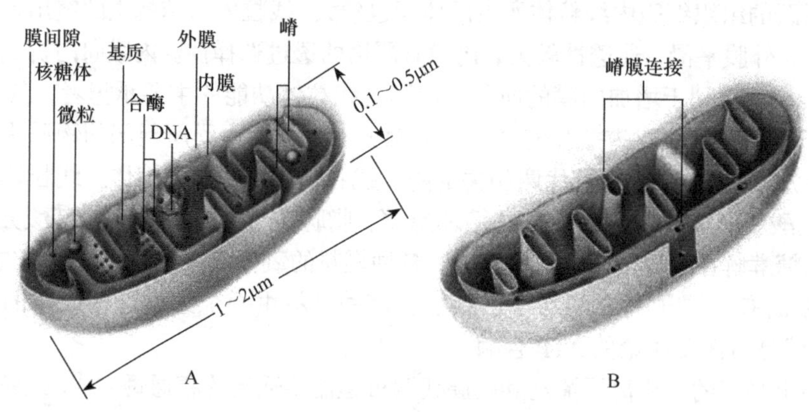

图 7-8　线粒体结构的两种模型

A. 隔舱板模型；B. 三维重构模型

功能研究所建立的线粒体为膜系结构，以及线粒体内外膜空间隔离和离子相互渗透的认识，对 Mitchell 的化学渗透假说的形成起了关键性的作用。因此，本章述及的有关理论机制仍是以经典模型为依据。

（二）呼吸链的组成与种类

1. 呼吸链及其组成成分　线粒体的生物氧化有赖于多种酶和辅酶的作用。从代谢物上脱下的氢原子被脱氢酶激活脱落后，经一系列传递体的传递作用，最终传递给被激活的氧分子而生成水。由于参与这一系列催化作用的酶和辅酶一个接一个地构成链状反应，并且同细胞呼吸有关，故将这种形式的氧化途径形象地称为呼吸链（respiratory chain）。呼吸链所有组分按一定顺序排列在线粒体的内膜上，其中传递氢的称为氢递体，传递电子的称为电子递体，但氢递体和电子递体都有传递电子的作用，故呼吸链又称为电子传递链（electron transfer chain，ETC）。

组成呼吸链的成分有多种，主要有烟酰胺脱氢酶类、黄素脱氢酶类、铁硫蛋白、泛醌及细胞色素等 5 类传递体。

（1）*烟酰胺脱氢酶类*　NAD^+为烟酰胺脱氢酶的辅酶，是连接代谢物与呼吸链的重要环节。此类酶先激活代谢物分子上特定位置的氢，并使其脱落，脱下的氢由辅酶 NAD^+接受。反应时，NAD^+中的烟酰胺部分可接受一个氢原子及一个电子，尚有一个质子（H^+）留在介质中。当有受氢体存在时，NADH 上的氢可被脱下而氧化为 NAD^+。

此外，也有不少脱氢酶的辅酶为 $NADP^+$，$NADP^+$可接受氢而被还原生成 $NADPH+H^+$，但 $NADPH+H^+$一般是为合成代谢或羟化反应提供氢。

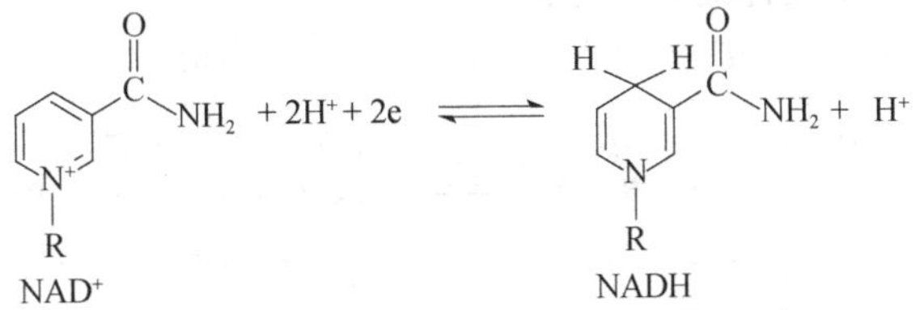

$$NAD^+ + 2H^+ + 2e \rightleftharpoons NADH + H^+$$

（2）*黄素脱氢酶类*（flavoproteins，FP）　这是以 FMN 或 FAD 为辅基的不需氧脱氢酶。这类酶催化脱氢时是将代谢物脱下的两个氢原子，由辅基 FMN 或 FAD 的异咯嗪环上的 1 位和 10 位氮原子接受，从而变成还原型的 $FMNH_2$ 或 $FADH_2$，异咯嗪基可进行可逆的脱氢加氢反应。

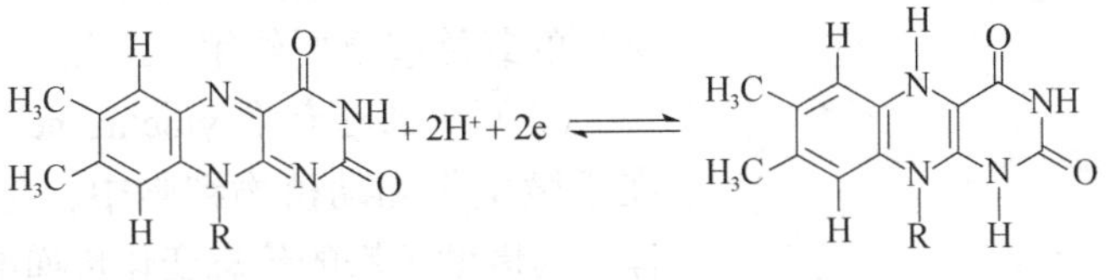

$$\text{(氧化型异咯嗪环)} + 2H^+ + 2e \rightleftharpoons \text{(还原型异咯嗪环)}$$

有些黄素蛋白除含有黄素核苷酸外，还含有金属离子如 Fe、Mo 等，是酶表现催化活性所必需的。

（3）*铁硫蛋白*（iron-sulfur protein，Fe-S）　铁硫蛋白是位于线粒体内膜上的一种与电子传递有关的非血红素铁蛋白，其重要的特征是在酸化时释放 H_2S，因其活性部分含有 2 个活泼的硫原子和 2 个铁原子，故称铁硫中心。其作用是借铁离子的价位互变进行电子传递。

$$Fe^{3+} + e \rightleftharpoons Fe^{2+}$$

铁与无机硫原子和蛋白质多肽链上半胱氨酸残基的硫原子相结合。已知的铁硫蛋白有多种，根据所含铁原子和硫原子的数目不同，可概括为：单个铁四面与蛋白质的半胱氨酸的硫络合、含有 2 个铁原子与 2 个无机硫原子及 4 个半胱氨酸的 Fe_2S_2 类和含有 4 个铁原子与 4 个无机硫及 4 个半胱氨酸所构成的 Fe_4S_4 类（图 7-9）。

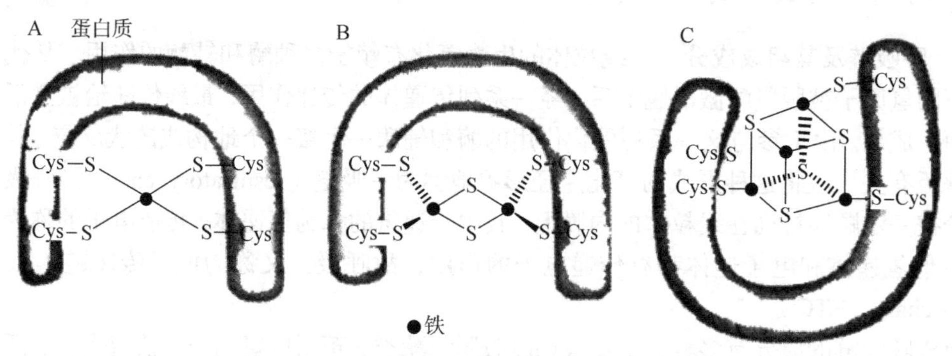

图 7-9　铁硫蛋白示意图

A. Fe-2S 类；B. 2Fe-2S 类；C. 4Fe-4S 类

铁硫蛋白在生物界广泛存在，在线粒体内膜上往往和其他氢递体或电子递体如黄素蛋白或细胞色素结合成复合物而存在。

（4）*泛醌*（ubiquinone，UQ）　是一种脂溶性的、带有一条长的类异戊二烯侧链的苯醌。不同来源的辅酶 Q 的侧链长度是不同的，常用 CoQ_n 表示它的一般结构。其异戊二烯的 n 值为 6～10。动物和高等植物多为 CoQ_{10}，微生物为 $CoQ_{6\sim9}$。CoQ 的醌型结构可接受两个氢，经半醌式（CoQH·）中间体而被还原。

$$\text{CoQ} \overset{H^+ + e}{\rightleftharpoons} \text{半醌中间体CoQH}\cdot \overset{H^+ + e}{\rightleftharpoons} \text{CoQH}_2 \qquad R=(CH_2-CH=\overset{CH_3}{\overset{|}{C}}-CH_2)_{10}-H$$

泛醌既携带电子又携带质子，是呼吸链中唯一不与蛋白质紧密结合的传递体。因泛醌不但体积小而且疏水，它能够在线粒体内膜的脂质双分子层中自由扩散，在膜中其他较为固定的电子载体之间穿梭。因此，泛醌在呼吸链中作为一种特殊灵活的载体起重要作用。

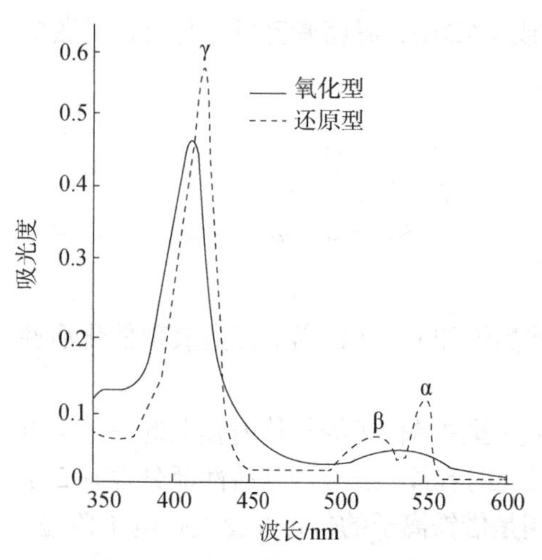

图 7-10　细胞色素 c 的吸收光谱

（5）*细胞色素*（cytochrome，Cyt）　广泛存在于微生物和动植物细胞中，是含铁的电子传递体，其借助于铁的价态变化传递电子。细胞色素是一类以铁卟啉为辅基的蛋白质，铁原子处于卟啉结构中心构成血红素（heme），从而使这类蛋白质呈红色或褐色。目前已发现的细胞色素有 30 多种，每一种类型的细胞色素的吸收光谱各不同。当处于还原态（Fe^{2+}）时通常在可见光范围内存在 α、β 和 γ 三个吸收峰（图 7-10）。D. Kailin 根据它们最

大波长吸收峰 α 的波长不同，将细胞色素分为三类，分别以 a、b 和 c 表示，每一类再分为亚类。例如，细胞色素 a 可分为 a 和 a_3，细胞色素 c 可分为 c 和 c_1。在典型的线粒体呼吸链中，常见的有 5 种不同的细胞色素：Cytb、Cytc、Cytc_1、Cyta 和 Cyta_3。

各种细胞色素结构的差别，主要在于铁卟啉辅基的侧链及铁卟啉与蛋白质部分的连接方式。Cytb、Cytc 都是铁原卟啉Ⅸ，与血红素相同。Cytc 中卟啉环上的乙烯侧链与蛋白质部分的半胱氨酸残基相连，Cyta 的卟啉环中有一个甲基被甲酰基取代，一个乙烯基侧链被多聚异戊烯长链取代（图 7-11）。Cytc 是唯一可溶性的细胞色素，分子质量很小，为 124kDa，是单肽链蛋白，为位于线粒体内膜外侧的外周蛋白，与内膜结合较松，易于分离纯化。其余蛋白质均为内膜整合蛋白，与内膜紧密结合。目前还不能把 a 和 a_3 分开，且后者直接与氧气接触，故把 a 和 a_3 合称为细胞色素氧化酶。在 aa_3 分子中除铁卟啉外，尚含有 2 个铜原子，依靠价态的变化（$Cu^+ \rightleftharpoons Cu^{2+}+e$）把电子从 a_3 传到氧。典型的线粒体呼吸链中电子在细胞色素上的传递顺序是 Cytb→Cytc_1→Cytc→Cytaa_3→O_2。除 Cytaa_3 外，其余细胞色素中的铁原子均与卟啉环蛋白质形成 6 个配位键，唯有 Cytaa_3 的铁原子形成 5 个配位键，因此还能与 O_2、CO、CN^- 等结合。其正常时与 O_2 结合。如果 Cytaa_3 与 O_2 以外的物质（如氰化物）结合，就会阻断呼吸链的电子传递，引起中毒。

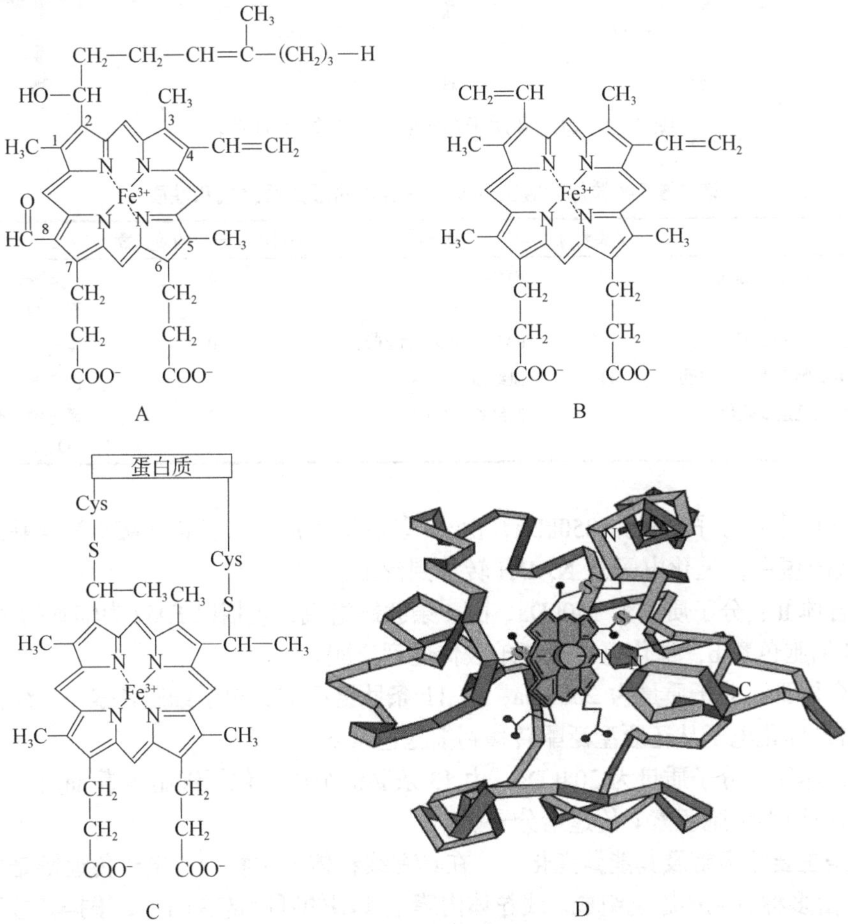

A　B　C　D

图 7-11　细胞色素的辅基结构及与蛋白质的连接

A. 细胞色素 a 辅基；B. 细胞色素 b 辅基；C，D. 细胞色素 c 辅基与蛋白质的连接上述呼吸链中的电子载体组分除泛醌和细胞色素 c 外，其余组分实际上形成几种超分子复合体嵌入内膜。用胆酸盐、毛地黄皂苷等去污剂对线粒体内膜进行温和处理，可得到 4 种仍保存部分电子传递活性的复合体。电子从 NADH 传递到氧是通过这 4 个复合体的联合作用实现的（图 7-12）。4 个复合体的蛋白质组成和性质见表 7-5。

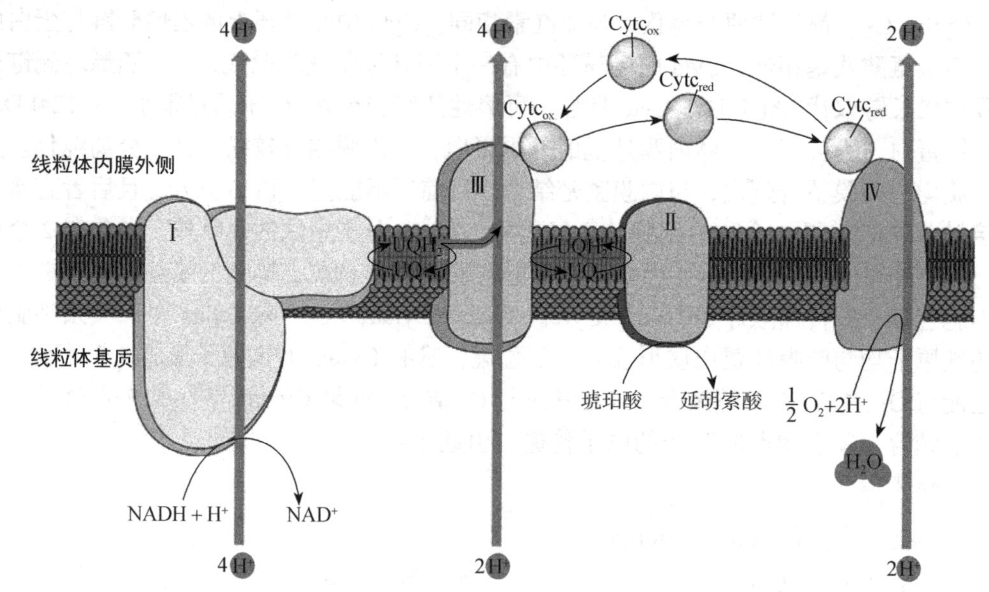

图 7-12 电子和质子在呼吸链复合体间的流动

表 7-5 线粒体呼吸链的 4 个复合体的蛋白质组成和性质

复合体	酶名称	亚基数目	辅基	一对电子产生的质子数	抑制剂
Ⅰ	NADH-Q 还原酶	43	FMN、Fe-S	4	鱼藤酮、安密妥、杀粉蝶菌素
Ⅱ	琥珀酸-Q 还原酶	4	FAD、Fe-S、血红素	0	萎锈灵
Ⅲ	Q-细胞色素 c 还原酶	11	血红素、Fe-S	4	抗霉素 A
Ⅳ	细胞色素 c 氧化酶	13	血红素、Cu^{2+}	2	氰化物、叠氮化物、CO、H_2S

1）复合体Ⅰ：分子质量为 850kDa，由 43 条肽链构成，包括以 FMN 为辅基的黄素蛋白和多种铁硫蛋白，催化电子从 NADH 转移到泛醌。

2）复合体Ⅱ：分子质量为 140kDa，由 4 条肽链组成，包括以 FAD 为辅基的黄素蛋白、铁硫蛋白和细胞色素 b，催化电子从琥珀酸传递到泛醌。

3）复合体Ⅲ：分子质量为 250kDa，由 11 条肽链组成，包括细胞色素 b、细胞色素 c_1 和铁硫蛋白，催化电子从还原型泛醌转移到细胞色素 c。

4）复合体Ⅳ：分子质量为 204kDa，由 13 条肽链组成，包括细胞色素 aa_3 和含铜蛋白，催化电子从还原型细胞色素 c 传递给分子氧。

2. 两条主要呼吸链及其能量变化 在具有线粒体的生物中，电子传递链是多酶氧化还原体系，由多种氧化还原酶组成。线粒体内膜上典型的呼吸链有两种，根据其接受代谢物脱下的氢的初始受体不同分为：NADH 呼吸链和 $FADH_2$ 呼吸链（图 7-13）。

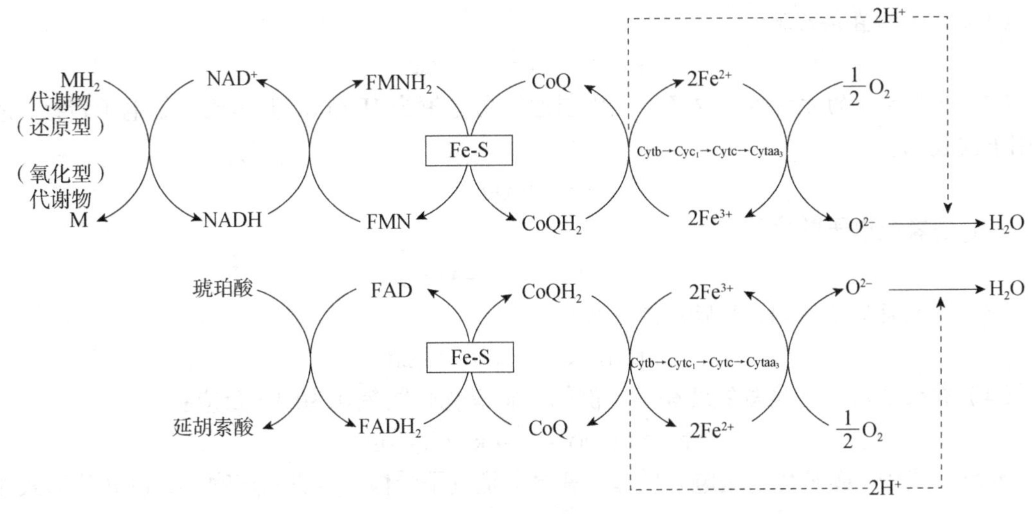

图 7-13　NADH 呼吸链（上）和 $FADH_2$ 呼吸链（下）

（1）NADH 呼吸链　NADH 呼吸链是细胞内最主要的呼吸链。糖、脂类、蛋白质三大物质分解代谢中的氧化脱氢反应，绝大多数催化反应的脱氢酶都是以 NAD^+为辅酶。底物在相应脱氢酶的催化下脱氢($2H^+$+2e),脱下的氢与 NAD^+结合成 NADH+H^+,在 NADH 脱氢酶作用下，传递给辅基为 FMN 的传递体，生成 $FMNH_2$；$FMNH_2$ 再将 2H 传给泛醌生成二氢泛醌；二氢泛醌中的 2H 解离成 $2H^+$和 2e，$2H^+$在基质中成游离状态，而 2e 则由电子传递链传递；最后由细胞色素氧化酶将电子传给氧原子，使氧生成 O^{2-}，O^{2-}与基质中游离的氢结合生成 H_2O。

（2）$FADH_2$ 呼吸链　也称琥珀酸氧化呼吸链，$FADH_2$ 呼吸链中的黄素酶只能催化某些代谢物脱氢，不能催化 NADH 或 NADPH 脱氢。琥珀酸在琥珀酸脱氢酶催化下脱去 2H 使 FAD 还原生成 $FADH_2$，$FADH_2$ 再将氢传递给泛醌，使之形成二氢泛醌。此后过程与 NADH 呼吸链相同，将电子传递给氧，与游离的氢结合最终生成 H_2O。α-磷酸甘油脱氢酶及脂酰 CoA 脱氢酶催化代谢物脱下的氢也由 FAD 接受，通过此呼吸链被氧化。

生物体内的呼吸链有多种类型，只是中间传递体的组成成分不同。例如，分枝杆菌用维生素 K 代替泛醌；许多细菌没有完整的细胞色素系统。虽然有较多差异，但呼吸链传递电子的顺序大体上是一致的。生物进化愈高级，呼吸链就愈完善。

（3）呼吸链的能量变化　当电子对连续地通过复合体Ⅰ、Ⅲ和Ⅳ时，有三处的标准氧化还原势有较大变化，即从 NADH 到 CoQ，从 Cytb 到 Cytc，从 Cyta 到分子氧（图 7-14）。这三个阶段都释放出足够的自由能供 ATP 形成。

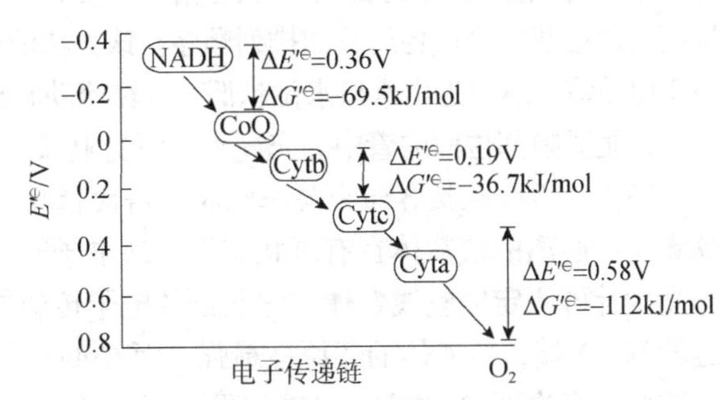

图 7-14　电子传递链标准氧化还原电势自由能的变化

（三）呼吸链的电子传递

1. 生物体电子传递的方式　生物体内发生的一系列氧化还原反应的本质是电子的转移，得电子者为氧化剂，失电子者为还原剂。在生物体内，电子传递的方式主要有以下几种。

（1）电子的直接传递

$$Fe^{2+}+Cu^{2+} \rightleftharpoons Fe^{3+}+Cu^{+}$$

（2）以氢原子的方式传递电子　因氢原子可分解为 H^+与 e，其本质也是电子转移，故可用下式表示。

$$AH_2 \rightleftharpoons A+2e+2H^+$$

AH_2是氢或电子的供体，如

$$AH_2+B \rightleftharpoons A+BH_2$$

（3）以氢负离子（：H^-）形式传递电子

$$NADH+H^+ \rightleftharpoons NAD^++2e+2H^+$$

（4）有机还原剂直接与氧结合　例如，碳氢化合物氧化为醇的反应：

$$R—CH_3+1/2O_2 \longrightarrow R—CH_2—OH$$

此反应式中，碳氢化物是电子供体，氧原子是电子受体，生成的产物与氧以共价形式相结合。

2. 呼吸链中传递体的排列顺序　科学家经过半个多世纪的探索，通过一些关键性的实验，明确了呼吸链中氢和电子的传递有着严格的顺序和方向。电子的传递只发生在相邻的传递体之间，其传递方向由每个电子所具有的电化学势能的大小决定。电子传递过程还伴有 H^+的结合和释放，从而使 H^+能定向转移。所用的实验手段主要有以下几种。

（1）测定呼吸链各组分的氧化还原电势　线粒体电子传递是一个热力学自发过程，电子流动方向总是由电负性较强的氧化还原电对流向具有更强电正性的氧化还原电对。$\Delta E'^{\ominus}$越大，说明越易得电子，构成氧化剂而处于呼吸链的后端；$\Delta E'^{\ominus}$越小，越易失电子，构成还原剂，而处于呼吸链的前端。因此根据各种氧化还原电对的 $E'^{\ominus}$，可以判断电子流动的方向，从而将呼吸链中各组分进行排序。

实验测得呼吸链各组分的氧化还原电位值如下。

电子迁移方向：NADH→FMN→CoQ→Cyt_b→Cyt_{c1}→Cyt_c→Cyt_{aa_3}→O_2

$E'^{\ominus}$（低→高）：−0.32　−0.30 +0.045　+0.07　+0.22　+0.25　+0.29　+0.816

FAD

−0.18

（2）利用呼吸链抑制剂推断排列顺序　利用加入电子传递链的专一性抑制剂或人工供体及受体，分段测定传递体的氧化还原状态。专一性阻断呼吸链中某一部位的电子传递后，在阻断部位以前的电子传递体处于还原状态，而在阻断部位之后的传递体则处于氧化状态，再通过检测电子传递体在不同状态下吸收光谱的改变，分析不同阻断情况下各组分的氧化还原状态，从而可以推断呼吸链各组分的排列顺序。该方法的原理类似于物理学中连通管的水位：水流相当于电子流，越靠近出水口水位越低，水在流动时形成均匀的梯度（图 7-15A）；当连通管某处受阻，则受阻部位前的管中会充满水，而受阻部位后的管中水渐渐流尽（图 7-15B）。

（3）利用呼吸链各组分特征吸收光谱的性质，确定氧化还原状态，判断其在传递链中的位置　游离的线粒体在有氧状态下传递电子时，表现出不同的吸收光谱，因而用双光束分光光度计可测定完整线粒体中呼吸链各电子传递体的氧化还原状态。测定结果表明：在呼吸链的 NAD^+端，传递体的还原性最强，而 $Cytaa_3$ 几乎全部处于氧化态。呼吸链中的电子传递体按照从底物到 O_2的方向，氧化程度逐渐升高。将 O_2供给处于还原态的电子传递体时，发现 $Cytaa_3$ 首先被氧化，其次是 Cytc，再次是 $Cytc_1$，依次往前推，直至使 NADH 被氧化。

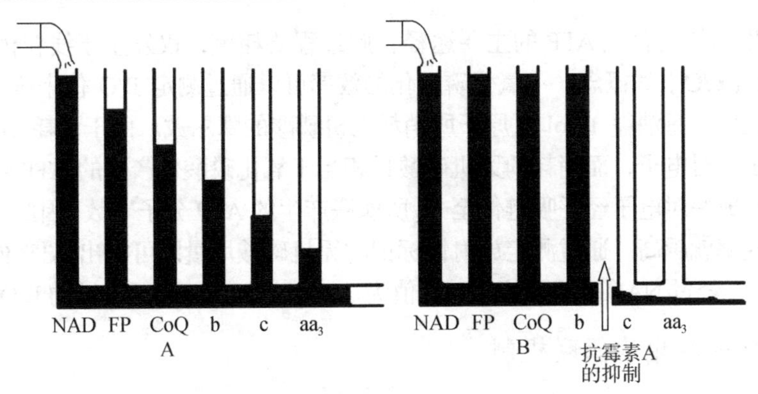

图 7-15　电子传递链比拟连通管简图

A．连通管畅通；B．连通管受阻

（4）进行呼吸链组分的体外拆分和重组，鉴定其组成与排列　用胆酸等反复处理线粒体内膜，可分离到一些功能上相关的传递体复合体，以此来说明各成分的顺序性。例如，复合体Ⅰ含NADH脱氢酶和多个Fe-S蛋白，复合体Ⅲ包含Cytb、$Cytc_1$和Fe-S蛋白。用分离出的电子传递体在体外进行重组实验，也证明了NADH可使NADH脱氢酶还原，而不能直接使Cytb、Cytc或$Cytaa_3$还原；而还原型NADH脱氢酶需要CoQ和Cytb、$Cytc_1$的存在。

三、氧化磷酸化

（一）氧化磷酸化的概念

由前所述，需氧细胞生命活动所需能量是利用高能磷酸化合物（主要是ATP）水解所释放的化学能做功。生物体利用生物氧化过程中释放的自由能转移使ADP形成ATP，这种伴随放能的氧化作用而进行的磷酸化称为氧化磷酸化作用。生物体内通过氧化作用合成ATP的方式可分为底物水平磷酸化及电子传递体系磷酸化，而后者即为通常所说的氧化磷酸化。

1．底物水平磷酸化（substrate-level phosphorylation）　在底物被氧化的过程中，形成了某些高能中间代谢物，再通过酶促反应，可使磷酸基团发生转移，使ADP（或GDP）生成ATP（或GTP），称为底物水平磷酸化。

$$X{\sim}P + ADP \longrightarrow XH + ATP$$

式中，X～P为底物氧化过程中形成的高能中间代谢物，如糖分解代谢中所生成的甘油酸-1,3-二磷酸和磷酸烯醇式丙酮酸等。底物磷酸化也是捕获能量的一种方式，在发酵中是进行生物氧化唯一获得能量的方式。底物磷酸化和氧的存在与否无关，此过程可发生于细胞液或线粒体中。

$$\begin{array}{c} O \\ \| \\ C{-}O{\sim}PO_3H_2 \\ | \\ CHOH \\ | \\ CH_2OPO_3H_2 \\ \text{甘油酸-1,3-二磷酸} \end{array} \underset{ADP \xrightarrow{Mg} ATP}{\xrightleftharpoons{\text{磷酸甘油酸激酶}}} \begin{array}{c} O \\ \| \\ COH \\ | \\ CHOH \\ | \\ CH_2OPO_3H_2 \\ \text{甘油酸-3-磷酸} \end{array}$$

2．氧化磷酸化（oxidative phosphorylation）　电子从NADH或$FADH_2$经过电子传递链传递给氧形成水，同时偶联ADP磷酸化为ATP，称为电子传递体系磷酸化或氧化磷酸化。

氧化磷酸化是生物体内合成 ATP 的主要途径，此过程要耗氧，仅发生于线粒体。

3. 磷氧比（P/O）的概念 氧化磷酸化的效率可以通过测定 P/O 值来确定。P/O 值是指电子传递过程中，每消耗 1mol 氧原子所消耗无机磷酸的摩尔数。由于消耗 1mol 氧原子相当于给氧传递了一对电子，而消耗的无机磷酸量相当于氧化磷酸化产生的 ATP 数目。因此，磷氧比也可以看成一对电子经呼吸链传至 O_2 所偶联产生的 ATP 分子个数。因此，P/O 值越高，氧化磷酸化的效率就越高。通过测定放射性标记的无机磷酸用量即可得出 ATP 的生成量。结果发现：1 对电子经过 NADH 呼吸链的 P/O 值为 2.5；经过 $FADH_2$ 呼吸链的 P/O 值为 1.5。

（二）氧化磷酸化的偶联机制

1. 氧化磷酸化和电子传递相偶联 氧化磷酸化和电子传递紧密偶联，氧化磷酸化依赖于电子传递链的正常进行，同时也影响电子传递链的电子传递速度。

氧化磷酸化反应需要 4 种基本因素参与，即氢受体 NADH 或 $FADH_2$、O_2、ADP 和 Pi。其中 ADP 是氧化磷酸化反应的关键底物，它决定磷酸化反应的速率。在完整的线粒体反应系统中，先后加入 ADP+Pi、琥珀酸，测定反应系统中氧消耗速率（用以表示电子传递链的电子传递速度），同时测定 ATP 合成量（用以表示氧化磷酸化的正常进行）。结果表明，电子传递速度并不随 ADP+Pi 的加入发生明显变化，而随琥珀酸的加入快速增加（图 7-16A）。当反应系统中加入电子传递抑制剂 CN^-后，电子传递被完全抑制。氧消耗曲线和 ATP 合成曲线变化一致。由此说明氧化磷酸化以电子传递链的正常运行为前提。

在同样的反应系统中，若先加入琥珀酸作为电子供体（图 7-16B），ATP 合成曲线无变化，即氧化磷酸化未进行，只有当加入 ADP+Pi 后才能正常合成 ATP。而当加入氧化磷酸化抑制剂寡霉素后，ATP 停止合成，氧消耗速率也同时降低，由此表明，氧化磷酸化的正常进行对电子传递速度有重要影响。

2. 氧化磷酸化的能量偶联假说 生物氧化过程中，电子传递是如何偶联磷酸化生成能量分子 ATP 的？这一直是能量代谢研究的热点。为此先后提出多种学说，如化学偶联假说（chemical coupling hypothesis）、化学渗透假说（chemiosmotic hypothesis）和构象偶联假说（conformational coupling hypothesis）。

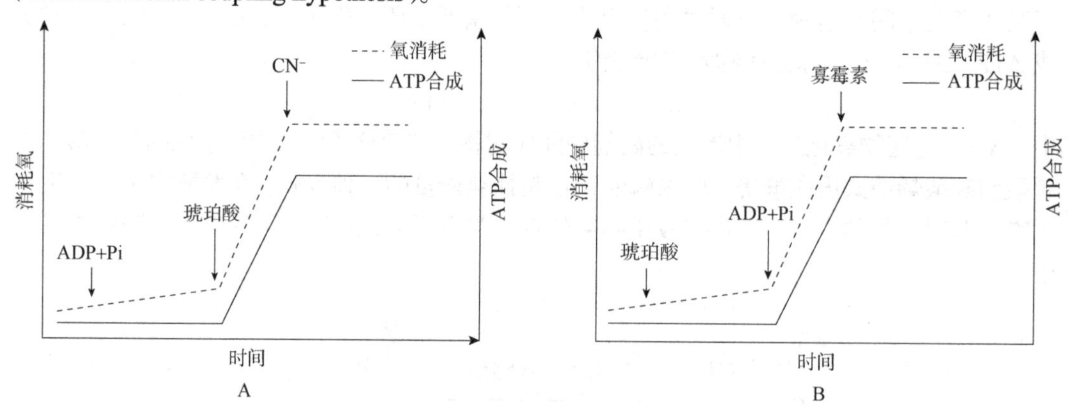

图 7-16 氧化磷酸化和电子传递相偶联

A. 先加 ADP+Pi；B. 先加琥珀酸

（1）化学偶联假说 1953 年，E. Slater 提出化学偶联假说，认为电子传递和氧化磷酸化的偶联是通过一系列的化学反应，先形成一种活泼的高能共价中间物，然后由此中间物裂解释放的能量传递给 ADP 生成 ATP。这一假说是依据底物水平磷酸化机理提出的。虽然在糖酵解中，由甘油醛-3-磷酸脱氢酶催化的反应产生了活泼的高能磷酸化合物甘油酸-1,3-二磷酸和 NADH，随后其分子中的高能磷酸基团在磷酸甘油酸激酶的作用下被转移给 ADP 生成 ATP，但至今，人们尚未在线粒体中分离到与之相类似的高能共价中间物。

（2）化学渗透假说　英国生物化学家 P. Mitchell 于 1961 年提出了化学渗透假说（图 7-17）。该假说提出后被越来越多的实验结果所支持和验证，因而得到广泛认可，成为目前解释氧化磷酸化偶联机理最为公认的一种假说。Mitchell 因此获得 1978 年诺贝尔化学奖。该假说阐明了电子传递链中电子传递和 ADP 磷酸化的偶联，是通过在内膜内外所形成的质子电化学梯度而进行的。其主要内容概括如下。

知识窗 7-2

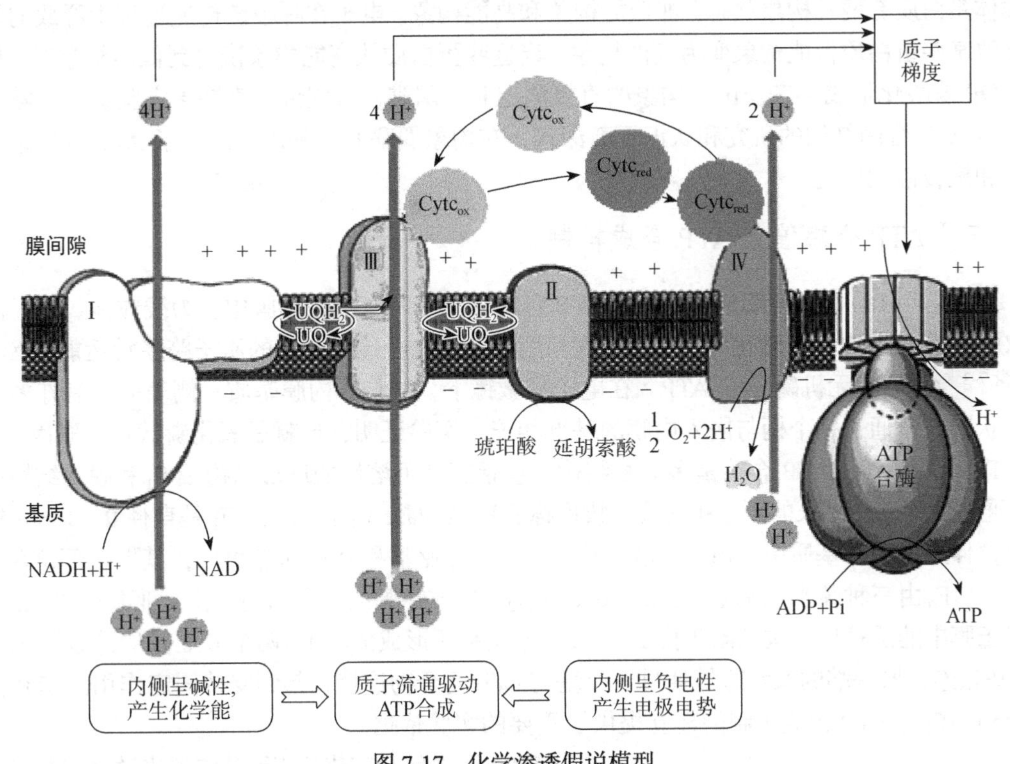

图 7-17　化学渗透假说模型

1）催化定向：呼吸链的电子载体不对称地排列在线粒体内膜上，氢递体和电子载体是间隔交替排列的，催化反应是定向的。

2）氢递体作用：氢递体有质子泵的作用，复合体Ⅰ、Ⅲ和Ⅳ中的氢递体将 H^+从线粒体基质跨过内膜泵至内膜外侧空间，同时将电子（2e）传给其后的电子传递体。

3）质子驱动力：内膜对 H^+是不透性的，泵出内膜外侧的 H^+不能自由返回，从而在内膜的两侧形成跨膜的电化学势梯度，包括 H^+化学势梯度（质子的浓度差）和电势梯度（内负外正）。这种质子浓度梯度形成膜电位，似电池两极的离子浓度差造成电位差而含有电能一样。因为这种跨膜的质子电化学梯度即为推动 ATP 合成的原动力，故称为质子驱动力（proton motive force）。

4）ATP 的合成：由于线粒体内膜对 H^+的不通透性，强大的质子流只能通过内膜上 ATP 合酶专一的质子通道返回至基质。这样，驱使 H^+返回基质的质子驱动力为 ATP 的合成提供了能量。

已有许多实验证据支持化学渗透假说的正确性，主要包括：①有完整的线粒体内膜存在下，氧化磷酸化作用才能进行；②精确的 pH 计可检测到，呼吸活跃的线粒体基质的 pH 要比其膜间隙高 0.75 个单位；③线粒体内膜对 H^+、OH^-、K^+、Cl^-等离子具有不通透性；④破坏质子电化学梯度的试剂能抑制 ATP 的合成；⑤从线粒体内膜纯化得到的 F_1F_o-ATPase 能够直接利用质子梯度合成 ATP；⑥人工重构的跨线粒体内膜的质子梯度同样可驱动 ATP 的合成。

虽然化学渗透假说阐述了电子传递链和氧化磷酸化的能量偶联机理，但并没有说明 H^+ 是如何被泵送到膜外，也没有说明 ATP 合酶是如何利用质子梯度合成 ATP 的。

（3）构象偶联假说　1964 年，美国生物化学家 P. Boyer 最先提出该假说。他认为，电子载体蛋白质有两种构象状态，即低能构象和高能构象。电子在呼吸链传递过程中释放的能量导致某些蛋白质低能构象变为高能构象，当这些蛋白质从高能构象恢复到低能构象时，推动 ADP 磷酸化形成 ATP。由于构象的直接测定非常困难，该假说一直缺乏实验证据。随着人们对 ATP 合酶结构的研究和认识不断深入，在构象偶联假说基础上形成了 ATP 合酶结合变化和旋转催化假说。

（三）ATP 合酶催化 ATP 合成机制

知识窗 7-3

1. ATP 合酶的结构　ATP 合酶存在于所有的传导膜中，为线粒体、叶绿体和细菌内能量转化的核心酶。它利用呼吸链电子传递产生的质子跨膜转运能，驱动 ADP 和无机磷合成 ATP。在电子显微镜下，线粒体内膜基质一侧表面上有许多小的球状颗粒，通过一个柄与嵌入内膜的基部相连。实验证明，这就是氧化磷酸化偶联因子，即 ATP 合酶系统。ATP 合酶是多亚基结构，包括膜外可溶性的球形结构域 F_1 和膜内结构域 F_o，通过约 4.5nm 细长的颈互相连接，故也称 F_1F_o-ATPase（图 7-18）。F_1 是直径 9～10nm 的球体，伸入线粒体基质中，由 α_3、β_3、γ、δ、ε 5 种亚基和 9 条肽链组成，其催化部位在 β 亚基上。F_o 由三种疏水亚基组成：a_1、b_2、$c_{9\sim12}$，形成穿膜的质子通道。由 c 亚基所组成的、镶嵌于膜中的圆柱形结构依附于由 F_1 的 ε 和 γ 亚基所形成的轴上。两个 b 亚基的跨膜区域与 a 亚基相连，另一端的亲水区域通过 δ 亚基与 $\alpha_3\beta_3$ 复合物连接，起到支持固定作用。ATP 合酶结构剖析为 ATP 合成机制的建立提供了重要的实验依据。

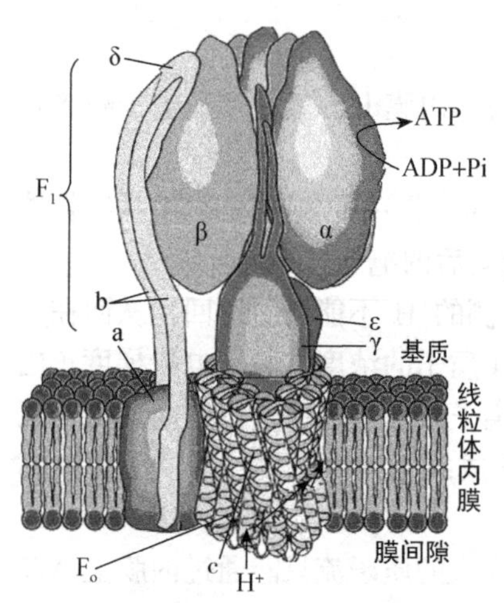

图 7-18　F_1-F_o-ATPase 的结构模型

2. ATP 合酶的结合变化机制和旋转催化学说（binding change mechanism and rotational catalysis）　1979 年，Boyer 曾预言质子的跨膜转运启动并驱动 ATP 合酶的构象变化，此思想以后发展成为结合变化机制。随着实验证据的不断增加，人们对结合变化机制的认识不断加深。结合变化机制有两个基本要点：一是 ATP 合成所需的能量（即跨膜质子电势梯度）原则上是用于促进酶上紧密结合的 ATP 释放和无机磷、ADP 的结合；二是在净 ATP 形成过程中，酶的各催化部位依序高度协同作用。按照 ATPase 的结合变化机制，在任一时刻，ATPase 上的三个催化部位的构象总是不同的，每个催化亚基（β 亚基）与核苷酸的结合要顺序经过开放态（open，O 态，）、松散结合状态（loose，L 态）和紧密结合状态（tight，T 态）三种构象状态的循环（图 7-19）。即第一步，ADP 和 Pi 结合在 L 位；第二步，质子流驱动构象改变，L 位转变为 T 位，同时原 T 位转变为 O 位，原 O 位转变为 L 位；第三步，进入 T 位的 ADP 和 Pi 合成 ATP，随着构象进一步的改变，ATP 被释放。

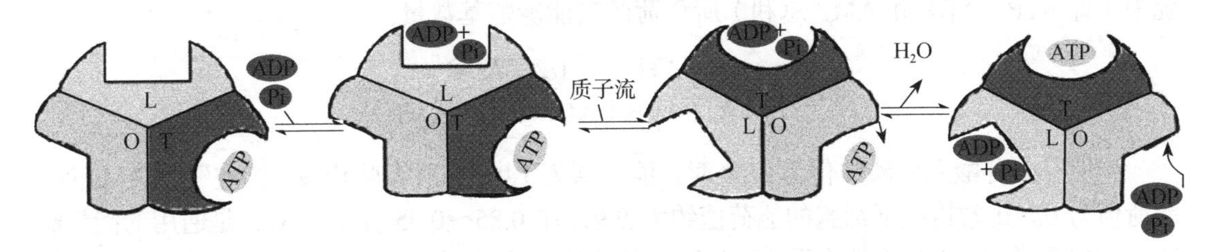

图 7-19　ATP 合酶的结合变化机制

构象变化的实质是质子流驱动酶复合体的旋转。1994 年，Walker 等发表了牛心线粒体 F_1-ATPase 的高分辨率晶体结构图，为证实 ATPase 催化的结合变化和旋转催化机制起了关键作用。随后 Yoshida 和 Kinosita Jr. 实验室进行的一个精美实验，有力地支持了 ATP 合酶的旋转催化机制。他们利用晶体结构的结果，精心设计了一系列的标记、突变，并采用最新的荧光显微镜摄像技术，借助连接于 γ 亚基上的被标记的肌动蛋白丝，在显微镜下有规律地沿逆时针旋转，从而将 γ 亚基的转动运动展现在人们面前（图 7-20）。这终于证实了 Boyer 早期提出的设想：当质子跨膜转动时，像流动的水带动水轮机转动一样，带动 ATP 合酶的类车轮结构和连接杆的转动，并牵动其他部分的转动，此转动能在一定程度上改变酶分子三个催化部位的构象，抓住底物（ADP 和 Pi）、合成 ATP 分子并将其释放。近年来进一步证明了该酶水轮机部分的转动行为。因此，ATP 合酶的作用机制有了重大突破。Boyer 和 Walker 也因此获得了 1997 年的诺贝尔化学奖，这表明了 ATP 合酶的结合变化和旋转催化机制的确立。然而，质子究竟如何跨膜泵出？质子跨膜时的 F_o 部分如何运动？ATP 合酶的结构与功能方面仍有许多问题需要解决。

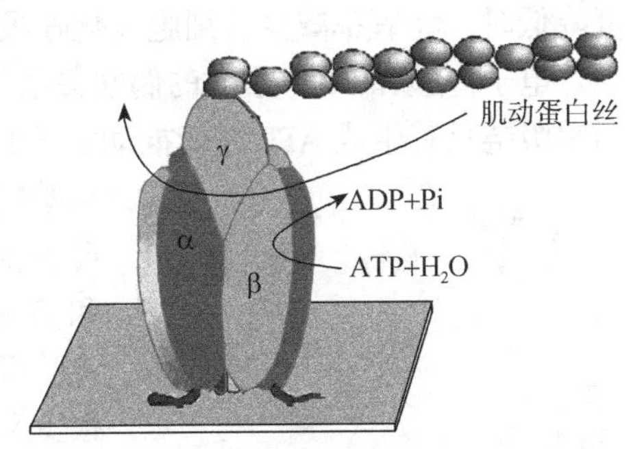

图 7-20　ATP 合酶的 γ 亚基的旋转模拟图

（四）氧化磷酸化的调节及抑制

ATP 是各种生物体能量贮存和利用的中心，ATP 被直接用于各种代谢活动。在生命体代谢途径中，有许多关键酶和限速酶受 ATP 或 ADP 和 AMP 浓度的调节。在某些条件下，ATP 能荷值可作为细胞产能和需能代谢过程中变构调节的信号。氧化磷酸化作用的调节涉及有机体的整体代谢，非常复杂，本节仅就氧化呼吸链本身的相互关系进行探讨。位于电子传递链末端的细胞色素 c 氧化酶催化的是不可逆反应，因此这一位点成为可能的调节位点。细胞色素 c 氧化酶主要受还原型细胞色素 c 浓度的调节，而还原型细胞色素 c 的浓度与线粒体内氧化磷酸化系统［NADH］/［NAD^+］及［ATP］/（［ADP］［Pi］）值密切相关。

氧化呼吸链是一个链式反应，易受到一些物质的影响，从而使电子传递或氧化磷酸化过程受到抑制，导致不能产生 ATP。利用这些特殊试剂可将氧化磷酸化过程分解成若干反应阶段，用于研究氧化磷酸化的中间步骤。根据其作用方式可将这些试剂分为电子传递抑制剂、解偶联剂、离子载体抑制剂和氧化磷酸化抑制剂等。

1. 能荷对氧化磷酸化的调节作用　细胞内的很多代谢反应受到能量状态的调节。Atkinson 建议以能荷（energy charge）表示细胞的能量状态。能荷定义为：在总的腺苷酸系统中（即 ATP、ADP 和 AMP 总和）所负荷的高能磷酸基数量。

$$\text{能荷}=\frac{[\text{ATP}]+1/2[\text{ADP}]}{[\text{ATP}]+[\text{ADP}]+[\text{AMP}]}$$

当所有腺苷酸充分磷酸化为 ATP 时，能荷值为 1.0；若所有腺苷酸“卸空”为 AMP 时，能荷值为 0。正常情况下细胞的能荷值约为 0.9，在 0.85～0.95 变动。ATP 是通用的能量载体，ADP 是形成 ATP 的磷酸受体。细胞内氧化磷酸化的调节机制是敏感而迅速的，调控手段主要是它与电子传递间的反馈，实际上由线粒体基质内能荷，确切地说是受 ADP 供应的限制。ADP 作为 Pi 的受体，对氧化呼吸链的控制作用称为呼吸控制（respiratory control）或受体控制（acceptor control）。当线粒体基质内 ADP 浓度升高时，F_1F_o-ATPase 活性增加，质子梯度下降，电子传递速率加快，耗氧率增加，细胞呼吸加快；反之，当线粒体内 ADP 浓度降低时，耗氧率减少，细胞氧化呼吸减慢。

电子传递和 ATP 形成的偶联关系是相辅相成的，ATP 的生成必须以电子传递为前提，而呼吸链只有生成 ATP 才能推动电子的传递。当缺乏 ADP 时，因缺少磷酸受体则不能进行磷酸化作用。由于 O_2 作为呼吸链的最终电子受体，它的消耗程度直接反映电子传递和氧化磷酸化的效率。B. Chance 和 G. R. Williams 根据密闭环境下离体线粒体利用氧的情况将呼吸功能分为 5 种状态，如图 7-21 所示：在可氧化底物很少又无 ADP 情况下的呼吸状态称为状态Ⅰ，这时耗氧率极低；加入 ADP 后的状态称为状态Ⅱ，此时线粒体内存在少量的内源底物，因而可观测到刚加入的 ADP 能短暂刺激 O_2 的消耗，但随着内源底物的耗尽，电子传递和氧化磷酸化很快停止，不再有 O_2 的消耗；同时加入 ADP 和底物，这时的氧化状态称为状态Ⅲ，这时可观测到耗氧率的急剧攀升直至加入的 ADP 耗尽；这时再次加入 ADP，可以发现耗氧率再次大幅上升，此时的状态称为状态Ⅳ；当氧气完全耗尽，电子传递和氧化磷酸化也被抑制，线粒体呼吸停止，这时称为状态Ⅴ。上述 5 种状态中，只有状态Ⅲ和Ⅳ为正常的生理条件下线粒体经常处于的呼吸状态，这些状态说明 ADP 对呼吸链有重要的调节作用。

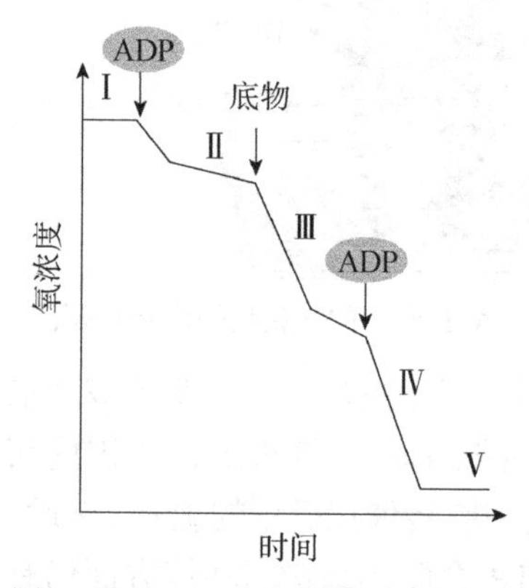

图 7-21　ADP 对线粒体呼吸的影响

2. 电子传递抑制剂　凡能够阻断呼吸链中某一组分的电子传递功能的物质，统称为呼吸链电子传递抑制剂。前面讲到了利用电子传递抑制剂阻断电子传递链中某部位的电子传递可推断电子传递链的排列顺序，同时也可用于判断 ATP 的形成部位。实验证明，NADH 呼吸链中有三处能在电子传递时释放出自由能驱动 ATP 合成。该三处也即传递链上被电子传递抑制剂阻断的部位，而这三个形成 ATP 的部位恰好与前文介绍的电子传递链的三个“质子泵”酶复合体相吻合，即复合体Ⅰ、Ⅲ、Ⅳ对应于三个磷酸化偶联部位（图 7-22）。

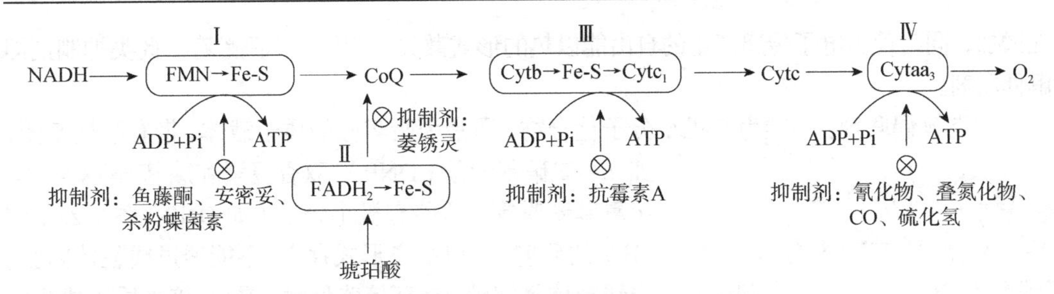

图 7-22　电子传递抑制剂的作用部位示意图

常见的几类主要电子传递抑制剂如下。

1）鱼藤酮（rotenone）（图 7-23）是一种极毒的植物毒素，可阻断电子由 NADH 向 CoQ 的传递，但不抑制电子由 $FADH_2$ 到 CoQ 的传递，常用作杀虫剂。此类抑制剂还有安密妥（amytal）、杀粉蝶菌素（piericidin）等。萎锈灵可切断由 $FADH_2$ 向 CoQ 传递的电子流。

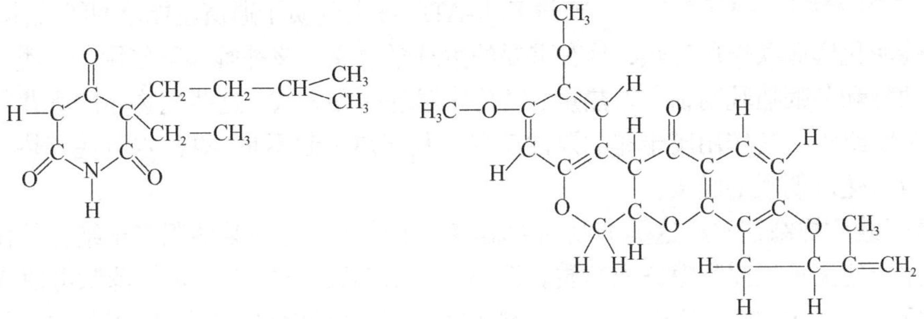

安密妥　　　　鱼藤酮

图 7-23　安密妥和鱼藤酮的结构

2）抗霉素 A（antimycin A）（图 7-24）是从灰色链球菌中分离出的抗生素，能阻断电子由细胞色素 b 到 c_1 的传递。维生素 C 可直接还原细胞色素 c，因此电子流可由维生素 C 传递到 O_2，从而缓解这种抑制作用。

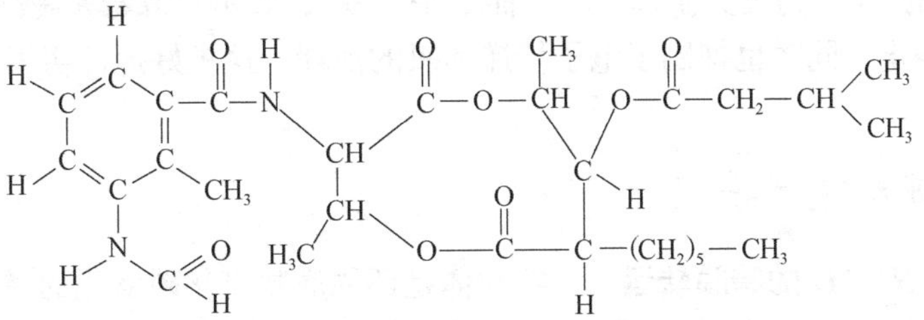

图 7-24　抗霉素 A 的结构

3）氰化物（cyanide）、叠氮化物（azide）和一氧化碳（carbon monoxide）均能阻断电子由细胞色素 aa_3 至 O_2 的传递，其中 N_3^- 和 CN^- 与血红素 a_3 的 Fe^{3+} 有高度亲和力，CO 则抑制 a_3 的 Fe^{2+}，此类物质中毒的机理即如此。

3. 解偶联剂　在正常情况下，电子传递和磷酸化是紧密偶联的。解偶联剂（uncoupler）的作用机制在于它们能够快速地消耗跨膜的质子梯度，使得质子不能通过 F_1F_o-ATPase 上的质子通道返回线粒体内膜内侧而合成 ATP。氧化磷酸化的解偶联剂的作用是使电子传递和 ADP 磷酸化两个过程分离，但它只抑制 ATP 的合成而不抑制电子传递。其结果则导致氧和燃料底物消耗增加，同时使由电子传递产生的自由能以热的形式散失，能量得不到贮存。此类抑制剂即为解偶联剂。

有两类解偶联剂：一类为有机小分子化合物，通常为脂溶性的质子载体，带有酸性基团，如2,4-二硝基苯酚（DNP）、双香豆素和羰基-氰-对-三氟甲氧基苯肼等。这些有机小分子（如DNP，图7-25）在pH 7的环境下，以解离形式存在，不能透过线粒体内膜。当线粒体膜间隙pH环境略低时，DNP接受质子成为非解离形式。因这种形式是脂溶性的，易透过内膜，将H^+带入膜内，导致跨膜形成的质子电化学梯度遭到破坏，从而抑制ATP的合成，故此类试剂又称为质子载体抑制剂。另一类为天然的解偶联蛋白（uncoupling protein，UCP），UCP在线粒体内膜上形成质子通道，使质子不需通过F_1F_o-ATPase上的质子通道就能返回线粒体基质。

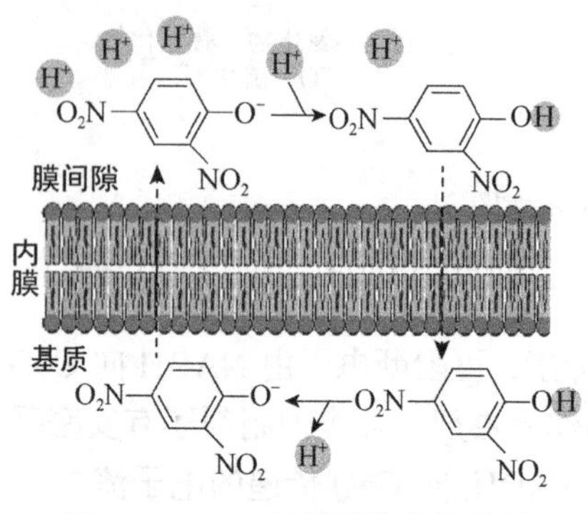

图7-25　DNP解偶联的化学机制

氧化磷酸化解偶联作用产热，具有重要的生理学意义。该种解偶联作用是人类、新生无毛的哺乳动物和冬眠哺乳动物获取热量、维持体温的一种方式。这些生物体的颈背部和体内含有褐色脂肪组织，其作用属于非战栗性产热，其产热机制不是ATP水解性产热，而是线粒体氧化磷酸化解偶联的结果。

4. 离子载体抑制剂　这类抑制剂为脂溶性小分子，能与某些阳离子结合并作为这些离子的载体而使离子从膜间隙进入基质。例如，缬氨霉素结合K^+，短杆菌肽可使K^+、Na^+及其他一价阳离子透过膜。它们与解偶联剂的区别在于所结合的是除H^+以外的其他一价阳离子。因而，离子载体抑制剂是通过增加线粒体内膜对一价阳离子的通透性，从而破坏内膜两侧的电位梯度，最终导致氧化磷酸化过程终止。

5. 氧化磷酸化抑制剂　这类抑制剂与电子传递抑制剂不同，不直接抑制电子传递链上载体的作用，而是干扰ATP的生成过程。例如，寡霉素（oligomycin）即为该类抑制剂，其作用位点在ATP合酶上，通过与F_o亚基之间的相互作用而阻断质子由F_o复合体向F_1单元传递（F_o下标的“o”为英文字母“o”，而不是“零”，表示“寡霉素-敏感性”复合体）。由于ATP合成停止，同时也抑制了电子传递和氧的消耗。这极好地证明了氧化与磷酸化的偶联。

四、线粒体穿梭系统

1. 线粒体外NADH的跨膜转运　线粒体是还原底物氧化磷酸化的最终场所。生物体内某些代谢物的脱氢反应在细胞液中进行，如糖酵解途径在胞液中产生NADH。而线粒体内膜对各种物质的通过有严格的选择性，胞液中的NAD^+或NADH不能自由透过线粒体内膜屏障。因而，胞液中产生的NADH必须通过特殊的跨膜转运机制进入线粒体才能被彻底氧化。细胞中主要存在两种穿梭途径：一种是磷酸甘油穿梭系统（glycerophosphate shuttle system），另一种是苹果酸-天冬氨酸穿梭系统（malate aspartate shuttle system）。

（1）*磷酸甘油穿梭系统*　此类穿梭系统是由3-磷酸甘油脱氢酶的一对同工酶协作完成的（图7-26）。胞液和线粒体内都存在3-磷酸甘油脱氢酶，但它们的辅酶不同。前者辅酶为NAD^+，后者辅酶为FAD。胞液中的NADH先将H^+转移给磷酸二羟丙酮形成甘油-3-磷酸，后者可扩散至线粒体的内外膜间隙中，然后在线粒体内膜表面3-磷酸甘油脱氢酶催化下，甘油-3-磷酸重新生成磷酸二羟丙酮，而H^+转移到内膜中脱氢酶的辅酶FAD上，生成$FADH_2$。磷酸二羟丙酮扩散返回到胞液中，继续参与下一轮穿梭。$FADH_2$经$FADH_2$呼吸链氧化生成水并偶联合成ATP。可见，经过磷酸甘油穿梭系统，胞液中1分子NADH在线粒体内可转化为1分子$FADH_2$。此类穿梭作用主要存在于动物肌肉、神经组织。

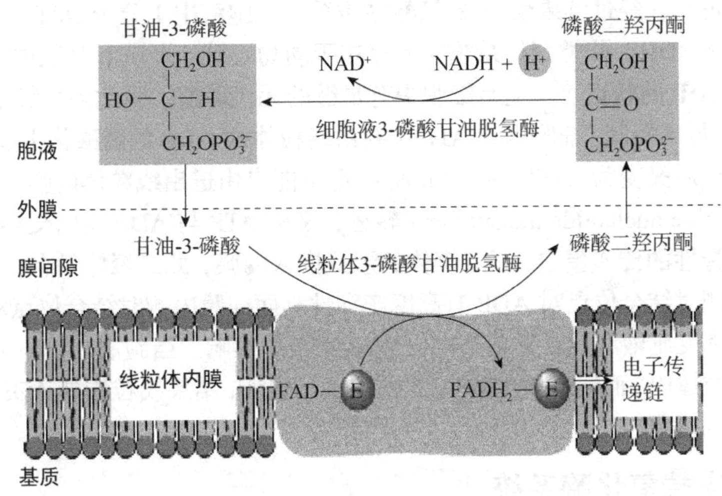

图7-26　磷酸甘油穿梭系统

（2）苹果酸-天冬氨酸穿梭系统　　此类穿梭系统比磷酸甘油穿梭系统复杂（图7-27），胞液中生成的NADH在苹果酸脱氢酶（其辅酶为NAD^+）的催化下，使草酰乙酸还原成苹果酸，后者通过苹果酸-α-酮戊二酸载体将胞液中NADH的H^+带进线粒体内膜内侧的基质中。

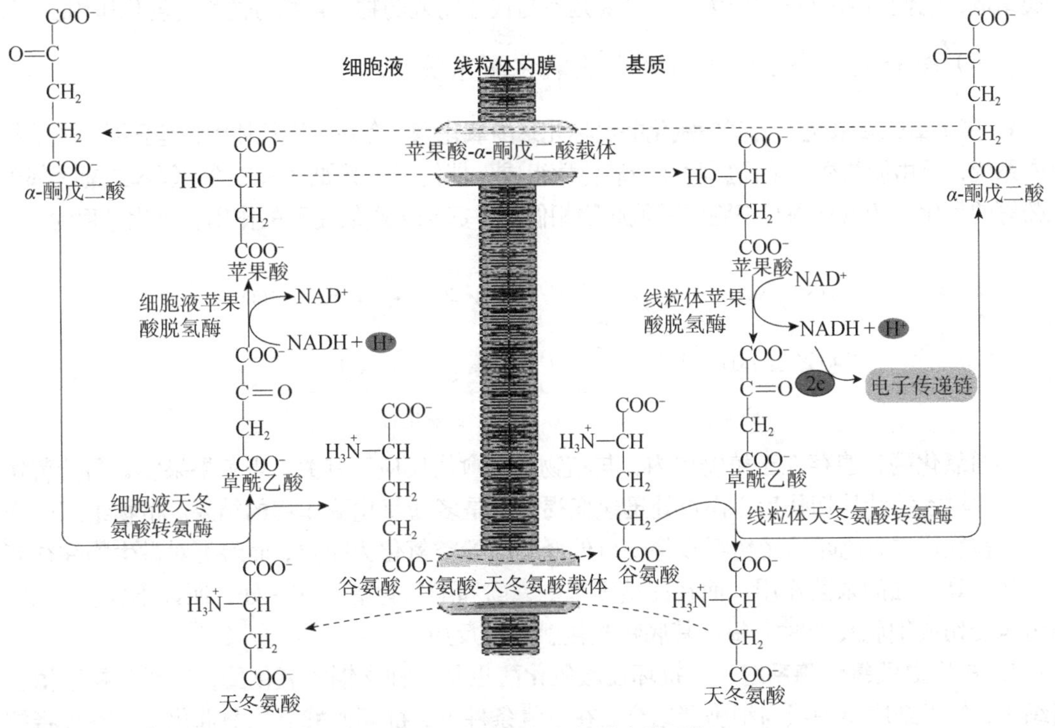

图7-27　苹果酸-天冬氨酸穿梭系统

进入线粒体基质内的苹果酸在苹果酸脱氢酶作用下脱氢生成草酰乙酸和NADH，后者可进入呼吸链进行氧化磷酸化。为了维持胞液中草酰乙酸的水平，草酰乙酸必须返回胞液。但草酰乙酸不能自由进出线粒体，草酰乙酸可经转氨基作用形成天冬氨酸，然后通过内膜上谷氨酸-天冬氨酸载体转移到胞液中，再通过转氨基作用转变为草酰乙酸。草酰乙酸又可重新参与苹果酸穿梭作用。可见，经过苹果酸-天冬氨酸穿梭系统，胞液中1分子NADH在线粒体内仍然转化为1分子NADH。此类穿梭系统主要存在于动物心脏、肝脏和肾脏中。

2. ATP和ADP的转运　通常细胞中有足够的无机磷酸，因此多数静止细胞的氧化、磷酸化由ADP的量来控制。细胞内的ATP主要由线粒体内ADP的磷酸化生成，大部分ATP在线粒体外被利用后又变为ADP。ATP和ADP都不能自由进出线粒体内膜，它们必须依赖腺苷酸载体（adenine nucleotide transporter）转运，又称ATP与ADP反向交换。腺苷酸载体是一种有高度选择性的传递蛋白，以二聚体的形式嵌入内膜，此二聚体只有一个腺苷酸结合位点，面向膜外侧时结合位点对ADP有高度亲和性，面向膜内侧时结合位点对ATP有高度亲和性。转运速率受胞液和线粒体内ADP、ATP水平的影响。当胞液内游离ADP水平升高时，ADP进入线粒体内，而线粒体内的ATP则转运至胞液，结果线粒体内ADP/ATP值升高，促进氧化磷酸化的进行。

五、其他末端氧化酶系统

在呼吸链的末端能将传来的电子交给氧的酶类，称为末端氧化酶。末端氧化酶有的在线粒体内，有的存在于线粒体外。通过线粒体的细胞色素氧化酶系统进行氧化是动植物和微生物的主要氧化途径，与ATP的生成密切相关。除了细胞色素系统外，还有一些非线粒体氧化体系，如细胞的微粒体和过氧化物酶体，也是生物氧化的场所。这些氧化体系由不同于线粒体的氧化酶类组成，它们与ATP的生成无关，主要是参与代谢物或药物、毒物等的生物转化作用。

（一）多酚氧化酶系统和抗坏血酸氧化酶系统

1. 多酚氧化酶系统　多酚氧化酶也称儿茶酚氧化酶，存在于微粒体中，是含铜的末端氧化酶系统，可由脱氢酶、醌还原酶和酚氧化酶组成，催化多酚类如对苯二酚、邻苯二酚、邻苯三酚等的氧化，酚氧化酶与细胞内其他底物相偶联，起到末端氧化酶的作用。氧化过程为

MH_2 → M；NAD^+ → $NADH+H^+$（脱氢酶）；邻苯二酚 ⇌ 邻苯醌（醌还原酶）；$2Cu^{2+}$ ⇌ $2Cu^+$（2e）；O^{2-} → H_2O（2H⁺）；$\frac{1}{2}O_2$（酚氧化酶）

多酚氧化酶普遍存在于植物体内，与植物的“愈伤反应”有关。当苹果果实、马铃薯块茎、多种树木的叶片切伤后，伤口处迅速变褐，就是多酚氧化酶作用的结果。植物组织受伤后呼吸往往增强，此时的受伤呼吸将伤口处释放的酚类氧化为醌类，而醌类对微生物往往有毒，从而具有强的杀菌作用。而在完整细胞中，酚和酚氧化酶不在一处，所以不发生氧化。当组织受伤或细胞衰老时，酶与其底物相接触发生反应。

2. 抗坏血酸氧化酶系统　抗坏血酸氧化酶也是一种含铜的氧化酶，广泛存在于植物组织中，位于细胞质中或与细胞壁结合。在有氧条件下，抗坏血酸氧化酶催化分子态氧将抗坏血酸氧化为脱氢的抗坏血酸，反应为

$$\text{抗坏血酸} + 1/2O_2 \xrightarrow{\text{抗坏血酸氧化酶}} \text{脱氢抗坏血酸} + H_2O$$

抗坏血酸氧化酶催化的反应可与其他氧化酶系统相偶联，如通过与谷胱甘肽还原酶和某些脱氢酶偶联，起到末端氧化酶的作用。其作用如下。

MH_2 → M（脱氢酶）；$NADP^+$ → $NADPH+H^+$；$NADPH+H^+$ + GSSG → $NADP^+$ + 2GSH（谷胱甘肽还原酶）；2GSH + 脱氢抗坏血酸 → GSSG + 抗坏血酸（脱氢抗坏血酸氧化酶）；抗坏血酸 + $2Cu^{2+}$ → 脱氢抗坏血酸 + $2Cu^+$；$2Cu^+$ $\xrightarrow{2e^-}$ $\frac{1}{2}O_2$ → O^{2-} → H_2O（$2H^+$）（抗坏血酸氧化酶）

脱氢酶　谷胱甘肽还原酶　脱氢抗坏血酸氧化酶　抗坏血酸氧化酶

（二）黄素蛋白氧化酶

黄素蛋白氧化酶（黄酶）存在于微粒体中，其催化特点是不需经细胞色素或其他传递体，而将脱下的氢直接交给 O_2 生成 H_2O_2。反应过程如下。

MH_2 → M；FAD → $FADH_2$；$FADH_2$ + O_2 → FAD + H_2O_2

当油料种子萌发时，脂肪酸在乙醛酸体中降解，脱下的部分氢由黄酶氧化生成 H_2O_2，H_2O_2 随即被过氧化氢酶分解。在乙醇被氧化成乙醛时由黄酶催化，这是光呼吸中的重要反应。

（三）过氧化氢酶、过氧化物酶和超氧化物歧化酶

已知氧由呼吸链细胞色素氧化酶彻底还原成水需 4e，但机体内也能产生氧的不完全还原反应。例如，正常生理状态下，细胞内有 2%～30%的氧被从线粒体电子传递链中泄漏出来的电子还原形成超氧阴离子，再经歧化作用产生过氧化氢。氧的不完全还原反应有：1e 使氧还原形成超氧化物负离子O_2^-，2e 使氧还原形成过氧化氢（H_2O_2），3e 使氧还原形成羟自由基（·OH）。

生物系统中氧自由基是一种高度活化的分子，当这种分子与其他物质反应时，力图得到电子，从而对细胞及组织产生十分有害的生物学效应。在长期进化过程中，生物体内形成几种主要的自我保护机制，其中最主要的一种方式是通过酶的作用清除体内活性氧，包括超氧化物歧化酶（superoxide dismutase，SOD）、过氧化氢酶（catalase）、过氧化物酶（peroxidase）。因此，在正常生理情况下，各种自由基的浓度维持在一个有利无害的、生理性低水平。

1. 超氧化物歧化酶　超氧化物歧化酶是机体内存在的一种防御性酶，广泛存在于动植物和微生物细胞中，其功能是催化生物氧化过程中所产生的超氧化物阴离子 O_2^- 使之发生歧化反应。这种歧化反应属于自身氧化还原反应，1 分子 O_2^- 被氧化成 O_2，另一分子 O_2^- 被还原生成 H_2O_2。反应式为

$$O_2^- + O_2^- + 2H^+ \xrightarrow{SOD} H_2O_2 + O_2$$

超氧化物歧化酶是金属酶，主要包括三种形式的同工酶：Cu·Zn-SOD、Mn-SOD 和 Fe-SOD。Cu·Zn-SOD 主要存在于真核细胞胞液中；Mn-SOD 主要存在于真核细胞线粒体中；Fe-SOD 主要存在于原核细胞中。它们在清除活性氧 O_2^- 时生成的 H_2O_2 可被活性极强的过氧化氢酶酶解。

2. 过氧化氢酶　过氧化氢酶广泛分布于血液、动物肝和肾等组织中，其化学本质为血红素蛋白，每个酶分子含 4 个血红素。它的功能是分解 H_2O_2，即利用一分子 H_2O_2 提供电

子而被氧化，另一分子 H_2O_2 接受电子而被还原。反应式为

$$2H_2O_2 \xrightarrow{\text{过氧化氢酶}} 2H_2O + O_2$$

H_2O_2 往往是羟自由基（·OH）的前体。羟自由基是氧的不完全还原形式中最强的氧化剂，也是最活跃的诱变剂，毒性极强，主要可由下列反应生成。

$$O_2^- + H_2O_2 \longrightarrow 2 \cdot OH + O_2$$

因此，清除 O_2^- 和 H_2O_2 不只除去了这两种有害的自由基，还防止了更有害的·OH 的生成。

3. 过氧化物酶　过氧化物酶分布于白细胞、血小板等体液或细胞中。该酶的辅基也为血红素，但与其他血红素蛋白不同的是，其辅基与酶蛋白结合疏松。此酶也可清除 H_2O_2，但与过氧化氢酶反应的不同在于它催化 H_2O_2 去氧化酚类或胺类化合物。反应式为

$$R + H_2O_2 \xrightarrow{\text{过氧化物酶}} RO + H_2O$$

$$\text{或} RH_2 + H_2O_2 \xrightarrow{\text{过氧化物酶}} R + 2H_2O$$

此外，在红细胞及一些组织内存在一种含硒（selenium）的谷胱甘肽过氧化物酶（glutathione peroxidase），它与谷胱甘肽的氧化相偶联，可催化 H_2O_2 还原生成水，从而保护红细胞免受 H_2O_2 的损害。反应式如下。

$$H_2O_2 + 2GSH \xrightarrow{\text{谷胱甘肽过氧化物酶}} 2H_2O + GSSG$$

（四）植物抗氰氧化酶

抗氰氧化酶是一种非血红素铁蛋白，它不受氰或氰化物、抗霉素 A 等的抑制，而氧肟酸化合物如水杨酰氧肟酸、苯基氧肟酸等是抗氰氧化酶的专一性抑制剂。一些植物在用 KCN、CO 等处理时，仍有一定程度的氧吸收，这是因为电子传递不经过细胞色素氧化酶系统，而是通过对氰化物不敏感的抗氰氧化系统传递给氧，这种呼吸称为抗氰呼吸，又常称氰不敏感呼吸或交替途径（alternative pathway）等。除了植物，在许多真菌、藻类、原生动物、酵母中也有抗氰呼吸。

实验证明，抗氰氧化酶定位于线粒体内膜，其呼吸途径存在于正常呼吸链中，并以抗氰氧化酶为末端氧化酶的非磷酸化形式进行电子传递。关于抗氰呼吸的分支点，有人认为是从 Cytb 分支的，但更多的证据证明和普遍被接受的观点是从泛醌库开始分支。

$$NADH \rightarrow FMN \rightarrow CoQ \rightarrow Cytb \rightarrow Cytc_1 \rightarrow Cytc \rightarrow Cytaa_3 \rightarrow O_2$$

CoQ ——抗氰氧化酶——→ O_2

抗氰呼吸是植物自身适应外界环境变化的一种调节机制。抗氰呼吸是放热反应，在产热植物开花时，抗氰呼吸途径加强，温度提高，胺类等物质挥发增加可引诱昆虫传粉；抗氰呼吸也有利于种子早期发芽；白兰瓜、蜜瓜、樟梨等果实成熟期的“跃变呼吸”即由抗氰末端氧化酶控制的，这对于研究控制果实成熟有潜在的经济意义。

小结

新陈代谢是生物体内所有化学变化的总称，是生命的基本特征，包括合成代谢和分解代谢。生物体的代谢过程是通过一系列酶促反应完成的。研究新陈代谢的方法可分为体内研究、体外研究和单细

胞研究。

生物体与外界环境既有物质交换也有能量交换，是一个开放体系。大多数生物能利用糖、脂肪和蛋白质等能源贮存物质。这些有机物质在细胞中进行氧化分解生成 CO_2 和 H_2O 并释放出能量的过程称为生物氧化。生物氧化在活细胞中进行，反应条件温和，多步反应，逐步放能。ATP 是生物做功最重要的直接供能者，绝大部分高能化合物必须转换为 ATP。

线粒体基质是呼吸底物氧化的场所，底物在这里氧化所产生的 NADH 和 $FADH_2$ 将质子和电子转移到内膜的载体上，经过一系列氢载体和电子载体的传递。

呼吸链包含 15 种以上组分，主要由 4 种酶复合体和两种可移动电子载体构成。其中包括复合体Ⅰ、Ⅱ、Ⅲ、Ⅳ、辅酶 Q 和细胞色素 c。

代谢物在生物氧化过程中氧化放能和 ATP 生成（磷酸化）相偶联的过程称为氧化磷酸化，有底物水平磷酸化和电子传递水平磷酸化两种类型。P/O 值越高，氧化磷酸化的效率就越高。1 对电子经过 NADH 呼吸链，测得 P/O 值为 2.5；经过 $FADH_2$ 呼吸链的 P/O 值为 1.5。

关于氧化磷酸化的偶联机理目前有 3 种假说：化学偶联假说、化学渗透假说和构象偶联假说。其中化学渗透假说认为，利用电子传递的电化学势能驱动 ATP 的合成。该假说得到了一些事实支持。

ATP 与 ADP 浓度之比对电子传递速度和还原型辅酶的积累与氧化起着重要的调节作用。ADP 作为关键物质对氧化磷酸化的调节作用称为呼吸控制。电子传递抑制剂主要有：鱼藤酮、安密妥、杀粉蝶菌素、抗霉素 A、氰化物、叠氮化物、CO、H_2S 等。根据化学因素对氧化磷酸化的影响方式，其可分为 3 类：解偶联剂、氧化磷酸化抑制剂和离子载体抑制剂。

线粒体外 NADH 的氧化磷酸化作用主要有两种：磷酸甘油穿梭系统和苹果酸-天冬氨酸穿梭系统。除了细胞色素系统外，还有一些非线粒体氧化体系，它们不同于线粒体的氧化酶类组成，与 ATP 的生成无关，主要是参与代谢物或药物、毒物等的生物转化作用。

思考题

1．生物细胞新陈代谢的特点是什么？研究新陈代谢的主要方法有哪些？

2．何为高能磷酸化合物？ATP 在生物能量转运中起何重要作用？

3．什么是生物氧化？与体外燃烧相比，它有何特点？

4．确定呼吸链排列顺序的实验方法有哪些？

5．请预计在下列情况下，电子传递受阻断后，CoQ、Cytb、$Cytc_1$、Cytc 及 $Cytaa_3$ 的氧化情况。

1）有充足的 NADH 和 O_2，但加入氰化物。

2）有充足的 NADH，但 O_2 被耗尽。

3）有充足的 O_2，但 NADH 被耗尽。

4）NADH 和 O_2 都充足。

6．解释氧化磷酸化作用机制的化学渗透假说的主要论点是什么？在几种学说中，为什么它能得到公认？

7．简述 ATP 合酶的结构特点及功能。

8．阐述线粒体内一对电子从 NADH 传递至氧所生成的 ATP 分子数。

9．真核生物中，在细胞质内生成的 $NADH+H^+$，当其通过电子传递链时只能产生 1.5 个 ATP，原因何在？

10．NADH 不能透过线粒体内膜，但在鼠肝提取液中（有线粒体和所有胞质中酶）加入用 ^3H 标记的 NADH 后，很快发现放射性标记出现在线粒体基质中。若加入 ^{14}C 标记的 NADH 后，在线粒体基质中检测不到放射性。请解释原因。

11．人体内有一种解偶联蛋白 UCP-2，它能使质子从线粒体内膜上返回线粒体基质。请分析为什么体内若增加 UCP-2 含量会使体重减轻。

12．已知下列反应：① $ATP \longrightarrow ADP+Pi \quad \Delta G_1^{\ominus}=-30543J/mol$

② $ADP \longrightarrow AMP+Pi \quad \Delta G_2^{\ominus}=-31128J/mol$

问在此条件下 $ATP+AMP \longrightarrow 2ADP$ 反应的 $\Delta G^{\ominus}$ 是多少？并判断反应在标准状态下能否自发进行。

第八章 糖 代 谢

在生物体内，糖类物质的组成、结构与功能复杂多样。糖代谢包括糖的分解代谢与合成代谢。糖的分解代谢首先是大分子多糖经酶促降解成单糖，然后进一步降解，最终氧化成CO_2和H_2O，并释放能量的过程。糖的分解代谢在无氧和有氧条件下均可以进行；糖酵解在生物体内普遍存在，是不需要氧、氧化也不彻底的代谢途径，其代谢产物只有在有氧条件下，经过柠檬酸循环和电子传递链，才能彻底被氧化。糖酵解和柠檬酸循环是生命过程中主要的产能途径。除为机体的生命活动提供能量外，糖类分解代谢的中间产物还可为氨基酸、核苷酸、脂肪酸、类固醇的合成提供碳骨架。戊糖磷酸途径提供的核糖-5-磷酸和NADPH、葡糖醛酸途径提供的糖醛酸和L-抗坏血酸均具有重要的生理意义。

糖的合成代谢是指绿色植物和光合微生物利用日光作为能源，光解H_2O获得还原态氢，氢还原二氧化碳为有机物，最终合成葡萄糖，并释放氧气的过程。对于异养生物人和动物来说，无法从CO_2和H_2O合成葡萄糖，但可以从葡萄糖合成糖原，也可以从非糖物质转化成糖，即发生糖异生作用。本章主要阐述单糖的分解代谢与糖的异生，简略叙述多糖的分解与合成。糖类代谢与脂质、蛋白质等物质代谢相互联系，相互转化，不可分割，构成了代谢的统一整体。

第一节 糖的分解代谢

一、多糖和低聚糖的酶促降解

多糖和低聚糖由于分子大，不能透过细胞膜，因此在被生物体利用之前必须水解成单糖，其水解均靠酶的催化。

（一）淀粉与糖原的酶促水解

α-淀粉酶可以水解淀粉中任何部位的α-1,4-糖苷键，水解产物为寡糖和葡萄糖的混合物。β-淀粉酶只能从非还原端开始水解α-1,4-糖苷键，每次水解产生1个麦芽糖，其水解产物为糊精和麦芽糖的混合物。在动物的消化液中有α-淀粉酶，在植物的种子与块根中有α-淀粉酶及β-淀粉酶。α-淀粉酶和β-淀粉酶不能水解α-1,6-糖苷键，水解淀粉中的α-1,6-糖苷键的酶是α-1,6-糖苷酶。

糖原在细胞内的降解是经磷酸化酶的磷酸解作用生成葡萄糖-1-磷酸，由于磷酸化酶也只能磷酸解α-1,4-糖苷键，而不作用于α-1,6-糖苷键，故糖原的完全分解必须在脱支酶等的协同作用下才能完成。

磷酸化酶作用于糖原分子的非还原端，循序进行磷酸解，连续释放葡萄糖-1-磷酸，直到在分支点以前还有4个葡萄糖残基为止。在脱支酶的作用下，将糖原分支上的3个葡萄糖残基转移至主链的非还原末端，在分支点处还留下一个α-1,6-糖苷键连接的葡萄糖残基，被脱支酶水解为游离的葡萄糖。脱支酶为Q（α-1,6）糖苷酶，可特异性水解α-1,6-糖苷键（图8-1）。

（二）纤维素的酶促水解

人的消化道中没有水解纤维素的酶，但不少微生物如细菌、真菌、放线菌、原生动物等能产生纤维素酶及纤维二糖酶，它们能催化纤维素完全水解成葡萄糖。

双糖的酶水解在双糖酶催化下进行，双糖酶中最重要的除麦芽糖酶、纤维二糖酶外，还有蔗糖酶、乳糖酶等，它们都属于糖苷酶类，广泛分布于植物、微生物与动物的小肠液中。

食物中的糖类经肠道消化为葡萄糖、果糖、半乳糖等单糖。单糖可被吸收入血。血液中的葡萄糖称为血糖。正常人空腹血糖浓度为3.9～6.1mmol/L。正常人血糖浓度维持在一个相对恒定的范围内，是因为血糖的代谢有来源和去路。消化后吸收的单糖经门静脉入肝，一部分合成肝糖原进行贮存；另一部分经肝静脉进入血液循环，输送给全身各组织，在组织中分别进行合成与分解代谢。

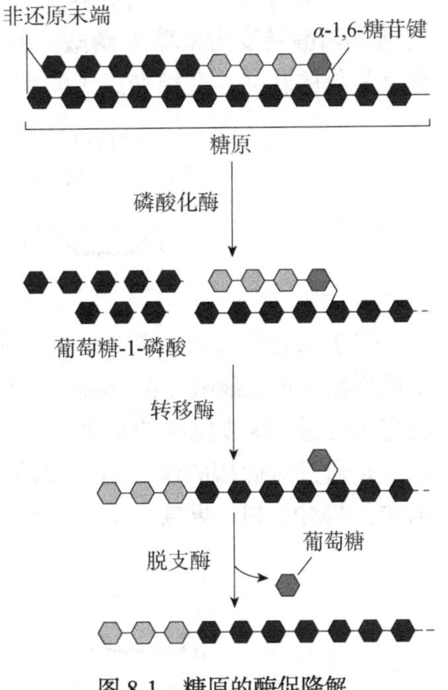

图 8-1 糖原的酶促降解

二、单糖的分解代谢

（一）糖酵解

糖酵解（glycolysis）是生物体最重要的分解代谢途径之一，它几乎发生在所有的活细胞中，但速率随生理条件的不同而不同。通过该途径，葡萄糖或者其他单糖在没有氧气的参与下，被氧化成丙酮酸，并产生 NADH 和少量的 ATP；某些非糖物质（如甘油）也可以间接地进入此途径得到氧化分解。

Embden 提出了一个完整的糖酵解途径，只是其中的一些反应是在后来的研究中才得到证实的。鉴于 Embden 和 Meyerhof 在糖酵解研究中的杰出贡献，糖酵解又称为 Embden-Meyerhof 途径（Embden-Meyerhof pathway，EMP）。

知识窗 8-1

本章将重点介绍糖酵解的反应步骤、能量计算、调控及其生物学意义。

1. 糖酵解的全部反应

（1）葡萄糖的磷酸化　在己糖激酶（hexokinase）或葡萄糖激酶（glucokinase）的催化下，葡萄糖分子的 6-羟基接受 ATP 分子上的 γ-磷酸根，被磷酸化为葡萄糖-6-磷酸（glucose-6-phosphate，G6P）。此反应消耗 ATP，ΔG 为较大的负值，在细胞内正常的生理条件下成为不可逆反应。葡萄糖的磷酸化反应降低了细胞内游离葡萄糖的浓度，有利于胞外的葡萄糖进入胞内；而磷酸化的葡萄糖带上负电荷，不再逸出细胞，有利于其在细胞内的进一步代谢。

$$\text{葡萄糖} + \text{ATP} \xrightarrow[\text{己糖激酶}]{Mg^{2+}} \text{葡萄糖-6-磷酸} + \text{ADP}$$

（2）葡萄糖-6-磷酸的异构化　葡萄糖磷酸异构酶（phosphohexose isomerase）催化葡萄糖-6-磷酸转变为果糖-6-磷酸（fructose-6-phosphate，F6P）。反应可逆，实现羰基从 1 号位到 2 号位的转变，醛糖变成了酮糖，而 1 号位出现的羟基为下一步磷酸化反应创造了条件。

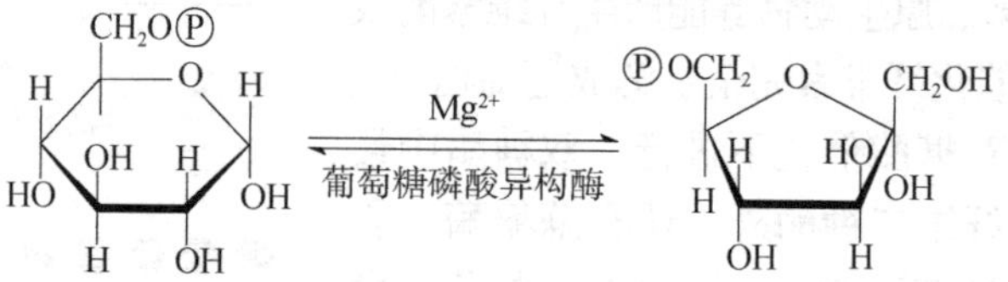

（3）果糖磷酸的激活　果糖磷酸激酶（phosphofructokinase，PFK）催化果糖-6-磷酸生成果糖-1,6-二磷酸（fructose-1,6-bisphosphate，FPB）。由 ATP 供给磷酸化基团，所催化的反应不可逆。这步反应的重要性在于，它是整个糖酵解途径的限速步骤，即对糖酵解的调控主要是通过对此酶的调节而实现的。果糖磷酸激酶受柠檬酸、ATP 等物质的变构抑制，而 ADP、AMP、Pi、果糖-1,6-二磷酸等是它的变构激活剂，胰岛素可诱导它的生成。

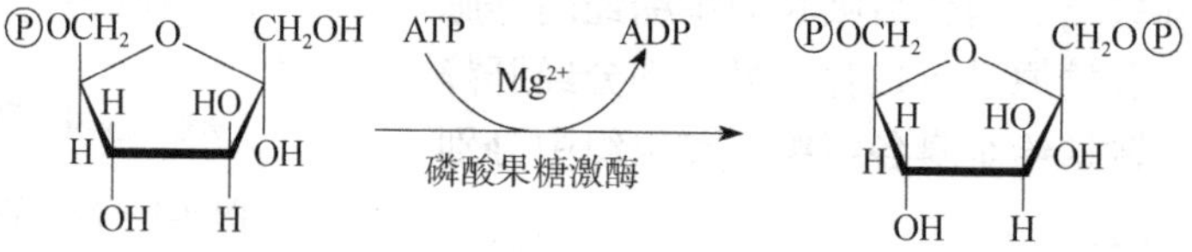

（4）果糖-1,6-二磷酸的裂解　这一步反应为可逆反应，由醛缩酶（aldolase）催化 1 分子六碳糖裂解成 1 分子磷酸二羟丙酮（dihydroxyacetone phosphate，DHAP）和 1 分子甘油醛-3-磷酸（GAP）。

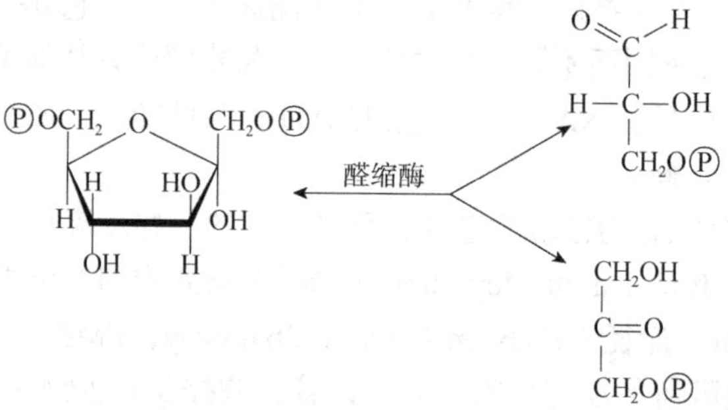

（5）磷酸丙糖的异构化　这是一步可逆的酮糖与醛糖互变的异构化反应，由丙糖磷酸异构酶（triose phosphate isomerase）催化磷酸二羟丙酮转变为甘油醛-3-磷酸。虽然从热力学的角度来看，此反应有利于磷酸二羟丙酮的形成，但由于下一步反应的底物是甘油醛-3-磷酸，因此，在细胞内磷酸二羟丙酮能够顺利转化成甘油醛-3-磷酸。

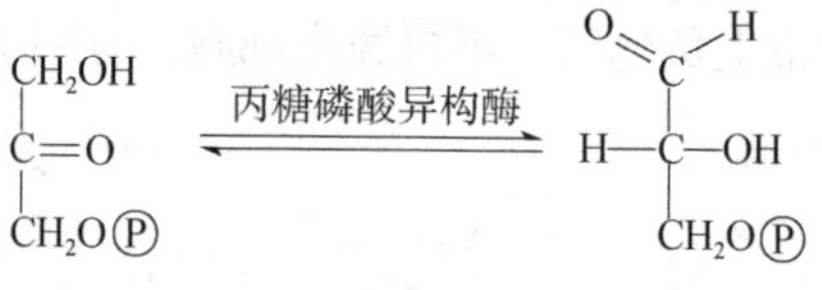

上面的 5 步反应为糖酵解途径的第一阶段，1 分子葡萄糖转变为 2 分子甘油醛-3-磷酸，共消耗 2 分子 ATP。

（6）甘油醛-3-磷酸的氧化及磷酸化　　这是第二阶段的第一步反应，也是整个糖酵解途径中唯一的一步氧化还原反应，催化反应的酶为甘油醛-3-磷酸脱氢酶（glyceraldehyde-3-phosphate dehydrogenase，GAPDH），辅酶为 NAD^+，产物为甘油酸-1,3-二磷酸（1,3-bisphosphoglycerate，1,3-BPG）和 NADH/H^+。在反应中，醛基被氧化为羧基，释放出来的能量一部分贮存在 1,3-BPG 的高能磷酸键上，还有一部分被 NADH 中的高能电子带走。

反应机理如下。甘油醛-3-磷酸的醛基与甘油醛-3-磷酸脱氢酶活性部位上的半胱氨酸残基的—SH 结合形成中间化合物，同时把羟基上的氢转移到 NAD^+上，从而产生了 NADH+H^+ 和高能硫酯键。另外一个 NAD^+ 把 NADH+H^+ 从酶的活性部位上置换下来。无机磷酸攻击硫酯键就形成甘油酸-1,3-二磷酸，同时释放出酶。

O=C—H / H—C—OH / CH_2OⓅ + HS—ENZ (NAD^+) ⟶ H—C(OH)—S—ENZ (NAD^+) / H—C—OH / CH_2OⓅ ⟶ O=C～S—ENZ (NADH+H^+) / H—C—OH / CH_2OⓅ

NAD^+ → NADH+H^+

O=C～S—ENZ (NAD^+) / H—C—OH / CH_2OⓅ ⟶ (Pi; HS—ENZ (NAD^+)) O=C—O～Ⓟ / H—C—OH / CH_2OⓅ

甘油醛-3-磷酸脱氢酶的相对分子质量为 140 000，为由 4 个相同亚基组成的四聚体，它与两个 NAD^+紧密结合，专一抗蛋白酶的消化。只有 NAD^+不断取代 NADH+H^+才能持续氧化。若 NAD^+含量很少，糖酵解速度就要减慢或者停止，除非 NADH+H^+ 重新氧化，才能使糖酵解得以维持。因为碘乙酸可与酶活性部位的—SH 反应，所以碘乙酸可强烈抑制此酶的活性，由此可以证明—SH 是维持酶活性所必需的基团。

$$E\text{-}SH^*+ICH_2COOH \longrightarrow E\text{-}S\text{—}CH_2COOH+HI$$

式中，E-SH 为某些酶活性部位的—SH。

砷酸盐（ASO_4^{3-}）可以与 H_3PO_4 竞争同高能硫酯键中间物结合，形成不稳定的化合物 1-砷酸-3-磷酸-甘油酸，进一步分解产生甘油酸-3-磷酸，但是没有 ATP 的生成。因此，砷酸盐能使氧化反应正常进行，但 ATP 的合成受到阻碍，这是砷酸盐有毒性的原因之一。

（7）甘油酸-1,3-二磷酸的底物水平磷酸化　　催化这个反应的酶是甘油酸磷酸激酶，反应需要 Mg^{2+}参加。同时甘油醛-3-磷酸氧化产生的高能磷酯键转移给 ADP 生成 ATP，这一过程属于底物水平磷酸化。由于 1mol 葡萄糖产生 2mol 三碳糖，因此这里产生 2mol 的 ATP。

O=C—O～Ⓟ / H—C—OH / CH_2OⓅ ⇌ (ADP → ATP, Mg^{2+}; 甘油酸磷酸激酶) COOH / H—C—OH / CH_2OⓅ

（8）甘油酸-3-磷酸的异构化　　甘油酸-3-磷酸在变位酶的作用下，与酶上的磷酸基团作用，生成甘油酸-2,3-二磷酸，再在变位酶的作用下生成甘油酸-2-磷酸。这个反应需要 Mg^{2+} 参加。

$$\begin{array}{c}COOH\\|\\H-C-OH\\|\\CH_2O\textcircled{P}\end{array} + E-\textcircled{P} \underset{变位酶}{\overset{Mg^{2+}}{\rightleftharpoons}} \begin{array}{c}COOH\\|\\H-C-O-\textcircled{P}\\|\\CH_2O\textcircled{P}\end{array} + E \underset{变位酶}{\overset{Mg^{2+}}{\rightleftharpoons}} \begin{array}{c}COOH\\|\\H-C-O-\textcircled{P}\\|\\CH_2OH\end{array}$$

（9）**甘油酸-2-磷酸的烯醇化**　此反应中，烯醇化酶催化甘油酸-2-磷酸脱去一个水分子生成磷酸烯醇式丙酮酸，脱水引起分子内部能量的重新分布，磷酸烯醇式丙酮酸含有一超高能的磷酯键，该键具有很高的转移磷酸基团的势能。这一反应需要 Mg^{2+} 或 Mn^{2+} 参加。

$$\begin{array}{c}COOH\\|\\H-C-O-\textcircled{P}\\|\\CH_2OH\end{array} \underset{烯醇化酶}{\overset{Mg^{2+}\ \ H_2O}{\rightleftharpoons}} \begin{array}{c}COOH\\|\\C-O\sim\textcircled{P}\\||\\CH_2\end{array}$$

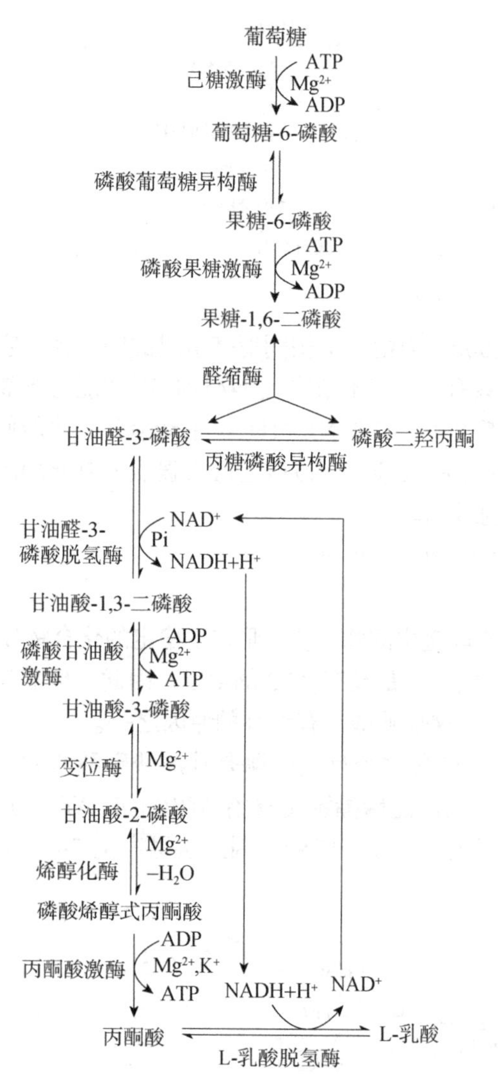

图 8-2　糖酵解过程

（10）**磷酸烯醇式丙酮酸生成丙酮酸**　该反应中，丙酮酸激酶（pyruvate kinase）催化磷酸烯醇式丙酮酸上的高能磷酯键到 ADP 上生成 ATP 和烯醇式丙酮酸。该反应强烈地向烯醇式丙酮酸方向进行，基本上不可逆。反应需要 Mg^{2+}、K^+ 参加。这一反应也是底物水平磷酸化，生成 1mol ATP。

在 pH7.0 时烯醇式丙酮酸很不稳定，烯醇式迅速转变成酮式，该反应能自发进行。

$$\begin{array}{c}COOH\\|\\C-O\sim\textcircled{P}\\||\\CH_2\end{array} \xrightarrow[丙酮酸激酶]{ADP\ \ Mg^{2+}\ \ K^+\ \ ATP} \begin{array}{c}COOH\\|\\C-OH\\||\\CH_2\end{array}$$

上面的 5 步反应为糖酵解途径的第二阶段，甘油醛-3-磷酸在甘油醛-3-磷酸脱氢酶（glyceraldehyde-3-phosphate dehydrogenase）、磷酸甘油酸激酶（phosphoglycerate kinase）、磷酸甘油酸变位酶（phospho-glycerate mutase）、烯醇化酶（enolase）和丙酮酸激酶（pyruvate kinase PK）的作用下生成丙酮酸。第二阶段共出现 1 次氧化脱氢反应、2 次底物水平磷酸化，生成 1 分子的 NADH、2 分子 ATP。由于 1 分子葡萄糖（6 碳糖）底物裂解产生 2 分子三碳糖，故产生 2 分子 NADH、4 分子 ATP。NADH 可以通过电子传递磷酸化生成 ATP。

糖酵解过程总结如图 8-2 所示。

2. NADH 与丙酮酸的去向 糖酵解的终产物包括 ATP、丙酮酸和 NADH，产生的 ATP 可直接参与细胞内的各种需要能量的反应，而丙酮酸和 NADH 的去向取决于细胞的类型和细胞内氧气的状态。

（1）*在有氧状态下 NADH 和丙酮酸的命运* 在有氧状态下，NADH 通过呼吸链被彻底氧化成 H_2O 并产生更多的 ATP。原核细胞中，NADH 直接进入位于质膜上的呼吸链，被氧化成 NAD^+，作为底物的 NAD^+得以再生并重新进入糖酵解。与原核细胞不同，真核细胞的糖酵解发生在细胞质基质，呼吸链位于线粒体内膜，糖酵解产生的 NADH 易于通过线粒体外膜，而进入线粒体内膜则需要借助于内膜上专门的穿梭系统。

线粒体内膜上存在磷酸甘油穿梭系统（图 7-26）和苹果酸-天冬氨酸穿梭系统（图 7-27）。磷酸甘油穿梭系统比较简单。细胞质基质中的 3-磷酸甘油脱氢酶将 NADH 氧化成 NAD^+，同时将磷酸二羟丙酮还原成甘油-3-磷酸。甘油-3-磷酸离开细胞质基质，进入线粒体，被内膜上的 3-磷酸甘油脱氢酶重新氧化成磷酸二羟丙酮。磷酸二羟丙酮重新进入细胞质基质，脱下来的氢和电子交给 FAD 后，再通过 CoQ 进入呼吸链进一步氧化。经过氧化磷酸化，原来的 1 分子 NADH 只能产生 1.5 分子的 ATP，损失了 1 分子 ATP。

与磷酸甘油穿梭系统相比，苹果酸-天冬氨酸穿梭系统比较复杂，糖酵解产生的 NADH 变成了线粒体基质内的 NADH，再经过复合体 I 进入呼吸链被彻底氧化。最后通过氧化磷酸化，1 分子 NADH 仍然可以产生 2.5 分子的 ATP，没有 ATP 的损失。

在有氧状态下，丙酮酸通过线粒体内膜上的丙酮酸转运蛋白，与质子一起进入线粒体基质，被基质内的丙酮酸脱氢酶系氧化成乙酰 CoA。

（2）*在缺氧或无氧状态下 NADH 和丙酮酸的命运* 在有氧条件下，氧作为 NADH 的氢受体与之生成水，NADH 转变成 NAD^+，从而糖酵解持续进行；而细胞在缺氧或无氧的状态下，只能依赖丙酮酸或其下游产物作为 NADH 的氢受体，从而实现 NAD^+的再生；由于细胞质基质内辅酶 I 的量是一定的，如果没有替代的机制让 NADH 重新转变成 NAD^+，那么随着糖酵解的进行，一定时间以后，细胞质基质内的辅酶 I 都变成了还原型，糖酵解将会因 NAD^+的枯竭而自动停止。在缺氧或无氧的条件下，最常见的再生 NAD^+的两种方法是乳酸发酵和乙醇发酵。

乳酸杆菌的乳酸脱氢酶，以 NADH 为还原剂将丙酮酸还原成乳酸，而自身被氧化成 NAD^+，实现 NAD^+的再生。

当高等动物的细胞出现供氧不足时（如肌肉剧烈运动），由于糖酵解产生的 NADH 来不及通过线粒体内膜上的穿梭系统重新转变成 NAD^+，这时体内也能发生乳酸发酵，但产生的乳酸需要被运输到肝细胞才可以重新被氧化成丙酮酸。而哺乳动物成熟的红细胞缺乏线粒体，因而每时每刻都在通过乳酸发酵再生 NAD^+。

$$\begin{array}{c}COOH\\|\\C=O\\|\\CH_3\end{array}\ \underset{\text{L-乳酸脱氢酶}}{\xrightleftharpoons{NADH+H^+\ \ \ NAD^+}}\ \begin{array}{c}COOH\\|\\HO-C-H\\|\\CH_3\end{array}$$

酿酒酵母可以进行乙醇发酵，在依赖于 TPP 的丙酮酸脱羧酶催化下，丙酮酸脱羧变成乙醛。然后，乙醛在乙醇脱氢酶的催化下，被还原成乙醇，与此同时，NADH 被氧化成 NAD^+。人体有乙醇脱氢酶，但是没有丙酮酸脱羧酶。因此人体不能进行乙醇发酵，只能分解乙醇。生物体内也存在其他形式的发酵，如丙酸发酵和丁二醇发酵。无论是哪一种形式的发酵，实质上都是用 NADH 里面的电子去还原特定的有机分子，获得不同的终产物，

同时实现 NAD^+的再生。

3. 糖酵解的能量计算　总反应式如下。

$$葡萄糖+2NAD^+ +2ADP+2Pi \longrightarrow 2丙酮酸+2ATP+2NADH+2H^+ +2H_2O$$

从总反应式可以看出，1mol 葡萄糖降解成 2mol 丙酮酸的过程中，净生成 2mol ATP 和 2mol NADH。

在有氧状态下，1mol NADH 进入呼吸链，从而被氧化成 1mol NAD^+并产生 2.5mol 或 1.5mol 的 ATP。此时，1mol 葡萄糖通过糖酵解净产生 7mol ATP 或 5mol ATP。

在缺氧或无氧状态下，NADH 参与发酵，不再额外产生 ATP。此时，1mol 葡萄糖通过糖酵解净产生 2mol ATP（表 8-1）。

表 8-1　葡萄糖经糖酵解分解成丙酮酸的过程中有 ATP 参与的反应步骤

反应过程	消耗或产生 ATP 时每步反应 ATP 的消耗或增加量
葡萄糖⟶葡萄糖-6-磷酸	−1ATP
果糖-6-磷酸⟶果糖-1,6-二磷酸	−1ATP
2×甘油酸-1,3-二磷酸⟶2×甘油酸-3-磷酸	+2ATP
2×磷酸烯醇式丙酮酸⟶2×丙酮酸	+2ATP
总计	+2ATP

4. 糖酵解的调控

（1）第一调控步骤　糖酵解的第一步反应，催化的葡萄糖转变成葡萄糖-6-磷酸的酶有两种，即已糖激酶和葡萄糖激酶。己糖激酶的 K_m 值（0.1mmol/L）低，即使血糖浓度较低，它也能使葡萄糖快速转化为葡萄糖-6-磷酸，进入糖酵解途径；而当葡萄糖-6-磷酸浓度高时，它将抑制已糖激酶的活性，即反应受到反馈抑制作用。其生理意义在于，如果细胞内有足够的葡萄糖-6-磷酸供给能量，后续的葡萄糖磷酸化作用将被减弱，葡萄糖-6-磷酸不会无效增加。

如果葡萄糖供给不断，而已糖激酶的磷酸化作用又被减弱，葡萄糖会积累，血糖浓度就会升高。这使葡萄糖更利于被另一个磷酸化酶——葡萄糖激酶所利用。

葡萄糖激酶是葡萄糖的特异性酶，仅存在于肝脏中，催化葡萄糖生成葡萄糖-6-磷酸。在正常情况下，所有的细胞都可以从血液中获取葡萄糖。若血糖浓度大量升高，在肝脏中葡萄糖激酶活力升高以维持葡萄糖的流通。此时已糖激酶已完全被葡萄糖饱和，而葡萄糖激酶只有在葡萄糖浓度大于其 K_m 值（10mmol/L）时才能以接近最大反应速率的状态发挥作用。另外，葡萄糖激酶不受葡萄糖-6-磷酸的抑制。

（2）第二调控步骤　糖酵解的第三步反应，磷酸果糖激酶催化的果糖-6-磷酸生成果糖-1,6-二磷酸，是第二个调控步骤。ADP 和 AMP 对磷酸果糖激酶有激活作用，而 ATP、$NADH+H^+$、柠檬酸和长链脂肪酸都能抑制磷酸果糖激酶的活性。当细胞处于低能状态时，ADP 和 AMP 含量较多，而 ATP 含量较少，此时磷酸果糖激酶被激活，与底物果糖-6-磷酸的亲和力较高；当细胞处于高能状态时，ATP 的含量较多，而 ADP 和 AMP 的含量较少，这时 ATP 与磷酸果糖激酶的调节部位结合，使酶的构象发生改变，酶与底物的亲和力降低，反应速度下降。

另外，果糖-2,6-二磷酸是磷酸果糖激酶强有力的激活剂。

（3）第三调控步骤　糖酵解途径的第十步，由丙酮酸激酶催化磷酸烯醇式丙酮酸生成丙酮酸属第三调控步骤。该激酶至少由三种同工酶构成。果糖-1,6-二磷酸和磷酸烯醇式丙酮酸是丙酮酸激酶的激活剂，ATP、柠檬酸和长链脂肪酸是丙酮酸激酶的抑制剂。丙酮酸激酶的调控方式类似于磷酸果糖激酶，在细胞处于高能状态时，这两种酶都同时受到抑制。在低能状态时，果糖-1,6-二磷酸也能激活丙酮酸激酶。在ATP较少时和ADP、AMP较多时，磷酸果糖激酶被激活，产生丙酮酸激酶的第一个激活剂，即果糖-1,6-二磷酸，该产物氧化产生的磷酸烯醇式丙酮酸是丙酮酸激酶的第二个激活剂。这两种激活剂的协调作用激活丙酮酸激酶，加速糖酵解的进行。同样在ATP浓度升高时，这两种酶都受到抑制。由于磷酸果糖激酶活力下降，因而果糖-6-磷酸浓度上升，在葡萄糖磷酸异构酶的作用下，果糖-6-磷酸转变为葡萄糖-6-磷酸，同时因葡萄糖-6-磷酸浓度的增加而抑制了己糖激酶。肝细胞中的丙酮酸激酶（L型）受磷酸化调节，低血糖时引起胰高血糖素的释放，通过cAMP第二信使系统激活蛋白激酶A（PKA），活化的蛋白激酶A使丙酮酸激酶磷酸化失活，从而阻断糖酵解，促进糖的异生，使血糖升高。

除上述三个酶的调节外，还有激素的调节。例如，胰岛素能诱导体内葡萄糖激酶、磷酸果糖激酶、丙酮酸激酶的合成，因而促进这些酶的活性，一般来说，这种促进作用比对限速酶的变构或修饰调节慢，但作用比较持久。

5. 糖酵解的生理功能

（1）产生ATP　虽然糖酵解生成ATP的效率远远低于糖的有氧代谢，但是对于很多细胞来说却是主要的，甚至是唯一合成ATP的手段。例如，厌氧生物、无氧状态下的兼性生物和哺乳动物成熟的红细胞，它们都以糖酵解作为产生ATP的唯一途径。而体内的某些组织，在缺氧的情况下（如肌肉组织），或者因线粒体的数目有限（如视网膜和睾丸组织等），会以糖酵解作为合成ATP的主要途径。

（2）为细胞内其他物质的合成提供原料　糖酵解的许多中间物可以离开糖酵解，作为细胞合成其他物质的前体。例如，丙酮酸可直接为合成Ala提供碳骨架，DHAP可作为合成甘油的原料，而甘油酸-1,3-二磷酸是甘油酸-2,3-二磷酸的直接前体，葡萄糖-6-磷酸则是糖原合成的前体。

（3）肿瘤与糖酵解　体内肿瘤细胞的生长和分裂速率比正常细胞快，对氧气的需要通常会超过血管的供氧能力。随着实体肿瘤的生长，肿瘤内部细胞处于缺氧的状态。在这种状态下，糖酵解成为细胞获得ATP的主要来源。

（二）糖的有氧分解

葡萄糖在有氧条件下，氧化分解生成二氧化碳和水的过程称为糖的有氧氧化（aerobicoxidation）。它是糖分解代谢的主要方式，大多数组织中的葡萄糖均通过有氧氧化供给机体所需能量。

糖的有氧氧化分3个阶段进行。第一阶段是在细胞液中将葡萄糖生成丙酮酸；第二阶段是丙酮酸进入线粒体，氧化脱羧生成乙酰CoA、$NADH+H^+$和CO_2；第三阶段是乙酰CoA进入三羧酸循环，进一步氧化生成CO_2和H_2O，同时$NADH+H^+$等经过呼吸链，伴随氧化磷酸化过程生成ATP和H_2O。

1. 丙酮酸在有氧条件下的氧化

（1）丙酮酸的氧化过程　丙酮酸在有氧的条件下，进入线粒体内膜，由丙酮酸脱氢酶系（pyruvate dehydrogenase complex system）催化，氧化脱羧生成乙酰CoA。

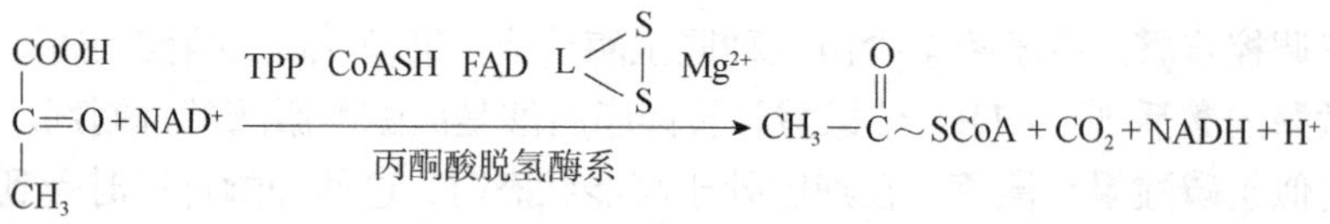

$$\begin{matrix} COOH \\ | \\ C=O \\ | \\ CH_3 \end{matrix} + NAD^+ \xrightarrow[\text{丙酮酸脱氢酶系}]{TPP\ \ CoASH\ \ FAD\ \ L\langle S-S\rangle\ \ Mg^{2+}} CH_3-\overset{O}{\overset{\|}{C}}\sim SCoA + CO_2 + NADH + H^+$$

丙酮酸脱氢酶系是一个多酶复合体，由多种酶和辅酶组成，包括丙酮酸脱氢酶（E_1）、二氢硫辛酸乙酰基转移酶（E_2）和二氢硫辛酸脱氢酶（E_3），TPP、CoASH、FAD、NAD^+、Mg^{2+}和氧化型 6,8-二硫辛酸。丙酮酸在丙酮酸脱氢酶的作用下，脱去羧基并与 TPP 结合生成羟乙基 TPP 和 CO_2，然后羟乙基 TPP 经二氢硫辛酸乙酰基转移酶催化，把乙酰基转移给 CoASH 生成乙酰 CoA，氧化型硫辛酸（L）被二氢硫辛酸脱氢酶转变成还原态硫辛酸，最后还原型 6,8-二硫辛酸在二氢硫辛酸脱氢酶的作用下脱去两个氢使 FAD 生成 $FADH_2$，$FADH_2$ 把两个氢转移给 NAD^+生成 $NADH+H^+$，它本身被氧化成 FAD。丙酮酸最后生成乙酰 CoA、$NADH+H^+$和 CO_2。

（2）*丙酮酸脱氢酶系的调控*　　在丙酮酸转变成乙酰 CoA 的过程中，丙酮酸脱氢酶系起着非常重要的催化作用。丙酮酸仅在该途径转变成乙酰 CoA。后者是三羧酸循环的起始物质。乙酰 CoA 既能合成脂肪又能合成脂肪酸，同时还是合成酮体的供体。它受到别构调控和共价修饰调控（图 8-3）。

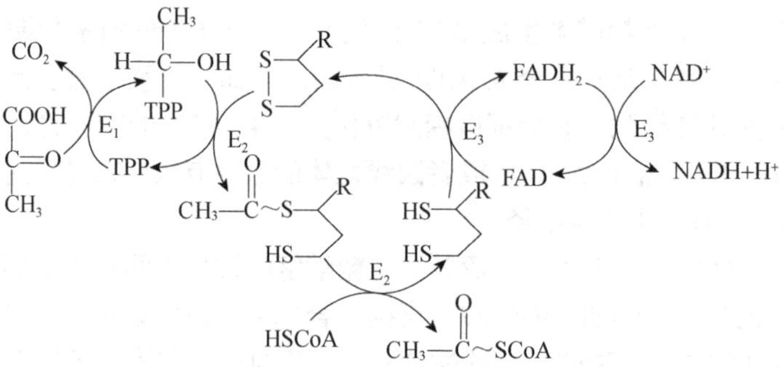

图 8-3　丙酮酸氧化生成乙酰 CoA 过程的机制

别构调控：由产物 $NADH+H^+$/乙酰 CoA 与底物 NAD^+/CoA 竞争酶的活性部位，竞争性地抑制该酶的活性。其中乙酰 CoA 抑制 E_2，$NADH^++H^+$抑制 E_3。若 $NADH+H^+/NAD^+$和乙酰 CoA/CoASH 的值高，E_2则处于与乙酰基结合的形式，这时不可能接受 E_1上 TPP 结合的羟乙基，从而使 E_1上 TPP 结合的羟乙基处于停留状态，导致丙酮酸脱羧作用被抑制。

共价修饰调控：E_1的磷酸化和去磷酸化是导致丙酮酸脱氢酶系激活和失活的重要方式。处于丙酮酸脱氢酶系核心部位上的 E_2 结合这两种特殊酶，即激酶和磷酸酶。前者使丙酮酸脱氢酶系磷酸化激活，后者则使丙酮酸脱氢酶系去磷酸化而失活。同样该磷酸化酶的活性受 Ca^{2+}浓度的调节：当游离 Ca^{2+}浓度升高时，该酶便被激活；而游离 Ca^{2+}浓度的变化则取决于细胞对 ATP 的需要，若细胞需要产生 ATP 时，Ca^{2+}浓度也随之升高。总而言之，丙酮酸脱氢酶系的活化或抑制受到多种因素的灵活调控。

2. 三羧酸循环的全部过程　　三羧酸循环（tricarboxylic acid cycle，TCA cycle）也称为柠檬酸循环（citric acid cycle）或 Krebs 循环，它发生在真核细胞的线粒体和原核细胞的细胞质基质中，必须有氧气。作为一条不定向代谢途径，它既是糖类、脂质和蛋白质在细胞内最终氧化分解的共同代谢途径，又在很多生物分子的合成代谢

知识窗 8-2

中发挥重要的作用。

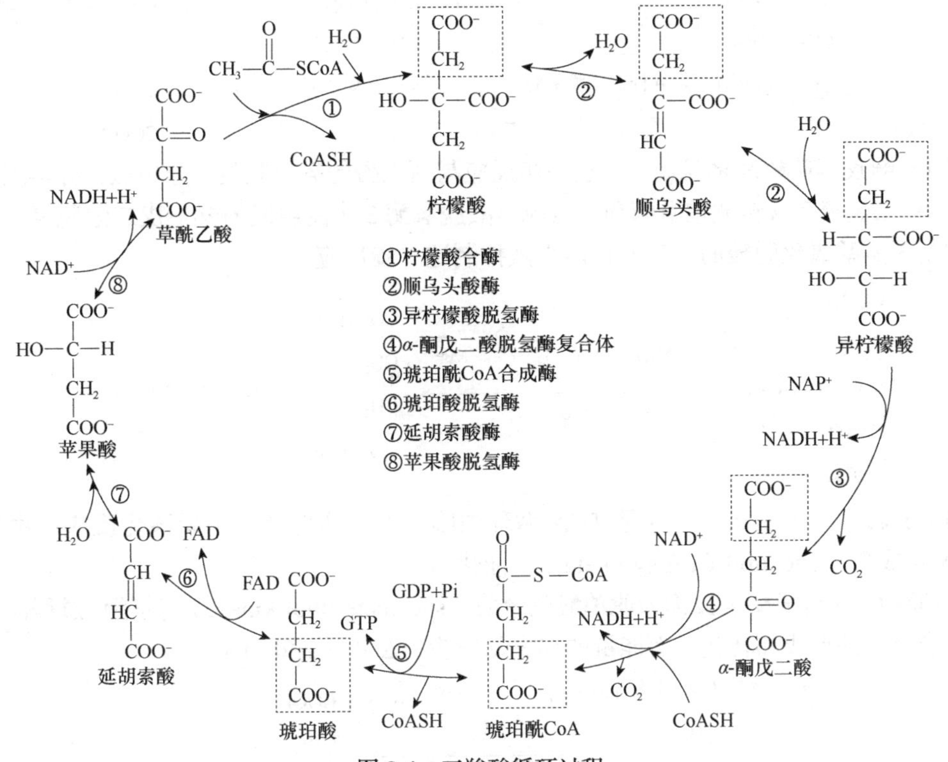

图 8-4 三羧酸循环过程

（1）柠檬酸的合成　这是 TCA 循环的第一步反应，为不可逆反应，由柠檬酸合酶（citrate synthase）催化，反应的性质属于有机化学里的羟醛缩合反应。

$$CH_3-\overset{O}{\overset{\|}{C}}\sim SCoA + \begin{matrix}COOH\\|\\C=O\\|\\CH_2\\|\\COOH\end{matrix} \xrightarrow[\text{柠檬酸合酶}]{} \begin{matrix}CH_2-\overset{O}{\overset{\|}{C}}-SCoA\\|\\HO-C-COOH\\|\\CH_2-COOH\end{matrix} \xrightarrow[H_2O \quad CoASH]{} \begin{matrix}CH_2-COOH\\|\\HO-C-COOH\\|\\CH_2-COOH\end{matrix}$$

（2）异柠檬酸的形成　这是一步将柠檬酸转变为异柠檬酸的异构化反应。反应经过顺乌头酸中间物，由顺乌头酸酶（*cis*-aconitase）催化。

顺乌头酸酶是一个铁硫蛋白，由于酶作用的专一性，在形成的异柠檬酸分子中，羟基只会与来自草酰乙酸而绝对不会与来自乙酰 CoA 的 β 碳原子相连。在结构上柠檬酸无法进行羟基的脱氢反应，但异柠檬酸却不一样，经过异构化，其三级羟基变成了易氧化的二级羟基。

$$\begin{matrix}CH_2-COOH\\|\\HO-C-COOH\\|\\CH_2-COOH\end{matrix} \underset{\text{顺乌头酸酶}}{\overset{-H_2O}{\rightleftharpoons}} \begin{matrix}CH-COOH\\\|\\C-COOH\\|\\CH_2-COOH\end{matrix} \underset{\text{顺乌头酸酶}}{\overset{+H_2O}{\rightleftharpoons}} \begin{matrix}HO-CH-COOH\\|\\CH-COOH\\|\\CH_2-COOH\end{matrix}$$

（3）异柠檬酸的氧化脱羧　这是一步不可逆的氧化脱羧反应，由异柠檬酸脱氢酶催化。首先脱氢，形成草酰琥珀酸（oxalosuccinate）；然后经过 β-脱羧，产生 CO_2 和 α-酮戊二酸。

$$\underset{\text{异柠檬酸}}{\begin{array}{l}HO-CH-COOH\\ \quad\;\; |\\ \quad\;\; CH-COOH\\ \quad\;\; |\\ \quad\;\; CH_2-COOH\end{array}} \xrightarrow[\text{异柠檬酸脱氢酶}]{NAD^+\ \ NADH+H^+} \begin{array}{l}O=C-COOH\\ \quad\;\; |\\ \quad\;\; CH-COOH\\ \quad\;\; |\\ \quad\;\; CH_2-COOH\end{array} \xrightarrow{\searrow CO_2} \begin{array}{c}COOH\\ |\\ C=O\\ |\\ CH_2\\ |\\ CH_2\\ |\\ COOH\end{array}$$

（4）*α*-酮戊二酸的氧化脱羧　这一步反应与丙酮酸的氧化脱羧十分相似，由 *α*-酮戊二酸脱氢酶、二氢硫辛酸转琥珀酰酶和二氢硫辛酸脱氢酶 3 个酶组成的 *α*-酮戊二酸脱氢酶系催化。抑制丙酮酸氧化脱羧的亚砷酸也能强烈抑制这一步反应。

$$\begin{array}{c}COOH\\ |\\ CH_2\\ |\\ CH_2\\ |\\ C=O\\ |\\ COOH\end{array} + NAD^+ \xrightarrow[\alpha\text{-酮戊二酸脱氢酶系}]{TPP\ CoASH\ \ FAD\ \ L\langle{S \atop S}\ \ Mg^{2+}} \begin{array}{c}COOH\\ |\\ CH_2\\ |\\ CH_2\\ |\\ CO\sim SCoA\end{array} + CO_2 + NADH + H^+$$

（5）底物水平磷酸化　这是 TCA 循环内唯一的一步底物水平磷酸化反应，由琥珀酰 CoA 合成酶（succinyl-CoA synthetase）催化。

琥珀酰 CoA 合成酶也被称为琥珀酸硫激酶（succinate thiol kinase），其催化过程涉及一系列高能分子的形成和转变，而能量的损失却很少，$\Delta G'^{\ominus}=-2.9\text{kJ/mol}$。

$$\begin{array}{c}COOH\\ |\\ CH_2\\ |\\ CH_2\\ |\\ CO\sim SCoA\end{array} \underset{\text{琥珀酰-CoA合成酶}}{\overset{GDP+Pi\ \ \ GTP\ \ \ CoASH}{\rightleftharpoons}} \begin{array}{c}COOH\\ |\\ CH_2\\ |\\ CH_2\\ |\\ COOH\end{array}$$

（6）琥珀酸的脱氢　这是 TCA 循环中的第三次脱氢反应，由琥珀酸脱氢酶催化，产物是反丁烯二酸。反丁烯二酸也被称为延胡索酸。琥珀酸的类似物丙二酸是该酶的竞争性抑制剂。

$$\begin{array}{c}COOH\\ |\\ CH_2\\ |\\ CH_2\\ |\\ COOH\end{array} \underset{\text{琥珀酸脱氢酶}}{\overset{FAD\ \ \ FADH_2}{\rightleftharpoons}} \begin{array}{c}COOH\\ |\\ CH\\ \|\\ CH\\ |\\ COOH\end{array}$$

（7）苹果酸的形成　延胡索酸酶（fumarase）催化延胡索酸的双键加水反应生成苹果酸。延胡索酸酶对顺丁烯二酸没有催化作用，因此，延胡索酸酶催化的反应具有高度立体特异性。

$$\begin{array}{c}COOH\\ |\\ CH\\ \|\\ CH\\ |\\ COOH\end{array} \underset{\text{延胡索酸酶}}{\overset{+H_2O}{\rightleftharpoons}} \begin{array}{c}COOH\\ |\\ HO-C-H\\ |\\ CH_2\\ |\\ COOH\end{array}$$

（8）草酰乙酸的再生　这是 TCA 循环的最后一步反应，最终的产物是草酰乙酸，也是 TCA 循环第一步反应的底物，因而整个代谢途径呈现“循环”的特性。该反应还是 TCA 循环中的第四次氧化还原反应，由 L-苹果酸脱氢酶催化。尽管在热力学上有利于逆反应进行，但是体内的草酰乙酸和 NADH 迅速被消耗，因而整个反应趋向正反应。

$$\begin{array}{c} COOH \\ | \\ HO-C-H \\ | \\ CH_2 \\ | \\ COOH \end{array} \underset{\text{L-苹果酸脱氢酶}}{\overset{NAD^+ \quad NADH+H^+}{\rightleftharpoons}} \begin{array}{c} COOH \\ | \\ C=O \\ | \\ CH_2 \\ | \\ COOH \end{array}$$

3. 三羧酸循环小结 TCA 循环的总反应式为

$$\text{乙酰 CoA}+3NAD^++FAD+GDP+Pi+2H_2O \longrightarrow 2CO_2+3NADH+FADH_2+GTP+2H^++CoA$$

TCA 循环重要的特征归纳如下。

1）乙酰基的 2 个碳原子进入循环，而草酰乙酸的 2 个羧基的碳原子离开。经过 TCA 循环，草酰乙酸重新生成，有 2 个碳原子更新了。

2）有 4 对氢原子离开，并进入呼吸链氧化产生更多的 ATP。

3）有 1 步底物水平磷酸化反应，产生的能量货币是 GTP。

4）有 2 个水分子消耗，分别作为柠檬酸合酶和延胡索酸酶的底物。

5）有 2 个 CO_2 分子产生，其前体是羧基，分别来自异柠檬酸和 α-酮戊二酸。

6）氧气的存在是 TCA 循环正常进行的必要条件。氧是 NADH 和 $FADH_2$ 中氢的受体；只有在有氧的条件下，NAD^+和 FAD 才可以通过呼吸链的氧化而再生，循环内的 4 步氧化还原反应才可以持续进行，否则循环会因为 NAD^+和 FAD 的缺乏而停止。这一点与糖酵解不同，糖酵解中 NADH 氢的受体都是有机物，而不是氧，因此，糖酵解在无氧或有氧的条件下都可以进行。

从表 8-2 中可以看出，1mol 葡萄糖经过呼吸链在彻底氧化生成 CO_2 和 H_2O 时，产生 32mol 或 30mol ATP。

表 8-2 1mol 葡萄糖经过呼吸产生 ATP 的情况

反应过程	ATP 的消耗与合成	ATP 净增加
糖酵解（胞液）		7 或 5
葡萄糖 ⟶ 葡萄糖-6-磷酸	−1	
果糖-6-磷酸 ⟶ 果糖-1,6-二磷酸	−1	
甘油酸-1,3-二磷酸 ⟶ 甘油酸-3-磷酸（底物磷酸化）	+1×2	
磷酸烯醇式丙酮酸 ⟶ 丙酮酸（底物磷酸化）	+1×2	
甘油醛-3-磷酸 ⟶ 甘油酸-3-磷酸 2×$NADH_2$	+2.5×2 或 1.5×2	
丙酮酸氧化脱羧（线粒体）		5
丙酮酸 ⟶ 乙酰 CoA 2×NADH	+2.5×2	
三羧酸循环（线粒体）		20
异柠檬酸 ⟶ α-酮戊二酸 2×NADH	+2.5×2	
α-酮戊二酸 ⟶ 琥珀酰 CoA 2×NADH	+2.5×2	
琥珀酰 CoA ⟶ 琥珀酸（底物磷酸化）	+1×2	
琥珀酸 ⟶ 延胡索酸 2×$FADH_2$	+1.5×2	
苹果酸 ⟶ 草酰乙酸 2×NADH	+2.5×2	
总计		32（30）

4. 三羧酸循环的生理功能 TCA 循环作为需氧生物最重要的代谢途径之一，其主要的生理功能如下。

1）作为需氧生物细胞内所有代谢燃料最终氧化分解的共同代谢途径。

2）提供多种生物分子合成的前体，参与合成代谢。

3）与呼吸链偶联可产生更多的 ATP。1 分子葡萄糖彻底氧化成 CO_2 和 H_2O 能够产生 30～32 分子的 ATP。糖酵解和 TCA 循环中，产生 ATP 的方式有两种，即底物水平磷酸化和氧化磷酸化；糖酵解产生能量的方式只有底物水平磷酸化，而在 TCA 循环中，不仅有底物水平磷酸化，而且通过氧化磷酸化产生的 ATP，远远高于糖酵解途径。

4）循环中的某些中间产物作为代谢途径的调节物质。柠檬酸可作为 PFK-1 的负别构效应物和 1,6-二磷酸果糖磷酸酶的正别构效应物，分别调节糖酵解和糖异生。柠檬酸还可以作为别构效应物，激活乙酰 CoA 羧化酶（脂肪酸合成的限速酶）。

5）产生 CO_2。1 分子乙酰 CoA 进入 TCA 循环，最后有 2 个羧基碳变成了 CO_2。在生物体内 CO_2 能够调节酸碱平衡，还是羧化反应一碳单位的供体。

5. 三羧酸循环的调控 为了适应细胞对能量的需求，细胞内的 TCA 循环主要受 4 种酶（系）的调控。

（1）*柠檬酸合酶的调控* ATP、NADH 和琥珀酰 CoA 作为负别构效应物来抑制该酶的活性，而 ADP 可作为正别构效应物来刺激该酶的活性。此外，高浓度的柠檬酸可以通过竞争的方式反馈抑制柠檬酸合酶。

（2）*异柠檬酸脱氢酶的调控* ATP 和 NADH 作为负别构效应物抑制异柠檬酸脱氢酶的活性，而 ADP 和 Ca^{2+}是正别构效应物，增加异柠檬酸脱氢酶的活性。

（3）*α-酮戊二酸脱氢酶系的调控* Ca^{2+}和 AMP 别构激活 α-酮戊二酸脱氨酶，琥珀酰 CoA 和 NADH 分别反馈抑制二氢硫辛酸转琥珀酰酶和二氢硫辛酸脱氢酶。

（4）*丙酮酸脱氢酶系的调控* 乙酰 CoA 和 NADH 是丙酮酸脱氢酶系的抑制剂，而 CoA 和 NAD^+是其激活剂。

（三）三羧酸循环支路——乙醛酸循环

醋酸杆菌、大肠杆菌、固氮菌等微生物能够利用乙酸作为唯一的碳源，并能利用它建造自己的机体，从这些微生物中分离出两种特异的酶，即苹果酸合酶与异柠檬酸裂解酶。在乙酰辅酶 A 合成酶的参与下，乙酸辅酶 A 和 ATP 生成具有活性的乙酰辅酶 A，在苹果酸合酶的作用下，乙酰辅酶 A 与乙醛酸反应生成苹果酸，异柠檬酸能裂解为琥珀酸与乙醛酸。20 世纪 60 年代已发现并证实有一个与 TCA 循环相联系的小循环。因为乙醛酸为中间代谢物，故称乙醛酸循环。

1. 乙醛酸循环过程

1）异柠檬酸在异柠檬酸裂解酶的催化下，生成乙醛酸与琥珀酸。

$$\begin{array}{l}\mathrm{HO-CH-COOH}\\ \qquad\ \ |\\ \qquad\mathrm{CH-COOH}\\ \qquad\ \ |\\ \qquad\mathrm{CH_2-COOH}\end{array} \xrightarrow{\text{异柠檬酸裂解酶}} \begin{array}{c}\mathrm{COOH}\\ |\\ \mathrm{CH_2}\\ |\\ \mathrm{CH_2}\\ |\\ \mathrm{COOH}\end{array} + \begin{array}{c}\mathrm{CHO}\\ |\\ \mathrm{COOH}\end{array}$$

2）乙醛酸与乙酰辅酶 A 在苹果酸合酶的催化下合成苹果酸。

$$\begin{array}{c}\mathrm{CHO}\\ |\\ \mathrm{COOH}\end{array} + \begin{array}{c}\mathrm{O}\\ \|\\ \mathrm{CH_3-C\sim SCoA}\end{array} + \mathrm{H_2O} \xrightarrow{\text{苹果酸合酶}} \begin{array}{c}\mathrm{COOH}\\ |\\ \mathrm{HO-C-H}\\ |\\ \mathrm{CH_2}\\ |\\ \mathrm{COOH}\end{array} + \mathrm{CoASH}$$

3）乙醛酸循环的总反应。

$$2CH_3-\overset{O}{\overset{\|}{C}}\sim SCoA+2H_2O+NAD^+\longrightarrow\begin{array}{c}COOH\\|\\CH_2\\|\\CH_2\\|\\COOH\end{array}+2CoASH+NADH+H^+$$

研究发现有些微生物因具有乙酰辅酶 A 合成酶，能利用乙酸作为唯一碳源，使乙酸生成乙酰辅酶 A 而进入乙醛酸循环。

$$CH_3COOH+CoASH+ATP\xrightarrow{\text{乙酰辅酶A合成酶}}CH_3-\overset{O}{\overset{\|}{C}}\sim SCoA+H_2O+AMP+PPi$$

从乙酸开始的乙醛酸循环（图 8-5）总反应如下。

$$2CH_3COOH+NAD^++2ATP\longrightarrow\begin{array}{c}COOH\\|\\C{=}O\\|\\CH_2\\|\\COOH\end{array}+NADH+H^++2AMP+PPi$$

乙醛酸循环中生成的四碳二羧酸，如琥珀酸、苹果酸仍可返回 TCA 循环，所以乙醛酸循环可以被看作 TCA 循环的支路（图 8-6）。

2. 乙醛酸循环的生物学意义 首先，可以利用二碳物质为起始物合成 TCA 循环中的二羧酸与三羧酸，只需少量草酰乙酸作“引物”，便可无限制地转变成四碳物和六碳物，其产物是碳链的延长，而不是缩短，因此，乙醛酸循环可以认为是一种合成的途径，而不是分解的途径；与 TCA 循环相比，乙醛酸循环没有 CO_2 的生成；乙醛酸循环合成的四碳物和六碳物，可以作为 TCA 循环的补充。

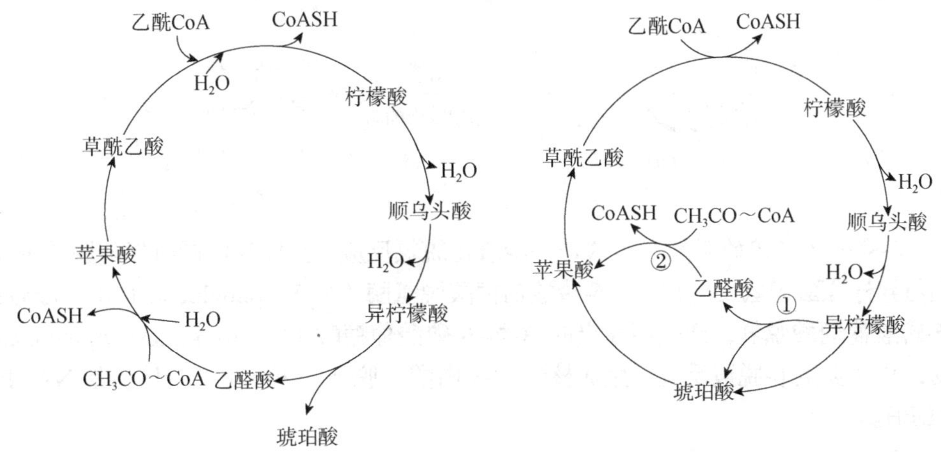

图 8-5 乙醛酸循环

图 8-6 乙醛酸循环与 TCA 循环的关系

①异柠檬酸裂解酶；②苹果酸合酶

其次，脂肪转变为糖通过乙醛酸循环途径实现。由于丙酮酸的氧化脱羧生成乙酰辅酶 A 是不可逆反应，在生理情况下，依靠脂肪的主要组分——脂肪酸大量合成糖较困难。但在植物和微生物内，依赖乙醛酸循环可将脂肪转变为糖。例如，油料种子萌发时，乙醛酸循环体将大量脂肪转化为糖类物质。

（四）戊糖磷酸途径

戊糖磷酸途径（pentose phosphate pathway，PPP）又名磷酸己糖旁路（hexose phosphate shunt，HMS）或 6-磷酸葡糖酸途径（6-phosphogluconate pathway）。它发生在细胞质基质中，能够产生 NADPH 和核糖这两种十分重要的生物分子，是糖代谢的又一条重要途径。

1. 戊糖磷酸途径的化学历程　戊糖磷酸途径可以划分为氧化阶段和非氧化阶段，由 8 步反应构成。

（1）葡萄糖-6-磷酸的脱氢　一般认为戊糖磷酸途径起始于葡萄糖-6-磷酸，而不是葡萄糖，葡萄糖-6-磷酸来自于糖酵解的第一步反应；葡萄糖-6-磷酸脱氢酶（glucose-6-phosphate dehydrogenase，G6PD）催化葡萄糖-6-磷酸脱氢，葡萄糖-6-磷酸被氧化为 6-磷酸葡糖酸内酯，氢和电子的受体是 $NADP^+$，$NADP^+$被还原成 NADPH。

这一步反应是戊糖磷酸途径的限速步骤，G6PD 是其限速酶，NADPH 是 G6PD 的强竞争性抑制剂。戊糖磷酸途径受[NADPH]/[$NADP^+$]的相对比例控制，如果细胞内的 NADPH 浓度低，戊糖磷酸途径将被激活，反之则被抑制。

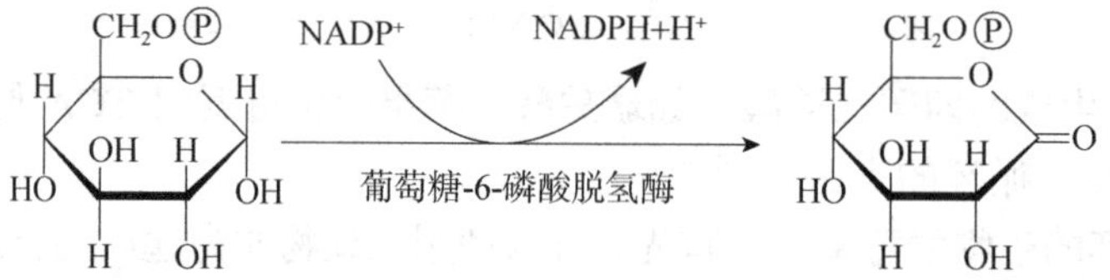

$NADP^+$　$NADPH+H^+$
葡萄糖-6-磷酸脱氢酶

（2）6-磷酸葡糖酸内酯的水解　这是一步水解反应。在 6-磷酸葡糖酸内酯酶的催化下，葡糖酸内酯环被打开，生成 6-磷酸葡糖酸。在没有酶的情况下，水解反应自发低速进行，而有了 6-磷酸葡糖酸内酯酶可大大加快反应的速率。

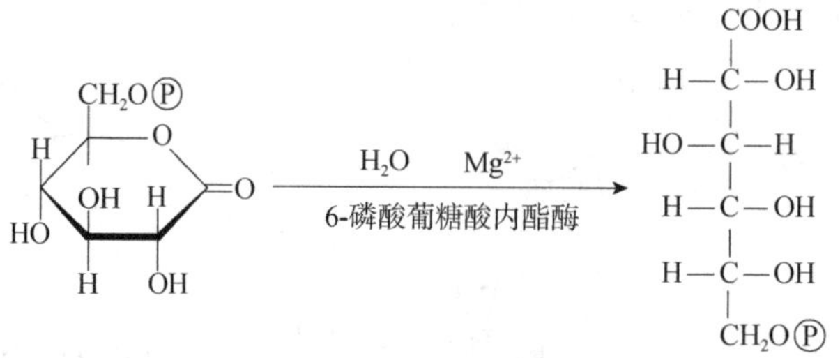

H_2O　Mg^{2+}
6-磷酸葡糖酸内酯酶

（3）6-磷酸葡糖酸的脱氢　这是一步氧化脱氢反应，且脱氢的同时伴随脱羧反应，反应机制与异柠檬酸脱氢反应相似。6-磷酸葡糖酸脱氢酶（6-phosphogluconate dehydrogenase）催化 6-磷酸葡糖酸脱氢，产生不稳定的 3-酮-6-磷酸葡糖酸（3-keto-6-phosphogluconate）中间产物，然后发生 β-脱羧反应，生成核酮糖-5-磷酸；脱下的氢和电子受体仍是 $NADP^+$，产生 NADPH。

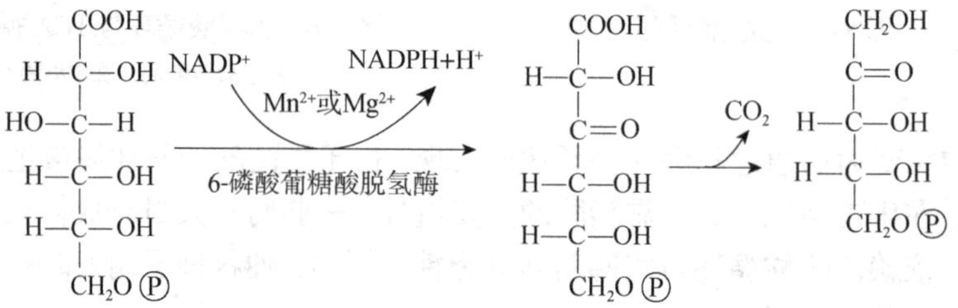

$NADP^+$　$NADPH+H^+$　Mn^{2+}或Mg^{2+}
6-磷酸葡糖酸脱氢酶
CO_2

非氧化阶段由 5 步可逆反应组成，通过碳单位的转移、异构或分子内的重排，6 分子戊糖转化成 5 分子己糖。

（4）核糖-5-磷酸的形成　　这是一步酮糖与醛糖进行互变的异构化反应，由戊糖磷酸异构酶（pentose phosphate isomerase）催化，反应的机制涉及烯二醇中间体。

反应至此，已经产生核糖和 NADPH，二者是通过戊糖磷酸途径获得的关键物质，它们分别参与核苷酸的合成和其他生物分子的合成，这时的总反应式可写成

$$\text{葡萄糖-6-磷酸} + 2NADP^+ + H_2O \longrightarrow \text{核糖-5-磷酸} + 2NADPH + 2H^+ + CO_2$$

余下的反应，主要是分子之间碳单位的转移和分子内的重排反应，涉及丙糖、丁糖、戊糖、己糖和庚糖的相互转化，最后变成糖酵解的中间产物进行代谢。

CH_2OH | C=O | H—C—OH | H—C—OH | CH_2OⓅ　$\underset{}{\overset{\text{戊糖磷酸异构酶}}{\rightleftharpoons}}$　CHO | H—C—OH | H—C—OH | H—C—OH | CH_2OⓅ

（5）木酮糖-5-磷酸的形成　　这是一步由戊糖磷酸差向异构酶（pentose phosphate epimerase）催化的异构化反应，经过这一步反应，核酮糖-5-磷酸变成了它的差向异构体——木酮糖-5-磷酸。

CH_2OH | C=O | H—C—OH | H—C—OH | CH_2OⓅ　$\overset{\text{戊糖磷酸差向异构酶}}{\rightleftharpoons}$　CH_2OH | C=O | HO—C—H | H—C—OH | CH_2OⓅ

（6）第一次碳单位的转移和重排反应　　这是一步由转酮酶（transketolase）催化的反应，需要 TPP 和 Mg^{2+}，反应机制类似于丙酮酸脱氢酶所催化的反应。经过此反应，木酮糖-5-磷酸分子上的二碳单位被转移到核糖-5-磷酸分子上，形成甘油醛-3-磷酸和庚酮糖-7-磷酸（sedoheptulose）。

CH_2OH | C=O | HO—C—H | H—C—OH | CH_2OⓅ　+　CHO | H—C—OH | H—C—OH | H—C—OH | CH_2OⓅ　$\underset{\text{转酮酶}}{\overset{TPP\ \ Mg^{2+}}{\rightleftharpoons}}$　CHO | H—C—OH | CH_2OⓅ　+　CH_2OH | C=O | HO—C—H | H—C—OH | H—C—OH | H—C—OH | CH_2OⓅ

（7）第二次碳单位的转移和重排反应　　这是一步由转醛酶（transaldolase）催化的反应，不需要任何辅助因子，上一步反应的产物正好是这一步反应的底物，反应的机制类似于第一类醛缩酶催化的反应。经过此酶的催化，庚酮糖-7-磷酸分子上的三碳单位被转移到甘油

醛-3-磷酸分子上，形成赤藓糖-4-磷酸和果糖-6-磷酸。

$$\begin{array}{c}CH_2OH\\ |\\ C{=}O\\ |\\ HO{-}C{-}H\\ |\\ H{-}C{-}OH\\ |\\ H{-}C{-}OH\\ |\\ H{-}C{-}OH\\ |\\ CH_2O\text{Ⓟ}\end{array} + \begin{array}{c}CHO\\ |\\ H{-}C{-}OH\\ |\\ CH_2O\text{Ⓟ}\end{array} \underset{\text{转醛酶}}{\overset{TPP\quad Mg^{2+}}{\rightleftharpoons}} \begin{array}{c}CHO\\ |\\ H{-}C{-}OH\\ |\\ H{-}C{-}OH\\ |\\ CH_2O\text{Ⓟ}\end{array} + \begin{array}{c}CH_2OH\\ |\\ C{=}O\\ |\\ HO{-}C{-}H\\ |\\ H{-}C{-}OH\\ |\\ H{-}C{-}OH\\ |\\ CH_2O\text{Ⓟ}\end{array}$$

（8）第三次碳单位的转移和重排反应　这又是一步由转酮酶催化的反应，这一次木酮糖-5-磷酸分子上的二碳单位被转移到赤藓糖-4-磷酸分子上，形成甘油醛-3-磷酸和果糖-6-磷酸。

$$\begin{array}{c}CH_2OH\\ |\\ C{=}O\\ |\\ HO{-}C{-}H\\ |\\ H{-}C{-}OH\\ |\\ CH_2O\text{Ⓟ}\end{array} + \begin{array}{c}CHO\\ |\\ H{-}C{-}OH\\ |\\ H{-}C{-}OH\\ |\\ CH_2O\text{Ⓟ}\end{array} \underset{\text{转酮酶}}{\overset{TPP\quad Mg^{2+}}{\rightleftharpoons}} \begin{array}{c}CHO\\ |\\ H{-}C{-}OH\\ |\\ CH_2O\text{Ⓟ}\end{array} + \begin{array}{c}CH_2OH\\ |\\ C{=}O\\ |\\ HO{-}C{-}H\\ |\\ H{-}C{-}OH\\ |\\ H{-}C{-}OH\\ |\\ CH_2O\text{Ⓟ}\end{array}$$

2. 戊糖磷酸途径小结

1）戊糖磷酸途径分为氧化阶段和非氧化阶段，氧化阶段发生脱氢与脱羧反应，非氧化阶段实现单糖的互相转变。

2）戊糖磷酸途径脱氢的受体是 NADPH，但这并不是细胞产生 NADPH 的唯一途径，比如异柠檬酸脱氢酶、谷氨酸脱氢酶、苹果酸酶催化的反应和光合作用的光反应也能产生 NADPH。

3）与糖酵解和三羧酸循环的不同之处是：1 个葡萄糖分子依次经过糖酵解和三羧酸循环后，6 个碳原子可以被完全氧化成 CO_2，但 1 个葡萄糖分子进入戊糖磷酸途径以后，只有葡萄糖的 1 个醛基碳被氧化为 CO_2，其余的碳原子仍然以糖的形式存在，很显然只有当 6 个葡萄糖分子同时进入戊糖磷酸途径，到最后才相当于有 1 个葡萄糖分子完全被氧化成 CO_2 和 H_2O。

4）戊糖磷酸途径发生在细胞质基质，与糖酵解一样，不需要氧气。

5）与糖酵解、糖异生和三羧酸循环相比，戊糖磷酸途径的调节机制比较简单。

3. 戊糖磷酸途径的生理功能　戊糖磷酸途径的功能主要与其产物 NADPH、核糖-5-磷酸和赤藓糖-4-磷酸有关，也为单糖间互变的一个重要途径。

1）提供生物合成的还原剂 NADPH：脂肪酸、胆固醇、核苷酸和神经递质的生物合成都需要 NADPH 作为还原剂。那些生物合成旺盛的组织或细胞（如肾上腺、肝、睾丸、脂肪组织、卵巢和乳腺等）内的戊糖磷酸途径就特别活跃，而 NADPH 的缺乏将会削弱细胞合成这些物质的能力。

2）提供核苷酸及其衍生物合成的前体核糖-5-磷酸。

3）芳香族氨基酸和维生素 B_6 的合成需要赤藓糖-4-磷酸。

第二节　糖的合成代谢

一、多糖的合成

（一）糖原的合成

体内由单糖合成糖原（glycogen）的过程称为糖原的合成，除葡萄糖外，果糖、半乳糖等其他单糖在体内也可以合成糖原。

由葡萄糖合成糖原包括葡萄糖-6-磷酸、葡萄糖-1-磷酸、尿苷二磷酸葡糖（uridine diphosphate glucose，UDPG）和糖原的生成 4 步反应。

（1）葡萄糖-6-磷酸的生成

ATP　Mg^{2+}　ADP　己糖激酶

（2）葡萄糖-1-磷酸的生成

磷酸葡糖变位酶　　磷酸葡糖变位酶

（3）尿苷二磷酸葡糖的生成

知识窗 8-3

PPi　UDPG焦磷酸化酶

（4）糖原的生成

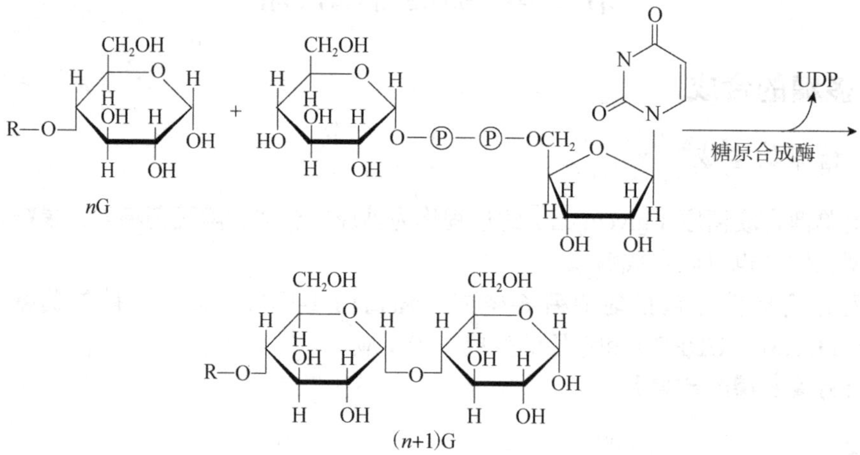

nG
UDP
糖原合成酶
(n+1)G

葡萄糖生成糖原的反应过程如图 8-7 所示。在分支酶的作用下，将 α-1,4-糖苷键转换为 α-1,6-糖苷键，形成有支链的糖原（图 8-8）。

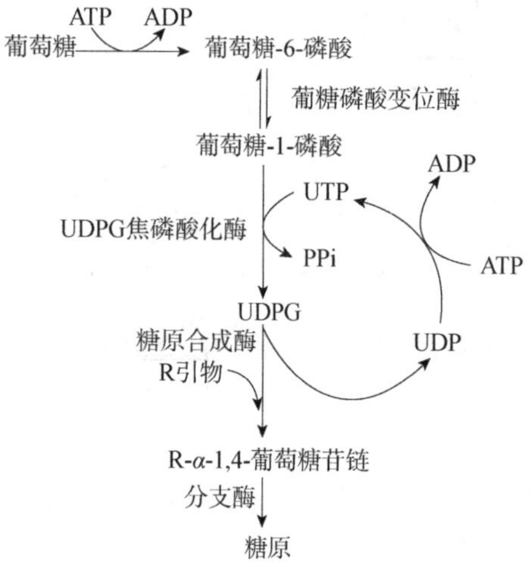

葡萄糖
ATP
ADP
葡萄糖-6-磷酸
葡糖磷酸变位酶
葡萄糖-1-磷酸
UDPG焦磷酸化酶
UTP
PPi
ADP
ATP
UDPG
糖原合成酶
R引物
UDP
R-α-1,4-葡萄糖苷链
分支酶
糖原

图 8-7　糖原的合成

糖原是葡萄糖的贮存形式。当人和动物体肝脏及肌肉组织细胞内能量充足时，进行糖原合成以贮存能量。当能量供应不足时，进行糖原分解以释放能量。糖原合成与分解的协调控制对维持血糖水平的恒定有重要意义。

糖原分解与合成的关键酶分别是磷酸化酶与糖原合成酶，它们的活性受磷酸化或脱磷酸化的共价修饰调节。磷酸化的磷酸化酶有活性，而磷酸化的糖原合成酶则失去活性；脱磷酸化的糖原磷酸化酶失去活性，而糖原合成酶则增强活性。

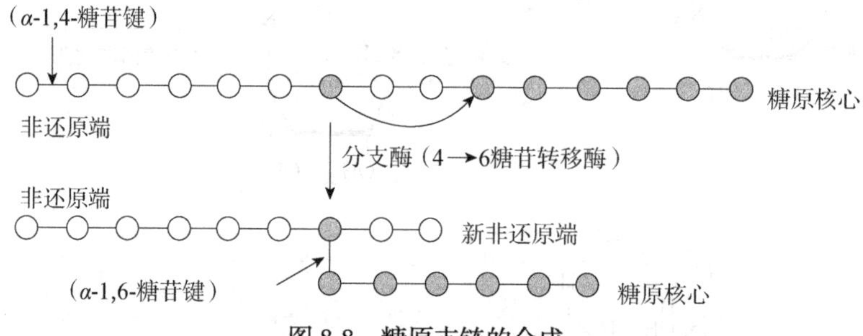

（α-1,4-糖苷键）
非还原端
糖原核心
分支酶（4→6糖苷转移酶）
非还原端
新非还原端
（α-1,6-糖苷键）
糖原核心

图 8-8　糖原支链的合成

知识窗 8-4

糖原合成与分解的速度也受激素的调节。例如，胰岛素可促进糖原的合成并降低血糖，肾上腺素、胰高血糖素、肾上腺皮质激素则促进糖原降解、增加血糖浓度。

自然界中糖合成的基本来源是绿色植物及光能细菌通过光合作用，从无机物 CO_2 及 H_2O 合成糖，异养生物不能从无机物合成糖，必须从食物中获得。

（二）淀粉的合成

淀粉是植物重要的贮藏多糖，粮食作物的种子、块根、块茎含淀粉最多，植物体内的淀粉分为直链淀粉和支链淀粉两种。淀粉的合成是由几种酶来催化的，每一种酶都有其自己催化的底物和引物（葡萄糖受体）。

淀粉的合成途径如图 8-9 所示。

1. 直链淀粉的合成 催化葡萄糖形成 α-1,4-糖苷键合成直链淀粉的酶类是尿苷二磷酸葡糖（UDPG）转葡糖苷酶和腺苷二磷酸葡糖（ADPG）转葡糖苷酶。当有“引物”存在时，UDPG 可转移葡萄糖至引物上。引物的功能是作为 α-葡萄糖的受体。引物可以是麦芽糖、麦芽三糖、麦芽四糖，也可以是淀粉。

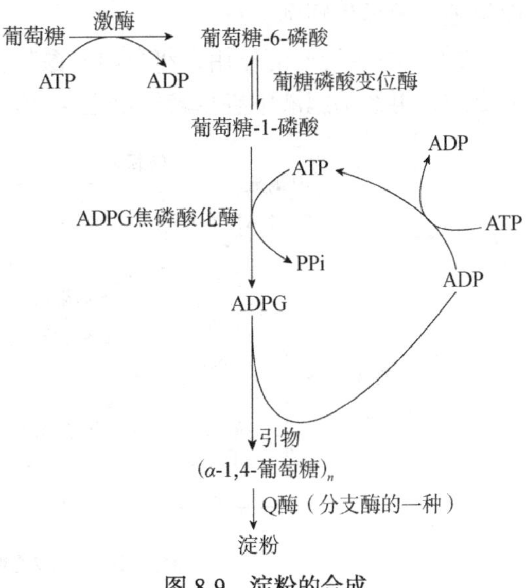

图 8-9 淀粉的合成

2. 支链淀粉的合成 在支链淀粉的分支点上尚有 α-1,6-糖苷键，这种键由另一种酶来催化，在植物中这种酶称 Q 酶。Q 酶能催化 α-1,4-糖苷键转变为 α-1,6-糖苷键，将直链淀粉转变为支链淀粉。直链淀粉在 Q 酶的作用下先分裂为分子较小的断片，而后将断片移到 C6 上，形成 α-1,6-糖苷键的支链。

有些微生物也能利用蔗糖和麦芽糖合成淀粉。例如，过黄奈氏球菌可以利用蔗糖合成类似于糖原或淀粉的多糖。

二、糖异生

糖异生（gluconeogenesis）泛指细胞内由乳酸或其他非糖物质合成葡萄糖的过程。它主要发生在动物的肝（80%）和肾（20%），是动物细胞自身合成葡萄糖的唯一手段。植物和某些微生物也可以进行糖异生。

1. 糖异生的关键步骤

（1）*由丙酮酸转化为磷酸烯醇式丙酮酸* 首先由丙酮酸羧化酶催化，将丙酮酸转变为草酰乙酸，然后再由磷酸烯醇式丙酮酸羧激酶催化，由草酰乙酸生成磷酸烯醇式丙酮酸。

$$\text{丙酮酸} \xrightarrow[\text{丙酮酸羧化酶}]{\text{ATP}\quad Mg^{2+}\quad \text{ADP+Pi}} \text{草酰乙酸} \xrightarrow[\text{磷酸烯醇式丙酮酸羧激酶}]{\text{GTP}\quad Mg^{2+}\quad \text{GDP}} \text{磷酸烯醇式丙酮酸}$$

这个过程中消耗两个高能键（分别来自 ATP 和 GTP），而由磷酸烯醇式丙酮酸分解为丙酮酸只生成 1mol ATP，是一个耗能的反应过程。

由于丙酮酸羧化酶仅存在于线粒体内，胞液中的丙酮酸必须进入线粒体，才能羧化生成草酰乙酸，而磷酸烯醇式丙酮酸羧激酶在线粒体和细胞液中都存在，因此草酰乙酸可在线粒体中先转变为磷酸烯醇式丙酮酸再进入细胞液中，也可在细胞液中被转变为磷酸烯醇式丙酮酸。草酰乙酸不能直接通过线粒体膜，但可通过以下两种方式进入细胞液。

1）经苹果酸脱氢酶作用，将草酰乙酸还原成苹果酸，然后通过线粒体膜进入细胞液，再由细胞液中 NAD^+-苹果酸脱氢酶，将苹果酸脱氢氧化为草酰乙酸，然后进入糖异生反应途径。因此，以苹果酸代替草酰乙酸透过线粒体膜，不仅解决了糖异生所需要的碳单位，同时又从线粒体内带出一对氢，以 $NADH+H^+$形式将甘油酸-1,3-二磷酸还原成甘油醛-3-磷酸，从而保证了糖异生顺利进行。

2）经谷草转氨酶作用，将草酰乙酸转变成天冬氨酸后逸出线粒体，进入细胞液中的天冬氨酸，再经细胞液中谷草转氨酶催化而恢复生成草酰乙酸（图 8-10）。

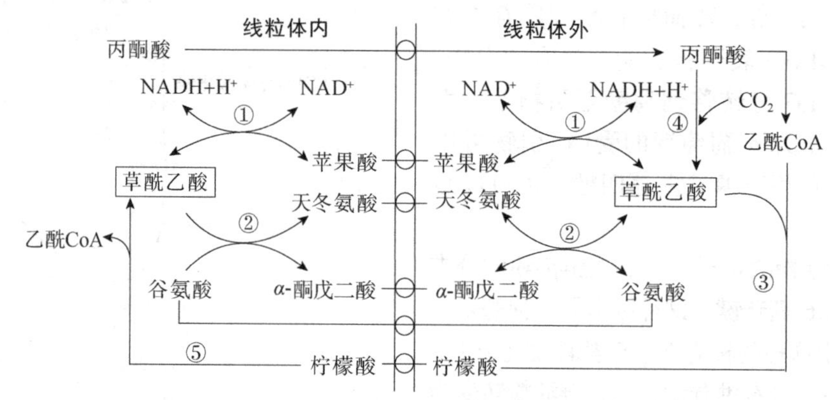

图 8-10　草酸乙酸逸出线粒体的方式

①苹果酸脱氢酶；②谷草转氨酶；③柠檬酸合成酶；④丙酮酸羧化酶；⑤柠檬酸裂解酶

（2）*由果糖-1,6-二磷酸转变为果糖-6-磷酸*　由两个特异的磷酯酶水解己糖磷酯键完成此反应，催化 G6P 水解生成葡萄糖的酶为葡萄糖-6-磷酸酶（glucose-6-phosphatase）或葡萄糖-6-磷酸酯酶；催化果糖-1,6-二磷酸水解生成果糖-6-磷酸的酶是果糖二磷酸酶（fructose diphosphatase）或果糖-1,6-二磷酸酯酶。

果糖-1,6-二磷酸 + H_2O —（果糖-1,6-二磷酸酯酶）→ 果糖-6-磷酸 + Pi

葡萄糖-6-磷酸 + H_2O —（葡萄糖-6-磷酸酯酶）→ 葡萄糖 + Pi

（3）*由葡萄糖-6-磷酸转变为葡萄糖*　以上两个反应是糖异生的关键步骤，其他的反应步骤基本为糖酵解途径的逆反应过程，故糖异生的总反应式可表示为

$$2\text{丙酮酸}+4ATP+2GTP+2NADH+2H^++6H_2O \longrightarrow \text{葡萄糖}+2NAD^++4ADP+2GDP+6Pi+6H^+$$

总之，糖异生作用的主要原料有乳酸、甘油和氨基酸等；乳酸在乳酸脱氢酶的作用下转变为丙酮酸，经上述羧化支路生成糖；甘油被磷酸化生成甘油-3-磷酸后，脱氢生成磷酸二羟丙酮，后经糖酵解逆过程合成糖；氨基酸的碳链通过多种途径，转变为糖酵解或糖有氧氧化过程中的中间产物，然后生成糖；TCA 循环中的各种羧酸则可通过转变为草酰乙酸，然后生成糖（图 8-11）。

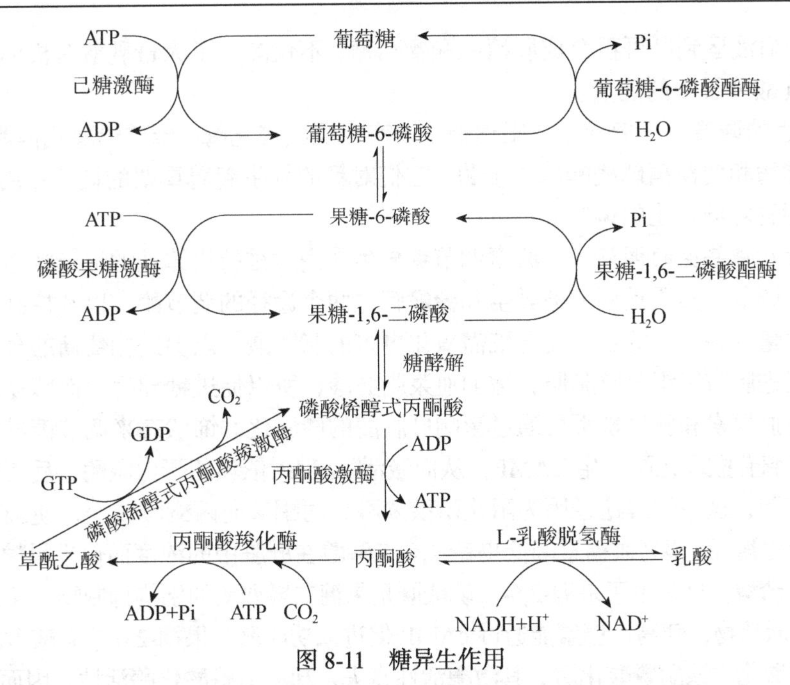

图 8-11 糖异生作用

2. Cori 循环 生物体内存在一些组织特异性酶，不同器官之间存在代谢的协同作用。肝与骨骼肌对糖的代谢，就显示了特殊的代谢协同作用。运动过程中，骨骼肌所耗费的 ATP 几乎完全来自于糖酵解作用。其终产物乳酸进入血液中，血液流经肝时，被乳酸脱氢酶同工酶 M_4 脱氧后迅速转化为丙酮酸。在肝细胞中，大部分丙酮酸通过糖异生途径，转化为葡萄糖-6-磷酸。后者被葡萄糖-6-磷酸酯酶水解为葡萄糖，葡萄糖进入血液，再随血液被转运到骨骼肌。在骨骼肌中，葡萄糖又进入糖酵解途径。整个过程称为 Cori 循环（图 8-12），该循环的发现者 Carl Ferdinand Cori 和 Gerty Theresa Cori 于 1947 年荣获诺贝尔生理学或医学奖。

知识窗 8-5

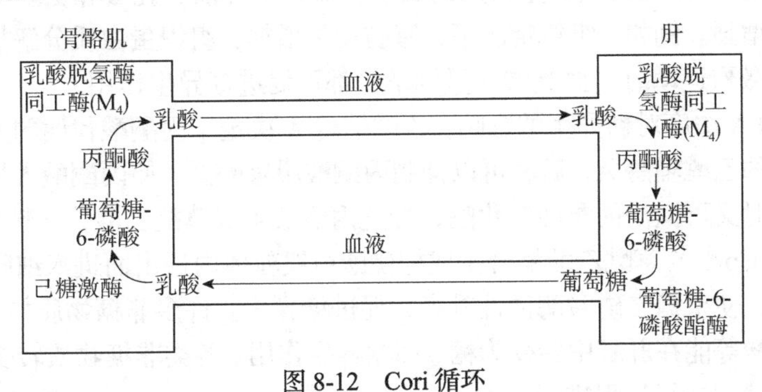

图 8-12 Cori 循环

3. 糖异生的生理作用

（1）维持血糖的稳定　人正常的血糖浓度为 3.89mmol/L，即使禁食数周，血糖浓度仍可保持在 3.40mmol/L 左右，禁食一夜（8～10h），处于安静状态下时，正常人体每日利用葡萄糖约 225g；贮糖量最多的肌糖原只供给本身氧化供能，体内贮存可供利用的糖约有 150g，若只用肝糖原的贮存量来维持血糖浓度最多不超过 12h，显而易见，只有从非糖物质转化为糖，才能维持机体血糖的稳定。因此，糖异生作用主要的生理意义在于保证在饥饿情况下血糖浓度的相对恒定。

（2）糖异生作用与乳酸的作用关系密切　在激烈运动时，肌肉中发生糖酵解生成大量乳酸，后者经血液运到肝可再合成肝糖原和葡萄糖，不仅减少了大量乳酸对机体的毒性，也有利于回收乳酸分子中的能量。

4. 糖异生的调节　糖异生的限速酶主要有丙酮酸羧化酶、磷酸烯醇式丙酮酸羧激酶、果糖二磷酸酯酶和葡萄糖磷酸酯酶4个酶。它们对糖的异生起着重要的调节作用。此外，还有激素及代谢物对糖异生的调节。

（1）激素对糖异生的调节　激素调节糖异生作用对维持机体糖的恒定状态十分重要，激素对糖异生调节的实质是调节糖异生和糖酵解这两个途径的调节酶，以及控制供应肝脏的脂肪酸，更大量的脂肪酸的获得使肝脏需氧化更多的脂肪酸，以促进葡萄糖的合成。例如，胰高血糖素促进脂肪组织分解脂肪，增加血浆脂肪酸，所以促进糖异生；而胰岛素的作用则正相反。胰高血糖素和胰岛素都可通过影响肝脏酶的磷酸化修饰状态来调节糖异生作用，胰高血糖素激活腺苷酸环化酶产生cAMP，从而激活cAMP依赖的蛋白激酶，后者使丙酮酸激酶磷酸化被抑制，这一酵解途径因为阻止磷酸烯醇式丙酮酸向丙酮酸转变，使调节酶受抑制后即刺激糖异生途径。胰高血糖素降低果糖-2,6-二磷酸在肝脏中的浓度而促进果糖-1,6-二磷酸转变为果糖-6-磷酸，这是由于果糖-2,6-二磷酸既是果糖二磷酸酶的别构抑制物，又是果糖-6-磷酸激酶的别构激活物，胰高血糖素能通过cAMP促进双功能酶（果糖-2,6-二磷酸激酶/果糖-2,6-二磷酸酶）磷酸化。该酶磷酸化后，其激酶活性丧失，却激活磷酸化酶活性。因而果糖-2,6-二磷酸生成减少而被水解为果糖-6-磷酸增多。这种由胰高血糖素升高所导致的果糖-2,6-二磷酸下降的结果则是6-磷酸果糖激酶活性下降，果糖二磷酸酶活性升高，果糖-6-磷酸增多，有利于糖异生，而胰岛素的作用正与之相反。

胰高血糖素和胰岛素除上述对糖异生和糖酵解进行调节外，还分别诱导或阻遏糖异生和糖酵解的调节酶，胰高血糖素/胰岛素值高，会诱导大量磷酸烯醇式丙酮酸羧激酶、果糖-6-磷酸酶等糖异生酶的合成，而阻遏葡萄糖激酶和丙酮酸激酶的合成。

（2）代谢物对糖异生的调节

1）糖异生原料的浓度对糖异生作用的调节：血浆中甘油、乳酸和氨基酸浓度增加时，使糖的异生作用增强。例如，饥饿情况下，脂肪动员增加，组织蛋白质分解加强，血浆甘油和氨基酸增加；激烈运动时，血乳酸含量剧增，都可促进糖异生作用。

2）乙酰辅酶A浓度对糖异生的影响：乙酰辅酶A决定了丙酮酸代谢的方向，脂肪酸氧化分解产生大量的乙酰辅酶A，后者可以抑制丙酮酸脱氢酶系，使丙酮酸大量积累，为糖异生提供原料，同时又可激活丙酮酸羧化酶，加速丙酮酸生成草酰乙酸，使糖异生作用增强。

此外，乙酰CoA与草酰乙酸缩合生成柠檬酸由线粒体内透出而进入细胞液中，可以抑制磷酸果糖激酶，使果糖二磷酸酶活性升高，促进糖异生。许多非糖物质如甘油、丙酮酸、乳酸及某些氨基酸等能在肝脏中转变为糖，即糖异生作用。各类非糖物质转变为糖原的具体步骤基本上按糖酵解逆行过程进行。

小结

糖代谢包括糖的分解代谢与糖的合成代谢。糖的分解代谢可以分为3个阶段，首先是大分子多糖，如淀粉或糖原经酶促降解为小分子单糖，然后单糖降解为小分子中间代谢物，如丙酮酸、乙酰辅酶A等，最终乙酰辅酶A进入柠檬酸循环、电子传递链，被彻底氧化成二氧化碳和水。

单糖的分解代谢途径包括糖酵解、三羧酸循环、戊糖磷酸途径、葡糖醛酸途径、乙醛酸循环等代谢途径。

糖酵解是指葡萄糖转化为丙酮酸的过程。反应在细胞液中进行。在糖酵解过程中，每分子葡萄糖可以转化为2分子的丙酮酸，同时净生成2分子ATP和2分子NADH。在无氧条件下，NADH用于还原丙酮酸。在乙醇发酵的过程中，丙酮酸氧化脱羧生成乙醛，乙醛在乙醛脱氢酶的催化下被还原为乙醇。而在剧烈运动时，肌肉缺氧进行糖酵解的过程中，乳酸脱氢酶催化丙酮酸还原为乳酸。

糖酵解阶段，由己糖激酶和磷酸果糖激酶催化的两步反应，各消耗1分子ATP。在丙糖阶段，甘油酸-1,3-二磷酸和磷酸烯醇式丙酮酸经底物水平磷酸化反应，各生成1分子ATP。由于果糖-1,6-二磷酸在醛缩酶催化下裂解，相当于生成2分子甘油醛-3-磷酸。因此，每分子葡萄糖在糖酵解阶段净生成2分子ATP。

糖酵解途径中存在3个不可逆反应，分别由己糖激酶、磷酸果糖激酶和丙酮酸激酶催化，糖酵解反应速度主要受这3种酶活性的调控。其中磷酸果糖激酶是最关键的限速酶，其活性被ATP、柠檬酸变构抑制，被AMP、果糖-2,6-二磷酸变构激活。

葡萄糖在有氧条件下氧化分解成CO_2和H_2O，净生成32分子ATP，其反应过程可人为地划分为3个阶段。柠檬酸合酶、异柠檬酸脱氢酶与α-酮戊二酸脱氢酶系是调控三羧酸循环的限速酶，其活性受ATP、NADH等物质的抑制。

与三羧酸循环相关联的乙醛酸循环途径具有两种关键的酶，即苹果酸合酶与异柠檬酸裂解酶。油料作物种子萌发时，可利用该途径将脂肪酸转化为糖类和氨基酸。

戊糖磷酸途径是生物体内普遍存在的需氧代谢途径。戊糖磷酸途径产生的核糖-5-磷酸是合成核酸的重要原料，产生的$NADPH+H^+$参与脂肪酸、胆固醇等的合成代谢。

糖合成代谢包括从无机物（水和二氧化碳）合成单糖，单糖聚合成多糖，以及糖异生等。

光合作用所合成的葡萄糖，大部分转化为淀粉。与淀粉合成有关的酶类主要是尿苷二磷酸葡糖（UDPG）转葡糖苷酶和腺苷二磷酸葡糖（ADPG）转葡糖苷酶。Q酶能催化α-1,4-糖苷键转换为α-1,6-糖苷键，使直链淀粉转化为支链淀粉。

由葡萄糖合成糖原的过程，是在糖原合成酶催化下，UDPG将葡萄糖残基加到糖原引物非还原端形成α-1,4-糖苷键。再由分支酶催化，将α-1,4-糖苷键转换为α-1,6-糖苷键，形成有分支的糖原。

糖异生是指非糖物质如甘油、生糖氨基酸和乳酸等合成葡萄糖或糖原的过程。糖异生基本上是糖酵解途径的逆过程，其中有三步与糖酵解途径不同。丙酮酸转变为磷酸烯醇式丙酮酸是沿丙酮酸羧化支路完成的。因激酶的作用不可逆，果糖-1,6-二磷酸转变成果糖-6-磷酸、葡萄糖-6-磷酸转变成葡萄糖，是由相应的果糖-1,6-二磷酸酶和葡萄糖-6-磷酸酶催化水解脱去磷酸来完成的。

思考题

1. 假设细胞匀浆中存在代谢所需要的酶和辅酶等必需条件，若葡萄糖的C6处用^{14}C标记，那么在下列代谢产物中能否找到C标记。

①CO_2；②乳酸；③丙氨酸。

2. 某糖原分子生成n个葡萄糖-1-磷酸，该糖原可能有多少个分支及多少个α-1,6-糖苷键（设：糖原与磷酸化酶一次性作用生成）？如果从糖原开始计算，1mol葡萄糖彻底氧化为CO_2和H_2O，将净生成多少摩尔ATP?

3. 试说明葡萄糖至丙酮酸的代谢途径在有氧与无氧条件下有何主要区别。

4. O_2没有直接参与三羧酸循环，但没有O_2的存在，三羧酸循环就不能进行，为什么？丙二酸对三羧酸循环有何作用?

5. 脚气病患者的丙酮酸与α-酮戊二酸含量比正常人高（尤其是吃富含葡萄糖的食物后），请说明其理由。

6. 油料作物种子萌发时，脂肪减少、糖增加，利用生化机制解释该现象，写出所经历的主要生化反应历程。

7. 激烈运动后，人们会感到肌肉酸痛，几天后酸痛感会消失，利用生化机制解释该现象。

8. 写出UDPG的结构式。以葡萄糖为原料合成糖原时，每增加一个糖残基将消耗多少ATP?

9. 在一个具有全部细胞功能的哺乳动物细胞匀浆中分别加入1mol下列不同的底物，每种底物完全被氧化为CO_2和H_2O时，将产生多少摩尔ATP分子?

①丙酮酸；②磷酸烯醇式丙酮酸；③乳酸；④果糖-1,6-二磷酸；⑤磷酸二羟丙酮；⑥草酰琥珀酸。

第九章　脂质代谢

脂肪、磷脂及胆固醇是生物体中三类重要的脂质，脂肪是生物体能量贮存的基本形式，磷脂和胆固醇则是生物膜的重要组成部分，脂质代谢与人类健康息息相关。脂肪酸是脂肪和磷脂的重要组成部分，与脂质代谢密切相关，本章将首先介绍脂肪酸代谢，以此为基础介绍脂肪代谢和磷脂代谢。胆固醇不含脂肪酸，其代谢与一般脂质不同，将在本章最后介绍。

第一节　脂肪酸代谢

脂肪酸（fatty acid）是脂肪的主要组成部分，脂肪中可被利用的生物能量大约95%来自其三个脂肪酸长链。动物体细胞可以将脂肪酸氧化分解成乙酰 CoA，后者可进入三羧酸循环被彻底氧化成 CO_2 和 H_2O，释放出能量；也可以乙酰 CoA 为原材料从头合成脂肪酸，脂肪酸的氧化分解与脂肪酸的从头合成看似是可逆的过程，但实际上两者发生在不同的细胞部位，经历不同的途径，由不同的酶系催化，是两个独立的过程。

一、脂肪酸的氧化分解

脂肪酸的碳骨架为碳氢化合物的衍生物，处于高度还原态，因此脂肪酸在细胞内氧化生成 CO_2 和 H_2O 这一过程类似石油中碳氢化合物的体外燃烧，是高度释能的。生物体内脂肪酸的氧化可分为 β-氧化（β-oxidation）、α-氧化（α-oxidation）和 ω-氧化（ω-oxidation）三种方式，其中 β-氧化是主要的氧化方式。

（一）脂肪酸的 β-氧化

1904年，Knoop 利用苯环作为标记，追踪动物体内脂肪酸的代谢过程，发现动物体内在进行脂肪酸降解时，碳原子不是逐个切除，而是成对地从脂肪酸分子上切下，并首次提出 β-氧化学说。所谓 β-氧化，是指脂肪酸在一系列酶的作用下，其羧基端 β 位碳原子被氧化成羰基，碳链在 α 位碳原子与 β 位碳原子间发生断裂，生成一分子乙酰 CoA 和较原来少两个碳单位的脂酰 CoA，后者可进入下一轮 β-氧化直至完全降解，这个不断循环进行的脂肪酸氧化过程称为 β-氧化（图 9-1），其反应历程包括脂肪酸的活化、脂肪酸的转运及脂肪酸的 β-氧化三个阶段。

1. 脂肪酸的活化　脂肪酸的分解代谢发生在原核生物的细胞质或真核生物的线粒体基质中。正如葡萄糖在氧化分解前需要活化成葡萄糖-6-磷酸一样，脂肪酸在进行 β-氧化前也需要被活化，其活化形式是脂酰 CoA，脂肪酸 α 碳上的羧基通过与 CoA 相连而被激活，该反应降低了碳链的稳定性，有利于 β 碳的氧化。

活化反应是一个耗能的过程，需要 ATP 分子的参与（图 9-2）。脂肪酸在脂酰 CoA 合成酶（acyl-CoA synthetase）的催化下，首先与 ATP 形成脂酰-AMP，同时释放出焦磷酸，随后 CoA 上的巯基取代了 AMP，和脂肪酸以巯酯键相连形成脂酰 CoA。与此同时，第一步反应中释放出的焦磷酸被无机焦磷酸酶水解成无机磷酸，使得总反应的 $\Delta G^{\ominus}$ 为一个较大的负值（$\Delta G^{\ominus}\approx-34kJ/mol$），从而导致总反应不可逆。从能量角度看，活化 1 分子脂肪酸消耗了 1 分子 ATP 上的两个高能磷酯键，因此，能量计算时一般认为每活化 1 分子游离脂肪酸需要消耗 2 分子 ATP 的能量。

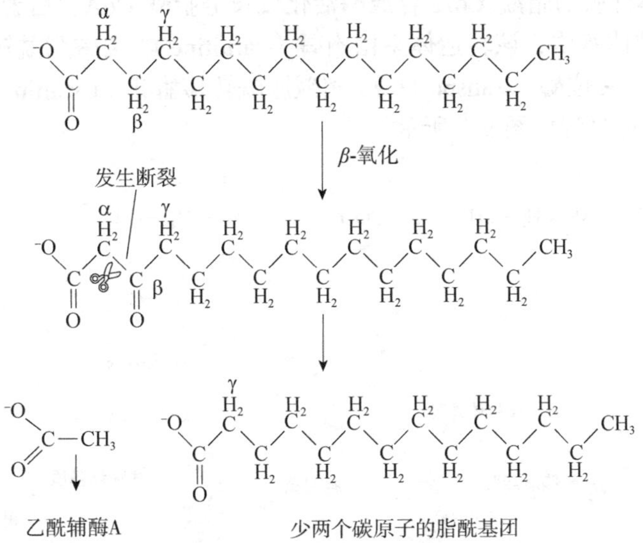

β-氧化

发生断裂

乙酰辅酶A　　少两个碳原子的脂酰基团

图 9-1　脂肪酸的 β-氧化

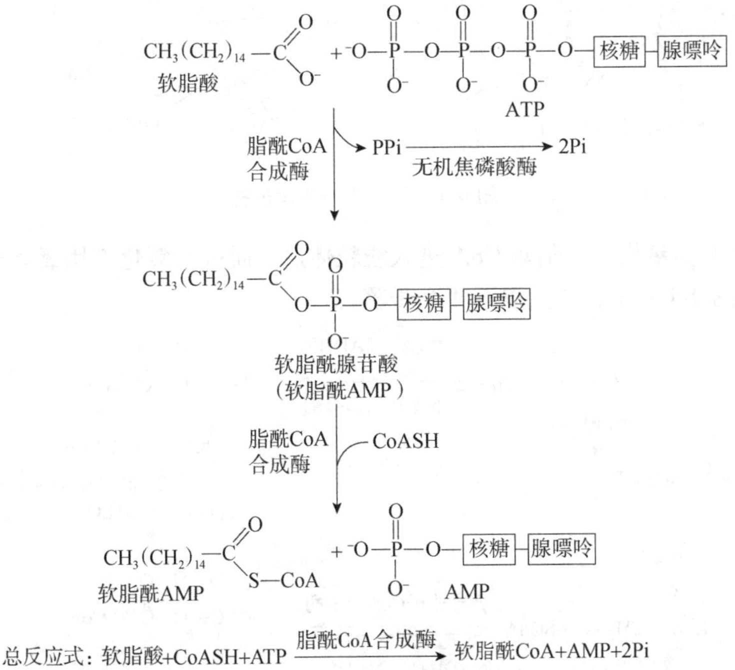

$CH_3(CH_2)_{14}-COO^-$ 软脂酸 + ATP

脂酰CoA合成酶　→ PPi → 2Pi（无机焦磷酸酶）

软脂酰腺苷酸（软脂酰AMP）

脂酰CoA合成酶　CoASH

$CH_3(CH_2)_{14}-CO-S-CoA$ 软脂酰AMP + AMP

总反应式：软脂酸+CoASH+ATP $\xrightarrow{\text{脂酰CoA合成酶}}$ 软脂酰CoA+AMP+2Pi

图 9-2　脂酰 CoA 合成酶的催化历程

脂酰 CoA 合成酶又称为脂肪酸硫激酶Ⅰ（fatty acid thiokinase Ⅰ），该酶隶属一个同工酶家族，不同的脂酰 CoA 合成酶对脂肪酸链长度的选择有所不同，在细胞中的分布也有所差异。其中一类位于线粒体外膜，负责活化胞质溶胶中的长链脂肪酸（12～18 碳）；另一类位于线粒体内膜，负责中短链脂肪酸（2～10 碳）的活化。

2. 脂肪酸的转运　动物细胞中参与脂肪酸 *β*-氧化的酶位于线粒体基质中，10 个碳原子以下的中短链脂肪酸可以直接透过线粒体内膜，由位于线粒体内膜的脂酰 CoA 合成酶活化并进入后续的氧化阶段。但是长链脂肪酸不能直接透过线粒体内膜，它们在胞质溶胶中，由位于线粒体外膜的脂酰 CoA 合成酶活化成长链脂酰 CoA，后者需要通过特殊的转运系统转运至线粒体基质，该转运体系由肉碱（carnitine）、肉碱脂酰转移酶Ⅰ（carnitine acyltransferase Ⅰ）、转位酶（transporter）、肉碱脂酰转移酶Ⅱ（carnitine acyltransferase Ⅱ）4 部分组成，其转运过程如图 9-3 所示。

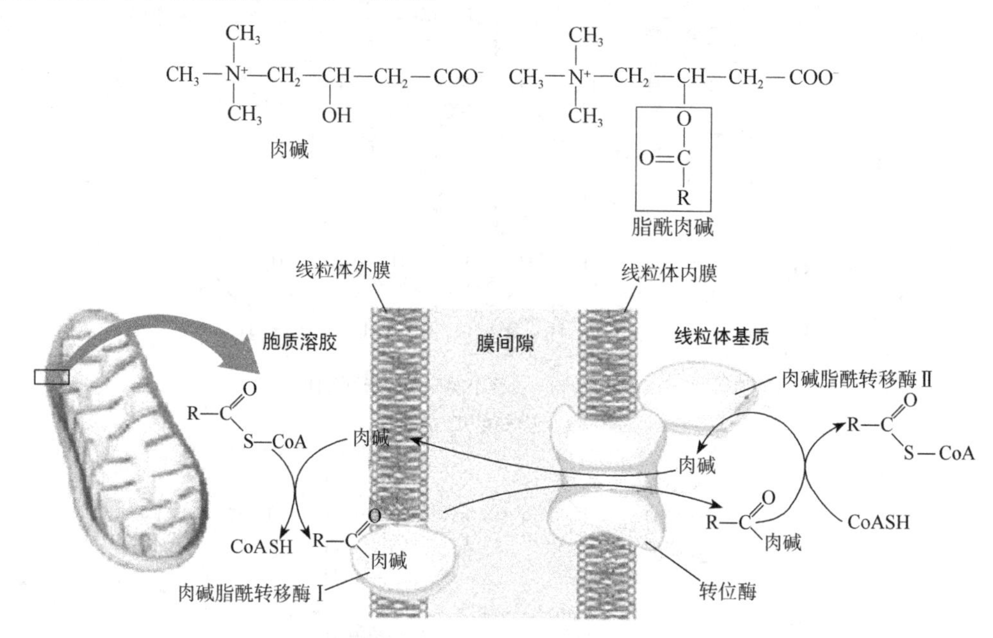

图 9-3　脂肪酸的转运过程

3. 脂肪酸的 *β*-氧化　脂酰 CoA 进入线粒体后，通过 *β*-氧化作用氧化分解。*β*-氧化作用反应过程如图 9-4 所示，包括以下 4 个步骤。

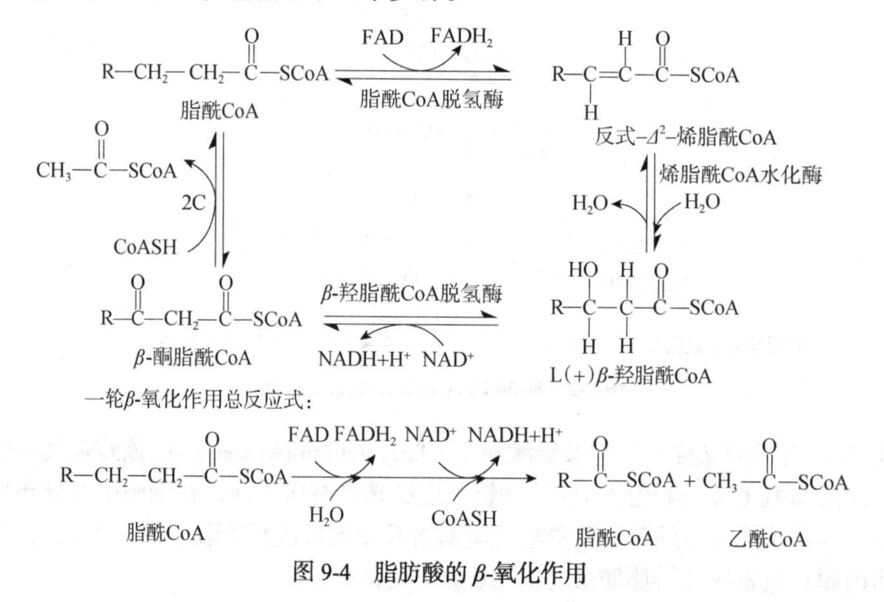

图 9-4　脂肪酸的 *β*-氧化作用

1）脱氢：脂酰 CoA 在脂酰 CoA 脱氢酶的作用下脱去 α、β 位碳原子上的两个 H，该反应具有高度立体异构专一性，生成的产物为反式-Δ^2-烯脂酰 CoA，同时 FAD 接受氢被还原成 $FADH_2$。

2）加水：反式-Δ^2-烯脂酰 CoA 在烯脂酰 CoA 水化酶的催化下生成 L（+）-β-羟脂酰 CoA，该酶同样具有高度立体异构专一性。

3）再脱氢：L（+）-β-羟脂酰 CoA β 位上的羟基在 β-羟脂酰 CoA 脱氢酶的催化下，脱氢氧化成 β-酮脂酰 CoA，同时 NAD^+接受氢被还原成 NADH。

4）硫解：在硫解酶的催化下，β-酮脂酰 CoA 与另一分子的 CoASH 反应，在 α 和 β 位之间硫解，生成一分子乙酰 CoA 和一分子少两个碳原子的脂酰 CoA。

由此可见，脂酰 CoA 每经历一轮 β-氧化，可生成 1 分子乙酰 CoA 和少两个碳原子的脂酰 CoA，同时生成 1 分子 $FADH_2$ 和 1 分子 NADH。其中，少两个碳原子的脂酰 CoA 可进入下一轮 β-氧化，直至碳链完全降解，含偶数碳原子的脂肪酸可通过多轮 β-氧化途径完全裂解成乙酰 CoA。乙酰 CoA 可进入三羧酸循环彻底氧化成 CO_2 和 H_2O，也可参与其他合成代谢（如合成酮体或胆固醇）。$FADH_2$ 和 NADH 则进入呼吸链，将氢传递给氧生成水并产生能量。

4. 偶数饱和碳链脂肪酸的氧化 现以软脂酸（棕榈酸，$C_{15}H_{31}COOH$）为例，如图 9-5 所示，1 分子软脂酰 CoA 在线粒体中，经历 7 轮 β-氧化作用生成 8 分子乙酰 CoA，同时生成 7 分子 $FADH_2$ 和 7 分子 NADH。其中，$FADH_2$ 和 NADH 进入呼吸链，可产生 7×1.5+7×2.5=28 分子 ATP；8 分子乙酰 CoA 进入三羧酸循环彻底氧化可产生 8×10=80 分子 ATP，扣除软脂酸分子活化时所消耗的 2 分子 ATP，每分子软脂酸彻底氧化，理论上可以净产生 28+80−2=106 分子 ATP。

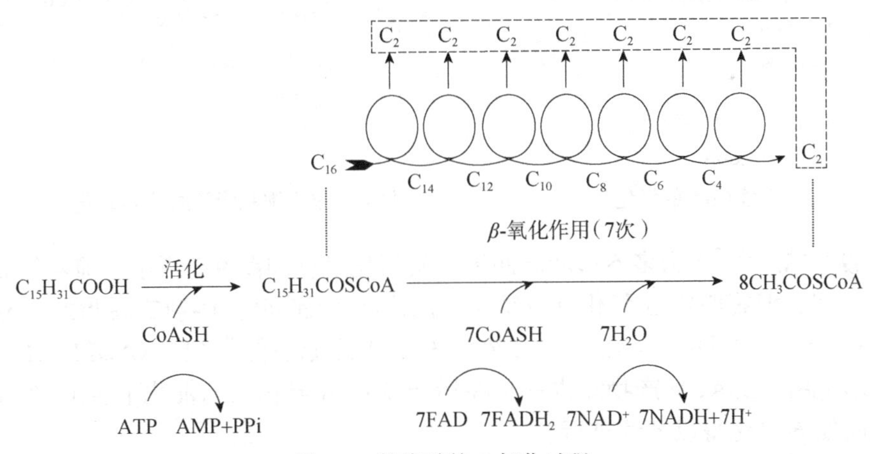

图 9-5 软脂酸的 β-氧化过程

5. 奇数饱和碳链脂肪酸的氧化 虽然天然脂质中的脂肪酸绝大多数含有偶数碳原子，但在许多植物和一些海洋生物体内的脂质往往含有一定量的奇数碳链脂肪酸，它们按照偶数碳原子脂肪酸相同的方式进行氧化，但在最后一轮 β-氧化过程中生成 1 分子乙酰 CoA 和 1 分子丙酰 CoA。在动物体内丙酰 CoA 通过生成琥珀酰 CoA（图 9-6）进入三羧酸循环。除奇数碳链脂肪酸外，一些氨基酸，如异亮氨酸、缬氨酸和甲硫氨酸，在降解过程中也会产生丙酰 CoA 或丙酸，反刍动物瘤胃中可将糖类发酵产生大量的丙酸。这些代谢过程中产生的丙酸也可转化成丙酰 CoA，然后通过上述途径代谢。

6. 不饱和脂肪酸的氧化 参与脂肪酸 β-氧化的酶具有高度立体异构专一性。生物体中不饱和脂肪酸的双键都是顺式构型，不饱和脂肪酸的第一个双键一般出现在 C9 和 C10 之间，后面的双键往往间隔 3 个碳原子。在进行 β-氧化的过程中，当不饱和双键出现在 β 位上形成顺式烯脂酰 CoA 时，β-氧化不能继续进行，这时就需要额外的酶参与，改变双键的性质和位置，从而使得 β-氧化得以继续。

油酸（18:1Δ^9）为常见的单不饱和脂肪酸之一，其氧化过程如图 9-7 所示。其在经历了三轮 β-氧化作用后，形成的产物在 β、γ 位有一顺式双键，该产物不是烯脂酰 CoA 水化酶的底物，因此需要烯脂酰 CoA 异构酶将 Δ^3-顺式双键转化为 Δ^3-反式双键，Δ^3-反式烯脂酰 CoA 是烯脂酰 CoA 水化酶的正常底物，从而使 β-氧化得以继续进行。

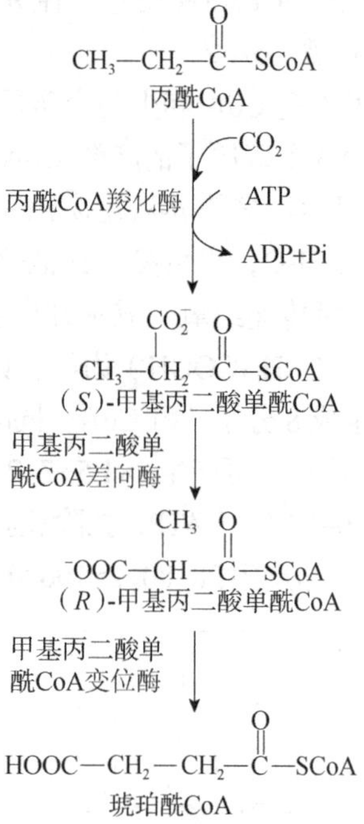

图 9-6 丙酰 CoA 的氧化

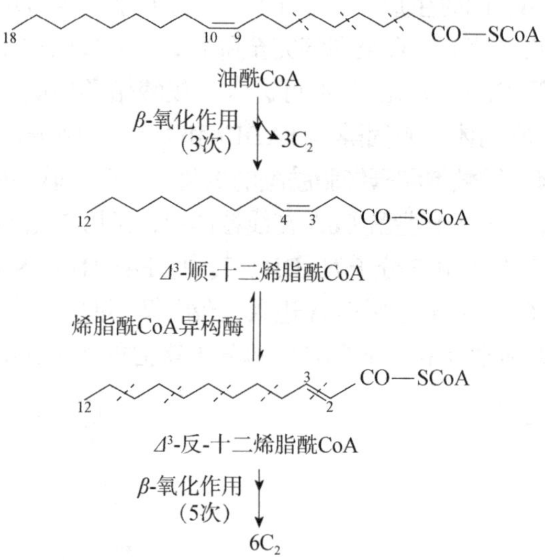

图 9-7 单不饱和脂肪酸的 β-氧化

亚油酸（18:2$\Delta^{9,12}$）为多不饱和脂肪酸，其氧化过程如图 9-8 所示，前 4 轮 β-氧化历程与油酸类似，但第四轮 β-氧化反应结束时的产物为 Δ^2-反，Δ^4-顺二烯脂酰 CoA，在哺乳动物体内，该产物可由 Δ^2-反,Δ^4-顺二烯脂酰 CoA 还原酶催化，由 NADPH+H^+提供氢还原为 Δ^3-反烯脂酰 CoA，该产物需进一步在烯脂酰 CoA 异构酶的催化下生成 Δ^2-反烯脂酰 CoA，从而使 β-氧化得以继续进行。

（二）脂肪酸的 α-氧化和 ω-氧化

脂肪酸 α 碳原子在酶的催化下发生氧化，分解出 1 分子 CO_2，生成少了一个碳原子的脂肪酸，这种氧化作用称为脂肪酸的 α-氧化。脂肪酸的 α-氧化途径是 1956 年由 Stumpf 首先在植物种子和叶片中发现的，后来在动物脑和肝细胞中也发现了脂肪酸的这种氧化作用。该途径以游离脂肪酸作为底物，在 α 碳原子上发生羟化（—OH）或氢过氧化（—OOH），然后进一步氧化脱羧，其可能的机理如图 9-9A 所示。α-氧化作用对于生物体内奇数碳脂肪酸的形成，含甲基的支链脂肪酸的降解，或过长的脂肪酸（如 C_{22}、C_{24}）的降解起着重要的作用。

此外，脂肪酸的末端（ω-端）甲基可经氧化作用转变为 ω-羟脂酸，继而再氧化成 α,ω-二羧酸，后者可从两端进行 β-氧化作用，此氧化途径称为 ω-氧化，反应过程如图 9-9B 所示。某些细菌可通过 ω-氧化将烃类氧化成脂肪酸，进而氧化分解，为菌类生长提供能量，该类细菌可用于清除石油污染，或制造单细胞蛋白。

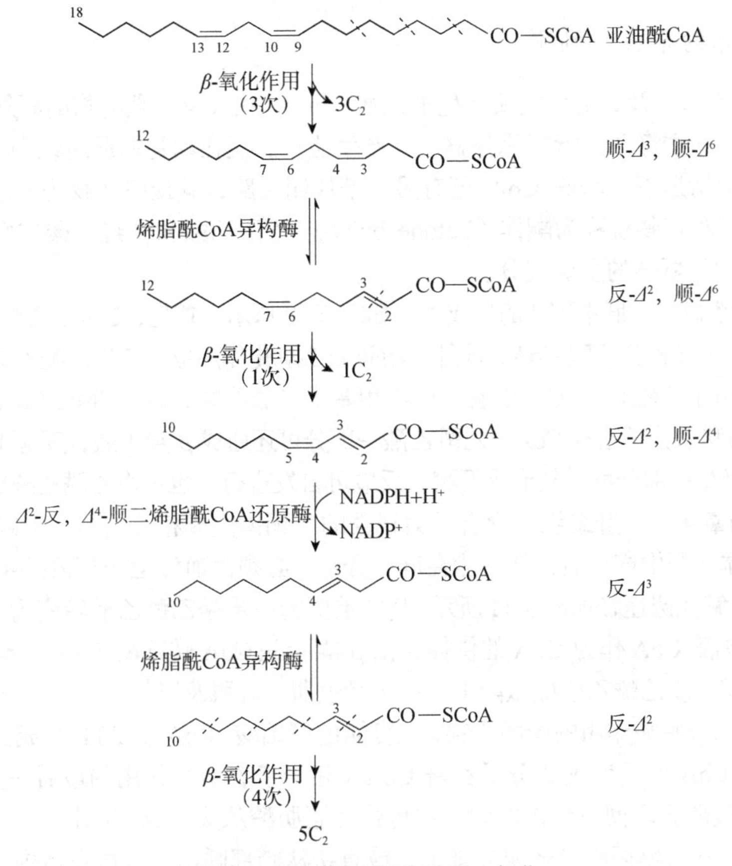

图 9-8 多不饱和脂肪酸的 β-氧化

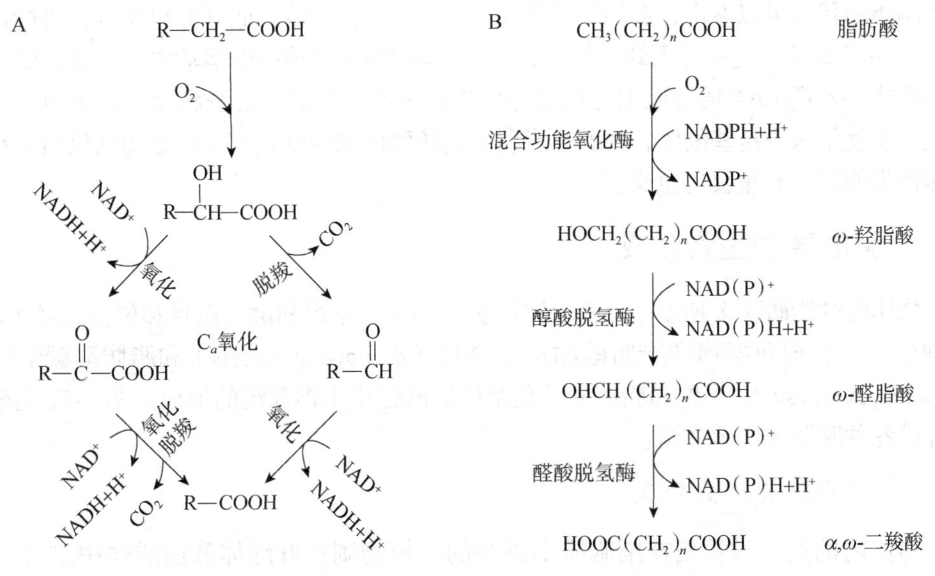

图 9-9 脂肪酸的 α-氧化（A）和 ω-氧化（B）

（三）酮体的生成与利用

脂肪酸的 β-氧化及其他代谢所产生的乙酰 CoA，在人及哺乳动物的肝外组织中，大部分可迅速进入三羧酸循环进行氧化分解，并产生能量。但在动物的肝组织中，尤其在饥饿、禁食、糖尿病等情形下，乙酰 CoA 还有另一条代谢去路，其最终产物为乙酰乙酸、β-羟丁酸和丙酮，这三种产物统称为酮体（ketone body）。乙酰乙酸和 β-羟丁酸在血液和尿液中是可溶性的，它们是酮体的主要成分。

1. 酮体的生成 肝中酮体的生成过程如图 9-10 所示。首先，2 分子乙酰 CoA 在硫解酶的作用下生成 1 分子乙酰乙酰 CoA，此外，脂肪酸 β-氧化作用也能产生乙酰乙酰 CoA。乙酰乙酰 CoA 再与 1 分子乙酰 CoA 缩合生成 β-羟-β-甲基戊二酸单酰 CoA（HMG-CoA），后者裂解成 1 分子乙酰乙酸和 1 分子乙酰 CoA。乙酰乙酸一部分可还原成 β-羟丁酸，反应由 β-羟丁酸脱氢酶催化；也有极少一部分可脱羧形成丙酮，反应可自发进行，也可由乙酰乙酸脱羧酶催化。

2. 酮体的氧化 肝组织中含有活力很强的与酮体生成相关的酶，但缺少利用酮体的酶。因此，酮体在肝中产生后，并不能在肝中分解，必须由血液运送到肝外组织中进行氧化分解。酮体的分解代谢途径如图 9-11 所示，其中重要的一步是乙酰乙酸转变为乙酰乙酰 CoA，该反应需要琥珀酰 CoA 作为 CoA 的供体，由 β-酮脂酰 CoA 转移酶（存在于心肌、骨骼肌、肾、肾上腺组织）或乙酰乙酸硫激酶（存在于骨骼肌、心肌及肾等组织）催化。琥珀酰 CoA 可能是 α-酮戊二酸脱羧作用的中间产物，也可能由琥珀酸、CoA 及 ATP 合成。乙酰乙酰 CoA 可再与 1 分子 CoA 作用生成 2 分子乙酰 CoA（相当于 β-氧化作用的最后一步），产物乙酰 CoA 可通过三羧酸循环彻底氧化放能，也可作为脂肪酸从头合成的原料。

酮体的另一化合物丙酮可随尿液排出，或直接从肺部呼出，也可在体内转变成丙酮酸，丙酮酸可以氧化，也可以用于合成糖原。

由酮体的代谢可以看出，肝组织将乙酰 CoA 转变为酮体，而肝外组织则再将酮体转变为乙酰 CoA。这并不是一种无效的循环，而是乙酰 CoA 在体内的运输方式。肝组织正是以酮体的形式将乙酰 CoA 通过血液运送至外周器官中的。骨骼、心脏和肾上腺皮质细胞的能量消耗主要就是来自这些酮体，对于不能利用脂肪酸的脑组织而言，在葡萄糖供给不足时利用酮体作为能源具有重要的意义。

二、脂肪酸的生物合成

生物体内的脂肪酸多种多样，不但链的长短不一，不饱和键的数目和位置也各不相同，脂肪酸的生物合成包括饱和脂肪酸的从头合成（*de novo* synthesis）和脂肪酸碳链的延长（elongation synthesis），不饱和脂肪酸还包括脂肪酸链中不饱和键的形成。图 9-12 是软脂酸衍生合成各种脂肪酸的示意图。

（一）软脂酸的从头合成

动物体内的这一过程是在细胞质中进行的，植物则在叶绿体和前质体中进行。该过程以乙酰 CoA 作为碳源，合成不超过 16 碳的饱和脂肪酸。图 9-13 为合成 1 分子软脂酸的缩略图，该过程需要 8 分子的乙酰 CoA 作为碳源。整个过程可分为三个阶段——乙酰 CoA 的穿梭（转运）、乙酰 CoA 的羧化（丙二酸单酰 CoA 的形成）和脂肪酸链的合成。

1. 乙酰 CoA 的来源和转运 合成脂肪酸的原料主要是乙酰 CoA，它主要来自脂肪酸

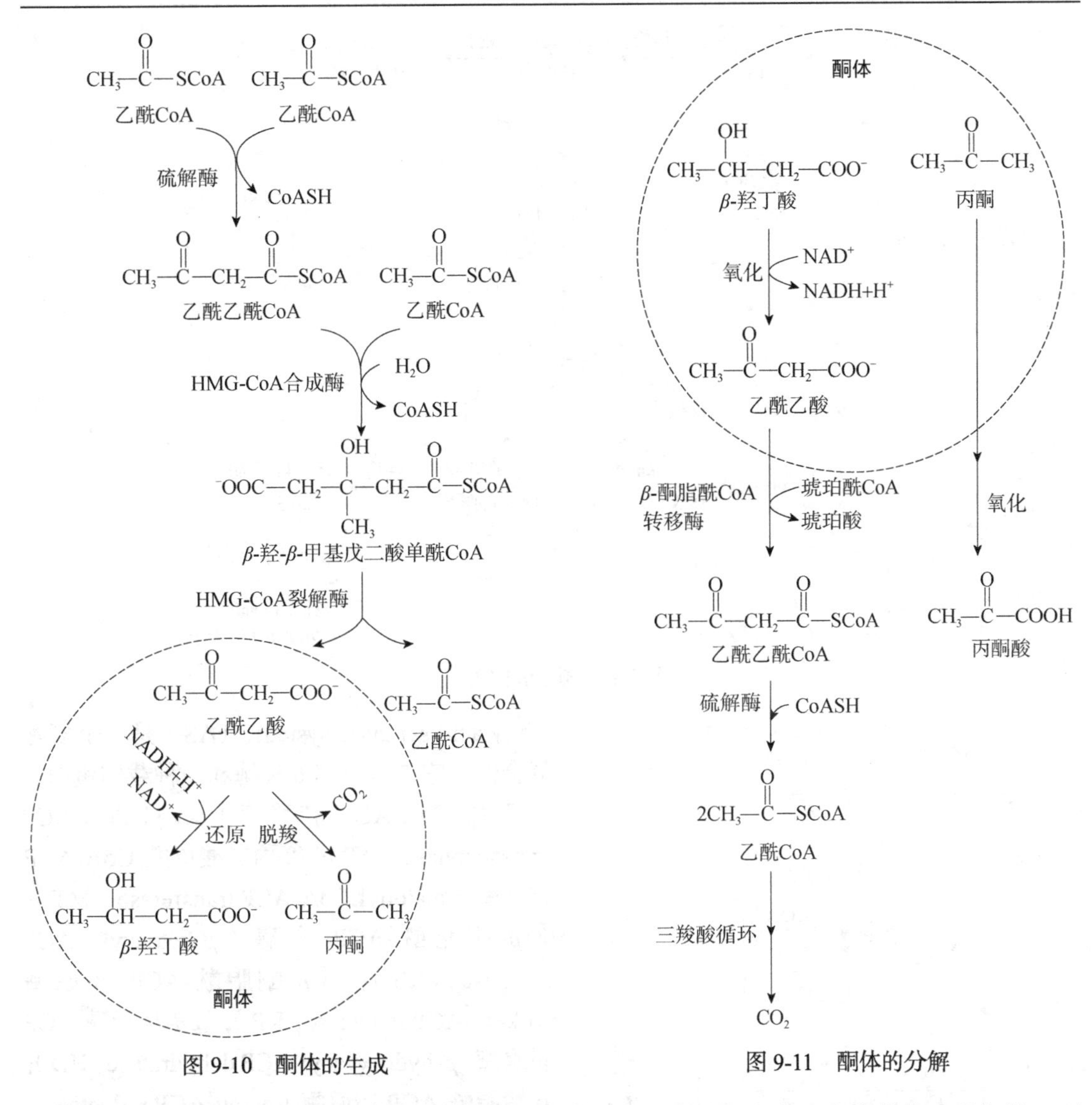

图 9-10　酮体的生成

图 9-11　酮体的分解

β-氧化、丙酮酸氧化脱羧及氨基酸氧化等过程。这些代谢过程大多是在线粒体内进行的，而脂肪酸的合成发生在线粒体外，因此产生的乙酰 CoA 必须转移到线粒体外。乙酰 CoA 不能直接穿过线粒体内膜，需要通过柠檬酸穿梭（citrate suttle）的方式从线粒体基质转运到达细胞质，这是一个耗能的过程（图 9-14）。

2. 丙二酸单酰 CoA 的形成　在脂肪酸的从头合成过程中，脂肪酸链二碳单位的直接供给者并不是乙酰 CoA，而是乙酰 CoA 的羧化产物——丙二酸单酰 CoA（malonyl-CoA）。丙二酸单酰 CoA 是由乙酰 CoA 和 HCO_3^-在乙酰 CoA 羧化酶（acetyl-CoA carboxylase，ACC）的催化下形成的，反应需要消耗 ATP。乙酰 CoA 的羧化为不可逆反应，是脂肪酸合成的限速步骤，故乙酰 CoA 羧化酶的活性控制着脂肪酸合成的速率。

$$\underset{\text{乙酰 CoA}}{CH_3-\overset{\overset{\displaystyle O}{\|}}{C}-SCoA} + HCO_3^- + H^+ \xrightarrow[\text{乙酰 CoA羧化酶}]{ATP \quad ADP+Pi} \underset{\text{丙二酸单酰 CoA}}{HOOC-CH_2-\overset{\overset{\displaystyle O}{\|}}{C}-SCoA}$$

3. 脂肪酸链的合成　生物体内脂肪酸的合成是由脂肪酸合酶所催化的。脂肪酸合酶系统

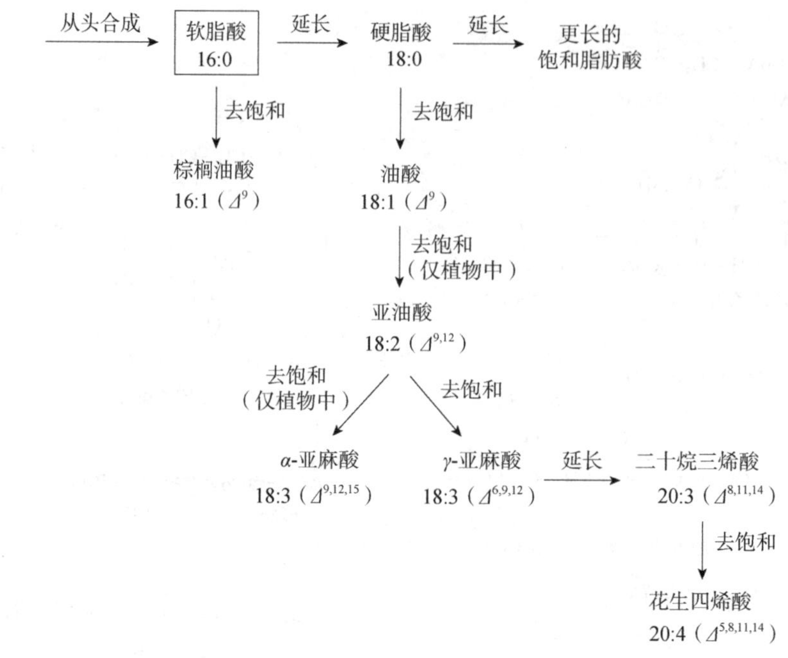

图 9-12　软脂酸的衍生

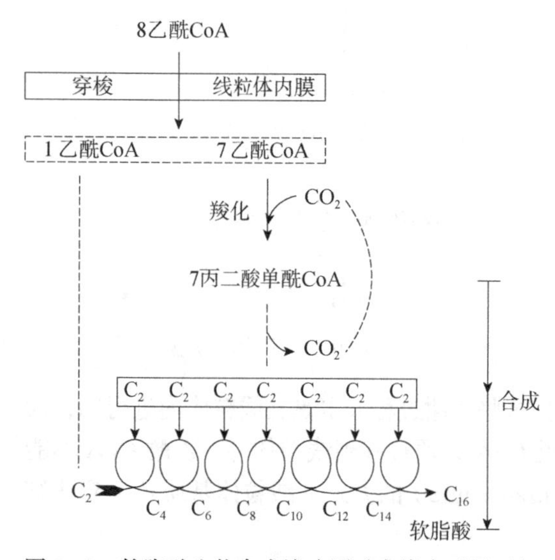

图 9-13　软脂酸生物合成缩略图（虚线表示循环）

（fatty acid synthase system，FAS）是一个多酶复合体，它包含下列 6 种酶和一种载体蛋白：①乙酰 CoA-ACP 转移酶（acetyl-CoA-ACP transacetylase，AT）；②丙二酸单酰 CoA-ACP 转移酶（malonyl-CoA-ACP transferase，MT）；③*β*-酮脂酰-ACP 合酶（*β*-ketoacyl- ACP synthase，KS）；④*β*-酮脂酰-ACP 还原酶（*β*-keto-ACP reductase，KR）；⑤*β*-羟脂酰-ACP 脱水酶（*β*-hydroxyacyl-ACP dehydratase，HD）；⑥烯脂酰-ACP 还原酶（enoyl-ACP reductase，ER）；⑦载体蛋白——酰基载体蛋白（acyl carrier protein，ACP）。

尽管不同生物体内脂肪酸的合成过程相似，但 FAS 的组成却不相同（图 9-15）。在大肠杆菌中，上述 6 种酶以 ACP 为中心，有序地组成多酶复合体。在许多真核生物中，每个单体具有多种酶的催化活性，即一条多肽链上有多个不同催化功能的结构域。酵母的 FAS 中含有 6 条 α 链和 6 条 β 链（$\alpha_6\beta_6$），其中 α 链具有 *β*-酮脂酰-ACP 合酶、*β*-酮脂酰-ACP 还原酶及 ACP 的活性，β 链具有其余几种酶的活性。脊椎动物的 FAS 为含两个相同亚基的二聚体，每个亚基都具有上述 7 种蛋白质及一种硫酯酶（thioesterase），不过只有当它们聚合成二聚体后才有活性。

不同生物体中的 ACP 十分相似。大肠杆菌中的 ACP 是一个由 77 个氨基酸残基组成的热稳定蛋白质，在它的 36 位丝氨酸残基的侧链上，连有 4′-磷酸泛酰巯基乙胺（图 9-16）。ACP 犹如一个转动的手臂，以其末端的巯基携带着脂酰基依次转到各酶的活性中心，发生各种反应（图 9-17A）。除 ACP 上有一个活性巯基外，β-酮脂酰-ACP 合酶上也有一个活性巯基（图 9-17B），这是由该酶多肽链上的一个半胱氨酸残基提供的，它是脂肪酸合成过程中脂酰基的另一个载体。因此，脂肪酸合酶系统上有两种活性巯基用于运载脂肪酸，通常把 ACP 上的叫中央巯基，β-酮脂酰-ACP 合酶上的叫外围巯基。

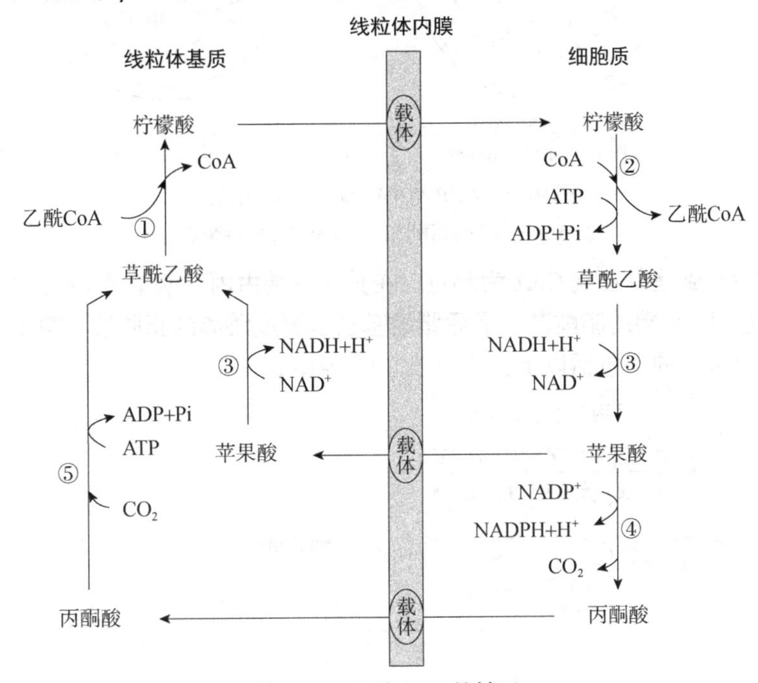

图 9-14 乙酰 CoA 的转运

① 柠檬酸合酶；②柠檬酸裂解酶；③苹果酸脱氢酶；④苹果酸酶；⑤丙酮酸羧化酶

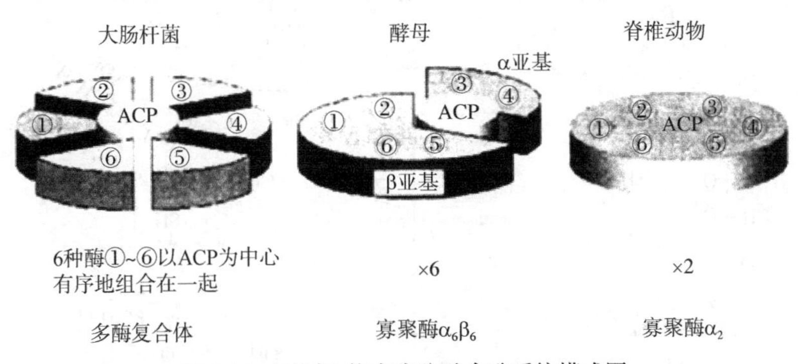

图 9-15 不同生物中脂肪酸合酶系统模式图

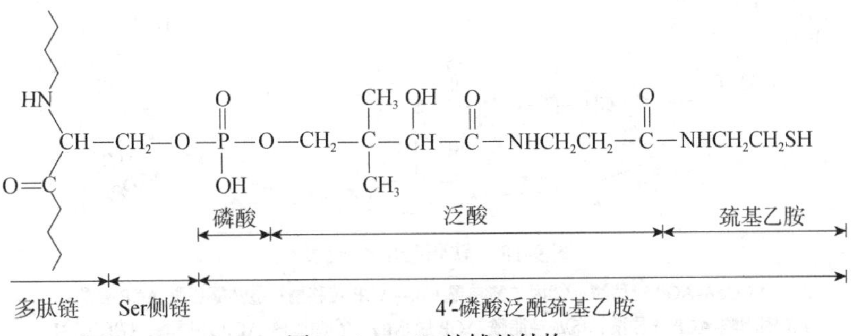

图 9-16 ACP 的辅基结构

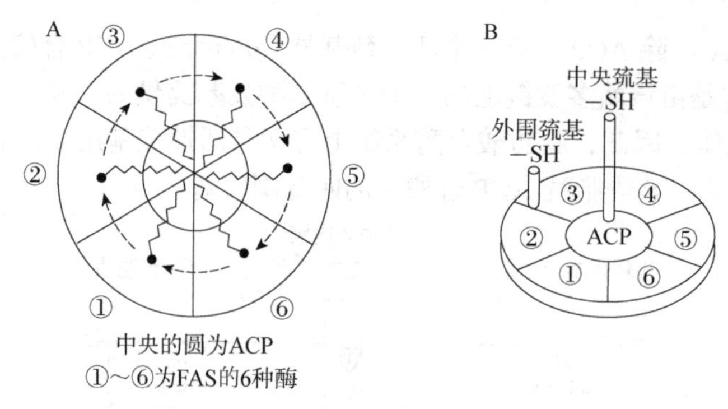

图 9-17　ACP 与 FAS 结构及作用模式

A．ACP 的辅基作用模式；B．FAS 中的活性巯基

脂肪酸链的形成是以乙酰 CoA 为起点，在其羧基端由丙二酸单酰 CoA 逐步添加二碳单位，合成出不超过 16 碳的脂酰基，最后脂酰基被水解成游离的脂肪酸。整个过程都是在脂肪酸合酶系统上进行的，包括以下三个阶段（图 9-18）。

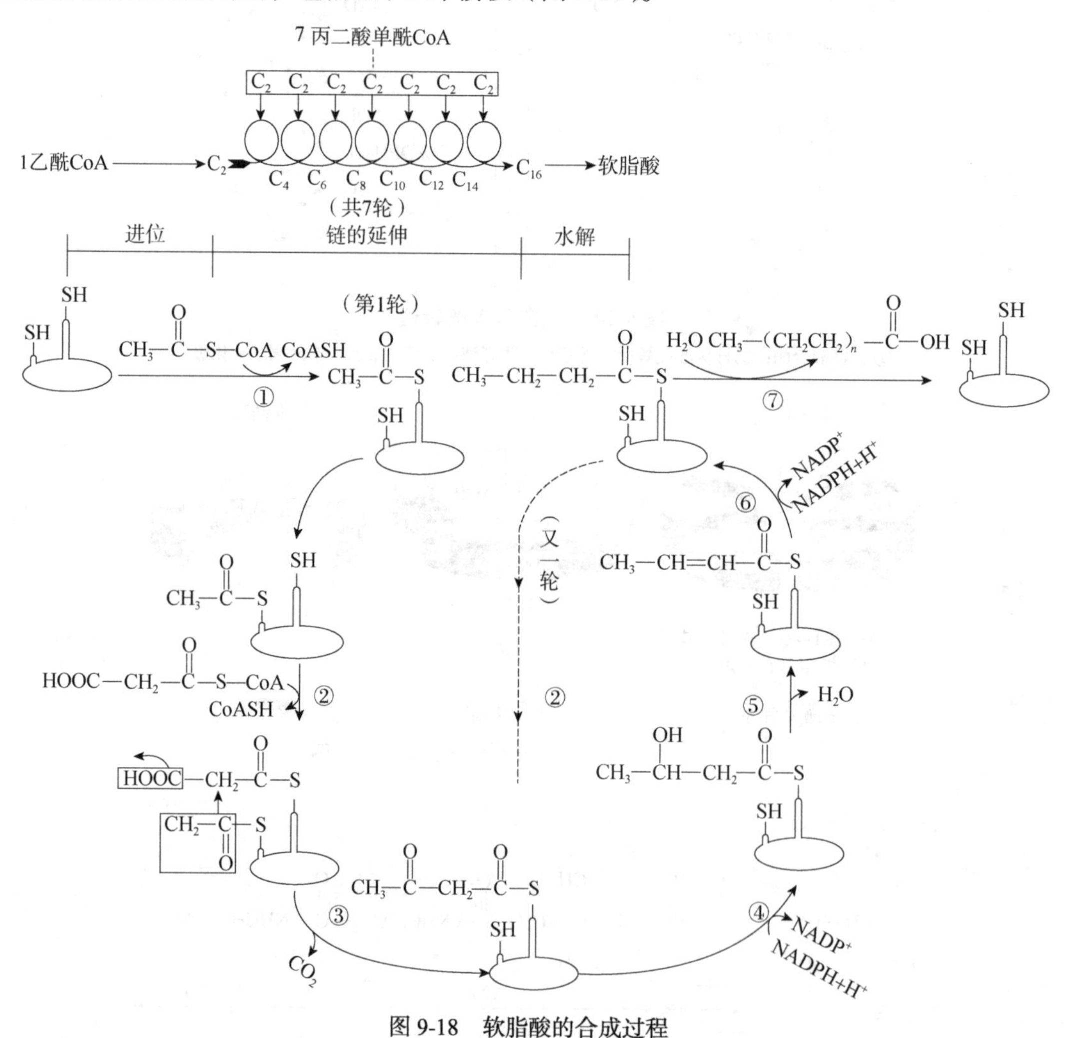

图 9-18　软脂酸的合成过程

①乙酰 CoA-ACP 转移酶；②丙二酸单酰 CoA-ACP 转移酶；③β-酮脂酰-ACP 合酶；④β-酮脂酰-ACP 还原酶；⑤β-羟脂酰-ACP 脱水酶；⑥烯脂酰-ACP 还原酶；⑦硫酯酶

第一阶段：起始，起点（引物）乙酰 CoA 连到 FAS 上。乙酰 CoA 在乙酰 CoA-ACP 转移酶的催化下，乙酰基被转移到中央巯基上。

第二阶段：链的延伸，由丙二酸单酰 CoA 在羧基端添加二碳单位。对于软脂酸的合成，该阶段包含 7 轮反应，每一轮包括以下 6 步。①移位：脂酰基从中央巯基转移到外围巯基上。②进位：丙二酸单酰 CoA 在丙二酸单酰 CoA-ACP 转移酶的催化下，丙二酸单酰基被转移到中央巯基上。③缩合：外围巯基上的脂酰基与中央巯基上的丙二酸单酰基缩合成 β-酮脂酰基连在中央巯基上，同时放出 1 分子 CO_2。反应由 β-酮脂酰-ACP 合酶催化。④还原：β-酮脂酰基在 β-酮脂酰-ACP 还原酶的催化下，其 β 位的羰基被 NADPH 还原成羟基，从而生成 β-羟脂酰基。⑤脱水：β-羟脂酰基在 α、β 碳原子间脱水生成反式-Δ^2-烯脂酰基，反应由 β-羟脂酰-ACP 脱水酶催化。⑥还原：反式-Δ^2-烯脂酰基的双键被 NADPH 还原成单键，反应由烯脂酰-ACP 还原酶催化。

第二阶段包含多轮以上的 6 步酶促反应，每经历一轮，脂肪酸链在羧基端延长一个二碳单位，并消耗 2 分子 NADPH。每一轮的后三步反应（即加氢-脱水-再加氢）可以将连在 ACP 上的 β-羟脂酰基变成脂酰基，这和 β-氧化作用中的三步反应（即脱氢-加水-再脱氢）的性质恰恰相反。值得注意的是，在脂肪酸链合成之前，乙酰 CoA 羧化酶羧化的 CO_2 并没有进入脂肪酸链，而是在缩合反应中被释放了出来。其作用是乙酰 CoA 通过羧化将 ATP 的能量贮存在丙二酸单酰 CoA 中，从而在缩合反应中通过脱羧放能而使反应向正方向即合成的方向进行。

第三阶段：终止，产物脂酰基从 FAS 上水解下来。当中央巯基上的脂酰基延长到一定程度（不超过 16 碳）后，它与 ACP 之间的硫脂键被硫酯酶水解，从而得到游离的脂肪酸。由此可见，脂肪酸合酶系统合成 1 分子软脂酸需要消耗 1 分子乙酰 CoA、7 分子丙二酸单酰 CoA 及 14 分子还原辅酶Ⅱ，同时释放出 7 分子 CO_2。脂肪酸从头合成与脂肪酸 β-氧化的比较见表 9-1。

表 9-1 脂肪酸从头合成与脂肪酸 β-氧化的比较

区别点	饱和脂肪酸从头合成	脂肪酸 β-氧化
细胞内进行部位	动物：细胞质；植物：叶绿体/前质体	线粒体、过氧化物酶体、乙醛酸体
脂酰基载体	ACP、β-酮脂酰-ACP 合酶、CoA	CoA
加入或断裂的二碳单位	丙二酸单酰 CoA	乙酰 CoA
电子供体或受体	NADPH	NAD^+、FAD
β-羟脂酰基的立体异构	D 型	L 型
能量（以软脂酸为例）	消耗 7 个 ATP 及 14 个 NADPH	产生 106 个 ATP
对 HCO_3^-和柠檬酸的需求	需要	不需要
底物的转运	柠檬酸穿梭系统	肉碱转运
链延伸或缩短的方向	从 ω 位到羧基	从羧基端开始

（二）脂肪酸碳链的延长

脂肪酸碳链的延长是以脂酰 CoA 作为起点（引物），通过与从头合成相似的步骤，即缩合、还原、脱水、再还原，逐步在羧基端增加二碳单位。延长过程发生在内质网及动物的线粒体和植物的叶绿体或前质体中。在细胞的不同部位延长的具体方式不甚相同。

1．动物体中脂肪酸链的延长　线粒体中的延长过程：相当于脂肪酸 β-氧化过程的逆转，只是第二次还原反应由还原酶而不是脱氢酶催化，电子载体为 NADPH 而不是 $FADH_2$。

内质网上的延长过程：与从头合成过程相似，只是脂酰基的载体为 CoA 而不是 ACP。

2．脂肪酸链中不饱和键的形成　在生物体内存在大量的各种不饱和脂肪酸，如棕榈油酸（$16:1\Delta^9$）、油酸（$18:1\Delta^9$）、亚油酸（$18:2\Delta^{9,12}$）、亚麻酸（$18:3\Delta^{9,12,15}$）等，它们都是由饱和脂肪酸经去饱和作用而形成的。去饱和作用有需氧和厌氧两条途径，前者主要存在于真核生物中，后者存在于厌氧微生物中。

（1）*需氧途径*　该途径由去饱和酶系催化，需要 O_2 和 NADPH 的共同参与。去饱和酶系由去饱和酶（desaturase）及一系列的电子传递体组成。在该途径中，一分子氧接受来自去饱和酶的两对电子而生成两分子水，其中一对电子是通过电子传递体从 NADPH 获得的，另一对则是从脂酰基获得的。结果 NADPH 被氧化成 $NADP^+$，脂酰基的特定部位被氧化形成双键（图 9-19）。

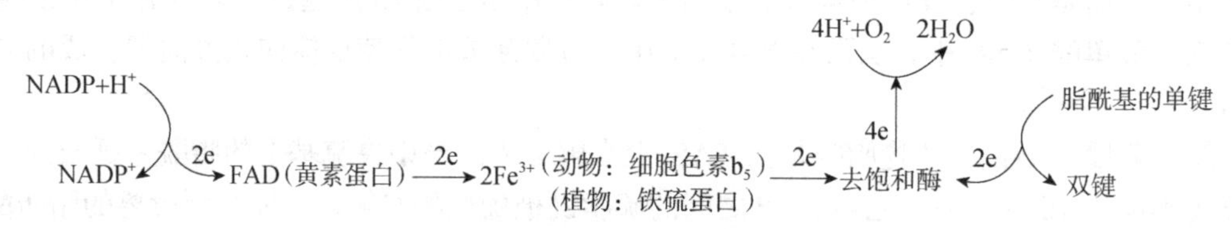

图 9-19　脂肪酸去饱和酶系的作用方式

动物和植物体内的去饱和酶系略有不同，前者结合在内质网膜上，以脂酰 CoA 为底物；后者游离在细胞质中，以脂酰-ACP 为底物。此外，两者的电子传递体的组成也略有差别，动物体内细胞色素 b_5 的功能在植物体内由铁硫蛋白行使。去饱和作用一般首先发生在饱和脂肪酸的 9、10 位碳原子上，生成单不饱和脂肪酸，如棕榈油酸、油酸。接下来，对于动物，尤其是哺乳动物，从该双键的羧基端继续去饱和形成多不饱和脂肪酸；而植物则是从该双键向脂肪酸的甲基端继续去饱和生成如亚油酸、亚麻酸等多不饱和脂肪酸。此外，植物并不通过上述这条需氧途径，而是在内质网膜上由单不饱和脂肪酸以磷脂或甘油糖脂的形式继续去饱和，它也是一个需氧的过程。

由于动物不能合成亚油酸和亚麻酸，而这两种不饱和脂肪酸对维持其正常生长又十分重要，因此必须从食物中获得，它们对人类和哺乳动物是必需脂肪酸。动物通过去饱和作用和延长脂肪酸碳链的过程将它们转变为二十碳四烯酸。

（2）*厌氧途径*　厌氧途径是厌氧微生物合成单不饱和脂肪酸的方式。这一过程发生在脂肪酸从头合成的过程中。当 FAS 系统从头合成到 10 个碳的羟脂酰-ACP（β-羟癸酰-ACP）时，接下来的脱水作用不是由 β-羟脂酰-ACP 脱水酶催化发生在 α、β 位之间，而是由另一专一性的 β-羟癸酰-ACP 脱水酶催化发生在 β、γ 位之间，生成 β,γ-烯癸酰-ACP，然后不再进行烯癸酰-ACP 的还原反应，而是继续掺入二碳单位，进行从头合成的反应过程。这样就可产生碳链长短不同的单不饱和脂肪酸。厌氧途径只能生成单不饱和脂肪酸，因此厌氧微生物中不存在多不饱和脂肪酸。

（三）脂肪酸合成的调节

乙酰 CoA 羧化酶是脂肪酸合成的限速酶，该酶的活性控制着脂肪酸合成的速率。

1. 乙酰 CoA 羧化酶的别构调控 乙酰 CoA 羧化酶为变构酶。在动物体中，柠檬酸是该酶的正变构剂，能加速脂肪酸的合成；而软脂酰 CoA 则是该酶的负变构剂，能抑制脂肪酸的合成。

当细胞处于高能荷状态时，线粒体中乙酰 CoA 和 ATP 含量丰富，可抑制三羧酸循环中异柠檬酸脱氢酶的活性，使柠檬酸浓度升高。进入细胞质的柠檬酸一方面可促进乙酰 CoA 的羧化，另一方面可裂解成乙酰 CoA 而参与乙酰 CoA 的穿梭过程。这些都加速了脂肪酸的合成。

当细胞含有过量的脂肪酸时，软脂酰 CoA 不但抑制了乙酰 CoA 羧化酶的活性，而且抑制柠檬酸从线粒体基质到细胞质的转移，抑制葡萄糖-6-磷酸脱氢酶产生脂肪酸合成所需的还原剂 NADPH，以及抑制柠檬酸合酶产生柠檬酸从而导致脂肪酸合成的抑制。

从以上的调节效应可以看出，当生物体内糖含量高而脂肪酸含量低时，脂肪酸的合成最为有利。

2. 乙酰 CoA 羧化酶的共价修饰调节 乙酰 CoA 羧化酶的某些丝氨酸残基上可以共价连上磷酸基团。这种磷酸基团的共价修饰可以改变酶的活性——当酶分子上连有磷酸基团后，酶处于失活态（图 9-20）。

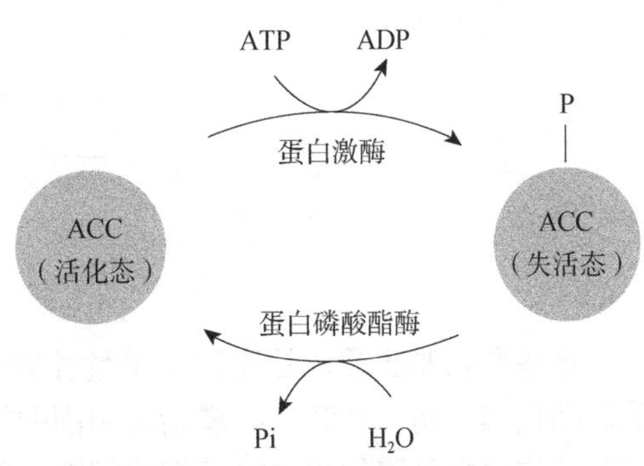

图 9-20 乙酰 CoA 羧化酶的共价修饰调节

由图 9-20 可以看到，乙酰 CoA 羧化酶的活性受到蛋白激酶及蛋白磷酸酯酶活性的影响。在动物体中，后两种酶的活性又间接地受到一些激素，如胰高血糖素、肾上腺素、胰岛素等的调节。由此，这些激素通过影响乙酰 CoA 羧化酶的磷酸化来控制体内脂肪酸的生物合成。

第二节 脂肪代谢

一、脂肪的分解代谢

三酰甘油是生物体中重要的贮存脂质，作为其组分的脂肪酸分子的长链基本上为高度还原的碳氢结构，完全氧化时所释放出的能量为同样质量的糖类或蛋白质所释放出的能量的 2 倍多。此外，脂质在水溶液中高度不溶，三酰甘油在细胞中聚集形成脂肪小粒而不会被溶剂化，相对于多糖（贮存的多糖中，溶剂化水占到总贮存分子质量的 2/3），三酰甘油可以在细胞中大量贮备，因此三酰甘油是高效的燃料分子和理想的能量贮存物质。在糖原供应不足时，动物体可以从食物中获取脂肪或动用机体的贮存脂肪来提供能量，贮存脂质也是冬眠动物和迁徙鸟类的唯一能量来源，高等植物在种子萌发过程中也动用贮存在种子中的脂肪，但并不依赖脂肪获取能量。

当血液中血糖浓度较低时，机体会分泌肾上腺素和胰高血糖素，这两种激素会激活脂肪细胞质膜中的腺苷酸环化酶，从而产生细胞内的第二信使——环腺苷酸（cAMP），cAMP 依赖的蛋白质激酶被激活并使得激素敏感型三酰甘油脂肪酶发生磷酸化，磷酸化的三酰甘油脂肪酶具有活性从而将脂肪逐步水解为游离的脂肪酸和甘油并被释放进入血液，各自被其他组织氧化利用，这一过程也称为脂肪的动员。

在动物的十二指肠中，三酰甘油首先由 α-酯酶（即三酰甘油脂肪酶和二酰甘油脂肪酶）经两次水解作用释放 2 分子脂肪酸，先后生成 α,β-二酰甘油和 β-单酰甘油，然后由 β-酯酶（即单酰甘油脂肪酶）水解释放出第三个脂肪酸生成甘油（图 9-21）。在植物油料种子萌发时，贮藏在种子内的脂肪也有类似的水解作用。

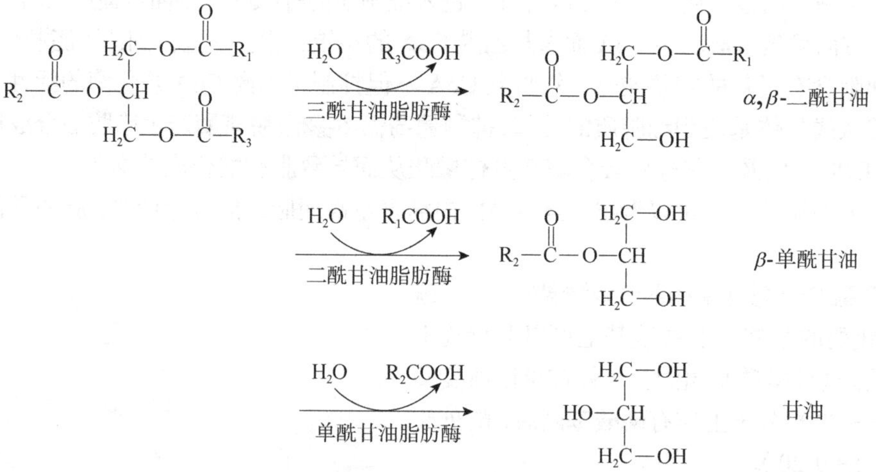

$$\text{三酰甘油} \xrightarrow[\text{三酰甘油脂肪酶}]{H_2O \quad R_3COOH} \alpha,\beta\text{-二酰甘油}$$

$$\xrightarrow[\text{二酰甘油脂肪酶}]{H_2O \quad R_1COOH} \beta\text{-单酰甘油}$$

$$\xrightarrow[\text{单酰甘油脂肪酶}]{H_2O \quad R_2COOH} \text{甘油}$$

图 9-21　三酰甘油的水解

水解产物脂肪酸、甘油和 β-单酰甘油等在胆酸的帮助下可经扩散作用进入长黏膜细胞，重新酯化成脂肪，并和一些磷脂与胆固醇混合在一起，由脂蛋白外壳包裹，形成乳糜微粒，经胞吐作用由黏膜细胞分泌至细胞间隙，再经淋巴系统进入血液。小分子的脂肪酸（C_6～C_{10}）可不经酯化而直接渗入血液。

脂肪的水解产物甘油是联系脂肪代谢和糖代谢的重要化合物。甘油可在甘油激酶的催化下消耗磷酸酸化生成甘油-3-磷酸，后者在磷酸甘油脱氢酶的作用下生成磷酸二羟丙酮，其反应如下。

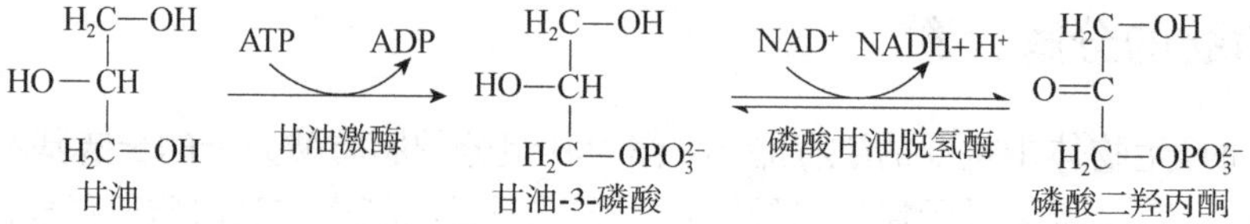

$$\text{甘油} \xrightarrow[\text{甘油激酶}]{ATP \quad ADP} \text{甘油-3-磷酸}\ (H_2C-OPO_3^{2-}) \underset{\text{磷酸甘油脱氢酶}}{\overset{NAD^+ \quad NADH+H^+}{\rightleftharpoons}} \text{磷酸二羟丙酮}$$

磷酸二羟丙酮是糖酵解途径的中间产物，可通过糖酵解途径生成丙酮酸，在有氧条件下，丙酮酸可进一步氧化成乙酰 CoA，其进入三羧酸循环并彻底氧化成 CO_2 和 H_2O，1mol 甘油彻底氧化可净生成 22mol ATP；在缺氧条件下，丙酮酸在乳酸脱氢酶的作用下生成乳酸，也可经过糖异生途径合成葡萄糖。

二、脂肪的合成代谢

合成三酰甘油即脂肪的原料是甘油-3-磷酸和脂酰 CoA，且由甘油-3-磷酸逐步与 3 分子脂酰 CoA 缩合生成的。三酰甘油的合成过程见图 9-22。

（1）**磷脂酸的生成**　甘油-3-磷酸先后与 2 分子脂酰 CoA 缩合形成磷脂酸，反应由磷酸甘油脂酰转移酶催化。

（2）**二酰甘油的生成**　磷脂酸在磷酸酶的催化下脱去磷酸生成二酰甘油。

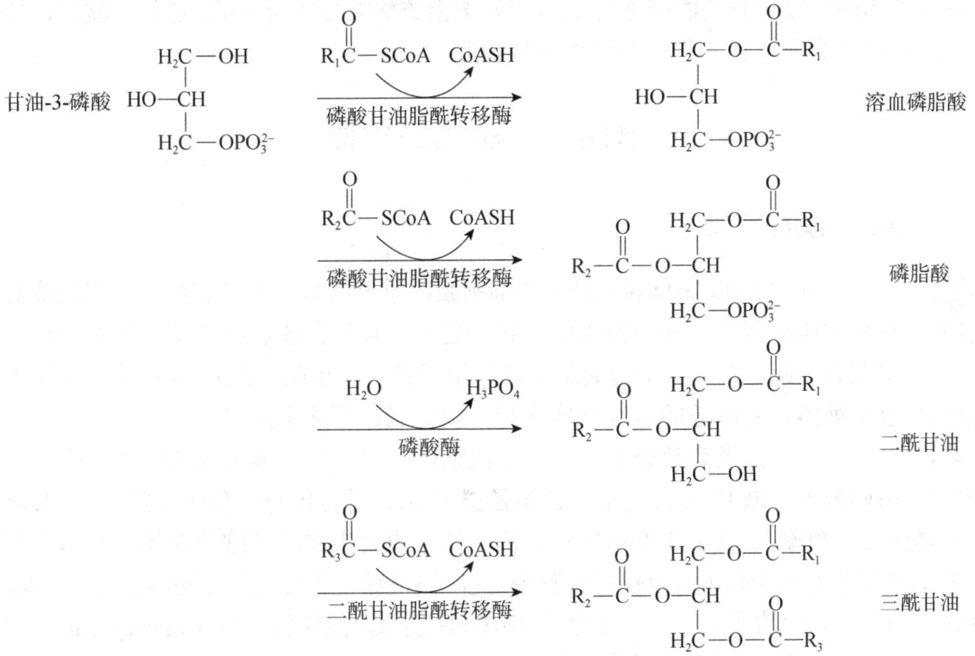

甘油-3-磷酸（H_2C-OH / $HO-CH$ / $H_2C-OPO_3^{2-}$） + $R_1C(=O)-SCoA$ → $CoASH$（磷酸甘油脂酰转移酶） → 溶血磷脂酸（$H_2C-O-C(=O)-R_1$ / $HO-CH$ / $H_2C-OPO_3^{2-}$）

溶血磷脂酸 + $R_2C(=O)-SCoA$ → $CoASH$（磷酸甘油脂酰转移酶） → 磷脂酸（$H_2C-O-C(=O)-R_1$ / $R_2-C(=O)-O-CH$ / $H_2C-OPO_3^{2-}$）

磷脂酸 + H_2O → H_3PO_4（磷酸酶） → 二酰甘油（$H_2C-O-C(=O)-R_1$ / $R_2-C(=O)-O-CH$ / H_2C-OH）

二酰甘油 + $R_3C(=O)-SCoA$ → $CoASH$（二酰甘油脂酰转移酶） → 三酰甘油（$H_2C-O-C(=O)-R_1$ / $R_2-C(=O)-O-CH$ / $H_2C-O-C(=O)-R_3$）

图 9-22　三酰甘油的合成

（3）**三酰甘油的生成**　二酰甘油与 1 分子脂酰 CoA 缩合形成三酰甘油，反应由二酰甘油脂酰转移酶催化。

第三节　磷 脂 代 谢

磷脂是生物膜的主要成分，由于膜处于不断的代谢变化之中，因此磷脂在细胞内比脂肪有更高的代谢速率，不断地进行着合成与分解的代谢。本节主要以甘油磷脂为代表介绍磷脂的代谢。和三酰甘油一样，甘油磷脂的降解也是先经水解生成甘油、脂肪酸、磷酸及氨基醇，然后水解产物按各自不同的途径进一步分解或转化。

现以卵磷脂为例介绍水解的过程。卵磷脂中有 4 个酯键，需要经过多步水解反应。

1）第一步水解反应由磷脂酶（phospholipase）催化。已发现的磷脂酶有 4 种，分别为磷脂酶 A_1、磷脂酶 A_2、磷脂酶 C 和磷脂酶 D。它们对磷脂水解的部位不一样（图 9-23），因而产物也不一样。磷脂酶 A_1 广泛分布于动物细胞内；磷脂酶 A_2 存在于蛇毒、蝎毒和蜂毒中；磷脂酶 C 存在于动物脑、蛇毒和细菌毒素中；磷脂酶 D 主要存在于高等植物中。磷脂酶 A_1 或磷脂酶 A_2 作用于卵磷脂，结果水解掉一个脂肪酸，生成溶血卵磷脂。

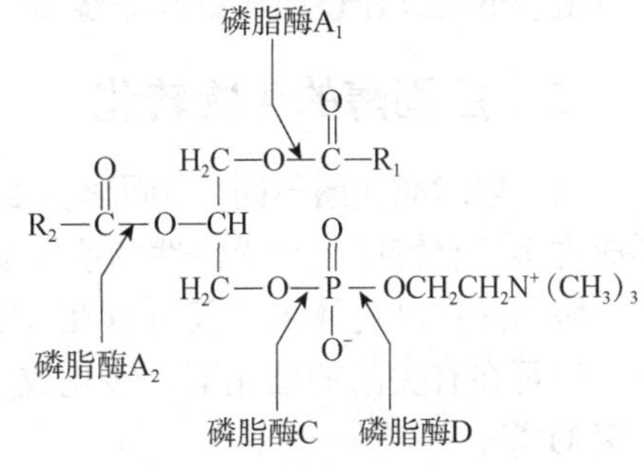

图 9-23　水解卵磷脂的 4 种酶

2）溶血卵磷脂在溶血卵磷脂酶（lysophospholipase）的作用下，再水解掉一个脂肪酸，生成甘油-3-磷酸胆碱。

3）由以上水解酶催化生成的甘油-3-磷酸胆碱、磷脂酸、二酰甘油等物质，在磷酯酶（phosphoesterase）、脂肪酶等的作用下进一步水解，最终生成脂肪酸、甘油、磷酸及胆碱。

甘油磷脂的合成首先是由磷酸甘油与两分子脂肪酸缩合成磷脂酸，这与三酰甘油的合成相似。然后以此为前体加上各种基团而形成磷脂。

第四节　胆固醇代谢

一、胆固醇的合成

知识窗 9-1

知识窗 9-2

胆固醇（cholesterol）是动物细胞膜的重要组分，也是脂蛋白的组成成分。动物体内胆固醇可以来自摄入的食物，也可以自身合成。哺乳动物几乎所有的组织都能合成胆固醇，其中合成最活跃的组织是肝和小肠，乙酰 CoA 是合成胆固醇的直接前体，胆固醇的生物合成途径可以分成以下 4 个阶段。

（1）*甲羟戊酸的合成*　此阶段前两步反应与酮体合成前两步反应相同，先由两分子乙酰 CoA 缩合形成乙酰乙酰 CoA，后者再与一分子乙酰 CoA 缩合成 β-羟-β-甲基戊二酸单酰 CoA（HMG-CoA）。但酮体合成发生在肝细胞线粒体，而胆固醇合成发生在肝细胞或其他组织细胞的胞质溶胶中。此阶段最后一步反应是不可逆反应，HMG-CoA 在 HMG-CoA 还原酶的作用下，被 2 分子 NADPH 还原形成甲羟戊酸（mevalonate，MVA），此反应也是胆固醇反应的限速步骤（图 9-24A）。

（2）*甲羟戊酸生成异戊烯醇焦磷酸酯*　MVA 在有关激酶的催化下，经两次磷酸化生成 5-焦磷酸 MVA。它不稳定，在脱羧酶作用下脱羧形成异戊烯醇焦磷酸酯（IPP）。IPP 不仅是合成胆固醇的活泼前体，也是植物合成萜类物质、昆虫合成保幼激素和蜕皮激素等的活泼前体（图 9-24B）。

（3）*由 6 分子 IPP 缩合成 1 分子鲨烯（squalene）*　一分子 IPP 先异构成 3,3-二甲基丙烯焦磷酸酯（DPP），然后与两分子 IPP 逐一进行头尾缩合，先后生成牻牛儿焦磷酸酯（GPP）和法尼焦磷酸酯（FPP）。两分子 FPP 尾尾缩合并被 NADPH 还原脱去两分子焦磷酸生成鲨烯（图 9-25）。

（4）*由鲨烯生成胆固醇*　鲨烯首先在 2、3 位上环氧化生成 2,3-环氧鲨烯；然后整条长链环化形成羊毛固醇。羊毛固醇经三次脱甲基，双键从 7、8 位至 5、6 位的移动，以及侧链双键被 NADPH 还原成单键等步步反应，最终形成胆固醇（图 9-26）。

二、胆固醇的生物转化

与一般脂质代谢不同，胆固醇在细胞内不会氧化分解为 CO_2 和 H_2O，而是通过生物转化形成许多具有特殊生物学活性的前体物质。

胆固醇在动物体内不仅可以在 C3 的羟基上接受脂酰 CoA 的脂酰基而酯化成胆固醇脂，还可在有关酶的催化下，转化成具有重要生理功能的物质，如胆酸、类固醇激素、维生素 D 等。

（1）*转化为胆酸及其衍生物*　胆固醇在羟化酶及脱氢酶的催化下，在 C7、C12 位上发生羟基化，侧链 C24 位氧化成羧酸，从而转变为胆酸。胆酸在消耗 ATP 的条件下可形成胆

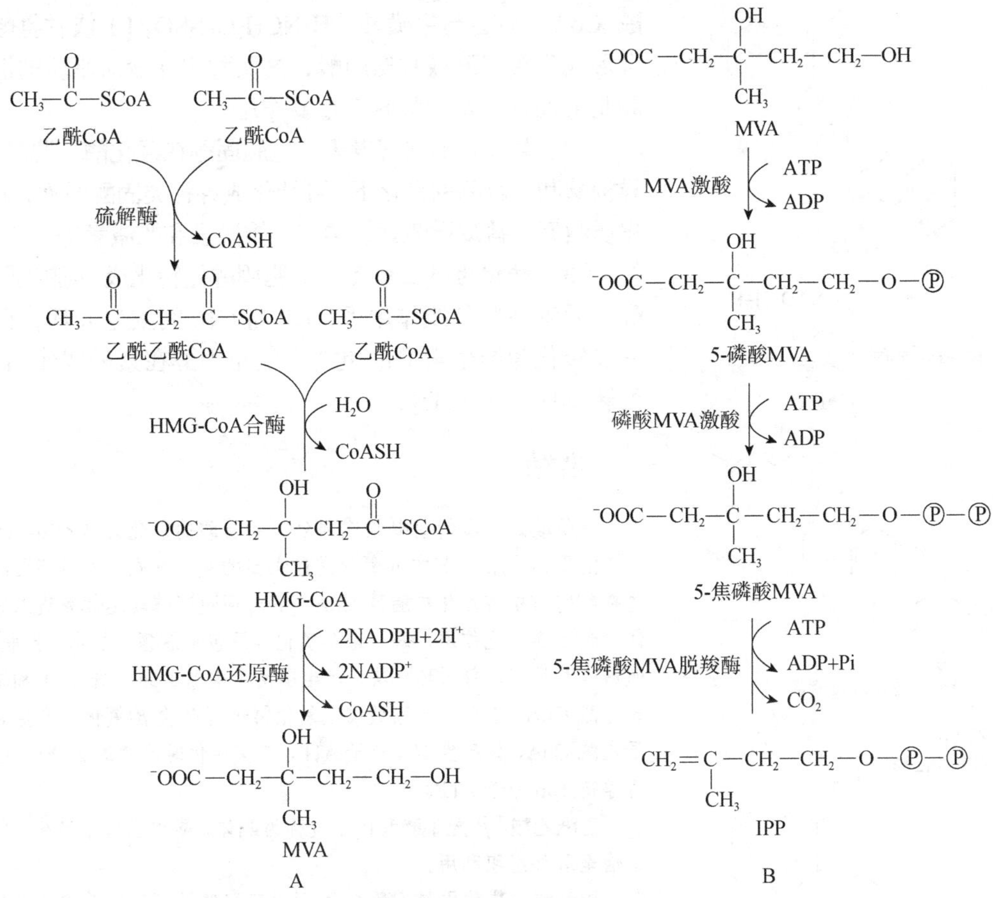

乙酰CoA　乙酰CoA

硫解酶

CoASH

乙酰乙酰CoA　乙酰CoA

HMG-CoA合酶

H_2O

CoASH

HMG-CoA

HMG-CoA还原酶

$2NADPH+2H^+$

$2NADP^+$

CoASH

MVA

A

MVA

MVA激酸

ATP

ADP

5-磷酸MVA

磷酸MVA激酸

ATP

ADP

5-焦磷酸MVA

5-焦磷酸MVA脱羧酶

ATP

ADP+Pi

CO_2

IPP

B

图 9-24　胆固醇生物合成的第一阶段（A）和第二阶段（B）

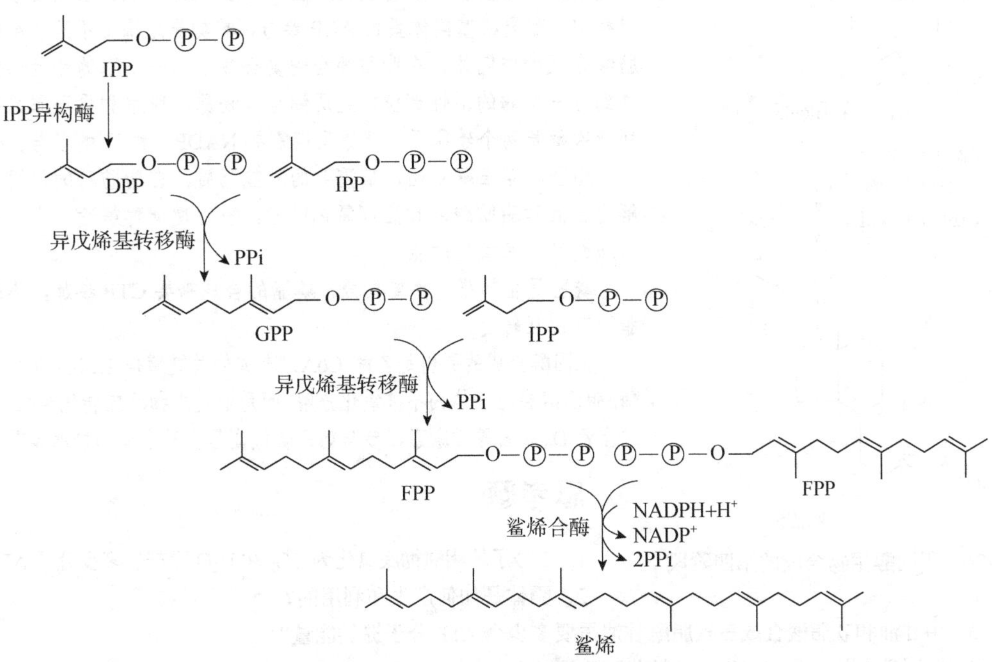

IPP

IPP异构酶

DPP　IPP

异戊烯基转移酶

PPi

GPP　IPP

异戊烯基转移酶

PPi

FPP　FPP

鲨烯合酶

$NADPH+H^+$

$NADP^+$

2PPi

鲨烯

图 9-25　胆固醇生物合成的第三阶段

酰 CoA，后者与牛磺酸（$H_2NCH_2CH_2SO_3H$）或甘氨酸缩合形成牛黄胆酸或甘氨胆酸，这两种胆汁盐对脂质的消化和脂溶性维生素的吸收有重要作用。

（2）转化为类固醇激素　胆固醇在羟化酶、脱氢酶、异构酶和裂解酶的催化下，可转化成各种类固醇激素，如糖皮质激素、盐皮质激素、孕酮、雄激素和雌激素等。

（3）转化为维生素 D　胆固醇先转化成 7-脱氢胆固醇，后者在紫外线作用下，C9 与 C10 间发生开环，再进一步转化为维生素 D_3。此外，麦角固醇在紫外线作用下，可转变成维生素 D_2。

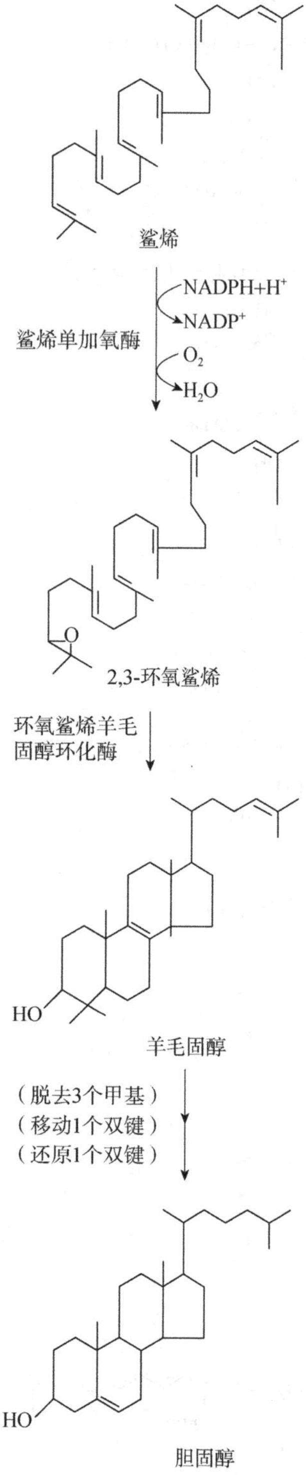

鲨烯

鲨烯单加氧酶　$NADPH+H^+$ → $NADP^+$；O_2 → H_2O

2,3-环氧鲨烯

环氧鲨烯羊毛固醇环化酶

HO　羊毛固醇

（脱去3个甲基）
（移动1个双键）
（还原1个双键）

HO　胆固醇

图 9-26　胆固醇生物合成的第四阶段

小结

脂肪酸是脂质的重要组成部分。脂肪酸的氧化方式有 α-氧化、β-氧化及 ω-氧化，其中 β-氧化是最主要的氧化方式。长链脂肪酸首先在细胞质中被活化成脂酰 CoA，后者通过肉碱转运体系进入线粒体，进行 β-氧化作用，每一轮 β-氧化作用包括脱氢、加水、再脱氢、硫解 4 步反应，每循环一次，产生少两个碳原子的脂酰 CoA 和 1 分子乙酰 CoA。1 分子软脂酸彻底氧化需进行 7 次 β-氧化，产生 8 分子乙酰 CoA，共产生 108 分子 ATP，减去活化时消耗的 2 分子 ATP，可净得 106 分子 ATP。

乙酰乙酸、β-羟丁酸和丙酮统称为酮体，酮体在肝中产生，但需运输至肝外组织利用。

脂肪酸合成的原料乙酰 CoA 通过三羧酸循环转运系统从线粒体转运至细胞质基质。经过羧化产生丙二酸单酰 CoA。在脂肪酸合成过程中，需要酰基载体蛋白 ACP 参与，其功能是携带不同长度的脂肪酸合成的中间体，在脂肪酸合酶复合物上从一个酶的活性部位转移到另一个酶的活性部位，经历缩合、还原、脱水和再还原，每循环一次延长两个碳原子，还原反应需要 NADPH 和 H^+的参与。

脂肪，即三酰甘油，是重要的贮能物质，在脂肪酶的作用下水解为甘油和脂肪酸。甘油可氧化供能，也可逆糖酵解途径生成糖，脂肪酸可彻底氧化供能。

磷脂是生物膜的重要成分，磷脂的合成需要 CTP 参加，不同磷脂间可相互转变。

胆固醇合成的原料是乙酰 CoA，合成的关键酶是 HMG-CoA 还原酶。胆固醇在生物体内不被氧化分解，而是通过生物反应转化为胆酸盐、维生素 D_3和固醇类激素，参与钙、磷代谢等多种生理功能的调节。

思考题

1．1 分子软脂酸彻底氧化为 CO_2 和 H_2O 净产生多少分子 ATP？

2．酮体是如何产生和利用的？

3．由甘油和软脂酸合成三软脂酰甘油需要多少个 ATP 分子提供能量？

4．胆固醇在体内是如何生成、转化和排泄的？

第十章　蛋白质降解与氨基酸代谢

组成细胞的蛋白质不如细胞本身稳定，旧有蛋白质不断分解，产生的氨基酸可被再利用，成为合成新蛋白质的原料，也可以进一步氧化供能。体内蛋白质不断降解，又不断合成，二者处于动态平衡中。食物蛋白质经消化吸收转变的氨基酸（外源性氨基酸）与体内组织蛋白质降解产生的氨基酸（内源性氨基酸）混合在一起，分布于体内各处参与代谢，称为氨基酸代谢库（metabolic pool）。

大多数生物氨基酸有共同的分解代谢途径，包括脱氨基作用和脱羧基作用。本章重点介绍脱氨基作用的方式和产物的代谢去路，以及某些氨基酸代谢产生的一碳单位及载体。氨基酸合成代谢极为繁杂，本书仅做简单介绍。

第一节　蛋白质的降解与周转

一、蛋白质的消化与吸收

人和其他动物体细胞的原生质、细胞膜及细胞间质主要由蛋白质组成。膳食可以为人和其他动物提供各类蛋白质，以满足机体组织生长的需要，并使机体内原有的蛋白质得到不断的更新，但膳食中的蛋白质首先要在消化道中水解为氨基酸后才能够被机体吸收和利用。

食物在消化道中的降解过程是一系列复杂的酶解过程。唾液中没有消化蛋白质的酶，食物蛋白质的消化由胃开始。食物进入胃后，使胃分泌胃泌素，后者可刺激胃腺的腔壁细胞分泌胃酸（pH1.5～2.5），同时刺激主细胞分泌胃蛋白酶原，胃蛋白酶原可自我催化转变为有活性的胃蛋白酶，食物蛋白质在胃酸环境下变性松散，并经过胃蛋白酶的作用转变为较小的多肽，后随食糜流入小肠。

小肠在胃酸的刺激下分泌促胰液肽进入血液，刺激胰腺分泌碳酸进入小肠中和胃酸，同时十二指肠在食物中氨基酸的刺激下可分泌多种酶原，包括胰蛋白酶原、糜蛋白酶原、弹性蛋白酶原和羧肽酶原（羧肽酶A、羧肽酶B）等。这些酶以酶原形式分泌，以免破坏产生酶原的自身组织，但酶原分泌至肠腔后马上被激活，激活作用首先由胰蛋白酶开始，胰蛋白酶原在小肠中肠激酶的特异性作用下生成有活性的胰蛋白酶，胰蛋白酶可再催化激活其他胰酶酶原（图10-1）。

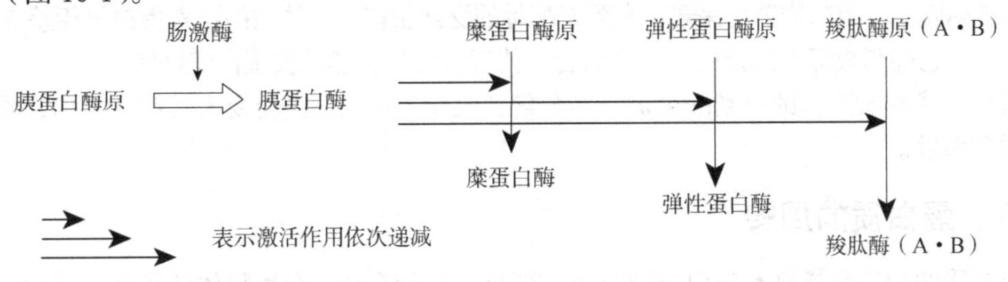

图10-1　胰液中4种蛋白酶原的激活作用

食物蛋白质的小分子多肽在胰蛋白酶、糜蛋白酶及弹性蛋白酶的作用下水解成更短的肽，短肽可由羧肽酶从肽的羧基端进一步消化。羧肽酶有羧肽酶 A 和羧肽酶 B 两种，前者主要水解由各种中性氨基酸为羧基端构成的肽键，羧肽酶 B 主要水解由赖氨酸、精氨酸等碱性氨基酸为羧基端构成的肽键。

蛋白质经胃液及小肠胰液中各种蛋白酶水解后，其产物大部分为寡肽（二至十肽）和少量的氨基酸。寡肽再经小肠黏膜细胞刷状边缘及细胞中氨肽酶和二肽酶的作用进一步水解。氨肽酶从氨基端逐渐水解寡肽生成二肽，二肽可经二肽酶水解，最后生成氨基酸。

食物蛋白质经过消化道中上述多种蛋白酶的联合作用，最终可被降解为氨基酸的混合物。

在少数特殊的情况下，如蛋白酶受到抑制或消化液中蛋白酶浓度低时，少量蛋白质也会被直接吸收进入血液，这可能就是有时食物蛋白质发生过敏的原因。

凡能利用蛋白质的微生物也像人或其他动物一样能分泌出蛋白酶。蛋白酶将培养基中的蛋白质分解为氨基酸，吸收到细胞里。栖土曲霉、枯草杆菌能分泌大量蛋白酶，工业上采用这些菌种进行培养，制备蛋白酶制剂。

高等植物体中也含有蛋白酶类，种子和幼苗内都含有活性蛋白酶类，植物在生长和种子萌发时，部分蛋白质也需要水解成氨基酸才能被利用或转变为其他物质。

二、蛋白质的降解

（一）蛋白质的半衰期

蛋白质在细胞中是有寿命的。蛋白质的降解是指蛋白质在酶的作用下，肽键发生水解生成氨基酸的过程。体内蛋白质处于不断降解和合成的动态平衡。一般将 50%的蛋白质降解所需要的时间称为蛋白质的半衰期（$t_{1/2}$），它代表蛋白质的稳定性。不同蛋白质的半衰期不同，从若干分钟到若干天，人血浆蛋白质的 $t_{1/2}$ 约为 10 天，肝的 $t_{1/2}$ 为 1～8 天，结缔组织蛋白的 $t_{1/2}$ 约为 180 天，许多关键性调节酶的 $t_{1/2}$ 均很短。一般来说，起调节作用的蛋白质，如与代谢的控制点有关的蛋白质，半衰期短；而“看家作用”的蛋白质则半衰期长。细胞内特定蛋白质的降解像放射性核衰变一样服从动力学一级反应，因而降解速度一般由蛋白质的半衰期来决定。

（二）真核细胞中蛋白质的降解途径

知识窗 10-1

真核细胞中蛋白质的降解有两条途径：一条是不依赖 ATP 的降解途径，在溶酶体中进行，主要降解外源蛋白、膜蛋白及长寿命的胞内蛋白质。另一条是依赖 ATP 和泛素的降解途径，在胞质中进行，主要降解异常蛋白和短寿命蛋白，此途径在不含溶酶体的红细胞中尤为重要。泛素是一种 8.5kDa（76AA 残基）的小分子蛋白质，普遍存在于真核细胞内。一级结构高度保守，来源于酵母的泛素蛋白与人体内的泛素蛋白只相差 3 个氨基酸残基。它能与被降解的蛋白质共价结合，使后者活化，然后被蛋白酶降解。

蛋白质降解所产生的氨基酸可进一步分解，或作为能源，或转变为其他含氮物，或合成蛋白质和多肽。

三、蛋白质的周转

蛋白质的周转是指已有蛋白质的降解和新蛋白质的合成。在生物体的代谢过程中，蛋白质的周转使各种蛋白质得到自我更新，也使细胞中的蛋白质组分得到周转，这对机体的新组织、细胞形成及机体生长发育具有十分重要的意义。

任何蛋白质的浓度水平可通过它的合成速度和降解速度之间的平衡来确定，因此不同蛋白质降解速度上所固有的差异对酶水平调节来说具有重要意义。蛋白质降解的快速度可确保在酶的合成速度降低时，其浓度也可十分迅速地下降。换言之，当它的合成增强时，短寿命蛋白质的浓度特别快地上升到新的恒态水平。

在动物和细菌细胞中，细胞内蛋白质分解的一个十分重要的功能是，使有机体防备构象高度异常的多肽在细胞内积累。这些异常蛋白质可能是由无义突变或某些错义突变引起的，也可能是 RNA 或蛋白质的生物合成中发生的错误造成的，抑或是细胞内变性所致。这些突变蛋白质以正常的基因产物一样的速度合成，但是因为快速水解而不能累积。因此，这个过程有助于防止部分变性、有潜在危害的多肽积累。这种保护功能在像人这样复杂的生物中特别重要，人的细胞分裂十分缓慢或者根本不分裂，因而不能通过细胞分裂简单地把这样的异常多肽稀释掉。

细胞中由降解过程所引起的蛋白质周转是重要的调节机制，因为它控制着蛋白质的浓度。大肠杆菌中 Lon 和 ClpA/P 蛋白酶及真核生物中依赖于遍在蛋白质的蛋白质降解是两种已经被鉴定的蛋白质降解机制。蛋白体是大分子结构，是细胞内的“垃圾处理场”，把蛋白质水解为小的肽片段。细胞蛋白质的连续降解看上去是一种高度浪费的过程，而事实上，这个过程在酶水平的调节中、在保护机体防止异常蛋白质的积累中、在组织量的控制中，以及机体适应贫瘠营养条件的能力中，都是非常重要的。

同时，体内蛋白质也在不断更新，人体蛋白质的合成与分解在正常情况下处于动态平衡。正常成人每天从蛋白质中摄入的氮量与排出的氮量大致相等，表示体内蛋白质的合成量与分解量大致相等，这种收支平衡现象称为氮平衡。正在成长的儿童和处于病后恢复期的患者，体内蛋白质的合成量大于分解量，这时外源氮的摄入量大于排泄量，说明一部分氮被保留在体内构成组织，这种状态称为正氮平衡。反之，长期饥饿或患有消耗性疾病的患者，由于食物蛋白质的摄入量不足或组织蛋白的分解过盛，其排出的氮量大于摄入的氮量，这种状态称为负氮平衡。

第二节　氨基酸的分解代谢

组成蛋白质的 20 种氨基酸，在生物体内的代谢有各自的特点，但由于这些氨基酸均含有 α-氨基和 α-羧基，因而它们也有共同的代谢途径，包括脱氨基作用和脱羧基作用，其中脱氨基作用是主要的代谢途径。

一、氨基酸的脱氨基作用

氨基酸失去氨基的作用称为脱氨基作用。氨基酸的脱氨基作用主要有三种方式，即氧化脱氨基作用、转氨基作用和联合脱氨基作用，某些氨基酸还可以进行非氧化脱氨基作用和脱酰胺基作用。

（一）氧化脱氨基作用

机体内某些氨基酸在脱氨基的同时往往也被氧化，α-氨基酸在氨基酸氧化酶或氨基酸脱氢酶的作用下被氧化生成相应的 α-酮酸并生成氨的过程，称为氧化脱氨基作用（oxidative deamination）。氧化脱氨基的反应过程包括脱氢和水解两步，首先氨基酸在酶的作用下脱氢生成亚氨基酸，后者很不稳定，在水溶液中自发水解成 α-酮酸与氨。其反应过程如下。

$$\underset{\alpha\text{-氨基酸}}{R-\overset{NH_3^+}{\overset{|}{C}H}-COO^-} \underset{\text{酶}}{\overset{-2H}{\rightleftharpoons}} \underset{\alpha\text{-亚氨基酸}}{R-\overset{NH}{\overset{\|}{C}}-COO^-} + H^+ \overset{+H_2O}{\rightleftharpoons} \underset{\alpha\text{-酮酸}}{R-\overset{O}{\overset{\|}{C}}-COO^-} + NH_4^+$$

该反应是一个可逆反应，由于反应产物中的氨不断地被处理和转移，因此反应趋向于脱氨基作用。催化氨基酸氧化脱氨基的酶有氨基酸氧化酶（amino acid oxidase）和氨基酸脱氢酶（amino acid dehydrogenase）两种。

1. 氨基酸氧化酶 属黄素酶类，它可以 FAD 或 FMN 为辅酶催化氨基酸氧化，反应需氧，产物为 α-酮酸、氨和过氧化氢，反应过程如下。

$$R-\overset{NH_3^+}{\overset{|}{C}H}-COO^- \overset{\text{氨基酸氧化酶}}{\rightleftharpoons} R-\overset{NH}{\overset{\|}{C}}-COO^- \rightleftharpoons R-\overset{O}{\overset{\|}{C}}-COO^-$$

FAD (FMN) → $FADH_2$ ($FMNH_2$)；H_2O → NH_3

$FADH_2$ ($FMNH_2$) + O_2 → FAD (FMN) + H_2O_2

该过程中产生的 $FADH_2$ 和 $FMNH_2$ 并不进入呼吸链，而是直接与分子氧反应生成过氧化氢，体内过氧化氢可以在过氧化氢酶的作用下分解为 H_2O 和 O_2。

生物体内的氨基酸氧化酶有 L-氨基酸氧化酶（L-amino acid oxidase）和 D-氨基酸氧化酶（D-amino acid oxidase）两种，两者均具有立体异构专一性。L-氨基酸氧化酶只作用于 L-氨基酸，以 FAD 或 FMN 为辅基，人和其他动物体内的 L-氨基酸氧化酶属于 FMN。L-氨基酸氧化酶在体内的分布不广，仅存在于肝、肾组织中，最适 pH 为 10 左右，因而生理条件下活性不高，只能催化少量的氨基酸脱氨，是氨基酸脱氨的一条支路，对 L-氨基酸脱氨不具有重要意义。D-氨基酸氧化酶的辅基为 FAD，作用底物是 D-氨基酸，也可以催化甘氨酸脱氢。与 L-氨基酸氧化酶不同，D-氨基酸氧化酶在体内分布相当广泛，最适 pH 接近生理 pH，在生理条件下活性很强，但由于生物体内的天然氨基酸绝大多数为 L-氨基酸，故该酶对生物体自身的氨基酸脱氨过程作用不大，一般用于消除肠道菌细胞壁等外源 D-氨基酸。

2. 氨基酸脱氢酶 以 L-谷氨酸脱氢酶（L-glutamate dehydrogenase，GDH）分布最广。L-谷氨酸脱氢酶广泛存在于动植物体内，主要分布在肝、肾、脑等细胞的线粒体中。其最适 pH 为中性，故在生理条件下活性很强。L-谷氨酸脱氢酶具有绝对专一性，作用底物仅为 L-谷氨酸，可以 NAD^+ 或 $NADP^+$ 为辅酶，反应过程中不需要氧，氨基酸脱下的氢交给 NAD^+ 或 $NADP^+$，然后经氧化呼吸链与氧结合生成水，反应过程如下。

$$\underset{\text{L-谷氨酸}}{H-\overset{NH_3^+}{\overset{|}{C}}(CH_2CH_2COO^-)-COO^-} + NAD(P)^+ + H_2O \overset{\text{L-谷氨酸脱氢酶}}{\rightleftharpoons} \underset{\alpha\text{-酮戊二酸}}{\overset{O}{\overset{\|}{C}}(CH_2CH_2COO^-)-COO^-} + NH_4^+ + NAD(P)H + H^+$$

上述反应是一个可逆过程，L-谷氨酸脱氢酶催化的反应平衡常数偏向于谷氨酸的合成，由此可推断此酶主要是催化 L-谷氨酸的合成，但是该反应所产生的氨在体内被迅速处理的情况下，该反应又趋向于脱氨基作用，特别当其与转氨酶（详见下文）联合作用时，几乎可以使所用的氨基酸脱去氨基，因此，L-谷氨酸脱氢酶对于氨基酸代谢具有突出的意义。

来源于不同生物细胞的 L-谷氨酸脱氢酶均是别构酶，活性受 GTP、ATP 抑制，而 GDP 和 ADP 又对该酶的活性起激活作用。当细胞内的能荷降低时，L-谷氨酸脱氢酶的活性将升高，氨基酸氧化作用的速率将加快，从而使机体的能荷值升高。

（二）转氨基作用

在转氨酶（transaminase）的催化下，一种 α-氨基酸的氨基可以转移到 α-酮酸的羰基上生成相应的 α-氨基酸，而原来的 α-氨基酸去氨基生成相应的 α-酮酸，这种 α-氨基酸和 α-酮酸之间的氨基转移作用称为转氨基作用（transamination），也称氨基移换作用，其反应通式如下。

$$\underset{\alpha\text{-氨基酸}}{H-\overset{R_1}{\underset{COO^-}{C}}-NH_3^+} + \underset{\alpha\text{-酮酸}}{\overset{R_2}{\underset{COO^-}{C}}=O} \xrightleftharpoons{\text{转氨酶}} \underset{\alpha\text{-酮酸}}{\overset{R_1}{\underset{COO^-}{C}}=O} + \underset{\alpha\text{-氨基酸}}{H-\overset{R_2}{\underset{COO^-}{C}}-NH_3^+}$$

转氨基作用是一个可逆过程，其实际进行方向由生物细胞内 α-氨基酸和 α-酮酸的相对浓度决定，可逆的转氨基作用可以使机体内多余的 α-氨基酸脱去氨基，进入氧化分解途径，也可以将一些 α-酮酸氨基化，以补充机体内所缺少的氨基酸，因而转氨基作用既是氨基酸氧化分解代谢的必经之路，同时也是非必需氨基酸合成的重要途径。

α-酮戊二酸是多种转氨基反应的共同氨基受体，生物细胞内绝大多数的转氨基反应的氨基受体均为 α-酮戊二酸，这就意味着许多不能通过氧化脱氨基作用直接脱去氨基的氨基酸，可以在转氨酶的作用下，将氨基转移给 α-酮戊二酸生成谷氨酸，再由谷氨酸转入其他的代谢途径，包括在 L-谷氨酸脱氢酶的作用下氧化脱氨。研究表明，构成蛋白质的氨基酸除甘氨酸、赖氨酸、苏氨酸和脯氨酸外，其他的 α-氨基酸都可以参加转氨基作用，并且每一种转氨基作用都由其特异的转氨酶所催化。

转氨酶的特异性很强，一种转氨酶只能催化一对氨基供体和受体之间的转氨反应。生物体内转氨酶的种类很多，广泛存在于动植物和微生物的细胞质和线粒体中。有些转氨酶在不同组织间分布不均一，如心肌中富含谷草转氨酶（glutamic oxaloacetate aminotransferase，GOT），而肝中富含谷丙转氨酶（glutamic pyruvic aminotransferase，GPT）。正常情况下，转氨酶主要分布于细胞内，血清中的活性很低，若由疾病造成组织细胞膜损伤，可使转氨酶大量进入血液，导致血清中转氨酶活性升高。例如，心肌梗死患者血清中 GOT 活性明显升高，急性传染性肝炎患者血清中的 GPT 也显著升高，因而通过检查血清中 GOT 和 GPT 的含量可辅助疾病的诊断。

谷草转氨酶和谷丙转氨酶是两种重要的转氨酶，前者催化谷氨酸与草酰乙酸之间的转氨基作用，后者催化谷氨酸与丙酮酸之间的转氨基作用，反应如下所示。

COO^-–$(CH_2)_2$–$CHNH_3^+$–COO^-（谷氨酸）＋ COO^-–CH_2–$C{=}O$–COO^-（草酰乙酸）$\xrightleftharpoons{\text{谷草转氨酶}}$ COO^-–$(CH_2)_2$–$C{=}O$–COO^-（α-酮戊二酸）＋ COO^-–CH_2–$CHNH_3^+$–COO^-（天冬氨酸）

COO^-–$(CH_2)_2$–$CHNH_3^+$–COO^-（谷氨酸）＋ CH_3–$C{=}O$–COO^-（丙酮酸）$\xrightleftharpoons{\text{谷丙转氨酶}}$ COO^-–$(CH_2)_2$–$C{=}O$–COO^-（α-酮戊二酸）＋ CH_3–$CHNH_3^+$–COO^-（丙氨酸）

一方面，在 GPT、GOT 及其他转氨酶的作用下，由糖代谢产生的丙酮酸、草酰乙酸及 *α*-酮戊二酸可分别转化为丙氨酸、天冬氨酸和谷氨酸；而另一方面，自蛋白质分解代谢而产生的丙氨酸、天冬氨酸和谷氨酸也可转变成丙酮酸、草酰乙酸和 *α*-酮戊二酸，参加三羧酸循环，从而沟通了糖与蛋白质的代谢。

（三）联合脱氨基作用

如上所述，氨基酸氧化脱氨基作用中，只有 L-谷氨酸能在 L-谷氨酸脱氢酶的作用下有效地脱去氨基，而转氨基作用虽然普遍，但是只能发生氨基的转移，不能脱去氨基产生游离的氨，因此一般认为生物体内 L-氨基酸主要是通过联合脱氨基作用间接脱去氨基。转氨基作用与氧化脱氨基作用联合进行，从而使氨基酸脱去氨基并氧化为 *α*-酮酸的过程，称为联合脱氨基作用。其是动物体内主要的脱氨基方式。

目前一般认为联合脱氨基作用包括两方面的内容：其一是以 L-谷氨酸为中心的转氨基作用和氧化脱氨基作用联合的脱氨基作用；其二是以次黄嘌呤核苷酸为中心的转氨基作用和嘌呤核苷酸循环联合的脱氨基作用。

1. 和氧化脱氨基作用联合的脱氨基作用　在此过程中，体内 *α*-氨基酸首先在转氨酶的作用下将氨基转移给 *α*-酮戊二酸，*α*-酮戊二酸接受氨基后生成谷氨酸，谷氨酸经 L-谷氨酸脱氢酶作用重新生成 *α*-酮戊二酸，并释放出氨，其过程如下所示。

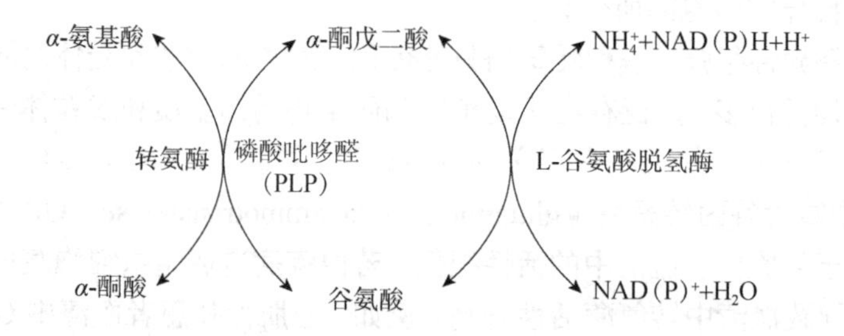

上述反应是一个可逆过程，谷氨酸处于该过程的中心位置，*α*-酮戊二酸是一种氨基传递体，在联合脱氨基过程中不会被消耗，其作用相当于三羧酸循环中的草酰乙酸。

事实证明，组织中除 L-谷氨酸外，其他 L-氨基酸的氧化脱氨基作用十分缓慢，如果加入少量 *α*-酮戊二酸，则脱氨基作用显著增强，因而 20 世纪 70 年代以前，人们曾经认为以 L-谷氨酸为中心的转氨基作用和氧化脱氨基作用联合的脱氨基作用是体内氨基酸脱氨基的主要方式，也是体内合成非必需氨基酸的重要途径。但如前所述，L-谷氨酸脱氢酶虽然在肝、肾中含量丰富、活力强，但它主要是催化谷氨酸的合成；有资料指出，当在肝组织中加入谷氨酸时，其中只有10%的谷氨酸是经 L-谷氨酸脱氢酶氧化脱氨的，其余90%是经过转氨基作用转化为天冬氨酸，进入嘌呤核苷酸循环。另外，根据实验测定结果，脑组织中的氨有50%产生于嘌呤核苷酸循环；而且哺乳动物骨骼肌中的 L-谷氨酸脱氢酶的含量很少，相反，嘌呤核苷酸循环中的酶类在骨骼肌中含量很丰富，因此，现在认为与氧化脱氨基作用联合的脱氨基作用并不是所有组织细胞的主要脱氨基方式，在骨骼肌、心肌、肝和脑组织中是以嘌呤核苷酸循环为主要的脱氨基方式。

2．和嘌呤核苷酸循环联合的脱氨基作用　*α*-氨基酸需要在转氨酶的作用下经两次转氨基生成天冬氨酸，后者与次黄嘌呤核苷酸缩合成腺苷酸琥珀酸，然后在腺苷酸琥珀酸裂解酶的作用下生成腺苷酸，腺苷酸可以在腺苷酸脱氨酶的作用下脱去氨基，重新生成次黄嘌呤核苷酸进入嘌呤核苷酸循环。在这个过程中，次黄嘌呤核苷酸是氨基的传递体，其作用类似于 *α*-酮戊二酸，因此，嘌呤核苷酸循环的实质也是转氨基和脱氨基联合进行的方式。其具体过程如图 10-2 所示。

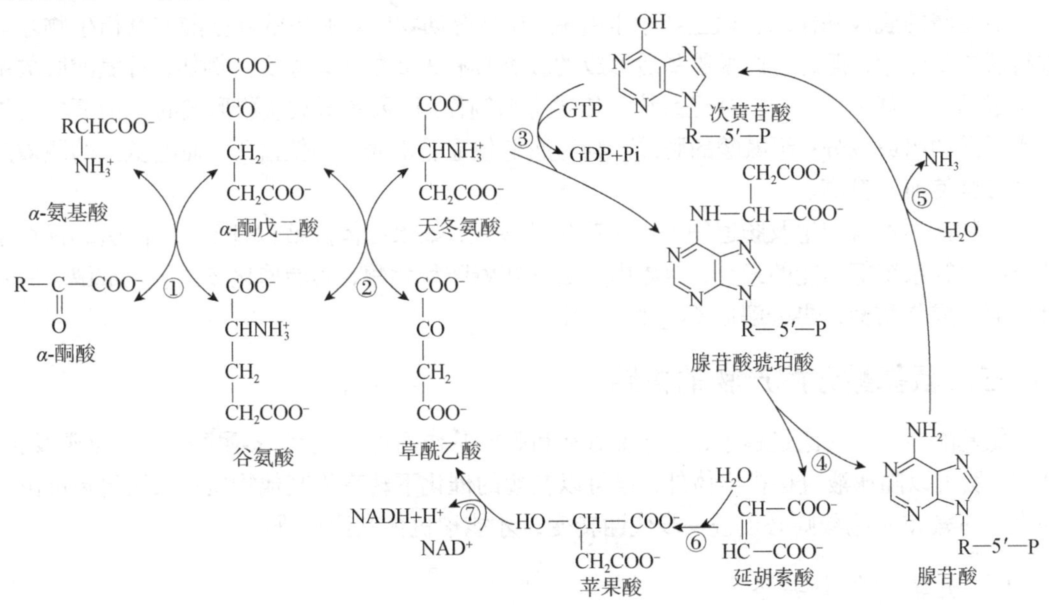

图 10-2　嘌呤核苷酸循环

①转氨酶；②谷草转氨酶；③腺苷酸琥珀酸合成酶；④腺苷酸琥珀酸裂解酶；⑤腺苷酸脱氨酶；⑥延胡索酸酶；⑦苹果酸脱氢酶

（四）非氧化脱氨基作用

机体内某些氨基酸可以进行非氧化脱氨基作用。所谓非氧化脱氨基作用，是指在脱氨的过程中不需要脱氢。这种脱氨基方式主要在微生物体内进行，动物体内也有，但并不普遍。非氧化脱氨基作用又可以分为脱水脱氨基、脱硫化氢脱氨基、直接脱氨基和水解脱氨基4种方式。

（五）脱酰胺基作用

谷氨酰胺和天冬酰胺可以在谷氨酰胺酶和天冬酰胺酶的作用下分别发生脱酰胺基作用

而形成相应的氨基酸。谷氨酰胺酶和天冬酰胺酶广泛存在于微生物和动物细胞中，具有很高的专一性，其反应过程如下。

$$\begin{matrix}CONH_2\\|\\(CH_2)_2\\|\\CHNH_2\\|\\COOH\end{matrix}\xrightarrow[H_2O\quad NH_3]{谷氨酰胺酶}\begin{matrix}COOH\\|\\(CH_2)_2\\|\\CHNH_2\\|\\COOH\end{matrix}\qquad\begin{matrix}CONH_2\\|\\CH_2\\|\\CHNH_2\\|\\COOH\end{matrix}\xrightarrow[H_2O\quad NH_3]{天冬酰胺酶}\begin{matrix}COOH\\|\\CH_2\\|\\CHNH_2\\|\\COOH\end{matrix}$$

二、氨基酸的脱羧基作用

在机体内，某些氨基酸或其衍生物能在氨基酸脱羧酶的作用下直接脱去羧基，生成二氧化碳和一个伯胺类化合物，这个过程称为氨基酸的脱羧基过程。

$$RCH(NH_2)COOH\xrightarrow{氨基酸脱羧酶}RCH_2NH_2+CO_2$$

氨基酸脱羧酶的专一性很高，除个别脱羧酶外，一种氨基酸脱羧酶一般只对一种氨基酸有脱羧基作用，这个反应除组氨酸外均需要磷酸吡哆醛作为辅酶。

氨基酸的脱羧基作用在微生物中很普遍，在高等动物中只有少数氨基酸或其衍生物才能进行脱羧基作用，但是它们脱羧基后形成的胺类具有重要的生理意义。例如，谷氨酸脱羧基后生成的γ-氨基丁酸对中枢神经系统的传导有抑制作用；天冬氨酸脱羧形成的β-丙氨酸是维生素泛酸的组成成分；组氨酸的脱羧产物组胺能使血管舒张、降低血压；而酪氨酸的脱羧产物酪胺则使血压升高。

生物体内本身产生及肠道细菌作用产生的胺类，如果在体内蓄积过多，也能引起神经系统及心血管系统等功能的紊乱，但体内广泛存在着胺氧化酶，其能催化胺类氧化成醛，后者继而氧化成脂肪酸，再分解成 CO_2 和 H_2O。

三、氨基酸分解产物的去路

氨基酸在分解代谢过程中，通过脱氨基和脱羧基作用可产生氨、α-酮酸、二氧化碳及胺。其中，胺可以随尿液直接排出体外，也可以在酶的催化下转变为其他物质；二氧化碳可由肺呼出；而氨和 α-酮酸则必须进一步代谢转变，才能被机体利用或排出。

（一）氨的代谢去路

游离的氨对高等动物的中枢神经系统有毒害作用。一般认为游离的氨可进入脑细胞及线粒体，高浓度的氨可推动 L-谷氨酸脱氢酶发生逆反应，将三羧酸循环的中间产物——α-酮戊二酸氨基化成 L-谷氨酸。α-酮戊二酸的过度消耗导致三羧酸循环无法正常运行，从而引起脑功能受损。正常人血浆中氨的浓度很低，仅为 20～60μmol/L，当血氨浓度超过 120μmol/L 时，即会发生氨中毒。人类氨中毒后可引起语言紊乱、视力模糊，甚至昏迷、死亡，因而机体内氨基酸代谢所产生的氨必须进一步代谢转变。生物体内氨的去路有三条：储存、排泄、重新合成氨基酸和其他含氮物。高等哺乳动物可通过尿素循环，将自由氨转变为尿素并由尿液排出体外；也可以将自由氨以酰胺的形式储存于体内，但对于动物而言，氮源容易获得，所以储藏不是主要的。

氨在植物中有明显的贮藏作用。一些蛋白质含量比较丰富的植物种子（如大豆）在暗处发芽时，能源依靠蛋白质提供。蛋白质分解成氨基酸，氨基酸脱羧形成酮和氨，后者则与草酰乙酸作用形成天冬氨酸既而转化成天冬酰胺。当需要时，天冬酰胺分子内的氨基又可以通过天冬酰胺酶的作用分解出来，供合成氨基酸使用。

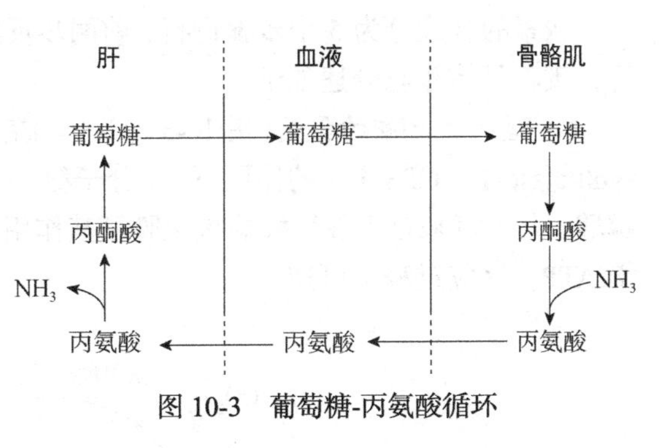

图 10-3 葡萄糖-丙氨酸循环

1. 氨在血中的转运

（1）葡萄糖-丙氨酸循环（图 10-3） 肌肉中的氨基酸将氨基转给丙酮酸生成丙氨酸，后者经血液循环转运至肝再脱氨基，生成的丙酮酸异生为葡萄糖后再经血液循环转运至肌肉重新分解产生丙酮酸，通过这一循环反应过程即可将肌肉中氨基酸的氨基转移到肝进行处理。这一循环反应过程就称为葡萄糖-丙氨酸循环（glucose-alanine cycle）。每转运一分子丙氨酸相当于将一分子丙酮酸和一分子氨从肌肉带到肝中，既清除了氨毒，又避免了丙酮酸或乳酸在肌肉中积累，还能重新合成葡萄糖供机体使用，具有重要的生理意义。

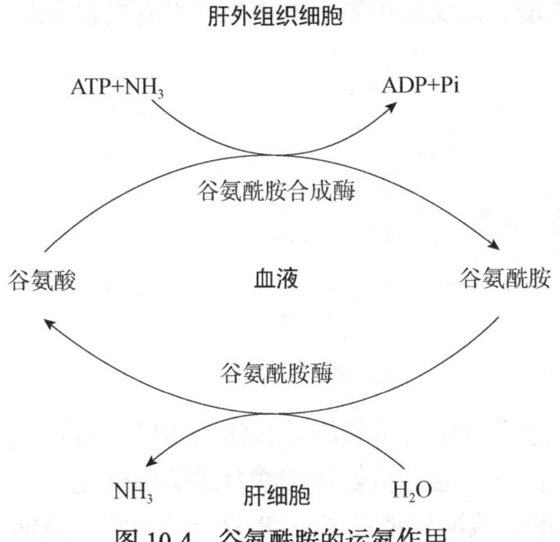

图 10-4 谷氨酰胺的运氨作用

（2）谷氨酰胺的运氨作用 肝外组织，如脑、骨骼肌、心肌，在谷氨酰胺合成酶的催化下，由谷氨酸与氨作用合成谷氨酰胺，以谷氨酰胺的形式将氨基经血液循环带到肝，再由谷氨酰胺酶将其分解，产生的氨即可用于合成尿素。谷氨酰胺无毒，电中性，易通过细胞膜进入血液循环，是氨转运的主要形式；而谷氨酸带负电荷，不能通过细胞膜。谷氨酰胺对氨具有运输、贮存和解毒作用，其运氨作用如图 10-4 所示。

2. 尿素的合成 在排尿动物体内，由氨合成尿素是在肝中通过鸟氨酸循环机制完成的，这一循环又称为尿素循环（urea cycle）。其反应过程如图 10-5 所示。尿素循环是由 Hans Krebs 和 Kurt Henseleit 于 1932 年发现的，主要发生部位是肝细胞，因而肝是合成尿素、解除氨毒的重要器官。当肝功能严重受损时，尿素合成发生障碍，血液中尿素减少，血氨浓度升高，这是造成肝昏迷的诸多原因之一。

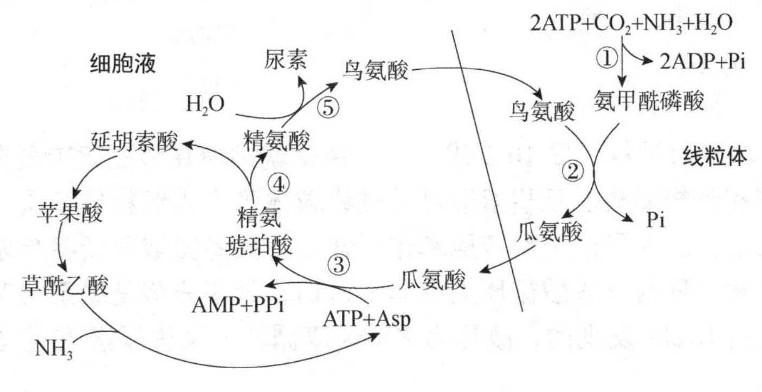

图 10-5 尿素合成的鸟氨酸循环

尿素的合成分为 5 个步骤进行，前两步反应在线粒体中进行，后三步反应在细胞液中进行，现将具体步骤分述如下。

（1）氨甲酰磷酸的合成（图 10-5①）　游离氨在氨甲酰磷酸合成酶Ⅰ（carbamoyl phosphate synthetase-Ⅰ，CPS-Ⅰ）的作用下，1 分子氨与二氧化碳和水发生反应生成高能化合物氨甲酰磷酸，其中氨来自于谷氨酸的氧化脱氨基作用，而二氧化碳是糖的代谢产物。反应消耗 2 分子 ATP，反应过程不可逆。

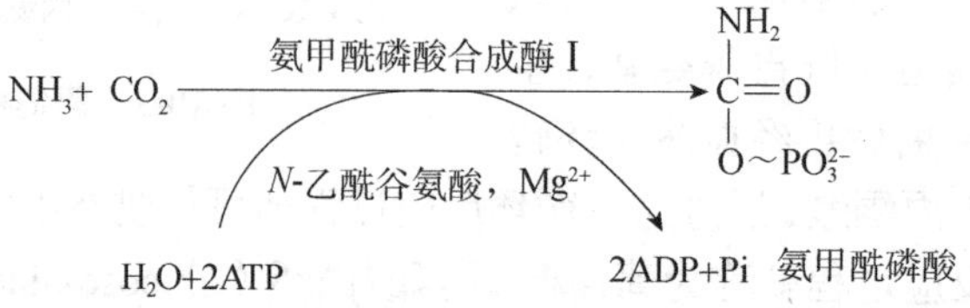

$$NH_3 + CO_2 + H_2O + 2ATP \xrightarrow[N\text{-乙酰谷氨酸},\ Mg^{2+}]{\text{氨甲酰磷酸合成酶 I}} NH_2-C(=O)-O\sim PO_3^{2-}\ (\text{氨甲酰磷酸}) + 2ADP + Pi$$

（2）瓜氨酸的合成（图 10-5②）　氨甲酰磷酸在鸟氨酸转氨甲酰酶的催化下，将氨甲酰基转移给鸟氨酸形成瓜氨酸，并释放出无机磷酸，该反应由氨甲酰磷酸中储存的高能磷酸键水解释放的能量驱动。

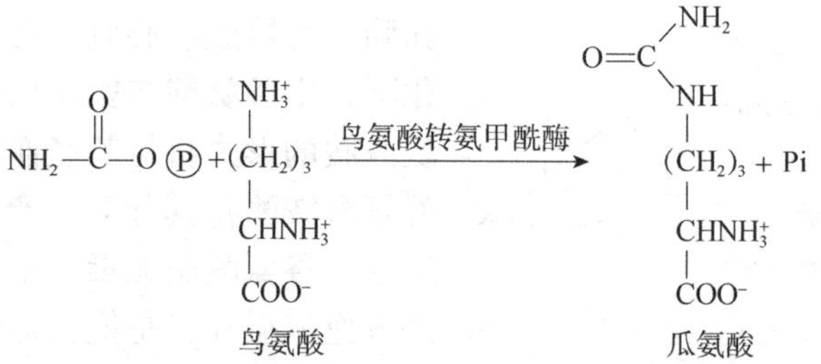

$$NH_2-C(=O)-O\text{Ⓟ} + NH_3^+-(CH_2)_3-CHNH_3^+-COO^-\ (\text{鸟氨酸}) \xrightarrow{\text{鸟氨酸转氨甲酰酶}} NH_2-C(=O)-NH-(CH_2)_3-CHNH_3^+-COO^-\ (\text{瓜氨酸}) + Pi$$

（3）精氨琥珀酸的合成（图 10-5③）　上述反应中的瓜氨酸在载体的协助下可穿过线粒体内外膜到达细胞质，并在 ATP 与 Mg^{2+}的存在下，通过精氨琥珀酸合成酶的催化与天冬氨酸缩合为精氨琥珀酸，同时产生 AMP 及焦磷酸，该反应消耗了 ATP 分子中的两个高能磷酸键的能量，反应不可逆。

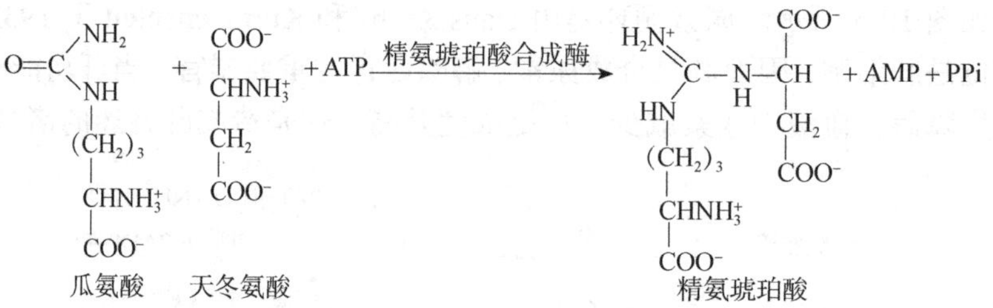

$$NH_2-C(=O)-NH-(CH_2)_3-CHNH_3^+-COO^-\ (\text{瓜氨酸}) + COO^--CHNH_3^+-CH_2-COO^-\ (\text{天冬氨酸}) + ATP \xrightarrow{\text{精氨琥珀酸合成酶}} H_2N^+=C(-NH-(CH_2)_3-CHNH_3^+-COO^-)-NH-CH(COO^-)-CH_2-COO^-\ (\text{精氨琥珀酸}) + AMP + PPi$$

（4）精氨琥珀酸的裂解（图 10-5④）　精氨琥珀酸在精氨琥珀酸裂解酶的作用下被裂解为精氨酸和延胡索酸。延胡索酸可透过线粒体膜进入线粒体基质，并经三羧酸循环转化为草酰乙酸。后者可经一次转氨基作用转变为天冬氨酸重新参与尿素循环，周而复始，因此，尿素循环与三羧酸循环关系非常密切，延胡索酸是联系两者的纽带。由于这两个循环都是由 Krebs 发现的，故称为 Krebs 双循环，又称尿素-柠檬酸双循环，如图 10-6 所示。

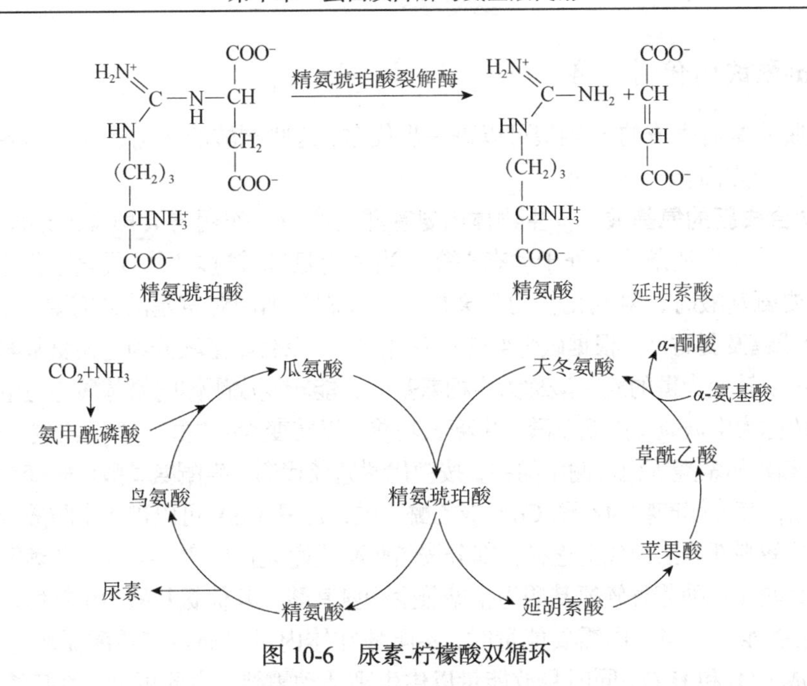

图 10-6　尿素-柠檬酸双循环

（5）精氨酸的水解（图 10-5 ⑤）　精氨酸经精氨酸酶的水解生成尿素和鸟氨酸，尿素进入血液透过肾由尿液排出体外，鸟氨酸可以在载体的协助下穿过线粒体膜到达基质，参与下一轮循环。精氨酸酶的专一性很高，只对 L-精氨酸有作用，存在于排尿素动物的肝中。

$$H_2N^+{=}C(NH_2){-}NH{-}(CH_2)_3{-}CHNH_3^+{-}COO^- + H_2O \xrightarrow{\text{精氨酸酶}} NH_3^+{-}(CH_2)_3{-}CHNH_3^+{-}COO^- + O{=}C(NH_2)_2$$

精氨酸　　　　鸟氨酸　　　　尿素

综上所述，通过尿素循环合成 1 分子尿素共消耗了 3mol ATP 的 4 个高能磷酯键，整个过程中有 4 种氨基酸参与，包括精氨酸、天冬氨酸、瓜氨酸和鸟氨酸，所涉及的酶包括氨甲酰磷酸合成酶 Ⅰ、鸟氨酸转氨甲酰酶、精氨琥珀酸合成酶、精氨琥珀酸裂解酶和精氨酸酶。通过尿素循环，不但解除了氨毒，还消耗了一部分体内不需要的 CO_2。

在进化过程中，由于生活环境的不同，各种动物的排氨在机制上有所不同。水生动物体内外水的供应都极充足，其脱氨基作用所产生的氨可随水直接排出体外，因为氨可以由大量的水稀释而不致发生不良影响，所以水生动物主要是排氨。鸟类及生活在比较干燥环境中的爬行类，由于水的供应困难，所产生的氨不能直接排出，先变成溶解度较小的尿酸，再被排出体外，因此鸟类及某些爬行类动物主要是排尿酸。两栖类是排尿素的。人和哺乳动物虽然在陆地上生活，但其体内水的供应不欠缺，故所产生的氨主要是变为溶解度较大的尿素，再被排出，所以哺乳动物几乎都是排尿素的。这些事实都证明环境条件可以影响生物的物质代谢。

（二）α-酮酸的代谢去路

氨基酸脱氨基后生成的 α-酮酸可以进一步代谢，这些酮酸的代谢途径虽然各不相同，但概括起来有三个方面。

1．再次合成新的氨基酸 生物体内氨基酸的脱氨基作用与 α-酮酸的还原氨基化是一对可逆反应，并在生理条件下处于动态平衡。当体内氨基酸过剩时，脱氨基作用相应加强；相反，在需要氨基酸时，氨基化作用又会加强，以满足细胞对氨基酸的需要。

2．转变成糖及脂肪 根据碳骨架的代谢合成，可以将氨基酸分为生糖氨基酸和生酮氨基酸。在体内可以转变为糖的氨基酸称为生糖氨基酸，能转变成酮体的氨基酸称为生酮氨基酸，而二者兼有的称为生糖兼生酮氨基酸。生糖氨基酸可以转变为丙酮酸、草酰乙酸、α-酮戊二酸、琥珀酰 CoA 和延胡索酸等糖代谢中间物，按糖代谢途径代谢。生酮氨基酸可转变为酮体，按脂肪酸途径代谢，其分解产物为乙酰 CoA 或乙酰乙酸，乙酰 CoA 可以进入脂肪酸合成途径。生糖兼生酮氨基酸则部分按糖代谢途径，部分按脂肪酸代谢途径代谢。亮氨酸和赖氨酸为生酮氨基酸，异亮氨酸和三种芳香族氨基酸为生糖兼生酮氨基酸，其他氨基酸为生糖氨基酸。

3．氧化供能 当体内需要能量时，α-酮酸在体内可以通过三羧酸循环与生物氧化体系彻底氧化成 CO_2 和 H_2O，同时释放能量以供生理活动需要。由此可见，氨基酸也是一类能源物质。各种氨基酸分别分解生成乙酰 CoA、α-酮戊二酸、琥珀酰 CoA、延胡索酸和草酰乙酸 5 种中间产物进入三羧酸循环，如图 10-7 所示。

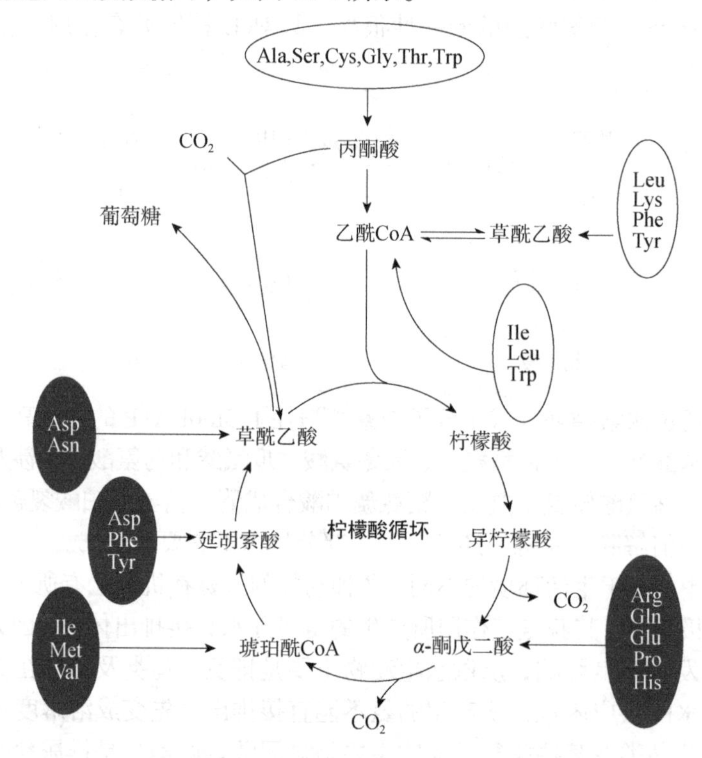

图 10-7 氨基酸分解代谢简图

综上可见，氨基酸的代谢与糖和脂肪的代谢密切相关，氨基酸可转变成糖与脂肪，糖也可以转变成脂肪及多数非必需氨基酸的碳架部分。三羧酸循环是物质代谢的总枢纽，通过它可使糖、脂肪及氨基酸完全氧化，也可使其彼此相互转变，构成一个完整的代谢体系。

四、个别氨基酸的分解代谢

（一）含硫氨基酸的分解代谢

体内的含硫氨基酸有三种，即甲硫氨酸、半胱氨酸和胱氨酸。甲硫氨酸可以转变为半胱氨酸和胱氨酸，半胱氨酸和胱氨酸也可以互变，但后二者不能变为甲硫氨酸，所以甲硫氨酸是必需氨基酸。

1．甲硫氨酸的代谢　甲硫氨酸在体内最主要的分解代谢途径是通过转甲基作用为机体的新陈代谢提供甲基，甲硫氨酸在转甲基之前，首先必须通过 ATP 作用，生成 *S*-腺苷甲硫氨酸（SAM），此反应由甲硫氨酸腺苷转移酶催化。SAM 称为活性甲硫氨酸，其甲基称为活性甲基。SAM 是体内最重要的甲基直接供给体。活性甲硫氨酸在甲基转移酶的作用下，可将甲基转移至另一种物质，使其甲基化，而活性甲硫氨酸即变成 *S*-腺苷同型半胱氨酸，后者进一步脱去腺苷，生成同型半胱氨酸。同型半胱氨酸可以接受 N^5-CH_3-FH_4 提供的甲基，重新生成甲硫氨酸，形成一个循环过程，称为甲硫氨酸循环。这个循环的生理意义是由 N^5-CH_3-FH_4 供给甲基合成甲硫氨酸，再通过此循环的 SAM 提供甲基，以进行体内广泛存在的甲基化反应。

值得注意的是，由 N^5-CH_3-FH_4 提供甲基使同型半胱氨酸转变成甲硫氨酸的反应是目前已知体内能利用 N^5-甲基的唯一反应。催化此反应的 N^5-甲基四氢叶酸转甲基酶，又称甲硫氨酸合成酶，其辅酶是维生素 B_{12}，它参与甲基的转移。维生素 B_{12} 缺乏时，不利于甲硫氨酸的生成，也影响四氢叶酸的再生，导致核酸合成障碍。因此，维生素 B_{12} 不足时可以产生巨红细胞贫血。

2．半胱氨酸与胱氨酸的代谢　半胱氨酸含有巯基（—SH），胱氨酸含有二硫键（—S—S—），二者可以相互转变。蛋白质中两个半胱氨酸残基之间形成的二硫键对维持蛋白质的结构具有重要作用。

体内许多重要酶的活性均与其分子中半胱氨酸残基上巯基的存在直接有关，故有巯基酶之称。体内存在的还原型谷胱甘肽能保护酶分子上的巯基，因而有重要的生理功能。

含硫氨基酸氧化分解均可以产生硫酸根，半胱氨酸是体内硫酸根的主要来源。体内的硫酸根一部分以无机盐形式随尿排出，另一部分则经 ATP 活化成活性硫酸根，即 3′-磷酸腺苷-5′-磷酸硫酸（PAPS）。PAPS 的性质比较活泼，可使某些物质形成硫酸酯而排出体外。这些反应在肝的生物转化作用中有重要意义。此外，PAPS 可参与硫酸角质素及硫酸软骨素等分子中硫酸化氨基糖的合成。上述反应总称为转硫酸基作用，由硫酸转移酶催化。

（二）芳香族氨基酸的分解代谢

芳香族氨基酸代谢对动物和人类的健康与代谢活动十分重要。芳香族氨基酸包括苯丙氨酸、酪氨酸和色氨酸，苯丙氨酸和酪氨酸结构相似，在体内苯丙氨酸可转变成酪氨酸，所以合并在一起讨论。

1．苯丙氨酸和酪氨酸的代谢　正常情况下，苯丙氨酸的主要代谢是经羟化作用，生成酪氨酸。催化反应的酶是苯丙氨酸羟化酶，它是一种单加氧酶，其辅酶是四氢生物蝶呤，反应生成的二氢生物蝶呤，由二氢叶酸还原酶催化，借助 $NADPH+H^+$ 还原为四氢化合物，催化的反应不可逆，因而酪氨酸不能变为苯丙氨酸（图 10-8）。

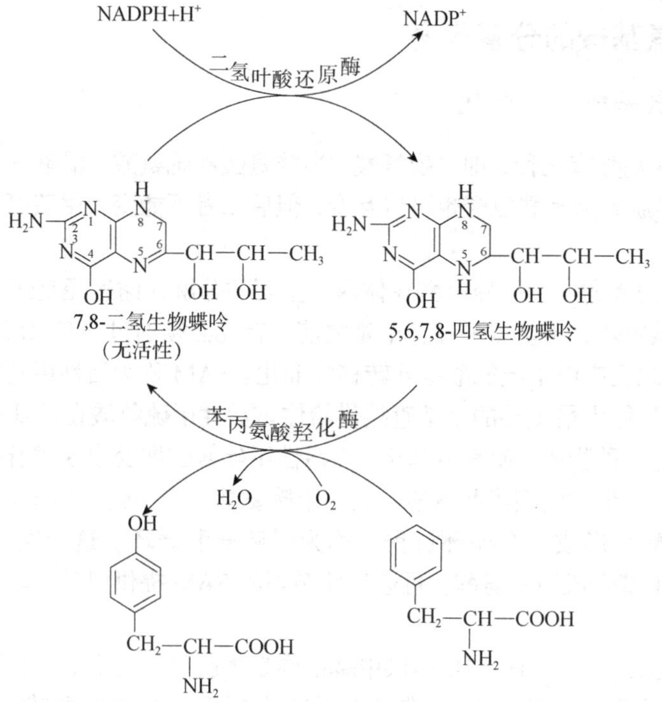

图 10-8　酪氨酸的生成

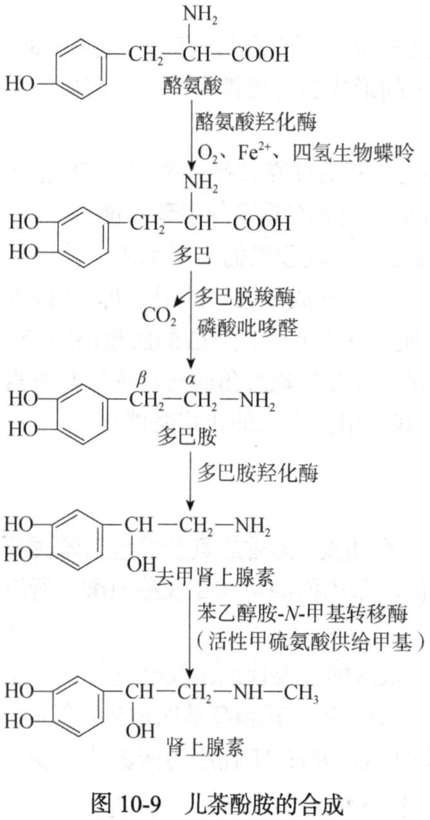

酪氨酸经酪氨酸羟化酶（tyrosine hydroxylase）催化生成 3,4-二羟苯丙氨酸（多巴，DOPA）。此酶也是以四氢生物蝶呤为辅酶的单加氧酶，多巴经多巴脱羧酶催化生成多巴胺（dopamine，DA）。多巴胺在多巴胺羟化酶催化下使 β 碳原子羟化，生成去甲肾上腺素（norepinephrine）。而后由 *S*-腺苷甲硫氨酸提供甲基使去甲肾上腺素甲基化生成肾上腺素（epinephrine）。多巴胺、去甲肾上腺素、肾上腺素统称为儿茶酚胺（catecholamine）。酪氨酸羟化酶是儿茶酚胺合成的限速酶，受终产物的反馈调节（图 10-9）。

在黑色素细胞中，酪氨酸在酪氨酸羟化酶的催化下生成多巴，多巴再经氧化生成多巴醌而进入合成黑色素的途径。所形成的多巴醌进一步环化和脱羧生成吲哚醌。黑色素即是吲哚醌的聚合物（图 10-10）。人体若缺乏酪氨酸酶，黑色素合成障碍，皮肤、毛发发“白”，称为白化病（albinism）。

酪氨酸也是体内合成甲状腺素的原料。此外，苯丙氨酸和酪氨酸都能经转氨基作用生成对羟基苯丙酮酸，进一步分解则生成乙酰乙酸和延胡索酸，因此这两种芳香族氨基酸是生糖兼生酮氨基酸。

图 10-9　儿茶酚胺的合成

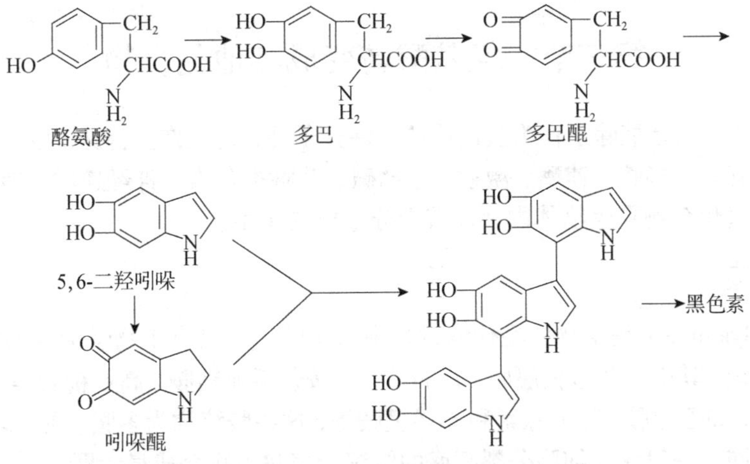

图 10-10　黑色素的生成

已知在苯丙氨酸和酪氨酸代谢中，有许多代谢性疾患，最重要的是苯丙酮尿症（phenyl ketonuria，PKU），由缺乏苯丙氨酸羟化酶所致。苯丙氨酸不能正常地转变为酪氨酸，体内苯丙氨酸蓄积，并由转氨基作用生成苯丙酮酸（一部分还原为苯乙酸）并从尿液中排出。苯丙酮酸的堆积对中枢神经系统有毒性，故本病伴发智力发育障碍。早期发现时可控制饮食中苯丙氨酸含量，有利于智力发育。

另一代谢疾患为尿黑酸尿症（alkaptonuria）。酪氨酸在分解代谢中生成中间产物尿黑酸，如尿黑酸氧化酶缺乏，则尿黑酸裂环降解受阻，大量尿黑酸排入尿中，经空气氧化为相应的对醌，后者可聚合为黑色素。此种代谢性疾患一般无严重后果。

此外，帕金森病（Parkinson’s disease）是由脑生成多巴胺的功能退化所致的一种严重的神经系统疾病。临床常用 L-多巴治疗，L-多巴本身不能通过血脑屏障，无直接疗效，但在相应组织中脱羧可生成多巴胺而达到治疗作用。目前，采用向大脑中移植肾上腺髓质，借此生成多巴胺以弥补脑中多巴胺的不足，取得了较好的疗效。

2．色氨酸的代谢　色氨酸是动物体的必需氨基酸，大多数蛋白质中含量均较少，动物机体对其摄取少，分解也少。除参加蛋白质合成外，还可经氧化脱羧生成 5-羟色胺。并可降解产生生糖、生酮成分，此过程中可产生一碳单位及烟酸等。色氨酸与 α-酮戊二酸经转氨基作用后产生吲哚丙酮酸，吲哚丙酮酸脱羧即产生吲哚乙酸，吲哚乙酸又称为植物生长素，是促进高等植物发育的一种植物激素。此外，细菌可以使色氨酸脱羧产生色胺，色胺经过一元胺氧化酶作用，再经过醛脱氢酶作用产生吲哚乙酸。

（三）支链氨基酸的分解代谢

支链氨基酸包括亮氨酸、异亮氨酸和缬氨酸，三者均为必需氨基酸。它们的分解代谢主要在肌肉组织中进行。它们分属于三类，亮氨酸为生酮氨基酸，缬氨酸为生糖氨基酸，异亮氨酸为生糖兼生酮氨基酸。

三种支链氨基酸分解代谢过程均较复杂，一般可分为两个阶段。第一阶段，可称为共同反应阶段，三种氨基酸的前三步反应性质相同，产物类似，均为辅酶 A 的衍生物。第二阶段则反应各异，经若干步反应，亮氨酸产生乙酰 CoA 及乙酰乙酰 CoA，缬氨酸产生琥珀酸单酰 CoA，异亮氨酸产生乙酰 CoA 及琥珀酸单酰 CoA 分别加入生糖或生酮的代谢。

第三节　氨基酸转变成其他化合物

在生物体中，氨基酸除了作为蛋白质的构件分子外，还是许多特殊生物分子的前体，其中包括作为核苷酸、多胺、辅酶、激素、生物碱、卟啉类色素、神经递质、辅酶类、木质素等的原料，这些化合物在生物体内都起着十分重要的作用。

一、多胺

多胺（polyamine）是生物体在代谢过程中产生的一类具有生物学活性的低相对分子质量的脂肪含氮碱。其中二胺包括腐胺、尸胺等，三胺包括亚精胺、高亚精胺等，四胺有精胺，还有其他胺类，如乙醇胺、肾上腺素和5-羟色胺等，这些胺统称为多胺。在不同组织器官中，多胺含量也不同，一般认为细胞分裂旺盛的组织，多胺生物合成最活跃。

高等植物体内的多胺对各种不良环境十分敏感，如矿物质缺乏、水分胁迫、盐胁迫、酸胁迫和寒害胁迫等。当植物受到以上各种胁迫时，体内的腐胺大量积累，而其他多胺则变化不大。目前认为多胺的积累可增加细胞间渗透物质的浓度，以调节水分丢失；腐胺可作为细胞 pH 缓冲剂，也可能有助于 H^+或其他阳离子通过质膜；更重要的是多胺可抑制 RNase 和蛋白酶活性，这两种酶与各种胁迫对细胞引起的伤害及衰老有密切关系。因此，多胺能保护质膜和原生质免于自发的或外界伤害引起的分解破坏。

大部分多胺是由氨基酸脱羧基后形成的衍生物。例如，腐胺是鸟氨酸脱羧的产物，鸟氨酸来源于精氨酸的水解；乙醇胺是磷脂酰丝氨酸中的丝氨酸部分脱羧形成的，肾上腺素和5-羟色胺则分别是由酪氨酸和色氨酸的羟化衍生物脱羧而产生的。

二、生物碱

生物碱是一类碱性的植物次生代谢产物。绝大多数生物碱的生物合成前体物质是氨基酸。例如，以天冬氨酸和甘油为原料经一系列酶促反应可合成烟碱，鸟氨酸和苯丙氨酸可作为合成古柯碱（又名可卡因）和天仙子胺的原料，赖氨酸和苯丙氨酸可衍生出具有调节细胞分裂作用的秋水仙碱等。生物碱是核酸的组成成分，又是维生素 B_1、叶酸和生物素的组成成分，所以它具有重要的生理意义。生物碱也是多种重要药物的有效成分，如奎尼丁、利血平、阿托品、吗啡、麻黄碱等。

植物体内的生物碱能作为防止他种生物危害的保护剂或威慑剂，从而具有重要的生态学功能。例如，几乎没有什么昆虫能吃含烟碱的植物，像烟碱这类具有驱虫作用的生物碱还有奎宁、地麻黄、吗啡、番木碱、鹰爪豆碱、小檗碱和阿托品等。生物碱除了具有生态学功能外，还具有某些生理功能。它可以作为生物调节剂，特别是作为种子萌发的抑制剂；由于生物碱大都具有螯合能力，在细胞内可帮助维持离子平衡；生物碱作为植物的含氮分泌物，它们还可为植物在体内储存氮的化合物。

第四节　氨基酸的合成代谢

一、氮素循环

氮素是构成生物体的必需元素之一，素有“生命元素”之称，是蛋白质和核酸的主要组成部分。酶、某些激素（如吲哚乙酸、胰岛素）、维生素（如维生素 B_1、维生素 B_2、维生素 B_5、维生素 B_6）、叶绿素和血红素等化合物中也含有氮元素，它在动植物和微生物的生命活动中起着极其重要的作用。

氮素在自然界中有多种存在形式，数量最大的是大气中的氮气，占大气总体积的 78%，总量约 3.11×10^7 亿 t。除少数原核生物外，动植物都不能直接利用氮素。土壤及海洋中的无机氮中，只有铵盐和硝酸盐可被植物吸收利用，但其量有限。因而，氮素循环对自然界生物量的增长具有重要的意义。

自然界的氮及氮素化合物在生物作用下的一系列相互转化过程，称为氮素循环。自然界中的氮素循环包括许多转化作用，概括起来主要包括 5 个主要环节（图 10-11）：①大气中的分子态氮被固氮微生物及植物与微生物的共生体固定成氨态氮，即固氮作用；②氨态氮经过硝化微生物的作用转化成硝态氮，后者被植物或微生物同化成有机氮化物并进入食物链，即硝化作用；③有机氮在食物链中传递，转变成动物体内的蛋白质，即同化作用；④动物、植物、微生物的尸体及排泄物被微生物分解后，又以氨的形式释放出来，即氨化作用；⑤氨或铵盐在有氧条件下可以被硝化菌氧化成硝酸盐，一部分硝酸盐可以被植物吸收，另一部分硝酸盐在无氧或微氧条件下被一些微生物还原成为氮气，重新回到大气中，开始新的氮素循环，即反硝化作用。通过氮素循环，自然界的有机氮和无机氮达到动态平衡。

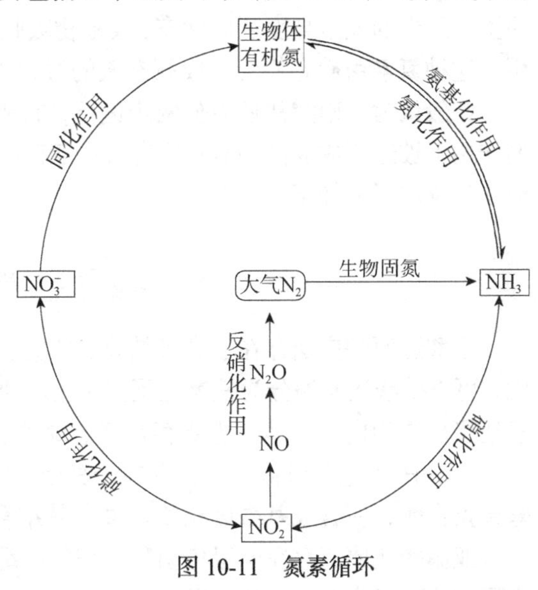

图 10-11　氮素循环

二、生物固氮

生物系统中的氮来自占大气含量 78%的氮气（N_2），我们通常将 N_2 还原成氨的过程称为固氮作用。自然界中分子 N_2 中的两个氮原子通过三键相连，其键能为 225kcal/mol，化学性质非常稳定。在化学工业中，可以在高温（500℃）、高压（300MPa）的条件下，铁作催化剂使 H_2 还原 N_2 生成氨，在此过程中要消耗大量的能量，而且会产生环境污染。与工业固氮相比，自然界中的微生物、藻类及与高等植物共生的微生物可以在常温常压的条件下通过自身的固氮酶复合物把分子氮转变成氨，我们将这个过程称为生物固氮。实现这个过程的固氮酶复合物由两种蛋白质组分构成：一种是还原酶，它提供还原能力很强的电子，在此过程中需要消耗 ATP；另一种是固氮酶，它利用这些电子把 N_2 还原成 NH_3。生物固氮是一种高效节能的固氮方式，地球上 60%的固氮量来自于生物固氮。目前国内外正在对生物固氮的生化过程及机理积极开展研究，在了解固氮机理后，就可以人工模拟，以节省能源，减少污染，开拓作物肥料；甚至可以通过基因工程的手段，使非固氮生物转化为固氮生物，从而可以在不破坏土壤环境的前提下，大大提高农作物产量。

目前发现的固氮生物有近 50 属，可分为自生固氮微生物和共生固氮微生物两大类。前者能够独立生存并发生固氮作用，包括好气性细菌（以固氮菌属为主）、嫌气性细菌（以羧菌属为主）和蓝藻。大多数蓝藻是利用光能还原氮气，固氮过程与还原 CO_2 类似。而好气性固氮菌、贝氏固氮菌及厌气的巴斯德梭菌和克氏杆菌等则是利用化学能固氮。共生固氮微生物种类较多，如与豆科植物共生的根瘤菌，与禾本科植物共生的放线菌，以及与水生蕨类红萍（也称满江红）共生的蓝藻等。这些共生固氮微生物专一性强，不同的菌株只能感染一定的植物，如与豆科植物共生固氮的根瘤菌。在根瘤中，植物为固氮菌提供碳源，而固氮菌则利用植物提供的能量固氮，为植物提供氮源，形成一个很好的互利共生体。

三、硝酸盐的还原作用

高等植物不能利用空气中的氮气，其绝大部分氮源来自于土壤中的氮素，其中以铵盐、硝酸盐和亚硝酸盐为主。植物最容易吸收硝态氮，但与氨态氮不同，硝态氮呈高度氧化状态，而蛋白质中的氮呈高度还原状态，故植物吸收的硝态氮必须经过代谢还原成氨态氮才能被利用，这种氮素由硝态氮转变成氨态氮的过程称为代谢还原或成氨作用。

一般认为，硝酸盐还原分两步进行，首先硝酸盐在硝酸还原酶（nitrate reductase，NR）的作用下被还原成亚硝酸盐；后者再在亚硝酸还原酶（nitrite reductase，NiR）的作用下还原成氨，反应过程如下。

$$\overset{+5}{NO_3^-} \xrightarrow[\text{硝酸还原酶}]{2e} \overset{+3}{NO_2^-} \xrightarrow[\text{亚硝酸还原酶}]{6e} \overset{-3}{NH_4^+}$$

硝酸还原酶广泛存在于高等植物、藻类、细菌和酵母中。根据还原反应中电子供体的不同，可将硝酸还原酶分为铁氧还蛋白-硝酸还原酶和NAD(P)H-硝酸还原酶两种。前者以铁氧还蛋白作为电子供体，主要存在于蓝绿藻、光合细菌和化能合成细菌中。后者以 NADH 或 NADPH 为电子供体，主要存在于真菌、绿藻和高等植物中。NAD(P)H-硝酸还原酶为寡聚蛋白酶，所含亚基数因植物而异，其结合的辅基有巯基基团、FAD 和细胞色素 b_{557}。

亚硝酸还原酶存在于绿色植物组织的叶绿体中，它的直接电子供体是铁氧还蛋白。光合作用的非环式光合磷酸化可以为亚硝酸还原酶提供还原型铁氧还蛋白。结合在铁卟啉生物辅基上的亚硝酸离子，可以直接被还原型铁氧还蛋白还原成氨。

四、氨的同化作用

高浓度的氨对生物具有毒害作用，因而在氮素循环中，由生物固氮和硝酸盐还原形成的无机态 NH_3 会迅速转化成含氮的有机化合物，进而转化为氨基酸，这个过程称为氨的同化作用。在生物体中，氨的同化可以通过生成谷氨酸和氨甲酰磷酸两种途径进行。

（一）谷氨酸的合成

L-谷氨酸脱氢酶可以催化氨和 α-酮戊二酸反应生成谷氨酸，这种还原氨直接使酮酸氨基化形成相应氨基酸的过程称为还原氨基化，反应式如下。

$$\begin{array}{l} O \\ \| \\ C-COO^- \\ | \\ CH_2 \\ | \\ CH_2 \\ | \\ COO^- \end{array} + NH_4^+ + NADPH + H^+ \underset{}{\overset{\text{L-谷氨酸脱氢酶}}{\rightleftharpoons}} \begin{array}{l} \quad\;\; NH_3^+ \\ \quad\;\; | \\ H-C-COO^- \\ \quad\;\; | \\ \quad\;\; CH_2 \\ \quad\;\; | \\ \quad\;\; CH_2 \\ \quad\;\; | \\ \quad\;\; COO^- \end{array} + NADP^+ + H_2O$$

L-谷氨酸

L-谷氨酸脱氢酶广泛存在于生物体内，这在前面已经有所介绍，但该反应不是氨同化的主要途径，因为L-谷氨酸脱氢酶对氨的 K_m 值很高，为10～120mmol/L，所以当氨在植物体内以正常浓度存在时（0.2～1.0mmol/L），这个反应主要向左进行，即主要参与氨基酸的分解代谢。

与 L-谷氨酸脱氢酶不同，谷氨酰胺合成酶对氨的 K_m 值仅为 3～5μmol/L，因而在组织正常氨浓度范围内即可以催化谷氨酸和氨反应生成谷氨酰胺，后者是一个重要的氨基载体，为多种生物合成提供氨基，因而谷氨酰胺合成酶在氨的同化中扮演着重要的角色，其反应如下。

$$\underset{\text{谷氨酸}}{\mathrm{HOOC{-}CHNH_2{-}CH_2{-}CH_2{-}COOH}} + NH_3 + ATP \xrightleftharpoons{\text{谷氨酰胺合成酶}} \underset{\text{谷氨酰胺}}{\mathrm{HOOC{-}CHNH_2{-}CH_2{-}CH_2{-}CONH_2}} + ADP + Pi$$

在植物体内，为弥补所消耗的谷氨酸，可由谷氨酸合酶催化1分子 α-酮戊二酸和1分子谷氨酰胺反应生成2分子谷氨酸，反应需要还原剂，NADH、NADPH和还原型铁氧还蛋白都可以作为还原剂，反应式如下。

$$\underset{\text{谷氨酰胺}}{\mathrm{HOOC{-}CHNH_2{-}CH_2{-}CH_2{-}CONH_2}} + \underset{\alpha\text{-酮戊二酸}}{\mathrm{HOOC{-}C(=O){-}CH_2{-}CH_2{-}COOH}} + NADPH + H^+ \xrightleftharpoons{\text{谷氨酸合酶}} 2\,\underset{\text{谷氨酸}}{\mathrm{HOOC{-}CHNH_2{-}CH_2{-}CH_2{-}COOH}} + NADP^+$$

由此可见，在谷氨酰胺合成酶和谷氨酸合酶的联合作用下，可以实现在正常生理氨浓度条件下对氨的同化作用，因而该途径是植物体内氨同化的主要途径，每合成1分子谷氨酰胺需要消耗2分子ATP和1分子NADPH。

（二）氨甲酰磷酸的合成

生物体内氨同化的另一条途径是合成氨甲酰磷酸，氨甲酰磷酸合成酶Ⅰ和氨甲酰激酶均可以催化该反应，反应式如下。

$$NH_3 + CO_2 + 2ATP \xrightarrow[Mg^{2+}]{\text{氨甲酰磷酸合成酶Ⅰ}} \underset{\text{氨甲酰磷酸}}{NH_2COO\text{Ⓟ}} + 2ADP + Pi$$

$$NH_3 + CO_2 + ATP \xrightleftharpoons[Mg^{2+}]{\text{氨甲酰激酶}} \underset{\text{氨甲酰磷酸}}{NH_2COO\text{Ⓟ}} + ADP + Pi$$

五、氨基酸的生物合成

对氨基酸生物合成的研究，大多数用微生物作为材料，不仅取材方便，而且最大的优越性是可以应用遗传突变技术获得各种突变株，为氨基酸合成途径和调节机理的研究提供有利条件。对高等植物和高等动物的研究虽然相对较少，但越来越多的实验结果表明，它们可能与微生物具有相同的合成途径。

不同生物合成氨基酸的能力不尽相同。植物和大部分微生物能合成全部 20 种氨基酸，而人和其他哺乳动物只能合成部分氨基酸。人体可以自身合成的氨基酸称为非必需氨基酸，包括丙氨酸、天冬氨酸、天冬酰胺、谷氨酸、谷氨酰胺、精氨酸、甘氨酸、脯氨酸、丝氨酸、半胱氨酸、酪氨酸和组氨酸。人体不能自己合成、必须从食物中摄取的氨基酸称为必需氨基酸，如赖氨酸、甲硫氨酸、色氨酸、苏氨酸、亮氨酸、异亮氨酸、缬氨酸和苯丙氨酸。动物体内自身能合成的非必需氨基酸都是生糖氨基酸，因为这些氨基酸与糖的转变过程是可逆的；必需氨基酸中只有少部分是生糖氨基酸，而这部分氨基酸转变成糖的过程是不可逆的。所有生酮氨基酸都是必需氨基酸，这些氨基酸转变成酮体的过程不可逆，因此脂肪很少或不能用来合成氨基酸。

生物体内所有的氨基酸都不是以 CO_2 和 NH_3 为起始材料从头合成的，而是起源于糖代谢中的中间代谢产物，包括丙酮酸、甘油-3-磷酸、*α*-酮戊二酸、草酰乙酸及核糖-5-磷酸。所以根据氨基酸合成的碳架来源不同，可以将氨基酸分为六大类，在此简单地介绍它们的碳架来源和合成过程的相互关系。

1．丙氨酸族　属于这一族的氨基酸包括丙氨酸、缬氨酸和亮氨酸。它们是由糖酵解生成的丙酮酸转换而来的。

2．谷氨酸族　这一族的氨基酸包括谷氨酸、谷氨酰胺、脯氨酸和精氨酸。它们的共同碳架是来自三羧酸循环的中间代谢产物 *α*-酮戊二酸。

3．天冬氨酸族　这一族的氨基酸是由三羧酸循环中的草酰乙酸转换而来的，包括天冬氨酸、天冬酰胺、赖氨酸、苏氨酸、异亮氨酸和甲硫氨酸。

4．丝氨酸族　这一族的氨基酸有丝氨酸、甘氨酸和半胱氨酸，它们是由甘油酸-3-磷酸转化而来的。

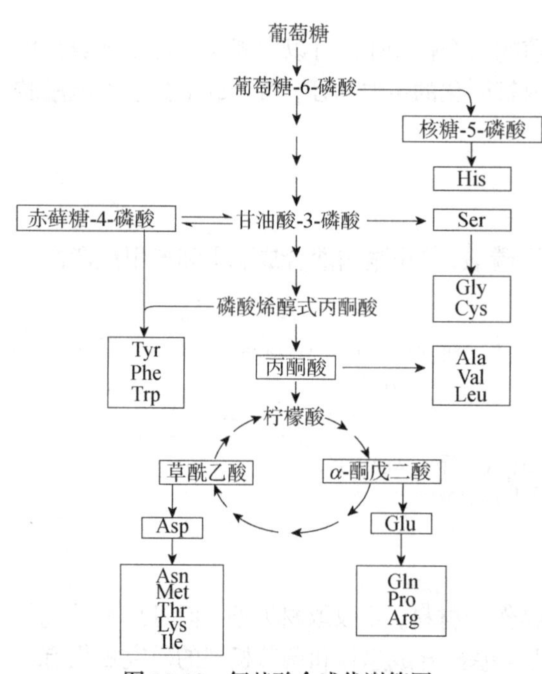

图 10-12　氨基酸合成代谢简图

5．芳香氨基酸族　这一族包括酪氨酸、色氨酸和苯丙氨酸，其碳架来自戊糖磷酸途径的中间产物赤藓糖-4-磷酸和糖酵解的中间产物磷酸烯醇式丙酮酸。

6．组氨酸族　这一族氨基酸仅包括组氨酸，其合成过程较复杂，它的碳架主要来自戊糖磷酸途径的中间产物核糖-5-磷酸。

氨基酸合成代谢主要路径概括为图 10-12。

六、一碳基团代谢

在代谢过程中，某些化合物可以分解产生具有一个碳原子的基团，称为一碳基团或一碳单位。一碳单位必须与载体结合后才能被运输并参与代谢。生物体内一碳单位的载体是四氢叶酸（FH_4），它作为一碳转移酶的辅酶参与对一碳单位的运输，携带一碳单位的部位在 FH_4 的 N^5、N^{10} 位上。

生物体内重要的一碳单位及其与四氢叶酸的结合形式如表 10-1 所示。

表 10-1　一碳单位及其与四氢叶酸的结合形式

中文名称	结构式	与 FH_4 的结合形式	主要来源
甲基	$—CH_3$	N^5-CH_3-FH_4	甲硫氨酸
亚甲基	$—CH_2—$	N^5,N^{10}-CH_2-FH_4	丝氨酸
次甲基	—CH═	N^5,N^{10}-CH-FH_4	甘氨酸，丝氨酸
甲酰基	—CHO	N^{10}-CHO-FH_4	色氨酸
羟甲基	$—CH_2OH$	N^{10}-CH_2OH-FH_4	
亚氨甲基	—CH═NH	N^5-CHNH-FH_4	色氨酸

一碳基团的转移与许多氨基酸代谢有直接关系，如甘氨酸、丝氨酸、苏氨酸、组氨酸等，都可以作为一碳基团的供体。各种不同形式的一碳单位中，碳原子的氧化状态也不完全相同，在适当条件下，它们可以通过氧化还原反应而彼此转变，但一旦生成 N^5-CH_3-FH_4，则不能转变为其他的一碳单位，也就是说 N^5-CH_3-FH_4 中的 FH_4 不能再利用。但是在 N^5-CH_3-FH_4 转甲基酶的作用下，N^5-CH_3-FH_4 能与同型半胱氨酸反应生成甲硫氨酸和 FH_4，使 FH_4 重新获得被利用的机会。N^5-CH_3-FH_4 转甲基酶的辅酶是维生素 B_{12}，因此维生素 B_{12} 缺乏时，不仅不利于甲硫氨酸的生成，同时也影响四氢叶酸的再生，导致核酸合成障碍。因此，维生素 B_{12} 不足时可以产生巨红细胞贫血。一碳基团的来源和转变可总结为图 10-13。

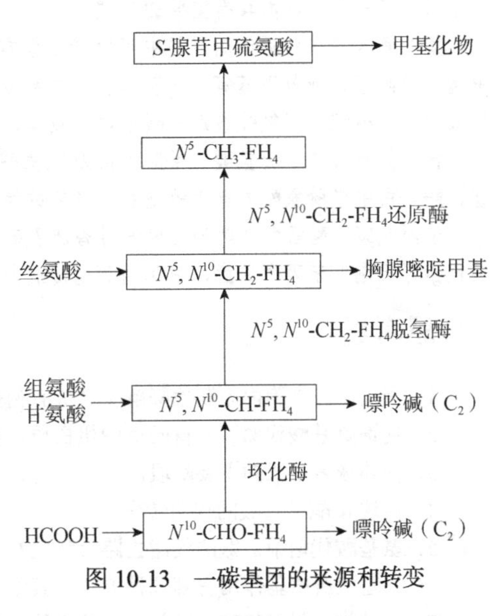

图 10-13　一碳基团的来源和转变

四氢叶酸虽是甲基的载体，然而真正重要的活泼甲基供体常是 *S*-腺苷甲硫氨酸。甲硫氨酸在甲硫氨酸腺苷转移酶的催化下与 ATP 反应生成 SAM，SAM 通过转甲基作用为胆碱、肌酸和肾上腺素等重要物质的生物合成提供甲基，与此同时产生的 *S*-腺苷同型半胱氨酸进一步转变成同型半胱氨酸。后者可再次接受 N^5-CH_3-FH_4 提供的甲基重新生成甲硫氨酸，进入下一轮甲硫氨酸循环。

由此可见，一碳单位不仅与部分氨基酸的代谢密切相关，还可以通过甲硫氨酸循环为生物体内广泛存在的甲基化反应提供甲基，参与生物体内许多重要的活性物质，包括肌酸、卵磷脂及嘌呤和胸腺嘧啶的生物合成，在新陈代谢中具有重要的意义。

小结

氨基酸具有重要的生理功能，除主要作为合成蛋白质的原料外，还可以转变成核苷酸、某些激素、神经递质等含氮物质。人体内的氨基酸主要来自食物蛋白质的消化吸收和体内合成及组织蛋白质的降解。动物自身不能合成而必须由食物供给的氨基酸，称为必需氨基酸。自身能合成的氨基酸称为非必需氨基酸。植物和绝大多数微生物能合成全部氨基酸。

食物蛋白质的消化主要在小肠中进行，由各种蛋白水解酶协同作用完成，水解生成氨基酸及二肽即可被吸收。外源性与内源性氨基酸共同构成氨基酸代谢库，参与体内代谢。

氨基酸的脱氨基作用是氨基酸的主要分解代谢途径，生成氨及相应的 α-酮酸。氨基酸的脱氨基方式有氧化脱氨基作用、转氨基作用、联合脱氨基作用、非氧化脱氨基作用和脱酰胺基作用。其中转氨基与 L-谷氨酸脱氢酶氧化脱氨基的联合脱氨基作用，是体内大多数氨基酸脱氨基的主要方式，也是体内合成非必需氨基酸的重要途径。骨骼肌、心肌等组织中腺苷酸脱氨酶的活性较高，氨基酸主要通过嘌呤核苷酸循环脱去氨基。α-酮酸是氨基酸的碳架，除部分可用于再合成氨基酸外，其余的可经过不同代谢途径，汇集于丙酮酸或三羧酸循环中的某一中间产物，如草酰乙酸、延胡索酸、琥珀酰 CoA、α-酮戊二酸等，通过它们可以转变成糖，也可继续氧化，最终生成二氧化碳、水及能量。有些氨基酸则可转变成乙酰 CoA 而形成脂类。由此可见，氨基酸、糖及脂类代谢在生物体内有着广泛的联系。氨是有毒物质，在不同动物体分别以排氨、排尿酸和排尿素的不同形式排泄。人和哺乳类动物体内的氨大部分经鸟氨酸循环在肝合成尿素排出体外。

脱羧基作用是氨基酸的另一条重要代谢途径，经脱羧基作用生成二氧化碳和胺。一些胺类物质如 γ-氨基丁酸、组胺等在体内具有重要的生理作用。

某些氨基酸在分解代谢过程中可以产生含有一个碳原子的基团，称为一碳单位，如甲基、亚甲基、次甲基、甲酰基、亚氨甲基等。一碳单位的主要功能是作为合成嘌呤及嘧啶核苷酸的原料，是联系氨基酸与核酸代谢的枢纽。四氢叶酸是一碳单位的载体。

含硫氨基酸有甲硫氨酸、半胱氨酸及胱氨酸。甲硫氨酸的主要功能是通过甲硫氨酸循环，提供活性甲基。酶蛋白中半胱氨酸的自由巯基和许多酶的活性有关。

苯丙氨酸和酪氨酸是两种重要的芳香族氨基酸，苯丙氨酸经羟化作用生成酪氨酸，后者参与儿茶酚胺、黑色素等代谢。苯丙酮尿症、白化病等遗传病与苯丙氨酸或酪氨酸的代谢异常有关。

思考题

1. 蛋白质在细胞内不断地降解又合成有何生物学意义？
2. 何谓氨基酸代谢库？胃肠道中蛋白质是如何降解的？
3. 简述尿素生成的主要阶段。
4. 简述 α-酮戊二酸的代谢转变。
5. 氨基酸代谢中，氨的代谢去路有哪些?
6. 氨基酸脱氨基作用有哪几种方式？其中主要的联合脱氨基作用是如何进行的？
7. 各种物质甲基化时，甲基的直接供体是什么？为什么？

第十一章　核酸降解与核苷酸代谢

核苷酸是核酸的基本结构单位，参与细胞的各种生化过程，具有十分重要的作用。第一，核苷酸是核酸生物合成的前体；第二，ATP、GTP 是能量代谢中通用的高能化合物；第三，核苷酸作为信号分子调节细胞功能和基因表达；第四，核苷酸参与一些辅酶的合成；第五，核苷酸衍生物可以为生物合成提供活性中间物等。核酸的合成代谢涉及遗传信息的传递，与一般物质代谢不同，本书将在第十二章中介绍，本章主要介绍核苷酸的分解代谢和核苷酸的生物合成。

第一节　核苷酸的分解代谢

生物体的细胞中含有核酸代谢有关的酶类，分解细胞中各种核酸。核酸降解可以产生核苷酸，核苷酸可以进一步分解。在体内核酸水解产物戊糖可以参加戊糖代谢，嘌呤碱和嘧啶碱则可进一步分解。核酸分解过程如下。

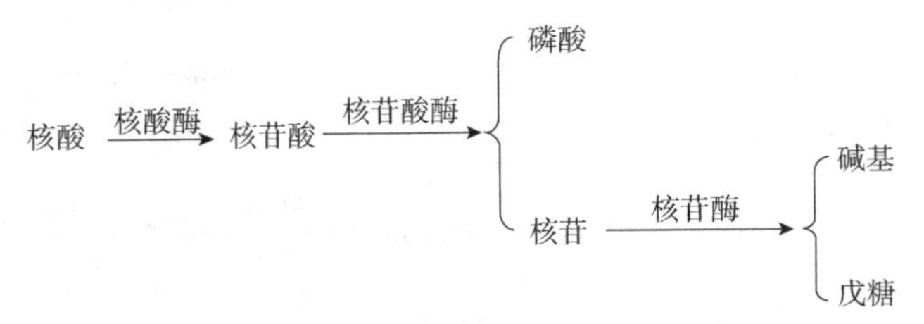

核苷酸经核苷酸酶（nucleotidase）[或磷酸单酯酶（phosphomonoesterase）] 催化，水解掉磷酸即成为核苷。核苷酸酶分布广泛，非特异性的核苷酸酶能水解各种核苷酸，作用于各种核苷酸的磷酸单酯键。某些特异性核苷酸酶，只能水解 3′-核苷酸（如存在于植物中的 3′-核苷酸酶）或 5′-核苷酸（如存在于脑、网膜、蛇毒中的 5′-核苷酸酶）。

核苷经核苷酶（nucleosidase）作用分解为嘌呤碱或嘧啶碱和戊糖。核苷酶有两类：一类是核苷磷酸化酶（nucleoside phosphorylase），分解核苷生成含氮碱和戊糖磷酸；另一类是核苷水解酶（nucleoside hydrolase），生成含氮碱和戊糖。

$$\text{核苷+Pi} \xrightleftharpoons{\text{核苷磷酸化酶}} \text{嘌呤碱或嘧啶碱+戊糖-1-磷酸}$$

$$\text{核苷+}H_2O \xrightleftharpoons{\text{核苷水解酶}} \text{嘌呤碱或嘧啶碱+戊糖}$$

一、嘌呤核苷酸的分解代谢

不同生物分解嘌呤碱的酶系不同，因而代谢终产物各不相同。人类、其他灵长类、鸟类、某些爬行类和昆虫体内嘌呤分解的最终产物为尿酸，其他哺乳动物和腹足类可进一步分解尿酸为尿囊素。某些硬骨鱼可将尿囊素再分解为尿囊酸。大多数鱼类及两栖类的尿囊酸可分解为尿素。还有某些低等动物如甲壳类能将尿素分解为氨和二氧化碳。植物体内广泛存在着尿囊素酶、尿囊酸酶和脲酶。所以嘌呤代谢的中间产物如尿囊素和尿囊酸等在大多数植物细胞内也广泛存在，微生物一般分解嘌呤碱生成二氧化碳、氨及一些有机酸。

嘌呤碱在各种脱氨酶的作用下首先脱去氨基。腺嘌呤脱氨基生成次黄嘌呤，次黄嘌呤在次黄嘌呤氧化酶（hypoxanthine oxidase）的作用下氧化成黄嘌呤。鸟嘌呤脱氨基生成黄嘌呤。动物组织中腺嘌呤脱氨酶（adenine deaminase）的含量很少，而腺嘌呤核苷脱氨酶（adenosine deaminase）和腺嘌呤核苷酸脱氨酶（adenylate deaminase）的活性较高，故脱氨分解可以在其核苷和核苷酸水平上发生，然后再水解形成次黄嘌呤。鸟嘌呤脱氨酶（guanine deaminase）分布广泛，鸟嘌呤主要在碱基水平脱氨基。黄嘌呤在黄嘌呤氧化酶（xanthine oxidase）的作用下氧化生成尿酸（uricase）。具体嘌呤分解代谢见图 11-1。

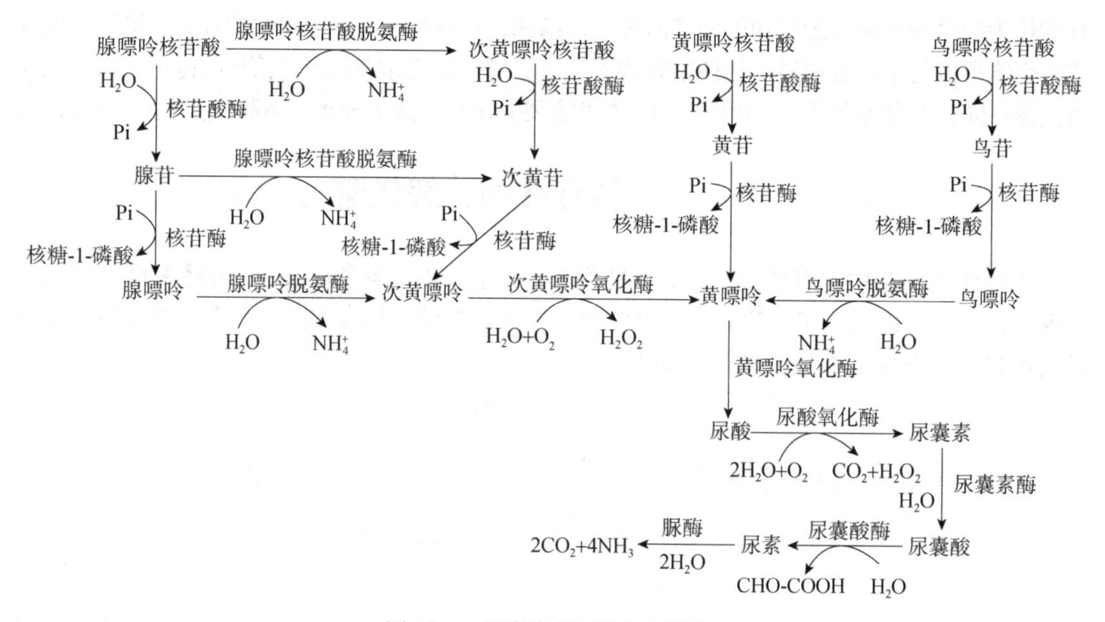

图 11-1　嘌呤核苷酸的分解代谢

人体嘌呤类化合物分解代谢的终产物是尿酸，当嘌呤代谢产生过多的尿酸时，由于尿酸的溶解度低，易以尿酸钠或钾盐晶体形式在关节、软组织、软骨及肾等处沉积形成结石，引起灼痛，称为痛风。痛风是一种相当普遍的嘌呤代谢紊乱疾病。痛风治疗可以采用次黄嘌呤的类似物别嘌呤醇，别嘌呤醇可以竞争性抑制黄嘌呤氧化酶活性，从而减少次黄嘌呤转化为尿酸的量，使血液中尿酸含量下降，不易形成尿酸结石。

二、嘧啶核苷酸的分解代谢

嘧啶核苷酸分解产生的嘧啶碱的分解代谢过程比较复杂，包括脱氨基、氧化、还原、水解和脱羧基作用等。不同种类的生物对嘧啶碱的分解过程也不完全相同。

哺乳动物体内嘧啶碱的分解主要是在肝中进行的。胞嘧啶脱去氨基生成尿嘧啶，再经还原生成二氢尿嘧啶，其在二氢尿嘧啶酶的作用下生成 *β*-脲基丙酸，后者经脲基丙酸酶催化脱羧、脱氨转变为 *β*-丙氨酸。胸腺嘧啶首先在二氢胸腺嘧啶脱氢酶的作用下还原生成二氢胸腺嘧啶，然后水解转变为 *β*-脲基异丁酸，再由脲基丙酸酶催化水解脱氨生成 *β*-氨基异丁酸。嘧啶分解代谢见图 11-2。

β-丙氨酸和 *β*-氨基异丁酸经转氨基作用脱去氨基后可进一步参加有机酸代谢。*β*-丙氨酸可以参与泛酸及辅酶 A 的生物合成。*β*-氨基异丁酸可随尿排出，当摄入食物中含有丰富的

DNA 时，随尿排出的 β-氨基异丁酸会增多。

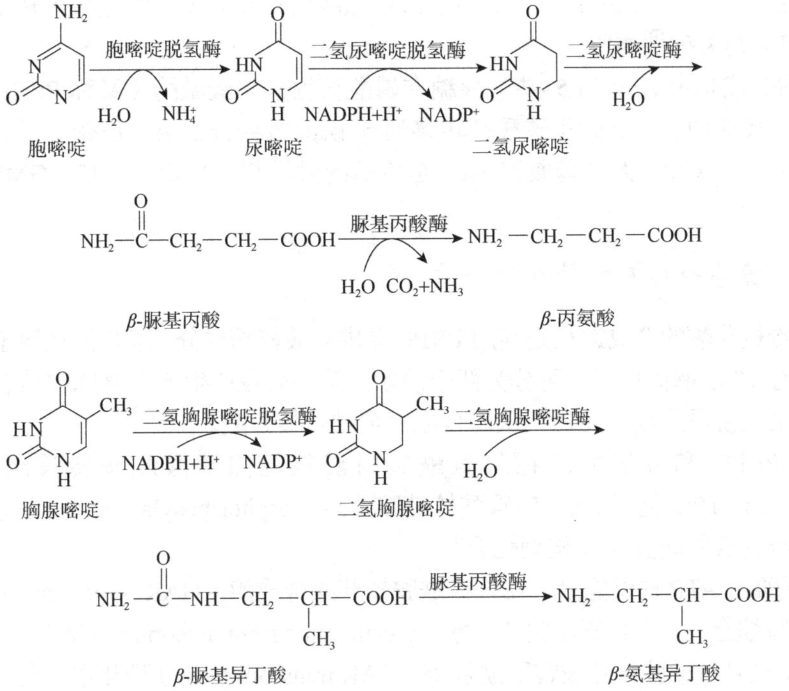

胞嘧啶 —胞嘧啶脱氨酶（H_2O → NH_4^+）→ 尿嘧啶 —二氢尿嘧啶脱氢酶（$NADPH+H^+$ → $NADP^+$）→ 二氢尿嘧啶 —二氢尿嘧啶酶（H_2O）→

$NH_2-CO-CH_2-CH_2-COOH$ —脲基丙酸酶（H_2O → CO_2+NH_3）→ $NH_2-CH_2-CH_2-COOH$

β-脲基丙酸　　β-丙氨酸

胸腺嘧啶 —二氢胸腺嘧啶脱氢酶（$NADPH+H^+$ → $NADP^+$）→ 二氢胸腺嘧啶 —二氢胸腺嘧啶酶（H_2O）→

$NH_2-CO-NH-CH_2-CH(CH_3)-COOH$ —脲基丙酸酶→ $NH_2-CH_2-CH(CH_3)-COOH$

β-脲基异丁酸　　β-氨基异丁酸

图 11-2　嘧啶核苷酸的分解代谢

第二节　核苷酸的生物合成

生物体内的核苷酸合成代谢有两条基本的途径：其一是以 CO_2、NH_3、某些氨基酸和核糖磷酸等简单物质为原料，经一系列酶促反应合成核苷酸，不经过碱基、核苷的中间阶段，是从无到有的合成，称从头合成途径（*de novo* synthesis pathway）；其二是以细胞内游离的碱基和核苷为原料，合成核苷酸的过程，称补救途径（salvage pathway）。从头合成途径是体内核苷酸合成的主要途径，但是不同的组织中，两条途径的重要性不同。例如，肝组织主要进行从头合成，脑、骨髓等组织中则进行补救合成。当生物体因遗传、疾病等因素导致从头合成途径中某些酶的缺失时，补救途径对核酸代谢的正常维持是不可或缺的。

一、嘌呤核苷酸的从头合成

20 世纪 50 年代，John M. Buchanan 用同位素标记的化合物给鸽子喂食，测定了标记原子在鸽子排泄物中的位置。研究表明：嘌呤环中的 N1 来自天冬氨酸的 α-氨基氮，C2 及 C8 来自 N^{10}-甲酰四氢叶酸，甲酰基由甲酸盐提供，N3、N9 来自谷氨酰胺的酰胺基，C4、C5 和 N7 来自甘氨酸，而 C6 来自二氧化碳或碳酸氢盐（图 11-3）。

知识窗 11-1

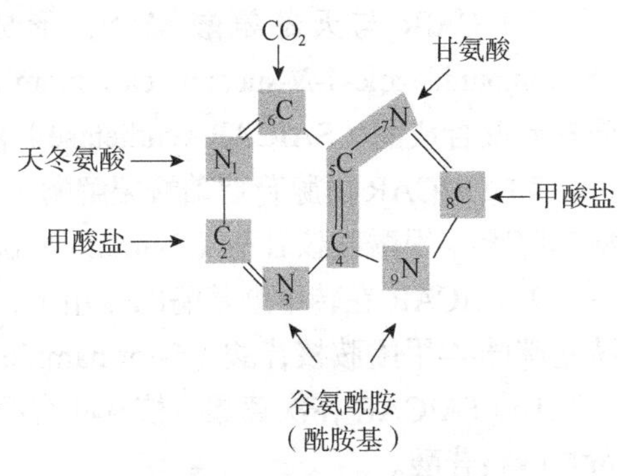

图 11-3　嘌呤环的元素来源

嘌呤核苷酸的从头合成途径已经研究得比较清楚，生物体内从 5′-磷酸核糖焦磷酸（PRPP）开始，经过一系列酶促反应，生成次黄嘌呤核苷酸（IMP），然后再转变成其他嘌呤核苷酸。PRPP 是关键性物质。

PRPP 的合成是由 ATP 和 5′-磷酸核糖在磷酸核糖焦磷酸激酶（又称 PRPP 合成酶）催化下合成的。反应中，ATP 的焦磷酸基转移到 5′-磷酸核糖分子第一位碳原子的羟基上，形成具有 α-构型的 PRPP。无机磷酸和 Mg^{2+}是该酶的激活剂，ADP、AMP、GMP、IMP 是它的抑制剂。

（一）次黄嘌呤核苷酸的生物合成

次黄嘌呤核苷酸的合成途径是利用 PRPP 提供磷酸核糖成分，逐步添加原子完成嘌呤环的合成，共有 10 步酶促反应，可分为两个阶段。第一阶段产生 5-氨基咪唑核苷酸，以此生成咪唑环，第二阶段形成六元环，从而合成次黄嘌呤核苷酸。

1）由 PRPP 和谷氨酰胺在谷氨酰胺磷酸核糖焦磷酸酰胺转移酶（Gln-PRPP amidotransferase）的催化下形成 5′-磷酸核糖胺（5′-phosphoribosylamine）。在这一反应中，原来的 α-核糖化合物转变为 β-构型化合物。

2）甘氨酸由 ATP 提供能量，在甘氨酰胺核苷酸合成酶（GAR synthetase）的催化下与 5′-磷酸核糖胺缩合，产生甘氨酰胺核苷酸（glycinamide ribonucleotide，GAR），该反应可逆。

3）GAR 经甘氨酰胺核苷酸转甲酰基酶（GAR transformylase）催化甲酰化，产生甲酰甘氨酰胺核苷酸（formylglycinamide ribonucleotide，FGAR），甲酰基的供体为 N^{10}-甲酰四氢叶酸（N^{10}- formyltetrahydrofolate）。生物体中，甲酰基可由甲酸经 ATP 活化后转移给四氢叶酸从而生成 N^{10}-甲酰四氢叶酸。

4）甲酰甘氨酰胺核苷酸的酰胺基接受谷氨酰胺的氮原子后转变为脒基，生成甲酰甘氨脒核苷酸（formylglycinamidine ribonucleotide，FGAM）。反应由 FGAM 合成酶（FGAM synthetase）催化。

5）甲酰甘氨脒核苷酸经 AIR 合成酶（AIR synthetase）催化，脱水闭环形成 5-氨基咪唑核苷酸（5-aminoimidazole ribotide，AIR），需 Mg^{2+}和 K^{+}参与。该产物的合成意味着嘌呤骨架五元环的完整合成。

6）在氨基咪唑核苷酸羧化酶（AIR carboxylase）的催化下，5-氨基咪唑核苷酸羧化成为 5-氨基咪唑-4-羧酸核苷酸（5-aminoimidazole-4-carboxylate ribotide，CAIR）。该反应由溶液中碳酸氢盐经 ATP 激活后与 AIR 咪唑环氨基结合，然后移位至咪唑环第四位上。

7）CAIR 与天冬氨酸缩合，形成 5-氨基咪唑-4-*N*-琥珀酸（基）甲酰胺核苷酸（5-aminoimidazole-4-*N*-succinic carboxamide ribotide，SAICAR），反应由氨基咪唑琥珀酸甲酰胺核苷酸合成酶（SAICAR synthetase）催化。

8）SAICAR 由腺苷琥珀酸裂解酶（adenylosuccinate lyase）催化脱去延胡索酸，生成 5-氨基咪唑-4-甲酰胺核苷酸（5-aminoimidazole-4-carboxamide ribotide，AICAR）。

9）AICAR 在转甲酰基酶的作用下，接受 N^{10}-甲酰四氢叶酸提供的甲酰基，生成 5-甲酰胺基咪唑-4-甲酰胺核苷酸（5-formamide imidazole-4-carboxamide ribotide，FAICAR）。

10）FAICAR 在次黄嘌呤核苷酸合酶（IMP synthetase）的催化下，经过脱水环化形成次黄嘌呤核苷酸。

次黄嘌呤核苷酸的生物合成过程见图 11-4。

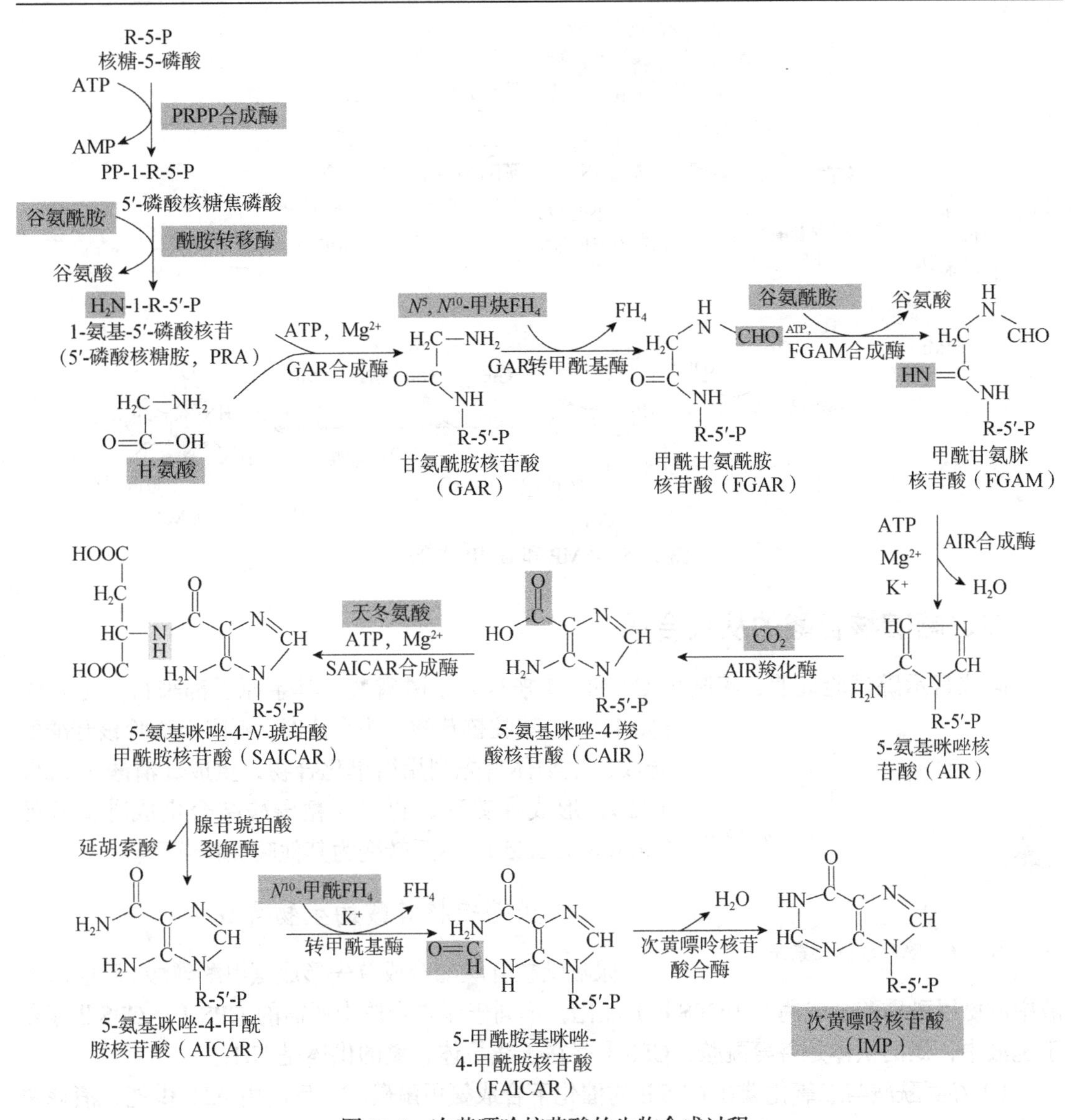

图 11-4　次黄嘌呤核苷酸的生物合成过程

（二）腺嘌呤核苷酸和鸟嘌呤核苷酸的生物合成

生物体内腺嘌呤核苷酸（AMP）和鸟嘌呤核苷酸（GMP）都是由次黄嘌呤核苷酸进一步形成的。

腺嘌呤核苷酸的生成，首先由次黄嘌呤核苷酸在腺苷酸代琥珀酸合成酶的催化下，由GTP供给能量，与天冬氨酸合成腺苷酸代琥珀酸，接着在腺苷酸代琥珀酸裂解酶的催化下分解为腺嘌呤核苷酸和延胡索酸。

次黄嘌呤核苷酸氧化生成黄嘌呤核苷酸（XMP），反应由次黄嘌呤核苷酸脱氢酶催化，以 NAD^+作为辅酶。黄嘌呤核苷酸经鸟嘌呤核苷酸合成酶催化进行氨基化反应，由ATP供能，生成鸟嘌呤核苷酸。动物体以谷氨酰胺作为氨基供体，细菌直接以氨作为氨基供体（图 11-5）。

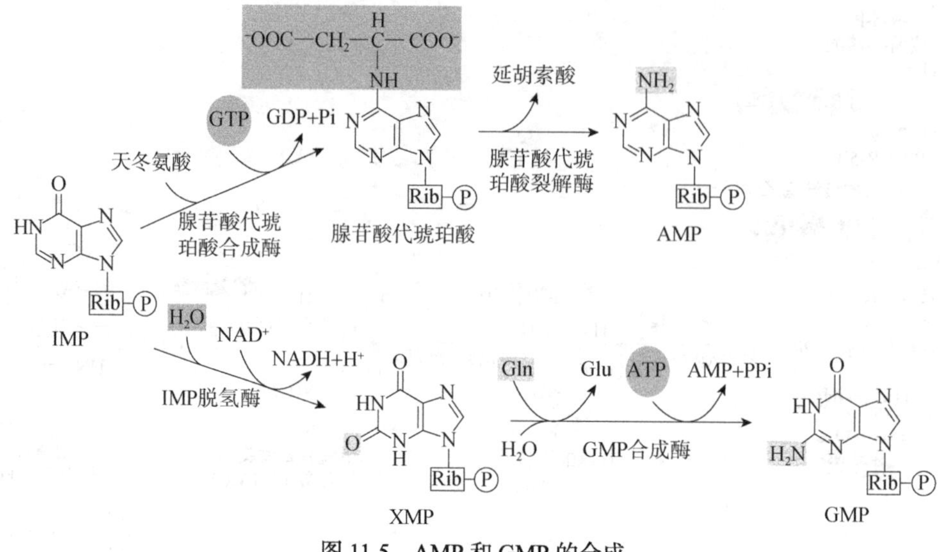

图 11-5　AMP 和 GMP 的合成

二、嘧啶核苷酸的从头合成

同位素示踪试验证明，嘧啶环 C2 和 N3 来自氨甲酰磷酸，其余原子都来自天冬氨酸（图 11-6）。嘧啶核苷酸从头合成时，不同于嘌呤核苷酸的合成，生物体首先利用简单化合物，生成乳清酸（orotic acid），形成嘧啶环，再与核糖磷酸结合生成乳清苷酸（orotidylic acid），然后转变为其他嘧啶核苷酸。

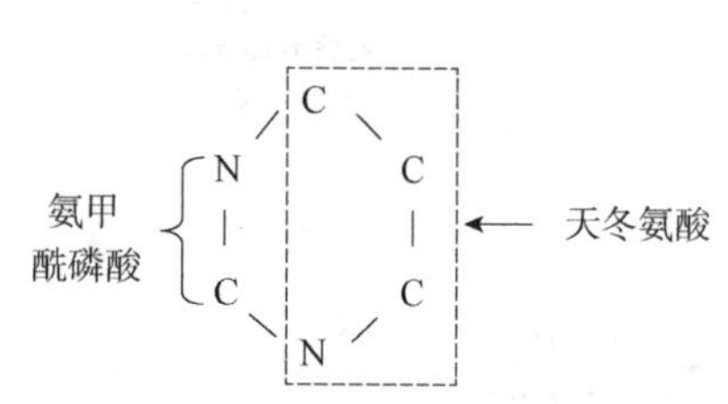

图 11-6　嘧啶环的元素来源

（一）尿嘧啶核苷酸的生物合成

尿嘧啶核苷酸的合成首先形成氨甲酰磷酸。反应由胞液中的氨甲酰磷酸合成酶Ⅱ（CPSⅡ）催化，不同于尿素合成中所需的 CPSⅠ，CPSⅡ存在于胞液中，氮的供体是谷氨酰胺，CPSⅠ存在于线粒体，氮的供体是 NH_3。

1）谷氨酰胺与二氧化碳在 CPSⅡ的催化下合成氨甲酰磷酸，反应由 ATP 供能，消耗两分子 ATP。

2）氨甲酰磷酸与天冬氨酸在天冬氨酸转氨甲酰酶（aspartate transcarbamylase）的催化下结合，形成氨甲酰天冬氨酸。天冬氨酸转氨甲酰酶存在于胞液中，是细菌嘧啶核苷酸合成过程的关键酶，受产物 CTP 的反馈抑制。

3）氨甲酰天冬氨酸经二氢乳清酸酶（dihydroorotase）催化脱水环化生成二氢乳清酸（dihydroorotic acid）。

4）二氢乳清酸氧化脱氢生成乳清酸。催化这一步骤的酶为二氢乳清酸脱氢酶（dihydroorotate dehydrogenase），该酶是一个含铁的黄素酶。乳清酸是合成尿嘧啶核苷酸的重要中间产物，具有和嘧啶环相似的结构，至此形成嘧啶环。

5）乳清酸在乳清酸磷酸核糖转移酶（orotate phosphoribosyl transferase）的催化下与 PRPP 的磷酸核糖结合形成乳清酸核苷酸（OMP）。

6）乳清酸核苷酸在乳清酸核苷酸脱羧酶（orotidylic acid decarboxylase）的作用下脱羧形成尿嘧啶核苷酸。

尿嘧啶核苷酸的生物合成过程见图 11-7。

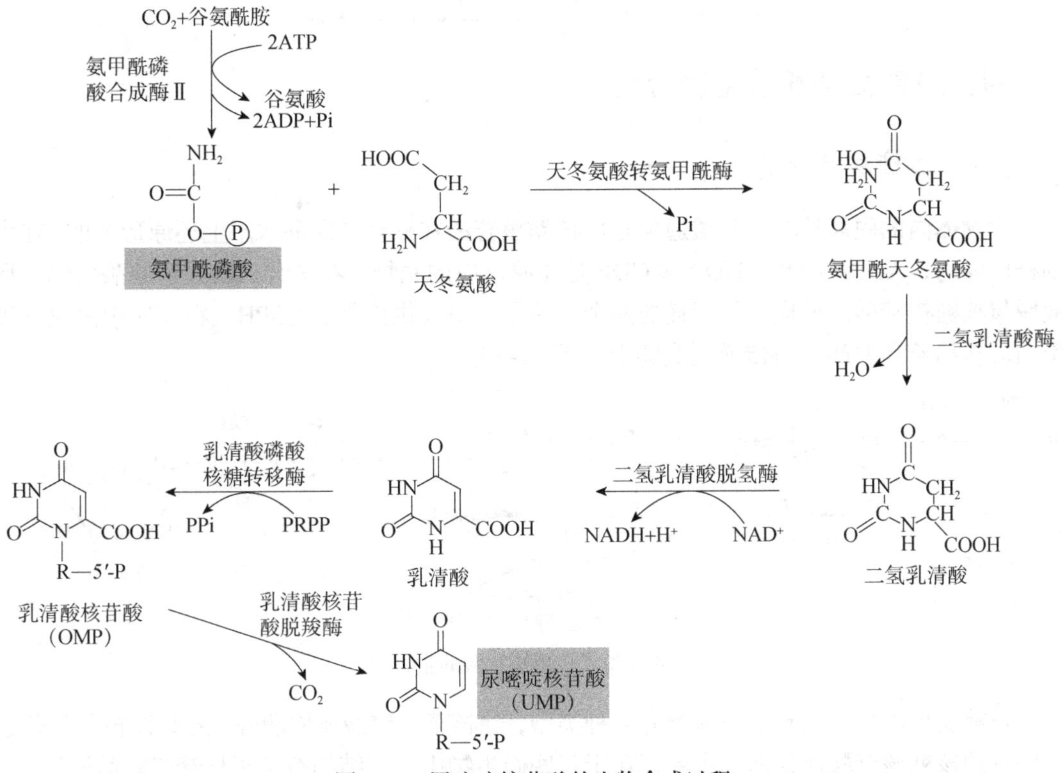

图 11-7　尿嘧啶核苷酸的生物合成过程

(二)胞嘧啶核苷三磷酸的生物合成

胞嘧啶核苷三磷酸是由尿嘧啶核苷酸转变来的，反应发生在核苷三磷酸水平上(图 11-8)。首先，尿嘧啶核苷酸在相应的尿苷酸激酶催化下形成尿苷二磷酸(UDP)，再在核苷二磷酸激酶的催化下形成尿嘧啶核苷三磷酸(UTP)。UTP 由胞嘧啶核苷酸合成酶(CTP 合成酶)催化形成胞嘧啶核苷三磷酸(CTP)。动物组织中的氨基供体为谷氨酰胺，在细菌中可直接与氨作用。反应需 ATP 提供能量。

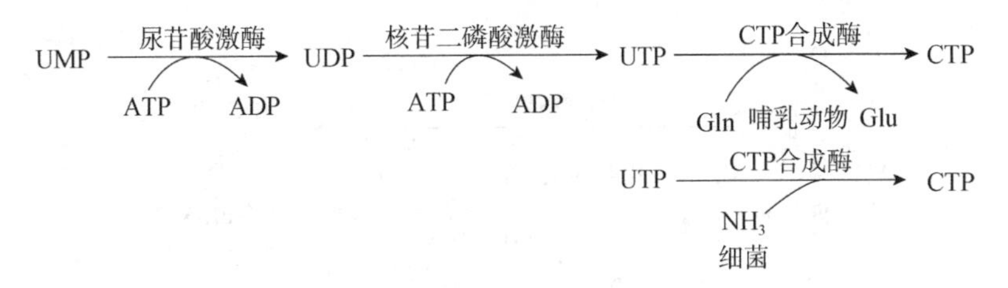

图 11-8　胞嘧啶核苷三磷酸的生物合成

三、核苷三磷酸的生物合成

生物体内的核苷酸可在相应激酶的催化下，由 ATP 提供磷酸基，转化为核苷二磷酸。这些激酶对核糖与脱氧核糖无特殊要求，对碱基专一。反应通式如下。

$$(d)NMP+ATP \xrightarrow{\text{核苷酸激酶}} (d)NDP+ADP$$

核苷二磷酸可在核苷二磷酸激酶的催化下消耗 ATP 转化为核苷三磷酸，反应通式如下。

$$(d)NDP+ATP \xrightarrow{\text{核苷二磷酸激酶}} (d)NTP+ADP$$

四、脱氧核苷酸的生物合成

（一）核糖核苷酸的还原

生物体内的脱氧核糖核苷酸通常是由核糖核苷酸在核苷二磷酸水平上还原形成的。在大肠杆菌体内，ADP、GDP、UDP 和 CDP 是还原反应的底物，在核苷二磷酸还原酶催化下形成脱氧核糖核苷酸。反应中所消耗的两个氢原子，最终供体是 NADPH，在反应中由氢携带蛋白质转移给还原酶，再传递到底物上（图 11-9）。

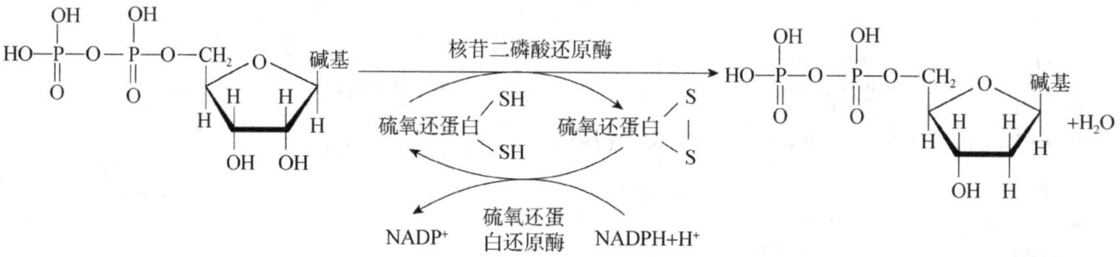

核苷二磷酸还原酶
碱基
硫氧还蛋白 SH SH
硫氧还蛋白 S S
硫氧还蛋白还原酶
$NADP^+$　$NADPH+H^+$
$+H_2O$

图 11-9　脱氧核糖核苷酸的生物合成

目前发现的核糖核苷酸还原酶有 4 种类型，除核苷二磷酸还原酶外，还有以核苷三磷酸为底物的核糖核苷酸还原酶，主要存在于某些微生物中，其结构有别于核苷二磷酸还原酶，适应于厌氧环境。

（二）脱氧胸腺嘧啶核苷酸的生物合成

脱氧胸腺嘧啶核苷酸（dTMP）的生物合成是以脱氧尿嘧啶核苷酸（dUMP）为原料，经甲基化后生成的。这个反应由胸苷酸合成酶所催化，以 N^5,N^{10}-亚甲基四氢叶酸为一碳基团的供体，形成 dTMP 和二氢叶酸（FH_2）（图 11-10）。二氢叶酸可由 NADPH 提供氢，经二氢叶酸还原酶催化，重新生成四氢叶酸（FH_4）。四氢叶酸由丝氨酸提供甲基，转变生成 N^5,N^{10}-亚甲基四氢叶酸。

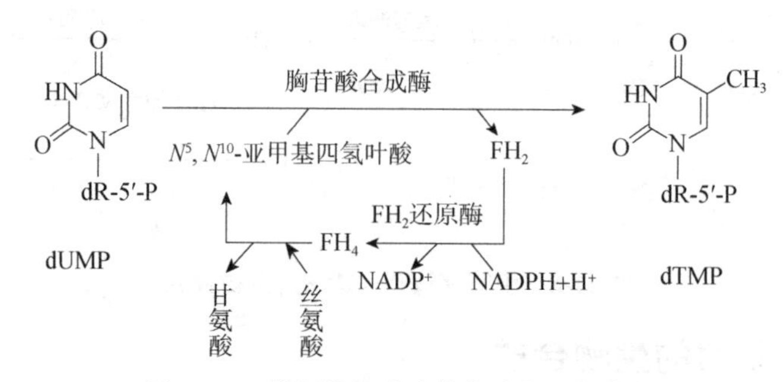

图 11-10　脱氧胸腺嘧啶核苷酸的生物合成

五、核苷酸的补救合成

生物体内核苷酸的合成，除了上述从头合成途径外，还可以利用体内存在的碱基和核苷进行核苷酸补救合成，可以更经济地利用已有的成分。

（一）嘌呤核苷酸的补救合成

第一条嘌呤核苷酸合成的补救途径是碱基和核糖-1-磷酸在特异的核苷磷酸化酶的催化下合成核苷，然后在适当的核苷磷酸激酶的催化下，由 ATP 提供磷酸基，磷酸化形成核苷酸。

$$\text{碱基}+\text{核糖-1-磷酸} \xrightleftharpoons{\text{核苷磷酸化酶}} \text{核苷}+\text{Pi}$$

$$\text{核苷}+\text{ATP} \xrightleftharpoons{\text{核苷磷酸激酶}} \text{核苷酸}+\text{ADP}$$

但在生物体内，仅存在腺苷激酶（adenosine kinase），缺乏催化其他嘌呤核苷磷酸化的激酶。所以核苷激酶途径并不是嘌呤物质再利用的主要途径。

第二条嘌呤核苷酸合成的补救途径是嘌呤碱直接接受 5′-磷酸核糖焦磷酸的磷酸核糖，结合成嘌呤核苷酸。该反应由磷酸核糖转移酶催化，目前发现的磷酸核糖转移酶主要有腺嘌呤磷酸核糖转移酶（adenine phosphoribosyl transferase，APRT）和次黄嘌呤-鸟嘌呤磷酸核糖转移酶（hypoxanthine-guanine phosphoribosyl transferase，HGPRT），分别催化腺嘌呤核苷酸和次黄嘌呤核苷酸或鸟嘌呤核苷酸的生成。

$$\text{腺嘌呤}+5'\text{-磷酸核糖焦磷酸} \xrightleftharpoons{\text{腺嘌呤磷酸核糖转移酶}} \text{腺嘌呤核苷酸}+\text{PPi}$$

$$\underset{\text{(或鸟嘌呤)}}{\text{次黄嘌呤}}+5'\text{-磷酸核糖焦磷酸} \xrightleftharpoons{\text{次黄嘌呤-鸟嘌呤磷酸核糖转移酶}} \underset{\text{(或鸟嘌呤核苷酸)}}{\text{次黄嘌呤核苷酸}}+\text{PPi}$$

由于脑和骨髓组织中缺乏相关酶类，嘌呤核苷酸的合成主要依赖于补救途径，利用红细胞运输的嘌呤碱和嘌呤核苷合成嘌呤核苷酸。Lesch-Nyhan 综合征是一种与 X 染色体连锁的遗传代谢病，也称为自毁性综合征。其发病的机理是，X 染色体上的 *HGPRT* 基因缺陷，导致嘌呤核苷酸补救途径的 HGPRT 缺乏，引起主要底物 PRPP 的堆积，从而使嘌呤核苷酸合成增加，结果引起尿酸大量堆积，从而产生自毁性综合征。患者常出现一系列的神经系统损伤表现，如行为反常、智力发育迟缓、痉挛性大脑麻痹及自残肢体。

（二）嘧啶核苷酸的补救合成

嘧啶核苷酸的补救途径由嘧啶磷酸核糖转移酶催化，利用尿嘧啶、胸腺嘧啶和乳清酸合成嘧啶核苷酸。尿嘧啶核苷酸补救合成也可由尿苷激酶催化。

$$\text{嘧啶（U、T、乳清酸）}+\text{PRPP} \xrightarrow{\text{嘧啶磷酸核糖转移酶}} \text{嘧啶核苷酸}+\text{PPi}$$

$$\text{尿嘧啶}+\text{核糖-1-磷酸} \xrightarrow[\text{PPi}]{\text{尿苷磷酸化酶}} \text{尿苷} \xrightarrow[\text{ATP}\ \ \text{ADP}]{\text{尿苷激酶}} \text{尿嘧啶核苷酸}$$

胞嘧啶不能直接与 PRPP 反应，而是由激酶途径，在尿苷激酶的催化下形成胞嘧啶核苷酸。

$$\text{胞嘧啶核苷}+\text{ATP} \xrightarrow[Mg^{2+}]{\text{尿苷激酶}} \text{胞嘧啶核苷酸}+\text{ADP}$$

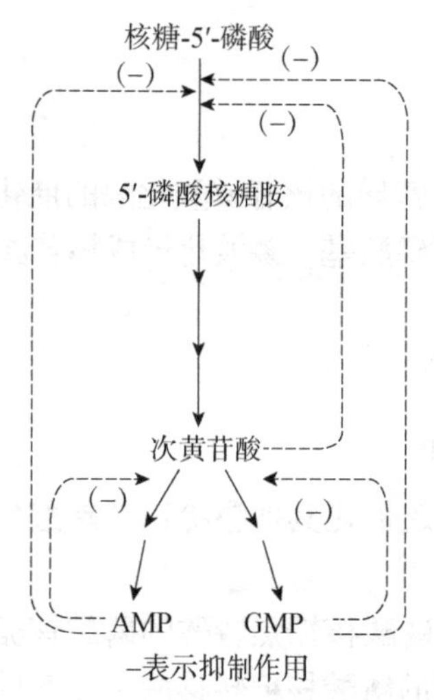

图 11-11　嘌呤核苷酸生物合成的调节

六、核苷酸生物合成的调节

（一）嘌呤核苷酸生物合成的调节

PRPP 合成酶催化合成反应最初底物 PRPP 的生成，该酶受次黄嘌呤核苷酸（IMP，又称次黄苷酸）、腺嘌呤核苷酸（AMP）和鸟嘌呤核苷酸（GMP）的反馈抑制。催化 5′-磷酸核糖胺形成的谷氨酰胺磷酸核糖焦磷酸转酰胺基酶是一个别构酶，受终产物 IMP、AMP 和 GMP 的抑制。因此当细胞内 IMP、AMP 或 GMP 水平高时，均会导致嘌呤核苷酸合成速度降低。IMP 转变生成 AMP 和 GMP 的过程中，AMP 反馈抑制从 IMP 转变为腺苷酸代琥珀酸的反应，GMP 抑制从 IMP 向黄嘌呤核苷酸的转变。具体抑制方式见图 11-11。

在补救途径中，APRT 和 HGPRT 分别受 AMP 和 IMP 及 GMP 的反馈抑制，从而维持生物体内 ATP 和 GTP 浓度的平衡。

（二）嘧啶核苷酸生物合成的调节

嘧啶核苷酸从头合成的第一个反应是合成氨甲酰磷酸。在哺乳动物体内，UDP、UTP 可反馈抑制催化该步骤的 CPSⅡ。细菌的天冬氨酸转氨甲酰酶是从头合成途径的主要调节酶，受终产物 CTP 的别构抑制，ATP 则是其别构激活剂，如图 11-12 所示。

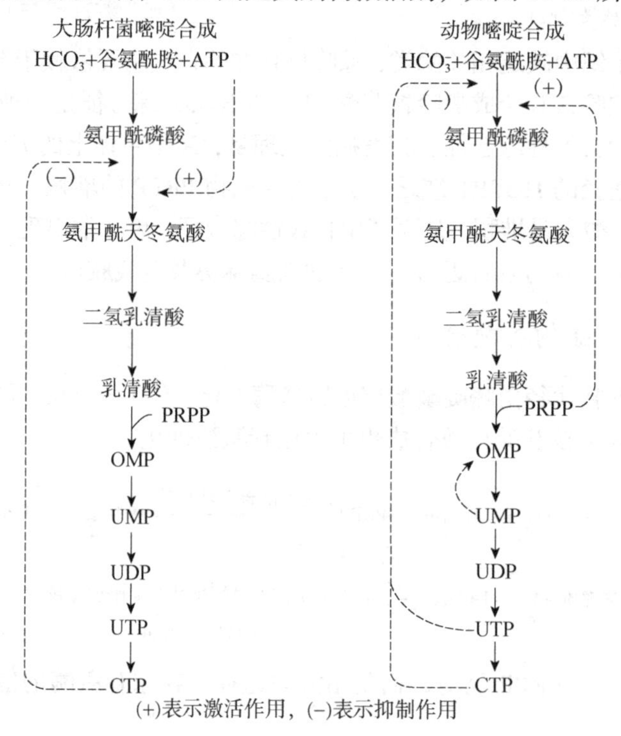

图 11-12　嘧啶核苷酸生物合成的调节

七、核苷酸生物合成的抗代谢物

知识窗 11-2

核苷酸的抗代谢物是指一些与嘌呤、嘧啶结构类似的物质，或与合成过程中某些氨基酸、叶酸等结构类似的物质。它们主要通过竞争性抑制某些合成代谢中的酶，干扰或阻断嘌呤或嘧啶核苷酸的合成，进而对核酸及蛋白质的合成产生抑制作用。而肿瘤细胞的核酸及蛋白质合成十分旺盛，因此这些抗代谢物具有抗肿瘤作用。

（一）嘌呤类似物

嘌呤类似物有6-巯基嘌呤（6-MP）、6-巯基鸟嘌呤等。其中6-MP与IMP结构相似，对急性白血病疗效显著。它可以反馈抑制PRPP转酰胺基酶，阻断从头合成途径，还可以竞争性抑制补救途径中的HGPRT活性，阻止了补救途径。同时，6-MP在体内经酶催化生成巯基嘌呤核苷酸，可阻断IMP转变成AMP及GMP，抑制核酸的合成。

（二）嘧啶类似物

嘧啶类似物主要有5-氟尿嘧啶（5-FU）、5-氟胞嘧啶等。5-FU在临床上广泛用于恶性肿瘤的治疗。在体内，5-FU可转变为脱氧5-氟尿嘧啶核苷酸（F-dUMP），作为dUMP类似物，抑制胸苷酸合成酶，阻断dUMP合成dTMP。

（三）氨基酸类似物

氨基酸类似物有重氮丝氨酸及6-重氮-5-氧亮氨酸等。它们的结构与谷氨酰胺相似，可抑制谷氨酰胺在嘌呤核苷酸合成中的作用，因而对嘌呤核苷酸的从头合成产生干扰。

（四）叶酸类似物

氨基蝶呤及氨甲蝶呤与叶酸的结构类似，可与二氢叶酸还原酶发生不可逆结合，结果阻止四氢叶酸的生成，抑制了一碳单位的转移反应，从而抑制嘌呤核苷酸和胸苷酸的合成。

八、辅酶核苷酸的生物合成

（一）烟酰胺核苷酸的合成

烟酰胺腺嘌呤二核苷酸（辅酶Ⅰ、NAD）和烟酰胺腺嘌呤二核苷酸磷酸（辅酶Ⅱ、NADP）的合成在生物体中是由烟酸开始的。烟酸先与5′-磷酸核糖焦磷酸反应生成烟酸单核苷酸，后者再与ATP缩合，所生成的烟酸腺嘌呤二核苷酸（脱酰胺-NAD）酰胺化生成NAD。NADP可由NAD经磷酸化转变而成。

$$\text{烟酸}+5'\text{-磷酸核糖焦磷酸} \xrightleftharpoons{\text{烟酸单核苷酸焦磷酸化酶}} \text{烟酸单核苷酸}+\text{PPi}$$

$$\text{烟酸单核苷酸}+\text{ATP} \xrightleftharpoons{\text{脱酰胺-NAD焦磷酸化酶}} \text{脱酰胺-NAD}+\text{PPi}$$

$$\text{脱酰胺-NAD}+\text{ATP} \xrightarrow[\text{谷氨酰胺}\ \searrow\ \text{谷氨酸}]{\text{NAD合成酶}} \text{NAD}+\text{AMP}+\text{PPi}$$

$$\text{NAD}+\text{ATP} \xrightarrow{\text{NAD激酶}} \text{NADP}+\text{ADP}$$

（二）黄素核苷酸的合成

动物、植物和微生物都可以利用核黄素作为原料来合成黄素单核苷酸（FMN）和黄素腺嘌呤二核苷酸（FAD）。核黄素与 ATP 在黄素激酶（flavokinase）的催化下反应，即可生成 FMN，FMN 又可与 ATP 在 FAD 焦磷酸化酶（FAD pyrophosphorylase）的催化下反应生成 FAD。

$$\text{核黄素+ATP} \xrightarrow[\text{Mg}^{2+}]{\text{黄素激酶}} \text{FMN+ADP}$$

$$\text{FMN+ATP} \xrightleftharpoons{\text{FAD焦磷酸化酶}} \text{FAD+PPi}$$

（三）辅酶 A 的合成

辅酶 A 分子中含有腺苷酸、泛酸、巯基乙胺和磷酸，其合成由泛酸开始。首先，泛酸在泛酸激酶（pantothenate kinase）的催化下与 ATP 反应生成 4′-磷酸泛酸。接着 4′-磷酸泛酸再与半胱氨酸缩合生成 4′-磷酸泛酰半胱氨酸，反应由磷酸泛酰半胱氨酸合成酶（phosphopanthothenoylcysteine synthetase）所催化。然后 4′-磷酸泛酰半胱氨酸在磷酸泛酰半胱氨酸脱羧酶的催化下脱羧，所生成的 4′-磷酸泛酰巯基乙胺再与 ATP 缩合生成脱磷酸辅酶 A。最后脱磷酸辅酶 A 由脱磷酸辅酶 A 激酶（dephospho-CoA kinase）催化，磷酸化生成辅酶 A。

$$\text{泛酸+ATP} \xrightarrow{\text{泛酸激酶}} \text{4′-磷酸泛酸+ADP}$$

$$\text{4′-磷酸泛酸+半胱氨酸} \xrightarrow{\text{磷酸泛酰半胱氨酸合成酶}} \text{4′-磷酸泛酰半胱氨酸}$$

$$\text{4′-磷酸泛酰半胱氨酸} \xrightarrow{\text{磷酸泛酰半胱氨酸脱羧酶}} \text{4′-磷酸泛酰巯基乙胺+CO}_2$$

$$\text{4′-磷酸泛酰巯基乙胺+ATP} \xrightleftharpoons{\text{焦磷酸化酶}} \text{脱磷酸辅酶A+PPi}$$

$$\text{脱磷酸辅酶A+ATP} \xrightarrow{\text{脱磷酸辅酶A激酶}} \text{辅酶A+ADP}$$

小结

核酸降解形成核苷酸。不同的核苷酸可在相应的核苷酸酶的催化下降解为核苷和磷酸。生物界广泛存在的核苷水解酶和核苷磷酸化酶可将核苷分解为碱基和戊糖或戊糖磷酸。

嘌呤碱经脱氨、氧化生成尿酸。各种生物对尿酸的代谢能力不同。人类和一些排尿酸的生物缺少尿酸酶，不能将尿酸进一步降解，所以尿酸是这类生物的嘌呤最终代谢物。植物体内广泛存在一些尿囊素酶、尿囊酸酶和脲酶，能进一步降解尿酸。微生物一般能将嘌呤类物质分解为氨、二氧化碳及甲酸和乙酸等。

嘧啶碱的分解过程比较复杂。胞嘧啶脱氨基转变为尿嘧啶，尿嘧啶经还原、水解、脱羧、脱氨后形成 β-丙氨酸；胸腺嘧啶经还原、水解等反应转变为 β-氨基异丁酸；β-丙氨酸和 β-氨基异丁酸去氨基后形成相应的酮酸，其可进入三羧酸循环进一步代谢。

核糖核苷酸生物合成有从头合成途径和补救途径。从头合成途径是利用一些简单的前体物质合成嘌呤核苷酸和嘧啶核苷酸。嘌呤核苷酸合成从核糖-5′-磷酸开始，经一系列酶促反应在 PRPP 上逐步合成嘌呤核苷酸，首先形成次黄嘌呤核苷酸，然后转变为腺嘌呤核苷酸和鸟嘌呤核苷酸。嘧啶核苷酸合成的原料是二氧化碳、氨或谷氨酰胺，经一系列反应先合成嘧啶环，然后与 PRPP 结合形成 UMP，再转变为 UDP、UTP、CTP。补救途径利用核苷酸的分解产物重新合成核苷酸。

脱氧核糖核苷酸是由相应的核糖核苷酸还原形成的。反应发生在核苷二磷酸水平上。脱氧胸腺嘧啶核苷酸可以在胸腺嘧啶核苷酸合成酶的作用下由脱氧尿苷酸甲基化形成，也可以由胸腺嘧啶和脱氧核糖合成。不同的脱氧核糖核苷酸还可以相互转换。

思考题

1．核苷酸在体内有哪些主要的生理功能？

2．简述核苷酸从头合成途径与补救途径的关系。

3．比较各种生物嘌呤代谢产物的不同。

4．试比较嘌呤核苷酸和嘧啶核苷酸从头合成途径的异同（从前体、核糖-5′-磷酸的获得、消耗的能量、酶促反应步骤等方面比较）。

5．指出嘌呤环和嘧啶环共同的原料有哪些。

6．体内脱氧核苷酸是如何合成的？

7．什么原因会导致痛风？治疗痛风常用的药物有哪些？

第十二章　DNA 的生物合成

许多现代生物学实验证明 DNA 是生物遗传的主要物质基础，Watson 和 Crick 在 1953 年提出了 DNA 双螺旋结构模型，对 DNA 双螺旋的描述揭开了人们对遗传信息研究的序幕，当时虽未提出 DNA 复制的机制，但他们认为 DNA 双链之间特异性配对是 DNA 复制的关键。1958 年，Meselson 和 Stahl 利用氮的同位素 ^{15}N 标记大肠杆菌 DNA，首先证明了 DNA 的半保留复制。DNA 双链的解开、复制、新链的合成及校对修复是一个非常复杂的过程。

第一节　DNA 复制通则

一、半保留复制

当 DNA 复制时，亲代分子的两条链必须分开，每条多核苷酸链都作为通过碱基配对作用生成互补链的模板（A 与 T 配对，G 与 C 配对），从而使互补的子链能在每条亲链的表面发生酶促合成反应，结果产生两个相同的双螺旋 DNA 分子。每个 DNA 分子链都含有一条来自亲代分子的多核苷酸链，以及一条新合成的互补链。这种复制模式即半保留复制（semiconservative replication）（图 12-1）。不管是真核生物还是原核生物，在细胞增殖阶段，DNA 都会发生准确的复制，复制好的 DNA 分配到两个子细胞中。亲代 DNA 的每条链作为模板合成互补的子链，这样产生的双链分子与亲代一样。

知识窗 12-1

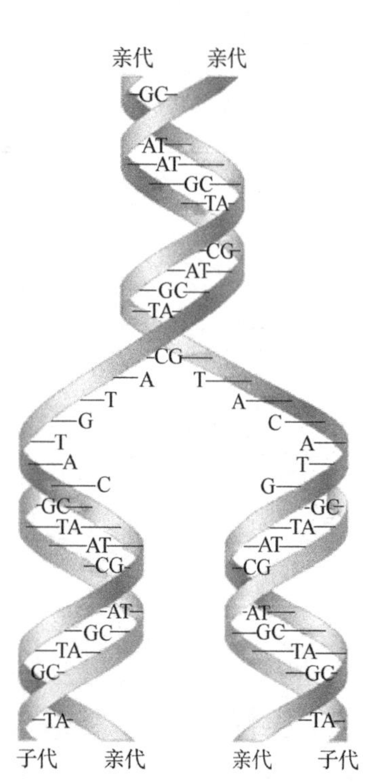

图 12-1　DNA 的半保留复制

1958 年，Meselson 和 Stahl 首次用实验证明了 DNA 的半保留复制过程。他们分别用普通培养基（含 $^{14}NH_4Cl$）和以 $^{15}NH_4Cl$ 为唯一氮源的培养基培养大肠杆菌，并将各代的细菌 DNA 抽提出来进行氯化铯密度梯度离心，把不同 DNA 片段进行分离。

二、复制的起点和方向

在基因组中，能独立复制的单位称为复制子（replicon）。DNA 复制开始于染色体上固定的起始点，起始点是含有 100～200bp 的一段 DNA。首先是 DNA 两条链在起始点分开形成叉子样的“复制叉”（replication fork），随着复制叉的移动完成 DNA 的复制过程，一旦复制开始，它就会继续下去直至结束或受阻。原核生物的环状 DNA 只有一个复制起点，其复制叉移动的速度约为 10^5bp/min。一个复制泡可以含有一个或两个复制叉（单向或双向复制）（图 12-2）。在细胞染色体的复制过程中，离复制点越近的基因出现频率越高。为了证明 DNA 复制的方向性，Elizabeth Gyurasits 等采用脉冲标记和放射自显影技术进行了研究。虽然从 X 光胶片上可以看到每一个 θ 结构中含有两个分支点，但这并不表示就有两个复制叉。放射自显影研究证实 θ 复制几乎全是双向的，即 DNA 合成从复制起始点开始沿着两个方向进行（图 12-3）。通常情况下复制是对称的，即两条链同时进行，但也有不对称的，即先复制好一条链再进行另一条链的复制。

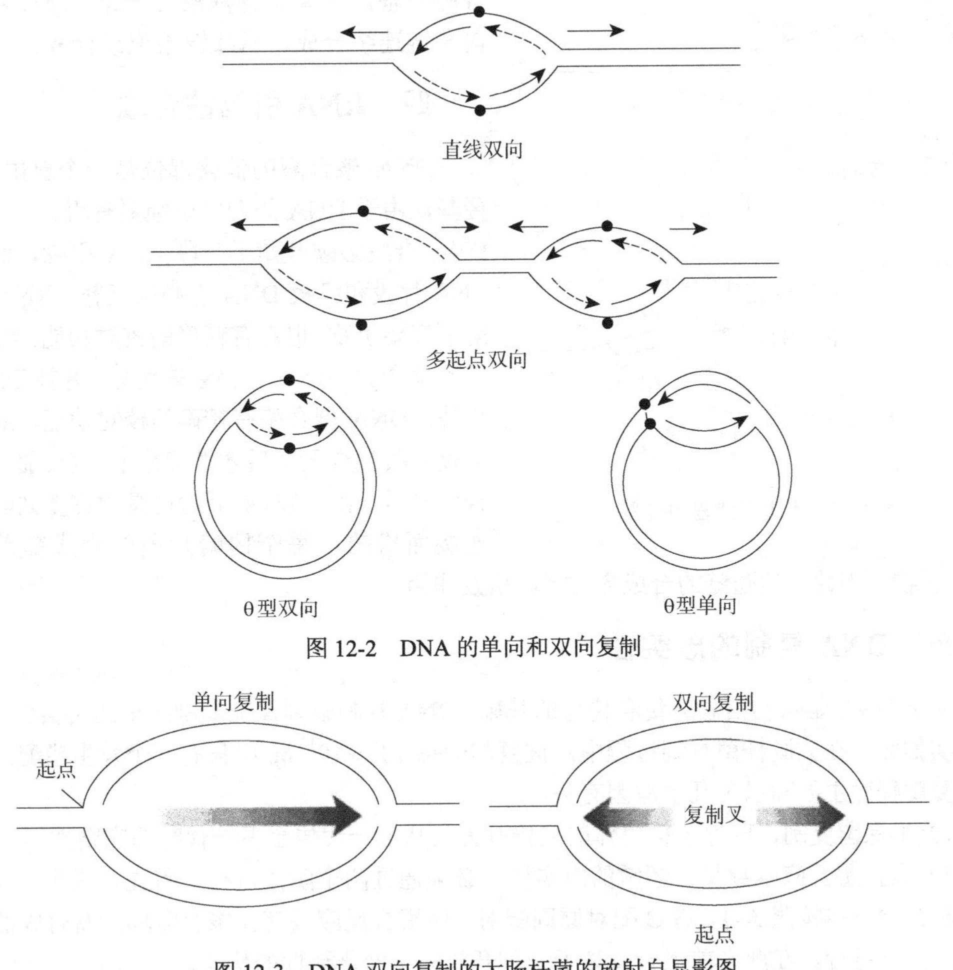

图 12-2　DNA 的单向和双向复制

图 12-3　DNA 双向复制的大肠杆菌的放射自显影图

三、半不连续复制

当 DNA 复制叉处两条链被解开时，每一条链以各自为模板按照碱基互补的原则合成两条反向平行的链，一条是 3′→5′，另一条是 5′→3′，而在复制时 DNA 链只能由 5′→3′ 方向延伸，但是放射自显影显示双螺旋 DNA 的两条链在一个前进的复制叉中是同时被复制的，那么 5′→3′方向的亲链是如何完成复制的呢？

科学家提出的半不连续复制（semidiscontinuous replication）模型（图 12-4）解释了这个问题。两条亲链是以不同方式被复制，其中沿 5′→3′按照复制叉的移动方向延伸的新合成的 DNA 链，称前导链（leading strand），在复制叉解链前进的同时连续合成。另一条新链，即后随链（lagging strand），在复制叉前进时也是沿 5′→3′方向合成，但不是连续的，

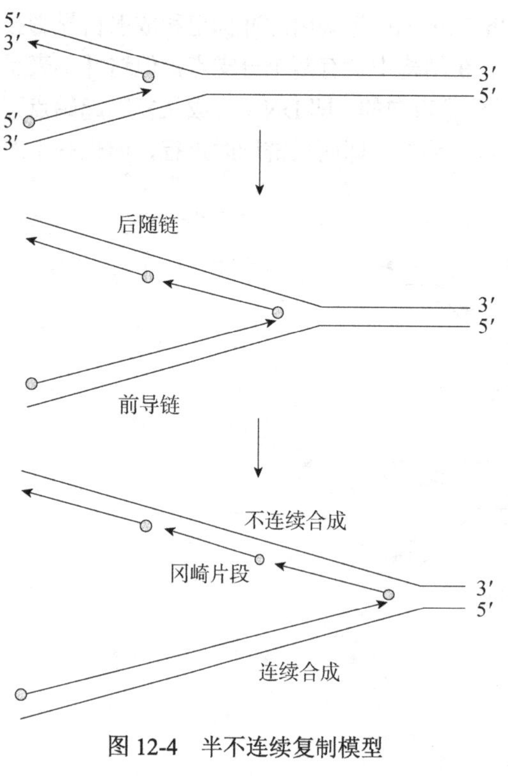

图 12-4　半不连续复制模型

即先按照 5′→3′方向以碱基互补的原则合成若干短片段（冈崎片段，相对比较短的 DNA 链，是在 DNA 后随链的不连续合成期间生成的片段），再通过 DNA 连接酶将这些片段连在一起构成后随链。冈崎片段大小一般约为 1000 个核苷酸残基。两条子链都沿 5′→3′方向被合成。前导链连续合成，后随链不连续合成。

四、RNA 引物的合成

DNA 聚合酶的催化部位是一个自由的 3′-羟基，由于 DNA 的合成必须要有引物，因此，DNA 合成必须开始于一段 RNA 引物，而这个 RNA 片段和模板 DNA 链必须互补。RNA 聚合酶不需要引物，也没有精确的校对功能。当 DNA 开始聚合后，RNA 引物会被切除，并被 DNA 链代替。DNA 聚合酶有精确的校对功能，对引入的核苷酸复查无误后才继续往下聚合。前导链的合成只需一次引发，而后随链是由许多冈崎片段连接而成的，每个冈崎片段的合成都需一个 RNA 引物，因此，后随链的合成需要多次引发作用。

五、DNA 复制的忠实性

由于 DNA 是生物信息遗传和传递的基础，DNA 复制必须保证复制结果的忠实性。事实也确实如此，在大肠杆菌复制过程中，被复制的每 10^8～10^{10} bp 中只有一个发生错配，如此高的复制程度主要和以下几个原因有关。

1）半保留复制，确保了染色体的遗传基因在从上一代传至下一代时的完整性。

2）聚合酶反应本身具有超常的忠实性，必须通过两个阶段进行。首先，进来的 dNTP 与模板必须严格按照 A-T、G-C 配对原则配对，而聚合反应只有在聚合酶环绕新合成的碱基对以后才能进行，在此之前聚合酶处于一种开放的无催化活性的构象。

3）大肠杆菌 DNA 聚合酶Ⅰ和 DNA 聚合酶Ⅲ均具有 3′→5′外切酶活性，起到校对功能。真核生物中的主要聚合酶 δ、ε 具备 3′→5′外切酶活性，可以及时切除错配单核苷酸。真核生物 DNA 聚合酶和细菌 DNA 聚合酶的基本性质相同，均以 4 种脱氧核糖核苷三磷酸为底物，需 Mg^{2+}激活，聚合时必须有模板和引物 3′-OH 存在，链的延伸方向为 5′→3′方向。

4）在所有细胞中都存在着完整有效的酶系统，可及时发现并修复新合成 DNA 中的残基错误，以及在 DNA 合成之后引起的损伤。

5）新链 DNA 的未被甲基化特点为 DNA 复制的修复系统提供了识别模板链与新链 DNA 的信号，使修复能以模板链为依据，而不至于造成模板链的错误修复。

6）DNA 聚合酶在没有引物时不能使新链延伸，这也提高了 DNA 复制的忠实性。因为在复制时一条链的最初几个核苷酸可能被错配，由于引物的存在，发生错配的引物在最后将被 DNA 置换。

第二节　原核生物DNA的复制

一、原核生物基因的特点

原核生物的基因组通常比较小，有以下特点：①通常只有一个环状或者线状 DNA，大肠杆菌为 4.2×10^6bp；噬菌体有 48 502bp。②核酸呈裸露状态，几乎完全没有蛋白质与核酸结合。③基因组中存在可移动的 DNA 序列，具有操纵子结构。④基因有单拷贝和多拷贝两种形式，DNA 绝大多数用于编码蛋白质，结构基因多为单拷贝。⑤基因之间有重叠。

二、DNA 聚合酶

1957 年，Arthur Kornberg 在大肠杆菌中发现了一种催化 DNA 合成的酶，这种酶现在被称为 DNA 聚合酶Ⅰ或 PolⅠ。后来科学家对 PolⅠ活性较低、生长正常的大肠杆菌突变体进行研究发现了另外两种 DNA 聚合酶，根据发现的顺序分别命名为 DNA 聚合酶Ⅱ（PolⅡ）及 DNA 聚合酶Ⅲ（PolⅢ）。

知识窗 12-2

（一）DNA 聚合酶Ⅰ

除了具有聚合酶活性之外，DNA 聚合酶Ⅰ还具有两种外切核酸酶活性，即 3′→5′和 5′→3′外切核酸酶活性。

3′→5′外切核酸酶活性赋予了 DNA 聚合酶Ⅰ校正功能，DNA 复制时，如果新链中掺入了错配的核苷酸，DNA 聚合酶Ⅰ的聚合活性将被抑制，而 3′→5′外切核酸酶活性将这个错配的核苷酸水解切除，然后聚合酶活性恢复继续合成 DNA（图 12-5）。

DNA 聚合酶Ⅰ的 5′→3′外切核酸酶活性可切割带切口 DNA 链切口区外的碱基配对区域，从而将 DNA 剪切成单核苷酸或多至 10 个残基的寡核苷酸（图 12-6）。其最重要的功能是协助后随链的合成。后随链合成时冈崎片段的连接和 RNA 引物的切除是同时进行的，在这个过程中 DNA 聚合酶Ⅰ去除 RNA 引物，并以 DNA 替换。这一过程需要 DNA 聚合酶Ⅰ的 5′→3′外切核酸酶活性和聚合酶活性协同作用。5′→3′外切核酸酶活性切除新合成冈崎片段的 5′端核糖核苷酸的 RNA 引物，而聚合酶活性通过攻击原有冈崎片段的 3′端羟基，置换为脱氧核糖核苷酸连接在原有的冈崎片段的 3′端。缺口因此向 3′端方向被平移了一个核苷酸的位置，这一过程称为缺口平移（nick translation）。当 RNA 被全部剪切后，RNA 引物与新合成冈崎片段之间的缺口通过 DNA 连接酶被连接封口（图 12-7）。

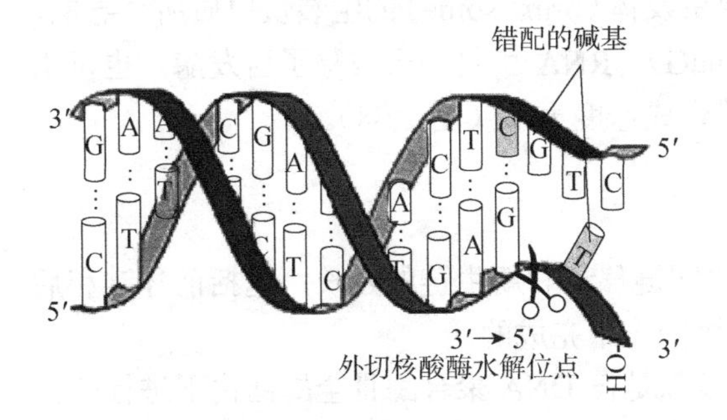

图 12-5　DNA 聚合酶Ⅰ的 3′→5′外切核酸酶功能

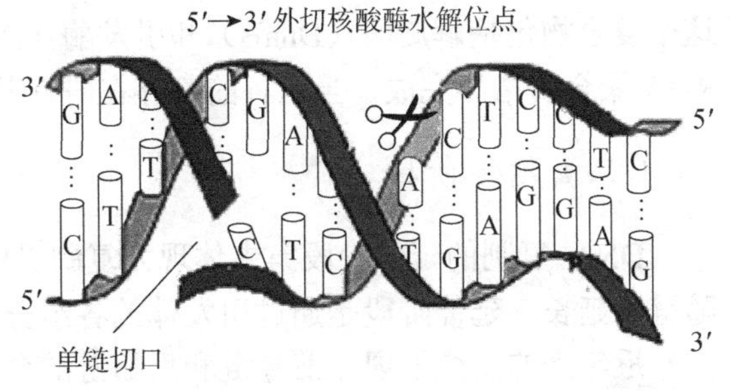

图 12-6　DNA 聚合酶Ⅰ的 5′→3′外切核酸酶功能

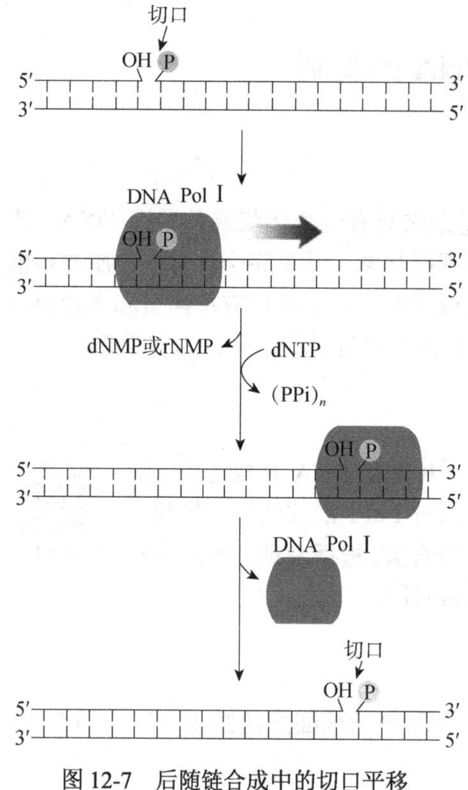

图 12-7 后随链合成中的切口平移

（二）DNA 聚合酶Ⅱ

DNA 聚合酶Ⅱ和 DNA 聚合酶Ⅰ一样具有聚合酶活性和 3′→5′外切核酸酶活性，但不具有 5′→3′外切核酸酶活性。DNA 聚合酶Ⅱ的活力很低，主要参与 DNA 的修复。

（三）DNA 聚合酶Ⅲ

DNA 聚合酶Ⅲ同样具有聚合酶活性和 3′→5′外切核酸酶活性，而不具有 5′→3′外切核酸酶活性。DNA 聚合酶Ⅲ的活力很强，为 DNA 聚合酶Ⅰ的 15 倍、DNA 聚合酶Ⅱ的 300 倍。许多研究结果证明，DNA 聚合酶Ⅲ是大肠杆菌细胞中主要负责 DNA 链延伸的酶。

三、DNA 复制的过程

（一）起始阶段

DNA 复制的起始阶段是指 DNA 母链形成复制叉和 RNA 引物形成的阶段。

大肠杆菌染色体的复制起始于一个 200 多碱基对区域，此区域称为 oriC 基因座，这段序列的组成在革兰氏阴性细菌中高度保守。首先，在复制起始，DNA 双链要在此区域解旋熔解开放，同时还要形成 RNA 引物。

DNA 双链的熔解开放需要 DnaA 蛋白亚单位组成的复合物与 oriC 相结合，还需要消耗 ATP 水解产生的能量。复制的起始，要求 DNA 呈负超螺旋，并且起点附近的基因处于转录状态。而 DNA 双螺旋的解旋需要解旋酶——六聚体的 DnaB 蛋白的参与，DnaB 以依赖 ATP 的方式从两个方向进一步解开 DNA 链，这一解链作用产生正超螺旋，要求 DNA 解旋酶产生额外的负超螺旋作用来抵消。DNA 双链的解开还需要 DNA 旋转酶（拓扑异构酶Ⅱ）和单链结合蛋白（SSB），在解链后解旋酶后面被分开的 DNA 链，通过与 SSB 结合而阻止退火。SSB 是一种四聚体蛋白，它包裹着单链 DNA，从而使其维持在不配对的状态，DNA 在被复制之前必须剥去 SSB。

在 DNA 合成之前，引物的合成是由一个叫引发体（primosome）的组装蛋白质所介导的，这个复合物包括解旋酶（DnaB）和引发酶（DnaG），RNA 引物的合成除了引发酶，也可由 RNA 聚合酶指导完成，当两种酶都存在时，其合成速度大增（图 12-8）。

（二）延伸阶段

DNA 复制的延伸阶段集中体现为复制叉的解链移动和新生链的延长，包括前导链和后随链的延长。延伸阶段是通过引发体的各组分协同作用完成的。

近年来的研究发现，前导链和后随链的合成都是在 DNA 聚合酶Ⅲ全酶催化下进行的。这发生在含有两个 DNA 聚合酶Ⅲ分子的单个多蛋白质颗粒上，即复制体。前导链的复制速

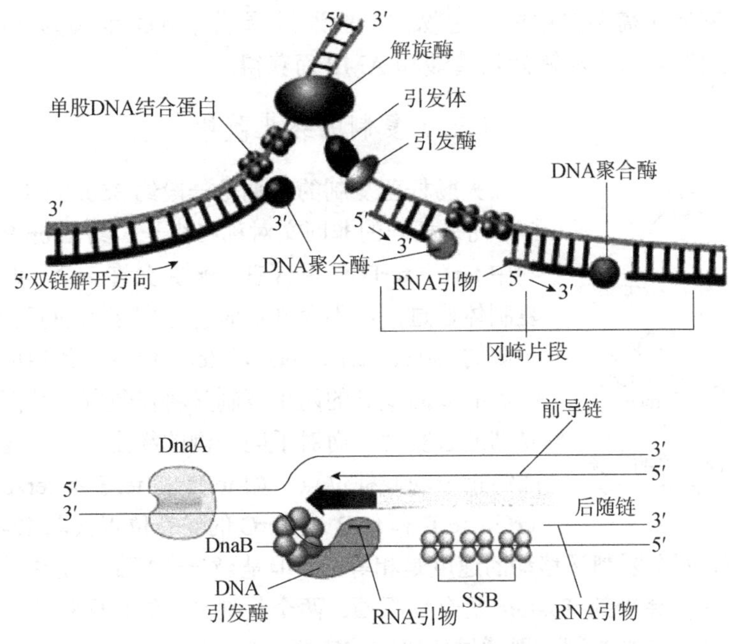

图 12-8　参与 DNA 复制起始的蛋白质

度与复制叉的移动速度几乎一致，为了使复制体作为单独的一个单位按 5′→3′复制方向沿前导链移动，后随链的模板必须回转成环状（图 12-9）。在完成了一个冈崎片段的合成之后，由 DNA 聚合酶Ⅲ加入脱氧核糖核苷酸，后随链全酶重新定位于复制叉附近的一段引物上，并重新开始合成。RNA 引物通过聚合酶Ⅰ催化的缺口平移而被 DNA 置换，后随链中的切口则由 DNA 连接酶的作用而被封口。上述过程中，DNA 的合成速度是每条链每秒加接 1000nt。

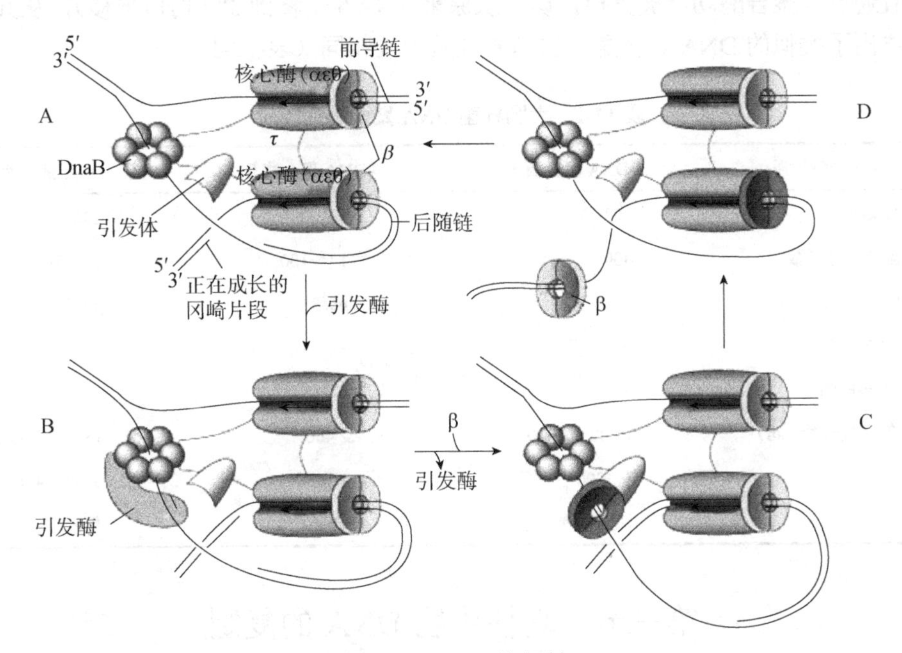

图 12-9　DNA 的复制

A．后随链模板先绕成环状，以便在全酶的作用下延伸被引发的后随链；B．形成冈崎片段；C．全酶遇到先前已合成好的冈崎片段时，释放出后随链模板；D．全酶重新结合后随链模板

DNA 连接酶反应需要自由能，生物体一般通过偶联 NAD^+水解为烟酰胺单核苷酸（NMN^+）或通过偶联 ATP 水解为焦磷酸和 AMP 而获得。

（三）复制的终止阶段

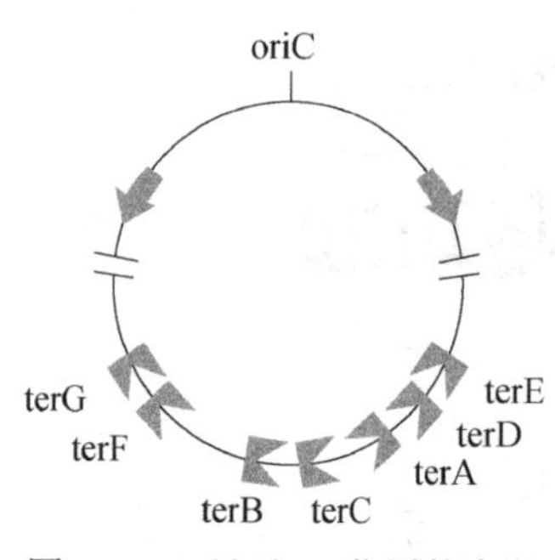

图 12-10　显示 ter 位置的大肠杆菌染色体图谱

大肠杆菌复制的末端是一段约 350kb 的片段，两侧有约 6 个几乎相同的非回文对称终止子、约 22bp 的终止子位点，其中 terE、terD 和 terA 在一侧，允许一个顺时针方向运动的复制体通过，而不允许逆时针方向运动的复制体通过。而另一侧的 terG、terF、terB 和 terC 位点与此相反。这样在 oriC 起始的双向复制的两个复制叉将在复制末端汇合，从而保证复制的忠实性。而对于同一侧的终止子，后面的终止子是前面终止子的候补位点，如 terD 和 terE 是 terA 的候补位点，terG、terF 和 terB 是 terC 的候补位点（图 12-10）。

正常情况下，两个复制叉移动的速度是相等的，但是当一个复制叉前进受阻时，另一个复制叉复制过半后就会受到 Tus-ter 复合物阻挡。两个复制叉在终止区相遇，复制体解体，其中仍有 50～100bp 未被复制，要通过修复方式完成。

复制叉在 ter 位点的制动需要 Tus 蛋白的作用，Tus 蛋白特异性地与一个 ter 位点结合，并阻止此处由 DnaB 解旋酶所进行的链置换，从而阻止复制叉的前进。

大肠杆菌 DNA 复制的最后步骤是连接的亲代 DNA 链的拓扑学拆分，从而将两个复制产物分开。这一反应可能由一种或多种拓扑异构酶所催化。

新合成的冈崎片段 5′端的 RNA 引物，通过 DNA 聚合酶Ⅰ的 5′→3′外切核酸酶功能被切除，并且通过其聚合酶功能被置换，切口从原来 RNA 5′平移到 3′（切口平移），从其他细菌中也分离出了类似的 DNA 聚合酶，它们的性质大致相同（表 12-1）。

表 12-1　大肠杆菌 DNA 聚合酶的性质

DNA 聚合酶性质	DNA 聚合酶Ⅰ	DNA 聚合酶Ⅱ	DNA 聚合酶Ⅲ
分子质量/kDa	103	88	130
每个细胞中的分子数	400	17～100	10～20
结构基因	*polA*	*polB*	*polC*
3′→5′外切核酸酶	+	+	+
5′→3′外切核酸酶	+	−	−
聚合速度/（核苷酸/min）	1 000～1 200	2 400	15 000～60 000
持续合成能力	3～200	1 500	≥500 000
功能	切除引物，修复	修复	复制

第三节　真核生物 DNA 的复制

真核生物和原核生物 DNA 的复制机制非常相似，但真核生物系统要复杂得多，对真核生物 DNA 复制许多细节的认识，远不如原核生物那么深刻。本节主要讨论与原核生物复制不同的内容。

一、真核生物基因的特点

真核生物基因和原核生物的相比，有以下特点：①真核生物的基因组较大，通常基因分布在一条以上的染色体上；②基因组成有重复现象，根据重复程度可分为低、中、高 3 类；③基因有单拷贝和多拷贝两种形式；④呈现单顺反子结构；⑤真核生物的 DNA 与蛋白质通常结合在一起以染色体的形式存在；⑥多数是不连续基因，通常由内含子等非编码序列将基因间隔开。

二、DNA 聚合酶

真核生物中具有多种 DNA 聚合酶。从哺乳动物细胞中分出的 DNA 聚合酶多达 15 种，主要有 5 种，分别以 α、β、γ、δ、ε 来命名。它们的性质列于表 12-2 中。细胞核染色体的复制由 DNA 聚合酶 α、δ、ε 共同完成。

在真核生物中，DNA 聚合酶 α 存在于细胞核中，其中两个亚基具有 DNA 聚合酶的活性，无外切酶的活性；另外两个亚基具有 RNA 引物合成酶的作用。推测在复制叉上由 DNA 聚合酶 α 合成引物，两个 DNA 聚合酶 δ 分别完成前导链和后随链的合成。DNA 聚合酶 δ、ε 与一种称为增殖细胞核抗原（proliferating cell nuclear antigen，PCNA）的复制因子结合。PCNA 相当于大肠杆菌 DNA 聚合酶Ⅲ的 β 亚基。

表 12-2　哺乳动物 DNA 聚合酶的性质

DNA 聚合酶性质	α	β	γ	δ	ε
位置	细胞核	细胞核	线粒体	细胞核	细胞核
分子质量/kDa	＞250	36～38	160～300	170	256
外切酶活性	无	无	3′→5′外切酶	3′→5′外切酶	3′→5′外切酶
引物合成酶活性	有	无	无	无	无
持续合成能力	低	低	高	有 PCNA 时高	高
功能	引物合成	修复	复制和修复	复制和修复	复制和修复

三、多复制起点

真核生物通常含有比原核生物多 60 倍的 DNA，但其复制在几小时就可以完成，原因是真核生物并不像原核生物那样从单个起点开始复制，真核生物染色体包含多个复制起点（图 12-11），根据不同的物种和组织，每 3～300kb 就有一个复制起点。不同的复制子（replicon）并非完全同时被复制。

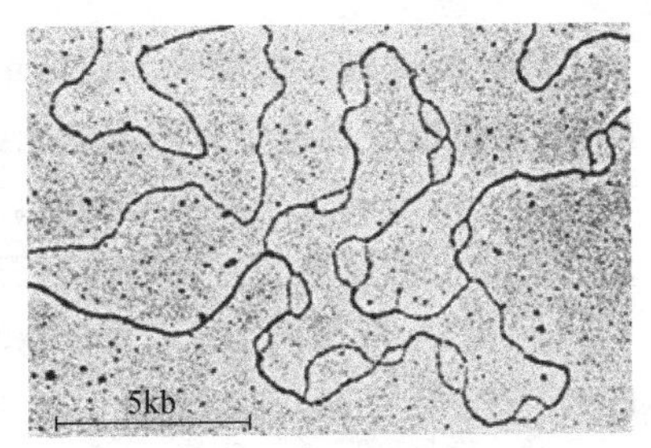

图 12-11　真核生物染色体的多个复制起点

四、端粒和端粒酶

后随链最后一个 RNA 引物不能被 DNA 置换。因此，每经过一轮复制，DNA 分子将在两端缩短一个 RNA 引物的长度，最终必将导致染色体末端必需遗传信息的丢失（图 12-12）。

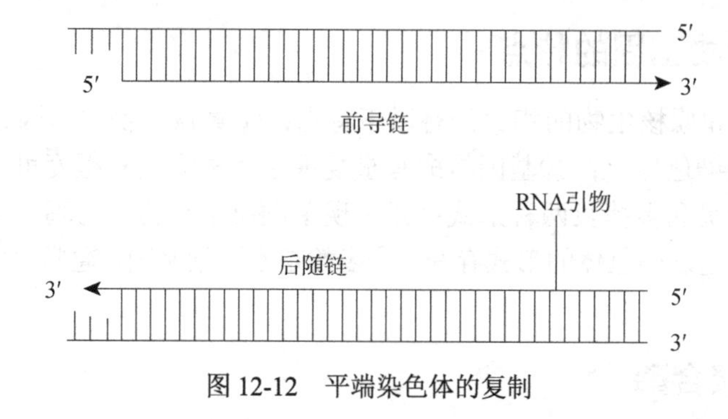

图 12-12　平端染色体的复制

真核生物线性染色体的末端具有一种特殊的结构来解决这个问题，称为端区或端粒（telomer）。端粒结构中由 DNA 重复序列组成。例如，人的端粒为 TTAGGG。

端粒不携带遗传信息，具有保护 DNA 双链末端，使其免遭降解及彼此融合的功能。端粒作为染色体末端的特殊结构，有维持染色体结构、功能完整的作用，同时端粒的平均长度随着细胞分裂次数的增多及年龄的增长而变短，可导致真核生物染色体的稳定性下降，并导致衰老。但是在生殖细胞、胚胎细胞和肿瘤细胞中，因为有端粒酶，所以并不出现这种情况。

端粒酶（telomerase）是一种由 RNA 和蛋白质组成的核糖核蛋白，RNA 和蛋白质都是酶活性必不可少的组分，可看作是一种逆转录酶。此酶组成中的 RNA 可作为模板，催化合成端区的 DNA 片段。端粒酶催化合成端区，在保证染色体复制的完整性上有重要意义。端粒酶的核心作用是延长端粒，从而使端粒在复制过程中保持一定长度，为细胞不断复制提供遗传基础。

第四节　逆　转　录

以 RNA 为模板合成 DNA 的过程称为逆转录（反转录）（reverse transcription），此过程由逆转录酶（reverse transcriptase，RT）或称反转录酶催化完成。1970 年，Temin 和 Baltimore 分别从致癌 RNA 病毒（劳斯肉瘤病毒和鼠类白血病病毒）中发现了逆转录酶。进一步的研究发现逆转录过程主要发生在病毒中，后来在哺乳类动物胚胎和正在分裂的细胞中也发现了该酶。

一、逆转录酶

催化反向转录的酶称为逆转录酶，又称 RNA 指导下的 DNA 聚合酶，该酶的作用是以 RNA 为模板，合成带有病毒 RNA 全部遗传信息的 DNA。禽类成髓细胞瘤病毒的逆转录酶由一个 α 亚基和一个 β 亚基组成。鼠类白血病病毒的逆转录酶由一条多肽链组成。两种酶类均含有二价金属离子，通常具有三种酶活性。

1）RNA 指导的 DNA 聚合酶活性（以 RNA 为模板，合成一条互补的 DNA，形成 RNA-DNA 杂合分子）。

2）RNase H 酶活性。水解 RNA-DNA 杂合分子中的 RNA，可沿 3′→5′和 5′→3′两个方向起外切酶作用。

3）DNA 指导的 DNA 聚合酶活性。在新合成的 DNA 链上，合成另一条互补的 DNA 链，形成双链 DNA。

该酶的模板为 RNA 或 DNA，当以自身病毒类型的 RNA 为模板时，该酶的逆转录活力最大，但是带有适当引物的任何种类的 RNA 都能作为合成 DNA 的模板。

逆转录的过程也需要引物，引物为 RNA 或 DNA，反应底物为 dNTP，辅助因子为二价阳离子 Mg^{2+}或 Mn^{2+}。

二、逆转录的合成过程

当致癌 RNA 病毒侵染宿主细胞时，病毒 RNA 及逆转录酶一起进入宿主细胞，病毒自身带入的逆转录酶使 RNA 逆转录成双链 DNA。其合成过程大致如下。

1）以病毒（+）RNA 为模板，合成互补的（−）DNA。

2）切除 RNA-DNA 杂合分子中的 RNA。

3）以（−）DNA 链为模板，合成（+）DNA 链，最后形成两端带有长末端重复序列（LTR）的双链 DNA。

逆转录病毒只有整合到宿主染色体 DNA 后才能被转录，转录产物经拼接可以产生不同的病毒 mRNA。LTR 对前病毒 DNA 整合到宿主染色体 DNA 及整合后的转录均起着重要作用。

三、病毒的逆转录与疾病

致癌 RNA 病毒是一大类能引起鸟类、哺乳类等动物白血病、肉瘤及其他肿瘤的病毒。这类病毒侵染细胞后并不引起细胞死亡，但可以使细胞发生恶性转化。其致癌作用与其生活周期有关。

1）病毒粒子侵染细胞，病毒 RNA 和逆转录酶一起进入细胞。

2）RNA 被逆转录成双链 DNA（前病毒），环化，进入细胞核。

3）逆转录病毒的 DNA 整合到宿主染色体 DNA 中。

4）前病毒 DNA 进行复制，转录出功能基因、基因组 RNA 和病毒蛋白质。

5）基因组 RNA 和病毒蛋白质在胞质中组装成新病毒粒子，转移到质膜，通过出芽方式释放新病毒粒子。

人类免疫缺陷病毒（HIV）也是一种逆转录病毒，主要感染 T4 淋巴细胞和 B 淋巴细胞。病毒粒子的直径为 100nm，球状，粒子外包被两层脂质质膜，膜上有糖蛋白（gp120、gp41），另有两层衣壳蛋白 p24、p18。HIV 基因组由两条单链正链 RNA 组成，每条链长 9.7kb，RNA 5′端有帽子结构，3′端有 polyA 尾巴，链上结合有逆转录酶。

第五节　DNA 的损伤和修复

一、DNA 的损伤与突变

生物体有完善的机制确保 DNA 复制的忠实性，这对遗传信息在细胞分裂过程中的精确传递起着至关重要的作用。DNA 的复制速度很快，因此在聚合过程中的错误仍偶有发生，如紫外线、电离辐射和化学诱变等，都能破坏 DNA，影响戊糖、碱基或磷酸二酯键。在很多情况下，损伤的 DNA 可以被修复。然而，严重的损伤可能是不可逆的，从而导致遗传信息丢失，甚至导致细胞的死亡。即使被损伤的DNA可以被修正，恢复也可能是不完美的，从而产生突变，即一种可遗传的遗传信息的改变。在多细胞生物中，只有发生在性细胞系的突变可以传到该生物后代的所有细胞。发生在体细胞系的突变可引起细胞癌变。

（一）化学试剂诱变

由化学试剂所产生的DNA损伤分为两大类。

1．点突变　用其中一种碱基对或碱基类似物对代替另一种，又可被分为两个亚类：转换（transition）和颠换（transversion）。转换是指两种嘧啶之间或两种嘌呤之间互换，这种置换方式最为常见。颠换是指嘌呤和嘧啶之间发生置换，较为少见。

点突变可通过用碱基类似物处理有机体而产生。例如，碱基类似物5-溴尿嘧啶（5BU）的立体结构很像胸腺嘧啶A（5-甲基尿嘧啶），但是由于其溴原子的电负性影响，经常形成与鸟嘌呤碱基配对的互变异构体。因此，当5BU代替胸腺嘧啶掺入DNA时，它可以在以后的DNA复制中诱导A·T→G·C的转换（图12-13）。

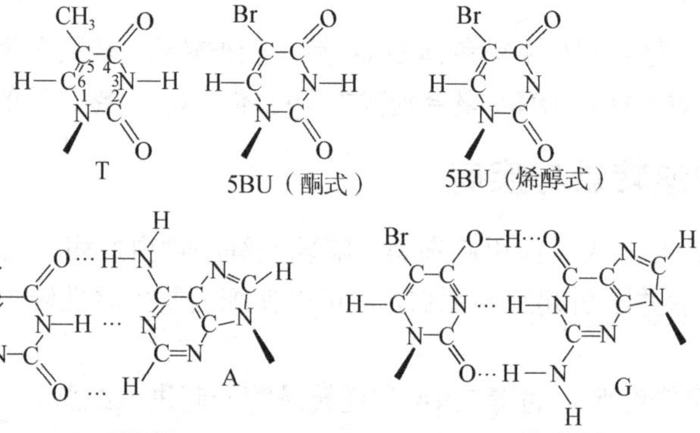

T　　5BU（酮式）　　5BU（烯醇式）

5BU（酮式）　　A　　5BU（烯醇式）　　G

图12-13　5-溴尿嘧啶的互变异构体

在水溶液中，亚硝酸使芳香族伯胺氧化脱去氨基，因此，它可将胞嘧啶转换为尿嘧啶，并将腺嘌呤转换为次黄嘌呤。因此，用亚硝酸处理DNA引起A·T→G·C和G·C→A·T两种转换（图12-14）。

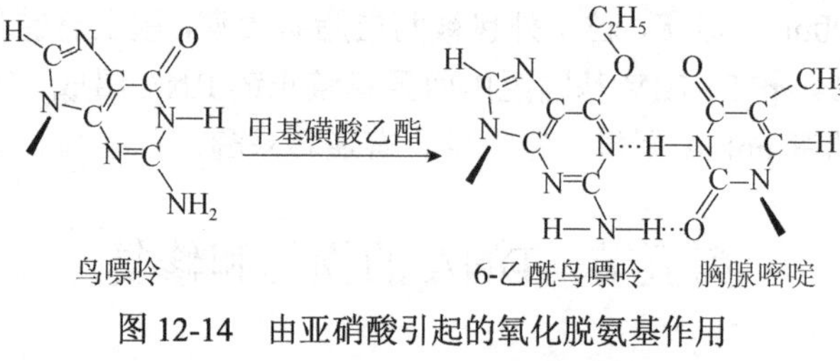

鸟嘌呤 —甲基磺酸乙酯→ 6-乙酰鸟嘌呤　胸腺嘧啶

图12-14　由亚硝酸引起的氧化脱氨基作用

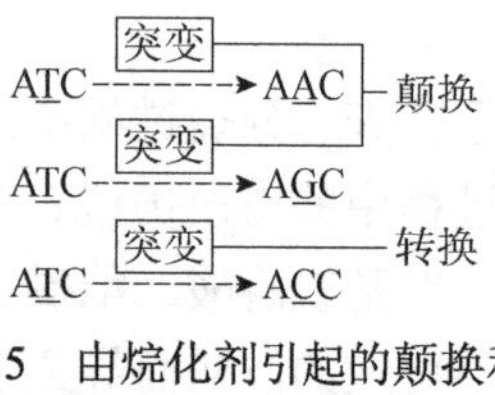

ATC --突变--> AAC　颠换
ATC --突变--> AGC
ATC --突变--> ACC　转换

图12-15　由烷化剂引起的颠换和转换

烷化剂，如硫酸二甲酯、氮芥和乙基亚硝基脲经常引起颠换。烷化剂可以使糖苷键对水解敏感，从而导致碱基的丢失，所产生的序列中的缺口被一种易于出错的酶修复系统填平。当丢失的嘌呤被嘧啶代替时，颠换就会发生（图12-15）。

2．移码突变　在整条链中，其中一个或多个核苷酸的插入或缺失，使阅读框发生改变，导致氨基酸发生错误。插入或缺失可通过用嵌入试剂如吖啶橙或核黄素处理 DNA 而产生。

（二）物理诱变

物理诱变因素如电离辐射和紫外线等均可以诱发突变。例如，紫外辐射（200～300nm）促使同一条 DNA 链上相邻胸腺嘧啶之间形成环丁基环，从而产生一条链内胸腺嘧啶二聚体（图 12-16）。类似的胞嘧啶和胞嘧啶二聚体也能形成，但频率较低。这种嘧啶二聚体在局部扭曲的 DNA 中的碱基配对结构，会影响转录和复制。在农业生产上常利用辐射诱变进行育种。

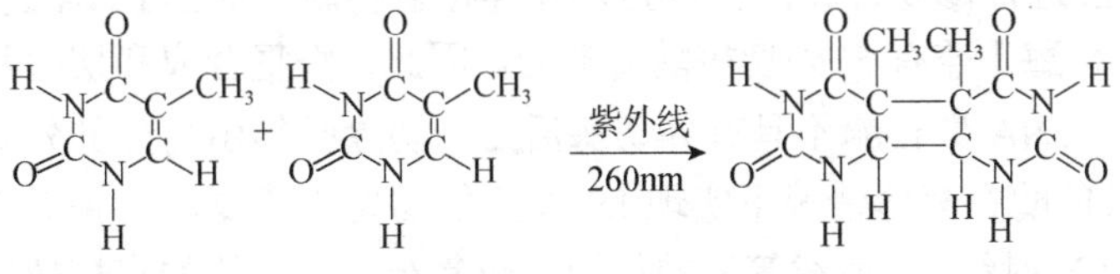

图 12-16　胸腺嘧啶二聚体

二、DNA 的修复

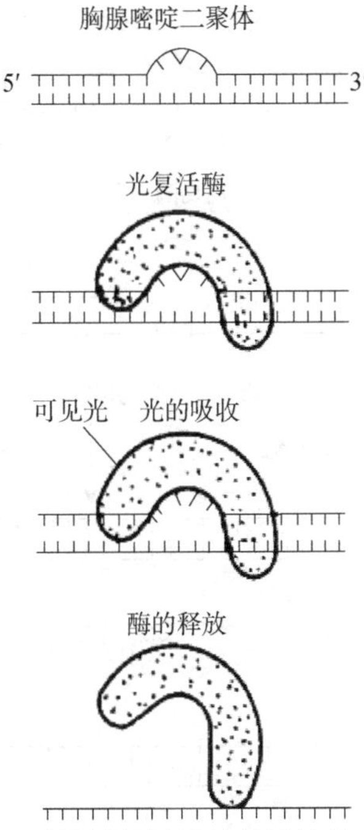

各种物理和化学因素如紫外线、电离辐射和化学诱变剂均可引起 DNA 损伤，从而破坏其结构与功能。然而在一定条件下，生物机体能使这种损伤得到修复。细胞内具有一系列起修复作用的酶系统，可以除去 DNA 上的损伤，恢复 DNA 的双螺旋结构。目前已知有 4 种酶修复系统：直接修复、切除修复、SOS 反应诱导的修复、重组修复，后三种不需要光，又称为暗修复。

（一）直接修复

直接修复中最常见的是光复活，也称光修复。1949 年已发现光复活现象，可见光（最有效的为 400nm）可激活光复活酶，此酶能分解由于紫外线照射形成的嘧啶二聚体（图 12-17）。光复活酶是一种光吸收酶，存在于许多原核生物和真核生物中。

光复活酶含有两个辅基：一个吸收光能的辅因子和 $FADH_2$。大肠杆菌的辅因子是 N^5,N^{10}-次甲基四氢叶酸，可吸收部分紫外线和可见光（300～500nm），并将激发的能量传给 $FADH_2$，从而使酶被激活。

光复活作用是一种高度专一的修复方式。它只作用于紫外线引起的 DNA 嘧啶二聚体。光复活酶在生物界分布很广，从低等单细胞生物一直到鸟类都有，而高等的哺乳类却没有。这说明在生物进化过程中该作用逐渐被暗修复系统所取代，并丢失了这个酶。

图 12-17　光复活

除了光修复，在生物体中还有其他的直接修复方式，有几种酶可识别 DNA 中被修饰的核苷酸碱基，并将它们恢复到原来的状态。例如，O^6-甲基鸟嘌呤，这种烷基化的碱基可被O^6-甲基鸟嘌呤-DNA 甲基转移酶所识别，它直接将这个入侵的甲基转移到自身的一个半胱氨酸上。

（二）切除修复

所谓切除修复，就是在一系列酶的作用下，将 DNA 分子中受损伤部分切除掉，并以完整的那一条链为模板，合成出切去的部分，然后使 DNA 恢复正常结构的过程。这是比较普遍的一种修复机制，它对多种损伤均能起修复作用。参与切除修复的酶主要有特异的内切核酸酶、外切核酸酶、聚合酶和连接酶。细胞内有多种特异的内切核酸酶可识别由紫外线或其他因素引起的 DNA 的损伤部位，在其附近将核酸单链切开，再由外切核酸酶将损伤链切除，然后由 DNA 聚合酶进行修复合成，最后由 DNA 连接酶将新合成的 DNA 链与已有的链接上。大肠杆菌 DNA 聚合酶 I 兼有 5′ 外切核酸酶活力，因此，修复合成和切除两步可由同一酶来完成。真核细胞的 DNA 聚合酶不具有外切酶活力，切除必须由另外的外切核酸酶来进行。现在已能利用有关的酶在离体情况下实现 DNA 损伤的切除修复。

电离辐射（如 X 射线、γ 射线等）的作用比较复杂，除射线的直接效应外，还可以通过水分子电离时所形成的自由基起作用（间接效应）使 DNA 双链或单链被打断，大剂量照射时，还会出现碱基的损坏。实验证明，DNA 聚合酶和 DNA 连接酶在电离辐射损伤的修复过程中起着重要的作用。但是，与紫外线损伤的切除修复不完全相同，对于单链断裂的修复，内切核酸酶并不是必需的。

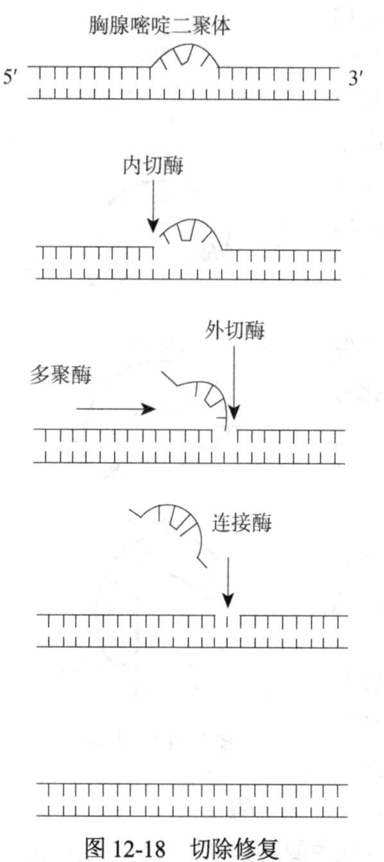

图 12-18　切除修复

除紫外线与电离辐射引起 DNA 的损伤外，某些化学诱变剂（如烷化剂）造成 DNA 结构的破坏，大致也能以相似的方式被修复。甲基磺酸甲酯是一种单功能的烷化剂，它作用于 DNA 时，可以使鸟嘌呤第 7 位的氮原子烷基化，从而活化 β-糖苷键，造成脱嘌呤作用。酸也能使 DNA 脱嘌呤。此外，在 DNA 复制过程中聚合酶对 dTTP 和 dUTP 的分辨能力是不高的，因此常有少量脱氧尿苷酸掺入 DNA 链中。大肠杆菌的 dUTP 酶可以分解 dUTP 或 dUMP，但是它的作用有限，仍然不能完全避免 dUTP 的混入。而且，胞嘧啶脱氨基后也会转变成尿嘧啶。对于 DNA 链上出现的这些尿嘧啶，细胞中的尿嘧啶-*N*-糖苷酶可以把它除去。腺嘌呤脱氨形成次黄嘌呤，这一不正常的碱基可被次黄嘌呤-*N*-糖苷酶切掉。DNA 切除碱基的部位为无嘌呤（apurinic）或无嘧啶位点（apyrimidinic site），简称 AP 位点。无嘌呤或无嘧啶位点的 3′端磷酸二酯键可在 AP 内切核酸酶作用下打开，最后在 DNA 聚合酶和 DNA 连接酶的作用下进行修复。无嘌呤或无嘧啶位点的另一种修复方式是在插入酶的作用下重新接上一个正确配对的碱基。

切除修复过程可总结为图 12-18。

由此可见，切除修复作用是一种普遍的功能，它并不局限于某种特殊原因造成的损伤，而能一般地识别 DNA 双螺旋结构的改变，对遭到破坏而呈现不正常结构的部分加以去除。细胞的这种功能可以保护遗传物质 DNA，使它不轻易被破坏。失去这种修复功能的细菌突变株，即表现出容易被紫外线杀死，同样也提高了化学诱变剂的致死效应。

（三）SOS 反应诱导的修复

前面介绍的 DNA 损伤修复功能可以不经诱导而发生。然而许多能造成 DNA 损伤或抑制复制的处理均能引起一系列复杂的诱导效应，称为应急反应（SOS 反应）。SOS 反应包括诱导出现的 DNA 损伤修复效应、诱变效应、细胞分裂的抑制及溶原性细菌释放噬菌体等。

SOS 反应是细胞在 DNA 受到损伤或复制系统受到抑制的紧急情况下，为求得生存而出现的应急效应。SOS 反应诱导的修复系统包括避免差错的修复（error free repair）和倾向差错的修复（error prone repair）两类。光复活、切除修复和重组修复能够识别 DNA 的损伤或错配碱基而加以消除，在它们的修复过程中并不引入错配碱基，因此属于避免差错的修复。SOS 反应能诱导切除修复和重组修复中某些关键酶和蛋白质的产生，使这些酶和蛋白质在细胞内的含量升高，从而加强切除修复和重组修复的能力。此外，SOS 反应还能诱导产生缺乏校对功能的 DNA 聚合酶，它能在 DNA 损伤部位进行复制而避免了死亡，可是由于不知道原来是哪些碱基存在而带来了高的变异率。

SOS 反应广泛存在于原核生物和真核生物，它是生物在不利环境中求得生存的一种基本功能。在一般环境中突变常是不利的，可是在 DNA 受到损伤和复制被抑制的特殊条件下，生物发生突变将有利于它的生存。因此，SOS 反应可能在生物进化中起着重要作用。然而，大多数能在细菌中诱导产生 SOS 反应的诱变剂，对高等动物都是致癌的，如 X 射线、紫外线、烷化剂、黄曲霉毒素等。而某些不能致癌的诱变剂却并不引起 SOS 反应，如 5-溴尿嘧啶。因此猜测，癌变可能是通过 SOS 反应造成的。

（四）重组修复

以上几种切除修复过程发生在 DNA 复制之前，因此又称为复制前修复。然而，当 DNA 发动复制时，尚未修复的损伤部位也可以先复制再修复。例如，含有嘧啶二聚体、烷基化引起的交联和其他结构损伤的 DNA 仍然可以进行复制，但是复制酶系在损伤部位无法通过碱基配对合成子代 DNA 链，它就跳过损伤部位，在下一个冈崎片段的起始位置或前导链的相应位置上重新合成引物和 DNA 链，结果子代链在损伤相对应处留下缺口。这种遗传信息有缺损的子代 DNA 分子可通过遗传重组而加以弥补，即从完整的母链上将相应核苷酸序列片段移至子链缺口处，然后用再合成的序列来补上母链的空缺（图 12-19）。此过程称为重组修复，因为发生在复制之后，又称为复制后修复（postreplication repair）。

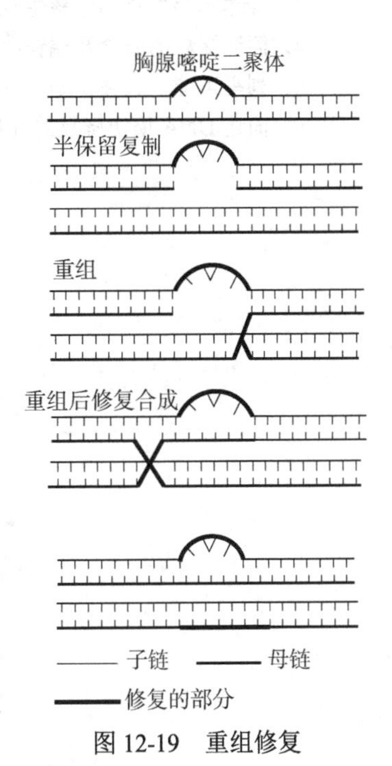

图 12-19　重组修复

在重组修复过程中，DNA 链的损伤并未除去。当进行下一轮复制时，留在母链上的损伤仍会给复制带来困难，复制经过损伤部位时所产生的缺口还需要通过同样的重组过程来弥补，直至损伤被切除修复所消除。但是，随着复制的不断进行，若干代后，即使损伤始终未从母链中除去，在后代细胞群中也已被稀释，实际上消除了损伤的影响。

参与重组修复的酶系统包括与重组有关的主要酶类及修复合成的酶类。重组基因 *rec A* 编码一种相对分子质量为40 000的蛋白质，它具有交换DNA链的活力。rec A蛋白被认为在DNA重组和重组修复中均起着关键的作用。*rec B* 和 *Rec C* 基因分别编码外切核酸酶V的两个亚基，该酶也为重组和重组修复所必需。修复合成还需要DNA聚合酶和连接酶，其作用如前所述。

小结

半保留复制通过DNA聚合酶的作用，以分开的亲链为模板，各自复制成子链，合成的过程是半不连续的，前导链连续合成，后随链先合成冈崎片段，然后再被连接。无论是前导链还是后随链，都需要RNA的引发。

原核生物如大肠杆菌的DNA聚合酶Ⅰ除了具有5′→3′聚合酶活性外，还具有3′→5′外切核酸酶活性，以及5′→3′外切核酸酶活性。而DNA聚合酶Ⅲ是大肠杆菌主要的复制酶。在复制起点，母链被解旋酶解开，单链结合蛋白（SSB）可以防止单链重新退火，同时含有引发酶的引发体参与合成RNA引物。由于DNA聚合酶只能沿5′→3′方向复制，后随链必须向复制体折回成环状。

真核生物至少含有5种DNA聚合酶。在真核生物中，复制具有多个复制起点。为了复制后随链的5′端，真核生物染色体以重复的端粒序列作为结尾，端粒由端粒酶这种核糖核蛋白加在染色体的末端。

DNA复制错误或化学诱变剂的作用，均可以引起核苷酸序列的突变。而由各种原因引起的DNA损伤多数均可以通过修复机制修复。

思考题

1. 简述半保留复制的概念及复制过程。
2. 描述大肠杆菌DNA PolⅠ三种催化活性的功能。
3. 描述真核生物和原核生物DNA复制的差异。
4. 简述端粒的概念及端粒酶的功能。
5. 列举可能引起突变的一些途径及其机制。
6. 简述DNA损伤修复的几种类型。

第十三章 RNA 的生物合成

通过前面的章节我们已经知道，由 DNA 组成的基因带有制造蛋白质的指令，基因所携带的遗传信息被复制到信使 RNA 的临时指令那里，用于直接合成蛋白质。多细胞生物中，由同一个受精卵分裂而来的所有体细胞可以形成诸如皮肤、肌肉、骨骼、神经等组织，这个过程就是基因表达的结果。而基因表达的第一步便是转录。转录（transcription）是指以 DNA 为模板，通过 RNA 聚合酶合成 RNA 的过程。DNA 的复制是对细胞的所有遗传物质进行复制，并在细胞分裂前发生，这样细胞遗传信息的完整拷贝就可以传递给子细胞。相比之下，转录是以 DNA 两条链中一条链上的一小段编码区来合成 RNA 的。在细胞生命周期的不同时期，不同的基因都有可能被复制成 RNA。基本上，RNA 是 DNA 遗传信息的临时拷贝。在不同的时间及不同类型的细胞中，不同的复制指令都可随时发生。

第一节　原核生物的转录

发生在原核和真核两类生物中的转录虽有共同点，但也有很多不同之处，目前对于原核生物的转录研究得更为清楚一些。

一、原核细胞的 RNA 聚合酶

原核细胞的 RNA 聚合酶中，对大肠杆菌 RNA 聚合酶的研究较为透彻。下面以其为例进行详细介绍。

大肠杆菌的 RNA 聚合酶是由两条 α 链、一条 β 链、一条 β′链和一条 ω 链组成的核心酶（core enzyme，$\alpha_2\beta\beta'\omega$）再加上一个 σ 因子组成的，它们构成了 RNA 聚合酶的全酶（holoenzyme）结构，相对分子质量为 480 000。各个亚基及因子的大小和功能见表 13-1。其中，σ 因子与其他亚基结合得不是很牢固，会在 RNA 合成启动后从全酶上脱落，留下核心酶催化聚合反应过程。σ 因子主要用于识别转录起始点，对转录的延长无作用，σ 亚基从全酶上脱离后可以重复用于辨识起始点。并且，原核生物的 σ 因子具有特异性，不同的 σ 亚基可以识别不同的启动子，启动不同的基因转录。核心酶具有以 DNA 为模板催化 4 种核苷酸聚合成为 RNA 的功能，在 RNA 合成的延伸阶段起作用。两个 α 亚基也参与转录起始点的缔合，β 亚基与转录的起始和延伸有关，被认为是转录的催化中心，β′亚基含有两个 Zn^{2+}，作用是和模板 DNA 结合（图 13-1）。

知识窗 13-1

表 13-1　大肠杆菌 RNA 聚合酶各个亚基及因子的大小和功能

亚基	相对分子质量	亚基数目	功能
α	40 000	2	酶的装配；与启动子上游元件和活化因子结合
β	155 000	1	结合核苷酸底物；催化磷酸二酯键形成
β′	160 000	1	与模板 DNA 结合
ω	9 000	1	未知
σ	32 000～92 000	1	识别启动子；促进转录的起始

二、转录的具体过程

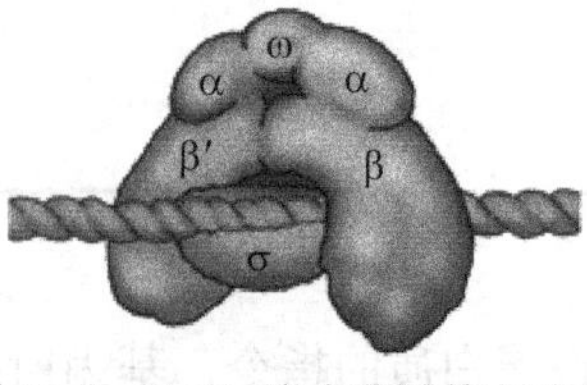

图 13-1　RNA 聚合酶结构示意图

DNA 分子中的两条链只有一条链能够作为模板，称为模板链，也称为反义链，而另一条与转录的 RNA 有相同的序列，称为非模板链、有义链，也称编码链。从转录起点到转录终点所对应的 DNA 模板称为一个转录单位。转录的过程就是将 4 种核苷三磷酸按照 DNA 模板聚合成 RNA 的过程，该过程可分为起始、延伸和终止 3 个阶段（图 13-2）。

（一）起始

转录的起始阶段是指启动子与 DNA 模板结合到 RNA 聚合酶开始滑动为止。按照惯例，RNA 合成开始时的第一个核苷酸所对应的 DNA 序列上的编码位点为＋1，称为转录起点或起始部位（initiation site）。在这个位点之前的 DNA 序列为负数，称为上游序列（upstream sequence）；在这个位点之后的 DNA 序列为正数，称为下游序列（downstream sequence）。RNA 的合成通常从 DNA 模板的特定位点开始，即 RNA 聚合酶的 σ 因子能够识别 DNA 起始位点处的一段特殊碱基序列，并使 RNA 聚合酶结合在这段序列上，启动 RNA 转录合成，这段序列就是启动子（promoter）。启动子本身并不被转录，通常位于＋1 位点的上游，总长度为 40～60bp（图 13-3）。启动子由三个不同功能的核苷酸序列组成，包括：①识别部位（recognition site），为 RNA 聚合酶 σ 因子的识别部位，它位于−35bp 处，具有 5′-TTGACA-3′或类似序列，称为 TATA 框；②结合部位，在此部位上酶与 DNA 结合，位于−10bp 处，富含 AT 碱基对，根据 1975 年发现它的学者 David Pribnow 的名字称为 Pribnow 框（Pribnow box）；③起始部位（initiation site），这是 RNA 合成的起点，位于＋1bp 处。σ 因子识别到启动子后，RNA 聚合酶的核心酶则结合在启动子的结合部位，在与 RNA 聚合酶的核心酶结合的 Pribnow 框附近，双链暂时打开约 17bp 长度，释放出 DNA 模板链，有利于 RNA 聚合酶进入转录泡（transcription bubble），开始催化 RNA 聚合作用。

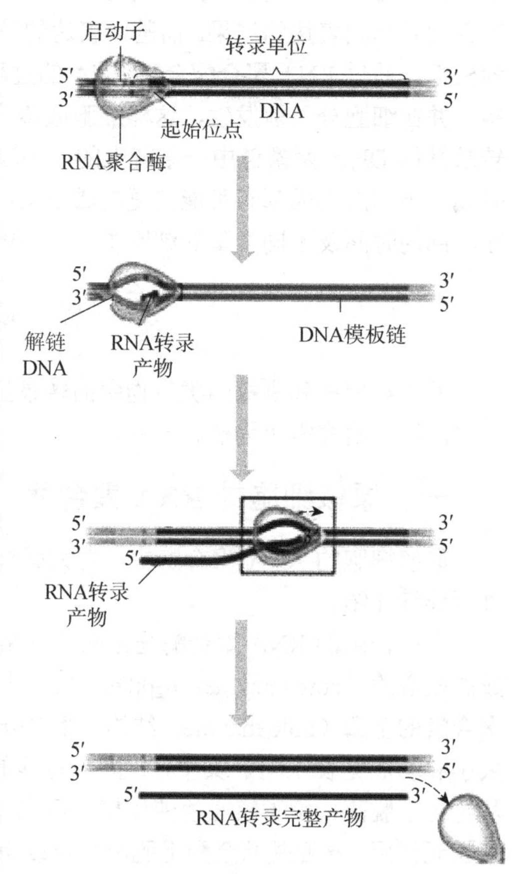

图 13-2　转录的主要过程

转录开始时，根据 DNA 模板链上的核苷酸序列，NTP 根据碱基互补原则依次进入反应体系。在 RNA 聚合酶的催化下，起始点处相邻的前两个 NTP 以 3′,5′-磷酸二酯键相连接。RNA 合成时的第一个核苷酸通常是嘌呤类核苷酸 pppA 或 pppG，较少为 pppC，偶尔可见 pppU。转录开始合成 8 或 9 个核苷酸后，σ 因子就从模板及 RNA 聚合酶上脱落下来，于是核心酶沿着模板向下游移动，转录过程进入下一阶段。脱落下的 σ 因子可以再次与核心酶结合识别原来的或另一启动子，开始新一轮的转录。

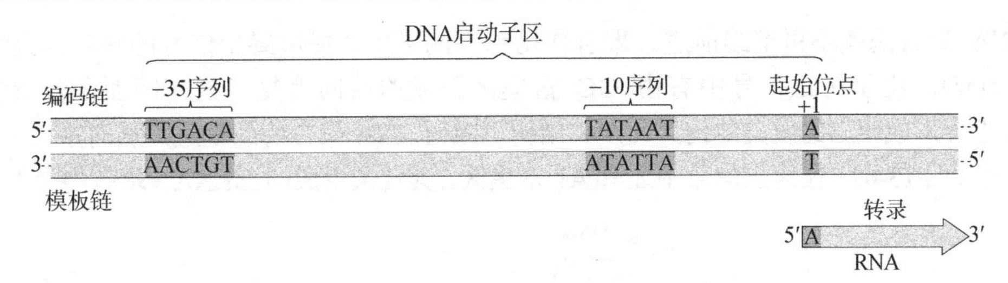

图 13-3　原核生物的启动子

（二）延伸

延伸阶段是指从RNA聚合酶在DNA模板上开始滑动到出现终止子为止。σ因子脱离后，核心酶发生构象变化，与DNA模板结合得不是十分紧密，以便于核心酶沿DNA链从3′→5′方向移动。核心酶一方面使DNA螺旋解链以暴露出模板链，一方面催化核苷酸之间以3′,5′-磷酸二酯键相连接，进行RNA的合成反应，合成方向为5′→3′（图13-4）。RNA链延伸的方向是固定的，以前一个核苷酸的3′-羟基和后一个核苷酸的5′-磷酸基脱去一分子水而形成3′,5′-磷酸二酯键。在延伸过程中，局部打开的DNA双链、RNA聚合酶及新生成的转录本RNA局部形成转录泡结构（图13-5）。随着RNA聚合酶的移动，转录泡也伴随行进，贯穿于延伸始终。转录泡中两股DNA链和新合成的RNA链形成三股链复合物。

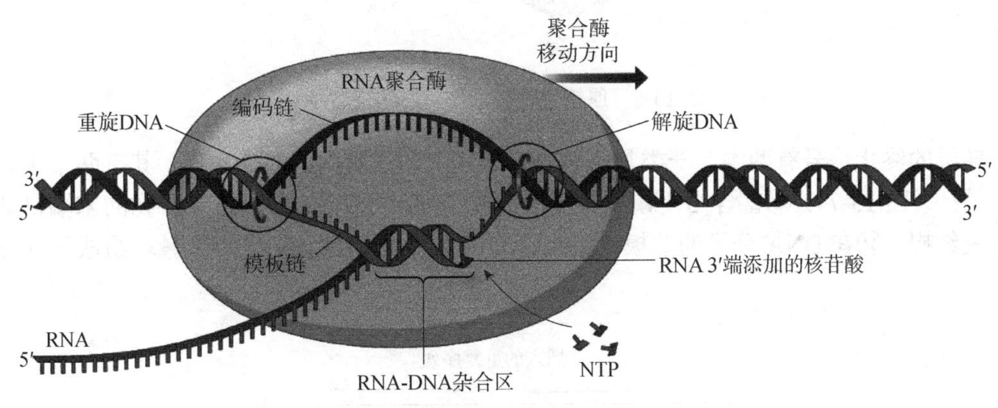

图 13-4　RNA 转录的延伸阶段

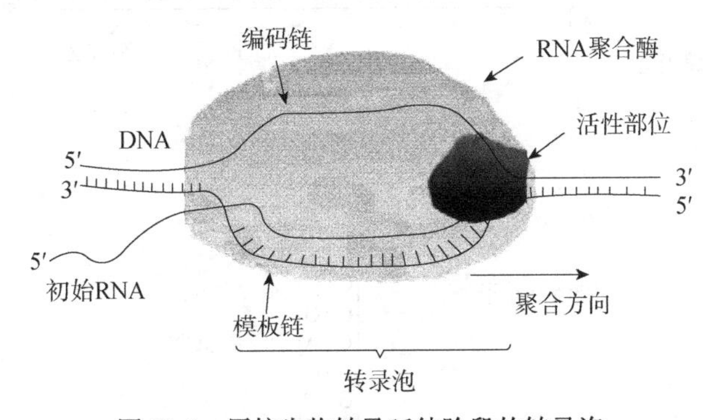

图 13-5　原核生物转录延伸阶段的转录泡

（三）终止

在RNA延伸过程中，当RNA聚合酶行进到DNA模板的终止信号（termination signal）

时，RNA 聚合酶就不再继续前进，聚合作用也因此停止。提供终止信号的序列称为终止子（terminator）。由于终止信号中有由 GC 富集区组成的反向重复序列，因而在转录生成的 mRNA 中会形成相应的发夹结构。此发夹结构可阻碍 RNA 聚合酶的行进，从而停止 RNA 的聚合过程（图 13-6）。在终止信号中还有 AT 富集区，其转录生成的 mRNA 3′端有多个 U 残基。

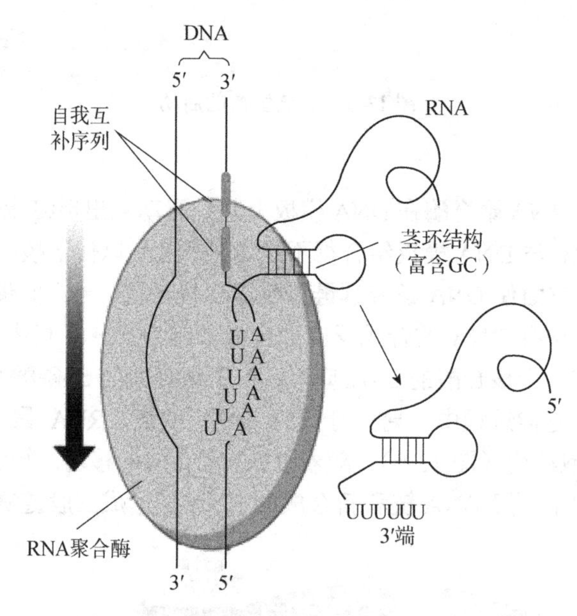

图 13-6　原核生物转录作用的终止信号

转录的终止信号有两类。一类是不依赖 ρ 因子（即 ρ 蛋白）的终止子，其有两个重要的结构特征（图 13-7）：①富含 GC 碱基的反向重复序列，可使 RNA 在转录产物的末端自动形成发夹结构；②在 DNA 分子的非模板链上含有一个由 4～10 个连续的 T 碱基组成的保守序

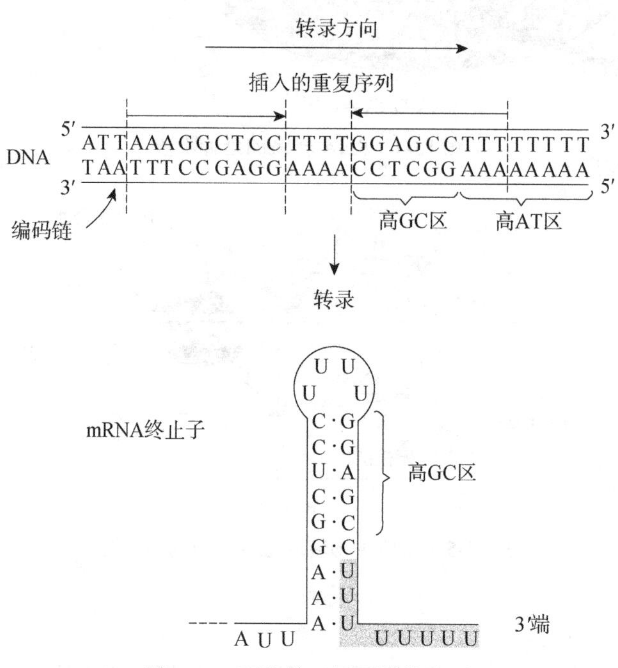

图 13-7　不依赖 ρ 因子的终止子

列（即 Ts 序列），导致转录产物和模板链间只能形成微弱配对的 RNA-DNA 杂交体。当转录进入 DNA 终止序列时指导合成的 RNA 在末端形成一段反向重复序列，它自身能够很容易地回折形成自我碱基配对的发夹结构，对聚合酶的进一步延伸形成了阻碍。发夹结构茎部的前半部分过早地和RNA-DNA杂交双链中的后半部分退火，仅剩下polyU序列和模板链杂交。这种由几个 U 和几个 dA 形成的 RNA-DNA 杂交双链很不稳定，于是新生成的 RNA 链将很快自 DNA 双链中被排除出来。

另一类是依赖 ρ 因子的终止子（图 13-8）。这种情况下，DNA 链 3′端附近的回文结构中没有富含 GC 碱基的区域，后面也没有连续的 A 存在，需要 ρ 因子的参与才能完成链的终止。ρ 因子是一种相对分子质量约为 46 000 的蛋白质，通常以六聚体形式存在。现在一般认为，ρ 因子具有水解核苷三磷酸的能力，通过水解 NTP 获得能量而沿着 RNA 链滑动，直到 RNA 聚合酶遇到终止子时，ρ 因子和 RNA 聚合酶一起作用使得 RNA 链从 DNA 模板上释放，同时结束转录。

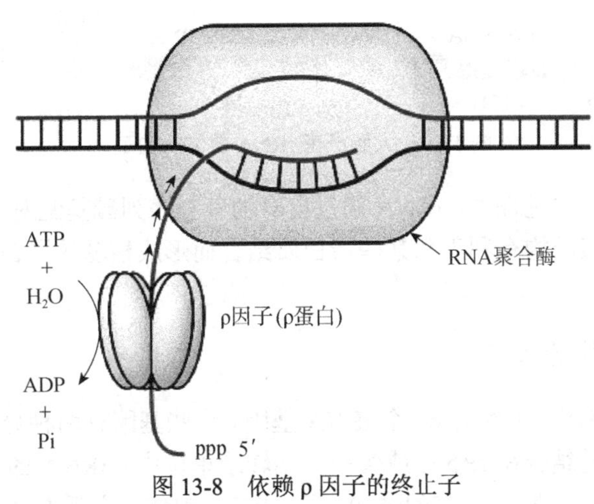

图 13-8　依赖 ρ 因子的终止子

三、转录后的加工

由 RNA 聚合酶催化合成的 RNA 是分子较大的 RNA 前体，也称初级转录产物，要经过一系列的剪接、剪切及化学修饰，需“加工”后才能成为具有生物功能的 RNA，即成熟的 RNA。其中，原核生物的 mRNA 不进行加工，当转录尚未结束时，翻译即已开始；但 rRNA 和 tRNA 有一个加工的过程。原核生物的转录后加工和转录同时进行。

（一）rRNA 前体的加工

原核生物有三种 rRNA，即 5S、16S 和 23S rRNA。这三种 rRNA 是由一个转录单位（transcription unit）（指一段可被 RNA 聚合酶转录成一条连续 RNA 链的 DNA）转录过来的。在这个转录单位中，除 5S、16S 和 23S rRNA 基因外，还有一个或几个 tRNA 基因。以大肠杆菌为例，大肠杆菌 rRNA 前体（即转录的初始产物）的沉降系数为 30S，相对分子质量为 2.1×10^6。由于原核生物 rRNA 的加工往往与转录同时进行，因此不易得到完整的前体。30S rRNA 前体的转录后加工，需要经历特定位点甲基化，由 RNase Ⅲ、RNase P 和 RNase E 在特定位点剪切生成中间物、修饰酶的特定碱基修饰及核酸酶去除一些核苷酸残基几个步骤（图 13-9）。随后，rRNA 经加工后得到的 rRNA 产物与蛋白质缔合组装形成核糖体的大、小亚基。其中，*S*-腺苷甲硫氨酸（SAM）是甲基的来源，被甲基化的位点随后发生断裂，释放出 16S、23S 和 5S 三种 rRNA，该过程由 RNA 聚合酶Ⅲ执行。进一步的切割出现在这三种片段的两个末端，释放出成熟的 16S、23S 和 5S 三种 rRNA，这些过程分别由 RNase M5、M16、M23 及 RNase D 和 F 多种酶共同催化完成。

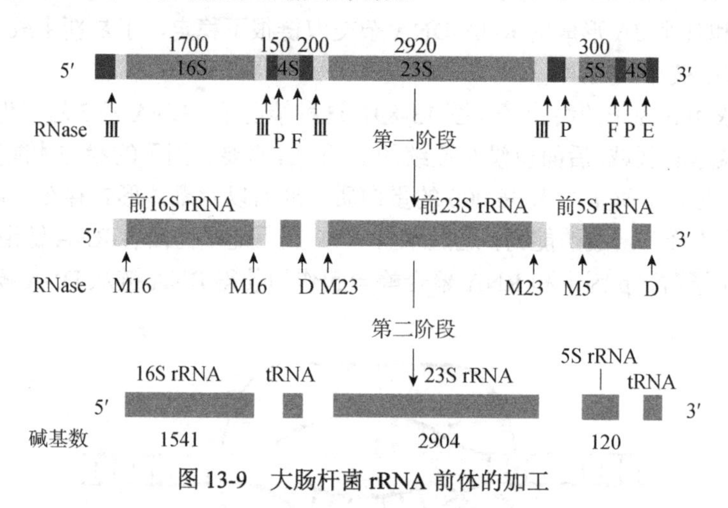

图 13-9　大肠杆菌 rRNA 前体的加工

在成熟的 rRNA 形成过程中，rRNA 通过自身的互补序列碱基配对，形成许多茎-环式的二级结构，这样的二级结构有利于和某些蛋白质结合而形成核糖核蛋白（ribonucleo-protein，RNP）复合物。

（二）tRNA 前体的加工

大肠杆菌染色体 DNA 上约有 60 个 tRNA 基因。这些基因有两种分布方式：一种是单一成簇存在，另一种则是结合在 rRNA 或蛋白质的转录单位中。tRNA 的初级转录产物通过自身的碱基互补配对形成了茎-环式空间结构，即 tRNA 前体，之后要经过剪切、剪接、化学修饰、异构化等步骤才能成为成熟的具有一定生物功能的 tRNA（图 13-10）。

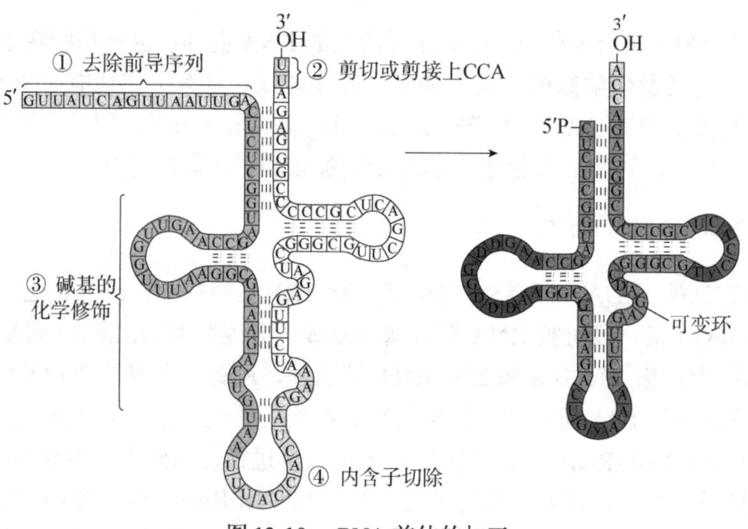

图 13-10　tRNA 前体的加工

在加工过程中，内切核酸酶 RNase P、RNase F 和外切核酸酶 RNase D 参与剪切和剪接过程。RNase P 是一种核酶，含有蛋白质和 RNA 两部分，其中的 RNA 具有催化活性。它可在 tRNA 前体的 5′端实施切割，使得 rRNA 转录产物 5′端成熟。RNase F 则从 3′端剪切掉多余的部分，仅留下 9 个以上核苷酸，然后 RNase D 再进一步除去约 7 个核苷酸，这样 tRNA 前体分子的 3′端才成熟。

原核生物的许多 tRNA 前体已有 CCA 序列，经 RNase D 修剪后，暴露出 CCA 端。少数 tRNA 前体缺少 CCA 端，则需要由 tRNA 核苷酸转移酶催化加上 CCA 序列。

成熟的 tRNA 分子中存在许多修饰成分，这需要经历化学修饰的过程。其中，tRNA 甲基化酶催化碱基的甲基化，而甲基的供体一般为 *S*-腺苷甲硫氨酸；某些腺嘌呤还会经过脱氨基作用形成次黄嘌呤（I）；尿嘧啶经还原作用形成二氢尿嘧啶（D）；假尿苷（Ψ）则是由尿苷经 tRNA 假尿苷合酶催化糖苷键发生移位反应而形成的异构化产物。

四、转录的调控

与真核生物相比，人们对原核生物基因转录调控的理解则更为系统和深入。解释原核生物基因调控的机理主要是操纵子（operon）理论。最典型的操纵子模型的建立是从研究细菌的葡萄糖效应和乳糖代谢诱导效应开始的。关于乳糖操纵子模型的具体理论将在分子生物学课程中进行重点阐释，在本书中不做介绍。

第二节　真核生物的转录

真核生物中的转录虽与原核生物相似，但鉴于真核生物中 DNA 结构的复杂性，其表现出功能多样性，导致转录环节存在许多显著的差异。

知识窗 13-2

一、真核生物中的 RNA 聚合酶

在真核生物中发现了主要的三种 RNA 聚合酶。根据它们对 *α*-鹅膏蕈碱的敏感性成分，分为 RNA 聚合酶Ⅰ、Ⅱ、Ⅲ三种（表 13-2）。这是 Robert Roeder 和 William Rutter 于 1969 年通过离子交换层析证实确定的。三种 RNA 聚合酶催化 RNA 合成的方向均为 5′→3′，不需要引物。

表 13-2　真核生物的 RNA 聚合酶

比较重点	RNA 聚合酶Ⅰ	RNA 聚合酶Ⅱ	RNA 聚合酶Ⅲ
定位	核仁	核质	核质
转录产物	5.8S、18S、28S rRNA 前体	mRNA 前体；U1、U2、U4、U5 SnRNA 前体	tRNA 前体；5S rRNA 前体；U6 SnRNA 前体
对利福平的敏感性	不敏感	不敏感	不敏感
对利福霉素的敏感性	敏感	敏感	敏感
对 *α*-鹅膏蕈碱的敏感性	不敏感	对低浓度敏感	对高浓度敏感

这三种 RNA 聚合酶的差别在于催化合成的对象不同。RNA 聚合酶Ⅰ是细胞核 rRNA 的合成酶，RNA 聚合酶Ⅱ是核内不均一的 RNA（heterogeneous nuclear RNA，hnRNA，为 mRNA 前体）的合成酶，RNA 聚合酶Ⅲ是 tRNA 和 5S rRNA 的合成酶。

人们对三种 RNA 聚合酶的结构至今还不完全了解。目前经对酵母细胞中 3 种酶结构的研究初步证实，真核生物三种 RNA 聚合酶的结构要比原核生物复杂得多（表 13-2）。

二、与原核细胞转录的主要区别

真核细胞的转录过程比原核细胞复杂得多，其主要区别如下所列。其中 3）～5）的具体内容将在分子生物学课程中进行详细阐述。

1）真核细胞 RNA 聚合酶种类较多，主要有 RNA 聚合酶Ⅰ、Ⅱ、Ⅲ，且高度分工，分别对应合成不同的 RNA，而原核细胞 RNA 聚合酶只有一种。

2）真核细胞启动子比原核细胞启动子更复杂且具有多样性，不同的 RNA 聚合酶具有不同的启动子。

3）原核细胞靠 RNA 聚合酶本身的 σ 亚基识别启动子，而真核细胞的 RNA 聚合酶则要靠转录因子（transcription factor，TF）来识别启动子。

4）真核生物的转录受很多特定的顺式作用元件（*cis*-acting element）和反式作用因子（*trans*-acting element）的影响。

5）原核细胞基因转录的产物大多为多顺反子 mRNA，这是由于原核转录系统中功能相关的基因共用一个启动子，它们在转录时，以一个共同的转录单位进行转录。而真核细胞，每一种蛋白质的基因都有自己建立的启动子，所以真核细胞转录产物是单顺反子。

6）原核细胞是边转录边翻译，两个过程几乎偶联进行；而真核细胞转录和翻译则在不同时间、不同空间进行，转录在细胞核内，翻译则在细胞质中。

三、mRNA 前体转录后的加工

真核生物基因转录过程的最大特点就是转录后的加工过程比较复杂。真核生物的基因转录是在细胞核内进行的，而翻译是在细胞质中进行的，这就意味着转录和翻译不像原核生物那样同时进行，只有等到转录结束后，转录产物进入细胞质后才进行翻译。在转录和翻译两个过程之间存在着一个转录产物，即 hnRNA 的加工过程，包括 5′端加帽、3′端加尾、内含子的去除、甲基化修饰和 RNA 编辑。

（一）5′端帽子的生成

5′端帽子结构为 m^{7}G^5′ppp^5′Nmp，m^{7}G^5 是 7-甲基鸟苷酸（图 13-11）。这一结构具有提供翻译识别标志和延缓 mRNA 降解的作用。帽子结构是在 hnRNA 合成进行到长达 20～30 个核苷酸时被额外加上去的。添加 5′端帽子过程的第一步是在磷酸水解酶的作用下除去 mRNA 前体的末端 γ-磷酸基，然后与 GTP 反应，在鸟苷酰转移酶催化下形成 5′,5′-三磷酸连接

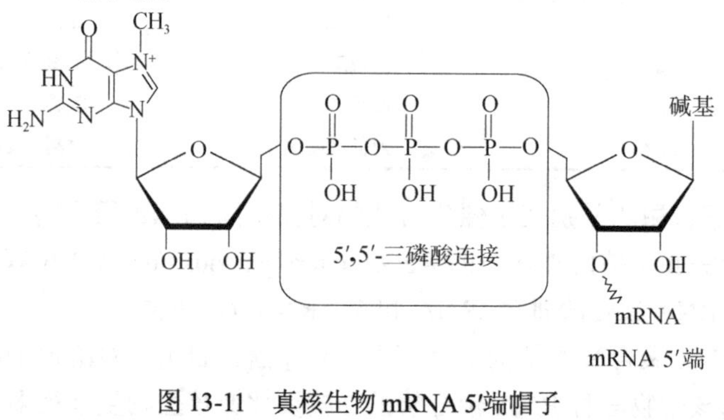

图 13-11　真核生物 mRNA 5′端帽子

的-$G^{5'}ppp^{5'}XpY$……从而将 5′端封锁起来，由此实现了第一个核苷酸残基的添加。接着，鸟嘌呤甲基化转移酶使得鸟苷酸的 *N*′甲基化，形成 $m^7G^{5'}ppp^{5'}XpYp$……2′-*O*-甲基转移酶则在倒数第二个核苷酸的 2′-羟基上添加甲基。这里，甲基化所需的甲基来自 *S*-腺苷甲硫氨酸。

（二）3′端 polyA 尾巴的生成

多数真核生物 mRNA 都具有 polyA 尾巴这一结构，又叫作多聚腺苷酸，是由约 250 个腺苷一磷酸组成的外加于 3′端的序列结构。真核生物 mRNA 前体分子 hnRNA 中 3′端也发现有 polyA 尾巴，说明该特殊结构的形成是在核中发生的，但是在胞质中也有反应的酶体系，所以在胞质中还可继续进行。polyA 尾巴的生成是在 polyA 聚合酶的催化下，由 ATP 聚合而成的，其长度可为 20～250 个。

$$\text{RNA}+n\text{ATP} \longrightarrow \text{RNA-(AMP)}_n+n\text{PPi}$$

但 polyA 尾巴的形成并不是简单地加入 A，而是先要在 mRNA 前体的 3′端切除一些多余的核苷酸，然后再加入 polyA。添加 polyA 的过程是由 polyA 聚合酶催化完成的。PolyA 具有延长 mRNA 寿命和提高稳定性的作用。利用 mRNA 这一特殊的结构特点，可以采用寡聚（dT）纤维素亲和层析技术，从 RNA 中轻松分离得到 mRNA。

（三）内含子的去除

mRNA 是由 DNA 转录而来的，在 DNA 中有内含子和外显子。内含子也称间插序列或插入序列，是指真核细胞基因中的不编码序列。外显子是指真核细胞基因中的编码序列。在 DNA 转录过程中，内含子和外显子同时被转录，形成 mRNA 的前体。接下来需要去除其中的内含子部分，将相邻外显子连接起来，才可以形成有功能的 mRNA，此过程也称 mRNA 的成熟过程。除去内含子的过程可分为三种方式：核内小 RNA（snRNA）参与的剪接；具有酶活性的 rRNA 前体中内含子的自发剪接；本质为蛋白质的酶参与的剪接。

核内 mRNA 前体剪接可以划分为两步反应（图 13-12）：剪和接。第一步是形成套索式中

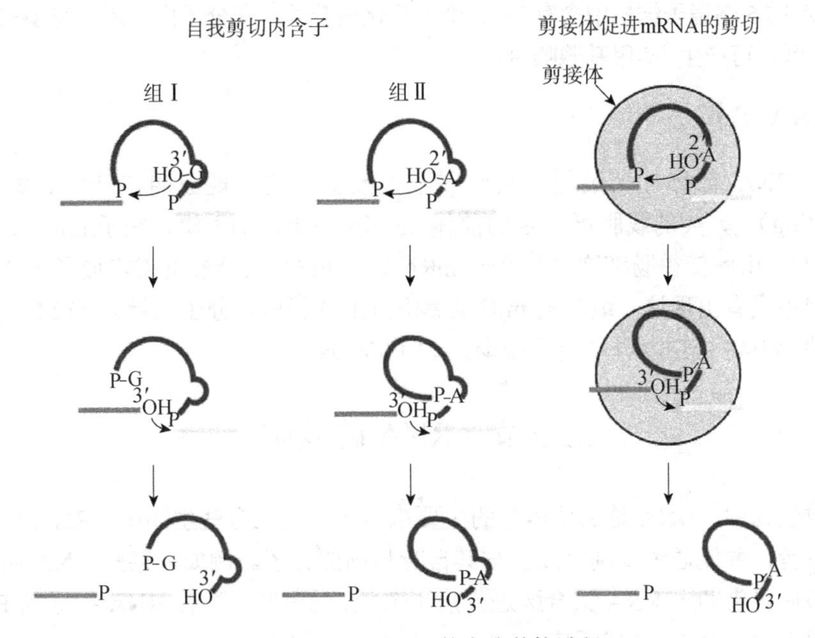

图 13-12　mRNA 的自我剪接过程

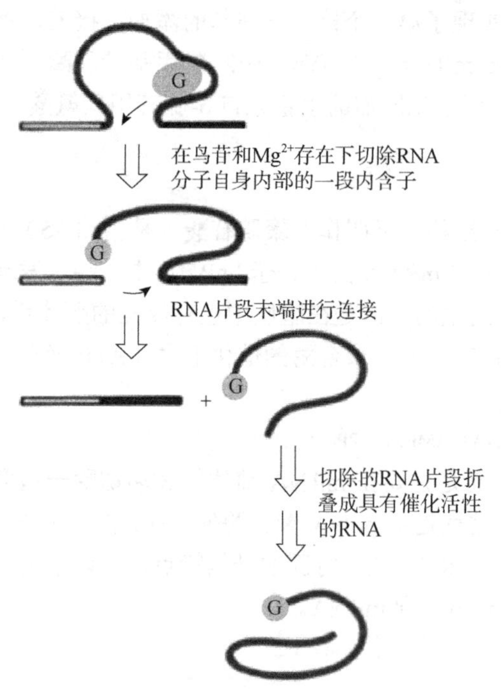

图 13-13　四膜虫 26S rRNA 前体内含子的自我剪接

间物。通常，内含子两侧是外显子，处在内含子中间的分叉点的核苷酸残基——腺苷酸A的2′-羟基进攻位于5′前方的相邻的外显子，导致这一内含子开头的鸟苷酸G和近前方外显子最后一个核苷酸之间的磷酸二酯键断裂，这一内含子和其后的外显子形成套索，套索的环是在套索前方的内含子部分的碱基A和U之间形成的，由此将第一个外显子和内含子分开，这一步实际上等于是将外显子和内含子切割（剪）开来。第二步是完成拼接过程。位于第一个外显子末端的3′-羟基进攻连接内含子和第二个外显子的磷酸二酯键，由此形成外显子-外显子磷酸二酯键，两个外显子相连在一起，与此内含子本身单独形成套索并同时释放出内含子。

Cech 于 1981 年首先发现了原生动物四膜虫的 26S rRNA 前体的内含子可以自我剪接，它不需要剪接体中间态或其他的蛋白质协助（图 13-13）。现在已知多种来源的核糖核酸具有催化活性，具有催化活性的 RNA 叫作核酶（ribozyme）。前面讨论过的原核生物 tRNA 前体加工过程中需要的 RNase P 也是一种核酶，只不过此酶的组成包括蛋白质和 RNA 两部分。

（四）甲基化修饰

原核生物 mRNA 分子中不含有稀有碱基，但真核生物的 mRNA 中则含有甲基化核苷酸，除了在 hnRNA 的 5′端帽子结构中含有 2～3 个甲基化核苷外，在分子内部还含有 1～2 个 m^6A，存在于非编码区，可产生 ^6N-甲基腺嘌呤。

（五）RNA 编辑

知识窗 13-3

RNA 前体加工过程中某些碱基被改变，这一现象叫作 RNA 编辑（RNA editing）。人类的载脂蛋白 B 的前体 mRNA 中出现的编辑，在于 mRNA 的 C 变成了 U，由此使得肠细胞中的这一 mRNA 第 6666 核苷酸位点增加了一个终止密码子。在肝细胞中没有出现这一编辑的 mRNA 编码 B100 蛋白，分子质量为 512 000Da，但在肠细胞中则编码 B48 蛋白，分子质量减少为 214 000Da。

第三节　RNA 的复制

在大多数生物中，DNA 是遗传信息的主要携带者，而在有些生物中，RNA 也可以是遗传信息的携带者，并能通过复制合成出与其自身相同的分子。例如，某些 RNA 病毒，当它侵入寄主细胞后可借助于 RNA 聚合酶进行病毒 RNA 的复制，即在 RNA 指导的 RNA 聚合酶的催化作用下进行 RNA 合成反应。

RNA 复制酶催化的合成反应是以 RNA 为模板，由 5′→3′方向进行 RNA 链的合成。病毒的全部遗传信息，包括合成病毒外壳蛋白质和各种酶的信息均贮存在被复制的 RNA 中。

RNA 复制酶的模板类型特异性很高，它只识别病毒自身的 RNA，而对宿主细胞的 RNA 一般不起作用，不仅如此，RNA 复制酶种间的特异性也很高。例如，噬菌体 Qβ 的复制酶只能以噬菌体 Qβ 的 RNA 作模板，而代用与其类似的噬菌体 MS2、R17 和 f2 的 RNA 或其他 RNA 都不能作为模板。

由于病毒的基因组很小，RNA 复制酶不一定都由病毒 RNA 编码。例如，Qβ 复制酶有 4 个亚基，噬菌体 RNA 只编码其中的 β 亚基，另外 3 个亚基（α、γ 和 δ）则来自宿主细胞。它们的性质、来源及功能各不相同（表 13-3）。RNA 复制酶均缺乏校对功能的内切酶活性，因此 RNA 复制的错误率较高。

表 13-3　Qβ 复制酶亚基的性质和功能

亚基名称	相对分子质量	来源	功能
α	65 000	宿主细胞核糖体的蛋白质 S1	与噬菌体 Qβ RNA 结合
β	65 000	噬菌体感染后合成	磷酸二酯键形成的活性中心
γ	45 000	宿主细胞的 EF-Tu 因子	识别模板并选择底物
δ	35 000	宿主细胞的 EF-Ts 因子	稳定 α、γ 亚基结构

当病毒的 RNA 侵入宿主细胞后，其 RNA 本身即为 mRNA，通常将具有 mRNA 功能的链称为正链，而它的互补链称为负链。在病毒的复制酶于宿主细胞中装配好后不久，酶就吸附到正链 RNA 的 3′端，以正链为模板合成出负链 RNA。同样，酶又被吸附到负链 RNA 的 3′端，不仅以负链为模板合成正链，而且两条链均由 5′→3′方向延长。当以正链为模板合成负链时，除需要复制酶外，还需要两个来自宿主细胞的蛋白质因子，这些因子分别称为 HF Ⅰ 和 HF Ⅱ。但是当以负链为模板时并不需要这两个因子。在感染后期，正链 RNA 的合成远超过负链 RNA 的合成，其原因就是宿主的蛋白质因子起了调节作用。

RNA 病毒的种类很多，其复制方式也是多种多样，主要的复制方式有正键、负链、双链和逆转录 4 种类型（图 13-14）。

知识窗 13-4

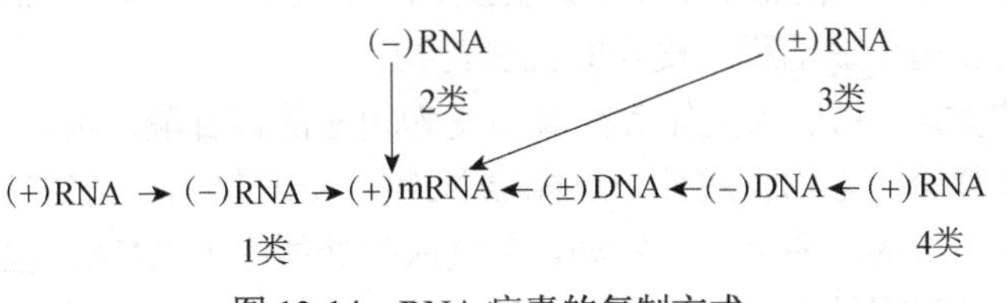

图 13-14　RNA 病毒的复制方式

1）正链 RNA（+）病毒（如噬菌体 Qβ）复制：进入宿主细胞后先合成复制酶及有关蛋白质，然后由复制酶进行病毒 RNA 的复制，最后将 RNA 和蛋白质装配成颗粒。

2）负链 RNA（−）病毒（如狂犬病病毒）：病毒侵入细胞后，随病毒带进去的复制酶合成出正链 RNA，再以正链 RNA 为模板，合成病毒蛋白质和复制病毒 RNA。

3）双链 RNA 病毒（如呼肠孤病毒）：这类病毒以双链 RNA 为模板，经病毒复制酶催化通过不对称转录合成出正链 RNA，再以正链 RNA 为模板翻译成病毒蛋白质。然后再合成病毒负链 RNA，形成双链 RNA 分子。

4）逆转录病毒（如白血病病毒）：由 RNA 反转录为 DNA，以 DNA 为模板合成 RNA，再翻译出蛋白质。

第四节　无模板的 RNA 合成

1955 年，M. Grunberg-Manago 和 S. Ochoa 在棕色固氮菌（*Azotobacter vinelandii*）中发现了多核苷酸磷酸化酶。它可利用核苷二磷酸作为底物，合成多聚核糖核苷酸，同时释放出无机磷酸。多核苷酸磷酸化酶催化时不需要模板，因而反应产物也没有专一的核苷酸序列。但需要引物，引物必须至少含两个核苷酸，并带游离的 3′-OH 端。由多核苷酸磷酸化酶合成的多聚核糖核苷酸含有能被核糖核酸酶水解的 3′,5′-磷酸二酯键。反应可逆，可以通过增加磷酸的浓度而推向分解多聚核糖核苷酸的方向。多核苷酸磷酸化酶在细胞中的功能可能是降解 RNA 而不是合成 RNA。

第五节　RNA 生物合成的抑制剂

根据核苷酸的结构及连接方式，一些天然产物或人工合成的核苷酸类似物可被用作临床抗癌药物。目前主要抗癌药物有碱基类似物、DNA 模板功能抑制物和转录水平的 RNA 聚合酶抑制剂三类。

一、碱基类似物

有些人工合成的碱基类似物能够抑制和干扰核酸的合成，如 6-巯基嘌呤、硫鸟嘌呤、2,6-二氨基嘌呤、8-氮鸟嘌呤、5-氟尿嘧啶等。

这些碱基类似物在体内至少有两方面的作用：它们或者作为抗代谢物直接抑制与核苷酸生物合成有关的酶类；或者通过掺入核酸分子中，形成异常的 DNA 或 RNA，从而影响核酸的功能并导致突变。例如，6-巯基嘌呤进入人体后，在酶的催化下与 5′-磷酸核糖焦磷酸反应转变成巯基嘌呤核苷酸，然后在核苷酸的水平上阻断体内嘌呤核苷酸的生物合成。具体的作用部位可能有两个：一是抑制次黄嘌呤核苷酸转变为腺嘌呤核苷酸和鸟嘌呤核苷酸；二是通过反馈抑制阻止 5′-磷酸核糖焦磷酸与谷氨酰胺反应生成 5′-磷酸核糖胺。6-巯基嘌呤是临床上用于治疗急性白血病和绒毛膜上皮癌的抗癌药物。

此外，很多碱基类似物进入人体后需要转变为相应的核苷酸才能表现出抑制作用，它们除了能抑制嘌呤核苷酸的生物合成外，还能显著地掺入 RNA 中。嘧啶的卤素化合物常能掺入核酸中，生成不正常的核酸分子。例如，5-氟尿嘧啶能掺入 RNA，但不能掺入 DNA，因此可以有选择地通过阻碍转录过程而抑制癌细胞生长，是临床上常用的抗癌药物。

二、DNA 模板功能抑制物

有些化合物由于能够与 DNA 结合，使 DNA 失去模板功能，从而抑制其复制和转录。某些重要的抗癌药和抗病毒药即属于这一类抑制物。

（一）烷化剂

氮芥、磺酸酯及氮丙啶等的衍生物等通常都是烷化剂。带有双功能基团的烷化剂（即有两个活性基团的烷化剂）能同时与 DNA 的两条链作用，使双链间发生交联，从而抑制其模板功能。磷酸基也可以被烷基化，这样形成的磷酸三酯不稳定，可以导致 DNA 链断裂。

（二）放线菌素

放线菌素可以与 DNA 形成非共价的复合物，因而抑制 DNA 的模板功能。例如，低浓度的（1mmol/L）的放线菌素 D 可以有效地抑制 DNA 指导的 RNA 的合成，即阻止转录的进行，但对 DNA 的复制，则必须在较高浓度（10mmol/L）下才有抑制作用。有些放线菌素在临床上应用很广泛。例如，放线菌素 K 有抗癌作用。

与此类似的色霉素 A3、橄榄霉素和争光霉素等抗癌抗生素的作用原理同上，能和 DNA 形成非共价复合物，从而抑制 DNA 的模板功能。

（三）嵌入染料

一些具有扁平芳香族发色团的染料，由于含有与碱基对差不多大小的吖啶或菲啶环，可以插入双链 DNA 相邻碱基对之间，插入后使 DNA 在复制中缺失或增添一个核苷酸，从而导致移码突变，如吖啶类染料中的原黄素、吖啶黄和吖啶橙等。

三、RNA 聚合酶抑制剂

有些抗生素或化学药物能够抑制 RNA 聚合酶的活性从而抑制 RNA 的合成。

（一）利福霉素

利福霉素及其同类化合物的作用机制与其他抗生素不同，它们不作用于 DNA，而是特异地抑制细菌 RNA 聚合酶的活性，从而抑制细菌 RNA 的合成，最终抑制细菌的生长。

（二）利链菌素

利链菌素与细菌的 RNA 聚合酶 β 亚基结合，抑制转录过程中链的延伸反应。

（三）*α*-鹅膏蕈碱

α-鹅膏蕈碱能抑制真核生物 RNA 聚合酶（表 13-2），但对细菌 RNA 聚合酶作用极为微弱。

小结

转录是指以 DNA 为模板，通过 RNA 聚合酶合成 RNA 的过程。

原核生物的 RNA 聚合酶由两条 α 链、一条 β 链、一条 β′链和一条 ω 链组成核心酶后，再和一个 σ 因子组成 RNA 聚合酶全酶结构。DNA 分子中的两条链只有一条链能够作为模板，称为模板链或反义链，而另一条与转录的 RNA 有相同的序列，称为非模板链、编码链或有义链。从转录的起点到终点所对应的 DNA 模板叫作一个转录单位。转录的过程是 4 种核苷三磷酸按照 DNA 模板聚合成 RNA 的过程，该过程可分为起始、延伸和终止三个阶段。RNA 合成开始时的第一个核苷酸所对应的 DNA 序列上的编码位点为+1。RNA 的合成通常从 DNA 起始位点上游的启动子序列开始，之后 RNA 聚合酶在 DNA 模板上沿 3′→5′方向滑动到终止子位置，合成方向为 5′→3′。提供终止信号的终止子有两类，包括不依赖 ρ 因子的终止子和依赖 ρ 因子的终止子。

最初由 RNA 聚合酶催化合成的 RNA 为初级转录产物，要经过一系列的剪接、剪切及化学修饰后才能成为具有生物功能的 RNA，此过程通常称为“加工”。原核生物的 mRNA 不需要进行加工，当转录尚未结束时，翻译即已开始。但 rRNA 和 tRNA 需要进一步加工。原核生物的转录后加工和转录同时进行。

真核生物中主要有三种 RNA 聚合酶，根据它们对 α-鹅膏蕈碱的敏感性成分，分为 RNA 聚合酶Ⅰ、Ⅱ、Ⅲ三种。真核生物的 mRNA 在转录后生成转录初始产物 hnRNA，还需要进行加工才能形成成熟的 mRNA。此过程包括 5′端加帽、3′端加尾、内含子的去除、甲基化修饰和 RNA 编辑。

原核细胞基因转录的产物大多为多顺反子 mRNA，这是由于原核转录系统中功能相关的基因共用一个启动子，它们在转录时，以一个共同的转录单位进行转录。而真核细胞每一种蛋白质的基因都有独立的启动子，所以真核细胞的转录产物是单顺反子。原核细胞是边转录边翻译，两个过程几乎偶联进行；而真核细胞转录和翻译则在不同空间进行，转录在细胞核内，翻译则在细胞质中。

思考题

1．试述原核生物复制和转录的异同点。
2．试述原核生物的转录过程。
3．真核生物成熟的 mRNA 结构有什么特点？它们可能有什么功能？
4．RNA 聚合酶中核心酶和全酶在体内的功能是什么?
5．试述参与 RNA 转录的物质及其在转录中的作用。
6．试简述真核生物 mRNA 转录后的加工。
7．简述逆转录的过程及其研究的意义是什么。

第十四章　蛋白质的生物合成

蛋白质是生物功能的最终执行者，它参与所有的生命活动过程，而其生物功能是以一级结构——氨基酸序列为基础的，并最终由 DNA 分子上的核苷酸序列来决定。通过转录，细胞将贮存在 DNA 分子中的遗传信息传递给了 mRNA，在核糖体上，mRNA 作为模板指导蛋白质多肽链的合成。人们通常将 mRNA 中的核苷酸信息转变成多肽链中特定的氨基酸顺序的过程称为翻译（translation）。遗传信息的传递如图 14-1 所示。

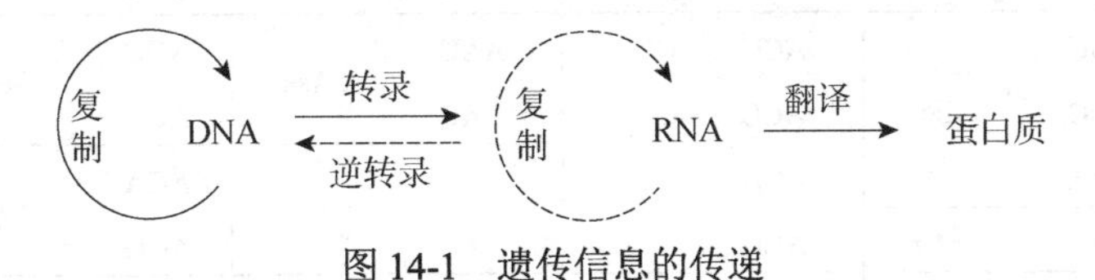

图 14-1　遗传信息的传递

蛋白质的合成是一个相当复杂的生物反应过程，真核生物需要 70 多种不同的核蛋白，20 多种活化氨基酸的酶，10 多种参与多肽合成起始、延伸和终止的酶及蛋白质因子，100 多种参与蛋白质合成后加工的酶，40 多种 tRNA 和 rRNA，总计需要 300 多种生物大分子的协同作用；并且需要消耗大量的能量，约占全部生物合成反应总耗能量的 90%，所需能量由 ATP 和 GTP 提供。

蛋白质合成的早期研究工作都是在大肠杆菌的无细胞体系中进行的，因此对大肠杆菌蛋白质合成机制了解得比较清楚，真核细胞蛋白质的合成机制与之有许多相似之处。

第一节　遗 传 密 码

无细胞体系（cell free system）的建立和多核苷酸磷酸化酶的发现对遗传密码的破译起到了重要作用。1961 年，M. Nirenberg 和 H. Matthaei 利用这一体系首先阐明了 Phe、Lys 和 Pro 的密码子。鉴于多核苷酸磷酸化酶合成的模板有限，破译的密码子较少，H. Khorana 发明了重复顺序技术，使用共聚物作为多肽合成的模板，加上 M. Nirenberg 发明的三核苷酸技术，遗传密码于 1966 年被完全解读了出来。

知识窗 14-1

表 14-1 为遗传密码表，从表 14-1 中可以看出，3 个核苷酸决定 1 个氨基酸，即所谓的三联体密码。密码表中共有 64 个密码子，除 3 个密码子 UAA、UAG、UGA 作为多肽链合成时的终止密码子外，其余 61 个密码子分别编码 20 种氨基酸。遗传密码通过转移 RNA（tRNA）将编码在核酸中的遗传信息与多肽链中的氨基酸序列连接起来。翻译过程就是将贮存在核酸中的遗传信息转变成为多肽链中特定的氨基酸序列的过程。

一、起始密码子与终止密码子

密码子 AUG 具有特殊性，不仅是甲硫氨酸的密码子，如果位于 mRNA 5′端起始部位，它还代表肽链合成的起始密码子（initiator codon），即编码多肽链内部甲硫氨酸和起始氨基

表 14-1　遗传密码表

密码子的第一位（5′端）	U		C		A		G		密码子的第三位（3′端）
U	UUU	Phe	UCU	Ser	UAU	Tyr	UGU	Cys	U
	UUC		UCC		UAC		UGC		C
	UUA	Leu	UCA		UAA	终止	UGA	终止	A
	UUG		UCG		UAG		UGG	Trp	G
C	CUU	Leu	CCU	Pro	CAU	His	CGU	Arg	U
	CUC		CCC		CAC		CGC		C
	CUA		CCA		CAA	Gln	CGA		A
	CUG		CCG		CAG		CGG		G
A	AUU	Ile	ACU	Thr	AAU	Asn	AGU	Ser	U
	AUC		ACC		AAC		AGC		C
	AUA		ACA		AAA	Lys	AGA	Arg	A
	AUG	Met	ACG		AAG		AGG		G
G	GUU	Val	GCU	Ala	GAU	Asp	GGU	Gly	U
	GUC		GCC		GAC		GGC		C
	GUA		GCA		GAA	Glu	GGA		A
	GUG		GCG		GAG		GGG		G

（表头：密码子的第二位）

酸是同一个密码子。原核生物多肽链合成的第一个氨基酸是甲酰甲硫氨酸，真核生物为甲硫氨酸。AUG 在接到特殊指令时才作为起始密码子，如果没有特殊指令则只起普通密码子的作用。除 AUG 作为起始密码子外，人们还发现少数细菌用 GUG 作为起始密码子，真核生物偶尔也用 CUG 作为起始密码子。

密码子 UAA、UAG、UGA 是肽链合成的终止密码子（terminator codon），用作翻译的终止信号。它们单独或共同存在于 mRNA 3′端，因此翻译是沿着 mRNA 分子 5′→3′方向进行的。此外，UGA 还能编码谷胱甘肽过氧化酶和去碘酶中的硒代半胱氨酸；UAG 还能编码产甲烷菌的甲胺甲基转移酶中的吡咯赖氨酸。

二、遗传密码的方向性与连续性

mRNA 的起始信号到终止信号的排列是有一定方向性的。起始信号总是位于 mRNA 的 5′侧，终止信号总是在 3′侧。密码阅读的方向与 mRNA 编码的方向相一致，从 5′→ 3′进行。两个密码子之间没有任何核苷酸隔开，因此从起始密码子 AUG 开始，3 个核苷酸代表 1 个氨基酸，其密码子是连续的、不可重叠的，严格按照 3 个核苷酸决定 1 个氨基酸的方式依次读下去。这就构成了一个连续不断的阅读框，直至终止密码子。如果在阅读框中间插入或缺失一个碱基就会造成 mRNA 的阅读框移位（frame shift），引起突变位点下游氨基酸排列的错误，可能使其编码的蛋白质丧失功能。

三、遗传密码的通用性

自然界所有的生命形式，包括病毒、细菌及真核生物，基本上共用同一套遗传密码。

在地球上，生命起源距今已近 40 亿年，遗传密码在很长的进化过程中保持不变，说明其十分保守。这一点不仅为地球上的生物来自同一起源的进化学说提供了有力依据，而且使我们利用细菌等生物制造人类蛋白质成为可能。但在 1979 年，人们发现线粒体 DNA 的编码方式与通常的遗传密码不同，从而对遗传密码的通用性提出了挑战。目前已知在哺乳动物线粒体的蛋白质合成体系中，UAG 不是终止密码子而是色氨酸的密码子，由 AGA 与 AGG 代表终止信号，CUA、AUA 不是分别代表亮氨酸和异亮氨酸，而是分别代表苏氨酸和甲硫氨酸等。除了线粒体外，某些生物的细胞基因组密码也出现了一定的变异。在原核生物的支原体中，UGA 也用于编码色氨酸。在真核生物中少数纤毛类原生动物以终止子 UAA 和 UAG 编码谷氨酰胺。

四、遗传密码的简并性与变偶假说

三联体密码共有 64 个，其中 61 个密码子编码 20 种氨基酸，说明多数氨基酸有 1 个以上的密码子，这就是遗传密码的简并性（degeneracy）。表 14-1 中，除色氨酸和甲硫氨酸仅有 1 个密码子外，其余氨基酸均对应有多个不同的密码子，也称为同义密码子（synonymous codon）。例如，甘氨酸的密码子是 GGU、GGC、GGA 和 GGG，丙氨酸的密码子是 GCU、GCC、GCA 和 GCG。

遗传密码的简并性意味着，1 种氨基酸有 1 个以上的 tRNA 与其相对应，或 1 个 tRNA 分子可以识别 1 个以上的密码子。密码子的简并性往往表现在密码子的第三位碱基上，某些 tRNA 分子上的反密码子（anticodon）仅与 mRNA 密码子的前两个核苷酸形成精确的碱基配对，在第三位可以错配，这就是所谓的密码碱基配对的变偶假说（wobble hypothesis）或摆动假说。tRNA 上的反密码子与 mRNA 的密码子呈反向配对关系，按照摆动假说，反密码子的第一位碱基与密码子第三位碱基的配对可以在一定的范围内变动，如 U 可以和 A、G 配对，G 可以和 U、C 配对，I 可以和 U、C、A 配对，但 A 只能与 U 配对，C 只能与 G 配对（表 14-2）。因此细胞内只需要 32 种 tRNA 就能识别 61 个编码氨基酸的密码子。

表 14-2　反密码子与密码子之间的碱基配对

反密码子的第一位碱基	密码子的第三位碱基
A	U
C	G
G	U、C
U	A、G
I	U、C、A

五、遗传密码的偏倚性

遗传密码的简并性决定了一种氨基酸可以对应多个密码子，那么它们在生物体中是否被均等利用呢？在大肠杆菌中发现，有些密码子被反复使用，而有些则几乎不被使用。例如，在大肠杆菌核糖体蛋白质基因的 1209 个密码子中，编码苏氨酸的 4 个密码子中的 ACU 被使用 36 次，ACC 被使用 26 次，而 ACA 只被使用 3 次，ACG 则完全未被使用。这说明在蛋白质生物合成时对简并密码子的使用频率是不同的。对于给定的氨基酸而言，有的密码子使用频率明显高于其他密码子，这就是遗传密码使用的偏倚性。据研究，大肠杆菌中 mRNA 密码子使用频率与相应的 tRNA 含量高度相关。即多密码子可能由于变偶作用只与一种 tRNA 配对，但通常是其中一种密码子被优先结合。

第二节　参与蛋白质生物合成的生物大分子及其功能

一、mRNA

知识窗 14-2

知识窗 14-3

信使 RNA（messenger RNA，mRNA）是蛋白质合成的模板，它的发现在分子生物学的发展中是重大事件。F. Jacob 和 J. Monod 早在 1961 年就提出 mRNA 的概念。随后 S. Brenner、F. Jacob 和 M. Monocl 等通过噬菌体 T_2 感染大肠杆菌的实验证实了它的存在。

目前已知，mRNA 是蛋白质合成中遗传信息的携带者，通过转录及转录后修饰和加工，产生成熟的 mRNA；氨基酸的编码信号就储存在 mRNA 的核苷酸序列中，每一个氨基酸可通过 mRNA 上的三联体密码来决定，这些密码以连续的方式连接成可读框（open reading frame，ORF）。ORF 从翻译起始密码子 AUG 开始到终止密码子 UAA（或 UAG、UGA）结束。原核和真核细胞中成熟 mRNA 分子的结构除具有上述共同特征外，还存在各自的特点（图 14-2）。

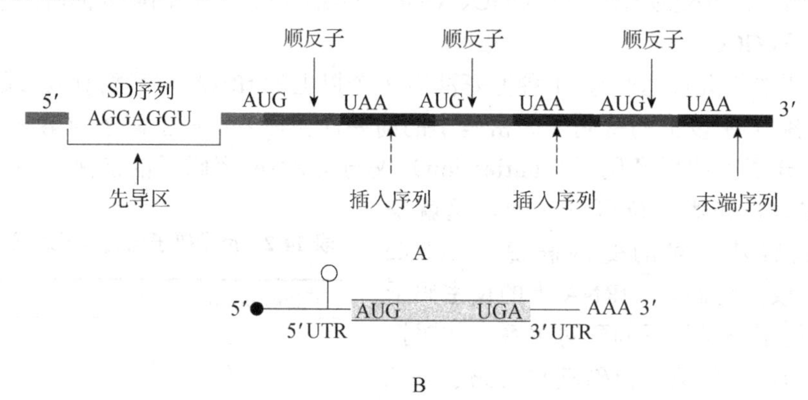

图 14-2　原核与真核细胞 mRNA 的结构简图

A. 原核细胞 mRNA 的结构；B. 真核细胞 mRNA 的结构

原核生物中，在 mRNA 分子起始密码子 AUG 上游方向 4～13 个碱基之前有一段富含嘌呤的特殊序列，其共有序列为 AGGAGG，称为 Shine-Dalgarno 序列（SD 序列），它能够与 16S 核糖体中的 16S rRNA 3′端富含嘧啶的序列互补结合，使核糖体能够正确识别起始密码子 AUG，所以这一序列又称核糖体结合位点（ribosome binding site，RBS）序列。原核生物的 mRNA 通常为多基因的，每个基因的起始密码子 AUG 上游都含有核糖体结合位点，使得多个基因可独立地进行 ORF 的翻译，得到不同的蛋白质。

对真核生物而言，其 mRNA 通常只编码一条多肽链，核糖体识别真核生物 mRNA 特有的帽子结构并与之结合，然后通过一种扫描机制向 3′端移动以寻找起始密码子，翻译始于扫描到的第一个 AUG 序列。真核生物与原核生物虽共有相同的终止密码子，但在真核生物 mRNA 3′端还含有转录后加工上去的多聚腺嘌呤核苷酸（polyA）序列作尾巴，其功能可能与增加 mRNA 分子的稳定性有关。而原核 mRNA 3′端无此序列。

二、转移 RNA

转移 RNA（tRNA）在蛋白质生物合成过程中起关键作用。mRNA 携带的遗传信息被翻译成蛋白质一级结构，但是 mRNA 分子与氨基酸分子之间并无直接的对应关系。tRNA 分子就充当转换器（adaptor）的角色。在蛋白质生物合成过程中，tRNA 主要起转运氨基酸的作用。tRNA 是一类小分子 RNA，是 1958 年 M. Hoagland 等在蛋白质生物合成过程中发现的一种可溶性 RNA（soluble RNA），现在称为 tRNA。其长度为 73～94 个核苷酸，分子中富含稀有碱基和修饰碱基。

体内的 20 种氨基酸都各有其特定的 tRNA，每一种氨基酸可以有一种以上 tRNA 作为运载工具，人们把携带相同氨基酸而反密码子不同的一组 tRNA 称为同功受体 tRNA（isoaccepting tRNA）。它们在细胞内的合成量上有多和少的差别，分别称为主要 tRNA 和次要 tRNA。主要 tRNA 中反密码子识别 mRNA 中的高频密码子，而次要 tRNA 中反密码子识别 mRNA 中的低频密码子。实验表明，tRNA 必须具备倒“L”形的三级结构才具有携带氨酰基的功能（图 14-3）。

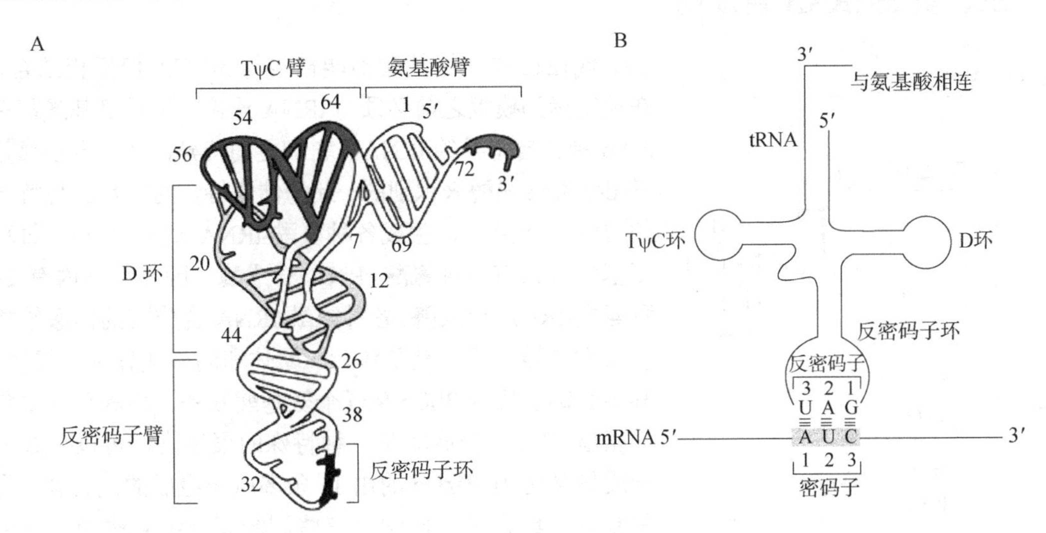

图 14-3　tRNA 的结构简图

A. tRNA 分子的倒“L”形折叠结构；B. tRNA 分子的三叶草形结构

tRNA 分子在识别密码子上的介导作用与以下位点密不可分。

1. 3′端—CCA 上的氨基酸接受位点　tRNA 分子 3′端均为 CCA 序列，通过其 3′端的氨基酸接受臂 CCA 序列末端的 3′-OH 与 mRNA 密码子所对应氨基酸的—COOH 脱水缩合共价相连，形成氨酰-tRNA。而且，通过氨基酸羧基端与 tRNA 之间所形成的高能键，氨基酸被活化，利于其与新生肽链上的氨基酸形成肽键。

2. 识别氨酰-tRNA 合成酶的位点　形成氨酰-tRNA 的反应是在氨酰-tRNA 合成酶的催化下完成的。这个反应需要三种底物，即氨基酸、tRNA 和 ATP。由 ATP 提供活化氨基酸所需要的能量。一种氨酰-tRNA 合成酶可以识别一组同功受体 tRNA（最多达 6 个）。

3. 核糖体识别位点　在核糖体内合成多肽链的过程中，多肽链通过 tRNA 暂时结合在核糖体的正确位置上，直至合成终止后多肽链才从核糖体上脱下。tRNA 起着连接这条多肽链和核糖体的作用。

4. 反密码子位点　在 tRNA 链上有三个特定的碱基，组成一个反密码子（anticodon），反密码子与密码子的方向相反（图 14-3B）。反密码子的作用是与 mRNA 分子中的密码子靠碱基配对原则形成氢键，达到相互识别的目的。但在密码子与反密码子结合时具有一定的摆动性，即密码子的第 3 位碱基与反密码子的第 1 位碱基配对时并不严格。配对摆动性完全是由 tRNA 反密码子的空间结构所决定的。反密码子的第 1 位碱基常出现次黄嘌呤 I，与 A、C、U 之间皆可形成氢键而结合，此种配对称为摆动配对（wobble base pair）。这种摆动配对使得一个 tRNA 所携带的氨基酸可与 2～3 个不同的密码子对应，因此当密码子的第 3 位碱基发生一定程度的突变时，并不影响 tRNA 携带的氨基酸正确就位。所以，tRNA 通过它的反密码环上的反密码子相识别、配对，带着不同氨基酸的各个 tRNA 就能准确地在核糖体上与 mRNA 的密码子对号入座，从而将 mRNA 上的核苷酸序列转变为多肽链上的氨基酸序列。

三、氨酰-tRNA 合成酶

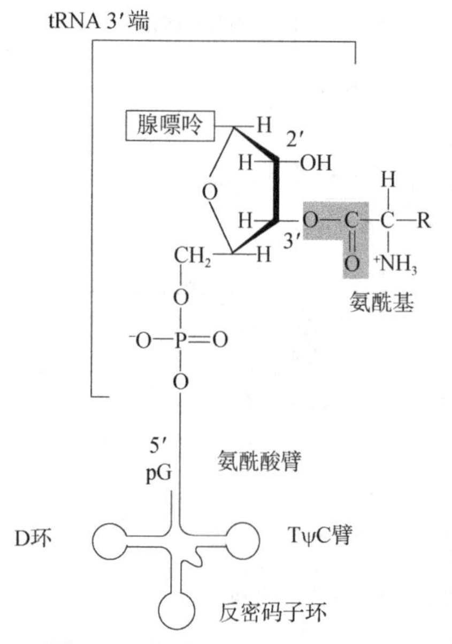

图 14-4　氨酰-tRNA 结构示意图

现在已知，氨基酸不能直接与 mRNA 模板相结合，在被转运到模板之前必须与 tRNA 连接。每种氨基酸都有 2～6 种各自特异的 tRNA，它们之间特异性地结合是靠氨酰-tRNA 合成酶来识别的。此酶催化特定的氨基酸与特异的 tRNA 相结合，生成各种氨酰-tRNA（图 14-4）。每种氨基酸都只有一种氨酰-tRNA 合成酶，因此细胞内有 20 种氨酰-tRNA 合成酶。各种氨酰-tRNA 合成酶的四级结构有很大差异，可以是单体、二聚体和同型或异型四聚体，其多肽链长度为 300～900 个氨基酸残基。高等真核生物的氨酰-tRNA 合成酶是一种特殊的聚集物，可以形成分子质量高达 1000kDa 的由 11 条多肽链组成的复合物。有些复合物结合于内质网，有些则游离于细胞质中。人们通过从大肠杆菌分离出的不同类别氨酰-tRNA 合成酶的研究发现，它们都含有 3 个区域，即催化域（ATP 和氨基酸结合位点）、tRNA 受体螺旋结合域和 tRNA 反密码子结合域。

氨酰-tRNA 合成酶催化的反应包括两步：氨基酸的活化和氨酰-tRNA 的生成。

1．氨基酸的活化　反应在细胞质内进行。每一种氨基酸（AA）以共价键连接形成一种专一的 tRNA，过程中需要消耗 ATP。ATP 水解后释放出无机焦磷酸（PPi），形成的氨酰-腺苷酸（aminoacyl adenylate）复合物中，氨基酸的—COOH 通过酸酐键与 AMP 上的 5′-磷酸基相连接，形成高能酸酐键，从而使氨基酸的羧基得到活化。氨酰-腺苷酸复合物本身是很不稳定的，但是与酶结合而变得较为稳定，形成氨基酸-AMP-酶复合物。

$$AA+ATP+E \longrightarrow E\text{-}AA \sim AMP+PPi$$

2．氨酰-tRNA 的生成　氨基酸从氨基酸-AMP-酶复合物上转移到相应的 tRNA 上，形成氨酰-tRNA（图 14-4），这是蛋白质合成中的活化中间体。氨酰基转移到 tRNA 的 3′端腺苷酸的 3′-羟基或 2′-羟基上，视各种生物而不同，但此活化的氨基酸能在 2′-羟基和 3′-羟基之间迅速转移。

$$E\text{-}AA \sim AMP+tRNA \longrightarrow AA \sim tRNA+AMP+E$$

总反应为：AA+tRNA+ATP⟶AA～tRNA+AMP+PPi。

总反应的平衡常数接近于 1，自由能降低极少，说明 tRNA 与氨基酸之间的键是高能酯键，高能酯键的能量来自 ATP 的水解，这个键水解时标准自由能变化为−30.51kJ/mol。由于反应中形成的 PPi 水解成正磷酸，对每个氨基酸的活化来说，净消耗 2 个高能磷酸键。因此，此反应是不可逆的。

上述反应的机制如图 14-5 所示，反应的第二步因两类酶而不同，第一类酶先将氨酰基转移至 tRNA 3′-腺苷酸的 2′-OH 上，再通过转酯作用转移至 3′-OH 上；第二类酶则直接将氨酰基转移至 3′-OH 上。

氨酰-tRNA 合成酶的专一性很强，表现在两个方面：一是它既能识别特异的氨基酸，每种氨基酸都有一个专一的酶；二是只作用于 L-氨基酸，形成氨酰-tRNA，对 D-氨基酸不起作用。有的氨酰-tRNA 合成酶对氨基酸的专一性并不很高，但对 tRNA 仍具有极高的专一性。例如，L-异亮氨酸-tRNA 合成酶也能活化缬氨酸，形成缬氨酸-AMP-酶复合物，但仍不能把所带的氨基酸转移到 tRNA 上。氨酰-tRNA 合成酶的这种极严格的专一性大大减少了多肽合成中的差错。

氨酰-tRNA 合成酶如何选择正确的氨基酸和 tRNA 呢？一个专一的氨酰-tRNA 合成酶不仅要对其活化的氨基酸专一，而且对一定的 tRNA 专一，正是这种专一性保证了蛋白质合成的忠实性。这种氨酰-tRNA 合成酶和 tRNA 之间的相互作用以及 tRNA 分子中某些碱基或碱基对决定着携带专一氨基酸的作用称为第二套遗传密码（secondary code）。第二套遗传密码的破译将对生物学科各个领域产生重大影响。

四、核糖体与 rRNA

核糖体是由特定 RNA 和蛋白质组成的大复合体，是 tRNA、mRNA 和蛋白质相互作用的场所。其中蛋白质与 RNA 的重量比约为 1∶2。早在 1950 年就有人将放射性同位素标记的氨基酸注射到小鼠体内，经短时间后，取出肝，制成匀浆，离心，分成核、线粒体、微粒体及上清等组分。结果发现，微粒体中的放射性强度最高。再用去污剂（如脱氧胆酸）处理微粒体，将核糖体从内质网中分离出来，发现核糖体的放射强度比微粒体的要高 7 倍。这就说明核糖体是合成蛋白质的部位。

核糖体是一个巨大的核糖核蛋白体。在原核细胞中，它以游离形式存在，在翻译时可以与 mRNA 结合形成串状的多核糖体。平均每个细胞约有 2000 个核糖体。真核细胞中的核糖体位于细胞质内，可分为两类：一类与细胞内质网相结合，形成粗糙内质网，主要参与白蛋白、胰岛素等分泌性蛋白质的合成；另一类游离于细胞质，主要参与细胞固有蛋白质的合成。每个真核细胞所含核糖体的数目可多达 10^6～10^7 个。线粒体、叶绿体及细胞核内也有自己的核糖体。

任何生物的核糖体都由大、小两个亚基组成。原核生物核糖体由 30S 小亚基和 50S 大亚基组成（图 14-6），30S 小亚基含有 21 种蛋白质和一分子的 16S rRNA，50S 大亚基含有 34 种蛋白质和 5S、23S rRNA 各一分子。1968 年，Masayasu Nomura 第一次完成了大肠杆菌核糖体小亚基由其 rRNA 和蛋白质在体外的重新组装。这个重组装的颗粒具有与 30S 小亚基功能完全相同的蛋白质合成活性。重组装只需 16S rRNA 和 21 种蛋白质，而不需要加入其他组分（如酶或特殊因子），即可形成有天然活性的 30S 小亚基，表明这是一个“自我组装”（self-assembly）的过程。真核生物核糖体由 40S 小亚基和 60S 大亚基组成，40S 小亚基由 30 多种蛋白质和一分子的 18S rRNA 构成，60S 大亚基有 50 多种蛋白质及 5S、28S rRNA 各一分子，哺乳类核糖体的 60S 大亚基中还有一分子 5.8S rRNA。

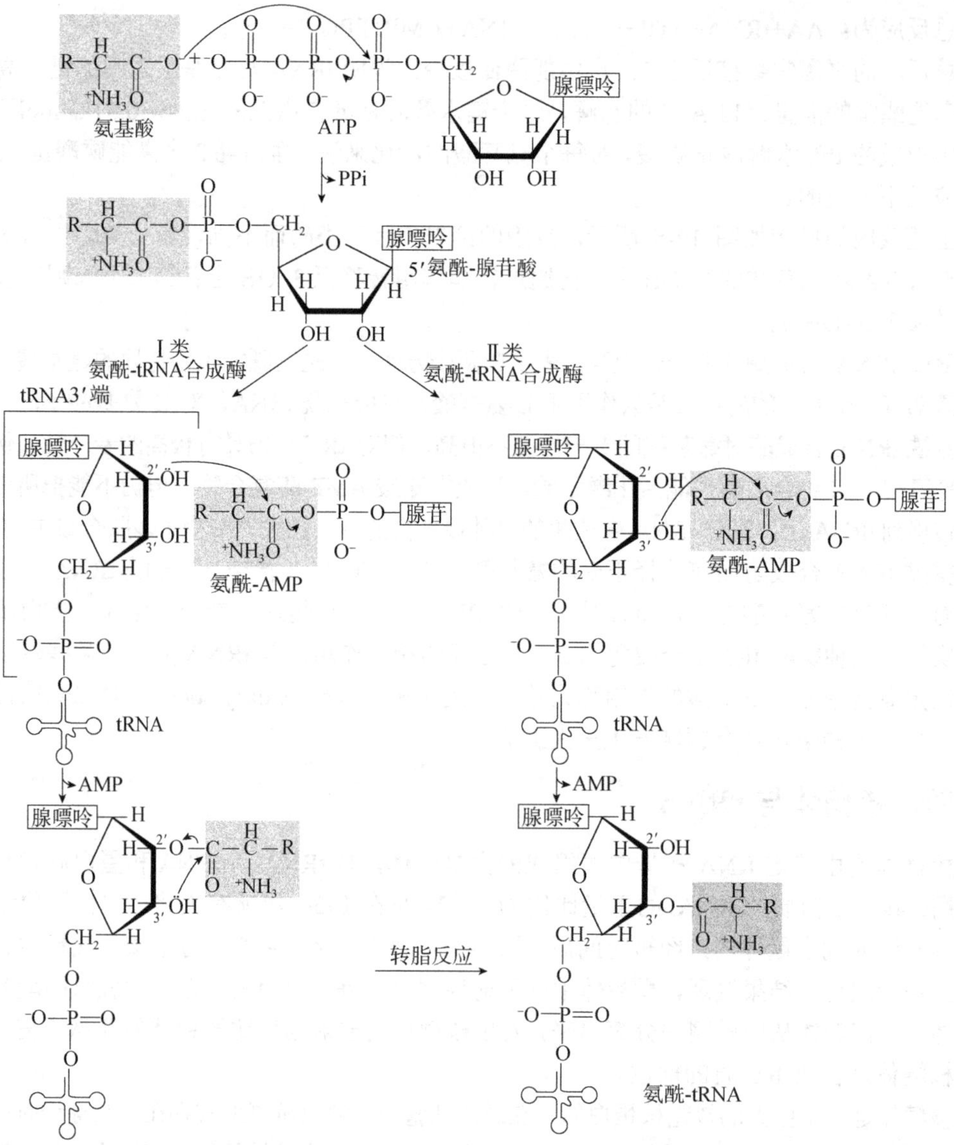

氨基酸　ATP　腺嘌呤

PPi

5′氨酰-腺苷酸

Ⅰ类 氨酰-tRNA合成酶　Ⅱ类 氨酰-tRNA合成酶

tRNA3′端

氨酰-AMP　腺苷

tRNA

AMP

转脂反应

氨酰-tRNA

图 14-5　氨酰-tRNA 合成酶的 tRNA 氨酰化作用

核糖体作为蛋白质的合成场所，具有以下结构特点和作用（图 14-6）。

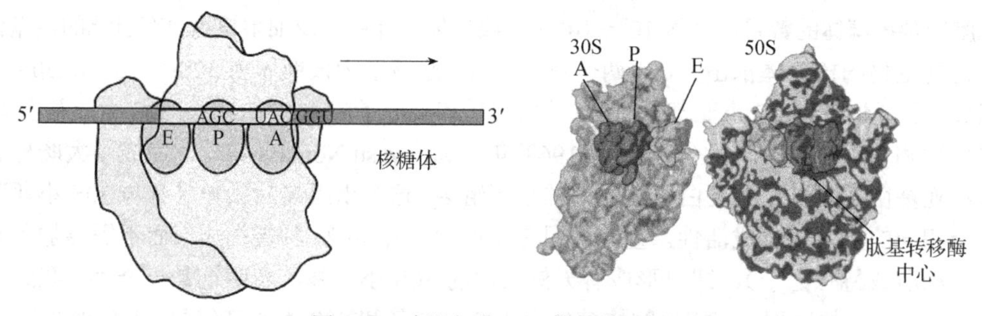

图 14-6　大肠杆菌 70S 核糖体图解

1. mRNA 结合位点　位于大肠杆菌 30S 小亚基头部，此处有几种蛋白质构成一个以上的结构域，负责与mRNA的结合，特别是16S rRNA 3′端与mRNA AUG之前的一段序列互补是这种结合必不可少的。

2．P位点（peptidyl-tRNA site）　又叫作肽酰基-tRNA位或P位。它大部分位于小亚基，小部分位于大亚基，它是结合起始 tRNA 并向A位给出氨基酸的位置。

3．A位点（aminoacyl-tRNA site）　又叫作氨酰基-tRNA 位或受位。它大部分位于大亚基，小部分位于小亚基，它是结合一个新进入的氨酰-tRNA 的位置（见本章第三节叙述）。

P位与A位紧紧相邻，恰好容纳mRNA的2个连续的三联体密码。

4．E位点（exit site）　结合空载的tRNA。

5．转肽酶活性部位　转肽酶活性部位位于P位和A位的连接处，催化肽键的形成。

6．蛋白质因子结合位点　蛋白质合成还需要许多蛋白质因子的参与，核糖体上还有许多与起始因子（initiation factor，IF）、延长因子（elongation factor，EF）和释放因子（release factor，RF）及与各种酶相结合的位点。

五、辅助因子

蛋白质合成中除需要几种RNA和各种氨基酸外，还需要多种辅助因子，包括起始因子、延长因子和释放因子，它们都是蛋白质，在蛋白质合成的不同阶段担负着不同的功能。起始因子在蛋白质合成的起始阶段促进大、小亚基的解离和起始复合物的形成，延长因子参与蛋白质合成过程中肽链的延伸，释放因子的功能是催化蛋白质合成的终止。各辅助因子的种类及具体功能将在后续章节中介绍。

第三节　原核生物蛋白质的合成过程

蛋白质生物合成的过程相当复杂，需要多种生物大分子的参与。目前对大肠杆菌的蛋白质合成过程研究得比较清楚，所以以下过程为原核生物的情况，但从其他有关实验结果看，这一过程在不同生物中基本相似，只是在真核生物中更为复杂。蛋白质合成伊始，细胞内的各种tRNA分子构成了氨基酸的运输大军，经氨酰-tRNA合成酶催化作用，氨基酸被活化并与tRNA生成氨酰-tRNA，在蛋白质辅助因子的帮助下，依mRNA上提供的序列信号，在加工厂核糖体内开始装配多肽链。这一过程需要GTP水解提供能量。整个装配过程大致可分为以下几个阶段：肽链合成的起始、肽链的延伸、肽链合成的终止与释放。

一、肽链合成的起始

核糖体大小亚基、mRNA、起始tRNA和起始因子共同参与肽链合成的起始。

（一）起始tRNA与起始密码子的识别

蛋白质合成的起始过程很复杂，细菌中多肽的合成并不是从mRNA 的5′端第一个核苷酸开始的。被转译的头一个密码子往往位于5′端的第26个核苷酸以后。同时应该指出，许多原核生物的mRNA分子往往是多顺反子mRNA（polycistronic mRNA），在同一mRNA分子上可以编码好几种多肽链，如大肠杆菌中一个7000个核苷酸长的mRNA可以编码6种与色氨酸合成有关的酶类。在转译时，各种酶蛋白都有自己的起始密码子与终止密码子分别控制其合成的起始与终止。

mRNA 上的起始密码子常为 AUG，少数情形下也为 GUG。AUG 既可作为起始密码子，也可作为内部甲硫氨酸的密码子。那么如何区别起始的和内部的 AUG 密码子呢？有两种相互作用确定了蛋白质合成的起始部位：一是 mRNA 的 5′端序列与 16S rRNA 3′端序列的配对。很多实验结果表明，在原核细胞核糖体小亚基内部的 16S rRNA 的 3′端含有一个或几个富含嘧啶碱基的序列，而在 mRNA 上起始密码子 AUG 的 5′端处有大约 10 个核苷酸的富含嘌呤碱基的 SD 序列，这两个序列恰好有碱基互补的关系。二是 mRNA 上起始密码子与 fMet-$tRNA_f^{Met}$（f 代表甲酰化）的反密码子的配对。图 14-7 为某些原核生物 mRNA 分子上 5′端蛋白质合成起始区域的序列。

AGCACGAGGGGAAAUCUGAUGGAACGCUAC	大肠杆菌trpA
UUUGGAUGGAGUGAAACGAUGGCGAUUGCA	大肠杆菌araB
GGUAACCAGGUAACAAGGAUGCGAGUGUUG	大肠杆菌thrA
CAAUUCAGGGUGGUGAAUGUGAAACCAGUA	大肠杆菌lacl
AAUCUUGGAGGCUUUUUUAUGGUUCGUUCU	噬菌体ϕX174蛋白
UAACUAAGGAUGAAAUGCAUGUCUAAGACA	噬菌体Q β 复制酶
UCCUAGGAGGUUUGACCUAUGCGAGCUUUU	噬菌体R17A 蛋白
AUGUACUAAGGAGGUUGUAUGGAACAACGC	噬菌体λ cro 蛋白

与 16SrRNA 配对　　与起始 tRNA 配对

图 14-7　某些原核生物 mRNA 分子上 5′端蛋白质合成起始区域的序列

细菌细胞中有两种 tRNA 能够携带甲硫氨酸，一种是普通 tRNA，它只在肽链延伸阶段起作用。例如，$tRNA^{Met}$ 就是普通 tRNA 中的一员，上标“Met”表示它是携带甲硫氨酸的 tRNA，识别 mRNA 非起始部位的 AUG。另一种是起始 tRNA（$tRNA_i^{Met}$，i 代表起始），它能识别起始密码子 AUG，携带甲酰化的甲硫氨酸（fMet）。研究表明，所有细菌蛋白质合成的氨基端的第一个氨基酸是 *N*-甲酰甲硫氨酸（fMet），这是一个修饰了的甲硫氨酸，其氨基端连接上一个甲酰基，如此被封闭的氨基酸只用于蛋白质合成的起始阶段。它是在转甲酰基酶催化作用下合成的，首先 $tRNA_i^{Met}$ 与 Met 结合，然后由 N^{10}-甲酰四氢叶酸作为甲基供体，合成甲酰甲硫氨酸起始 tRNA（fMet-$tRNA_i^{Met}$）。并不是所有的 Met-tRNA 分子都可以甲酰化，只有 Met-$tRNA_i^{Met}$ 上的甲硫氨酸可以甲酰化。

$$\text{Met-}tRNA_i^{Met} \xrightarrow[N^{10}\text{-甲酰四氢叶酸}]{\text{转甲酰基酶}} \text{fMet-}tRNA_i^{Met}$$

fMet-$tRNA_i^{Met}$ 的反密码子与 mRNA 上起始密码子的精确配对保证了肽链合成起始部位的准确。

在原核生物中，新合成肽链 N 端的甲酰基一般在合成 15～20 个氨基酸后由去甲酰基酶除去。

（二）起始复合物的形成

对原核细胞而言，肽链合成的起始过程就是形成起始复合物，除了需要 mRNA、fMet-$tRNA_i^{Met}$、30S 亚基之外，还需要一些称为起始因子的蛋白质，以及 GTP 与 Mg^{2+}来完成这一过程。已知原核生物中的起始因子有 3 种，即 IF-1、IF-2 和 IF-3（表 14-3）。虽然蛋白质合成是在 70S 核糖体上进行的，但该过程只有在大、小亚基处于解离状态时才能起始。IF-3 可促使 70S 核糖体解聚，并使 30S 亚基不与 50S 亚基结合，而与 mRNA 结合；IF-1 起辅助作用；IF-2 特异识别 fMet-$tRNA_i^{Met}$，可促进 30S 亚基与 fMet-$tRNA_i^{Met}$结合，在核糖体存在时有 GTP 酶活性。

表 14-3　大肠杆菌蛋白质合成中的起始因子

种类	分子质量/kDa	功能
IF-1	9	加强 IF-2 的作用
IF-2	97	促使 30S 复合物的形成，有 GTP 酶活性
IF-3	23	结合于 30S 亚基，阻止 50S 亚基结合

起始复合物的形成包括两步：先形成 30S 起始复合物，再形成 70S 起始复合物。

1．30S 起始复合物的形成　IF-3 促使 70S 核糖体解离为大、小亚基，在 IF-1 的参与下，IF-3 与 30S 小亚基结合。

带有 IF-1 和 IF-3 的 30S 小亚基与 mRNA 结合，形成 mRNA·30S 亚基·IF-3·IF-1 复合物。在 mRNA 5′端起始密码子 AUG 的上游约 10 个核苷酸处有一段富含嘌呤的序列，称为 SD（Shine-Dalgarno）序列。能够与 30S 小亚基上 16S rRNA 的 3′端富含嘧啶的序列互补配对（图 14-8）。这样 30S 小亚基在 mRNA 上的结合位置正好使 30S 小亚基上的部分 P 位对准起始密码子 AUG，以便 fMet-$tRNA_i^{Met}$进入 P 位。

图 14-8　原核 mRNA SD 序列与 30S 小亚基上 16S rRNA 的 3′端富含嘧啶的序列互补配对

IF-2 在 GTP 参与下可特异地与 fMet-$tRNA_i^{Met}$结合，形成复合物 GTP·IF-2·fMet·$tRNA_i^{Met}$。该复合物进入 30S 小亚基的 P 位，使得 $tRNA_i^{Met}$的反密码子与起始密码子正确配对。这样就形成了 30S 起始复合物（或称为前起始复合物）。

2．70S 起始复合物的形成　IF-3 从 30S 小亚基解离，50S 大亚基结合上来，GTP 水解成 GDP 和 Pi，释放出的能量改变了 30S 小亚基和 50S 大亚基的构象，促进 70S 起始复合物（70S 亚基·mRNA·fMet-$tRNA_i^{Met}$）的形成，同时释放出 IF-1 和 IF-2。这时核糖体上的 P 位和 A 位都已处于正确的状态，肽基部位（即 P 位）已被 fMet-$tRNA_i^{Met}$占据，空着的氨酰-tRNA 部位（即 A 位）准备接受一个能与第二个密码子配对的氨酰-tRNA，为肽链的延伸做好了准备，如图 14-9 所示。

二、肽链的延伸

肽链的延伸需要有 70S 的起始复合物、氨酰-tRNA 和三种延伸因子。其中，延伸因子包括热不稳定的 EF-Tu、热稳定的 EF-Ts，以及依赖于 GTP 的 EF-G（又称转位因子）。此外，还需要 GTP 和 Mg^{2+}与 K^+的参与。

这一阶段，与 mRNA 上的密码子相适应，新的氨基酸不断被相应特异的 tRNA 运至核糖体的受位，形成肽链。同时，核糖体从 mRNA 的 5′端向 3′端不断移位以推进翻译过程。

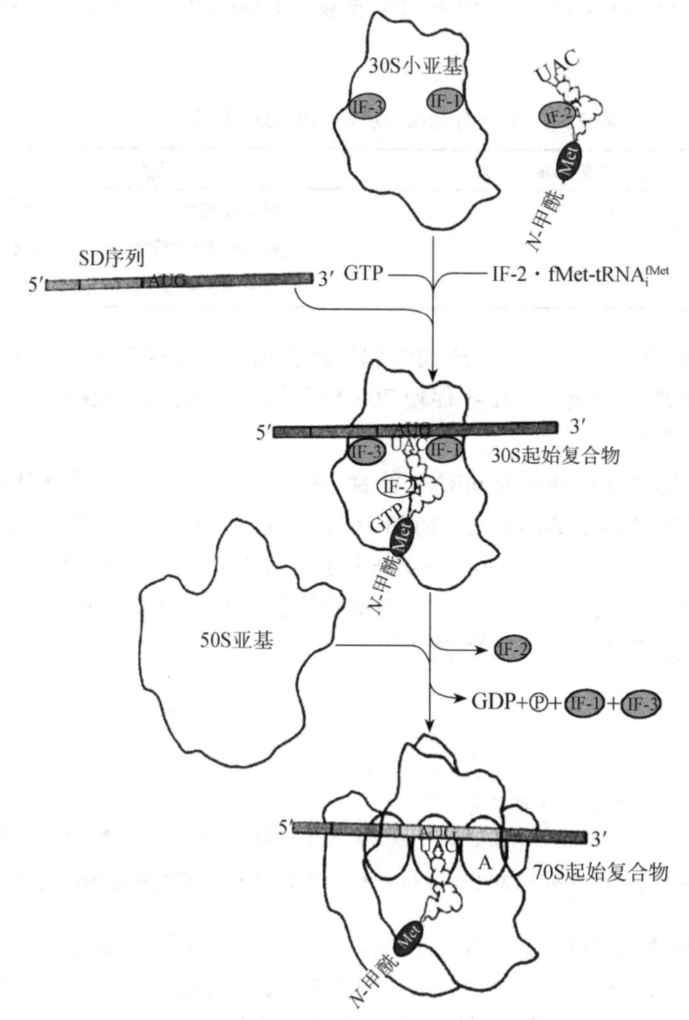

图 14-9 70S 起始复合物的形成

（一）氨酰-tRNA 的结合

对应于 70S 起始复合物 A 位上的 mRNA 密码子，一个新的氨酰-tRNA 分子将进入 A 位。新的氨酰-tRNA 的进入需要肽链延长因子 EF-Tu 和 GTP 的帮助。EF-Tu 首先与 GTP 结合，然后与氨酰-tRNA 结合成三元复合物 EF-Tu · GTP · 氨酰-tRNA，才能进入 A 位。在 A 位，氨酰-tRNA 的反密码子通过碱基配对与密码子相识别。此外，一旦进入 A 位，GTP 立即水解成 GDP，EF-Tu · GDP 二元复合物与氨酰-tRNA 解离而被释放出来。释放的 EF-Tu · GDP 再与 EF-Ts 和 GTP 反应重新生成 EF-Tu · GTP，并参与下一轮反应（图 14-10）。

（二）转肽

在肽基转移酶的作用下，甲酰甲硫氨酰基（或肽酰基）的羧基端与 P 位上的 tRNA 解偶联，转移至 A 位的氨酰-tRNA 的氨基上形成第一个肽键（或一个新的肽键）（图 14-10），这个过程叫作转肽作用（transpeptidation），也叫作肽基转移反应（peptidyl transfer reaction），此步需要 Mg^{2+}与 K^+的存在。肽基转移酶活性中心位于 P 位和 A 位的连接处，靠近 tRNA 的接受臂。

1992年，H. Noller证明肽基转移酶的组分为50S大亚基上的23S rRNA和5种蛋白质，其中起催化作用的是23S rRNA，即核酶（在真核生物中是由60S核糖体亚基中的28S rRNA催化的）。

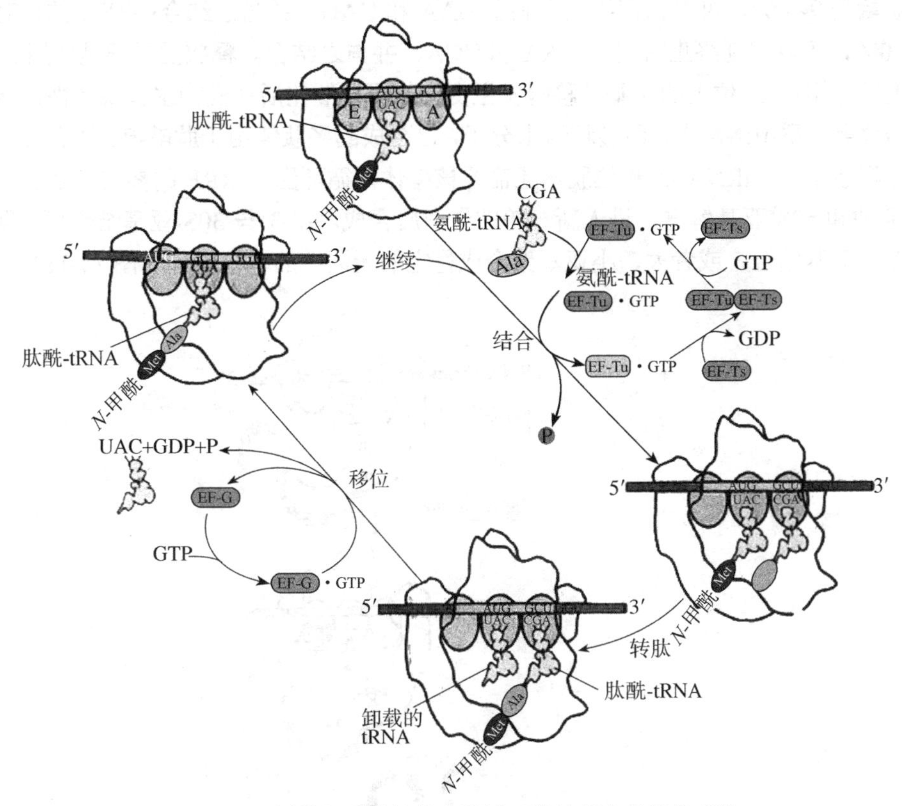

图14-10　原核细胞核糖体上肽链延伸过程中的进位成肽

（三）移位

移位过程需要移位因子EF-G的参与和一个GTP水解提供能量。

移位因子EF-G和GTP结合到核糖体上，由核糖体上具有GTPase活性的某一组分将GTP水解，促进核糖体沿mRNA的5′→3′方向移动，每次移动一个密码子的距离。移位的结果是使原来在A位上的肽酰-tRNA正好对准P位，原来在P位上的无负载的tRNA被移到E位，这是脱酰基-tRNA离开核糖体的出口部位。A位空出，为下一个新的氨酰-tRNA进入提供空间（图14-10）。

移位的机理至今仍不十分清楚。但延伸与移位是两个分离的独立过程，并不像原先所想象的是由于肽链的延伸作用推动移位，移位只不过是被动的反应而已。肽链延伸过程每重复一次，肽链就伸长一个氨基酸的长度。*E. coli*在最适温度37℃条件下，合成多肽链的延伸速度约为每分钟1000个氨基酸。很多抗生素及激素对多肽合成的抑制及刺激作用都发生在这一步上。

整个多肽链通过上述过程周而复始地进行，直到在核糖体的A位出现终止密码子。

三、肽链合成的终止与释放

mRNA链上肽链合成的终止密码子为UAA、UAG、UGA。参与该过程的有三种终止因子，也称为释放因子，即 RF-1、RF-2 和 RF-3 蛋白。当核糖体移动到终止密码子 UAA、UAG 或 UGA 时，没有相应的氨酰-tRNA 能结合在 A 位，因为细胞中不含有与反密码子和终止密码子互补的 tRNA。这些终止信号可被释放因子（release factor）或称终止因子识别。RF-1 的相对分子质量为 94 000，可以识别终止密码子 UAA 和 UAG，并与之结合；RF-2 的相对分子质量为 47 000，可以识别终止密码子 UAA 和 UGA，并与之结合。释放因子都是作用于 A 位，由于它们的作用使 P 位上的肽基转移酶发生变构作用，催化活性变为水解酶活性，从而使肽基不再转移到氨酰-tRNA 上，而转移给水分子，已合成的多肽链由于肽酰-tRNA 的水解，而从核糖体上释放出来。tRNA 从 P 位脱落还需要核糖体再循环因子 RRF 的参与。之后，核糖体的 30S 亚基和 50S 亚基解离，进入新一轮的蛋白质合成。IF-3 与 30S 亚基结合可以防止 50S 亚基与 30S 亚基结合，或者大、小亚基聚合成稳定的无活性的单核糖体（图 14-11）。

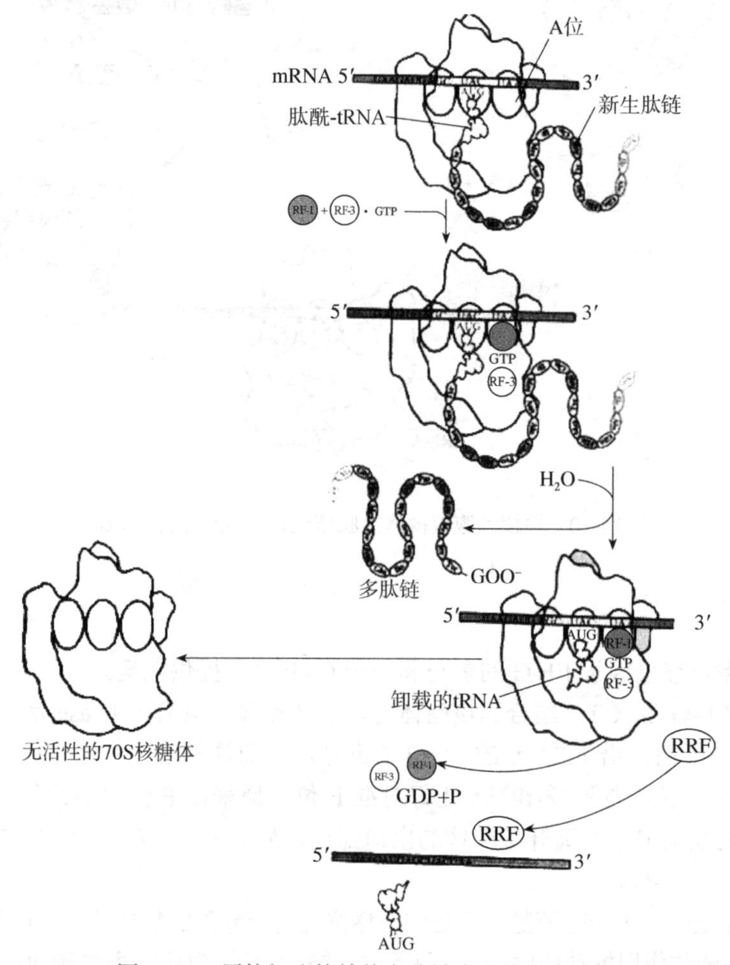

图 14-11　原核细胞核糖体上肽链合成的终止过程

四、多核糖体

上述只是单个核糖体的翻译过程，事实上在细胞内一条 mRNA 链上结合着多个核糖体，甚至可多到几百个，构成多核糖体（polyribosome），形成念珠状。蛋白质开始合成时，第一个核糖体在 mRNA 的起始部位结合，引入第一个甲硫氨酸，然后核糖体向 mRNA 的 3′端移动一定距离后，第二个核糖体又在 mRNA 的起始部位结合，再向前移动一定的距离后，在起始部位又结合第三个核糖体，依次下去，直至终止。两个核糖体之间有一定的长度间隔，每个核糖体都独立完成一条多肽链的合成，越靠近 mRNA 的 3′端的核糖体合成的多肽链就越长。所以这种多核糖体可以在一条 mRNA 链上同时合成多条相同的多肽链，这就大大提高了翻译的效率（图 14-12）。

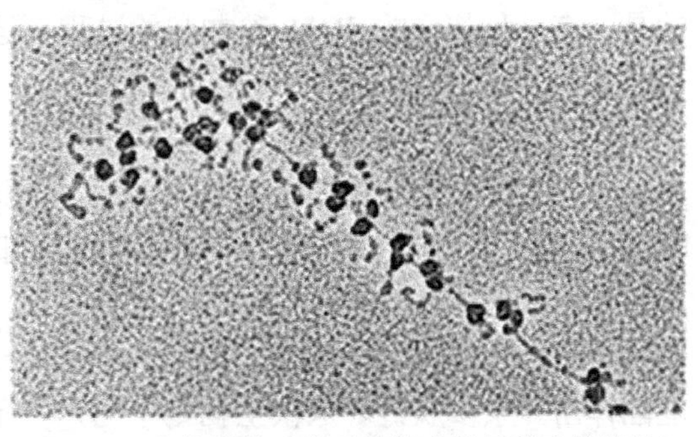

图 14-12　多核糖体（为蚕丝腺多核糖体电镜照片）

多聚核糖体的核糖体个数，与模板 mRNA 的长度有关。例如，血红蛋白的多肽链 mRNA 编码区由 450 个核苷酸组成，长约 150nm，上面串联有 5～6 个核糖体形成多核糖体。而肌凝蛋白的重链 mRNA 由 5400 个核苷酸组成，它由 60 多个核糖体构成多核糖体以完成多肽链的合成。核糖体沿 mRNA 以 5′→3′方向移动，其各自的功能彼此独立。

第四节　真核生物蛋白质的合成过程

一、真核细胞中蛋白质的合成

真核细胞中蛋白质合成的基本过程与原核细胞中的相似，但真核细胞的蛋白质合成过程中包括更多的蛋白质组分，并且有些步骤更复杂。在此仅对有别于原核生物蛋白质合成部分进行阐述。

（一）蛋白质合成的模板

真核生物的蛋白质合成与 mRNA 的转录生成不偶联，mRNA 在细胞核内以前体形式合成，合成后需经加工修饰（切除内含子、5′端加“帽”、3′端加“尾”）才成熟为 mRNA，从细胞核内输往细胞质，投入蛋白质合成过程，转录和翻译的间隔约 15min；而原核生物的 mRNA 常在其自身合成尚未结束时，已被用来翻译，因而转录与翻译几乎同时进行。真核生物 mRNA 为单顺反子，只含一条多肽链的遗传信息，合成蛋白质时只有一个合成的启动点和一个终止点；而原核生物的 mRNA 为多顺反子，含有蛋白质合成的多个启动点和终止点，且不带有类似“帽”与“尾”的结构。在 5′端方向启动信号的上游存在富含嘌呤的 SD 序列。真核生物的 mRNA 则无此区段。真核生物的 mRNA 代谢较慢，哺乳类动物 mRNA 的半衰期为 4～6h，而细菌的 mRNA 半衰期仅为 1～3min。

（二）核糖体

真核生物核糖体为 80S 核糖体，相对分子质量为 4 200 000，包括 60S 的大亚基和 40S 的小亚基。40S 亚基含有一分子 18S rRNA，60S 亚基含有三分子 rRNA，即 5S、28S 和 5.8S rRNA，其中 5.8S rRNA 是真核生物所特有的。

（三）起始 tRNA

在真核生物中，起始氨基酸是甲硫氨酸，而不是 *N*-甲酰甲硫氨酸。但与原核生物相同的是，有一种特异的 tRNA 参加起始过程，这个氨酰-tRNA 称为 Met-tRNA$_i^{Met}$。

（四）起始信号

真核生物中起始密码子总是 AUG。与原核生物不同，真核生物不以 mRNA 5′端富含嘌呤的序列来区别起始密码子 AUG 和肽链内部的 AUG。通常，最接近 mRNA 5′端的 AUG 就是起始位点。40S 亚基结合在 mRNA 的 5′端“帽子”结构部位，向 3′端方向滑动时寻找起始密码子 AUG，这种滑动需要 ATP 的水解。一个真核 mRNA 链上只有一个起始位点，所以只能翻译出一条多肽链。原核生物则不同，一条 mRNA 链上有多个起始位点，所以可以翻译出几条多肽链。

（五）起始复合物的形成

真核细胞蛋白质合成起始复合物的过程中需要更多的起始因子（eukaryote initiation factor，eIF）参与，目前已知的起始因子不下 10 种（表 14-4），而原核生物的起始因子只有 3 种，因此真核细胞蛋白质合成的起始过程也更复杂。

表 14-4　真核细胞肽链合成的起始因子

种类	亚基	相对分子质量	功能
eIF-1		15	促使起始复合物的形成
eIF-1A		17	使 Met-tRNA$_i$ 稳定结合于 40S 亚基
eIF-2		125	依赖 GTP 使 Met-tRNA$_i$ 结合于 40S 亚基
	α	36	受磷酸化调控
	β	50	结合 Met-tRNA$_i$
	γ	55	结合 GTP、Met-tRNA$_i$
eIF-2B		270	启动 eIF-2 • GDP 转换为 eIF-2 • GTP
eIF-2C		94	稳定三元复合物 eIF-2 • GTP • Met-tRNA$_i^{Met}$
eIF-3		550	启动 Met-tRNA$_i$ 与 mRNA 结合
eIF-4F		243	结合于 mRNA 帽和 poly（A）尾；由 eIF-4A、eIF-4E、eIF-4G 组成；具有 RNA 解旋酶活性
eIF-4A		46	ATP 依赖的 RNA 解旋酶活性；促使 mRNA 结合于 40S 亚基
eIF-4E		24	结合于 mRNA 5′端的 7-甲基鸟苷
eIF-4G		173	结合于 Pab1p*
eIF-4B		80	结合 mRNA，启动 RNA 解旋酶活性使 mRNA 结合于 40S 亚基
eIF-5		49	使 eIF-2 键合的 GTP 水解，释放 eIF-2、eIF-3
eIF-5B		175	依赖核糖体的 GTPase 活性，介导 40S 亚基与 60S 亚基的结合
eIF-6			使 80S 解离，结合于 60S

*Pab1p 是一种 poly（A）结合蛋白

真核生物蛋白质合成起始过程的次序上与原核生物存在差异，大致可分为以下三步（图 14-13）。

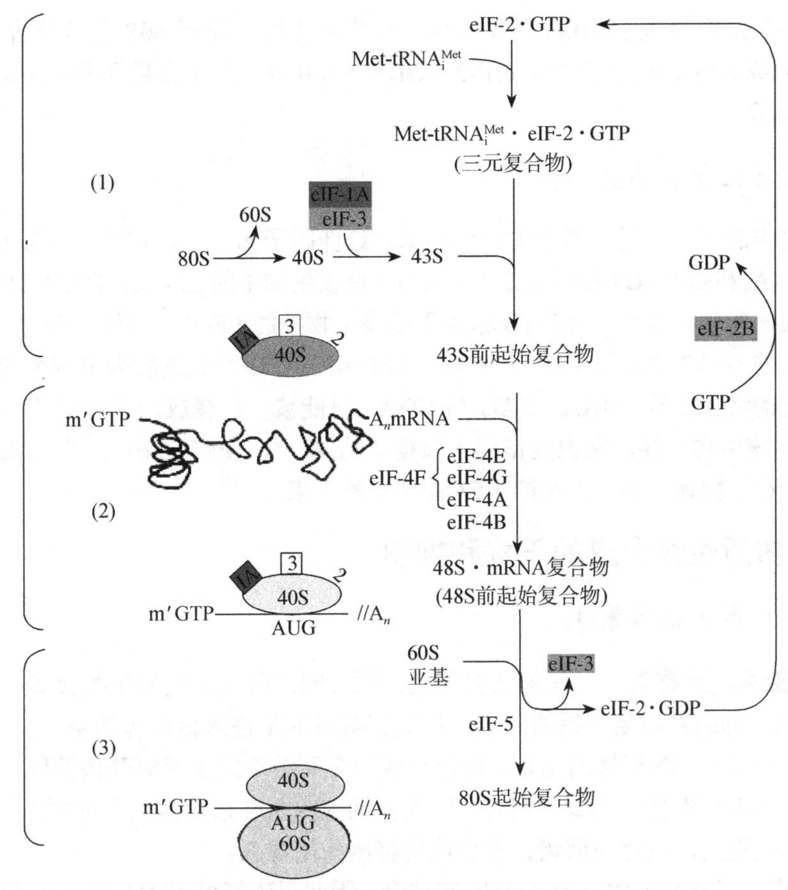

图 14-13　真核生物蛋白质的合成过程

（1）43S 前起始复合物的形成　核糖体 40S 小亚基首先与 eIF-1A、eIF-3 结合生成 43S 核糖体复合物，再与 Met-tRNA$_i^{Met}$·eIF-2·GTP 三元复合物结合成 43S 前起始复合物。真核细胞核糖体结合 Met-tRNA$_i^{Met}$ 是在无 mRNA 情况下进行的，所以这种结合不需要密码子指导。

（2）48S 前起始复合物的形成　43S 前起始复合物与 mRNA 结合形成 48S 前起始复合物。同时 40S 亚基滑动以正确定位 AUG 起始密码子。这一过程包括，起始复合物在 eIF-4 group（包括 eIF-4B 和 eIF-4F）的帮助下，识别 5′-帽子和 3′-polyA，松弛 mRNA 上存在的二级结构，以及将 mRNA 转移到 43S 前起始复合物上。eIF-4 group 中的 eIF-4F 是由三种因子 eIF-4A（ATP 依赖的 RNA 解旋酶活性）、eIF-4E（结合于 mRNA 5′-帽子）、eIF-4G（结合于 Pab1p）组成的，目前认为在众多起始因子的参与下，通过 5′-帽子和 3′-polyA 之间的相互作用，小亚基在 mRNA 上向下游移动而进行扫描，从而使 mRNA 上的起始密码子 AUG 在 Met-tRNA$_i^{Met}$ 的反密码子位置固定下来。

而原核细胞 30S 起始复合物的形成是先由 30S 亚基与 mRNA 结合，这一过程包括 mRNA 上 SD 序列与 30S 亚基 16S rRNA 碱基的互补识别，然后三元复合物 GTP·IF-2·fMet-tRNA$_i^{Met}$ 再与 30S 亚基·mRNA 结合。

（3）80S 起始复合物的形成　当 48S 前起始复合物停滞于 AUG 起始密码子时，与 Met-tRNA$_i^{Met}$·eIF-2 结合的 GTP 水解，使 eIF-2·GDP 从 40S 亚基上解离下来。在此，

eIF-5 与 eIF-5B 结合促进了 eIF-2 的 GTPase 水解酶活性。随后 60S 亚基结合上来，起始因子释放，形成 80S 起始复合物。eIF-2 · GDP 在 eIF-2B 因子帮助下形成 eIF-2 · GTP，进入下一轮反应。

（六）延伸因子和终止因子

真核生物中的延伸过程与原核生物极相似。延伸因子 eEF-1 和 eEF-2 参与了这一过程。eEF-l 由 eEF-1A 和 eEF-1B 组成，eEF-1A 相当于原核生物中的 EF-Tu，它与 GTP 结合，使氨酰-tRNA 进入核糖体的 A 位，eEF-1B 相当于原核生物中的 EF-Ts，促使 eEF-1A · GTP 的再生。真核生物的 eEF-2 和原核生物的 EF-G 一样作用于 GTP，促进肽酰-tRNA 的移位。

真核细胞的终止信号（UAA、UAG 与 UGA）只能被一种释放因子 eRF 识别，其作用需要 GTP。同原核生物一样，它也是作用于核糖体的 A 位，使转肽酶活性变为水解酶活性，将肽链从结合在核糖体上的 tRNA 的—CCA 端水解下来。

二、蛋白质生物合成的干扰和抑制

（一）抗生素（抗菌素）

1. 四环素族、土霉素　它们从以下几方面抑制细菌的蛋白质生物合成：作用于细菌内 30S 小亚基，抑制起始复合物的形成；抑制氨酰-tRNA 进入核糖体的 A 位，阻滞肽链的延伸；影响终止因子与核糖体的结合，使已合成的多肽链不能脱落离开核糖体。四环素类抗生素除对菌体 70S 核糖体有抑制作用外，对人体细胞的 80S 核糖体也有抑制作用，但对 70S 核糖体的敏感性更高，故对细菌蛋白质合成的抑制作用更强。

2. 氯霉素　与核糖体上的 A 位紧密结合，因此阻碍氨酰-tRNA 进入 A 位；抑制转肽酶活性，使肽链延伸受到影响，菌体蛋白质不能合成，因此有较好的抑菌作用。高浓度时，对真核生物线粒体内的蛋白质合成也有阻断作用。

3. 链霉素、卡那霉素和新霉素　这类抗生素属于氨基苷类，它们主要抑制革兰氏阴性细菌蛋白质合成的三个阶段：能与原核生物蛋白体小亚基结合，改变其构象，阻碍 30S 起始复合物的形成，使氨酰-tRNA 从复合物中脱落；在肽链延伸阶段，使氨酰-tRNA 与 mRNA 错配，引起读码错误；在终止阶段，阻碍终止因子与核糖体结合，使已合成的多肽链无法释放，而且抑制 70S 核糖体的分离。

4. 嘌呤霉素　结构与酪氨酰-tRNA 相似，从而可取代一些氨酰-tRNA 进入翻译中的核糖体受位，当延长的肽链转入此异常受位时，容易脱落，终止肽链合成。嘌呤霉素对原核生物、真核生物的翻译过程均有干扰作用。

5. 放线菌素　抑制核糖体转肽酶，只对真核生物有特异性作用。

（二）干扰蛋白质生物合成的生物活性物质

1. 白喉毒素　由白喉杆菌产生，是真核细胞蛋白质合成抑制剂。白喉毒素进入组织细胞内，对真核生物的延伸因子-2（EF-2）起共价修饰作用，生成 EF-2 腺苷二磷酸核糖衍生物，从而使 EF-2 失活，有效地抑制细胞整个蛋白质的合成，导致细胞死亡。

2. 干扰素　干扰素是病毒感染后，感染病毒的细胞合成和分泌的一种小分子蛋白质。它对病毒有两方面的作用：其一是干扰素在双链 RNA 存在下，诱导一种蛋白激酶，促使 eIF-2

发生磷酸化，从而抑制病毒蛋白质的生物合成；其二是干扰素 dsRNA 激活寡核苷酸合成酶，诱导生成一种罕见的 2,5-腺嘌呤寡核苷酸，这种寡核苷酸可进一步活化一种称为 RNase L 的内切核酸酶，由 RNase L 降解病毒 RNA。

3．蓖麻毒蛋白　作用于真核生物，由于腺嘌呤的 *N*-糖基裂解而使 28S rRNA 失活。

4．天花粉蛋白　具有 RNA *N*-糖苷酶活性，使真核细胞大亚基（60S）失活。

三、线粒体内存在独立的蛋白质合成体系

哺乳类动物等真核生物的线粒体中，存在着自 DNA 到 RNA 及各种有关因子的独立的蛋白质生物合成体系，以合成线粒体本身的某些多肽，真核生物的该体系与细胞质中一般蛋白质合成体系不同，与原核生物的近似。因而其可被抑制原核生物蛋白质生物合成的某些抗生素抑制，这可能是某些抗生素药物副作用产生的原因。

第五节　蛋白质翻译后的修饰加工与蛋白质的折叠、运输

已知很多蛋白质在肽链合成后还需经过一定的加工（processing）或修饰，由几条肽链构成的蛋白质和带有辅基的蛋白质，其各个亚单位必须正确折叠、互相聚合才能成为完整的蛋白质分子，转变为具有正常生理功能的蛋白质。

一、蛋白质翻译后的修饰加工

多肽链在核糖体上合成的过程中或合成后，一般都要经过修饰加工。常见的修饰加工过程如下。

（一）N 端的甲酰甲硫氨酸或甲硫氨酸的去除

原核和真核细胞进行蛋白质生物合成的过程中，分别以甲酰甲硫氨酸（fMet）和甲硫氨酸（Met）作为多肽链的起始氨基酸。然而在成熟的蛋白质分子中，其 N 端的氨基酸并不总是 fMet 或 Met。据统计，绝大多数蛋白质的 N 端氨基酸都不是 fMet 或 Met，这意味着在蛋白质合成过程中，起始氨基酸可能被去除。原核细胞中 fMet 上的甲酰基，一般是在多肽链从核糖体上释放后经甲酰基酶去除。在大肠杆菌中，以 Met 作为 N 端氨基酸的蛋白质数目，一般占总蛋白质数目的 48%；而枯草杆菌中只占到总蛋白质数目的 13%。在真核细胞中，常常在多肽链合成到一定长度时（15～30 个氨基酸），其 N 端的甲硫氨酸就被氨肽酶切除，仍以 Met 作为其 N 端氨基酸的蛋白质数目更少，有的仅占总蛋白质的 0.3%。此外，N 端的 Met 去不去除，何时去除则因蛋白质而异，有的在合成过程中去除，有的在合成后去除，有的则仍留在蛋白质分子的 N 端。

（二）蛋白质前体中不必要肽段的切除

有些新合成的多肽链要在专一性蛋白酶的作用下切除部分肽段才能成为有生物活性的功能蛋白。例如，胰岛素的合成，先生成较大的前体，即前胰岛素原（preproinsulin），然后水解除去一段由−24～−1 位氨基酸组成的 N 端信号序列［称为前肽（pre-peptide）］，并形成二硫键，生成胰岛素原（proinsulin）；再从胰岛素原分子中切除 C 肽，最后生成胰岛素的两条以二硫键连接的 A、B 链，成为有活性的胰岛素。此外，一些无活性酶原（如胰蛋白酶原、

胰凝乳蛋白酶原等）加工转变为有活性的酶，以及分泌蛋白信号肽的剪除等，都是切除蛋白质前体中不必要肽段以形成有活性的蛋白质。

（三）对多肽链中特定氨基酸侧链基团的修饰

许多多肽链可以进行不同类型化学基团的共价修饰，修饰后可以表现为激活状态，也可以表现为失活状态。修饰包括羟基化、糖基化、磷酸化、酰基化、羧化作用、甲基化等。

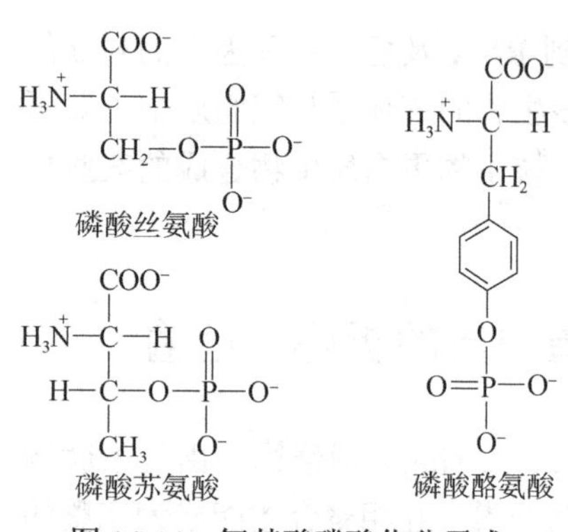

图 14-14　氨基酸磷酸化分子式

1. 磷酸化　酶、受体、介体（mediator）、调节因子等蛋白质的可逆磷酸化普遍存在于蛋白质细胞生长和代谢调节中。磷酸化发生在翻译后，由各种蛋白质激酶催化，磷酸化多发生在多肽链丝氨酸、苏氨酸的羟基上，偶尔也发生在酪氨酸残基上（磷酸化分子式见图 14-14），这种磷酸化的过程受细胞内一种蛋白激酶催化，磷酸化后的蛋白质可以增加或降低它们的活性。例如，促进糖原分解的磷酸化酶，无活性的磷酸化酶 b 经磷酸化以后，变为有活性的磷酸化酶 a。而有活性的糖原合成酶 a 经磷酸化以后变成无活性的糖原合成酶 b，共同调节糖原的合成与分解。

2. 糖基化　多肽链在合成过程中或在合成之后常以共价键与单糖或寡糖侧链连接，生成糖蛋白。质膜蛋白质和许多分泌性蛋白质都具有糖链，这些寡糖链结合在丝氨酸或苏氨酸（*O*-连接寡糖）的羟基上（如红细胞膜上的 ABO 血型决定簇），也可以与天冬酰胺（*N*-连接寡糖）连接。这些寡糖链是在内质网或高尔基体中加入的。糖蛋白是一类重要的蛋白质，许多膜蛋白和分泌蛋白均是糖蛋白。糖基化作用对生产具有高生物活性的蛋白质药物是至关重要的，如人的红细胞生成素（hEPO）、乙肝病毒表面抗原（HBsAg，即乙肝疫苗）等，只有经过适当的糖基化后，才能表现出高度的生物活性。

3. 羟基化　胶原蛋白前 α 链上的脯氨酸和赖氨酸残基在内质网中与羟化酶、分子氧和维生素 C 作用产生羟脯氨酸和羟赖氨酸，有助于胶原蛋白螺旋的稳定。如果此过程受到阻碍，胶原纤维不能进行交联，极大地降低了它的张力强度。其他蛋白质，如核心专一凝集素，也含有羟脯氨酸和羟赖氨酸。

4. 二硫键的形成　mRNA 上没有胱氨酸的密码子，多肽链中的二硫键是在肽链合成后，通过两个半胱氨酸的巯基氧化而形成的，二硫键的形成对于许多酶和蛋白质的活性是必需的。蛋白质中的二硫键和半胱氨酸中的巯基在决定蛋白质折叠和分泌（如在真核细胞中）的速率和效率上起着决定性作用。在细胞中，蛋白质分子正确二硫键的形成是被酶催化的。研究得最清楚的是蛋白质二硫键异构酶（protein disulfide isomerase，PDI），它催化三个不同的反应：氧化反应（将新的二硫键引入蛋白）、异构化（通过巯基-二硫化物交换，使已存在的半胱氨酸配对发生交换）、还原反应（去除二硫键）。实验表明，酵母细胞 PDI 的超高效表达，使具有高二硫键含量的外源蛋白质分泌、表达效率提高 10～20 倍之多。

蛋白质分子中二硫键的形成，可以发生在蛋白质分子合成过程中，即与翻译同时进行，也可以发生在蛋白质翻译完成之后。

5. 酰基化　例如，蛋白质的乙酰化普遍存在于原核生物和真核生物中。乙酰化有两个类型：一类是由结合于核糖体的乙酰基转移酶将乙酰 CoA 的乙酰基转移至正在合成的多肽链上，当将 N 端的甲硫氨酸除去后，便乙酰化，如卵清蛋白的乙酰化；另一类是在翻译后由细胞质的酶催化发生乙酰化，如肌动蛋白和猫的珠蛋白。此外，细胞核内组蛋白的内部赖氨酸也可以乙酰化。

6. 羧化作用　一些蛋白质的谷氨酸和天冬氨酸可发生羧化作用。例如，血液凝固蛋白酶原（prothrombin）的谷氨酸在翻译后羧化成 γ-羧基谷氨酸，后者可以与 Ca^{2+}螯合。这依赖于维生素 K 的羧化酶的催化作用。

7. 甲基化　在一些蛋白质中，赖氨酸可被甲基化。例如，肌肉蛋白和细胞色素 c 中含有二甲基赖氨酸。大多数生物的钙调蛋白含有三甲基赖氨酸。有些蛋白质中的一些谷氨酸链羧基也发生甲基化。

8. C 端酰胺基的引入　一些蛋白质如肽激素含有 C 端酰胺基。这是由多肽链的 C 端甘氨酸的氧化修饰生成的。在肽基甘氨酸羟化酶的作用下，甘氨酸的 α 碳原子羟化，随后甘氨酸以乙醛酸态除去，并歧化为酰胺。

9. 蛋白质酪氨酸的硫酸化　真核生物蛋白质的酪氨酸普遍发生硫酸化，由酪氨酰蛋白质转移酶将硫酸基从 3′-磷酸腺苷-5′-磷酰硫酸转移至特定的酪氨酸残基上。

10. ADP-核糖基化　在翻译后，一个或多个 ADP-核糖从 NAD^+上转移至受体蛋白质上，核糖与氨基酸残基以 *N*-糖苷键或 *O*-糖苷键结合。例如，单个 ADP-核糖与精氨酸、天冬酰胺或白喉酰胺（一种修饰的组氨酸）残基的 N 以 *N*-糖苷键结合。多 ADP-核糖基化主要在细胞核内进行，首先，一个 ADP-核糖与谷氨酸残基的羧基侧链或与 C 端赖氨酸的羧基生成 *O*-糖苷键连接，以后再连接上多个 ADP-核糖，形成多聚（ADP-核糖）侧链。细胞核内发生多 ADP-核糖基化的蛋白质主要有组蛋白，以及 RNA 聚合酶 α 亚基和拓扑异构酶 I 等。

（四）亚基的聚合

有许多蛋白质是由两个以上的亚基构成的，这些多肽链通过非共价键聚合成多聚体才能表现生物活性。例如，成人血红蛋白由两条 α 链、两条 β 链及 4 分子血红素组成，大致过程如下：α 链在多聚核糖体合成后自行释放，并与尚未从多聚核糖体上释放的 β 链相连，然后一并从多聚核糖体上脱落，变成 αβ 二聚体。此二聚体再与线粒体内生成的两个血红素结合，最后形成一个由 4 条肽链和 4 个血红素构成的有功能的血红蛋白分子。

二、蛋白质的折叠

蛋白质的折叠（protein folding）是指多肽氨基酸序列形成具有正确三维空间结构的蛋白质的过程。肽链的折叠从核糖体出现新生的多肽链即可开始。

C. Anfinsen 于 20 世纪五六十年代提出，每一个蛋白质是否折叠成其特定的三维空间结构取决于它的氨基酸序列及初级结构，即氨基酸序列是决定蛋白质空间构象最基本的因素。mRNA 多核苷酸链中的遗传信息通过遗传密码在核糖体上被转换成线性的多肽链。由特定氨基酸序列所组成的多肽链如何形成具有特定三维空间结构和完全生物活性的蛋白质分子的机制至今尚未完全清楚。

人们通过对体外蛋白质折叠机制的研究，初步认为其折叠可能是始于疏水坍塌（hydrophobic collapse），即由疏水作用而引起的坍塌，使得疏水侧链集中埋藏于分子的内部，而极性侧链则裸露于与水接触的分子表面；或始于转角（属于稳定的二级结构，一直存在于折叠过程中）；或始于共价键相互作用（如强二硫键的形成）。在折叠早期，可能这三种方式联合作用，之后可能沿着多种途径形成一种中间状态（熔球态）。这个过程是快速的，一般在毫秒范围内完成。最后再由中间状态进入天然的三维空间结构，此过程较慢，是折叠反应的限速步骤。

体内蛋白质的折叠与体外的很不相同，因为胞质溶胶是一个拥挤的环境，有效的大分子浓度高达 0.3g/mL。这种大分子的拥挤加强了非特异蛋白缔合、聚集的可能性。体外蛋白质的折叠是从完整的肽链开始的，而体内蛋白质的折叠可能存在着与肽链合成同步进行的过程。邹承鲁根据他实验室多年的研究成果，并结合国际上有关蛋白质折叠的研究结果，于 1988 年提出新生肽链折叠的假说，认为新生肽链的折叠在合成早期就开始，随着肽链的延伸，其空间构象不断调整，直到蛋白质分子完全形成为止，后形成的肽段也作用于先形成的新生肽链的构象。因而新生肽链的折叠既是与翻译同时进行的，又是在翻译终止后才最后完成的。

蛋白质分子在折叠时需要外来蛋白因子的帮助。参与蛋白质折叠的蛋白因子包括两大类，即分子伴侣和折叠酶。

三、蛋白质的运输

在核糖体上新合成的多肽被送往细胞的各个部分，以行使各自的生物功能。大肠杆菌新合成的多肽，一部分仍停留在胞质之中，一部分则被送到质膜、外膜或质膜与外膜之间的空隙，有的也可分泌到胞外。真核细胞中新合成的多肽一离开核糖体，就被送往细胞各部位，如细胞质及内质网、高尔基体、溶酶体、线粒体、叶绿体、细胞核等，以更新细胞的结构组成和维持细胞的功能活动。所以新合成的多肽的输送是有目的、定向进行的。这种有目的、定向的运输与一种叫作信号肽的序列有关。

人们对定位于膜中的、溶酶体的或细胞分泌的蛋白质前体进行研究发现，这一类蛋白质刚合成时，其 N 端存在着 15～30 个氨基酸的一段顺序，其功能与将此蛋白质多肽链输送到细胞的特定部位（细胞器）有关，所以称为信号肽（signal peptide）。在肽链被跨膜输送到某特定部位后，此信号肽即被切除。定位在膜中的、溶酶体中的或分泌的蛋白质前体都含有信号肽。1970 年，D. Blobel 和 G. Sabatini 提出信号学说；1975 年，Blobel 破译了第一个信号肽序列；20 世纪 80 年代初，信号识别颗粒及其受体的发现，使人们对细胞内分泌蛋白、溶酶体蛋白和膜整合蛋白的翻译、穿膜有了进一步的了解。现已有上百种信号肽序列被测定。

所有蛋白质都是在游离核糖体上合成的，但一些非分泌蛋白因无信号序列而不能与粗面内质网结合。有实验表明，一旦新生肽链从核糖体出现并延伸时，信号肽便被信号识别颗粒体（signal recognition particle，SRP）所识别。SRP 的相对分子质量为 396 000，有两个功能域（domain）：一个用于识别信号肽，另一个用于干扰进入的氨酰-tRNA 和肽酰移位酶的反应，以终止多肽链的延伸作用。信号肽与 SRP 的结合发生在蛋白质合成刚开始时，即 N 端的新生肽链刚一出现时，一旦 SRP 与带有新生肽链的核糖体相结合，肽链的延伸作用暂时终止，或延伸速度大大降低。SRP 的功能就是将暂停翻译的新生肽链和内质网膜靠近。随后，SRP-核糖体复合体与内质网上一个 SRP 受体［又称停泊蛋白（docking protein）］结合，通过一个 GTP 依赖过程，打开一个通道。一旦与此受体相结合，蛋白质合成的延伸作用又重新开始，SRP 受体一个是二聚体蛋白，由相对分子质量为 69 000 的 α 亚基与相对分子质量为 30 000 的 β 亚基组成。另一个为内质网膜蛋白，即信号序列受体（signal sequence receptor，SSR），与信号肽结合，并促进新生多肽链进入这一通道。另外，在内质网膜上还有核糖体受体蛋白。这样，通过这 3 个受体的多重识别，信号肽可无误地与内质网专一地结合，同时 SRP 释放入细胞质，多肽链进入内质网内腔，释放的 SRP 则再用于另一个蛋白质的转运。信号肽在多肽链合成完成之前，即由内质网内的信号肽酶（signal peptidase）切除掉。

上述过程如图 14-15 所示。

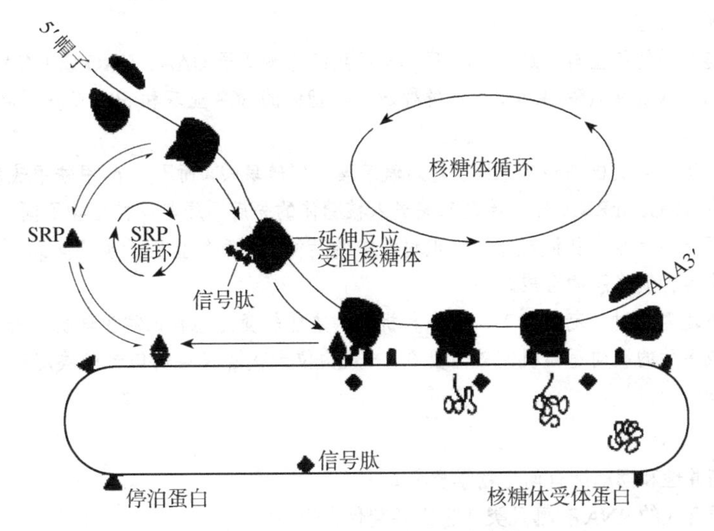

图 14-15　信号肽的识别过程

一般而言，新生肽链进入内质网是一个共翻译过程，但也有例外，如在酵母菌内，蛋白质是在翻译后进入内质网的。信号肽的位置也不一定在新生肽的 N 端，有些蛋白质（如卵清蛋白）的信号肽位于多肽链的中部。进入内质网的蛋白质一部分滞留在内质网内，但大多数蛋白质在内质网腔内被加工（折叠和糖基化修饰），然后转入高尔基体，最终转送到细胞的其他位置，或是由胞泌作用被排出。

小结

贮存在 DNA 核苷酸序列中的遗传信息，通过转录传递给 mRNA，在核糖体上 mRNA 作为模板指导蛋白质多肽链的合成，肽链上各氨基酸的排列顺序是由 mRNA 上的核苷酸序列即遗传密码所决定的。从起始密码子 AUG 开始，由三个核苷酸组成的三联体密码，按 5′→ 3′方向连续地、不可重叠地读码，直至终止密码子。三联体密码共有 64 个，除 3 个终止密码子外，其余 61 个密码子编码 20 个氨基酸。遗传密码具有简并性。tRNA 分子上的反密码子与 mRNA 的密码子配对具有摆动性。此外，密码子在生物体中的使用有偏倚性。

核糖体是蛋白质合成的场所。原核生物的核糖体为 70S，由 50S 和 30S 两个亚基组成；真核生物的核糖体为 80S，由 60S 和 40S 两个亚基组成。若干个核糖体与 mRNA 分子同时结合，形成多核糖体，大大提高了翻译的效率。但原核生物的翻译和转录是偶联的，而真核生物的翻译和转录是在不同的亚细胞结构中进行的。

原核生物与真核生物的蛋白质合成机制具有许多相似之处，即都需要以 mRNA 为模板、以核糖体为加工厂，以及需要活化的氨基酸、运输载体 tRNA。mRNA 的翻译方向为 5′→3′，多肽链合成的方向是从 N 端到 C 端。

氨基酸的活化是多肽合成前的准备阶段，由细胞内的 20 种氨酰-tRNA 合成酶催化，形成相应的氨酰-tRNA。氨酰-tRNA 合成酶专一性很强：既对氨基酸又对 tRNA 具有高度的选择性，正是这种专一性保证了蛋白质合成的忠实性。

大肠杆菌中多肽合成包括三个阶段：起始、延伸和终止。

第一阶段为 70S 起始复合物的形成，包括两步：先由起始因子、mRNA、核糖体 30S 小亚基和起始氨酰-tRNA 形成 30S 起始复合物；再与核糖体 50S 大亚基形成 70S 起始复合物。

第二阶段为肽链的延伸，分三步进行：与密码子对应，新的氨酰-tRNA 进入核糖体 A 位；肽基从 P 位转移至 A 位形成肽键；核糖体沿 mRNA 向 3′移动一个密码子的距离，肽酰-tRNA 移至 P 位，A 位空出，开始新的一轮肽链延伸反应。

第三阶段为肽链合成的终止与释放。当核糖体移动到终止密码子 UAA、UAG 或 UGA 时，这些终止信号可被终止因子识别，肽链从肽酰-tRNA 上水解释放。核糖体的 30S 亚基和 50S 亚基解离，进入新一轮的蛋白质合成。

真核生物中蛋白质的合成机制略有不同。起始氨基酸是甲硫氨酸，而不是 *N*-甲酰甲硫氨酸，起始 tRNA 不同，起始密码子为 AUG。mRNA 与起始氨基酸进入核糖体的先后顺序与原核生物不同。起始复合物的形成中需要更多起始因子的参与。肽链延伸和终止过程中的延伸因子和终止因子也不同。

许多抗生素和毒素抑制多肽的合成。

翻译后的蛋白质还需经过一定的加工、修饰和折叠，才能转变为具有正常生理功能的蛋白质。

核糖体上新合成多肽的靶向运输机制较为复杂，一般由位于肽链 N 端的信号肽决定新合成肽链的去向。

思考题

1. 密码子的简并性和摆动性有何生物学意义？
2. 参与蛋白质合成的 RNA 有哪几类，它们各起什么作用？
3. 比较原核生物和真核生物 mRNA 结构的异同。
4. 比较原核生物和真核生物核糖体结构和功能的异同。
5. 何谓第二套遗传密码？氨酰-tRNA 合成酶起何作用？
6. 原核生物和真核生物是如何区分 AUG 是起始密码子还是多肽链内部 Met 的密码子的？
7. 试述蛋白质合成的起始、延伸和终止过程，各有哪些酶参与？
8. 简述蛋白质合成后的加工方式。
9. 简述信号肽在蛋白质跨膜转运中的作用。

第十五章　物质代谢的调节控制

物质代谢是生命现象的基本特征，是生命活动的物质基础。随着物质代谢的停止，生命也将随之终止。物质代谢由许多连续的、相关的代谢途径所组成，而代谢途径（如糖的氧化、脂肪酸的合成等）又是由一系列的酶促化学反应串联形成的。正常情况下，由于机体存在着精细、严谨的调节机制，能够适应体内外环境的变化，不断调节各种物质代谢的强度、方向和速度，以确保代谢按照生理的需求，有条不紊地进行。生物体内各物质代谢途径之间相互联系、错综复杂，同时又在严密的调控下进行。

第一节　物质代谢的相互关系

前面的相关章节分别对糖类、脂类、蛋白质和核酸等物质的代谢进行了介绍，但实际上，机体内的新陈代谢是一个完整而统一的过程。糖类、脂类、蛋白质和核酸等在机体内的代谢不是彼此独立的，而是相互关联、相互协调的。

一、代谢途径的相互联系

（一）糖代谢与蛋白质代谢的相互关系

糖是生物机体重要的碳源和能源，可用于合成各种氨基酸的碳架结构，经氨基化或转氨后，即可生成相应的氨基酸。例如，糖经酵解生成重要的中间物丙酮酸，丙酮酸经三羧酸循环，转变成 *α*-酮戊二酸和草酰乙酸。丙酮酸、*α*-酮戊二酸和草酰乙酸这三种酮酸可经氨基化或转氨基作用，分别形成丙氨酸、谷氨酸和天冬氨酸。此外，在糖分解过程中产生的能量，尚可供氨基酸和蛋白质合成使用。

蛋白质可以分解为氨基酸，氨基酸可转变为糖。许多种氨基酸在脱氨后转变为丙酮酸、*α*-酮戊二酸、琥珀酸、草酰乙酸进而生成葡萄糖和糖原。此外，苯丙氨酸、酪氨酸、异亮氨酸和色氨酸也能产生糖。

（二）脂类代谢与蛋白质代谢的相互联系

脂类在分解过程中能释放出较多的能量，因此可作为体内贮藏能量的物质。脂类与蛋白质之间可以互相转变。

脂类分子中的甘油可先转变为丙酮酸，再转变为草酰乙酸及 *α*-酮戊二酸，然后接受氨基而转变为丙氨酸、天冬氨酸及谷氨酸。脂肪酸可以通过 *β*-氧化生成乙酰辅酶 A，再与草酰乙酸缩合进入三羧酸循环，生成的酮酸通过转氨基作用与氨基酸相联系。

在动物体内，这种由脂肪酸合成氨基酸碳架结构的可能性是受到限制的。因为乙酰辅酶 A 进入三羧酸循环形成氨基酸时，需要消耗三羧酸循环中的中间物，若无其他来源补充，反应便将不能进行。但植物和微生物中存在乙醛酸循环，可以由 2 分子乙酰辅酶 A 合成 1 分子琥珀酸，用以增加三羧酸循环中的有机酸，从而促进脂肪酸合成氨基酸。例如，含有大量油脂的植物种子萌发时，由脂肪酸和铵盐形成氨基酸的过程极为强烈。微生物可能也是通过这条途径利用乙酸或石油烃类物质发酵生产氨基酸的。但在动物体内不存在乙醛酸循环，因此，一般来说，动物组织不易利用脂肪酸合成氨基酸。

蛋白质转变成脂肪，在动物、植物、微生物体内均可进行。生酮氨基酸有亮氨酸、异亮氨酸、苯丙氨酸、酪氨酸等，在代谢过程中能生成乙酰乙酸，由乙酰乙酸再缩合成脂肪酸。生糖氨基酸可通过丙酮酸转变为甘油，也可通过氧化脱羧后转变为乙酰辅酶 A，再经丙二酸单酰途径合成脂肪酸。

此外，磷脂分子中的胆胺或胆碱，主要成分是由丝氨酸转变而成的。丝氨酸在脱去羧基后形成胆胺。胆胺在接受甲硫氨酸提供的甲基后，即可形成胆碱。

（三）糖代谢与脂类代谢的相互联系

糖类与脂质也能互相转变，糖可转变为脂类，脂类也可转变成糖。

糖转变为脂类的大致步骤为：糖经糖酵解生成磷酸二羟丙酮、丙酮酸，然后磷酸二羟丙酮还原为甘油；丙酮酸经氧化脱羧后转变为乙酰辅酶 A，再进一步缩合生成脂肪酸。脂类分解产生的甘油经过磷酸化可以生成 α-甘油磷酸，再转变为磷酸二羟丙酮。后者沿糖酵解过程逆行即可生成糖。

对于脂肪酸转变为糖的过程则有一定的限度。脂肪酸需通过 β-氧化，生成乙酰辅酶 A。在植物或微生物体内，乙酰辅酶 A 可缩合成三羧酸循环中的有机酸，再转化为糖。但在动物体内，不存在乙醛酸循环，通常情况下，乙酰辅酶 A 经三羧酸循环氧化成二氧化碳和水，生成糖的机会很少。脂只有当三羧酸循环的中间物从其他来源得到补充时，才能合成少量的糖，所以动物体内从脂肪转变成糖的数量是有限的。

在某些病理状态下，也可以观察到糖代谢与脂类代谢之间的密切关系。例如，当糖尿病患者的糖代谢发生障碍时，同时也常伴有不同程度的脂类代谢紊乱，造成机体有害代谢物堆积。这是由于糖的利用受阻，体内必须依靠脂类物质的氧化来供给能量，因此会大量动用体内贮存的脂肪，再运到肝组织内进行氧化，产生大量酮体，经血液运到肌肉组织等其他组织，再被氧化。酮体本身多为酸性物质，而血液中酮体增加时，常有发生酸中毒的危险。此外，当机体饥饿时，体内无糖可供利用，也会产生与糖尿病相类似的情况，引起脂肪大量动员，造成体内酮体量增加，由于糖的不足，草酰乙酸相对不足，由脂肪分解生成的过量酮体不能及时通过三羧酸循环氧化，造成血酮升高，产生高酮血症。

（四）核酸代谢与糖、脂肪及蛋白质代谢的相互联系

核酸是细胞中重要的遗传信息物质，它通过控制蛋白质的合成，影响细胞的组成成分和代谢类型。一般来说，核酸不是重要的碳源、氮源及能源。

核酸及其衍生物和多种物质的代谢有关。核酸代谢影响了其他物质的代谢，许多核苷酸在代谢中起着重要的作用。例如，ATP 是能量和磷酸基团转移的重要物质；UTP 参与单糖的转变和多糖的合成；CTP 参与卵磷脂的合成；GTP 供给合成蛋白质肽链时所需要的能量。此外，许多重要的辅酶，如辅酶 A、烟酰胺核苷酸和异咯嗪腺嘌呤二核苷酸等都是腺嘌呤核苷酸的衍生物。腺嘌呤核苷酸还可以转变为组氨酸。

同时，多种物质的代谢为核酸及其衍生物的合成提供原料。例如，糖代谢中的戊糖磷酸途径所产生的五碳糖可为核苷酸的合成提供碳骨架；甘氨酸、天冬氨酸、谷氨酰胺参加嘌呤

和嘧啶环的合成；核酸的合成除需要酶催化外，还需要多种蛋白质因子参与作用。

综上所述，糖、脂类、蛋白质和核酸等物质在代谢过程中都是相互影响、相互转化、密切协调的。现将4类物质的主要代谢关系总结为图15-1。

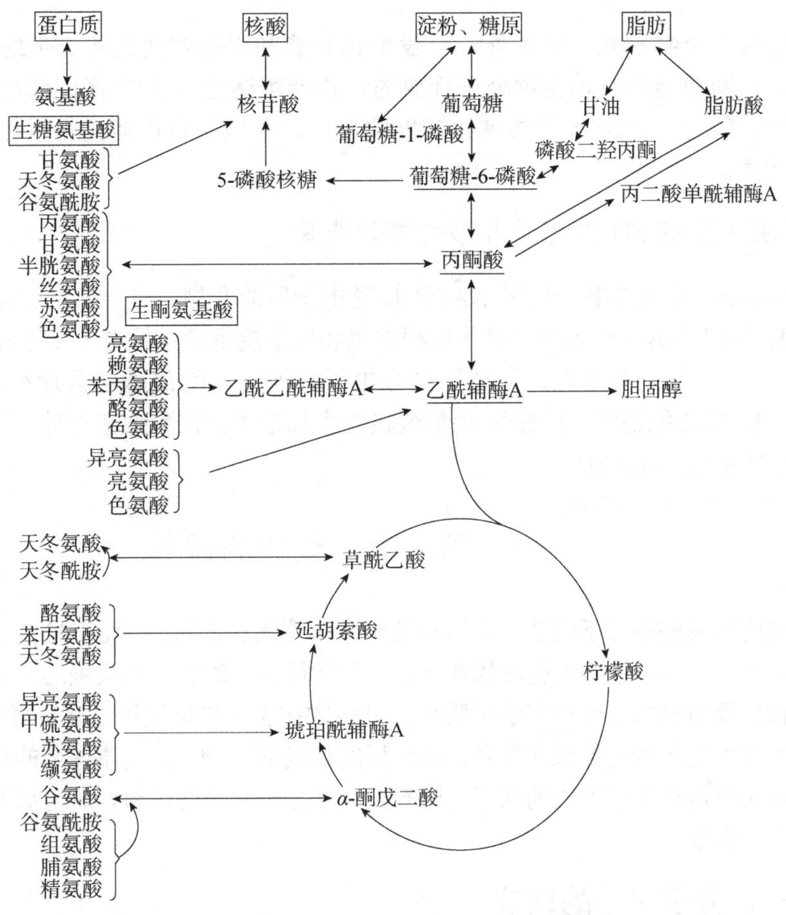

图15-1 糖、脂类、蛋白质及核酸代谢的相互关系示意图

二、物质代谢的特点

（一）代谢途径交叉形成网络

细胞内糖、脂类、蛋白质和核酸等物质的代谢不是彼此孤立、各自为政，而是彼此相互联系，或相互转变，或相互依存，构成统一的整体。三羧酸循环不仅是各类物质共同的代谢途径，也是它们之间相互联系的渠道。

不同的代谢途径通过交叉点上的关键中间代谢物相互作用和转化。共同中间代谢物沟通了各代谢途径，形成经济高效、运转良好的代谢网络通路。葡萄糖-6磷酸、丙酮酸和乙酰辅酶A是其中最关键的中间代谢物。

（二）分解代谢和合成代谢的单向性

代谢途径中大量的生化反应都是可逆的。但在生物体内，整个代谢过程却是单向的。在一条代谢途径中，一些关键部位的代谢往往是由不同的酶来分别催化正反应和逆反应的。这样可使生物的合成和降解途径或者正向反应和逆向反应分别都处于热力学的最有利状态。

（三）ATP 是通用的能量载体

除绿色植物和光合细菌外，一般生物只能利用分解代谢所产生的化学能。在分解代谢中，由葡萄糖和其他生物分子释放的自由能可通过与 ATP 高能磷酸键的合成相偶联而被贮存，经由 ATP 将能量传递给需能的反应。否则，自由能就将以热能的形式散发到周围环境中。

（四）NADPH 以还原力形式携带能量

NADPH 是最终电子受体 $NADP^+$接受电子后的产物，专一性用于还原性生物的合成。NADH 和 $FADH_2$是作为生物氧化过程中氢和电子携带者，经电子传递链，用于产生 ATP。

NADPH 的来源包括：①植物光合电子传递链；②戊糖磷酸途径；③NADH 转化为 NADPH，如乙酰辅酶以柠檬酸-丙酮酸机制由线粒体穿梭到细胞质时，苹果酸酶催化苹果酸氧化脱羧生成 NADPH。

第二节　代谢的调节

细胞在某些条件下能够引起或加速一个代谢途径的进行，而在另一个条件下又能使之终止或减慢，即生物体或细胞对代谢变化（化学反应）的起止和快慢的控制能力，称为代谢调节。代谢调节机制普遍存在于生物界，是生物在长期进化过程中逐步形成的一种适应能力，用于维持生物正常的生长和发育。进化程度越高的生物，其代谢调节的机制越复杂。生物体的代谢调节是在 3 个不同的水平上进行的，即分子水平的调节、细胞水平的调节和多细胞整体水平的调节。

一、分子水平的调节

分子水平的调节即酶水平的调节，是代谢最基本的调节。生物体内的各种代谢反应都是在酶的催化作用下发生的，因此，酶水平的调节是代谢最关键、最有效的调节方式。酶水平的调节可分为酶浓度（含量）的调节和酶活性的调节两大类。

（一）酶浓度的调节

酶浓度的调节是指，通过酶的合成和降解使得酶在细胞内的含量发生改变，进而对代谢过程起调节作用，常称为慢速调节。酶在细胞内的含量取决于酶的合成速度和分解速度。从化学本质上来说，酶浓度的调节就是基因表达的调节。在细胞内，所合成酶的种类和数量是由基因决定的。蛋白质（酶）的生物合成至少在两个水平上进行调节：一个是转录水平的调节，另一个是翻译水平的调节。原核生物蛋白质生物合成的调节主要发生在转录水平，翻译水平的调节只是辅助作用；真核生物的基因表达则因转录和翻译在空间和时间的分隔而表现为多层次调节机制。

1. 原核生物的基因表达调节　生物体每个细胞都含有该生物整个生长发育过程所必需的遗传信息，但这些遗传信息按生长发育的需要或受外界条件的影响只表达出一部分，以合成相应的蛋白质。当某种酶的底物存在时，便会发生诱导作用，诱导作用于该底物的酶的合成，这个底物称为诱导物（inducer），由诱导物促进而合成的酶称为诱导酶（induced enzyme）。例如，大肠杆菌培养基中加入乳糖作为唯一的碳源时，大肠杆菌细胞能够生成利用乳糖的酶类。但当培养基中加入葡萄糖为唯一碳源时，则它就只能合成很少量的半乳糖苷酶（一种大肠杆菌利用乳糖的关键性酶）。

与酶合成诱导情形相反，酶合成的阻遏是指由于某些代谢产物的存在而阻止细胞内某种酶的合成。例如，在只含有无机铵盐（NH_4^+）及单一碳源（如葡萄糖）的培养基中培养大肠杆菌时，大肠杆菌能合成所有的含氮物质，包括合成蛋白质所需要的 20 种常见氨基酸。但如果在培养基中加入某种氨基酸（如色氨酸），则利用 NH_4^+ 和碳源合成色氨酸的酶系便迅速消失。这种现象就是酶合成的阻遏作用。阻遏酶生成的物质（色氨酸）称为辅阻遏物（corepressor）。

F. Jacob 和 J. Monod 等对大肠杆菌乳糖发酵过程酶的适应合成及对一系列有关突变型进行了深入的研究，并于 1960～1961 年提出了乳糖操纵子模型，开创了基因调控的研究。操纵子模型可以很好地说明原核生物基因表达的调节机制。

知识窗 15-1

操纵子是基因表达的协调单位，是指包含结构基因、操纵基因及启动基因的一些相邻基因组成的 DNA 片段，其中结构基因的表达受到操纵基因的调控。这些基因串联排列在染色体上参与转录过程（图 15-2）。结构基因作为模板转录 mRNA，然后由 mRNA 翻译成相应的酶蛋白；控制基因是由操纵基因和启动基因组成的，操纵基因在结构基因旁边，是被激活阻遏物的结合位点，由它来开动和关闭形成相应酶的结构基因；启动基因在操纵基因旁边，是 RNA 聚合酶结合的位点。操纵子的前边是产生阻遏蛋白的调节基因，当操纵基因“开动”时，它管辖的结构基因能通过转录和翻译而合成某种酶蛋白；当操纵基因“关闭”时，结构基因不能合成这种酶蛋白。操纵基因的“开”与“关”受调节基因产生的阻遏蛋白的控制，阻遏蛋白可以感受来自外界环境的变化，即受一些小分子诱导物或辅阻遏物的影响。通常酶合成的诱导物就是酶作用的底物，而辅阻遏物是酶作用的最终产物（或产物类似物）。这些小分子能以某种方式与阻遏蛋白分子结合，使阻遏蛋白产生构象变化来决定它是否处于活性状态。

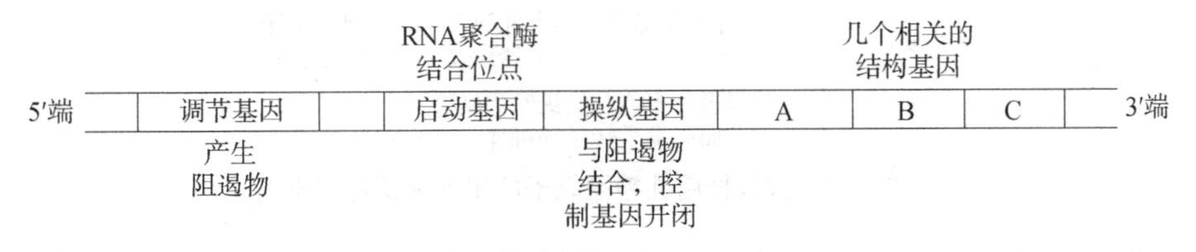

图 15-2　原核生物操纵子结构模型

（1）*酶合成的诱导作用*　现以大肠杆菌乳糖操纵子（lactose operon）来说明酶合成的诱导作用机制。

大肠杆菌能够利用多种糖作为碳源，当用乳糖作为唯一的碳源时，就要求乳糖能够进入大肠杆菌细胞内，并将乳糖水解为半乳糖和葡萄糖。大肠杆菌的乳糖操纵子由结构基因（*Z*、*Y*、*A*）、操纵基因（*O*）和与 RNA 聚合酶结合的启动基因（*P*）组成。三个功能相关的结构基因，分别决定一种与乳糖降解相关的酶，即 *lacZ* 编码的 *β*-半乳糖苷酶，可切断乳糖的半乳糖苷键，水解乳糖为半乳糖和葡萄糖；*lacY* 编码的 *β*-半乳糖苷通透酶，可构成转运系统，将培养基中的 *β*-半乳糖苷（乳糖）透过 *E. coli* 细胞壁和原生质膜运入细胞内。上述两种酶在乳糖利用中是必需的。*lacA* 编码 *β*-半乳糖苷转乙酰酶，把乙酰 CoA 上的乙酰基转到 *β*-半乳糖苷上，形成乙酰半乳糖，在乳糖的利用中不是必需的。

调节基因（*I*）编码的产物阻遏蛋白可调节操纵基因的“开”与“关”。在没有乳糖时，调节基因通过转录、翻译会形成阻遏蛋白，这种有活性的阻遏蛋白与操纵基因结合，使操纵基因“关闭”，阻止了 RNA 聚合酶与启动基因的结合，三个分解乳糖的结构基因就不能进行转录，不产生代谢乳糖的酶（图 15-3A）。当大肠杆菌培养基中有乳糖存在时，乳糖代谢产生别乳糖，别乳糖能和调节基因产生的阻遏蛋白结合，使阻遏蛋白改变构象，处于失活状态的阻遏蛋白不能与操纵基因结合，失去阻遏作用，于是操纵基因便“开放”，结合在启动基因上的 RNA 聚合酶就可以向前滑动，三个结构基因可转录一条多顺反子的 mRNA，并翻译出乳糖分解代谢的三种相应的酶蛋白分子（图 15-3B）。

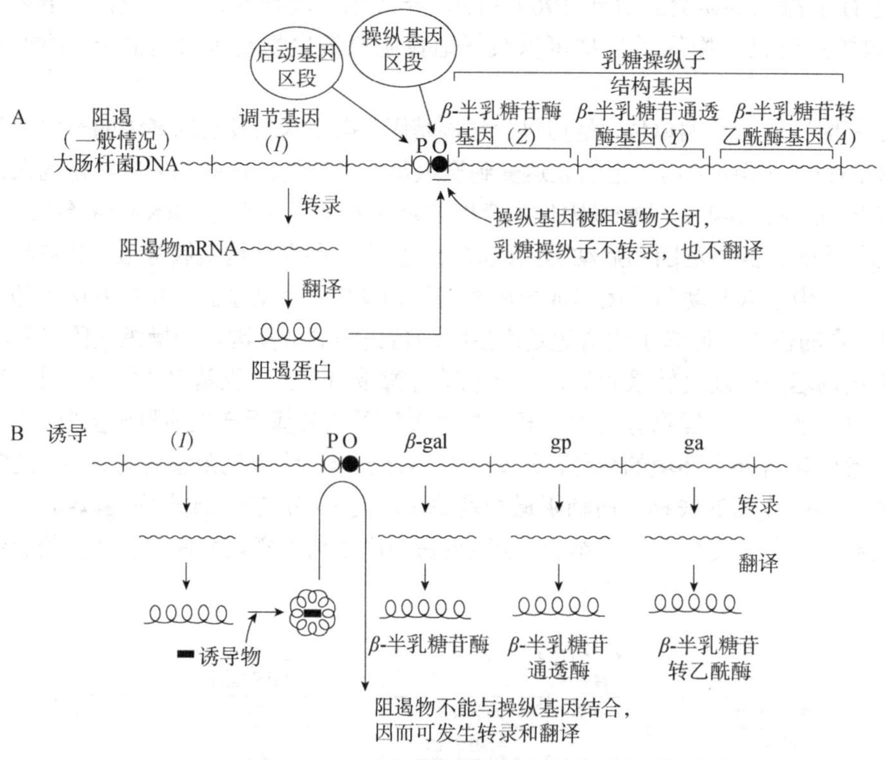

图 15-3　大肠杆菌乳糖操纵子的阻遏和诱导状态

（2）酶合成的阻遏作用　大肠杆菌色氨酸操纵子（tryptophane operon）模型说明了某些代谢产物阻止细胞内酶蛋白生成的机制。色氨酸的合成分 5 步完成，每一步均需要一种酶。这 5 种酶分别由 5 个结构基因 *E*、*D*、*C*、*B* 和 *A* 编码而成。

色氨酸操纵子的调节基因的产物阻遏蛋白是无活性的，称为阻遏蛋白原。无活性的阻遏蛋白原不能与操纵基因结合，此时结构基因（*E*、*D*、*C*、*B*、*A*）可转录并翻译成由分支酸合成色氨酸的 5 种酶。在有过量的色氨酸存在时，色氨酸作为辅阻遏物与阻遏蛋白原结合，则形成有活性的阻遏蛋白，有活性的阻遏蛋白与操纵基因结合，可阻止转录的进行，使结构基因（*E*、*D*、C、*B*、*A*）不能编码参与色氨酸合成代谢的有关酶（图 15-4）。

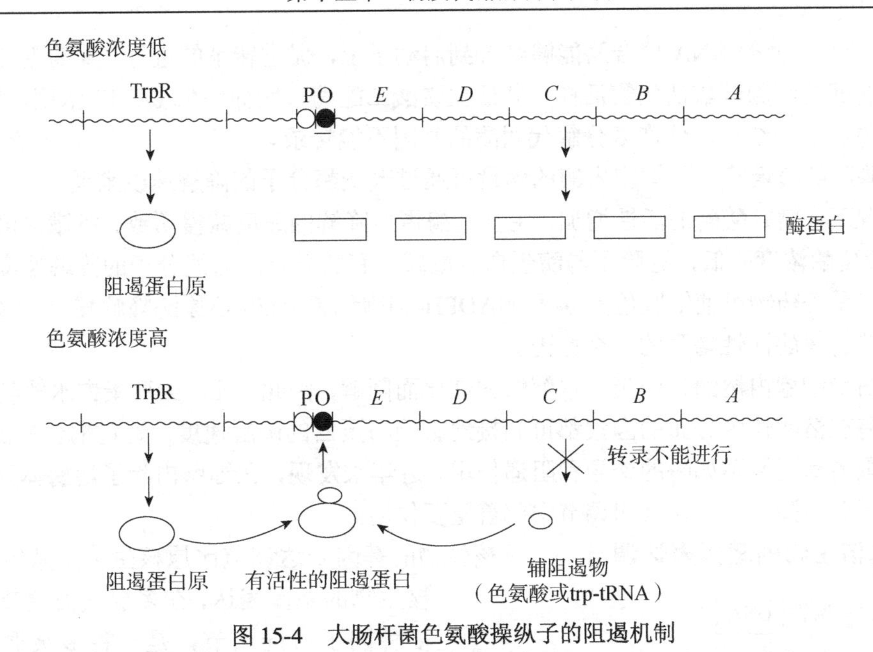

图 15-4　大肠杆菌色氨酸操纵子的阻遏机制

（3）基因表达的衰减作用　　原核生物中存在着基因表达的衰减作用，在转录水平调节基因的表达，用以终止和减弱转录。在该机制中，核糖体沿着 mRNA 分子移动的速度决定转录是进行还是终止。基因上的这种调节的作用部位称为衰减子（attenuator），衰减子是一种位于结构基因上游前导区的终止序列。该机制常见于原核生物氨基酸合成的相关操纵子中。

知识窗 15-2

以大肠杆菌色氨酸操纵子为例，色氨酸操纵子 O 区与结构基因 E 之间有一段前导序列，其转录产物为前导 RNA，前导 RNA 含有 4 个序列互补区：序列 1 编码一个前导肽，前导肽的第 10、11 位是色氨酸；序列 2、3 或序列 3、4 可形成茎-环结构。3、4 茎-环结构是一个转录衰减子结构。当色氨酸缺乏时，前导肽的翻译停滞于色氨酸密码子处，序列 2、3 形成茎-环结构，使序列 3、4 不能形成衰减子结构，结构基因得以完全转录；当色氨酸充足时，核糖体快速翻译前导肽，并对序列 2 形成约束，使序列 3、4 形成衰减子结构，下游的结构基因不被转录。

衰减调节是比阻遏作用更为精细的调节。目前已知除色氨酸外，其他许多与氨基酸代谢相关操纵子的有关基因中都存在衰减子的调节位点。

（4）降解物的阻遏作用　　降解物的阻遏作用也称为分解代谢产物抑制作用，是葡萄糖分解代谢的降解物对一个基因或操纵子的阻遏作用。

当培养基中同时含有葡萄糖和乳糖时，细菌生长优先利用葡萄糖，而不利用乳糖。只有当葡萄糖耗尽以后，分解乳糖代谢的酶开始合成，细菌才能利用乳糖。这种作用是一种随着细胞的生理状态变化而使基因同步表达的作用，即只要存在可利用的葡萄糖，大肠杆菌就会优先代谢葡萄糖。

降解物的阻遏作用涉及一种激活蛋白对转录作用的调控。大肠杆菌中含有一种基因表达的正调控蛋白，称为代谢产物活化蛋白（catabolite activator protein，CAP）。CAP 与启动子的结合区取决于是否存在 cAMP，cAMP 的结合会增强 CAP 对启动子的亲和性，所以 CAP 也称为 cAMP 受体蛋白（cAMP receptor protein，CRP）。当细胞缺乏葡萄糖时，导致腺苷环化酶被激活，细胞的 cAMP 水平提高。CAP 与 cAMP 形成 CAP-cAMP 复合物并结合到启动子的CAP位点，使得RNA聚合酶能够结合到启动子上，促进转录的进行。葡萄糖分解代谢的降解物能够抑制腺苷酸活化酶活性，并活化磷酸二酯酶，因而降低cAMP浓度，RNA聚合酶不能与启动子结合，使许多分解代谢酶的基因不能转录。

（5）*酶降解的调节*　细胞内酶的含量可通过改变酶分子的降解速度来调节。例如，在饥饿的情况下，精氨酸酶的活性增加，主要是酶蛋白降解的速度减慢所致。饥饿也可使乙酰辅酶A羧化酶浓度降低，这除了与酶蛋白合成减少有关外，还与酶分子的降解速度加强有关。苯巴比妥等药物可使细胞色素b_5和NADPH-细胞色素P450还原酶降解减少，这也是这类药物使单加氧酶活性增强的一个原因。

酶蛋白受细胞内溶酶体中蛋白水解酶的催化而降解，因此，凡能改变蛋白水解酶活性或蛋白水解酶在溶酶体内分布的因素都可间接地影响酶蛋白的降解速度。通过酶蛋白的降解，调节酶含量的重要性不如酶的诱导和阻遏作用。近年来发现，在细胞内除了溶酶体外，由泛素介导的蛋白质降解体系在代谢调节中起着重要作用。

2. 真核生物的基因表达调节　真核生物的基因表达调节比原核生物复杂得多。真核生物的基因表达，在多层次被调节并接受多种因子协同调节，是一种多级调节方式（图15-5）。它通常包括转录前水平的调节、转录水平上的调节、转录后水平的调节、翻译水平的调节、翻译后水平的调节等路径。

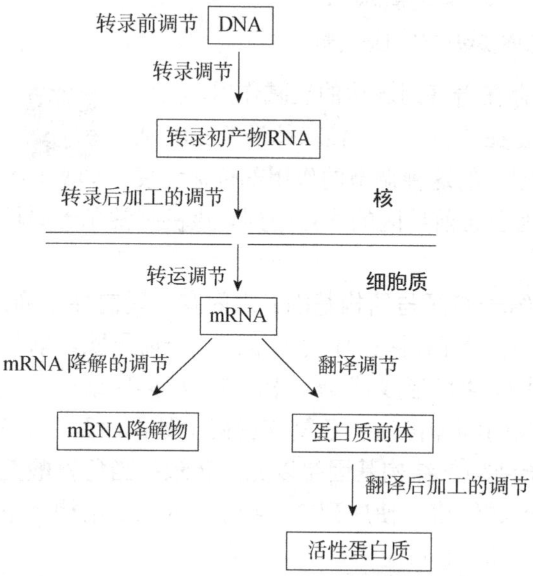

图15-5　在不同水平上真核生物基因表达的调节

在真核生物中，通过改变DNA序列和染色质结构调节基因表达的过程就是转录前水平的调节，其包括染色质的丢失、基因扩增、基因重排、基因修饰等。但转录前水平的调节并不是普遍存在的调节方式。例如，染色质的丢失只在某些低等的真核生物中被发现。

真核生物的基因表达调节主要集中在转录水平上的调节。关于真核生物基因转录调节的研究，目前主要集中在顺式作用元件和反式作用因子及它们的相互作用上。基因转录的顺式作用元件包括启动子和增强子两种特异性DNA调节序列。启动子由一些分散的保守序列组成，是RNA聚合酶识别并与之结合，从而起始转录前的一段特异性DNA序列。增强子具有组织特异性，是能够增强基因转录活性的调节序列。这种增强作用通过结合特定的转录因子或改变染色质DNA的结构而促进转录。基因调节的反式作用因子主要是各种蛋白质调节因子，这些蛋白质调节因子一般都具有不同的功能结构域。

转录后水平的调节包括转录产物的加工和转运的调节。mRNA前体通过剪切、拼接、戴帽、加尾等加工途径可产生不同的成熟mRNA，从而产生多种多样的蛋白质。

真核生物在翻译水平的基因调节，主要是控制mRNA的稳定性和有选择地进行翻译。mRNA的寿命越长，以它为模板进行翻译的次数越多。

翻译后水平的调节主要控制多肽链的加工与折叠。通过不同形式的加工可产生不同功能的活性蛋白质。

真核生物基因表达的多级调节系统控制着机体的代谢过程和生理功能。

（二）酶活性的调节

酶活性的调节是指，在已经合成酶的情况下，通过改变酶的活性状态而对代谢过程进行调节，通常称为快速调节。酶活性的调节以酶分子的结构为基础，凡是导致酶结构改变的因素都可影响酶的活性。酶活性的调节主要包括活化作用、共价修饰调节、反馈抑制和前馈调节等形式。

1．活化作用　对无活性的酶原即可采用专一的蛋白水解酶将掩蔽酶活性的部分切去，或对被抑制物抑制的酶采用活化剂或抗抑制剂解除其抑制作用，或对一些无活性的酶利用激酶使之激活，这都是机体为确保代谢正常而采用的增进酶活性的手段。

2．共价修饰调节　酶的可逆共价修饰是调节酶活性的重要方式。共价调节酶通过其他酶对其多肽链上某些基团，如丝氨酸、苏氨酸或酪氨酸侧链上的羟基进行可逆的共价修饰，从而使酶分子在有活性与无活性之间变化，以调节酶的活性，这种调节方式称为酶的共价修饰调节作用。

酶的共价修饰主要包括磷酸化/脱磷酸化、乙酰化/脱乙酰化、甲基化/脱甲基化、腺苷酰化/脱腺苷酰化、尿苷酰化/脱尿苷酰化、—SH/—S—S—的互变等 6 种类型。一些可被化学修饰调节的酶见表 15-1。

表 15-1　一些可被化学修饰调节的酶

酶名称	来源	修饰机理	变化
糖原磷酸化酶	真核细胞	磷酸化/脱磷酸化	增加/降低
磷酸化酶 b 激酶	哺乳类	磷酸化/脱磷酸化	增加/降低
糖原合成酶	真核细胞	磷酸化/脱磷酸化	降低/增加
丙酮酸脱氢酶	真核细胞	磷酸化/脱磷酸化	降低/增加
谷氨酰胺合成酶	原核细胞（大肠杆菌）	腺苷酰化/脱腺苷酰化	降低/增加

通过蛋白激酶和磷酯酶催化一些酶的磷酸化与脱磷酸化，从而调节酶活性，是生物体内普遍存在的一种调节方式，在细胞的信号传导中占有极其重要的地位。例如，糖原磷酸化酶是酶促可逆共价修饰的典型例子。该酶有两种形式，即有活性的磷酸化的 a 型和无活性的脱磷酸化的 b 型。磷酸化酶 b 在磷酸化酶 b 激酶的催化下，接受来自 ATP 上的磷酸基团转变为磷酸化酶 a，酶被激活，加速了糖原的降解；磷酸化酶 a 在磷酸化酶 a 磷酸酶的催化下脱去磷酸，又可转变为无活性的磷酸化酶 b，抑制了糖原的降解。

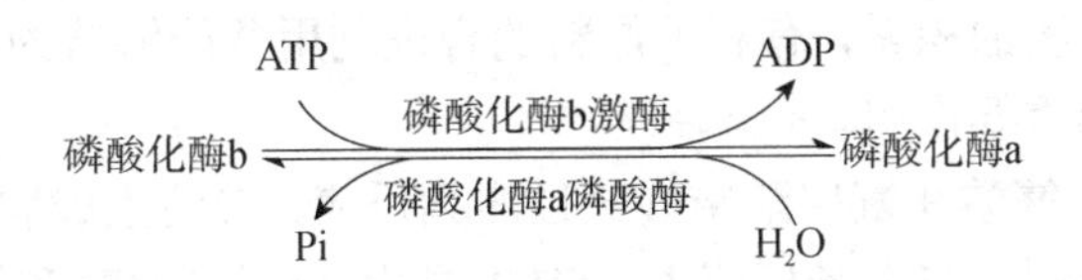

酶活性的共价修饰调节有如下特点：被修饰的酶可以有两种互变形式，即一种为活性形

式（具有催化活性），另一种为非活性形式（无催化活性）；正反两个方向的互变均发生共价修饰反应，并且都将引起酶活性的变化；共价修饰调节作用可以产生酶的连续激活现象，所以具有信号放大效应。

在一个连锁反应中，当一个酶受到激活后，其他酶依次被激活，引起原始信号的逐级放大，这种连锁反应系统称为级联系统。例如，在肾上腺素或胰高血糖素等激素（第一信使）的作用下，细胞膜上的腺苷酸环化酶被激活，催化 ATP 转变为第二信使 cAMP；cAMP 又使蛋白激酶激活，激活了的蛋白激酶又使磷酸化酶 b 激酶激活；激活了的磷酸化酶 b 激酶，又使磷酸化酶 b 转变为激活态磷酸化酶 a；磷酸化酶 a 催化糖原分解为葡萄糖-1-磷酸。这样，由激素的作用开始，导致最后糖原分解的一系列变化便构成一个“级联系统”，可用图 15-6 表示。

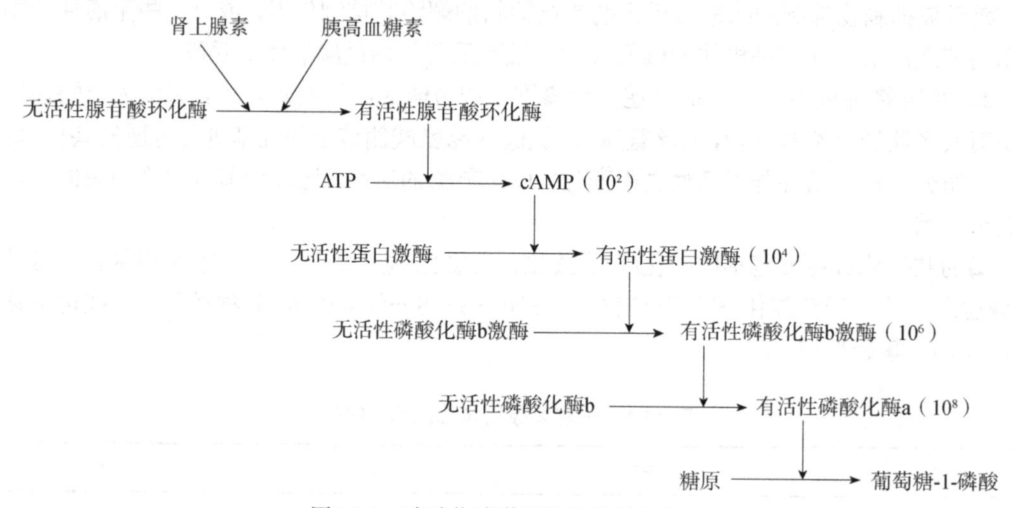

图 15-6　磷酸化酶激活的级联放大反应

在这些连锁的酶促反应过程中，前一反应的产物是后一反应的催化剂，每进行一次反应，就产生一次信号的放大作用。如果假设每一级反应放大 100 倍，即 1 个分子引起 100 个分子的激活，那么从激素促进 cAMP 生成的反应开始，到磷酸化酶 a 生成为止，经过这 4 次放大后，调控效应就放大了 10^8 倍。级联系统是酶分子化学修饰调节的一种重要的形式，是一种高效率的酶活性调节方式。

3. 反馈抑制　反馈一词指的是“在一个多酶反应体系中，反应的终产物对反应序列前面的酶活性的影响”，通常区分为“正反馈”和“负反馈”。反馈抑制（feedback inhibition）是指最终产物抑制作用，即在合成过程中生物合成途径的终点产物对该途径的酶的活性调节所引起的抑制作用。反馈抑制是一种精确又经济的调控方式。因为起调节作用的是产物本身，故在产物较少时，关键酶的活性便升高，整个途径的运行速度就加快，产物增多；而当产物过多时，会发生负反馈抑制。这种调节中受控制的是初始酶，而不是其他催化的后续反应酶，所以能避免反应中间产物的积累，有利于原料的合理利用并能够节约机体的能量。反馈抑制在合成代谢的调节中起重要作用。

大肠杆菌从 L-天冬氨酸和氨甲酰磷酸经过序列反应，最终生成胞苷三磷酸（CTP）的过程，是最典型的反馈抑制。在大肠杆菌中，CTP 是由 L-天冬氨酸和氨甲酰磷酸作为原始材料，在一系列酶的参与下，经过若干反应步骤合成的。当 CTP 的代谢利用较低时，CTP 便在细胞内积累，这时 CTP 便对这个反应序列开头的酶即天冬氨酸转氨基甲酰酶起反馈抑制作用，抑制 CTP 的合成；反之，如果 CTP 被高度利用，这时 CTP 在细胞内浓度降低，反馈抑制作用解除，酶活力恢复，CTP 的合成又继续进行，如图 15-7 所示。此种反馈抑制调节可以反复进行。

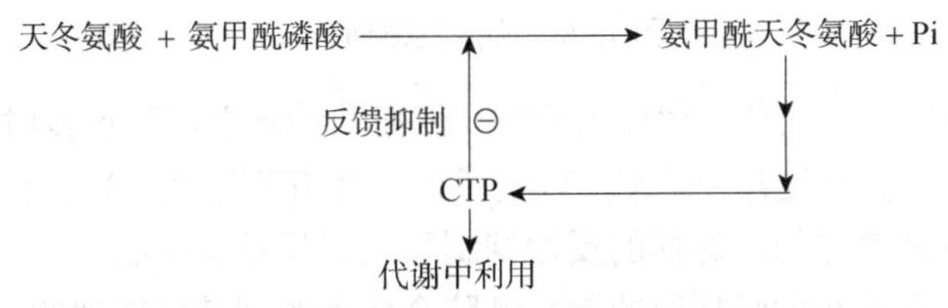

图 15-7　CTP 合成的反馈抑制（虚线代表抑制，下同）

上述从天冬氨酸和氨甲酰磷酸生成 CTP 的合成路径是一种线性代谢途径，不发生分支的代谢反应，只有一种终产物对催化反应途径中的第一个反应的酶起抑制作用，这种抑制作用属于一价反馈抑制，又称单价反馈抑制。如果在分支生物合成中，催化共同途径第一步反应的酶活性可被两个或两个以上的末端产物所抑制，这种反馈抑制称为二价或多价反馈抑制，其包括顺序反馈抑制、协同反馈抑制、累积反馈抑制、同工酶的反馈抑制等抑制方式。

（1）*顺序反馈抑制*　在一个分支代谢途径中，终产物积累引起反馈抑制使分支处的中间产物积累，再反馈抑制反应途径中第一个酶活性，从而达到调节的目的。因为这种调节是按照顺序进行的，所以称顺序反馈抑制，又称逐步反馈抑制。

如图 15-8 所示，X 和 Y 分别对 E_4 和 E_5 起反馈抑制，而 D 又对 E_1 起反馈抑制。当 X 或 Y 积累过多时，只分别抑制催化合成其本身的前身物的酶 E_4 或 E_5，而互不产生干扰。当 E_4 和 E_5 同时受到抑制时，D 便积累，D 又可以对 E_1 起反馈抑制，这便可使整个过程停止进行。例如，在细菌内的芳香族氨基酸的合成，就是通过上述方式调节的。色氨酸、酪氨酸、苯丙氨酸分别抑制其合成途径中发生分支反应处的酶，当三者均存在时，它们的共同前体物分支酸和预苯酸便积累，这两种酸又对前面催化磷酸烯醇式丙酮酸与赤藓糖-4-磷酸缩合的酶，以及催化莽草酸磷酸化生成莽草酸-3-磷酸的酶起反馈抑制作用。

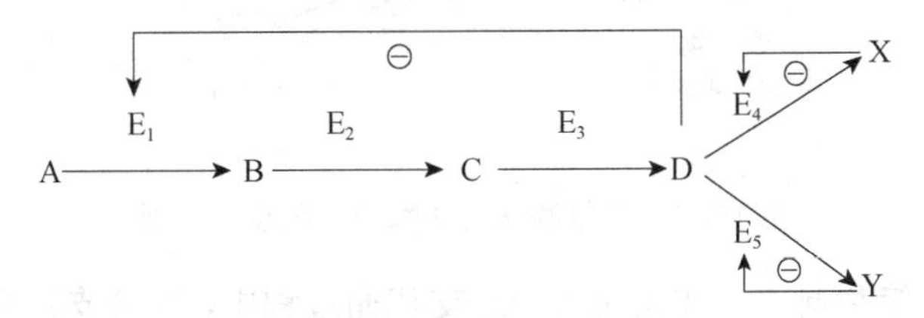

图 15-8　顺序反馈抑制

（2）*协同反馈抑制*　在分支代谢中，只有当几个最终产物同时过量，才能对共同途径的第一个酶发生抑制作用，称为协同反馈抑制。而当终产物单独过量时，只能抑制相应的支路的酶，不影响其他产物的合成。

如图 15-9 所示，X 和 Y 除分别对 E_4 和 E_5 起反馈抑制外，二者还协同抑制 E_1，但单独 X 或 Y 对 E_1 不抑制。

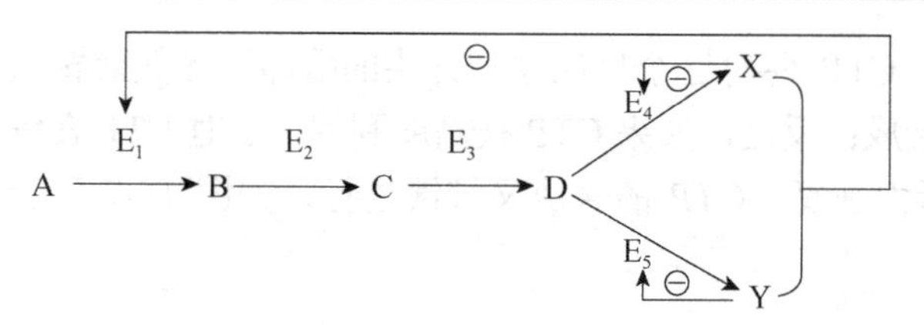

图 15-9　协同反馈抑制

（3）累积反馈抑制　在分支代谢途径中，任何一种末端产物过量时都能对共同途径中的第一个酶起抑制作用，而且各种末端产物的抑制作用互不干扰，当各种末端产物同时过量时，它们的抑制作用是累加的，这样的反馈抑制称为累积反馈抑制。

累积反馈抑制最早是在大肠杆菌的谷氨酰胺合成酶的调节中发现的。谷氨酰胺是合成甘氨酸、丙氨酸、色氨酸等的前体，这些终产物对谷氨酰胺合成酶都可起到反馈抑制作用，但其中一个终产物过量时，对酶只能起部分抑制作用，只有当 8 个终产物同时过量时，酶的活性才能被全部抑制（图 15-10）。例如，色氨酸单独存在时，可抑制酶活力的 16%，CTP 相应为 14%，氨甲酰磷酸为 13%，AMP 为 41%。这 4 种末端产物同时存在时，酶活力的抑制程度可这样计算：色氨酸先抑制 16%，剩下的 84%又被 CTP 抑制掉 11.8%（即 84%×14%）；留下的 72.2%活性中，又被氨甲酰磷酸抑制掉 9.4%（即 72.2%×13%），还剩余 62.8%；这 62.8%再被 AMP 抑制掉 25.7%（即 62.8%×41%），最后只剩下原活力的 37.1%。当 8 个产物同时存在时，酶活力被全部抑制。

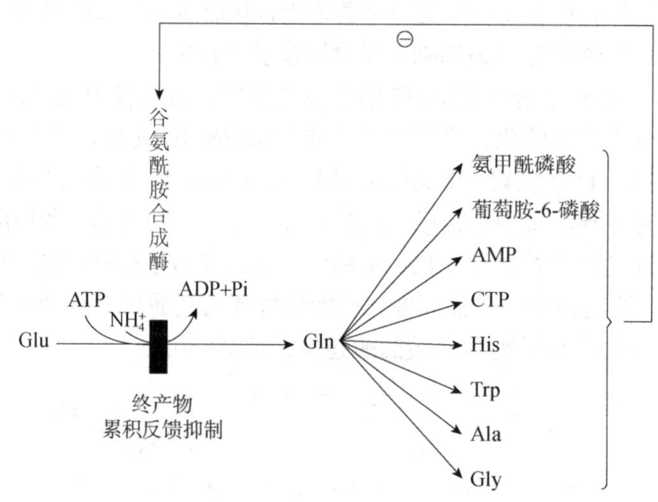

图 15-10　谷氨酰胺合成酶的累积反馈抑制

（4）同工酶的反馈抑制　如果在一个分支代谢过程中，在分支点之前的一个反应由一组同工酶所催化，分支代谢的几个最终产物往往分别对这几个同工酶发生抑制作用，并且最终产物对各自分支单独有抑制，这种调节方式称为同工酶的反馈抑制。

如图 15-11 所示，开始催化反应的酶有 E_1 和 E_1' 两个同工酶，其中 E_1 只受 X 反馈抑制，E_1' 只受到 Y 抑制，同时由 X 抑制 E_4，由 Y 抑制 E_5。这样当 Y 过量抑制了 E_1' 时，由于 E_1 仍可催化发生由 A→B→C→D 的反应，然后再由 E_4 催化由 D→X 的反应，即分支产物 Y 的过量，不影响另外分支终产物 X 的生成，从而保证 X 和 Y 分别引起反馈抑制而不会互相干扰。

4. 前馈调节　前馈调节作用可分为正前馈和负前馈两种。在一个代谢途径中，前体物可对后面的酶起激活作用，促使反应向前进行，这种反应叫前馈激活（feedforward

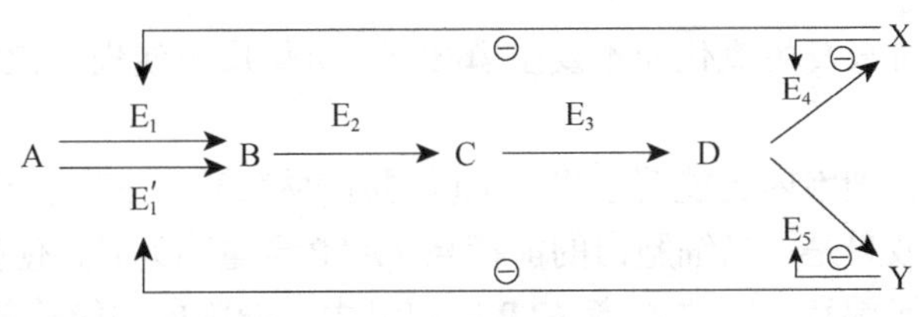

图 15-11　同工酶的反馈抑制

activation)，也即正前馈。例如，在糖原合成中，葡萄糖-6-磷酸是糖原合成酶的变构激活剂，因此可促进糖原的合成（图 15-12）。二磷酸果糖对磷酸烯醇式丙酮酸羧化酶的激活作用也是一种正前馈作用。

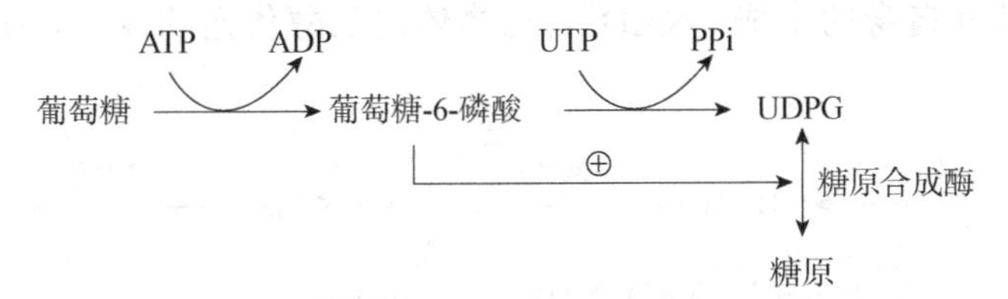

图 15-12　葡萄糖-6-磷酸的前馈激活作用

在某些特殊的情况下，为避免代谢途径过分拥挤，当代谢底物过量时，对代谢过程也可呈现负前馈作用，促使过量的代谢底物转向其他代谢途径。例如，高浓度的乙酰辅酶 A 是乙酰辅酶 A 羧化酶的变构抑制剂，可以抑制丙二酸单酰辅酶 A 过多合成，使过多的乙酰辅酶 A 转向另外的代谢途径，参加其他代谢反应（图 15-13）。

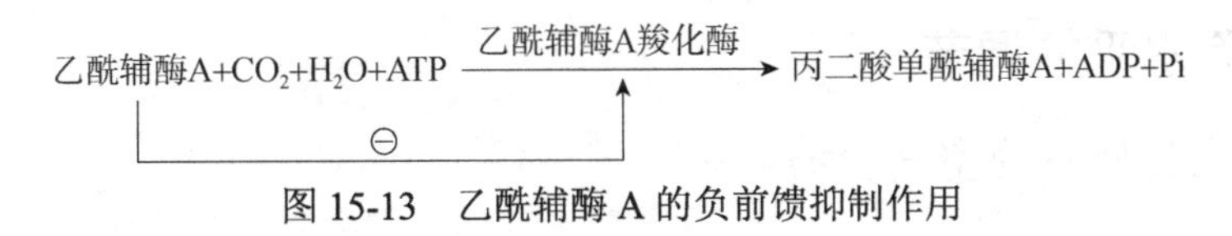

图 15-13　乙酰辅酶 A 的负前馈抑制作用

5. 能荷和［NADH］/［NAD^+］对代谢的调节

（1）能荷调节　能荷调节也称腺苷酸调节，是指细胞通过调节 ATP、ADP、AMP 两者或三者之间的比例来调节其代谢活动的作用。前面已讨论过能荷及其在合成代谢和分解代谢中的调节作用。细胞中 ATP、ADP、AMP 的相对含量能对某些酶的活性进行变构调节。

在糖酵解中，催化果糖-6-磷酸转化为果糖-1,6-二磷酸的磷酸果糖激酶受 ATP 的强烈抑制，但可被 AMP 和 ADP 促进。反之，ATP 促进 1,6-二磷酸果糖磷酸酯酶活性，而 AMP 则会抑制其活性。此外，糖酵解中的丙酮酸激酶也受能荷调节，即被 ATP 抑制而被 AMP 激活。可见，高能荷抑制糖酵解过程。

三羧酸循环中，柠檬酸合酶可被 ATP 抑制；此外，高浓度的 ATP 或低浓度的 AMP 也能降低异柠檬酸脱氢酶的活性，ADP 则能提高其活性。故高能荷能够控制三羧酸循环的进行。

在电子进入呼吸链传递的同时，伴随着磷酸化作用，也要求 ADP 和 H_3PO_4 的参与，通过磷酸化生成 ATP。ADP 在细胞内的含量水平即控制着氧化磷酸化的速度。当细胞的合成、生长或盐的吸收加快时，则需消耗大量的 ATP 生成 ADP，氧化磷酸化也随之加速进行；反之，当 ATP 积累时，氧化磷酸化也减慢。解偶联剂（如 2,4-二硝基苯酚）可使氧化与磷酸化之间的偶联破坏，这时只发生氧化而不发生磷酸化，氧化反应便失去控制，有大量的二氧化碳放出。

从上述可以看出，细胞内的能荷水平，可以同时对糖酵解、三羧酸循环、氧化磷酸化进行调节控制。其总的效果是：当细胞内的能荷高（ATP 含量高）时，便抑制了上述三个过程的进行，这样便避免了浪费；反之，当 ATP 需要量大，细胞内的能荷低时，则促进 ATP 的生成，从而保证细胞获得必需的 ATP 供应。

（2）［NADH］/［NAD^+］调节　NADH 主要在糖酵解和三羧酸循环中生成，细胞内的 NADH 和 NAD^+常以一定的比例存在。据研究，细胞内的 NADH 对磷酸果糖激酶和要求 NAD^+的异柠檬酸脱氧酶均有抑制作用，这样，NADH 通过对糖酵解及三羧酸循环中酶的抑制而调节其自身的生成。NAD^+对动物体内乙醇代谢的调节，在动物肝内发生下列反应。

$$C_2H_5OH \xrightarrow[NAD^+ \rightarrow NADH+H^+]{\text{脱氢酶}} CH_3CHO \xrightarrow[\text{辅酶A}+NAD^+ \rightarrow NADH+H^+]{\text{醛脱氢酶}} \text{乙酰辅酶A} \xrightarrow{\text{三羧酸循环}} CO_2+H_2O$$

如果同时进行丙酮酸还原代谢，则乙醇代谢进行加快。因为在肝进行乙醇氧化（脱氢）时，NAD^+转变为 NADH，NAD^+含量降低，这便会限制乙醇代谢反应的进行；如果供给丙酮酸，则可发生下列反应。

$$\text{丙酮酸}+NADH+H^+ \longrightarrow \text{乳酸}+NAD^+$$

生成的 NAD^+又可以直接参与乙醇的氧化，加速乙醇代谢向前进行。

二、细胞水平的调节

（一）酶在细胞中的空间分布

细胞具有精细的结构，可分为原核细胞和真核细胞。原核细胞没有细胞器，其细胞质膜上连接有各种代谢所需要的酶，如参加呼吸链、氧化磷酸化、磷脂和脂肪酸生物合成的各种酶类，都存在于原核细胞的质膜上。真核细胞存在细胞核、线粒体、核糖体和高尔基体、溶酶体等细胞器，有些细胞器如线粒体，又可分为外膜、内膜、嵴、基质等部分。真核细胞的酶类分布有着一定的区域性。由于细胞内酶的隔离分布，不同的反应在细胞内不同的部位发生。例如，催化三羧酸循环、脂肪酸氧化和氧化磷酸化的酶类存在于线粒体，而参与糖酵解、戊糖磷酸途径和脂肪酸生物合成等反应的酶类则分布在胞质溶胶内。通过这种区域化的酶系分布，复杂的酶反应可以分区进行，实现对代谢的有效调节。真核细胞中酶的分布如表 15-2 所示。

表 15-2　酶在真核细胞内的分布

细胞器	酶系
细胞核	DNA、RNA 的聚合
线粒体	电子传递，氧化磷酸化，三羧酸循环，尿素循环，脂肪酸氧化，脂肪酸合成（碳链延长），转氨基作用，蛋白质合成，DNA、RNA 聚合等
微粒体（核糖体、多核糖体、内质网）	蛋白质合成，脂肪酸合成（碳链延长），黏多糖、胆固醇、磷脂的合成，药物解毒等
高尔基体	多糖、核蛋白的生成

续表

细胞器	酶系
溶酶体	酯酶、酸性磷酸酶、组织蛋白酶、DNA 酶等水解酶类
过氧化物酶体	过氧化氢酶、氧化酶等
质膜	ATP 酶、腺苷酸环化酶等
可溶部分	糖酵解途径、糖异生、戊糖磷酸途径、脂肪酸合成（从头合成）、嘌呤与嘧啶分解、氨基酸分解与合成等

（二）细胞膜结构对代谢的调控作用

1. 控制跨膜离子浓度梯度和电位梯度 生物膜的选择透性，造成了膜两侧的离子浓度梯度和电位梯度。物质运输、能量转换和信息传递是膜的三种最基本的功能，这三种功能都与离子和电位梯度浓度有关。例如，细菌质膜和线粒体内膜可利用质子浓度梯度形成的势能合成 ATP 和吸收磷酸根等物质。动物细胞中，钠离子流可驱动氨基酸和糖的主动运输。Ca^{2+}为重要的细胞内信使，通过质膜、内质网膜和线粒体内膜的 Ca^{2+}通道蛋白的控制，细胞不同区域的代谢功能可以被调节。

2. 控制细胞和细胞器的物质运输 细胞膜的高度选择透性，维持了细胞内环境的恒定，细胞可以不断从外界环境吸收有用的营养物质，并不断将代谢废物排出。细胞膜和细胞器膜中的运输系统担负着与周围环境进行物质交换的功能，通过运输系统控制着底物进入细胞或细胞器，调节着细胞内物质的代谢。例如，葡萄糖进入肌肉和脂肪细胞的运输是代谢的限速步骤，胰岛素可促进肌肉及脂肪细胞对葡萄糖的主动运输，从而降低血糖，促进肌肉和脂肪细胞中糖的利用、糖原合成和糖转变成脂肪。

3. 内膜系统对代谢的分隔 内膜系统将细胞分成若干功能特异的分隔区。分隔区形成了分开的亚细胞反应器，其内包含有浓集的酶类和辅助因子，有利于酶促反应的进行。细胞内的分隔还可以防止各酶促反应之间的互相干扰，有利于对不同区域代谢的调控。例如，脂肪酸代谢中，乙酰辅酶 A 的分解代谢和以乙酰辅酶 A 为原料的脂肪酸合成分别在线粒体和胞液中进行，互不影响。

4. 膜与酶的可逆结合 可逆地与膜结合，并以其膜结合型和可溶型的互变来影响酶的活性和调节酶的活性的一类酶称双关酶。双关酶对代谢状态变动的应答迅速，调节灵敏，多是代谢途径中关键的酶或调节酶，如氨基酸代谢中的谷氨酸脱氢酶、酪氨酸氧化酶，参与共价修饰的蛋白激酶、蛋白磷酸酯酶等。离子、代谢物、激素等都可以影响酶与膜的结合，改变双关酶的状态。

三、多细胞整体水平的调节

多细胞整体水平的调节是随着生物进化而发展和完善的调节机制。植物出现了激素水平的调节，而动物不但有激素水平的调节，还出现了更加完善的神经水平的调节，但分子水平和细胞水平的原始调节是高级水平的神经和激素调节的基础。

（一）激素对代谢的调节

激素（hormone）是指由多细胞生物（植物、无脊椎动物、脊椎动物）的特殊细胞合成的，经体液输送到其他部位并显示特殊生理活性的微量化学物质。植物激素可分为生长素、赤霉素、细胞分裂素、脱落酸、乙烯等5类，哺乳动物的激素根据化学本质可大致分为氨基酸及其衍生物、肽及蛋白质、固醇、脂肪酸衍生物等4类。激素是联系、协调和节制代谢的物质。激素对代谢起着强大的调节作用，体内的一种代谢过程常可受到多种激素的影响，一种激素也常常可以影响多种代谢过程。

1. 控制激素的生物合成　激素的生成是受层层控制的。垂体激素的分泌受到下丘脑的神经激素控制，腺体激素的合成和分泌受到脑垂体激素的控制。通过有关控制机构的相互制约，可维持机体的激素浓度水平正常而保证代谢正常运转。例如，当血液中某种激素含量偏高时，由于反馈抑制效应，有关激素即对脑垂体激素和下丘脑释放激素的分泌起抑制作用，降低其合成速度；相反，当血液中某种激素浓度偏低时，即起促进作用，加速其合成。

2. 激素对酶活性的影响　细胞膜上存在着各种激素受体。激素同膜上的专一性受体结合后所形成的络合物能够将膜上的腺苷酸环化酶活化。经活化后的腺苷酸环化酶能使ATP环化，从而形成cAMP。作为第二信使，cAMP能将激素从神经、底物等得来的各种刺激信息传递到酶反应中去。激素通过cAMP对细胞的糖原分解、脂质分解、酶的产生等多种代谢途径进行调节。cAMP影响代谢的机制在于其可以使参加有关代谢反应的糖原合成酶激酶、磷酸化酶激酶等蛋白激酶活化。

3. 激素对酶合成的诱导作用　有些激素对酶的合成有诱导作用。例如，生长素能诱导与蛋白质合成有关的某些酶的合成，甲状腺素可以诱导呼吸作用的酶类的合成，胰岛素能够诱导糖代谢中葡萄糖激酶、磷酸果糖激酶、丙酮酸激酶等酶的合成，性激素类可诱导脂代谢酶类的合成等。

（二）神经系统对代谢的调节

对于有着完善神经系统的人和高等动物而言，神经系统不仅控制着各种生理活动，对物质的代谢也起着重要的调节控制作用。神经系统对代谢作用的控制有直接的，也有间接的。直接的控制表现在大脑接受某种刺激后，直接对有关组织、细胞或器官发出信息，以调节和控制其代谢。直接控制的机制可能在于直接或间接影响了分子和细胞水平的调节机制。例如，“假食”葡萄糖所引起的组织中糖代谢的增加；人在精神紧张时，肝糖原迅速分解使血糖含量增加。大脑对代谢的间接控制则表现为中枢神经系统控制内分泌腺的活动，也就是通过对激素的合成和分泌的调控来执行调节功能。胰岛素和肾上腺素对糖代谢的调节就是神经系统对代谢反应的间接控制。

小结

生命是靠代谢的正常运转来维持的。糖类、脂类、蛋白质和核酸等在机体内的代谢不是彼此独立的，而是相互关联、相互协调的。三羧酸循环不仅是各类物质共同的代谢途径，也是它们之间相互联系的渠道。

代谢调节机制普遍存在于生物界，是生物在长期进化过程中逐步形成的一种适应能力，用以维持生物正常的生长和发育。进化程度越高的生物，其代谢调节的机制越复杂。生物体的代谢调节是在3个不同的水平上进行的，即分子水平的调节、细胞水平的调节和多细胞整体水平的调节。

分子水平的调节即酶水平的调节，是代谢最基本的调节。酶水平的调节可分为酶浓度（含量）的调节和酶活性的调节两大类。酶浓度的调节，常称为慢速调节，是基因表达的调节。原核生物蛋白质生物合成的调节主要发生在转录水平。操纵子模型可以清楚地说明原核生物基因表达的调节机制。操纵子是包含结构基因、操纵基因及启动基因的一些相邻基因组成的DNA片段，是基因表达的协调单位。大肠杆菌乳糖操纵子说明了酶合成的诱导作用机制，大肠杆菌色氨酸操纵子模型说明了某些代谢产物阻止细胞内酶蛋白生成的机制。原核生物中存在着基因表达的衰减作用，用以终止和减弱转录。真核生物的基因表达，在多层次被调控并接受多种因子协同调节，是一种多级调控方式。它通常包括转录前水平的调节、转录水平的调节、转录后水平的调节、翻译水平的调节、翻译后水平的调节等路径。酶活性的调节，常称为快速调节，主要包括活化作用、共价修饰调节、反馈抑制和前馈调节等形式。

由于细胞内酶的隔离分布，不同的反应在细胞内不同的部位发生。通过这种区域化的酶系分布，复杂的酶反应可以分区进行，实现对代谢的有效调节。细胞膜结构对代谢的调控作用主要有：控制跨膜离子浓度梯度和电位梯度、控制细胞和细胞器的物质运输、内膜系统对代谢的分隔、膜与酶的可逆结合。

多细胞整体水平的调节是随着生物进化而发展形成的调节机制。植物出现了激素水平的调节，而动物不但有激素水平的调节，还出现了更加完善的神经水平的调节，但分子水平和细胞水平的原始调节是高级水平的神经和激素调节的基础。

思考题

1. 简述糖、脂类、蛋白质和核酸代谢之间的联系。
2. 为什么说葡萄糖-6-磷酸、丙酮酸、乙酰 CoA 是三个关键的中间代谢产物？
3. 生物体内的代谢调节在哪三个不同的水平上进行？
4. 以乳糖操纵子为例说明酶诱导合成的调控机制。
5. 试说明原核生物和真核生物基因表达调控有什么不同。
6. 简述细胞膜结构对代谢的调控作用。

主要参考文献

蒋立科，潘登奎，高继国，等. 2010. 普通生物化学教程. 修订版. 北京：化学工业出版社
金凤燮. 2004. 生物化学. 北京：中国轻工业出版社
库彻 PW，罗尔斯顿 GB. 2002. 生物化学. 姜招峰，等译. 北京：科学出版社
刘树森. 2001. 线粒体学与生物医学新前沿. 科技前沿与学术评论，23（2）：35-41
沈同，王镜岩. 1990a. 生物化学（上册）. 2 版. 北京：高等教育出版社
沈同，王镜岩. 1990b. 生物化学（下册）. 2 版. 北京：高等教育出版社
王金胜. 2003. 基础生物化学. 北京：中国林业出版社
王镜岩，朱圣庚，徐长法. 2002a. 生物化学（上册）. 3 版. 北京：高等教育出版社
王镜岩，朱圣庚，徐长法. 2002b. 生物化学（下册）. 3 版. 北京：高等教育出版社
王镜岩，朱圣庚，徐长法. 2008. 生物化学教程. 北京：高等教育出版社
王希成. 2001. 生物化学. 北京：清华大学出版社
沃伊特 D，沃伊特 JG，普拉特 CW. 2003. 基础生物化学. 朱德熙，郑昌学主译. 北京：科学出版社
吴显荣. 2004. 基础生物化学. 2 版. 北京：中国农业出版社
杨志敏，蒋立科. 2010. 生物化学. 2 版. 北京：高等教育出版社
于自然，黄熙泰. 2001. 现代生物化学. 北京：化学工业出版社
张洪渊，万海清. 2001. 生物化学. 北京：化学工业出版社
张丽萍，杨建雄. 2015. 生物化学简明教程. 5 版. 北京：高等教育出版社
郑集，陈钧辉. 1998. 普通生物化学. 3 版. 北京：高等教育出版社
郑集，陈钧辉. 2007. 普通生物化学. 4 版. 北京：高等教育出版社
周爱儒. 2000. 生物化学. 5 版. 北京：人民卫生出版社
Berg JM, Tymoczko JL, Stryer L. 2002. Biochemistry. 5th ed. New York: W. H. Freeman and Company
Berg JM, Tymoczko JL, Stryer L. 2012. Biochemistry. 7th ed. New York: W. H. Freeman and Company
Garret RH, Grisham CM. 2005. Biochemistry. 3th ed. Los Angeles: Thomson Brooks/Cole Higher Education Press
Nelson DL, Cox MM. 2005. Lehninger Principle of Biochemistry. 4th ed. New York: W. H. Freeman and Company
Terrence GF, Carmen AM. 2000. The internal structure of mitochondria. TIBS, 25: 319-324